Handbuch
der
Deutschen Arzneipflanzen

Von

Alois Kosch

Berlin
Verlag von Julius Springer
1939

ISBN-13:978-3-642-90614-5   e-ISBN-13:978-3-642-92472-9
DOI: 10.1007/978-3-642-92472-9

Alle Rechte, insbesondere das der Übersetzung
in fremde Sprachen, vorbehalten.
Copyright 1939 by Julius Springer in Berlin.
Softcover reprint of the hardcover 1st edition 1939

Inhaltsverzeichnis.

	Seite
Einleitung	1
Einzeldarstellungen der Pflanzen	5
Cryptogamae, Sporenpflanzen	5
Polypodiaceae, Tüpfelfarne	5
Osmundaceae, Rispenfarne	9
Ophioglossaceae, Natternfarne	9
Lycopodiaceae, Bärlappgewächse	10
Equisetaceae, Schachtelhalmgewächse	11
Phanerogamae, Blütenpflanzen	14
1. *Gymospermae, Nacktsamige Pflanzen*	14
Pinaceae, Kieferngewächse	14
Taxaceae, Eibengewächse	24
2. *Angiospermae, Bedecktsamige Pflanzen*	25
Gramineae, Gräser	25
Cyperaceae, Riedgräser	30
Araceae, Arongewächse	30
Juncaceae, Binsengewächse	33
Liliaceae, Liliengewächse	33
Iridaceae, Schwertliliengewächse	48
Orchidaceae, Orchideen	50
Juglandaceae, Walnußgewächse	52
Salicaceae, Weidengewächse	53
Myricaceae, Gagelgewächse	58
Betulaceae, Birkengewächse	58
Cupuliferae, Becherfrüchtler	61
Ulmaceae, Ulmengewächse	64
Moraceae, Maulbeergewächse	65
Urticaceae, Nesselgewächse	69
Loranthaceae, Mistelgewächse	72
Aristolochiaceae, Osterluzeigewächse	74
Polygonaceae, Knöterichgewächse	76
Chenopodiaceae, Gänsefußgewächse	85
Portulacaceae, Portulakgewächse	88
Caryophyllaceae, Nelkengewächse	88
Lauraceae, Lorbeergewächse	92
Ranunculaceae, Hahnenfußgewächse	93
Berberideae, Sauerdorngewächse	113
Papaveraceae, Mohngewächse	115
Cruciferae, Kreuzblütler	124
Resedaceae, Resedagewächse	135
Droseraceae, Sonnentaugewächse	136
Crassulaceae, Dickblattgewächse	138
Saxifragaceae, Steinbrechgewächse	140
Platanaceae, Platanen	142
Rosaceae, Rosenartige Gewächse	143
Papilionaceae, Schmetterlingsblütler	168
Geraniaceae, Storchschnabelgewächse	186
Oxalidaceae, Sauerkleegewächse	188

Inhaltsverzeichnis.

	Seite
Tropaeolaceae, Kapuzinerkressengewächse	189
Linaceae, Leingewächse	190
Rutaceae, Rautengewächse	192
Polygalaceae, Kreuzblumengewächse	194
Euphorbiaceae, Wolfsmilchgewächse	196
Buxaceae, Buchsbaumgewächse	199
Anacardiaceae, Sumachgewächse	200
Aquifoliaceae, Stechpalmengewächse	201
Celastraceae, Spindelbaumgewächse	202
Hippocastanaceae, Roßkastaniengewächse	202
Balsaminaceae, Balsaminengewächse	204
Rhamnaceae, Kreuzdorngewächse	204
Vitaceae, Weinrebengewächse	207
Tiliaceae, Lindengewächse	208
Malvaceae, Malvengewächse	210
Hypericaceae, Hartheugewächse	214
Violaceae, Veilchengewächse	215
Thymelaeaceae, Seidelbastgewächse	218
Lythraceae, Weiderichgewächse	220
Myrtaceae, Myrtengewächse	220
Araliaceae, Efeugewächse	221
Umbelliferae, Doldengewächse	222
Cornaceae, Hartriegelgewächse	252
Pirolaceae, Wintergrüngewächse	252
Ericaceae, Heidekrautgewächse	254
Primulaceae, Primelgewächse	261
Oleaceae, Ölbaumgewächse	266
Gentianaceae, Enziangewächse	268
Apocynaceae, Hundsgiftgewächse	272
Asclepiadaceae, Schwalbenwurzgewächse	274
Convolvulaceae, Windengewächse	275
Borraginaceae, Rauhblättrige Gewächse	277
Verbenaceae, Eisenkrautgewächse	282
Labiatae, Lippenblütler	283
Solanaceae, Nachtschattengewächse	315
Scrophulariaceae, Rachenblütler	329
Lentibulariaceae, Wasserschlauchgewächse	344
Plantaginaceae, Wegerichgewächse	344
Rubiaceae, Labkrautgewächse	347
Caprifoliaceae, Geißblattgewächse	351
Valerianaceae, Baldriangewächse	356
Dipsaceae, Kardengewächse	358
Cucurbitaceae, Kürbisgewächse	360
Compositae, Korbblütler	363
Parmeliaceae (Lichenes, Flechten)	402
Phaeophyceae (Fucaceae)	404
Basidiomycetes, Sporenständerpilze	405
Pyrenomycetes (Hypocreaceae)	407

Übersicht über die Pflanzenstoffe von arzneilicher Bedeutung 411

Alkaloide	411
Glykoside	412
Saponine	413
Gerbstoffe	413
Bitterstoffe	415
Ätherische Öle	415
Campher	417
Harze	417
Lipoide (Fette, Wachse), Lipide	417
Schleime	418

Inhaltsverzeichnis.

Seite

 Organische Säuren 418
 Kieselsäure 419
 Halogene 420
 Hautreizstoffe, Acria 420
 Vitamine 421
 Hormone 425
 Glucokinine 426
 Sekretine 427
 Enzyme 427
 Flavone 428
 Proteine 429
 Aminosäuren 429

Literatur über Arzneipflanzen 429

Lateinisches Namenverzeichnis 433

Deutsches Namenverzeichnis 437

Einleitung.

Über die Notwendigkeit, die in Deutschland wachsenden Arzneipflanzen immer mehr in die Therapie einzuschalten, gibt es keinen Zweifel. Nicht allein deshalb, weil die Pflanze die in ihr enthaltenen Wirkstoffe in organisch-gelöster Form und nicht als chemisch reine Synthetica enthält, sondern zum anderen Teil deshalb, weil die hauptsächlich wirksamen Bestandteile durch die sie begleitenden Ballaststoffe zu einem Pharmakon werden, wie es die menschliche Forschung niemals herzustellen in der Lage ist. Die Bevorzugung der chemischreinen Chemikalien in der Medizin war eine durch die Entwicklung der Gegenwart bedingte Notwendigkeit. Es war kein Ziel — die Einsicht ist jetzt gewachsen, daß eine physiologisch richtige Therapie nur mit solchen Mitteln erfolgreich geführt werden kann, die den Bedingungen, unter denen der menschliche Organismus überhaupt und ohne Schaden beeinflußbar ist, entsprechen. Jede Arzneipflanze stellt ein solches Pharmakon dar.

Die Form, in welcher die Pflanze zur Anwendung kommt, ist nicht das Wesentliche. Ob es Dekokte, Verreibungen, Pulver, aus frischen oder getrockneten Pflanzen sind, entscheidet nicht grundsätzlich über die Wirkung, ändert sie nur ab. Wesentlich ist allein, daß grundsätzlich immer die *gesamten* Wirkstoffe der Pflanze zur Anwendung kommen und die Anwendung der Reinsubstanzen für besondere Fälle zurückgestellt wird.

Infolge der Entwicklungsrichtung der Therapie zu organischen Pharmaca hin — es ist hier nicht der Ort, die Begriffe der „Wirklichkeitsmedizin" zu entwickeln — ist die Literatur über Arzneipflanzen in den letzten Jahren beträchtlich vergrößert worden. Die bedeutendsten Werke dieser Art sind: *„Das neuzeitliche Kräuterbuch"* von L. KROEBER (Hippokrates-Verlag, Stuttgart) und die Abteilung „Heilpflanzen" des *„Lehrbuches der biologischen Heilmittel"* von G. MADAUS (Georg Thieme, Verlag, Leipzig).

L. KROEBER legt das Hauptgewicht auf die Wiedergabe der historischen Anwendungen der einzelnen Pflanzen und auf die Zusammenhänge mit den gegenwärtigen Anwendungen und berichtet außerordentlich gründlich über die wirksamen Bestandteile.

G. MADAUS behandelt die einzelnen Pflanzen noch ausführlicher, archivmäßiger; er betont die volkstümlichen Anwendungen und veröffentlicht vor allen Dingen das Material und Ergebnisse seiner umfangreichen Rundfragen in der Praxis.

Von weiter zurückliegenden Veröffentlichungen ist das Werk von O. GESSNER: „Die Gift- und Arzneipflanzen von Mitteleuropa" (Verlag

Karl Winter, Heidelberg) wichtig, der die einzelnen Pflanzen als „Pharmaca" ordnet und beschreibt und ihre Wirkungen besonders berücksichtigt.

Es ist selbstverständlich, daß der Wert dieser Werke für die Einführung der Arzneipflanzen in die Therapie ein nicht zu umgrenzender ist. Auf dieser dadurch geschaffenen Grundlage und der jahrzehntelangen Arbeit auf dem Gebiete der Arzneipflanzen ist das vorliegende Werk entstanden. Es soll nichts anderes, als das *Wesentliche* jeder deutschen Arzneipflanze in *klarster, geordneter Form* darstellen. Es bevorzugt nicht bestimmte Gebiete und berichtet nicht in archivmäßiger Breite, sondern es erfaßt durch seine tabellarische Übersichtlichkeit alle wesentlichen Punkte der einzelnen Pflanzen, stellt somit die logische Entwicklung des beschrittenen Weges zur Wirklichkeitsmedizin dar. Gleichzeitig wirkt es auf die Richtung des Weges zur Einschaltung der Arzneipflanzen in die Therapie ein, indem es die wesentlichen Wirkungen der einzelnen Pflanzen heraushebt, damit die Indikationen einengt, so die Einschaltung leichter und die Therapie mit Pflanzen klarer und sicherer macht.

Die Herausstellung des Wesentlichen jeder Arzneipflanze, die übersichtliche Ordnung, die sofort das Gesuchte finden läßt, gibt die Berechtigung, dieses Buch als „Handbuch" im richtigen Sinn des Wortes zu bezeichnen. Die Ordnung ist bei allen Pflanzen die gleiche.

Sämtliche enthaltenen Arzneipflanzen sind nach dem natürlichen System geordnet, und zwar in der Form, wie es in der *„Flora von Deutschland"* von SCHMEIL-FITSCHEN vorliegt. Dieses Werk ist das zur Ausbildung an Universitäten und höheren Schulen am meisten benutzte. Innerhalb der systematischen Ordnung sind die Einzeldarstellungen folgendermaßen aufgebaut.

Namen. Der gebräuchliche lateinische Name und die am meisten benutzten deutschen Namen sind samt ihren Urhebern genannt. Es ist wichtig, von vornherein als Pflanzennamen den in der Botanik gebräuchlichen lateinischen Namen zu benutzen, nicht, wie das bei einzelnen Pflanzen der Fall ist, nur Gattungs- oder Artnamen.

Beschreibung. Die Art des Gewächses, seine Höhe, Wurzel, Wurzelstock, Stengel, Rinde, Zweige, Blätter, Blüte, Frucht und Blütezeit wurden kurz und klar dargestellt; besonders sorgfältig wurde außerdem auf die Hervorhebung der Unterscheidungsmerkmale gegenüber ähnlichen Pflanzen geachtet.

Besonderes. Die Herausstellung des Gesamtaussehens, des Geruchs und Geschmacks und schließlich die Giftigkeit sind wichtige Punkte, die das Bild der Pflanze eindrücklich machen.

Vorkommen. Oft entscheidet der Ort über die Bestimmung. Die Stammländer sind angeführt, ebenso die Häufigkeit und die Art und Weise des Auftretens der Pflanze.

Sammelzeit. Welche Teile der Pflanze und zu welcher Zeit sie gesammelt werden, entscheidet über die Verwertungsmöglichkeiten. Bei den angebauten Pflanzen ist die Ernte oft von besonderen Faktoren abhängig und der Wert durch die richtige Ernte beeinflußbar.

Anbau. Die wichtigsten Punkte für den Anbau der einzelnen Pflanzen sind hier angeführt, ebenso Hinweise auf die Pflanzen, deren Anbau dringend notwendig, wünschenswert und lohnend ist.

Drogen, Arzneiformen. Als Droge werden die Pflanzen oder deren Teile gesondert behandelt. Mitunter tragen diese getrockneten, verlesenen und geschnittenen oder gepulverten Pflanzenteile Namen, wie sie in der Pharmazie von altersher üblich sind, aber von dem Namen der Stammpflanzen völlig abweichen. Ferner sind die aus den Pflanzen hergestellten üblichen pharmazeutischen Zubereitungen, die Arzneiformen, wie Tinktur, Extrakt usw. angeführt.

Bestandteile. Pflanzenanalysen geben über die Inhaltsstoffe und die Zusammensetzung Auskunft. Es sind jeweils die letzten Ergebnisse im Zusammenhang mit älteren Analysen angeführt, ebenso die weniger wichtigen Bestandteile, um ein möglichst umfassendes Bild zu geben. L. KROEBER ist vielfach die genaue Aufklärung der Inhaltsstoffe, besonders hinsichtlich der Saponine, zu verdanken.

Pharmakologie. Die Wirkungen der ganzen Pflanze oder ihrer einzelnen Bestandteile, wie sie durch Empirie und Experiment, durch volkstümliche Anwendung und wissenschaftliche Forschungsarbeit festgestellt worden sind, wurden sorgfältig auf Wichtigkeit und Zusammenhang geprüft und mit weitgehenden Autorenangaben angeführt. Vielfach wurden Angaben und Berichte von O. GESSNER und von G. MADAUS übernommen.

Verordnungsformen. Die Formen, Zubereitungen und Dosierungen, in welchen die Pflanze in die Therapie eingeschaltet werden kann, sind ausführlich angegeben; als Grundlage wurde immer die einfachste Arzneiform, der kalte oder heiße Aufguß, angeführt. Vielfach ist es wichtig, entweder den heißen oder den kalten Auszug zu verwenden. MADAUS hat diese Frage durch genaue Untersuchungen zu klären versucht. Die beste Form der Pflanzenauszüge ist die von W. PEYER angegebene: In ein mit siedendem Wasser ausgespültes Porzellangefäß, je nach der Größe, wie es für den Tagesbedarf nötig ist, kommt die vorgeschriebene Drogenmenge. Diese wird dann mit springend kochendem Wasser übergossen, das Gefäß zugedeckt und an einem heißen Ort 5—10—15 Minuten stehen gelassen. Dann wird die Flüssigkeit abgegossen und ist zum Verbrauch fertig; ein Nachsüßen ist nach Möglichkeit zu unterlassen.

Medizinische Anwendung. Um Klarheit zu schaffen, sind hier nach Möglichkeit nur die rein ärztlichen Indikationen angeführt worden, die außerdem durch die Berichte über Anwendungen in der Praxis, wie sie G. MADAUS durch seine umfangreiche Rundfrage sammelte, entsprechend ergänzt und eingeengt wurden. Nur in dieser Weise, nämlich durch Sammlung der *ärztlichen* Anwendungen von Arzneipflanzen, ist die wirkliche Einschaltung in eine zielsichere Therapie möglich.

Homöopathische Anwendung. Oft ist die homöopathische Anwendung von der medizinisch (-allopathischen) nicht zu trennen. Die Umkehrung der Arzneiwirkungen bei Verwendung kleiner und kleinster Dosen tritt nicht bei allen Pflanzen ein. Die älteste homöopathische Offizin Deutschlands, Dr. WILLMAR SCHWABE, Leipzig, stellte für diesen Abschnitt ihre Erfahrungen zur Verfügung und viele Angaben wurden aus der „Arzneiwirkungslehre" von C. HEINIGKE übernommen.

Volkstümliche Anwendung. Im Volke sind oft ganz andere Anwendungsgebiete üblich oder irgendwelche erfahrungsgemäße Anwendungen haben inzwischen ihre wissenschaftliche Klärung erfahren. Deshalb ist es wichtig, die sorgfältig ausgewählten Angaben über die volkstümlichen Anwendungen übersehen zu können. Die kritisch-erprobten Anwendungen KNEIPPS, KÜNZLES u. a. wurden übernommen und die gründliche Sammlung von H. SCHULZ erfuhr immer ihre Berücksichtigung.

Besonderer Dank für wertvolle Ratschläge und wichtige Mitarbeit, ferner für die Verwendung von in eigenen Büchern gemachten Angaben und Berichten gebührt:

Herrn Prof. Dr. HEUBNER, Direktor des Pharmakologischen Instituts der Universität Berlin;

Herrn K. ROTHÉ, Görlitz, für wichtige botanische Facharbeit, Auszüge, Zusammenfassungen und Systematik, Anlegung der Namensverzeichnisse;

Herrn Dr. G. MADAUS, Radebeul, für wertvolle Hinweise und Benutzung seines „Lehrbuches der biologischen Heilmittel";

Herrn Rektor JOST FITSCHEN, Altona, für Ergänzungen innerhalb der Systematik;

der Fa. Dr. *Willmar Schwabe*, Leipzig, für Ergänzungen und wertvolle Mitteilungen über homöopathische Arzneiformen, Dosierungen und Anwendungen;

der Fa. *Caesar u. Loretz*, Halle a. S., für die wertvollen Mitteilungen über Drogen und Arzneiformen weniger benutzter Pflanzen;

Herrn Dr. FERDINAND SPRINGER (Verlag Julius Springer, Berlin), für das verständnisvolle Entgegenkommen bei der Anlage des Werkes und die klare, sachlich-mustergültige Herstellung und Ausstattung des Buches.

Görlitz-Jena, im Januar 1939. **Alois Kosch.**

Cryptogamae,
Blütenlose oder Sporenpflanzen.

Polypodiaceae, Tüpfelfarne.

Adiantum capillus veneris L.,
Venushaar, Frauenhaar, Steinraute.

Beschreibung. Farn. *Wurzelstock* waagerecht, ästig, mit häutigen braunen Schuppen besetzt. Die zarten, 20—40 cm langen *Wedel* sind am Grunde doppelt, nach oben zu einfach gefiedert. *Stengel* dreikantig, kahl, glänzend rot bis schwarzbraun. *Fiederblättchen* kurz gestielt, abwechselnd, am Grunde keilförmig, ungleich stumpf gelappt. Die *fruchtbaren Läppchen* des Blattrandes umgeschlagen, quadratisch bis linealisch, dunkel- bis purpurbraun. Die *Sporenhäufchen* an den in sie eintretenden Nervenenden. *Sporenreife* Juni bis September.

Besonderes. Geruch schwach aromatisch, Geschmack süß-bitterlich.

Vorkommen. In Felsspalten, an feuchten überrieselten Mauern und Felsen, in Südeuropa heimisch, bei uns als Zierpflanze.

Sammelzeit. Juni, Juli.

Drogen, Arzneiformen. Herba Capilli Veneris, Frauenhaar; Extractum Capilli Veneris fluidum, Frauenhaarfluidextrakt; Sirupus Adianti, Frauenhaarsirup.

Bestandteile. Eisengrünender Gerbstoff, Bitterstoff, Zucker- und Spuren ätherischen Öles.

Verordnungsformen. Herba Capilli Veneris zum heißen Aufguß, 1 Teelöffel auf 1 Tasse, 2 Tassen täglich. Extractum Capilli Veneris fluidum, dreimal täglich 10 Tropfen. Sirup. Adianti, drei- bis sechsmal täglich 1 Eßlöffel.

Medizinische Anwendung. Als reizmilderndes, die Schleimhautsekretion förderndes Mittel bei Erkrankungen der Luftwege.

Volkstümliche Anwendung. Bei Lungenleiden, Schwindsucht; zum Kopfwaschen und gegen Kopfschuppen.

Aspidium filix mas Swartz, Nephrodium f. m. Rich.,
Wurmfarn, Wurmschildfarn, männliches Farnkraut,
Nierenfarn.

Beschreibung. Ausdauernd, *Wurzelstock* kräftig, schief im Boden liegend, bis 30 cm lang, ist mit 20—30 bräunlichen Blattnarben und hellbraunen Spreuschuppen bedeckt. Die Wedel sind schön geformt, die jungen Blätter schneckenförmig eingerollt, mit Streuschuppen bedeckt, werden ausgewachsen über 1 m lang. Sie sind fast zweifach gefiedert; die Fiedern sind kurz gestielt, wechselständig, lineal-lanzettlich, die Fiederblättchen annähernd sitzend, tief fiederspaltig, doch ohne Stachelspitzen. Die runden Fruchthäufchen sind auf der Unterseite der Blättchen zweireihig angeordnet, sind von nierenförmigen, erst grauen, später rotbraunen Schleiern bedeckt. *Sporenreife* Juni bis August.

Besonderes. Der innen grasgrüne Wurzelstock (Teufelsklaue, Johanniswurzel), hat einen widerlichen Geruch und Geschmack.

Vorkommen. In ganz Deutschland, häufig in Wäldern, Gebüschen, an waldigen Bachufern, steinigen Orten.

Sammelzeit. Im Herbst werden die Wurzelstöcke gerodet, von den Wedeln befreit, gesäubert und in scharfem Luftzug im Freien getrocknet, wenn die Wurzelstöcke nicht frisch zur Verarbeitung bestimmt sind.

Anbau. Wenn geeignete Standorte vorhanden sind, ist die einfachste Anbauweise die, im Sommer Wedel mit der Unterseite auf die Erde zu legen, daß die Sporen in das Erdreich dringen können. Sonst gräbt man im Frühjahr im Freien Pflanzen aus, teilt und pflanzt sie.

Drogen, Arzneiformen. Rhizoma Filicis, Farnwurzel; Extractum Filicis aeth., Farnextrakt; Filmaron, die aus dem Extrakt isolierte Säure. *Homöopathie:* Essenz und Potenzen aus dem frischen Wurzelstock.

Bestandteile. 5% Filmaron, 1,5—2,5% Filixsäure (Filicin), Albaspidin, Flavaspidinsäure, Phloraspin, Aspidinol, Gerbstoffe, Zucker, Stärke, fettes Öl.

Pharmakologie. Filixextrakt ist das hervorragende natürliche Wurmmittel. Es wird deshalb viel verordnet, aber auch ebenso in Laienhänden häufig angewandt. Kenntnis von der Toxikologie ist unbedingt notwendig. — Die wirksamen Bestandteile, in erster Linie die Filixsäure, bewirken in größeren Dosen schwere gastrointestinale Erscheinungen (Koliken, blutige Diarrhöen) und Erregung mit nachfolgender Lähmung am ZNS. Je schwächer der betreffende Organismus, desto größer die Giftwirkung (GRAWITZ, WESTPHAL). Nach Einnahme von 5 g Extrakt wurden Erbrechen, Amaurosis, Krämpfe, Bewußtseinsstörungen und Kollaps beobachtet (WALKO). Temperatursteigerungen, Pulsbeschleunigung, Krämpfe, tiefe Somnolenz sind festgestellt worden, Todesfälle sind nicht so selten. Filixsäure beeinflußt vor allem die glatte Muskulatur (Wurmwirkung). Die aus dem Extrakt hergestellten Lösungen wirken hämolytisch. Abführende Öle sollen nicht nach Filixextrakt gegeben werden; es konnte durch MADAUS auch im Tierversuch bewiesen werden, daß Öle die Resorption von Toxinen steigern! *Vergiftungserscheinungen:* Übelkeit, Erbrechen, Diarrhöen, dann Benommenheit bis zur Bewußtlosigkeit, Tetanie, Herz- und Leberschädigung, Eiweiß im Urin, Amaurosis durch Schädigung und Atrophie des N. opt., degenerative Atrophie des N. acusticus und des CORTISchen Organs, Tod durch Atem- oder Kreislauflähmung. *Gegenmittel:* Magenspülung, salinische Abführmittel, Adsorbentia, Analeptica, reichliche Flüssigkeitszufuhr (GESSNER).

Verordnungsformen. *Wurmkur:* Extr. Fil. aeth. morgens nüchtern oder nach geringer Nahrungszufuhr in Kapseln zu 1 g: Erwachsene 10 g,

14jährige Kinder 5 g, 8jährige Kinder 3 g, 4jährige Kinder 2 g, jüngeren Kindern nicht verabreichen (ROST-KLEMPERER). Oder 12—20 g der gepulverten Rhiz. Filicis als Einzelgabe oder 4 g des Pulvers dreimal täglich. — *Homöopathie:* dil. D 4, drei- bis viermal täglich 5 Tropfen.
Maximaldosis. Extract. Fil. aeth. 10,0! pro dosi et die! Filmaronöl 20,0! pro dosi et die! *Rezeptpflichtig* sind: Extract. Fil. aeth., Rhiz. Filicis; homöopathische Zubereitungen bis D 3 einschließlich.
Medizinische Anwendung. Als Bandwurmmittel gebräuchlich. Ferner noch (in kleinen Dosen) als Resolvens bei narbigen Degenerationen, wie Cirrhosen, Strumen, Arthritiden (EHMIG), bei Flechten und Syphilis (FINSTERWALDER) und bei arteriosklerotischer Schrumpfniere (E. BECKER). *Kontraindikationen:* Gravidität, Menses, allgemeine Schwäche, Rekonvaleszenz und sekundäre Schrumpfniere.

Taenifugium Boli Filix maris (F. M. GERM.)
Rp: Extr. Fil. aeth.
    Rhiz. Fil. pulv.   aa 5,0
    M. f. l. a. boli Nr. XX.
    20 Stück in 2 Portionen in 1 Stunde einnehmen.
    1 Stunde später 0,3 Kalomel oder 15 g Glaubersalz in heißem Wasser.

Electuarium contra taeniam (besonders für Kinder)
Rp: Extr. Fil. maris   8,0
    Pulp. Tamar. depur.   22,0
    Sacch. alb. plv.   q. s.
    D. s.: In 2 Portionen in 1 Stunde morgens zu nehmen.
    Abführmittel wie oben.

Äußerlich wendet man den Filixextrakt gegen Rheuma (Einreibungen und Bäder), bei eitrigen Wunden, Hämorrhoiden (Salbe) und Ulcera cruris (Phlebitiden) an.

Rp: Rhiz. Fil. maris rec.   10,0
    Spir. aeth.   90,0
    D. s.: zu Einreibungen.

Homöopathische Anwendung. Gegen Beschwerden und nervöse Störungen, die durch Bandwürmer hervorgerufen sind: Schwindel, Erbrechen, Durchfälle, Ohnmachten, Krämpfe.
Volkstümliche Anwendung. Gegen Würmer, bei Milzleiden, ausbleibender Periode, als Abortivum! Packungen mit frischen Wedeln, aber auch Abkochungen der Wurzelstöcke bei Rheumatismus und Gicht.

Scolopendrium vulgare SMITH, Asplenium scolopendrium L., Hirschzunge.

Beschreibung. Ausdauernd, fast wintergrün. Wurzelstock schuppig, schwarzbraun, aufsteigend, Wedel rosettig gestellt, 15—50 cm lang, ungeteilt, breit-linealisch-lanzettlich (zungenförmig), am Grunde herzförmig, Rand oft wellig, ganzrandig, lederig, kahl, dunkelgrün, unterwärts, wie auch der kurze Blattstiel, mit braunen, haarähnlichen Spreuschuppen besetzt. *Sporenhäufchen* unterseits längs der Nerven in parallelen Reihen, sich gegenüberstehend und berührend. *Sporenreife* Juli bis September.
Vorkommen. Feuchte Felsen, steinige Wälder, Mauern, Brunnen, häufiger im Rheinland, sonst sehr zerstreut. Pflanze ist gesetzlich *geschützt!*

Drogen, Arzneiformen. Herba Scolopendrii, Hirschzungenkraut.
Homöopathie: Essenz und Potenzen aus dem frischen Kraut.
Verordnungsformen. Herba Scolopendrii, zum heißen Aufguß, 1 Teelöffel auf 1 Tasse, 3 Tassen täglich. — *Homöopathie:* dil. D 2, drei- bis viermal täglich 1 Tablette.
Medizinische Anwendung. Milz- und Leberleiden (Stauungen, Verfettungen), Cholelithiasis, chronische Nephritis, ferner bei Tuberculosis mit Hämopthysis, Bronchitis, Katarrhen, Diarrhöen und Dysenterie.
Homöopatische Anwendung. Leber- und Milzleiden, Lungenblutung.
Volkstümliche Anwendung. Lungentuberkulose mit Hämoptise, chronische Darmkatarrhe, Leber- und Milzleiden, Quartana (SCHULZ). Äußerlich als Wundheilmittel.

Asplenium trichomanes L.,
Brauner Streifenfarn, Brauner Milzfarn.

Beschreibung. Ausdauernd, Höhe 8—30 cm. Blattstiel und Spindel bis zur Spitze glänzend rot- bis schwarzbraun, hornartig, oberseits rinnig, beiderseits schmalhäutig geflügelt. Spreuschuppen mit Scheinnerven. *Fiedern* rundlich-eiförmig, stumpf, am Grunde keilförmig, am Rande feingekerbt, meist in einer Ebene stehend, sehr kurz gestielt, zuletzt einzeln abfallend, untere kleiner. Sporenhäufchen länglich oder linealisch, nicht gekrümmt. *Sporenreife* Juli, August.

Vorkommen. Felsritzen, Hohlwege, Mauern, gern an Baumwurzeln; nicht häufig.

Wirkung, Anwendung. Die früher als Herba Adianti rubri offizinelle Pflanze wurde im Volke gegen Brustkrankheiten gebraucht (SCHULZ).

Polypodium vulgare L.,
Tüpfelfarn, Engelsüß.

Beschreibung. Ausdauernd, *Wurzelstock* dicht unter oder auf dem Boden weithin kriechend, etwas zusammengedrückt, schwach kantig, außen dunkelbraun, innen grünlich, mit Spreuschuppen bedeckt. *Blätter* grundständig, zweizeilig einfach-fiederteilig, 15—30 cm lang, im Umfang lanzettlich, kahl, oberseits dunkel-, unterseits heller grün, Stiel etwas kürzer als die Spreite. Abschnitte jederseits 8—20, länglich bis lineal-lanzettlich, spitz oder stumpflich, gegen die Spitze hin schwach gekerbt-gesägt. Sporenhäufchen auf der Unterseite zu beiden Seiten des Hauptnervs, rundlich, gelblichbraun, tüpfelartig. *Sporenreife* August, September.

Besonderes. Wedel überwintern. Geruch des Wurzelstockes öligranzig, Geschmack süßlich, dann bitterlich, zusammenziehend, kratzend.

Vorkommen. Felsspalten, schattige Wälder, Baumwurzeln, Mauern; häufig.

Sammelzeit. In den Herbstmonaten werden die Wurzelstöcke gesammelt, von den Wedeln befreit, gesäubert und getrocknet.

Drogen, Arzneiformen. Rhizoma Polypodii, Engelsüßwurzel; Extract. Polypodii fluid., Engelsüßfluidextrakt. Die Fa. *Madaus* stellt eine „Teep"-Verreibung her.

Bestandteile. Glykuronid Glycyrrhizin, 8% fettes Öl, Gerbstoff, Weichharz, Schleim, Eiweiß, Stärke, Mannit, Zucker, apfelsaures Calcium, Saponin (? KROEBER), 3—3,5% Asche.

Pharmakologie. Von VOLMAR und REEB wurde eine Substanz isoliert, die sie Polydin nannten und die in der Dosis von 0,15 g in 10 Stunden nach der Einnahme eine purgierende Wirkung hatte. Die partielle hämolytische Wirkung des Fluidextraktes stellte KROEBER fest. ROBERG konnte kein Saponin bestätigen. Die Droge soll nur als Infus bereitet werden, beim Kochen wird das Glycyrrhizin zerstört (GESSNER).

Verordnungsformen. Rhiz. Polypodii conc., zum kalten Infus 1 Teelöffel auf 1 Tasse, 8 Stunden stehen lassen, 2 Tassen täglich. Rhiz. Polypodii pulv., dreimal täglich 1,0, verrührt oder in Oblaten. Extract. Polypodii fluid., dreimal täglich 10—20 Tropfen. „Teep", dreimal täglich 2 Tabletten.

Medizinische Anwendung. Abdominal-Plethora mit Leber- und Gallenstauung, Obstipation. Auch bei Tuberculosis pulmonum kann die Pflanze versucht werden.

Volkstümliche Anwendung. Als Diureticum, Expectorans, bei Bronchitis, Tuberkulose, Asthma, Fieber, Leber- und Milzkrankheiten, Gelbsucht, Verstopfung, Appetitlosigkeit, Würmern.

Osmundaceae, Rispenfarne.

Osmunda regalis L., Königsfarn.

Beschreibung. Ausdauernd, Höhe 60—120 cm. *Wedel* stattlich, langgestielt, doppelt gefiedert, im Umriß länglich oder länglich-eiförmig, kahl, hell-, oft gelbgrün. *Fiedern* fast gegenständig, jederseits 7—9; Fiederchen zu 7—13, kurzgestielt, länglich, am Grunde schief gestutzt, stumpf oder spitz, meist schwach gekerbt. Sporangien bilden an der Spitze der Wedel eine traubige Rispe. *Sporenreife* Juni, Juli.

Besonderes. Wedelstiel im Querschnitt mit hufeisenförmigem Leitbündel.

Vorkommen. Torfige Wälder, Waldsümpfe, Heiden; zerstreut. Die Pflanze ist gesetzlich *geschützt*!

Wirkung, Anwendung. Der Wurzelstock wurde im Volke bei Skrofulose und Rachitis angewendet (SCHULZ).

Ophioglossaceae, Natternfarne.

Ophioglossum vulgatum L., Natternfarn.

Beschreibung. Ausdauernd, Höhe 5—25 cm. Stengel einblättrig, unfruchtbarer Wedelteil eiförmig oder länglich-eiförmig, stumpf, ungeteilt, ganzrandig; netznervig, am Grunde stengelumfassend, gelbgrün, glänzend, in oder über der Mitte sich trennend von dem meist längeren, sporentragenden Blätterteil. Ähre endständig, linealisch, einfach oder zweiteilig, kürzer als der Stiel, zuletzt gelb. *Sporenreife* Juni, Juli.

Besonderes. Jährlich ein, selten zwei Blätter erscheinend.

Vorkommen. Fruchtbare, etwas feuchte Wiesen, grasige Triften, Waldränder; zerstreut.

Wirkung, Anwendung. Im Volke zur äußerlichen Behandlung von Wunden und schlechtheilenden Geschwüren (SCHULZ).

Botrychium lunaria Swartz, Osmunda lunaria L.,
Mondraute, Allermannsharnisch, Rautenfarn.

Beschreibung. Ausdauernd, Höhe 8—25 cm. Schaft einblättrig. *Wedel* fast sitzend, entspringt aus der Mitte des Schaftes. Blatt einfach gefiedert, meist mit 5—9 Fiederpaaren, Fiedern halbmondförmig, obere keilförmig, ganzrandig, sich meist deckend. Rispenstand langgestielt, 2—3fach gefiedert, später zusammengezogen. Sporenbehälter zimtbraun. *Sporenreife* Juni, Juli.

Vorkommen. Grasige, lichte Waldstellen, Hügel, trockene Wiesen; zerstreut.

Anwendung, Wirkung. Der Saft von Herba lunaria, wie die Droge früher genannt wurde, kam äußerlich zur Behandlung von Wunden, schlecht heilenden (carcinomatösen) Geschwüren in Gebrauch (SCHULZ).

Lycopodiaceae, Bärlapp-Gewächse.
Lycopodium clavatum L.,
Kolben-Bärlapp, Schlangenmoos.

Beschreibung. Sporenpflanze, Stengel 60—100 cm lang, gelbgrün, kriechend, gabelnd, rund, fädliche Wurzeln treibend, mit kurzen, aufsteigenden Ästen und moosartig dicht bedeckenden Blättchen. *Blättchen* aufwärtsgekrümmt, vielreihig, spiralig oder wirtelig angeordnet, klein, pfriemenförmig, ganzrandig, in eine farblose, haarartige Spitze auslaufend. Äste mit 2 langgestielten, walzlichen *Fruchtträgern*, ährenförmig, meist zu zwei, mit kleinen, gelbgrünen, gezähnelten dachziegelartigen Fruchtblättern besetzt. *Sporangien* 3seitig, gedunsen, am Grunde der Fruchtblätter. Sporen hellgelb. *Fruchtzeit* Juli, August.

Besonderes. Die Sporen stellen das „Hexenmehl", den „Bärlappsamen" dar, ein sich fettig anfühlendes Pulver, das auf dem Wasser schwimmt.

Vorkommen. Trockene Wälder, besonders Nadelwälder, Heiden, im Hügel- und Bergland häufig. Pflanze ist gesetzlich *geschützt!*

Sammelzeit. Die kleinen, unfruchtbaren Äste werden im Juli und August abgepflückt; die Sporen sammelt man nach der Reife (August, September) durch Ausschütteln auf Unterlagen oder durch Einbinden der noch nicht ganz reifen Fruchtäste in Glasgefäße, die man der Sonne zur Nachreifung aussetzt; es geht so am wenigsten verloren.

Anbau. Empfehlenswert, wo Waldboden zur Verfügung steht. Man legt einfach einige Fruchtäste mit reifen Sporen auf die gelockerte Erde; einmal bewurzelt, vermehrt sich die Pflanze von selbst.

Drogen, Arzneiformen. Herba Lycopodii, Bärlappkraut; Lycopodium, Bärlappsporen; *Homöopathie:* Tinktur, Potenzen und Verreibungen aus den Sporen.

Bestandteile. Im Kraut sind stark wirkende Alkaloide nachgewiesen, die aber in den Sporen fehlen (MUSZYNSKI). BÖDECKER nannte ein von ihm entdecktes Alkaloid Lycopodin, das in den Sporen nur in Spuren vorhanden sein soll. Hauptbestandteil des Lycopodiums sind etwa 50% grüngelbes, fettes Öl mit 28% gesättigten und 72% ungesättigten Fettsäuren und 4% 9,10-Dioxystearinsäure, ferner etwa 3% Zucker, Hydrokaffeesäure, Citronen- und Apfelsäure, Harz, Gummi, 3% Asche mit 54% Aluminium.

Verordnungsformen. Lycopodium, dreimal täglich 1—2 g in Oblaten oder als kalter Aufguß, 1 Teelöffel auf 1 Tasse Wasser, 2 Tassen täglich. — *Homöopathie:* dil. D 3, dreimal täglich 10 Tropfen.

Medizinische Anwendung. Blasen- und Leberleiden (Harnzwang, Blasenschwäche, Katarrh, Grieß und Steine, Gallensteine, Gallenstauungen, Leberanschoppung), arthritische Gelenkprozesse (nach ECKSTEIN-FLAMM wirkt es hier stark diuretisch und harnsäureausscheidend); äußerlich wird es kaum mehr verwendet, ist aber wirksam bei Hautkrankheiten und -schäden (Wundsein der Kinder, Ekzeme, Psoriasis, Scabies) und bei Furunkeln und Ulcera cruris bei Varicen.

Rp: Lycopodii 5,0
Sacch. lacti 50,0
M. f. pulv.
D. s.: Drei- bis fünfmal täglich 1 Messerspitze.

Homöopathische Anwendung. Erkrankungen des Verdauungsapparates. Hepatopathien mit Leberanschoppung, Hepatitis, Cirrhose, Cholelithiasis, Dyspepsie, Obstipation, Meteorismus, Flatulenz, mangelhafte Verdauung, Gastritis chronica, Cystitis, schmerzhaftes Wasserlassen, Scharlach-Nephritis, Gicht, Rheuma, Ischias; Alterserscheinungen, Impotenz, Skrofulose, Rachitis, Pneumonie, Bronchitis, Tuberkulose, Metritis, Orchitis (MADAUS).

Volkstümliche Anwendung. Das Sporenpulver bei Steinleiden (Nieren-, Blasen- und Gallensteine), Blasenbeschwerden (Katarrh, Krämpfe, Schwäche, besonders alter Leute), Krämpfe, Durchfall, Rheuma und Gicht. Die Abkochung der Pflanze noch bei Verstopfung und Menstruationsstörungen. Das Sporenpulver vielfach äußerlich als Wundpulver und bei Hautjucken.

Equisetaceae, Schachtelhalmgewächse.

Equisetum arvense L.,
Acker-Schachtelhalm, Zinnkraut.

Beschreibung. Ausdauernd, Höhe 15—80 cm. Der *Wurzelstock* ist hohl, gegliedert, mit braunen Haaren besetzt, quirlständigen Wurzelfasern, treibt zweierlei Stengel. Zuerst erscheinen die kleineren rötlichen *Fruchtstengel* mit zapfenförmigem Fruchtstand. Scheiden der fruchtbaren Stengel stets entfernt, mit 6—12 schwarzbraunen Zähnen. *Unfruchtbare Stengel* graugrün, der Länge nach gestreift, Äste unverzweigt, scharfkantig, quirlförmig, mit walzenförmigen, anliegenden, gezähnten Scheiden. *Fruchtzeit:* Im März und April erscheinen die fruchtbaren Stengel, im Sommer die unfruchtbaren.

Besonderes. Geruchlos; Geschmack zusammenziehend, salzig.

Vorkommen. Äcker, Wiesen, Dämme, besonders auf lehmigem Sandboden.

Sammelzeit. Die Sommerwedel werden kurz unterhalb der Äste abgepflückt.

Drogen, Arzneiformen. Herba Equiseti, Schachtelhalmkraut. *Homöopathie:* Essenz und Potenzen aus den frischen Sommerwedeln ohne Wurzelstock.

Bestandteile. Bis 5% Equisetonin — Saponin (KROEBER), Gesamt-Kieselsäure in der frischen Pflanze 3,21—16,25%, in der getrockneten 5,19—7,77%, lösliche Kieselsäure in der frischen Pflanze 0,06—0,33%, in der getrockneten 0,06—0,78%, ferner sind vorhanden: Bitterstoff, Harz (toxisch?), Oxal-, Apfel-, Aconit-, Gerb(?)-säure, Spuren einer noch nicht bestimmten Base, etwas Fett. 70% der Asche sind SiO_2, ferner ist viel Aluminium und Kaliumchlorid vorhanden. — Die Kieselsäure ist in der Pflanze in Form der echten Lösung vorhanden und zwar in Form einfacher Säuren, etwa bis zur Stufe der Hexasäure (GAUDARD). — Alle Schachtelhalmgewächse werden nicht selten von einem Pilz befallen und enthalten dann ein Alkaloid Equisetin, das ähnlich wie das Temulin von *Lolium temulentum* wirkt (GESSNER).

Pharmakologie. Die Wirkung der organisch gelösten Kieselsäure auf die *tuberkulösen Herde* ist, soweit es die gutartigeren Formen, die an sich zu Vernarbungsprozessen neigen, betrifft, durch zahlreiche Autoren sicher bestätigt. Sie gibt dem Bindegewebe Resistenzfähigkeit gegenüber den bakteriellen Einschmelzungsprozessen (KOBERT). KÜHN machte Versuche großen Ausmaßes; er gab einen kieselsäurehaltigen Tee mit Equisetum mit einem Gehalt zwischen 40 und 480 mg als Tagesdosis. Diese Menge ist notwendig, um die Kavernen zu umgrenzen, da ein Teil der Kieselsäure durch den Urin wieder ausgeschieden wird. Bei leichteren Fällen gelangen ihm völlige Ausheilungen. Die Wirkungen vegetabilischer Kieselsäure bei „gewissen Tuberkulosefällen" bestätigten erneut WOLFF und DOBROWOLSKI. Nach SKOKAN wirkt Equisetum gewebefestigend und gewebereizend. Die reizende Komponente gilt ihm als Stimulans; Silicium habe als Biokatalysator starken Einfluß auf die Intensität des Stoffwechsels, was auch bei tuberkulösen Prozessen der Fall sei. Die gewebefestigende Wirkung käme erst nach größeren Dosen zustande. RÉNON erklärt, daß Equisetum als wertvolles Remineralisationsmittel die Abwehrreaktionen des Organismus begünstige: „en provoquant une prolifération fibreuse active". — Die Wirkung der Pflanze bei *Dermopathien* (Pemphigus-Formen) ist nach UNNA die Wirkung der Kieselsäure auf die Elastizität der Haut und ihr kolloidales Zellengleichgewicht. WEGENER gibt an, daß sich die von KNEIPP angegebene Wirkung auf

Lupus in neuester Zeit bestätigt habe. Die Wirkung auf *Arteriosklerose* erklärt sich nach LUITHLEN, MORETTI, SCHULZ aus der Fähigkeit kolloidaler Kieselsäure, Gefäßwände wieder elastisch zu machen. TICHÝ erforschte die Rolle der Kieselsäure im Kampf gegen *maligne Geschwülste*; sie wirkt nicht nur gewebsfestigend, sondern es sollen im Tumor selbst Kieselsäureherde entstehen, die bei Einwirkung harter Röntgenstrahlen zu sekundären Strahlungen fähig sind; die Kieselsäure ist eines der auf Röntgenstrahlen resonnierenden Elemente.

Die übrigen Wirkungen der Pflanze. Der frische Saft der Pflanze wirkt *blutbildend* bei sekundären Anämien, nicht aber bei primären Formen (PERSICO); es tritt außerdem *Leukocytose* ein (SCHNEIDER). *Hämostyptische Wirkungen* werden verschiedentlich belegt, so berichtete PUSCHKIN bereits, später BAUER, LUITHLEN, MORETTI, SCHULZ, LECLERC, INVERNI, GIBELLI. Als Injektion steigert der Saft von Equisetum die Koagulation des Blutes und wirkt dadurch energisch und prompt hämostatisch. Schließlich hat Equisetum bedeutende *diuretische* Wirkungen. HUCHARD und BREITENSTEIN sahen bei 2stündlich 30 Tropfen des Dialysates eine mittlere Vermehrung der Harnmenge um 30%. Experimentell hat HERSE an Ratten eine Diuresesteigerung um 68% beobachtet, also wesentlich stärker als von Theobromin und Harnstoff.

Verordnungsformen. Herba Equiseti zum heißen Aufguß, 2 Teelöffel auf 1 Tasse, 2 Tassen täglich. KOBERT-KÜHNscher Kieseltee (s. Rp.). Herba Equiseti pulv., täglich 5mal 1,0 g, verrührt oder in Oblate. *Homöopathie:* ∅ — dil. D 2, dreimal täglich 10 Tropfen.

Medizinische Anwendung. Bei Tuberculosis pulmonum (hämorrhagica), Asthma, Bronchitis, ferner bei Hämorrhagien aller Art (Hämoptoe, Menorrhagie, Metrorrhagie, klimakterische Blutungen, Hämorrhoidalblutungen, Apoplexie, weiter als Diureticum, besonders bei Pleuritis exsudativa, Hydrops pericardii, Stoffwechselkrankheiten mit Retention, Blasen- und Nierenleiden rheumatischer Grundlage, Blasen- und Nierenkatarrhen, Cystitis, Enuresis, Steinbildungen in Niere und Blase, Nephritiden, Nierentuberkulose (SCHIRMER); schließlich bei Fluor albus, Pemphigus chronicus et foliaceus, Lupus, Arteriosklerose, Milzschwellungen, Leberstauungen; bei Haarausfall sah WEGENER gute Erfolge. *Äußerlich* werden vom Gebrauche der Abkochung oder des frischen Saftes, auch in Form von Bädern oder Packungen mit dem frischen Kraut Erfolge angezeigt bei eiternden Wunden und Geschwüren, Ulcera cruris, Knochentuberkulose, Nagelbetteiterungen, Schweißfüßen. Die Abkochung oder der verdünnte frische Saft bei Stomatitis (KÖHLER), Pharyngitis und als Spülmittel bei Fluor albus und Ozaena. Sitz- und Stuhldampfbäder wirken bei Gallensteinleiden, Hämorrhoiden, Fluor. Ulcera cruris und Flechten bedeckt man mit dem Brei der frischen Pflanze.

KOBERT-KÜHNscher *Kieseltee bei Tbc.*
Rp: Herb. Equiseti 37,5
Herb. Polygoni avic. 75,0
Herb. Galeopsidis ochr. 25,0
M. f. species.
D. s.: Dreimal täglich 1½ Eßlöffel mit 2 Tassen Wasser ansetzen und auf die Hälfte einkochen.

Homöopathische Anwendung. Bei konsekutiver Enuresis, Blasenreizung, Schmerzen in Nieren, Blase, Harnwegen, Harnbeschwerden während und nach der Gravidität, Incontinentia urinae senile, Anurie, Hydrops in abdomine.
Volkstümliche Anwendung. Nieren- und Blasenleiden gichtischer Grundlage, zu Blutreinigungskuren, Nasenbluten, Wassersucht, Asthma, Husten, Erkrankungen der Lunge und Leber; äußerlich in Form von Umschlägen bei schlecht heilenden Wunden, krebsartigen Geschwüren und Knochenfraß (nach SCHULZ). Von KNEIPP wurde Equisetum als „einzig, unersetzbar und unschätzbar" bezeichnet.

Phanerogamae, Blüten- oder Samenpflanzen.
1. Gymospermae, Nacktsamige Pflanzen.
Pinaceae, Kieferngewächse.

Juniperus communis L.,
Gemeiner Wacholder, Heide-Wacholder, Kranewitt, Machandel.

Beschreibung. Aufrechter Strauch oder Baum mit aufstrebenden Ästen, 1—10 m hoch, stark verzweigt, jüngere Zweige rotbraun. Rinde graubraun, im Alter rissig, abblätternd. *Nadeln* bleibend, zu 3 wirtelständig, 10—15 mm lang, 1—2 mm breit, lineal, lang zugespitzt, stachelig, oberseits flachrinnig, in der Rinne weißlich, rückenseits stumpf gekielt. *Blüten* zweihäusig, männliche gelb, weibliche kleiner, grünlich, unscheinbar, in den Achseln der Blätter. *Frucht* ein Beerenzapfen (= Wacholderbeere), aufrecht, kuglig-eiförmig, höchstens halb so lang als die Blätter, erst im 2. Jahre reifend, dann schwarz und blaubereift. *Blütezeit* April, Mai. Die Pflanze ist gesetzlich *geschützt!*
Besonderes. Nadeln immergrün, Pflanze riecht aromatisch, Geschmack der Beeren herbsüß-aromatisch.
Vorkommen. Nadelwälder, Heiden, gern an Abhängen; häufig.
Sammelzeit. Die Beeren werden im Herbst des 2. Jahres nach der Blüte gesammelt und auf Hürden getrocknet, sorgfältig verlesen.
Anbau. Lohnend, notwendig. Der Strauch gedeiht auf jedem Boden, sofern die Plätze warm und trocken sind. Man kann ihn aus Samen ziehen und dann auspflanzen.
Drogen, Arzneiformen. Fructus Juniperi, Wacholderbeeren; Spiritus Juniperi, Wacholderspiritus; Succus Juniperi inspissatus, Wacholdersaft; Lignum Juniperi, Wacholderholz; Oleum Juniperi, Wacholderbeeröl; Oleum Juniperi e Ligno, Wacholderholzöl; Pix Juniperi, Wacholderteer; Unguentum Juniperi, Wacholdersalbe. — *Homöopathie:* Essenz und Potenzen aus den frischen reifen Beeren.
Bestandteile. Die Beeren enthalten: 0,34—1,2% ätherisches Öl, ein Gerbstoffglykosid Juniperin, ferner 7,07% Invertzucker (im trockenen

Zustand bis 30%), 0,64% wachsähnliches Fett, 1,29% Harz, 0,73% Pektin, 1,86% Ameisensäure, 0,94% Essigsäure, 0,21% Apfelsäure Inosit, Pentosane, Öl, Gummi, Farbstoff.

Pharmakologie. Die Wirkung des ätherischen Öles ähnelt der des Terpentinöles. Es schädigt in größeren Dosen die Nieren (Strangurie, Hämaturie, Albuminurie, Priapismus, urämische Konvulsionen), beschleunigt die Herztätigkeit und die Atmung, macht Menorrhagien (keinen Abort!). Örtlich reizt es stark bis zur Blasenbildung auf starken Schwellungen. Behandlung solcher Erscheinungen mit Magenspülungen, Milch, salinischen Abführmitteln. MADAUS prüfte mit dem Wacholdersaft die desinfizierende Wirkung; auch Colibacillen wurden abgetötet, wobei der Extrakt aus den Zweigen am wirksamsten war. BONSMANN und HAUSCHILD prüften die diuretischen Wirkungen des Öles an der Maus und fanden eine Steigerung der Diurese um 100% (peroral). HERRE erzielte an Ratten nur eine Steigerung von 20% mit dem Beerenauszug.

Verordnungsformen. Fructus Juniperi, zum kalten Aufguß 1 Teelöffel auf 1 Tasse, 8 Stunden stehen lassen, 2 Tassen täglich. Fructus Juniperi, mehrmals täglich einige Beeren essen. Succus Juniperi, 3 bis 5 Eßlöffel täglich. Spiritus Juniperi, zum Einreiben. Pix Juniperi, zur Pinselung. — *Homöopathie:* dil. D 2, drei- bis viermal täglich 1 Tablette.

Medizinische Anwendung. Als Diureticum bei Hydrops, Ödemen, Cysto- und Nephropathien, Gicht, Rheuma, Steinleiden, Hautkrankheiten (innerlich und äußerlich [Pinselung mit einer 10% Solutio Picis Juniperi]). Bei Magenerkrankungen kann die Einnahme des Saftes oft ausgezeichnete Dienste leisten (Dyspepsie, Blähungen, Durchfälle, Ikterus, Ulcera), manchmal wird eine völlige Unverträglichkeit beobachtet. Lungenerkrankungen; KLARE sah bei Tuberkulose im Kindesalter lebhafteren Stoffwechsel, gesteigerte Aktivität und Reaktionsfähigkeit des Organismus, Hebung des Appetits und Gewichtszunahmen. Ferner bei Husten, Asthma, Diabetes, Arteriosklerose, Dysmenorrhöe. *Kontraindikation:* akute Nephritis. — Die *homöopathischen* Anwendungen sind die gleichen (Nieren- uud Blasenkatarrh, Wassersucht, Dysmenorrhöe).

Volkstümliche Anwendung. Zur Magenstärkung und Steigerung des Appetits, bei Lungenkrankheiten, Wassersucht, gegen Nieren- und Gallensteine, Blasenkrankheiten (Katarrhe), chronischer Rheumatismus, gichtische Beschwerden, Zuckerkrankheit, Amenorrhöe, Gonorrhöe, luetische Begleiterscheinungen. Der Wacholdersaft wird als bekanntes Blutreinigungsmittel zu Frühjahrkuren viel verwendet. Die mit Spiritus aufgesetzten Beeren als Einreibung bei Gicht und Rheuma, Menstruations- und Magenschmerzen. Die Salbe zur Heilung von Geschwüren. Die Beeren zur desinfizierenden Räucherung und zum Konservieren von Fleisch, als Küchengewürz und wie auch das Öl in großem Maße zur Herstellung von Wacholderbranntwein (Steinhäger, Genever, Machandel, Borovička).

Tierheilkunde. Ausgedehnte Verwendung der gepulverten Beeren als harntreibendes, freßluststeigerndes Mittel, bei Lungenkrankheiten, Drüsen- und Nervenfiebern. Öl und Salbe äußerlich als Einreibungen bei Starrkrampf, Gliederschwund, Lähmungen, veralteten Verstauchungen, ödematösen Schwellungen.

Juniperus sabina L., Sabina off. GARCKE, Sadebaum.

Beschreibung. Immergrüner Strauch oder Baum, Höhe 1,5—3 m. *Stamm* niederliegend, Rinde bräunlich-rötlich-grau. *Äste* aufstrebend, stark verzweigt. *Blätter* kreuzweise gegenständig, schmal pfriemenförmig, stachelspitzig oder schuppenförmig, vierreihig, dicht dachziegelartig, rückenseits abgerundet, mit deutlichem Ölgang. *Blüten* männlich und weiblich an derselben Pflanze, weibliche an den Enden der Zweige. Blüten klein, unscheinbar, gelb. Beeren erbsengroß, erst grün, reif blauschwarz, oft bereift, an gekrümmten Stielen hängend. *Blütezeit* April, Mai.

Besonderes. Die Zweige riechen zerrieben unangenehm, Geschmack brennend und bitter. *Giftig!*

Vorkommen. In den Alpen heimisch, im Flachlande hin und wieder in Kieferwäldern, auf sandigen Heiden; häufig in Gärten angepflanzt, verwildert.

Sammelzeit. Die jungen Zweigspitzen werden im Frühjahr gesammelt.

Anbau. Leicht in Gärten, an Wegen, auf dürren Orten zu ziehen. Man kann durch Samen und Ableger vermehren.

Drogen, Arzneiformen. Herba Sabinae (Summitates S.), Sadebaumkraut; Extract. Sabinae; Tinctura Sabinae, Sadebaumtinktur; Unguentum Sabinae, Sadebaumsalbe; Oleum Sabinae, Sadebaumöl. — *Homöopathie:* Essenz und Potenzen aus den frischen Zweigspitzen.

Bestandteile. 3—5% ätherisches Öl mit etwa 50% Sabinol (Sabinolacetat), 25% Terpene (Sabinen, Cadinen, a-Pinen, a-Terpinen, Polyterpene), Ameisensäure, Essigsäure und den Geruchsträgern Citronellol, Geraniol, n-Decylaldehyd.

Pharmakologie. Äußerlich ruft das ätherische Öl starke Entzündungen der Haut hervor, innerlich blutiges Erbrechen, blutige Durchfälle, Hämaturie, Anurie, Magenentzündungen bis zur Perforation, Peritonitis, stärkste Hyperämie der Beckenorgane und des Gehirns, Retinablutungen, Stauungspapille, Krämpfe, dann Lähmung. In 50% aller Vergiftungen tritt der Tod in tiefer Bewußtlosigkeit, nach 10 Stunden bis mehreren Tagen ein. *Gegenmittel:* Magenspülung, Brechmittel, Abführmittel, schweißtreibende Mittel, dann Schleime (keine Fette, kein Alkohol wegen der Gefahr der Resorptionssteigerung), reichliche Flüssigkeitszufuhr, Diuretica; evtl. Chloralhydrat, Analeptica. Prognose ungünstig. — Die uterospezifische abortive Wirkung wird auf die übermäßige Hyperämie der Bauchorgane zurückgeführt (KAGAYA beobachtete Stillegung der Wehentätigkeit am Meerschweinchenuterus nach Gaben des Infuses), aber PIC und BONNAMOUR (RÖHRIG) geben an, daß die abortiven Wirkungen am Kaninchen unterbleiben, wenn die vesico-uterinen Zentren im Mark ausgeschaltet werden.

Verordnungsformen. Das Öl in Zuckerverreibung bei Amenorrhöe, äußerlich zu Salben, Pflastern und Einreibungen in 1% Verdünnung. Herba (Summitates) Sabinae pulv. zum Aufstreuen. — *Homöopathie:* dil. D 4, dreimal täglich 10 Tropfen.

Medizinische Anwendung. Die Ölzuckerverreibung bei Amenorrhöe gut wirksam. Die äußerlich anzuwendenden Verdünnungen des Öles bei Neuralgien, Lähmungen und gegen Alopecia. Das Pulver der Zweigspitzen zum Aufstreuen bei Condylomen, Ulcera. Weitere (innerliche) Anwendung findet nicht statt.

Maximaldosis: Summitates (Herba) Sabinae 1,0 pro dosi, 2,0 pro die; Oleum Sabinae 0,05 pro dosi, 0,5 pro die.

Rezeptpflichtig: Summitates (Herba) Sabinae, Oleum Sabinae, Extractum Sabinae, homöopathische Zubereitungen bis D 3 einschl.

Pulvis emmenagogus (F. M. GERM.)
Rp: Elaeosacchari Sabinae   2,0
    D. tal. dos. Nr. X
    D. s.: 1—2 Pulver täglich.

Amenorrhöe
Rp: Herb. Millefol.
    Summit. Sabinae
    Flor. Calendul.   āā
    S.: 1 Tee- bis 1 Eßlöffel zum Aufguß, 1—3 Tassen täglich.

Unguentum Sabinae
Rp: Summit. Sabinae pulv. subt.
    Terebinthini
    Ol. Terebinth.   āā   3,0
    Vaselin. flavi   āā   30,0
    M. f. ungt.

Pulvis contra Condylomata (F. M. GERM.)
Rp: Summit. Sabinae virid. pulv.
    Cupri sulfurici pulv.   āā   10,0
    M. d. s.: Äußerlich zum Aufstreuen.

Homöopathische Anwendung. Bei drohendem Abort, Uterusblutungen (Menorrhagie), Fluor, Gelenkaffektionen bei Rheuma und Gicht, Knochenschmerzen, Neuralgien, Nieren- und Blasenleiden mit Strangurie.

Volkstümliche Anwendung. Zur Förderung der Menstruation, als Abortivum.

Tierheilkunde. Die homöopathische Verdünnung D 2 (auch als „Teep") gegen das Verkalben.

Thuja occidentalis L.,
Abendländischer Lebensbaum.

Beschreibung. Baum oder Strauch von schlankem Wuchs, Höhe 6 bis 20 m. *Zweige wagerecht* ausgebreitet, flach zusammengedrückt, oberseits dunkelgrün, unterseits hellgrün. *Blätter* klein, schuppenförmig, in 4 Reihen kreuzgegenständig dachziegelartig angeordnet, flächenständige mit einem Drüsenhöcker, kantenständige gekielt. *Blüten* einhäusig, männliche kugelig, schwarzbraun. *Frucht* kleiner länglicher, hängender Zapfen, mit 10—12 bei der Reife lederartig gelbbraunen, 1—1$^1/_2$ cm langen, sich dachziegelartig deckenden Schuppen. Samen ringsum geflügelt. *Blütezeit* April, Mai.

Besonderes. Geruch aromatisch, Geschmack brennend-kühlend.

Vorkommen. Aus Nordamerika, als Zierbaum sehr häufig angepflanzt.

Drogen, Arzneiformen. Herba Thujae occidentalis, Lebensbaumspitzen (Ramuli arboris vitae). Oleum Thujae, Thujaöl. Tinctura Thujae, Lebensbaumtinktur. — *Homöopathie:* Essenz und Potenzen aus den frischen, zu Beginn der Blüte gesammelten Zweigen.

Bestandteile. In allen Teilen, besonders in den Zweigspitzen und in den Blättern ätherisches Öl mit δ-Thujon, δ-α-Pinen und l-Fenchon (GESSNER).

Pharmakologie. Der wirksamste Bestandteil ist das Thujon. Es ist stark giftig und reizt äußerlich und innerlich außerordentlich heftig. *Vergiftungen* kommen durch mißbräuchliche Verwendung der Zweigspitzen, des Öles oder der Tinktur zu Abortivzwecken vor. Es treten Erbrechen, heftige, blutige Durchfälle, peritoneale Reizungen, starke Blutüberfüllung der Beckenorgane (Abortus), starke Nierenschädigungen, Erhöhung der Temperatur und Pulsfrequenz, Lungenödeme, Bronchopneumonie, tonisch-klonische Krämpfe, dann aber Lähmungen ein, tiefe Bewußtlosigkeit und nach 10 Stunden bis mehreren Tagen der Tod. Auch die Einreibung des Öles in die Haut führt durch Resorption zu Vergiftungserscheinungen. *Gegenmittel:* Magenspülungen, Drastica, schweißtreibende Mittel, Schleime (keine Fette und Alkohole!), Chloralhydrat, Analeptica, Traubenzucker intravenös, Insulin, Diuretica. Die Prognose ist meist ungünstig. Bei der Sektion findet man gelbe Leberatrophie.

Verordnungsformen. Tinctura Thujae, äußerlich zur Betupfung von spitzen Kondylomen und Warzen. — *Homöopathie:* ⌀ — dil. D 2, dreimal täglich 10 Tropfen. *Vorsicht* mit größeren Dosen!

Medizinische Anwendung. Zum Betupfen von Papillomen, spitzen Kondylomen, Warzen (SICARD und LARUE machten Injektionen in die Warzenbasis).

Homöopathische Anwendung. Hauptmittel gegen Gonorrhöe, ferner bei Polypen, canceröser Dyskrasie, Warzen, Kondylomen, Hautaffektionen (Flecken- und Pustelausschläge), Impfschäden, Rheuma, Gicht, Lähmungszuständen, Schwerfälligkeit der intellektuellen Funktionen, Schnupfen mit Geschwürsbildungen in der Nase, Mund- und Rachenkatarrhen (Geschwüren), Asthma, Keuchhusten, Magen- und Darmkrämpfe (Koliken), Nieren- und Blasenaffektionen, Hämorrhoiden, Schmerzzuständen in den Genitalorganen, Fluor, ungewöhnliche Übererregung des Geschlechtstriebes.

Volkstümliche Anwendung. Mißbräuchlich als Abortivum. Eine aus den Zweigenden hergestellte Salbe gegen rheumatische und neuralgische Beschwerden (Hexenschuß).

Thuja orientalis L.,
Morgenländischer Lebensbaum.

Beschreibung. 3—6 m hoher Baum oder Strauch, bei uns meist in aufstrebenden Hecken oder Sträuchern. Zweige abwechselnd nach rechts und links in eine Ebene gestellt und flach zusammengedrückt. *Blätter* gekreuzt-gegenständig, vierreihig, unterwärts angewachsen, oberwärts frei, aber anliegend, dicht dachziegelartig, alle auf dem Rücken längs-

furchig. *Fruchtzapfen* kugelig-eiförmig, 12—18 mm lang, grün und bläulich bereift, erst reif trocken, dunkelrotbraun; 6—8 Schuppen mit zurückgekrümmtem Anhängsel. Samen dick, ungeflügelt. *Blütezeit* April, Mai.
Besonderes. Die zerriebenen Blätter riechen (wie die von *Th. occ.*) stark aromatisch, harzig, und schmecken brennend-kühl.
Vorkommen. In China, Turkestan, Persien heimisch; bei uns häufig als Zierstrauch angepflanzt.
Verwendung. Die wirksamen Bestandteile sind die gleichen wie bei *Thuja occ.*, der Ölgehalt soll geringer sein und man benutzt die Blätter zu Verfälschungen der Droge des letzteren. In China wird *Thuja orient.* gegen Blutsturz, Epistaxis und Hämaturie verordnet (n. MADAUS).

Pinus silvestris L.,
Kiefer, Föhre, Sand-Kiefer.

Beschreibung. Immergrüner Baum, Höhe 18—40 m. Krone etwas unregelmäßig ausgebreitet, im Alter schirmförmig. *Stamm* gerade, weit hinauf astfrei. Rinde anfangs gelbrot, abblätternd, später mit schuppiger, graubrauner, innen rostroter Borke bedeckt. Winterknospen harzfrei. *Nadeln* büschelig gestellt, je zu zwei in einer Scheide, dünn, steif, zugespitzt, 4—8 cm lang, oberseits innen leicht rinnig, bläulichgrün, an längeren Trieben locker stehend. *Blüten* einhäusig, männliche Kätzchen eiförmig, am unteren Teil der jungen Endtriebe, kurz gestielt; weibliche einzeln oder zu zwei, hellrot, gestielt, an den Spitzen der Triebe. *Fruchtzapfen* deutlich gestielt, 4—5 cm lang, breit — eiförmig, kurz, mit dicken Schuppen, hakenförmig herabgebogen. Flügel drei- bis viermal so lang als der Same. *Blütezeit* Mai.
Vorkommen. Überall häufig, besonders auf Sandboden der verbreitetste Baum, Waldungen bildend.
Drogen, Arzneiformen. Turiones Pini, Kiefernsprossen; Extractum Pini sylvestris, Kiefernnadelextrakt; Extractum Pini foliorum; Sirupus Pini sylvestris, Kiefernsprossensirup; Terebinthina, Terpentin; Oleum Terebinthinae, Terpentinöl; Oleum Terebinthinae sulfuratum, Geschwefeltes Terpentinöl; Resina Pini, Fichtenharz; Colophonium, Colophonium; *Homöopathie:* Essenz und Potenzen aus den frischen Sprossen, ferner alkoholische Lösung und Potenzen aus Oleum Terebinthinae.
Bestandteile. In den Sprossen (Nadeln) ätherisches Öl, Wachs, Juniperinsäure, Vitamin C (BOUGAULT, HAHN). Im Terpentin: 20—22% ätherisches Öl = Terpentinöl, das α-Pinen, β-Pinen, Dipenten, l-Camphen, polymere Terpene, Ameisen-, Essig- und Harzsäuren enthält (HAGER).
Pharmakologie (s. a. Larix decidua). Infolge des Gehaltes an Vitamin C kann echter Kiefernnadelextrakt zum Vitaminisieren von Nahrungsmitteln verwendet werden (GRJASNOW, ALEXEJEWA). *Terpentinöl* wird innerlich in Gaben von 1,0 und mehr täglich gut vertragen; es wird resorbiert und durch die Nieren teils unverändert, teils als Terpenalkohol mit Glykuronsäure gepaart ausgeschieden (Veilchengeruch des Harns). Bei entzündlichen, bakteriellen Erkrankungen der unteren Harnwege wirkt es in therapeutischen Dosen antiseptisch, bei größeren Gaben oder

längerer Anwendung kommt es zu heftigen Reiz- und Vergiftungserscheinungen (s. *Larix dec.*). Terpentinöl wird auch zum Teil durch die Lunge ausgeschieden, wirkt dort antiseptisch und sekretionseinschränkend. Unter die Haut gespritzt, verwendet man es zur Erzeugung von sterilen Abscessen. J. CAMERER hat die Wirkung dieser Abscesse wie folgt zusammengefaßt.

1. Die Speicherungsfähigkeit der Zellen des RES, besonders des Knochenmarkes und der Leber, wird erhöht.
2. Die Abwanderung des Farbstoffes aus der Blutbahn wird beschleunigt.
3. Der Opsonin-Index wird erhöht.
4. Das Knochenmark wird zur Blutbildung angeregt, bei intravenöser Zufuhr erfolgt eine plötzliche Ausschüttung der Blutzellen. MADAUS stellte fest, daß schon wässerige Auszüge der Kiefernnadeln Bact. coli töten. Terpentinöl wird in Form von Einreibungen und Pflastern als Rubefaciens verwendet. Zur *Injektionstherapie* von Furunkeln usw. verwendet man die 10%ige, sterile Lösung von Terpentin (nicht Öl, das Abscesse erzeugt).

Verordnungsformen. Extr. Pini sylv., 250,0 zu einem Vollbad. Sirupus Pini sylv., mehrmals täglich 1 Eßlöffel; Oleum Terebinthinae rectif. dreimal täglich 5—15 Tropfen (evtl. in Milch). Ol. Terebinth. zur Inhalation und zum Zerstäuben. Ol. Terebinth. zu Kombinationseinreibungen und Pflastern (s. Rp.). Ol. Terebinth. rectific. steril., in Dosen von 2—10 ccm zur subcutanen Injektion zur Erzielung steriler Abscesse. Terebinthinum in 10% Lösung in Dosen von 2 ccm zur intramuskulären Injektion (KLINGMÜLLER). — *Homöopathie:* Pinus silvestris, dil. D 2, drei- bis viermal täglich 2—3 Tropfen. — Ol. Terebinthinae, D 3, drei- bis viermal täglich 3—5 Tropfen.

Medizinische Anwendung. Innerlich bei Bronchitis, Lungenverschleimung, besonders chronische Formen und Altersbronchitiden, Bronchitis foetida, Gangrän. Die Pflaster bei Rheuma, Neuralgien und Gicht (evtl. bis zur Blasenbildung!). Die Bäder mit dem Extrakt als Hautreizmittel (s. *Picea excelsa*). KLINGMÜLLERsche Terpentininjektionen bei Furunkulose, Acne, Hydroadenitis der Achselhöhle, Ekzem, Sycosis staphylogenes, Erysipel, Adnexerkrankungen, Gonorrhöe, Epididymitis specif., Ischias, Lumbago, Rheumatismus articul.; als unmittelbare Folge sieht man Behebung der Schwäche, der Schlaflosigkeit und der Schmerzen. Terpentinölabscesse bei Furunkeln, Karbunkeln, Gelenkrheumatismus, hartnäckigen chronischen Prozessen innerer Organe.

Einreibung (ROST-KLEMPERER)
Rp: Liqu. Ammon. caust.
    Spir. camph.   āā 10,0
    Olei Terebinth.   40,0
    M. f. liniment.
    D. s.: Zum Einreiben.

Emplastrum Picis (Ergänzungsbd.)
Rp: Resinae Pini   55,0
    Cerae flavae   25,0
    Terebinthinae   19,0
    Sebi ovilis   1,0
    M. f. emplastrum.
    D. s.: Hautreizendes Pflaster.

Bei Gallensteinkolik (HAGER)
Rp: Aetheris   20,0
    Olei Terebinth.   5,0
    D. s.: 5—10 Tropfen auf Zucker.

Homöopathische Anwendung. *Ol. Terebinthinae* s. *Larix decidua.* — *Pinus silvestris* bei Skrofulose und Rachitis, äußerlich auch zur Einreibung.

Volkstümliche Anwendung s. *Picea excelsa.*

Weitere Anwendung. Kiefer- und Fichtenharz werden im Volke und in der volkstümlichen Tierheilkunde vielfach zu Harzsalben verwendet. Ebenso wird gepulvertes Kolophonium zum Aufstreuen auf Wunden und Eiterungen verwendet. Holzhacker verwenden oft frisches ausfließendes Harz als Wundmittel.

Pinus pumillo HAENKE (P. montana MILLER),
Krummholz, Knieholz, Latschenkiefer.

Beschreibung. Meist niederliegender, strauchartiger, immergrüner Baum. Stamm 1—2 m hoch, vom Grunde an sich ausbreitend, mit aufsteigenden, vielfach ineinander geschlungenen Ästen. *Nadeln* zu zwei in einer Scheide, steif, halbstielrund, meist etwas gekrümmt, grün. Weibliche Kätzchen paarweise aufrecht am Ende der Zweige. *Zapfen* dunkelbraun, deutlich bereift, kugelig-eiförmig, am Grunde nicht schief, gleichmäßig ausgebildet, aufrecht oder abstehend, kürzer als die Nadeln. *Blütezeit* Mai, Juni.

Vorkommen. Im Hoch- und Mittelgebirge, besonders in den Sudeten. Der Baum ist gesetzlich *geschützt!*

Arzneiform. Durch Destillation der Nadeln, frischer Zweigspitzen und jüngerer Äste wird das Oleum Pini pumilionis, Latschenkiefernöl, gewonnen; Ausbeute 0,25—0,7%. Es ist farblos, dünn, und von balsamischem Geruch.

Bestandteile. 70% d-Sylvestren, 25% Cadinen, 3—8% Bornylacetat, l-a-Pinen, l-Phellandren, Keton Pumilon und andere O-haltige Verbindungen.

Wirkung, Anwendung. Ol. Pini pum. wird bei Erkältungskrankheiten als Inhalat oder tropfenweise auf Zucker verwendet (Katarrhe, Altersbronchitiden, Entzündungen der Luftwege, Asthma, Keuchhusten). Außerdem zur Herstellung von Badeextrakten und Tannenduftessenzen, zur Seifenfabrikation. Die Wirkung ist der des Terpentinöles gleichzustellen (s. Larix decidua, Pinus silvestris). Im Volke werden die Zweigsprossen mit Weingeist aufgesetzt und zu Einreibungen und Likören verwendet.

Picea excelsa LINK, Pinus abies L.,
Fichte, Rottanne.

Beschreibung. Immergrüner Baum, Höhe bis 60 m. Krone pyramidenförmig, schlank, Stamm gerade, oft bis zum Grund beästet. Äste wirtelständig, waagerecht abstehend, jüngere Zweige herabhängend.

Rinde des Stammes schuppig rotbraun, der Äste rötlich. *Nadeln* 25 bis 35 mm lang, 1 mm breit, vierkantig, stachelspitzig, im Querschnitt rhombisch, rings oder halbrings am Zweig stehend. Die Basis geht in das sog. Nadelkissen des Zweiges über, unter dem der Nadelstich deutlich absteht. Die Nadelfarbe ist beiderseits dunkelgrün; nach 6 bis 7 Jahren Nadelwechsel. Männliche *Blüten* rotgelb, beerenähnlich aussehend, zuerst abwärts gerichtet, später aufgerichtet; weibliche Blüten leuchtend purpurrote Zapfen, später braun werdend, hängend, abfallend. *Zapfen* bis 15 cm lang, 3—4 cm dick, gelbbraun, glänzend, hängend; Schuppen dünn, holzig, ausgebissen-gezähnelt. Samen spitzeiförmig, dunkelbraun mit hellbraun durchscheinenden Flügeln. *Blütezeit* April bis Juni.

Vorkommen. Wälder der höheren und mittleren Gebirge sowie im Flachland; als Forst angebaut.

Sammelzeit. Es werden ausschließlich die Sprosse und jungen Zweige gesammelt und verwertet.

Drogen, Arzneiformen. Turiones pini, Fichtensprossen; Extractum Pini sylvestris, Fichtennadelextrakt; Sirupus Pini sylvestris, Fichtensprossensirup; Tinctura Pini composita. Die Fa. *Madaus* stellt eine „Teep"-Verreibung aus den Zweigspitzen her.

Bestandteile. Glykosid Picein, Ameisensäure, äth. Öl, Saccharose, Invertzucker, Pentose, Mannan, Wachs mit Cetyl-, Ceryl- und Myricylalkohol und Palmitin-, Stearin- und Oxypalmitinsäure (WEHNER).

Pharmakologie. MADAUS stellte bactericide Versuche an; sterilisierter, unverdünnter Extrakt tötete Bact. Coli in einem Tage ab; der nicht sterilisierte Extrakt braucht dafür 6 Tage, ebenso die Mischung beider Extrakte. Fichtennadelextrakt dient zu hautreizenden Bädern.

Verordnungsformen. Extract. Pini sylv., 250,0 zu einem Vollbad. Sirupus Pini sylv., mehrmals täglich 1 Eßlöffel. Tinct. Pini comp., drei- bis fünfmal täglich 10—20 Tropfen. „Teep", mehrmals täglich 1 Tablette.

Medizinische Anwendung. Fichtennadelbäder als Hautreizmittel bei körperlichen und nervösen Erschöpfungszuständen, Herz- und Nervenleiden, Schlaflosigkeit, Rachitis, Blutarmut, Skorbut, Gicht, Rheuma, Muskelhärten, Lähmungen, Stoffwechselstörungen, Hautausschlägen, Lungenprozessen, Katarrhen, Leberstauungen, Hypochondrie, Hysterie. *Innerlich* wendet man Sirup, Tinktur und Teep-Verreibung vor allem bei veralteten bronchitischen Prozessen an.

Volkstümliche Anwendung. Im Volke werden vor allem Abkochungen oder Branntweinauszüge der Sprossen verwendet bei Lungenleiden, Tuberkulose, Verschleimungen, Katarrhen, Engbrüstigkeit, Magenkrämpfen, Verdauungsschwäche, als Blutreinigungsmittel, bei Skrofeln, Hautleiden, Flechten, Würmern, Rachitis, Skorbut; zum Einreiben schwächlicher Kinder und bei Gicht und Rheuma. Die getrockneten, gepulverten Fichtennadeln sollen bei Pollutionen brauchbar sein. Der Splint der Fichte (gemeint ist die frische innere saftreiche Rinde, wie sie beim Abschälen der Stämme abfällt) wird abgekocht und gegen Malaria angewendet (SCHULZ).

Larix decidua MILLER, Pinus larix L., Larix europaea D. C.,
Lärche, Gemeine L.

Beschreibung. Schlanker Baum mit geradem Stamm, Höhe bis 50 m. Krone regelmäßig pyramidenförmig. Zweige gerade, abstehend. Rinde glatt, anfangs gelbbraun, später grau. Nadeln kurz, ungleich vierkantig, sehr dünn, weich, beiderseits hellgrün, bis zu 40 in becherartigen Scheiden, in wechselständigen Büscheln auf kurz gebliebenen Zweigen, im Herbst abfallend. Männliche Kätzchen sitzend, kugeligeiförmig, 5—8 cm lang, Deckschuppen bräunlich; weibliche Kätzchen aufwärts gerichtet, gestielt, eiförmig, rot. Fruchtzapfen eiförmig, 3 bis 5 cm lang, dünnschuppig, aufwärts gerichtet. *Blütezeit* April, Mai.

Vorkommen. In den Alpen und östlichen Sudeten heimisch, sonst häufig angepflanzt.

Drogen. Terebinthina laricina (veneta), Lärchenterpentin. Oleum Terebinthinae, Terpentinöl, das durch Destillation von Terpentin gewonnen wird. Terpinum hydratum crist. (aus Ol. Tereb.). Oleum Terebinthinae sulfuratum, geschwefeltes Terpentinöl.

Bestandteile. Terpentin: 20—22% äth. Öl (Terpentinöl), 14—15% Laricoresen, 4—5% Laricinolsäure, 55—60% α- und β-Larinolsäure, 0,1—0,12% Bernsteinsäure, Bitterstoff, Farbstoff. — Terpentinöl: α-Pinen, β-Pinen, Dipenten, l-Camphen, polymere Terpene, Ameisen-, Essig- und Harzsäuren (HAGER).

Pharmakologie. (s. a. *Pinus silvestris*). Terpentinöl reizt die Haut stark und kann resorbiert werden; subcutan ruft es Abscesse hervor. Innerlich kann es zu *Vergiftungserscheinungen* kommen: Erbrechen, blutige Durchfälle, Albuminurie, Hämaturie, Anurie (Veilchengeruch des Harns!), Somnolenz, Ataxie, Bewußtlosigkeit, Krämpfe, Koma. *Gegenmittel:* Magenspülung, salinische Abführmittel, reichliche Flüssigkeitszufuhr, Diuretica, Analeptica; Prognose gut. — *Therapeutische Dosen* machen vor allem eine Einschränkung der Sekretionen der Bronchialdrüsen und wirken stark antiseptisch.

Verordnungsformen. Oleum Terebinthini rectificatum, dreimal täglich 5 Tropfen in Milch. Ol. Tereb. zur Inhalation. Als Kombinationseinreibung (s. Rp.). *Homöopathie:* Ol. Terebinthini, dil. D 3, drei- bis viermal täglich 3—5 Tropfen.

Medizinische Anwendung. Innerlich bei Bronchialblenorrhöe, Bronchitis foetida, Lungengangrän, Tuberkulose. Äußerlich in Einreibungen und Salben als Rubefaciens.

Rp: Olei Terebinthinae
Olei Rapae
Spir. camph.
Liq. Amm. caust.   āā 45,0
M. D. S.: Zur Einreibung (SCHLUNGBAUM-WETZEL).

Rp: Acidi salicylici   5,0
Olei Terebinth.   5,0
Sap. kal.   20,0
Vaselin. flav.   ad 100,0
M. f. ungt.
D. s.: Zur Einreibung (SCHLUNGBAUM-WETZEL).

Homöopathische Anwendung. Aus Oleum Terebinthinae werden alkoholische Lösung und Potenzen hergestellt, die Anwendung finden bei rheumatischen Affektionen mit Steifigkeit und Lähmung der unteren Extremitäten, Luftröhrenkatarrhen, chronischen Pneumonien mit Neigung zu capillären Blutungen, bei entzündlichen Affektionen der Nierenschleimhaut und des Parenchyms, besonders bei Konkrementbildungen, Blutungen und bei Blasenkatarrh mit Harnbeschwerden (HEINIGKE).

Volkstümliche Anwendung. Im Volke wird Terpentinöl innerlich bei Brust- und Lungenleiden, äußerlich zu Einreibungen bei Rheuma, Muskelschmerzen und Gicht verwendet. Terpentin vielfach zu Salben für vereiterte Wunden, auch innerlich bei Bandwürmern, Würmern, Nierenstörungen und zur Anregung der Wehentätigkeit.

Taxaceae, Eibengewächse.

Taxus baccata L., Eibe.

Beschreibung. Baum oder Strauch mit breiter, unregelmäßiger Krone. Höhe 3—13 m. Stamm mit rotbrauner, später sich teilweise ablösender Borke. Äste abstehend, Zweige etwas hängend. *Nadeln* 2—3 cm lang, 2 mm breit, lineal, flach, spitz, weich, oberseits glänzend dunkelgrün, unterseits matt hellgrün, ohne weiße Streifen, waagerecht nach 2 gegenüberstehenden Seiten gerichtet. *Blüten* zweihäusig, auf der Unterseite der Zweige, die männlichen gelb, aus schuppigen Blättchen und vielen schildförmigen Staubblättern bestehend, die weiblichen einzeln auf kurzen Stielchen. *Früchte* korallenrote, becherförmige, gläserne Scheinbeeren. Samen braun. *Blütezeit* März, April.

Besonderes. Immergrün, sehr langsames Wachstum. *Giftig!* Der Baum ist gesetzlich *geschützt!*

Vorkommen. Wälder, besonders im Vorgebirge; sehr zerstreut. In Gärten oft angepflanzt.

Arzneiform. *Homöopathie:* Essenz und Potenzen aus den frischen Nadeln. — Drogen nicht im Handel.

Bestandteile. Alle Teile, ausgenommen das rote, süßlich schmeckende Fruchtfleisch enthalten das toxisch wirkende Taxin, das Glycosid Taxicatin und das Alkaloid Milossin (JESSER).

Pharmakologie. Die von altersher bekannte Herzwirkung ist neuerdings von MADAUS nachgeprüft worden. Er stellte fest, daß das Herz 10—16 Stunden post mortum in Diastole stark dilatiert ist, nach 40 bis 48 Stunden p. m. steht das Herz wieder in Systole. 1 g der Droge enthält etwa 2500 FD. COLLOW u. a. berichten, daß das Taxin chemisch dem Veratrin ähnelt, aber ähnlich der Digitalisgruppe eine ungesättigte Lactongruppe besitzt. — *Vergiftungen* kommen entweder durch Verwendung der Zweigspitzen als Abortivum oder nach Genuß größerer Mengen der Beeren durch Kinder vor. Es treten Erbrechen, Koliken, Durchfälle, Schwindel, Bewußtlosigkeit ein, der Puls und die Atmung werden schwach und oberflächlich, später Tod im Koma durch Atemlähmung. Pferde sind sehr empfindlich gegen die Eibentoxine, dagegen lassen sich Kaninchen, Meerschweinchen und Katzen leicht immunisieren (JENSEN). *Gegenmittel:* Magenspülungen, Adsorbentien, Analeptica. — Der Gehalt der Eibe an Taxin ist im Winter am höchsten (MADAUS).

Verordnungsformen. *Homöopathie:* ⌀ — dil. D 2, dreimal täglich 10 Tropfen.

Medizinische Anwendung. Noch nicht üblich. Nach Herstellung eines Standardpräparates und experimenteller Erprobung ist die Ausnützung der der Digitaliswirkung im gewissen Sinne entgegengesetzten Taxuswirkung möglich.

Homöopathische Anwendung. Rheumatismus, Gicht, Rose, pustulöse Ausschlage, Petechien, Wassersucht, Wechselfieber, Nachtschweiße, Kopfreißen, Speichelfluß, Magendruck und -schmerz, Leberaffektionen, Nieren- und Blasenaffektionen, Rücken-, Kreuz- und Lendenschmerzen, Ischias, Lähmungen der Glieder (HEINIGKE).

Volkstümliche Anwendung. SCHULZ berichtet, daß der Tee aus den Blättern hier und da gegen Croup und Angina beliebt sein soll.

Bemerkungen. Taxus baccata ist für Handel und gewerbliche Zwecke nicht freigegeben.

2. Angiospermae, Bedecktsamige Pflanzen.

Gramineae, Gräser.

Zea mays L.,
Türkischer Weizen, Mais.

Beschreibung. Einjährig, Höhe bis 3 m. Halm mit Mark gefüllt. *Blätter* über 4 cm breit, flach, hellgrün, gewimpert, oberseits zerstreut behaart. *Blütenstände* getrennt; männliche Blüten hellviolett, Ährchen zweiblütig in gipfelständigen Rispen; weibliche Ährchen einblütig, zu blattwinkelständigen, von Scheiden umhüllten Blüten vereinigt. Aus den Blattscheiden ragen die fadenförmigen, zweispaltigen Narben, *Stigmata Maydis*, hervor. Früchte glänzende, dunkelgelb-rötliche rundlich-kantige Körner. — *Blütezeit* Juni, Juli.

Vorkommen. Bei uns und in südlichen Ländern viel angebaut; Heimat ist Mittelamerika.

Sammelzeit. Die Maisnarben (Maisgriffel) werden zur Blütezeit *vor* der Bestäubung gesammelt und rasch im Schatten getrocknet.

Drogen, Arzneiformen. Stigmata Maydis, Maisgriffel. Extractum Stigmatum Maydis fluidum, Maisgriffel-Fluidextrakt. Extractum Stigmatum Maydis, Maisgriffelextrakt. — Die Fa. *Madaus* stellt eine „Teep"-Verreibung her. — *Homöopathie:* Tinktur aus den frischen Narben sowie gesondert aus den Fruchtknoten nach Entfernung der Kerne.

Bestandteile. FREISE gibt (1936) an: 1,85—2,55% fettes Öl, 0,08 bis 0,12% äth. Öl, 2,65—3,80% gummiartige Stoffe, 2,25—2,78% Harz, bis zu 0,05% Spuren eines Alkaloids, 0,80—1,15% glucosidischen Bitterstoff, 2,25—3,18% Saponine.

Pharmakologie. MADAUS nimmt an, daß die diuretische Wirkung in erster Linie der Gummisubstanz bzw. deren Abbauprodukten (Xylose) durch die Magensäure zuzuschreiben ist. Beim Lagern der Droge, namentlich bei ungenügendem Trocknen, nimmt die diuretische Wirkung rasch ab; dafür stellt sich eine abführende Wirkung ein (MADAUS). Nach älteren Autoren (CASTAU, DUFAU, DUCASSE) soll die Harnmenge in 24 Stunden auf das 3—5fache ansteigen, was neuere Autoren (PIC, BONNAMOUR) bestätigen.

Verordnungsformen. Stigmata Maydis, zum heißen Aufguß, 5 g auf 1 Tasse, tagsüber trinken. Extr. Stigmat. Maydis, mehrmals täglich 10—20 Tropfen. — „Teep", 3—4 Tabletten täglich. — *Homöopathie:* Stigmata Maydis dil. D 2, drei- bis vierstündlich 1 Tablette. Zea Mays dil. D 2, zwei- bis dreistündlich 10 Tropfen.

Medizinische Anwendung. Als Diureticum bei Hydrops aller Formen, Ödemen, besonders kardialer Ursachen, ferner bei Erkrankungen der Harnorgane (Cystitis, Pyelitis, Lithiasis, Albuminurie, Phosphaturie) und als unschädliches, sehr wirksames Abmagerungs- und Entfettungsmittel (MADAUS, FREISE).

Homöopathische Anwendung. Bei organischen Herzkrankheiten mit Ödemen der unteren Extremitäten und geringer Harnabsonderung, bei Cystitis, Pyelitis, Dysurie, Tenesmen, Albuminurie, Lithiasis, Gonorrhöe (HEINIGKE).

Phalaris canariensis L.,
Kanariengras.

Beschreibung. Einjährig, Höhe 15—50 cm, mehrstengelig. Stengel glatt, geknickt-aufsteigend. Blätter mäßig breit. Blattscheiden etwas rauh, die oberste aufgeblasen. *Ährenrispe* eiförmig oder kugelig, sehr dicht, weißlich, beiderseits mit 2 grünen Streifen. *Kelchspelzen* 4, die äußeren auf dem Rücken breit geflügelt (flügelig-gekielt), viel größer als die Blüte; die inneren schuppenförmig, eine oft fehlend. *Blütenspelzen* lederartig, nicht begrannt. *Blütezeit* Juli, August.

Vorkommen. In Südeuropa heimisch; hin und wieder angebaut, bisweilen verwildert.

Wirkung, Anwendung. Im Volke vielfach gebräuchlich zur Behandlung gichtischer Beschwerden, besonders der damit verbundenen Nieren- und Blasenleiden. SCHULZ berichtet, daß die Samen des Grases gründlich gekocht, durch ein Sieb getrieben und längere Zeit getrunken, wirken und glaubt, daß die enthaltene, beim Kochen in Lösung gehende Kieselsäure wirksam sei. In Selbstversuchen, die er mit Hirsesamen anstellte, beobachtete er nach dem Genuß einer solchen Abkochung außergewöhnlich reiches Auftreten der Säure im Harn.

Avena sativa L., A. orientalis SCHREBER,
Rispen-Hafer, Gemeiner Hafer, Saathafer.

Beschreibung. Einjährig, Höhe 60—120 cm. Ausgebreitete gleichmäßige Rispe, Äste zur Blütezeit abstehend. Ährenachse unter der unteren Blüte behaart, sonst kahl. Ährchen meist 2blütig und mehr, grün und groß. Hüllspelzen 7—11nervig, länger als die Blüte. Die kahlen Deckspelzen sind lanzettlich, an der Spitze 2spaltig, gezähnelt und entweder an der oberen Blüte oder auch an beiden Blüten unbegrannt. Körner beschalt. *Blütezeit* Juli, August.

Vorkommen. Überall gebaut, zuweilen an Wegen, auf Schutt verwildert.

Drogen, Arzneiformen. Hafergrütze, Haferflocken, Hafermehl. *Homöopathie:* Urtinktur und Potenzen aus der frischen blühenden Pflanze.

Bestandteile. Von KOBERT wird ein Alkaloid Avenin angegeben, ferner Trigonellin, Vanillinglykosid (i. d. Fruchtschale), Saponin (BOAS), 10—11% Stickstoffsubstanz, 5% Fett, 2% Zucker, 1,8% Dextrin, 54% Stärke, 3% Asche.

Pharmakologie. MADAUS wies nach, daß der Preßsaft junger grüner Haferpflanzen Mäuse schon nach Injektion geringer Mengen tötet.

Verordnungsformen. Als Nahrungsmittel Hafergrütze und Haferflocken. Hafermehl sollte besser keine Anwendung mehr finden, weil es durch sein Herstellungsverfahren stark entwertet ist. Als *homöopathische Arzneiform* gibt man ⌀, fünfmal täglich 15 Tropfen in heißem Wasser.

Medizinische Anwendung. Lediglich als diätetisches Therapeuticum, besonders in der Diabetesbehandlung in Form von Hafertagen, dann als Kraft-Nahrungsmittel für Kinder, Rekonvaleszenten, diätetisch eingestellte Patienten. — *Haferstrohbäder* sind von vorzüglicher Wirkung bei Gicht, Rheuma, Lähmungen, Flechten, L III, Leberkrankheiten, Unterleibsspasmen. Man stellt die Bäder her, indem man 1—2 Pfund Haferstroh mit mehreren Litern Wasser $1/2$ Stunde kocht und dem Bad zusetzt.

Homöopathische Anwendung. Als Tonikum bei Erschöpfungszuständen, besonders nervöser und sexueller Art, bei Schlaflosigkeit (20 Tropfen ⌀), Appetitlosigkeit, nervöse Diarrhöe, Dyspepsie, Bronchitis, Pertussis und (von ALBRECHT, MÜLLER empfohlen) zur Entziehung von Morphin und Tabak und bei Alkoholvergiftung. Auch amerikanische Autoren belegen die Wirkung bei Morphinentziehungen.

Volkstümliche Anwendung. Hafergrütze und Haferflocken als bekannte kräftigende Nahrungsmittel, besonders bei Verdauungsstörungen, Darmkatarrhen, auch bei Brust- und Halsleiden. Vielfach wird auch Haferstroh-Tee getrunken. Haferstrohbäder sind bekannt bei Gicht, Rheuma, Stein- und Grießbildungen, Bettnässen, Frostbeulen und Erfrierungen. Der Haferstrohabsud als Umschlag bei Ausschlägen, Flechten, Wunden, Augenleiden.

Lolium temulentum L.,
Taumel-Lolch.

Beschreibung. Einjährig, Höhe 30—80 cm. *Halme* steif, aufrecht, mit wenig Knoten, scharf-rauh. *Blätter* gras- oder bläulichgrün, ziemlich schmal, scharf-rauh. Blattscheiden rückwärts rauh, an den oberen Blättern schwach aufgeblasen. *Ährchen* an der bis 20 cm langen, starren, welligen Ährenspindel in 2 Längsreihen, 6—8blütig, länglich bis elliptisch, gelbgrün. Frucht länglich, braun, von Spelzen umschlossen. *Blütezeit* Juni, Juli.

Besonderes. Bei den Samenkörnern findet man zwischen Samenschale und Kleberschicht ein dichtes Geflecht von Pilzfäden. Dieser *Pilz* tritt schon bei der Keimung der Samen in den Vegetationspunkt ein und durchwächst *mit ihm* die ganze Pflanze. In den Fruchtknoten entwickelt er sein Mycel, durch dessen Weiterwachsen er sich allein fortpflanzt; Sporenbildung ist nicht bekannt. Die *Giftigkeit* der Pflanze tritt erst durch diesen Pilz ein.

Vorkommen. Feuchte Äcker, besonders auch unter Hafer; nicht selten.

Bestandteile. Das Alkaloid Temulin findet sich zu 0,06% in den pilzbefallenen Samen, pilzfreie Samen enthalten es nicht. Die Samen enthalten noch Fett, das reich an freien Fettsäuren ist, ferner Gerbstoff, wachsartige Körper und ein bitteres Glykosid. Im Saft der Pflanze wurden peptonisierendes Enzym „Gelatinase" und Labenzym gefunden. Sie ergibt 7% Asche mit etwa 50% Kieselsäure.

Pharmakologie. Temulin ist eine noch nicht aufgeklärte Pyridinbase, von SCHMIEDEBERG in die Gruppe des Coniins und Lobelins eingereiht. Dosis letalis 0,25 g pro kg Katze. — Temulin wirkt zentral lähmend, es ruft motorische Lähmungen, Ataxie, Temperatursenkung, Atemlähmung, Mydriasis durch Lähmung der parasympathischen Enden hervor; das Herz wird kaum beeinflußt. *Vergiftungen* kommen gelegentlich vor (lolchhaltiges Mehl, Kauen von Halmen). Zuerst treten die zentralen Symptome auf: Schwindel, „Taumeln", Verwirrung, Seh- und Hörstörungen, Trübung des Denkvermögens, Behinderung oder Aufhebung des Sprachvermögens, Schluckstörungen, Kopfschmerzen, Angstgefühl, Zittern, allgemeine Schwäche, Sinken der Körpertemperatur, Koma, Tod durch Atemstillstand. Nebenher treten (wahrscheinlich durch die Fettsäuren verursacht) Leibschmerzen, Erbrechen und Durchfälle auf. Prognose meist günstig, wenn auch die zentralen Störungen tagelang bestehen bleiben können. *Gegenmittel:* Magenspülungen, Abführmittel, Adsorbentien, evtl. Analeptica gegen die Atemlähmung. (Ref. n. O. GESSNER.)

Anwendung. Die *Homöopathie* stellt Urtinktur aus den reifen Früchten und Potenzen her und verordnet sie bei: hartnäckigem Schwindel, Psychosen, Kongestionen nach Brust und Kopf, Neuralgien, rheumatischen und gichtischen Affektionen entzündlicher Art, besonders der Finger- und Handgelenke, Hautjucken, Zittern der Arme, Magenkrampfschmerzen bei Nüchternheit, zur Regulation der Menstruation (HEINIGKE). Dosis: dil. D 3—4. — Die Fa. *Madaus* stellt eine „Teep"-Verreibung aus frischen Samen her. Dosis: 3 Tabletten täglich.

Agropyrum repens P. B., Triticum repens L.,
Gemeine Quecke, Graswurzel.

Beschreibung. Ausdauerndes Gras, Höhe 30—100 cm. *Wurzelstöcke* weit umherkriechend, vielfach verzweigt, sehr lang, stielrund, von strohgelber Farbe; lange, glatte, innen hohle Glieder bildend, welche durch geschlossene, mit häutigen weißen Scheiden und dünnen Wurzeln versehene Knoten getrennt sind. *Stengel* aufrecht oder aufsteigend, nebst den Scheiden glatt und kahl. *Blattspreite* flach, Blätter schmal, oberseits rauh, unterseits glatt, grün oder bläulichgrün. *Ähre* 2teilig, bis 10 cm lang, dicht, aufrecht. *Ährchen* lanzettlich, 3—5blütig, hellgrün. *Hüllspelzen* lanzettlich, 3—5nervig, in eine kurze Granne zugespitzt, Deckspelzen zugespitzt oder stumpflich, grannenlos oder begrannt. *Frucht* lineal-länglich, weitrinnig, vom Deck- und Vorblatt eingeschlossen. *Blütezeit:* Juni bis August.

Besonderes. Geschmack der Wurzelstöcke süßlich-schleimig. Die Pflanze ist ein sehr lästiges Unkraut.

Vorkommen. Überall auf Äckern und Gartenland, auf Weiden, an Weg- und Waldrändern.

Sammelzeit. Im Frühjahr und Herbst werden die beim Umpflügen der Felder und Gärten in großen Mengen zutage kommenden Wurzelstöcke gesammelt, gesäubert und getrocknet.

Anbau. Man kann sowohl kleine Stücke der Wurzelstöcke auslegen, die sich mit der unverwüstlichen Lebenskraft des Unkrautes überall schnell entwickeln als auch Samen aussäen, der in etwa 14 Tagen aufkeimt. Bei sauberer Verarbeitung ist in großen Mengen der Anbau lohnend.

Drogen, Arzneiformen. Rhizoma Graminis, Queckenwurzel; Extractum Graminis, Queckenwurzelextrakt; Extractum Agropyri liquidum, Queckenwurzelfluidextrakt. *Homöopathie:* Urtinktur aus der frischen Wurzel.

Bestandteile. 7% Triticin, ein schwach hämolytisch wirkendes Saponin, Vanillinglykosid, Inosit und ein Enzym, welches Amygdalin spalten kann, 11% Schleim, 54% Kohlehydrate, Vitamine A und B.

Pharmakologie. Emmenagogum(?), Blutreinigungsmittel, Diuretikum.

Verordnungsformen. Rhiz. Graminis als kalter Auszug: 4 Teelöffel voll auf 1 Glas Wasser, täglich; als Pulver: dreimal täglich 1 g. — *Homöopathie:* D 1—3, dreimal täglich 10 Tropfen.

Medizinische Anwendung. Als Blutreinigungsmittel, das auch bei rheumatischen und gichtischen Affektionen wirkt. Ferner bei Hydrops zur Diurese, bei Blasenleiden, Steinleiden der Harnorgane und bei Leber- und Gallenleiden. Die ausscheidende Wirkung kommt auch bei Milzleiden, Drüsenstockungen, Verschleimungen, Katarrhen, bei luischen Infektionen und bei Hauterkrankungen (Ekzeme, Acne) in Betracht.

Homöopathische Anwendung. Bei Harnzwang, häufigem und schmerzhaften Urinieren, Harnröhrenleiden, Grieß, ferner bei Dysurie und Gonorrhöe.

Volkstümliche Anwendung. Als Blutreinigungsmittel und bei Unterleibskrankheiten, bei Lungentuberkulose, Skrofulose, Drüsenschwellungen, Gelenkprozessen, bei Darmerkrankungen.

Weitere Verwendung. Die in großen Massen ausgeackerten Queckenwurzeln ergeben infolge ihres Gehaltes an Kohlehydraten ein gutes Viehfutter; auch kann durch Auskochen Sirup (Mellago graminis) daraus hergestellt werden. Die gerösteten Wurzelstöcke ergeben ferner ein schmackhaftes Kaffeesurrogat.

Cyperaceae, Riedgräser.
Carex arenaria L.,
Sand-Segge, RoteQuecke, Riedgras, Deutsche Sarsaparille.

Beschreibung. Ausdauernd, Höhe 15—45 cm. *Wurzelstock* bis zu 10 m lang, waagerecht kriechend, gegliedert, mit Schuppen bekleidet, die nach dem Trocknen schwarzbraun glänzen. *Stengel* oberhalb dreikantig, scharf und rauh, *Blätter* 3—4 mm breit, starr und rinnig zugespitzt. Blütenstand 3—6 cm lang, in etwas überhängenden Rispen; die hellbraunen Ähren setzen sich aus je 6—16 Ährchen zusammen; obere männlich, untere weiblich, mittlere männlich und weiblich. Die *Deckblätter* sind eiförmig-lanzettlich, fein zugespitzt, mit geschlängelter oder gebogener Stachelspitze. *Frucht* oval, flach zugespitzt an beiden Enden; die Flügel beginnen etwas unter der Mitte des Fruchtschlauches. *Blütezeit* Mai, Juni.

Vorkommen. Flugsandfelder, Sandfluren, Kiefernheiden, auf Dünen angebaut; meist massenhaft.

Sammelzeit. Die langen Wurzelstöcke werden im Frühjahr gesammelt. Anbau nicht lohnend.

Droge. Rhizoma Caricis, Sandseggenwurzel.

Bestandteile. Wenig Saponin, Spuren ätherischen Öles, Harz, Schleim, Gummi, Zucker, Stärke, 0,04% Asparagin, Kieselsäure.

Pharmakologie. Die gute diaphoretische, diuretische, resolvierende Wirkung kann mit dem geringen Saponingehalt nicht zusammenhängen; wahrscheinlich handelt es sich um die Wirkung noch unbekannter Substanzen dabei.

Verordnungsformen. Rhiz. Caricis conc. zum kalten oder heißen Aufguß 1 Teelöffel auf 1 Tasse Wasser, zwei Tassen täglich.

Medizinische Anwendung. Der Wurzelstock wirkt vor allem bei chronischen Hautaffektionen luetischer Basis (auch bei Hg-Vergiftungserscheinungen nach Schmierkuren usw.), so daß er früher als „Deutsche Sarsaparille" offizinell war. Der Aufguß wirkt diaphoretisch und auch diuretisch besonders bei Gicht, urämischen Erscheinungen, Rheuma. BACHEM stellte an großem Material die vorzügliche Wirkung bei Stirnhöhlenkatarrhen fest. BOHN weist auf die Anwendung bei Erkrankungen der Drüsen und der Leber hin.

Volkstümliche Anwendung. Darm-Koliken-Blähungen-Katarrhe, Leberstauungen, Ödeme, Lungenkrankheiten (Verschleimungen, Bronchialkatarrh), ferner als Blutreinigungsmittel bei Ausschlägen, Flechten, Ekzemen, Geschwüren und bei Gicht und Rheuma.

Araceae, Arongewächse.
Arum maculatum L.,
Aronstab, Gefleckter A., Aronskraut, Zehrwurz.

Beschreibung. Ausdauernd, Höhe bis 60 cm. Der weiße Wurzelstock ist kurz, fleischig-knollig. Zwei bis drei grundständige, langgestielte

Blätter, hellgrün, glänzend, spieß-pfeilförmig, mit abwärts gerichteten Pfeilecken, grobnetzadrig, einfarbig oder braun-schwarz gefleckt. *Blütenkolben* ist von einer großen, grünlich-weißen, spitzzipfelig auslaufenden, im Inneren häufig violett gefärbten Blütenscheide (Tüte) umschlossen. Oberteil des Kolbens keulig verdickt, dunkelviolett gefärbt. Beeren scharlachrot. *Blütezeit* April, Mai.
Besonderes. Geruch widerlich, Geschmack brennend scharf. *Giftig!*
Vorkommen. Schattige, feuchte Laubwälder; zerstreut.
Sammelzeit. Die Wurzelknollen sammelt man im Herbst, die Blätter während der Blüte.
Anbau. An feuchten, schattigen Stellen legt man im Herbst die Knollen in die Erde.
Drogen, Arzneiformen. Rhizoma Ari, Aronswurzel; Herba Ari, Aronskraut. *Homöopathie:* Tinktur aus dem frischen Rhizom.
Bestandteile. Aroin, ein giftiger, chemisch noch nicht erforschter, flüchtiger Stoff, besonders reichlich in den Knollen, ferner ein Saponin und ein blausäurelieferndes Glykosid.
Pharmakologie. Das Aroin reizt örtlich heftig, erregt zunächst, um dann das Zentralnervensystem zu lähmen. *Vergiftungen* kommen eigentlich nur durch den Genuß der roten Beeren vor; sie äußern sich in Entzündung und Schwellung von Mund- und Rachenschleimhaut, Salivation, Erbrechen, Tachykardie, Arrhythmie, Mydriasis, Spasmen, Tod im Koma (GESSNER). *Gegenmittel:* Magenspülungen, Adsorptiva, Milch; Anwendung von Wärme, Analeptica, Cardiaca, Injektion von Ringerlösung, Uzara.
Verordnungsformen. Die getrockneten Knollen haben fast keine Wirkung mehr. Am richtigsten ist die Verwendung der aus den frischen Knollen hergestellten Tinktur: dreimal täglich 5—10 Tropfen. Als Pulver kann man verordnen: Rad. Ari pulv., fünf- bis sechsmal täglich 1 Messerspitze. *Homöopathie:* dil. D 3, dreimal täglich 10 Tropfen.
Medizinische Anwendung. Bei Schleimhautentzündungen der Luftwege, als Stomachicum, bei Schluckbeschwerden, Zungenerkrankungen (KLEINE, bei brennendem Gefühl auf der Zunge), Rheuma, Gicht.
Homöopathische Anwendung. Bei Nervenerkrankungen mit Zukkungen und Lähmungen, chronischen Bronchial- und Magenkatarrhen, Blutungsneigungen, leicht blutendem Zahnfleisch, Bläschenflechte, Erythem (solare).
Volkstümliche Anwenduug. Bei chronischem Bronchialkatarrh, bei Magenkrankheiten (-schwäche), als Wundmittel bei brandigen Geschwüren.

Acorus calamus L., A. aromaticus LAM.,
Kalmus, Magenwurzel, Deutscher Ingwer.

Beschreibung. Ausdauernde Krautpflanze, die waagerecht kriechende, verzweigte, bis über 50 cm lange und bis 3 cm dicke, etwas plattgedrückte *Wurzelstöcke* besitzt mit grünlicher, rötlicher bis bräunlicher geringelter Rinde, welche durch die Blattnarben in Dreiecke geteilt ist. *Blätter* schwertförmig, grasgrün, ungestielt, bis 120 cm lang, mit zweischneidigem Schaft. Aus seiner Mitte keimt der fingerlange, kegelförmige, gelblichgrüne *Blütenkolben*, dessen oberer Teil blattartig ist. *Früchte* rötliche Beeren. *Blütezeit* Juni, Juli.

Besonderes. Geruch und Geschmack aromatisch, angenehm bitter.

Vorkommen. Teiche, Ufer, Sümpfe, Gräben; verbreitet.

Sammelzeit. Vor der Entwicklung der Blätter im Frühjahr oder im Herbst. Der Wurzelstock wird herausgezogen und frisch geschält, dann erst an der Sonne vorgetrocknet und im Ofen vollkommen ausgetrocknet.

Anbau. Ist leicht und empfiehlt sich, wenn seichte Gewässer (möglichst stehend) zur Verfügung sind. Die Fortpflanzung erfolgt durch die Wurzel; man wirft kleine Stückchen aus, die dann von selbst weiterwuchern. Der Anbau ist lohnend.

Drogen, Arzneiformen. Rhizoma Calami, Kalmus; Oleum Calami, Kalmusöl; Confectio Calami, kandierter Kalmus; Extractum Calami; Extr. Cal. fluidum; Tinctura Calami.

Bestandteile. 1,5—3,5% ätherische Öle, Gerbstoff, 0,2% Acorin, ein gelber neutraler Bitterstoff, ferner Acoretin, Cholin, Methylamin, Dextrin, Dextrose, Schleim, Stärke, 6% Asche. Im Öl ein Terpen, Asaron, Heptylsäure, Palmitinsäure, Essigsäure, Eugenol, einen Aldehyd, der leicht Asarylaldehyd abspaltet und den Geruch bedingt, ferner 1,2% Calameon, 7—8% Asaron.

Pharmakologie. Der wirksame Bestandteil ist das ätherische Öl. Kalmus wird als Amarum und Stomachicum verwendet, er wirkt carminativ und diuretisch.

Verordnungsformen. Rhiz. Calami pulv.: 2—4 g pro dosi in Oblaten (oder dreimal täglich 0,5—2 g); Tinct. Calami, dreimal täglich 10—40 Tropfen; Extract. Calami: 0,1—0,3 zu Pillen; Oleum Calami: mehrmals täglich 1—4 Tropfen als Digestivum (POULSSON); Rhiz. Calami: 1 Teelöffel voll zum kalten Auszug oder heißen Infus täglich; aufgebrüht als Badezusatz.

Medizinische Anwendung. Chronische Verdauungsschwäche (Magenerkältung, chronischer Magenkatarrh, Darmkolik, Meteorismus, Diarrhöe, Hyperacidität, Erbrechen. Als Tonikum bei Schwäche von Nerven, Nieren, Leber, Galle, Herz, Uterus. Bei lymphatischer und skrofulöser Blutentmischung. Wassersucht, Krämpfe (Veitstanz!). Bei Knochenerkrankungen. Als Emmenagogum. Bäder bei Skrofulose und Rachitis.

Bei chronischer Dyspepsie
Rp: Rhiz. Calami   50,0
D. s.: 1 Teelöffel voll auf $1^{1}/_{2}$ Glas Wasser zum kalten Auszug (8 Stunden), tagsüber schluckweise trinken.

Bei Dyspepsie, Flatulenz
Rp: Calami ⌀   15,0
    Sir. simpl.   85,0
D. s.: dreimal täglich 1 Teelöffel.

Bei Magen- und Nierenschwäche
Rp: Rhiz. Calami
    Herb. Absinthii   āā 30,0
    C. m. f. species
D. s.: Tee, 1 Teelöffel auf 2 Glas Wasser.

Zum Bad
Rp: Rhiz. Calami c. gross.   250,0—500,0
    D. s.: Mit 4—5 l kochenden Wassers übergießen und dem Bad zusetzen.

Volkstümliche Anwendung. Deckt sich mit der medizinischen Anwendung, hauptsächlich als magenstärkendes Mittel.
Bemerkungen. Die gepulverte Wurzel wird zu Zahnpulver, die Tinktur zu Zahn- und Mundwasser verwendet.

Juncaceae, Binsengewächse.
Juncus effusus L.,
Flatterbinse.

Beschreibung. Ausdauernd, Höhe bis 1 m. Pflanze dicht rasig, viele röhrenförmige Halme bilden einen Busch. *Blütenhalme* glatt, dunkelgrün, meist glänzend, sehr zart gestreift, mit Mark erfüllt, Scheiden rotbraun. *Spirre* ausgebreitet, die längsten Äste bis 10 cm lang. Blütenköpfchen an den Seiten der Halme. *Blüte* bräunlich, Blütenhülle sechsteilig, 6 oder 3 Staubblätter. Griffel in einer Vertiefung der Kapsel, die gelbgrün oder bräunlich ist. *Blütezeit* Juni bis August.
Besonderes. Jede Blüte nur einen Tag blühend. Ganze Pflanze lebhaft grün.
Vorkommen. Feuchte Waldstellen, Sümpfe, Moore, Gräben; meist häufig.
Wirkung, Anwendung. GESSNER zählt die Pflanzen zu den Kieselsäurepflanzen. SCHULZ berichtet von ihrer Verwendung bei Gicht und Steinleiden, Strangurie und Hämorrhoidalbeschwerden (Wurzelstöcke); die Abkochung der Pflanze wird im Volke als Diureticum angewendet. — Die *Homöopathie* stellt eine Essenz und Potenzen aus der frischen, im Frühjahr gesammelten Wurzel her und verwendet diese bei Nierenaffektionen, Grieß- und Konkrementbildungen mit begleitenden gichtischen Beschwerden.

Liliaceae, Liliengewächse.
Veratrum album L.,
Germer, Weiße Nieswurz.

Beschreibung. Ausdauernd, Höhe 60—130 cm. *Wurzelstock* knollig, schwärzlich, innen weißlich und hart. *Stengel* reichbeblättert, rund, hohl. *Blätter* gestielt, lebhaft grün, breit, elliptisch, faltig gerippt, auf der Unterseite sehr kurz behaart, wie bestäubt aussehend, am unteren Teil des Stengels mit stengelumfassender Blattscheide, nach oben zu kleiner, lanzettlich, sitzend. *Blüten* zahlreich in endständigen, ziemlich schmalen, rispigen, weichhaarigen Trauben. Krone sechszipfelig, gezähnelt, innen weißlich, außen grünlich. Zipfel viel länger als die Blütenstielchen. Untere Blüten zwittrig, obere meist männlich. *Frucht* eine längliche, oben aufspringende, dreifächerige, braune Kapsel mit vielen, schmutzig-rötlichen, geflügelten Samen. *Blütezeit* Juli, August.
Besonderes. Geschmack aller Teile scharf und bitter. *Stark giftig!*
Vorkommen. Sumpfige Wiesen und Waldstellen der Gebirge und Hochebenen. In Gärten zuweilen angepflanzt.

Sammelzeit. Im Herbst gräbt man die Wurzelstöcke, befreit sie von Stengeln und Fasern und trocknet sie zerschnitten.

Anbau. Die Vermehrung erfolgt am besten durch Stockteilung; als Boden sind sumpfiger Almboden, höher gelegene Orte, am günstigsten. Man legt die abgeteilten Wurzelstöcke in senkrechte Löcher. Im dritten und vierten Jahre können dann die Wurzelstöcke gegraben werden.

Drogen, Arzneiformen. Rhizoma Veratri, weiße Nieswurzel. Tinctura Veratri, Nieswurzeltinktur. — *Homöopathie:* Urtinktur aus dem vorsichtig getrockneten Wurzelstock und Potenzen.

Bestandteile. Die Wurzeln enthalten etwa 0,2—1% der Alkaloide: Protoveratrin, Protoveratridin, Jervin, Pseudojervin, Rubijervin, Veratroidin, Veratralbin, Germerin (POETHKE), welches die Base Germin liefert. Aus Protoveratridin wurde durch Einwirkung alkoholischer Kalilauge ebenfalls Germin erhalten. Germerin ist der Methyläthylglykolsäureester der Protoveratridins und dieses ist der Methyläthylessigsäureester des Germins (n. KROEBER). Veratrin ist in der Pflanze nicht enthalten. Alle Alkaloide sind an die Chelidonsäure gebunden. Daneben findet man noch das bittere Glykosid Veratramarin, Kohlehydrate, Fett, wenig Mineralstoffe.

Pharmakologie. Die Wirkung der Pflanze ähnelt der des Aconitins; es kommen zuerst Reizungen, dann Lähmungen peripherer Nervenendigungen zustande, es treten Lähmungen des Vagus und der motorischen Nerven auf mit eigenartiger Muskelwirkung (die sog. zweizipflige Veratrinkurve bei elektrischer Reizung ist nicht immer zu erhalten), direkte und indirekte Herzschädigung bis zur Lähmung, Puls und Blutdruck wechseln stark ab, bis der Tod durch Kreislauf- und Atemlähmung eintritt. Protoveratrin macht starke Myosis. Jervin ist wenig giftig und Pseudojervin und Rubijervin sind ungiftig. *Vergiftungen* durch die Pflanze kommen vor. Es treten auf: Zungenbrennen und Kratzen im Hals, dann Gefühllosigkeit, Speichelfluß, Schlingbeschwerden, Erbrechen, heftige Durchfälle, Harnverhaltung, Erregungszustände, Muskelzuckungen, Zittern, Jucken am ganzen Körper, Schwindel, Ohnmacht, schwacher, langsamer Puls, Atemnot, Tod nach 3—12 Stunden bei erhaltenem Bewußtsein. Prognose nicht ungünstig. *Gegenmittel:* Magenspülungen, die wiederholt werden, Abführmittel, dann Adsorbentien; Wärme, Analeptica, eventuell künstliche Atmung, von Medikamenten können Atropin, Campher, Digitalis oder Strophantin gegeben werden.

Verordnungsformen. Tinctura Veratri, dreimal täglich 5 Tropfen oder zum äußerlichen Gebrauch. — *Homöopathie:* dil. D 4, dreimal täglich 10 Tropfen oder 20 Tropfen auf 1 Glas Wasser, tagsüber schluckweise. — *Vorsicht* mit größeren Dosen!

Rezeptpflichtig:

Rhizoma Veratri (ausgenommen zum äußerlichen Gebrauch für Tiere), Tinctura Veratri (ausgenommen zum äußerlichen Gebrauch für Tiere); homöopathische Zubereitungen bis D 3 einschließlich.

Medizinische Anwendung. FORSTER berichtet von guten Erfolgen bei Myasthenie. Die Tinktur ist ferner wirksam bei Lähmungen (spinale Kinderlähmung), Krämpfen (Tetanus, Wadenkrämpfe), auch bei Asthma und Pertussis, Melancholie, Psychosen, als Herztonicum bei Störungen ohne objektiven Befund (GEBHARD). *Äußerlich* ist die Tinktur anzuwenden bei Pityriasis rosea, Skabies und ähnlichen parasitären Dermopathien.

Homöopathische Anwendung. Bei akuten Toxikosen mit Kollapsneigung und kalten Schweißen, besonders bei Cholera asiatica et nostras, Sommerdiarrhöen (wässerig, schmerzhaft, mit kaltem Schweiß), Enteritis, Koliken, Typhus, Ulcera ventriculi et duodeni; ferner als Tonicum bei Schwächezuständen nach Darmintoxikationen, akuten, fieberhaften Erkrankungen (Pneumonie, Anginen), Dysmenorrhöe, Herzschwäche (Dekompensationsstörungen), Rückenmarksleiden, nervöser Erschöpfung, Muskelatrophie, Lähmungen und als wichtiges Mittel bei Keuchhusten. — DIETRICH bevorzugt zur Diarrhöebehandlung D 6, zwölf- bis fünfzehnmal; von anderer Seite wird D 3 empfohlen. Als Wechselmittel bei Darmerkrankungen wird Arsenic. album angegeben (nach MADAUS).

Volkstümliche Anwendung. Gelegentlich werden äußerlich Abkochungen bei Krätze oder Läusen, auch die Salbe bei fressenden Geschwüren, verwendet. — Der sog. Schneeberger Schnupftabak enthält etwa 1% der Pflanze; er ist im Volke als ,,Reinigungsmittel" sehr beliebt.

Tierheilkunde. Die Pflanze wird häufig (auch als Tinktur) als Emeticum für Schweine und bei Hundestaupe gegeben, auch gegen Hautparasiten.

Colchicum autumnale L.,
Herbstzeitlose, Wiesensafran.

Beschreibung. Ausdauernd, Höhe bis 15 cm. *Zwiebelknolle* ei- bis herzförmig, braunschalig. *Blätter* breit-lanzettlich, spitz, saftig, dunkelgrün. Blütenröhre sehr lang, meist dreikantig. *Blüte* tulpenartig, 6teilig, blaßrot oder lila, selten weiß. Frucht eiförmige, 3fächerige, braune Kapsel. Same dunkelbraun, fast kugelig. *Blütezeit* September, Oktober; selten im April.

Besonderes. Geschmack stark bitter, ohne besonderen Geruch. *Stark giftig!*

Vorkommen. Feuchte Wiesen, besonders hügelige Vorgebirgswiesen. In Mittel- und Süddeutschland verbreitet, in Norddeutschland sehr zerstreut.

Sammelzeit. Alle Teile der Pflanze können gesondert gesammelt werden; am wertvollsten sind die Samen, die jedoch in ihren Kapselfrüchten erst im zweiten Jahre erscheinen, da ja die Pflanze im Spätherbst blüht und im Mai gesammelt werden kann.

Anbau. Lohnend; der Same braucht zur Keimung 2—3 Jahre in feuchtem Wiesenboden. Zwiebelbrut, die man bei der Bearbeitung der Wiesen erhält, kann man im Sommer auslegen; bei feuchter warmer Witterung blühen sie dann im Oktober.

Drogen, Arzneiformen. Semen Colchici, Zeitlosensamen; Tubera Colchici, Zeitlosenknollen; Flores Colchici, Zeitlosenblumen; Extractum Colchici tuberi, Zeitlosenknollenextrakt; Extractum Colchici seminis, Zeitlosenextrakt; Extractum Colchici fluidum; Tinctura Colchici, Zeitlosentinktur; Vinum Colchici, Zeitlosenwein. — Colchicinum, Colchicin;

Colchicinum salicylicum. — *Homöopathie:* Urtinkturen und Potenzen aus den im Frühjahr gesammelten, frischen Zwiebelknollen und aus den Samen.

Bestandteile. Hauptwirkstoff ist das als einziges Alkaloid krystallisierende *Colchicin*, in den Samen bis zu 1,3%, in Knollen und Blüten etwas weniger und am wenigsten in den Blättern enthalten. In den Samen sind noch enthalten Phytosterin, fettes Öl, Gerbstoff, und in den Knollen noch Inulin und Asparagin.

Pharmakologie. Colchicin ist in erster Linie ein Capillargift, ähnlich wie Arsen und verursacht mit schwerster Gefäßschädigung einhergehende choleraähnliche Gastroenteritis. Der Tod tritt nach vorausgegangenen Krämpfen durch zentrale Atemlähmung ein, während das Herz noch einige Zeit weiter schlägt (nach GESSNER). Colchicin steigert die Erregbarkeit des Darmes derart, daß jeder die Darmwand berührende Faktor abnorm heftige peristaltische Bewegungen auslöst (JACOBJ). Es verstärkt die fördernden und die hemmenden Adrenalinfunktionen und wirkt auf die Zellen verschiedener Organe in verschiedener Stärke und Geschwindigkeit (RAYMOND-HAMET, LITS). Äußerlich ruft es stark juckende Ausschläge hervor (TOUTON). Die Wirkung tritt erst nach einigen Stunden ein, weil das Colchicin im Organismus in giftigere Verbindungen umgewandelt wird, wahrscheinlich in das Oxydicolchicin (bestätigt durch VOLLMER) oder von der dimeren in die monomere Form. LOEWE stellte fest, daß auch nach Gaben von Colchicinderivaten sich bei Katzen und Fröschen hochgradige capillare Hyperämie in der Schleimhaut von Magen und Darm einstellte. Er folgert daraus, daß es, um zu objektiven pharmakologischen Ergebnissen über die spezifische *Gichtwirkung* des Colchicins zu kommen, notwendig ist, festzustellen, inwieweit überhaupt bei den Capillargiften Lähmung und Stase im Capillarbereich besonders der Gelenke und der am Gichtstoffwechsel beteiligten Organe aufzufinden ist, anderseits die Wirkungen des Colchicins auf normale und gichtische Gelenke zu fassen zu suchen. Die Nebenwirkung auf den Darm (Enteritis), die von therapeutisch wirksamen Dosen verursacht wird, muß dabei in Kauf genommen werden. Von SCHROEDER und BAGINSKY wurde festgestellt, daß nach Colchicingaben, die noch keine Nebenwirkungen machten, die Harnsäureausscheidung durch das Ileum um 100% steigt. Bei experimentell erzeugter Entzündung zeigte Colchicin antiphlogistische Eigenschaften (BECK). — Die *Wirkung auf maligne Tumoren* wurde mit subcutanen Injektionen am Mäusetumor festgestellt (E. C. AMOROSO); bei $^2/_3$ der Mäuse waren nach der zweiten Behandlungswoche die Tumoren ganz verschwunden, der Rest wies nur noch kleine Knotenbildungen auf. Auch am Hund konnte diese Wirkung bestätigt werden. A. P. DUSTIN berichtete 1936, daß Colchicin den mitotischen Rhythmus der malignen Tumoren beim Menschen beschleunigt; endgültige Resultate konnte er nicht geben.

Vergiftungserscheinungen: Kratzen, Brennen im Mund und Rachen, Schluckbeschwerden, Übelkeit, Erbrechen, heftige Koliken und schwere Durchfälle, Hämaturie, Kreislaufstörungen, Schwindel, Bewußtlosigkeit, aufsteigende Lähmung, Tod durch Atemlähmung. *Gegenmittel:* Magenspülung, Adsorbentien, Wärme, Analeptica, Ringerlösung subcutan und intravenös, Uzara (nicht Opium).

Verordnungsformen. Tubera Colchici pulv. 0,1—0,2—0,3 mehrmals täglich oder Semen Colchici 0,008—0,15—0,25 g (Rost-Klemperer). Tinct. Colch. 10—20—40 (!) Tropfen mehrmals täglich. Vinum Colchici, täglich 3—5 Eßlöffel. Colchicinum in Pillen: 1 Pille = 1 mg (s. Rp.).

Schulz hatte sich gründlich mit der Giftwirkung der Herbstzeitlose beschäftigt; nach ihm kommt sie nur als symptomatisch wirkendes Mittel in Betracht. Er empfahl Tinct. Colchici im Verhältnis 0,1 : 10,0 mit Spir. dil., stündlich 5—10 Tropfen.

Homöopathie: dil. D 3—4, drei- bis fünfmal täglich. — Die Verabreichung in jeder Form ist solange durchzuführen bis sich Darmerscheinungen zeigen!

Maximaldosen: Pulv. Colchici e sem. 0,2 g pro dosi, 0,6 g pro die; Tinct. Colchici 2,0 g pro dosi, 6,0 g pro die; Colchicinum 0,002 g pro dosi, 0,005 g! pro die.

Rezeptpflichtig: Semen Colchici, Tinctura Colchici e sem., Colchicinum. Homöopathische Zubereitungen dieser Stoffe bis D 3 einschließlich.

Medizinische Anwendung. Spezifisch bei Gicht, Muskel- und Gelenkrheumatismus, rheumatischen (gichtischen) Herzentzündungen. Außerdem steigert es die Diurese.

```
Rp: Colchicini                    0,02—0,03—0,05
    Extr. et succ. Liquirit. q. s.
    F. pil. Nr. XXX. D. ad vitr. nigr.
    S.: Täglich 2—4 Pillen, bis Durchfälle auftreten.
```

Homöopathische Anwendung. Diarrhöe, Dickdarmkatarrh (Schulz), Typhus, Ruhr, Koliken, Blähungen, Enteritis rheumatica (Winter), Gicht, Rheuma, Herzkrankheiten und Herzbeutelentzündungen gichtischer und rheumatischer Art, asthmatische Beschwerden bei gichtischer Konstitution, Blasenkrampf, Harnzwang, Wassersucht bei Nieren- und Leberaffektionen, bei Wechselfiebern mit Magen- und Darmaffektionen (Heinigke).

Volkstümliche Anwendung. Auszüge aus Wurzel und Samen bei Rheuma, Gicht, Wassersucht, Harnleiden, chronischen Bronchialkatarrhen; frische Zwiebelstückchen aufgelegt gegen Hühneraugen.

Allium victorialis L.,
Allermannsharnisch, Siegwurz, Wegbreitblättriger Lauch.

Beschreibung. Ausdauernd, Höhe 30—50 cm. *Zwiebel* stark verlängert, gekrümmt oder schief, mit netzförmigen Schalen, dachziegelartig bedeckt. *Stengel* oberwärts dreikantig, in der Mitte meist hohl und bis dahin beblättert. 2—3 *Blätter*, kurz gestielt, breitlanzettlich oder elliptisch, flach, mit scheidig umfassenden Stielen. Die kleine *Blüte* ist gelblich bis grünlichweiß, die Dolde vielblütig, kugelig, kapseltragend. Staubblätter länger als die Blütenhülle. *Blütezeit* Juli, August.

Besonderes. Dolde stark duftend, Geschmack knoblauchartig.

Vorkommen. Moosige Waldplätze in höheren Gebirgen; selten.

Sammelzeit. Vor und nach der Blüte, im Frühjahr oder Herbst wird die Wurzel (Zwiebel) gesammelt.
Anbau. Nicht lohnend, weil die Zwiebel beim Lagern ihre Wirkung verliert.
Drogen. Bulbus victorialis longus, Siegwurzeln.
Bestandteile. Flüchtiges, schwefelhaltiges Öl.
Pharmakologie. Nur die Wirkung der frischen Zwiebeln wie *A. sativum*: reizend, magenstärkend, Verdauung anregend, schweiß-, harn- und wurmtreibend, äußerlich erweichend; getrocknet kaum wirksam.
Anwendungen. Innerlich als Saft bei Magen- und Darmbeschwerden, äußerlich zu erweichenden Umschlägen, als Wurmmittel und in der Tierheilkunde.

Allium Cepa L.,
Sommer-Zwiebel, Sommer-Lauch, Bolle, Speisezwiebel.

Beschreibung. Ausdauernd, Höhe 30—100 cm. *Zwiebel* plattgedrückt oder länglich, mit rotgelben Häuten. *Stengel* unterhalb der Mitte bauchig aufgetrieben, hohl; die scheidenförmigen *Blätter* sind gleichfalls hohl und blaugrün. Die grünlich-weißen *Blüten* bilden eine große kugelige Scheindolde, die Blütenstiele sind etwa 8mal so lang als die Blüten. *Blütezeit* Juni bis August.
Vorkommen. Überall in Gärten und auf Gemüseäckern angebaut (wild in Mittel- und Kleinasien).
Erntezeit. Sobald die Zwiebeln groß genug geworden sind.
Drogen, Arzneiformen. Die Zwiebel wird ausschließlich *frisch* verwendet oder als Saft. *Homöopathie:* Essenz und Potenzen aus der frischen Zwiebel.
Bestandteile. $1/_2$ mg Fluor je Kilogramm Frischsubstanz; Saccharose und einen reduzierenden (?) Zucker, Quercetin, Citronensäure, Inulin, Pektin, Pentose. Im Saft fand man Rhodanwasserstoffsäure und Allylrhodanid, im Öl als Hauptbestandteil ein Disulfid und andere Sulfide, ferner Rhodanallyl und Rhodanwasserstoff.
Medizinische Anwendung. Die Zwiebel wirkt als ausgezeichnetes Diureticum, was von sehr vielen Autoren belegt wird. Bei intestinalen Gärungen und Würmern wirkt sie vorzüglich, ebenso als schmerzstillendes Mittel bei Neuralgien in Amputationsstümpfen, ferner in rohen Scheiben aufgelegt als leichtes Reizmittel bei Harnverhaltung, bei Grippe (im Nacken), bei Eiterungen, Geschwüren und Wespenstichen. Nach PFLEIDERER wirken rohe Zwiebeln gekaut vorzüglich bei Mandelentzündung und Diphtherie. BOHN empfiehlt Zwiebelsaft bei Nierengries und -steinchen.
Homöopathische Anwendung. Bei Erkältungskrankheiten der oberen Luftwege (Reizhusten), die mit starken Ausflüssen und Absonderungen einhergehen, besonders bei Kleinkindern, bei Gesichtsneuralgien, Verdauungsbeschwerden, Blähungskolik und Dysurie bei Kindern, bei Keuchhusten und bei Eiterungen (Panaritien).
Volkstümliche Anwendung. Mit Erfolg bei BASEDOWscher Krankheit, ferner als Diureticum, bei Husten und Heiserkeit, zur Förderung der

Verdauung und als Wurmmittel. Außerdem als Wundheilmittel (Zwiebelbrei) und zu erweichenden, schmerzlindernden Umschlägen.

Bemerkungen. Bei Versuchen über die angeblich stark bactericide Wirkung der Zwiebel wurde festgestellt, daß nur Bac. Friedländer und Bac. anthracis im Wachstum gehemmt wurden.

Allium sativum L., A. ophioscorodon Don., Knoblauch, Lauch.

Beschreibung. Ausdauernd, Höhe 30—100 cm. Stengel am Grunde mit zahlreichen, länglich-eiförmigen oder runden Zwiebeln, oft mit Beizwiebeln, in eine Haut eingeschlossen. *Blätter* flach, linealisch, gekielt, spitz. *Blütenstand* zwiebeltragend! Hülle sehr lang geschnäbelt, hinfällig. *Blüten* schmutzig-weiß, Staubblätter mit kurzen Zähnen, länger als die Blütenhülle. *Blütezeit* Juli, August.

Besonderes. Knoblauchgeruch der ganzen Pflanze.

Vorkommen. Im Orient heimisch, bei uns als Küchengewürz angebaut.

Anbau. Ernte lohnend. Sobald die Zwiebel groß genug sind, werden sie geerntet.

Drogen, Arzneiformen. Bulbus Allii, Knoblauchzwiebeln; Oleum Allii sativi, Knoblauchöl; Tinctura Allii sativi, Knoblauchtinktur. Succus Allii sativi, Knoblauchsaft.

Bestandteile. 0,005—0,009% Öl, entsteht vermutlich aus dem schwefelhaltigen Glykosid Alliin durch das Enzym Allisin, soweit es nicht bereits vorhanden ist; es enthält etwa 6% Allylpropyldisulfid, 60% Allyldisulfid (Geruchsträger), 20% Allyltrisulfid und Allyltetrasulfid.

Pharmakologie. Die Wirkungen schwefelhaltiger ätherischer Öle sind spasmolytisch, verdauungsregulierend (im Darm stark gärungshemmend) und blutdrucksenkend. Roos umriß die Wirkungen: Eine eigenartig darmberuhigende, diarrhöestillende Wirkung, die bei den verschiedensten Darmaffektionen eintritt, ferner eine die Darmflora von pathologischen oder wenigstens abnormen Beimengungen reinigende, und schließlich eine antidyspeptische Wirkung. Die bei vielen Enteritiden überhandnehmende gram-positive Bakterienflora wird reguliert (DELVAILLE). Wirkt bei Amöbenruhr und Cholera sowie Darmtuberkulose, Lungengangrän (SCHWEITZER, MARKOVICI, SCHRADER). LECLERC sah gute Wirkungen bei Cholera, Typhus, Paratyphus, Diphtherie, Grippe, Tuberkulose; er verwendete die Tinktur. E. MEYER verwendete ihn als vorzügliches Mittel bei der chronischen Nicotinschädigung, er beseitigt unter anderem die durch Gefäßschädigung bedingten Herz- und Gefäßbeschwerden. MADAUS zeigte an Vitamin-D-vergifteten Mäusen eine erhebliche Verlängerung der Lebensdauer bei gleichzeitiger Gabe von Knoblauchöl und eine ausgesprochene Resistenzsteigerung dem Mäusetyphus (BRESLAU) gegenüber. PRIBRAM stellte seinerzeit fest, daß Knoblauchfütterung gegen die vielfache Letaldosis dysenterischer Toxine schützte und zwar völlig, während die Kontrolltiere zugrunde gingen. Die oxyurentötende Wirkung wurde von BRÜNING belegt. CASPARI stellte fest, daß frischer Knoblauch eine deutliche hemmende

Wirkung auf Krebsgeschwülste hat und eine Vermehrung der Immuntiere überhaupt eintritt; er ist der Meinung, daß durch den Knoblauch die Bildung von Fäulnisprodukten (Indol) im Darm herabgesetzt wird. AULER bestätigte die wachstumshemmende Wirkung der lauch- und senfölhaltigen Pflanzen bei krebskranken Menschen. Größere Dosen von Knoblauch können Reizzustände im Magen-Darmkanal, Hämorrhoiden, Kopfschmerz und Fieber erzeugen. SWETSCHNIKOW und BECHTEREWA stellten fest, daß eine sichere erweiternde Wirkung nur an den Coronargefäßen eintrat. Der Vagus wurde erregt; es traten am Herzen Verlangsamung des Rhythmus und Verminderung der Amplitude ein. Sie stellten fest, daß die übliche homöopathische Tinktur zu den lauchölreichsten Zubereitungen gehört. FISCHER weist auf die bessere Wirksamkeit kalt gewonnener Auszüge hin.

Anwendung und Verordnungsformen. Küchenmäßige Verwendung der Knoblauchzwiebeln; Tinctura allii sativi in Dosen von 20—50 Tropfen zwei- bis dreimal täglich; 7,5—30 g im Klistier; 30 g im Infus; 30 Tropfen des Extraktes mehrmals täglich (ROST-KLEMPERER); Succ. All. sat., dreimal täglich bis 20 Tropfen; Knoblauchsäfte und Knoblauchöl enthaltende Kapselpräparate. *Homöopathie:* dil. D 2—3, drei- bis fünfmal täglich 10 Tropfen.

Medizinische Anwendung. Als Spezificum bei Arteriosklerose und essentieller Hypertonie wie als Darmberuhigungsmittel bei allen akuten und chronischen (auch infektiösen) Magen- und Darmkatarrhen, ferner bei Infektionskrankheiten (Cholera, Paratyphus, Dysenterie) zur sicheren Resistenzsteigerung, weiter bei Diarrhöe, Meteorismus, Obstipation. Vorzügliche Wirkungen zeigt der Knoblauch als Wurmmittel. Außerdem wirkt Knoblauch bei Erkrankungen der Atemwege, besonders bei Bronchiektasien, weiterhin vorbeugend bei Grippe und verstärkt mitunter die Insulinwirkung bei Diabetes.

Homöopathische Anwendung. Verdauungsbeschwerden, anfallsweise auftretendes Asthma, Bronchialerkrankungen und Tuberkulose.

Volkstümliche Anwendung. Bei allen Krankheiten, die den menschlichen Körper befallen können. In vielen Haushalten wird Knoblauch öfter im Speisezettel untergebracht.

Bemerkungen. Geruchlose Knoblauchpräparate oder -auszüge sind fast völlig *wirkungslos*; die stärksten Wirkungen sind an den Geruchsträger, das Allyldisulfid, gebunden.

Allium ursinum L.,
Bärenlauch, Waldlauch, Wilder Knoblauch.

Beschreibung. Ausdauernd, Höhe 15—30 cm. Wurzelstock zwieblig, Schaft stumpfdreikantig. Zwei langgestielte, bodenständige *Blätter* mit Queradern, elliptisch-lanzettlich, flach, den *Stengel* nicht umhüllend, kürzer als der Stengel. Reichblütige Scheindolde, Hülle 2—3spaltig, abfallend. Blütenstand flach, *Blüte* schneeweiß, Blumenkrone 6zipfelig, sternförmig. *Frucht* kleine, 3fächerige Kapsel mit schwarzen Samen. *Blütezeit* April, Mai.

Besonderes. Knoblauchgeruch!
Vorkommen. Oft massenhaft in feuchten Laubwäldern; zerstreut.
Sammelzeit. Während der Blüte wird die ganze Pflanze gesammelt.
Anbau. Lohnend und an feuchten Orten nicht schwer; Vermehrung durch Samen.
Drogen, Arzneiformen. Herba Allii ursini, Bärenlauchkraut. Oleum Allii ursini, Bärenlauchöl.
Bestandteile. Ätherische Öle in der ganzen Pflanze (0,007%), darin die schwefelhaltigen Kohlenwasserstoffe Vinylsulfid, Vinylpolysulfid und Spuren Mercaptan, kein Allylsulfid.
Pharmakologie. Die Wirkungen stimmen mit denen von Allium sativum überein; vielfach wird eine stärkere Wirkung des Bärenlauchs festgestellt. HINTZELMANN stellte Tierversuche an, welche die gleiche antisklerotische Wirkung wie sie *A. sativum* besitzt, bewiesen.
Anwendungen. Entsprechen denen von *A. sativum*. Dazu kommen noch ärztliche Erfahrungen bei Fluor albus (Spülungen) Furunkulose und Exanthemen.

Allium porrum L.,
Porree, Porei, Winterlauch.

Beschreibung. Zweijährige und auch ausdauernde Pflanze, Höhe 30—90 cm. *Zwiebel* nur etwas dicker als der am Grunde verdickte Stengel. *Blätter* breit linealisch, flach, graugrün. Der vielblütige Blütenstand ist rosa, groß, kugelig. Blütenhülle etwas kürzer als die Staubblätter. *Blütezeit* Juli, August.
Vorkommen. In Südeuropa heimisch, häufig in Gemüsegärten gebaut. Küchengewürz und Gemüse.
Anbau, Ernte. Im großen, bei gutem Marktabsatz, lohnend. Sobald die Zwiebeln groß genug sind, werden die ganzen Pflanzen geerntet.
Bestandteile. Organisch gebundenen Schwefel 0,06%, in den Blättern Maltase, Dextrinase, Invertase, Emulsin, in den Wurzeln Kohlehydrate, die Galactose und Arabinose liefern.
Volkstümliche Anwendung. Außer als Küchenpflanze findet Porree Anwendung bei Nieren- und Blasengrieß, bei Harnbeschwerden. Die unteren Stengelteile in Milch gekocht und halbdurchgeschnitten werden bei eitrigen Geschwüren, rheumatischen Schwellungen, Gicht und Hexenschuß aufgelegt.

Lilium candidum L.,
Weiße Lilie.

Beschreibung. Ausdauernd, Höhe 60—150 cm. Stengel kahl, *Blätter* wechselständig, länglich bis lineal-lanzettlich, die unteren am Grunde verschmälert, die obersten eiförmig-lanzettlich. *Blüten* traubig, aufrecht, groß, bis 10 cm breit, glocken-trichterförmig, schneeweiß, innen glatt, zuletzt nickend. Blütenhüllblätter völlig getrennt, Narbe dreiseitig. Kapsel stumpf-dreiseitig. *Blütezeit* Juni, Juli.

Besonderes. Pflanze kahl; Blüten wohlriechend.
Vorkommen. Nur als Zierpflanze in Gärten.
Bestandteile. Sterinoplasten mit Liliosterin in zwei Formen, Anthocyanin, Oxydase.
Arzneiform. *Homöopathie.* Urtinktur aus der frischen, blühenden Pflanze.
Wirkung, Anwendung. SCHULZ berichtet, daß Blüten und Zwiebel wirksam seien bei Hautkrankheiten, entzündlichen Erkrankungen der Brust- und Bauchorgane, und diuretische und emmenagoge Wirkungen besitzen. Der Pollen soll gegen Epilepsie helfen. Bei Intermittens wird die zu Brei zerriebene Zwiebel auf den Bauch aufgelegt. Besonders wird hingewiesen auf die Anwendung des Lilienöles (mit Öl ausgezogene Blüten) bei Brand und anderen Wunden. Darin stimmt auch KNEIPP bei, der das „Lilienöl" bei allen möglichen Wunden, Verletzungen und Geschwüren der Haut, gegen Gicht, Rheuma, Insektenstiche, Verrenkungen, Zahngeschwüre und innerlich tropfenweise bei Leibschmerzen, Blutstockungen, Krämpfen, Epilepsie und Blutvergiftung als „kostbares Hausmittel" empfiehlt.
Homöopathische Anwendung. Als dil. D. 2, zwei- bis dreimal täglich 1 Tablette; hei entzündlichen Affektionen der weiblichen Geschlechtsorgane, als Emmenagogum.

Lilium martagon L.,
Türkenbund-Lilie.

Beschreibung. Ausdauernd, Höhe 30—100 cm. Zwiebel groß, goldgelb, schuppenblättrig. *Stengel* oberwärts kurzhaarig-rauh, am Grunde und unter dem Blütenstand fast blattlos. 2—3 Quirle von 5—8 zugespitzten, kurzgestielten, kurzhaarig-gewimperten, elliptisch-lanzettlichen Blättern. Obere Blätter wechselständig, kleiner. *Blütenstand* lockere Traube mit 3—10 Blüten, nickend. *Sechsblättrige Hülle,* zurückgerollt, fleischfarben und trüb-purpurn, braun punktiert. 6 Staubblätter. *Blütezeit* Juni, Juli.
Besonderes. Blüten von eigentümlichem Geruch. Pflanze ist gesetzlich *geschützt!*
Vorkommen. Gebüsche, Laubwälder, Waldwiesen; zerstreut.
Wirkung, Anwendung. Die Zwiebel des Türkenbundes soll bei Hautkrankheiten wirken und diuretische und emmenagoge Wirkung besitzen (SCHULZ).

Asparagus officinalis L.,
Spargel, Gartenspargel.

Beschreibung. Ausdauernd, Höhe 60—125 cm. Wurzelstock dick, holzig. *Stengel* stark verzweigt, bilden eine pyramidenförmige Rispe. *Nicht Blätter,* sondern zahlreiche, aufrecht abstehende, borstlich gebüschelte, fadenförmige *Ästchen* entspringen am Stengel. *Blüten* gelbgrün, klein, glockenförmig, tief, 6spaltig, hängend. Frucht fast kugelförmig, rote Beere. *Blütezeit* Juni, Juli.

Vorkommen. Wiesen, Waldränder, Ufer; zerstreut. Wegen der wohlschmeckenden jungen Sprosse massenhaft angebaut.

Sammelzeit. Die junge Sprossen (Turiones) werden zur frischen Verwendung als Gemüse laufend geerntet („gestochen"); für Arzneizwecke sammelt man im Herbst den Wurzelstock samt Wurzeln. Die Samen gewinnt man aus den reifen kugelförmigen Früchten.

Anbau. Leicht, lohnend; die Pflanze braucht trockenen, sandigen Boden.

Drogen, Arzneiformen. Rhizoma (Radix) Asparagi, Spargelwurzel; Asparaginum; Semen Asparagi, Spargelsamen; Tinctura Asparagi, Spargeltinktur aus den frischen Sprossen oder aus der Wurzel. — *Homöopathie:* Tinktur und Potenzen aus frischen Sprossen.

Bestandteile. Wurzel: Asparagin, Arginin, Asparagose, fettes und ätherisches Öl, Cholin (?), etwa 41% Zucker, Saponinsubstanzen (KROEBER). Sprosse: Asparagin, Tyrosin, Bernsteinsäure, Zucker, Spuren Arsen, Vitamin C.

Pharmakologie. Asparagin bewirkt selbst in Dosen von 1 g nur leichte Pulsbeschleunigung. Die enthaltene Asparaginsäure macht eine Erhöhung des G-U um 15—30%, die nach etwa 5 Stunden wieder abklingt (BARBATO). Ob der charakteristische Geruch des Harns nach Spargelgenuß vom Asparagin herrührt oder von einer noch unbekannten flüchtigen Substanz, ist noch nicht entschieden. Die diuretische Wirkung soll lediglich durch vermehrte Miktion infolge Reizung des Epithels der Harnorgane zustande kommen. — Die gute diuretische Wirkung wird vielfach bestätigt, von Verwendung bei entzündlichen Zuständen in den Nieren wird gewarnt.

Idiosynkrasien gegen Spargel sind recht häufig, und zwar schon bei Berührung der frischen Pflanzenteile (Spargeldermatitis!). MADAUS teilt mit, daß in Braunschweig bei Kühen, denen man Spargelschalen verfüttert hatte, allgemeines Verkalben eintrat.

Verordnungsformen. Meist frisch als Gemüse, sonst auch als Kaltauszug von 60 g Spargel auf 1 l Wasser täglich. Tinktur 2—10 Tropfen dreimal täglich; 3—4 Eßlöffel Spargelsaft täglich; Semen Asparagi pulv. 0,5—1 g drei- bis fünfmal täglich; Rhiz. Asparagi zum kalten Aufguß 1 Teelöffel auf 1 Tasse Wasser, zweimal täglich. *Homöopathie:* dil. D 1, dreimal täglich 10 Tropfen.

Medizinische Anwendung. Als Diureticum bei Hydrops (auch cardialem), Blasen- und Nierenleiden aller Art. Die Aufgüsse bei chronischem Ekzem, bei Gicht und Rheuma. Der Samen gegen Erbrechen, besonders bei unstillbaren Formen.

Homöopathische Anwendung. Harnbeschwerden, Herzkrankheiten (besonders bei alten Leuten mit Blasenstörungen), bei Wassersucht, rheumatischen Schmerzen.

Volkstümliche Anwendung. Sprossen und Wurzeln bei Gicht, Wassersucht, Nieren- und Blasenleiden (Steine), Gelbsucht, Herzklopfen, Husten mit blutigem Auswurf und als allgemeines Blut- und Säfte-Reinigungsmittel.

Polygonatum officinale MOENCH, Convallaria polygonatum L., Salomonssiegel, Gemeine Weißwurz.

Beschreibung. Ausdauernd, Höhe 30—50 cm. Wurzelstock dick, fleischig, weiß, mit Wurzelfasern. Stengel bogig ansteigend, kantig, nach oben fast zweischneidig zusammengedrückt, kahl. *Blätter* wechselständig, elliptisch, halbstengelumfassend, ganzrandig, vielstreifig geadert, oberseits grün, unterseits graugrün. *Blüten* einseitswendig, an dünnen Stielen hängend, zu 1—3 in den Blattachseln. Blütenhülle glockenförmig, bauchig, sechszähnig, weiß, grünzipflig. *Frucht* nackte, anfangs rote, zuletzt schwarzblaue, dreifächerige Beere, Fächer ein- bis zweisamig. *Blütezeit* Mai, Juni.

Besonderes. Ganze Pflanze kahl, Blüten wohlriechend, Beeren *giftig!*

Vorkommen. Lichte Laubwälder, Gebüsche, gern auf sandigem Lehmboden; zerstreut.

Sammelzeit. Die Wurzeln gräbt man im Frühjahr oder im Herbst.

Drogen, Arzneiformen. Rhizoma Polygonati, Salomonssiegel. Die Fa. *Madaus* stellt eine „Teep"-Verreibung her.

Bestandteile. Es sind nur als Inhaltsstoffe des Wurzelstockes Asparagin und Schleim bekannt, der bei der Hydrolyse δ-Fructose, Glucose und Arabinose liefert. GESSNER vermutet, daß dieselben Glykoside wie in *Convallaria maj.* vorkommen.

Pharmakologie. Wurzel und Beeren rufen Erbrechen und Durchfälle hervor; GESSNER berichtet von einer tödlichen Vergiftung durch die Beeren bei einem Kinde. In der chinesischen Medizin werden die Wurzelstöcke als Antidiabeticum benutzt; LANGECKER stellte fest, daß experimentell erzeugte alimentäre Hyperglykämie stark herabgesetzt wird, daß aber Adrenalinhyperglykämie nicht beeinflußt wurde.

Verordnungsformen. Rhiz. Polygonati conc., zum heißen Aufguß, $1/_2$ Teelöffel auf 1 Tasse, 2 Tassen täglich oder äußerlich zu Umschlägen. „Teep", 2—3 Tabletten täglich.

Medizinische Anwendung. Abkochungen zu Umschlägen bei Sugillationen, Ekchymosen, Kontusionen, gichtischen und rheumatischen Affektionen (zit. nach MADAUS). Ferner bei Diabetes, Nieren- und Rückgratkrankheiten (China).

Volkstümliche Anwendung. SCHULZ berichtet, daß die Abkochungen zur Behandlung von Wunden, Quetschungen und Entzündungen dienen, und selbst Flecken, Male und Pockennarben zum Verschwinden bringen können. Die Wurzel wird auch als Diureticum gebraucht. Die zerkleinerte Wurzel wird zu Umschlägen bei rheumatischen und gichtischen Gelenkleiden benutzt.

Convallaria majalis L., Lilium convallium TOURNEF., Maiglöckchen, Maiblume, Zauke, Springauf.

Beschreibung. Ausdauernd, Höhe 15—25 cm. *Wurzelstock* ausläuferartig kriechend, verzweigt. *Blütenschaft* meist mit zwei großen, grundständigen, oval-lanzettlichen, hellgrünen, längsnervigen Blättern, die von Niederblättern scheidig umhüllt sind. *Blüten* bilden eine einseitswendige, etwas überhängende Traube, sind grünlich-weiß, rein weiß oder außen wenig rosa, glockig mit sechszipfligem Rande; 6 Staubblätter, dreifächeriger Fruchtknoten. Beerenfrüchte rot, kugelig; zwei Samen, weißlich-blau. *Blütezeit* Mai, Juni.

Besonderes. Die Blüten duften sehr angenehm. Geschmack der Blüten und Blätter bitter. *Giftig!*

Vorkommen. Wälder, Gebüsche, an lichten Stellen, gern auf warmem Gesteinsgrund (Kalk, Urgestein); häufig.

Sammelzeit. Die ganze Pflanze wird während der Blüte gesammelt oder es werden nur die Blüten abgestreift.

Anbau. Lohnend, weil die Pflanze im Freien reichsgesetzlich *geschützt* ist. Man sät im Herbst noch die Samen an Ort und Stelle, am besten auf Waldlichtungen oder Gebüschwiesen, oder gräbt im Frühjahr Wurzelstöcke aus, die man in Stücken in die Erde legt.

Drogen, Arzneiformen. Herba Convallariae, Maiglöckchenkraut; Flores Convallariae, Maiglöckchenblüten; Rhizoma Convallariae, Maiblumenwurzel; Extractum Convallariae, Maiblumenextrakt; Extractum Convallariae fluidum, Maiblumenfluidextrakt; Tinctura Convallariae, Maiblumentinktur; Convallamarin; Convallarin. — *Homöopathie:* Essenz und Potenzen aus der frischen blühenden Pflanze.

Bestandteile. Als Hauptwirkstoffe zwei Digitalisglykoside 2. Ordnung: Convallamarin und Convallatoxin (vereinigt im Verhältnis 4:1 als Convallan [STRAUB]), weiter als Saponinglykosid Convallarin, ferner Chelidonin-, Asparagin-, Apfel- und Citronensäure, Harze und in den Blüten ätherische Öle und einen krystallisierten Riechstoff.

Pharmakologie. Die Pflanze macht Herzarrhythmie, Krämpfe der Atemmuskulatur, zuerst hohen Blutdruck, beschleunigten Puls, dann stark erniedrigten Blutdruck, langsame, tiefe Atmung, Herzstillstand in Systole. Cerebrale Funktionen bleiben unberührt (POTTER). An Nebenwirkungen wurden Übelkeit, Schwindel, Diarrhöe beobachtet (LEWIN). Die von STRAUB als *Convallan* zusammengefaßten Glykoside, das eine Wirksamkeit von 4000—8000 FD. hat, zeigte sich teilweise den Digitalisglykosiden und dem Strophantin überlegen, besonders in der diuretischen Wirkung. Die Kumulation ist gering (die Wirksamkeit der Convallariaglykoside nimmt nach 4—8 Stunden ab [FROMHERZ, WELSCH]), der Herzmuskel wird beruhigt, Extrasystolen verschwinden. Die diuretische Wirkung ist von COSTOPANAGIOTIS experimentell an der isolierten durchströmten Froschniere erprobt; es zeigte sich eine Diuresesteigerung schon bei der Konzentration 1:50000000. Die abführende Wirkung ist durch das Saponinglykosid Convallarin bedingt. — Über die Wirkungen der isolierten Glykoside wird berichtet, daß Convallamarin in starken Dosen systolischen Herzstillstand und hämolytische Infarktbildung hervorruft (WEICKER); Convallatoxin ist etwa 10mal so wirksam als Digitoxin, 1 g entspricht etwa 3—3$^1/_2$ Millionen FD. (KARRER); Convallarin wirkt als kräftiges Laxans, seine Hauptwirkung aber besteht darin, die Wirkungen der ersten beiden Glykoside zu steigern. Die homöopathische Urtinktur enthält in 1 ccm = 385—453 FD. (MADAUS).

Vergiftungen: Durch Genuß der roten Beeren der Pflanze. Die Erscheinungen beginnen mit Übelkeit, Erbrechen, Diurese, Durchfällen, steigern sich zu Benommenheit, Krämpfen, Schwindel, Herzschwäche und Kollaps. Tödliche Wirkungen sind denkbar. *Gegenmittel:* Magenspülung, Gerbstoffe zur Fällung der Glykoside, Adsorbentien, Ruhe zur Herzschonung,Traubenzuckerinjektionen, Opium, Atropin, Amylnitrit oder Nitroglycerin. *Prognose:* gut, wenn für Stützung und Schonung des Herzens gesorgt wird.

Verordnungsformen. Extract. Conv. fluid. 0,12—0,6 g zwei- bis dreimal täglich; Tinct. Convall. 5—10—15 Tropfen dreimal täglich (ROST-KLEMPERER); Herba, Flores, Extractum als Infus oder Sirup als pharmazeutische Zubereitungen (s. Rp.) oder Herba seu Flores als Teeaufguß: 1 Teelöffel voll auf 1—2 Tassen Wasser, tagüber trinken. — Convallamarin: Erwachsene 0,03 g zweimal täglich, Kinder 0,02—0,04 g pro die, in Pillen oder Mixturform (UOGUERA); Kontraindikationen sind degenerative Erkrankungen von Herz, Leber und Nieren. Convallatoxin: 0,000143—0,00025 pro dosis; als intravenöse Injektion 0,000143 zweimal täglich. Convallan: dreimal täglich 2—3 Dragées (1 Drag. = 1000 FD.). — *Homöopathie:* dil. D 3—4, dreimal täglich 10 Tropfen. *Maximaldosis:* Tinct. Convall. 1,0 g pro dosi, 3,0 g pro die.

Medizinische Anwendung. Als ein der Digitalis ähnelndes Herzmittel, mit guter diuretischer Wirkung, besonders dann, wenn nervöse Erscheinungen vergesellschaftet sind, die auf die Störungen einwirken. (nervöse Herzbeschwerden im Klimakterium und in der Gravidität, bei Endokarditis als Wechselmittel). Zur Regulierung der Herztätigkeit, Verstärkung der Herzkraft, Asystolie, Angina pectoris, essentiellem Ödem der Säuglinge, Herzstörungen im Gefolge thyreotoxischer, arteriosklerotischer und nephritischer Erkrankungen, Herzschwäche nach Infektionskrankheiten, Wachstumshypertrophie, zur Vorbereitung und Nachbehandlung von Operationen, zur Behandlung von Sportherzen. Den Zubereitungen aus der Gesamtpflanze ist der Vorzug zu geben; die Gefäßwirkung ist vorzüglich, Kumulation tritt nicht ein, Gewöhnung jedoch leichter. — Convallamarin bei Mitralinsuffizienz mit Dekompensation, Dilatationen, Herzhypertrophie mit Dyspnoe. Convallatoxin bei schweren Herzinsuffizienzen. Convallan für mittelschwere und leichte Fälle, mit vorzüglich diuretischer Wirkung, besonders zur Dauerbehandlung. — In Rußland wird die Pflanze vorzugsweise bei Epilepsie mit Erfolg angewandt.

Rp: Flor. Convall.   10,0
     Infund. aq. fervid. q. s. ad Colat 170,0
     Mucilag. Gum. arab.   30,0
     M. d. s.: Zweistündlich 1 Eßlöffel (ROST-KLEMPERER).

Rp: Extract. Conv.   2,5
     Aq. dest.   10,0
     Sir. simpl.   237,0
     M. d. s.: Eßlöffelweise.

Herzschwäche
Rp: Herb. Convall.
     F. inf.   4,0(—8,0): 200,0
     D. s.: Zweistündlich 1 Eßlöffel.

Herzneurosen
Rp: Tinct. Convall.   5,0
     Tinct. Val. aeth.   10,0
     D. s.: dreimal täglich 15 Tropfen.

Homöopathische Anwendung. Kompensierte und dekompensierte Herzfehler, Endokarditis, Arrhythmie, Extrasystolen, Herzneurosen mit Sternaldruck (mit Strophanthus D 2), Nicotin- und arbeitshypertrophische Herzen, Herzstörungen Jugendlicher, besonders weiblicher, wenn gleichzeitig Unterleibsbeschwerden bestehen. Ferner bei Asthma, Bauch- und Unterleibsplethora, Pruritus vulvae, Jod- und Nicotinvergiftung.
Volkstümliche Anwendung. Wassersucht, Herzleiden. Mit Branntwein aufgesetzt, zum Einreiben gegen Rheuma und Podagra, innerlich gegen Schlaganfälle und Krämpfe. Das Pulver aus den Blüten im sog. Schneeberger (weißen) Schnupftabak bei chronischem Schnupfen und Erkältungen.

Paris quadrifolia L.,
Einbeere.

Beschreibung. Ausdauernd, Höhe 15—30 cm, Wurzelstock kriechend. *Stengel* unverzweigt, mit einem einzigen, meist vierblättrigem Blattquirl, sonst blattlos. *Blätter* ganzrandig, bis 10 cm groß, breiteiförmig, kurz-zugespitzt, fast sitzend. Die einzige *Blüte* gipfelständig, den Blattquirl etwas überragend, mit je 4 kleinen und größeren, in zwei Kreisen stehenden, grünlichgelben bis weißen Perigonblättern. 8 gelbe Staubblätter, Fruchtknoten eiförmig, rotbraun, *Frucht* $1^1/_2$ cm große, kugelige, saftige, blauschwarz-stahlblaue Beere, stets mit Blütenhülle, an der Stengelspitze. *Blütezeit* Mai, Juni.
Besonderes. Blätter riechen unangenehm. *Giftig!*
Vorkommen. Schattige, feuchte Laubwälder und Gebüsche; zerstreut.
Arzneiformen. *Homöopathie:* Essenz aus der frischen Pflanze ohne Wurzel. Die Fa. *Madaus* stellt eine „Teep"-Verreibung her.
Bestandteile. Glykoside Paridin und Paristyphnin, Asparagin, Citronensäure, Apfelsäure, Pektin.
Pharmakologie. Paridin wirkt wie Saponin (KOBERT) und wird von GESSNER als Sapogenin bezeichnet. Paristyphnin soll narkotisch wirken, GESSNER bezeichnet es als Saponin. WALZ berichtet von digitalisartiger Herzwirkung der beiden Stoffe, was SCHEERMESSER nicht bestätigen konnte. *Vergiftungen* kommen durch den Genuß der Beeren vor. Es treten Magenschmerzen, Erbrechen, Durchfälle, Koliken und neben Myosis Kopfschmerzen und Schwindel auf; Todesfälle sind infolge schlechter Resorption noch nicht beobachtet worden. *Behandlung* mit viel schleimhaltigen Mitteln, keine Abführmittel. Eventuell Analeptica.
Verordnungsformen. *Homöopathie:* dil. D 3—4, dreimal täglich 10 Tropfen. „Teep" dreimal täglich 1 Tablette. *Vorsicht* mit größeren Dosen!
Homöopathische Anwendung. Hirnkongestionen, Kopfschmerzen, Schwindel, Gesichts- und Sehstörungen neuralgischer Art, Neuralgien (im Nacken), Innervationsstörungen der Verdauungsorgane geringen Grades mit Obstipation oder stinkenden Diarrhöen, Harnbeschwerden mit rheumatischen und gichtischen Komplikationen (HEINIGKE), Schlafsucht, Gehirnerschütterung, Palpatio cordis, Migräne, Apoplexie, Basedow (mit Calc. jod. D 4), Laryngitis, Bronchialleiden, Muskelhärten,

Arsenikvergiftung (MADAUS). Äußerlich wird die Tinktur bei Gangrän (gleichzeitig innerlich Secale [MADAUS]) und zu Wundsalbe verwendet.

Wundsalbe (KLÖPFER)
Rp: Tinct. Paridis
 Cerae flavae   āā 5,0
 Vaselini   40,0
 M. f. ung.
 D. s.: Wundsalbe zum Aufstreichen.

Volkstümliche Anwendung. Das frische, zerquetschte Kraut wird wie die Beeren zum Auflegen bei Augenentzündungen, Fingervereiterungen verwendet.

Iridaceae, Schwertliliengewächse.
Crocus sativus L., Crocus officinalis PERS., Safran, Krokus.

Beschreibung. Ausdauernd, Höhe 10—30 cm. Eine etwa 3,5 cm dicke *Knolle*, von meist faserigen Resten vorjähriger Scheidenblätter umhüllt. *Blätter* grundständig, schmal, linealisch, rinnig, Ränder zurückgebogen, unterseits mit flacher, weißer Rippe. *Blüten* sehr groß, zart, trichterförmig, hellviolett, die einzelnen Blätter unten zu einer bis 15 cm langen, farblosen Röhre verwachsen und von 2 häutigen Hochblättern umhüllt. Griffel fadenförmig, mit 3 orangeroten, 3—3,5 cm langen, fädlichen Narben. — *Blütezeit* September, Oktober.

Vorkommen. Aus dem Orient stammend, bei uns angebaut.

Anbau. Sehr zu empfehlen. Als Standort liebt die Pflanze südliche Hänge, ist aber gegen Kälte unempfindlich. MEYER empfiehlt den Anbau in Spargelbeeten oder auf abgeernteten Getreidefeldern. Die Vermehrung erfolgt durch Zwiebelbrut; im August legt man in locker gepflügte, mit Schafmist untergrabene Erde die Zwiebeln etwa 15 cm tief. Bei warmer feuchter Witterung zeigen sich nach wenigen Wochen die Blüten. So erntet man 3—4 Jahre, nimmt dann die Zwiebeln heraus, trocknet sie im Schatten, um sie im Herbst neu einzusetzen. Die *Ernte* ist wichtig. Die Blüten sollen nur an trockenen Tagen gepflückt und die Narben noch am gleichen Tag ausgezupft und im Trockenofen scharf getrocknet werden, bis sie hart sind. 1 Hektar ergibt etwa 20 kg trockenen Safran, für 1 kg braucht man 70—80000 Blüten, doch sind die Preise, besonders für dunkelrote Ware, entsprechend hoch.

Drogen, Arzneiformen. Crocus, Safran. Sirupus Croci, Safransirup. Tinctura Croci, Safrantinktur. — *Homöopathie:* Urtinktur aus den getrockneten Narben.

Bestandteile. Farbstoffglykosid Crocin, glykosidischen Bitterstoff Picrocrocin, ätherisches Öl mit Terpenen, nach anderen Autoren das ätherisches Öl abspaltende Picrocin; ferner α-, β- und γ-Carotin, Lycopin, Zeaxanthin, Hentriacontan und höhere aliphatische Kohlenwasserstoffe (KÜHN und WINTERSTEIN).

Pharmakologie. Safran wirkt in größeren Dosen innerlich stark reizend, erzeugt Erbrechen, Durchfälle, Menorrhagien, Abort (!) und führt resorptiv zu Schwindel, Krämpfen, Tod im Koma. Safranpflückerinnen werden ohnmächtig und bekommen Uterusblutungen (ROLET, BOURET, 1919). Die Pulsfrequenz wird beschleunigt, die Temperatur steigt an, es treten narkotische Wirkungen auf (bei Vergiftung mit 21 g Narkose), auch Blindheit und eigentümlicher Orgasmus (stundenlanges Lachen) wurden beobachtet (LEWIN). Die Giftigkeit des Safrans zeigt sich in den meisten Tierversuchen nicht, Hunde vertrugen selbst große Mengen. RÜEGG faßte 1936 die wichtigsten Anwendungsarten in der älteren Medizin zusammen: Aphrodisiacum, Emmenagogum, Antispasmodicum, Roborans, Antidot, Prophylakticum bei Epidemien. Nach LECLERC ähnelt die Wirkung der des Opiums; er betont die elektive Wirkung auf die weiblichen Geschlechtsorgane, verstärkt die Kontraktibilität des Uterusmuskels, wirkt aber gleichzeitig sedativ-spasmolytisch schmerzlindernd. REDEMANN wies am isolierten Uterus nach, daß dieser durch Safranfluidextrakt wieder zu rhythmischer Tätigkeit belebt wird. Der von LECLERC angeführte LIÉGEOIS ist der Ansicht, daß das enthaltene ätherische Öl den Husten durch Anästhesie der Vagusendigungen in den Alveolen lindert (zit. nach RIPPERGER). INVERNI nennt den Safran ein verdauungsförderndes, anregendes Stomachicum und in hohen Dosen ein Emmenagogum; große Dosen erhöhen die Pulsfrequenz, rufen starke Schweiße hervor und vermehren die Harn- und Blutsekretion.

Verordnungsformen. Crocus pulv., dreimal täglich 0,5—1,0 g in Oblaten. Tinct. Croci, zweistündlich 10—20 Tropfen. Sirupus Croci, zweistündlich $1/2$—1 Teelöffel. *Vorsicht* mit größeren Dosen! — *Homöopathie:* ⌀ — dil. D 2.

Medizinische Anwendung. Dysmenorrhöe, Amenorrhöe, Atonie des Uterus. Bei chronischer Bronchitis, Keuch- und Krampfhusten; als Sedativum für Kinder bei Zahnbeschwerden, Windkolik, Schlaflosigkeit.

Emmengogum (HUFELAND)
Rp: Borac.
Croci
Flor. Sulf.
Elaeosacch. Menth.
M. f. pulv.
D. s.: Früh, nachmittags und abends je den dritten Teil eines Pulvers.

Homöopathische Anwendung. Hysterische Affektionen, Lach- und Weinkrämpfe, Veitstanz, Melancholie, als *Hämostypticum* bei Uterushämorrhagien, Epistaxis, klimakterischen Beschwerden, Schlafsucht, Schwindel, Magen- und Brustkrämpfe. Bei Augenentzündungen innerlich und äußerlich, bei Otosklerose Tamponade mit Crocus D 1 (HÖRNER, MADAUS, HEINIGKE).

Volkstümliche Anwendung. Bei Amenorrhöe, mißbräuchlich als Abortivum. Safransalbe bei Panaritium, Mastitis, Podagra. Eine Mischung von Safrantinktur und Campherspiritus gegen erfrorene Glieder (SCHULZ).

Iris germanica L.,
Deutsche Schwertlilie.

Beschreibung. Ausdauernd, Höhe 30—60 cm. Wurzelstock kriechend, weißlich, kurz, fleischig. *Stengel* kräftig, verzweigt, mehrblütig, länger als die Blätter. *Blätter* mit breiter Basis dem Wurzelstock aufsitzend, schwertförmig, zugespitzt, meist etwas sichelförmig gebogen, zweischneidig, grau-grün. Scheiden der Stengelblätter am Grunde geschlossen — stengelumfassend. *Blüten* meist zu mehreren fächerartig angeordnet. Hochblätter von der Mitte ab trockenhäutig. *Blumenblätter* verkehrteiförmig, dunkelblau-violett, auch heller, zurückgeschlagen, äußere Abschnitte am Grunde gelblichweiß mit braunen Adern. Staubfäden so lang wie die Staubbeutel. Narben blumenblattartig, an der Spitze am breitesten, die Abschnitte ihrer Oberlippe voneinander abstehend. Früchte groß, dreifächerig; sechsspaltige Kapsel mit zahlreichen Samen. *Blütezeit* Mai, Juni.

Besonderes. Blüte schwach wohlriechend. Wurzelstock getrocknet veilchenartig riechend.

Vorkommen. In Weinbergen, auf Mauern, sonnigen Hügeln; bei uns angepflanzt, vielfach verwildert.

Sammelzeit. Man gräbt die Wurzelstöcke im Herbst aus, schält sie dünn und trocknet an der Luft.

Anbau. Leicht, wenn trockener, tiefer Boden, nicht Sandboden, zur Verfügung steht. Fortpflanzung in der einfachsten Weise durch Einlegen bewurzelter Stockteile; erst im 4. Jahre gräbt man die Wurzelstöcke.

Drogen, Arzneiformen. Rhizoma Iridis, Veilchenwurzel. Oleum Iridis, Veilchenwurzelöl.

Bestandteile. 0,1—0,2% ätherisches Öl mit Iron als Geruchsträger, Glykosid Iridin, ferner Wachs, Harz, Glykose, Saccharose, Schleim, Eiweißsubstanzen, 17% Stärke, 3—3,5% Asche.

Wirkung, Anwendung. Rhiz. Iridis kann als Mucilaginosum und Cholagogum verwendet werden; zum kalten oder heißen Aufguß nimmt man $1/_2$ Teelöffel auf 1 Tasse. Im Volke wird der frische Saft der Wurzel und die Abkochung als harntreibendes, abführendes Mittel verwendet.

Bemerkung. Der Saft und die Auszüge aus der in unseren Teichen und Sümpfen heimischen, gelb blühenden *Iris pseudacorus*, der *Wasserschwertlilie*, auch falscher Kalmus genannt, werden volkstümlich gegen Blutungen aus Nase und Blase gebraucht. Die Samen sollen magenstärkend wirken.

Orchidaceae, Orchideen.

Orchis militaris L.,
Helm-Knabenkraut.

Beschreibung. Ausdauernd, Höhe 25—50 cm, meist mit 2 fleischigen, eiförmigen Knollen. *Stengel* einfach, aufrecht, kahl, *Blätter* am Grunde scheidig, kurz, in der Mitte größer, saftiggrün, breit-lanzettlich, tütenartig, ziemlich spitz, bogennervig. *Blütenstand* aufrechte, lockerblütige

Ähre, die Blätter überragend. *Blüten* mit eiförmig-lanzettlichem, spitzen, aschgrauen oder hellpurpurnem Helm, Lippe blaßpurpurn, in der Mitte weißlich und dunkelpurpurn punktiert mit kleinen, eiförmigen Deckblättchen gestützt, Sporn gerade. *Blütezeit* Mai, Juni.
Besonderes. Pflanze kahl, Blüten wohlriechend.
Vorkommen. Kalkberge, Wiesen, Triften, Waldränder; zerstreut.

Orchis maculata L.,
Geflecktes Knabenkraut.

Beschreibung. 60 cm hoch, *Knollen* handförmig geteilt, Stengel hohl, saftig, *Blätter* braungefleckt, am Grunde verbreitert, untere stumpf, obere kleiner und spitz, allmählich in die Deckblätter übergehend. *Blüten* rosa, mit dunkelroten Streifen, selten weißlich-hell-violett, in langstieligen, großen Blütenähren. *Blütezeit* Mai bis Juli.
Vorkommen. Wälder, Wiesen.

Orchis mascula L.,
Kuckucksknabenkraut.

Beschreibung. *Knollen* ungeteilt, länglich-rund, groß, *Blätter* teils rot gefleckt, teils ungefleckt. *Blüten* satt-karminrot, Blütenstiel und Deckblätter ebenfalls rot. *Blütezeit* Mai, Juni.
Vorkommen. Auf feuchtem Wald- und Wiesenboden.

Orchis latifolia L.,
Breitblättrige Orchis.

Beschreibung. *Knollen* handförmig geteilt, *Blätter* breit, gefleckt, *Blüten* violett.

Orchis pallens L.,
Bleiche Orchis.

Beschreibung. *Knollen* groß, ungeteilt, *Blätter* breit, lebhaft grün, *Blüten* blaßgelb.
Vorkommen. Häufiger in Süddeutschland, gern auf sonnigem Kalkboden.
Bemerkungen. Alle Orchisarten sind gesetzlich *geschützt!*
Anbau, Ernte. Der Anbau ist lohnend, wenn auch nicht ganz einfach. Vor allem braucht man dazu feuchte Wiesen und weiter alte Orchiswurzeln, weil in diesen Pilze leben, die von den auszusäenden Samen zum Keimen gebraucht werden. Man legt also immer Stücke alter Wurzeln zum Samen, wenn man nicht einfach Knollen auslegt und so die schwierige Aussaat vermeidet. Im Herbst des zweiten Jahres gräbt man dann die Knollen aus, überbrüht sie und zieht sie auf Fäden zur Trocknung.
Drogen. Tubera Salep, Salepknollen; Tub. Salep pulverata.

Bestandteile. 48% Schleim, 27% Stärke, 1% Zucker, 5% Protein, 2,5% Cellulose, 2% Asche, Spuren Fett und Weinsäure.

Pharmakologie. Der Schleimgehalt der Salepknollen ist wertbestimmend; man verwendet sie als Mucilaginosum oder als einhüllenden Zusatz zu reizenden Pharmaca.

Verordnungsformen. Mucilago Salep, Salepschleim.

Medizinische Anwendung. Bei Reizzuständen der Schleimhäute, besonders bei Diarrhöen der Kinder, per os oder als Klysma, auch als Nährmittel.

Volkstümliche Anwendung. Durchfälle, Ruhr, Darmkatarrhe; Husten, Heiserkeit, Schwindsucht, Blutspeien, zur Anregung des Geschlechtstriebes. Die zerquetschten frischen Knollen äußerlich bei Geschwülsten.

Juglandaceae, Walnußgewächse.

Juglans regia L.,
Walnußbaum.

Beschreibung. Baum, Höhe 10—25 m. Krone rund, weitausladend, Rinde grauweiß, tiefrissig. Holz hart, schön gemasert. Einjährige Zweige kahl, olivgrün oder bräunlich. *Blätter* wechselständig, sieben- oder neunzählig gefiedert. Teilblätter sitzend, in der Jugend drüsigbehaart, später kahl, länglich oder länglich-eiförmig, spitz, ganzrandig oder schwach gezähnt, von dem langgestielten größeren Endblatt überragt. *Knospen* gelbgrau oder bräunlich, etwas filzig. Staubgefäßblüten in grünen, hängenden, später abfallenden Kätzchen, Stempelblüten zu 1—4 beisammen. *Frucht* = Walnuß, länglich-kugelig, mit grüner, später braunschwarzer, abfallender Hülle. Nuß dünnschalig. *Blütezeit* Mai.

Besonderes. Blätter riechen frisch aromatisch, Geschmack herb und kratzend.

Vorkommen. Aus Asien stammend, in Europa kultiviert.

Sammelzeit. Die Blätter werden im Juni abgepflückt, bevor sie völlig ausgewachsen sind und müssen rasch getrocknet werden, um ihre grüne Farbe zu erhalten.

Anbau. Der Baum sollte mehr als bisher angebaut werden; die Samen (= Nußkerne) sind Öllieferanten und Nahrungsmittel, die grüne Schale der Früchte gibt eine dauerhafte schwarzbraune Farbe und das Holz gehört zu den besten Tischlerhölzern. Man vermehrt den Baum durch Aussaat reifer Nüsse und veredelt die Wildlinge später durch Okulieren (MEYER).

Drogen, Arzneiformen. Folia Juglandis, Walnußblätter; Extractum Juglandis Foliorum, Walnußblätterextrakt; Cortex Juglandis fructus, grüne Walnußschalen; Extractum Juglandis Nucum, Walnußschalenextrakt. — *Homöopathie:* Essenz und Potenzen zu gleichen Teilen aus den frischen Blättern und den grünen Fruchtschalen.

Bestandteile. Blätter: 0,012—0,029% ätherisches Öl, Inosit, Gerbstoff, Ellag- und Gallussäure, Juglon. Grüne Fruchtschalen: α- und β-Hydrojuglon, Emulsin, Citronen- und Apfelsäure, Peroxydase, keinen Gerbstoff.

Pharmakologie. LECLERC empfiehlt die Blätter infolge ihres Gerbstoffgehaltes und der anderen aktiven Substanzen zur Behandlung der Tuberkulose; es gab bereits ein Injektionspräparat im Handel, das von SCHEIN, KUTHY, BUZNA empfohlen wurde. Die Koagulation des Blutes wird durch den Extrakt im positiven Sinne stark beeinflußt (HYNEK); man gibt täglich 50,0 g. Der Erfolg stellt sich sofort ein und die Wirkung hält 20—30 Stunden an. Selbst in größeren Dosen ist der Extrakt unschädlich.

Verordnungsformen. Folia Juglandis, zum heißen Aufguß, 3 Teelöffel auf 2 Tassen, tagsüber trinken. Extractum Fol. Juglandis, dreimal täglich 2 Eßlöffel. — *Homöopathie:* dil. D 2, drei- bis viermal täglich 1 Tablette.

Medizinische Anwendung. Blutungen und Blutungsgefahr (Operationsvorbereitung), Bluthusten Tuberkulöser. Weiter bei Tuberkulose, Lupus vulgaris, Knochenerkrankungen tuberkulöser Ursache und bei lymphatisch-exsudativer Diathese (Skrofulose, Drüsenschwellungen, Rachitis), Augenkatarrh, Zahnfleischerkrankungen. Wirksam als Roborans und Resolvens vor allem bei Hg-Schäden, Rheuma, Gicht, Arteriosklerose, Acne, pustulösen Exanthemen (Bäckerkrätze, HAUER), als Anregungsmittel für den Darmtraktus, das regulierend wirkt, Durchfälle aber beseitigt (Gravidität). Spülungen bei Affektionen der Mund- und Rachenschleimhaut, Fluor albus. Bäder bei Dermopathien. — Die *homöopathischen* Anwendungen sind die gleichen.

Zu Bädern
Rp: Fol. Juglandis   0,5—1 kg
D. s.: Mit einigen Litern Wasser abkochen und dem Badewasser zusetzen (HAGER).

Als Salbe für Geschwüre
Rp: Extract. Fol. Jugl.   30,0
D. s.: Mit Ad. suill. und Ol. Bergamott. zu einer Salbe verarbeiten (DINAND).

Zur Pinselung bei Angina, Aphthen
Rp: Extract. Jugl. Nucum   30,0
D. s.: Zur täglich mehrmaligen Pinselung.

Volkstümliche Anwendung. Durchfälle, chronische Magen- und Darmkatarrhe, Würmer, Skrofulose, Hautausschläge, Gicht, Impotenz. Zu Spülungen und Umschlägen bei Ekzemen, Geschwüren, weißem Fluß und als Ungeziefermittel.

Tierheilkunde. Die grünen Fruchtschalen werden bei Verdauungsschwächen, Faul- und Nervenfiebern, Durchfällen, Harnruhr, Würmern gegeben. Abkochungen der Schalen als Wundmittel, bei Verrenkungen, Quetschungen. Kontraindikationen: starke Entzündungen und Verhärtungen.

Salicaceae, Weidengewächse.
Salices, Weiden.

Beschreibung. Die Weiden sind Sträucher oder Bäume, mit meist schlanken, biegsamen, rutenförmigen Ästen. Die Rindenfarbe ist verschiedenfarbig. *Blätter* meist kurzgestielt, eirund bis schmal-lanzettlich ungeteilt, gesägt oder ganzrandig, Nebenblätter sind entweder blattartig oder fehlen ganz. Blütenhülle fehlt, an ihrer Stelle zwei Drüsen, *Blüten in Kätzchen*, mit dachziegelartigen Deckschuppen, diese ganzrandig, einfarbig, meist grüngelblich, seltener rötlich oder bräunlich. 2—12 Staubblätter, 1 Griffel mit 2 Narben. Frucht eine zweiklappige, vielsamige Kapsel, Samen mit Haarschopf. *Blütezeit* meist März, April, Mai.

Salix alba L., *Silber-Weide*. Höhe bis 20 m. Blätter lanzettlich, zugespitzt, kleingesägt, beiderseits seidenhaarig, Nebenblätter lanzettlich. Männliche Kätzchen aufrecht, 5—6,5 cm lang, 1 cm dick, zylindrisch, dichtblütig, 2 Staubblätter; weibliche Kätzchen kürzer. Vorkommen: an feuchteren Orten, Ufern; auch an Wegen angepflanzt.

Salix fragilis L., *Bruch-Weide*. Höhe 5—12 m. Blätter lanzettlich, lang zugespitzt, kahl, mit einwärts gebogenen Sägezähnen, unterseits meist blaugrün. Junge Zweige gelb oder braun. 2 Staubblätter. Kätzchenschuppen zottig, Kätzchenstiele mit ganzrandigen, am Rande seidenhaarigen Blättern. Vorkommen: Feuchte Wälder, Ufer; häufig.

Salix caprea L., *Sal-Weide*, Palm-Weide. Höhe 2—9 m. Blätter eiförmig oder elliptisch, schwach-wellig-gekerbt, oberseits dunkelgrün, fast kahl, unterseits bläulichgrün, filzig, Spitze zurückgekrümmt, Adernetz wenig ausgeprägt. Nebenblätter nierenförmig. Kätzchen am Grunde von 4—7 schuppenförmigen Blättchen gestützt. Vorkommen: Waldränder, Wiesen, Hecken, Gräben, Ufer; gemein.

Salix pentandra L., *Lorbeer-Weide*. Höhe 1—10 m. Blätter eiförmig-elliptisch, zugespitzt, fein- und dicht-drüsig-gesägt, kahl, oberseits dunkelgrün, stark glänzend, lorbeerartig aromatisch riechend. Junge Zweige dunkelrotbraun. Nebenblätter eiförmig, gerade, Blattstiele vieldrüsig; 5—10 Staubblätter. Vorkommen: feuchte Wälder, moorige Orte; zerstreut.

Salix purpura L., *Purpur-Weide*. Höhe 1,5—3 m. Blätter verkehrt — lanzettlich, zugespitzt, unterwärts keilförmig verschmälert, scharf gesägt, anfangs rostfarbig, wollig, später kahl, unterseits meist blaugrün, beim Welken schwarz werdend. Staubblätter bis zur Spitze verwachsen, Staubbeutel anfangs rot, Kätzchenschuppen beiderseits behaart. Vorkommen: Wiesen, Gräben, Ufer, feuchte Orte; verbreitet.

Salix viminalis L., *Korb-Weide*. Höhe 2—4 m. Zweige anfangs kurzgrauhaarig, später kahl. Blätter schmal-lanzettlich, lang zugespitzt, fast ganzrandig, schwach ausgeschweift, unterseits seidenhaarig-glänzend, Rand etwas umgerollt, Nebenblätter lanzettlich-linealisch. Kätzchenschuppen schwarzbraun, mit silberweißen Haaren. Griffel lang, Narben fadenförmig. Vorkommen: Ufer, Gebüsche; gemein.

Besonderes. Die Weiden neigen stark zur Bastardierung; in Deutschland kommen etwa 30 Stammformen vor.

Sammelzeit. Die Rinde von zwei- bis dreijährigen Zweigen wird im ganzen abgeschält und rasch getrocknet.

Drogen, Arzneiformen. Cortex Salicis, Weidenrinde; Salicinum, Salicin; Saligeninum, Saligenin. — *Homöopathie:* Essenz und Potenzen aus der frischen Rinde von *S. alba, nigra, purpurea*.

Bestandteile. Eine Reihe von Glykosiden, von denen das Salicin das wichtigste ist; es findet sich in Mengen von 0—7% mit starken jahreszeitlichen Schwankungen (MADAUS). Salicin ist das δ-Glykosid des Orthooxybenzylalkohols und kann leicht krystallinisch gewonnen werden. Ferner sind vorhanden: Flavonglykoside, bis zu 13% Gerbstoffe; Wachs, Gummi, Harz, Oxalate, Enzym Salicase. In den Blättern: Gerbsäure, Gallussäure, Catechin, quercitrinartige Substanz, Zucker.

Pharmakologie. Salicin wird durch Einwirkung von Enzymen und Säuren in Saligenin und Traubenzucker gespalten. Saligenin (= Salicylalkohol) wird im Körper zu Salicylsäure oxydiert; es besitzt lokalanästhesierende Eigenschaften. Salicylsäure wirkt allgemein fieberwidrig durch Beeinflussung des Wärmezentrums, spezifisch fieberwidrig bei Gelenkrheumatismus, ferner analgetisch-rheumatisch und antiseptisch (GESSNER). MADAUS konnte in Tierversuchen keine fiebersenkende Wirkung der Weidenrinde feststellen. LECLERC und INVERNI schätzen die Droge als Sedativum besonders für die Genitalsphäre, wo sie Bromkali ersetzen kann; der Fluidextrakt der Kätzchen wirkte prompt bei dysmenorrhöeischen Beschwerden. BOHN bezeichnet die Weidenrinde als adstringierendes Tonicum.

Verordnungsformen. Cortex Salicis, zum kalten Auszug, 1—2 Teelöffel auf 1—2 Tassen, 8 Stunden stehen lassen, tagsüber trinken. Cortex Salicis pulv., dreimal täglich 1—2 g, verrührt oder in Oblaten. — *Homöopathie:* dil. D 2, zwei- bis dreimal täglich 1 Tablette.

Medizinische Anwendung. Gelenkrheumatismus, Gicht, Kopfschmerzen und Gehörstörungen rheumatischer Art, Neuralgien, Fieber, Blutungen, Hämoptoe, ferner bei Dyspepsie, Magen- und Darmverschleimung, sexuellen Übererregungen bei Gonorrhöe, ferner bei Pollutionen, Ovarialneuralgien, auch bei Schlaflosigkeit von Neurasthenikern. Die Anwendung als Tonicum entweder als Pulver oder in Form der weinigen Maceration (Cort. Salic. 50,0 : Vinum 1000,0). Erfolge bei Ulcus cruris und anderen gangränösen Ulcera durch Aufstreuen des Pulvers.

Homöopathische Anwendung. Folgen von Onanie: nervöse Beschwerden, Spermatorrhöe, Impotenz, schmerzhafte Erektionen, ferner palliativ bei profusen Nachtschweißen der Phthisiker.

Volkstümliche Anwendung. Innere Blutungen, Hämoptise, Magen- und Darmkatarrh, Fluor, Rheumatismus, fieberhafte Krankheiten, Nervenleiden, Lungenkrankheiten, geschlechtliche Übererregungen, Erbrechen, Grieß- und Steinleiden, Blasenkatarrh, Prostatabeschwerden, Würmer. Örtlich als Umschlag oder Streupulver bei Hautkrankheiten, Wunden, Geschwüren, Geschwülsten, Knoten.

Populus tremula L.,
Zitterpappel, Espe, Aspe.

Beschreibung. Baum, 10—30 m, Stamm hoch hinauf astfrei, junge Äste schwach kurzhaarig, meist auch kahl. Rinde jung gelbbraun, später graugrün bis schwarzgrau, borkig. Knospen kahl, mehr oder weniger klebrig. Blattstiele sehr lang und dünn, *Blätter* einfach, wechselständig, fast kreisrund, meist quer breiter als lang, stumpfgezähnt, oft fast dreieckig, am Grunde gestutzt oder etwas herzförmig, in der Jugend seidenhaarig-zottig, dann kahl. Männliche oder weibliche *Blüten* in länglichen, walzenförmigen Kätzchen, hängend, schlaff. Kätzchenschuppen etwa 3 mm lang, tief handförmig gespalten, dicht zottig gewimpert. 8 Staubblätter, purpurrot, wie die Narben. *Blütezeit* März, April.

Besonderes. Die Blätter bewegen sich schon beim leisesten Luftzug.

Vorkommen. In Wäldern, Gebüschen, Parks, an Ufern, auf Dünen; fast in ganz Europa.

Sammelzeit. Die Laubknospen werden im Frühjahr vor dem Öffnen gesammelt, ferner die Rinde der jungen Zweige und die Blätter.

Arzneiformen. *Homöopathie:* Essenz und Potenzen aus der frischen inneren Rinde der jungen Zweige und aus den Blättern zu gleichen Teilen. Ebenso stellt die Fa. *Madaus* eine „Teep"-Verreibung her.

Bestandteile. Glucosid Salicin und sein Benzoylderivat Populin; in der frischen Rinde stellte MADAUS 0,13 bzw. 6,5% fest. Die Gesamtglucoside bezeichnet man mit Salipopulin.

Pharmakologie. Durch Salipopulin erhöht sich die Harnsäureausscheidung von 38 auf 71% (durch Salicin allein nur von 25 auf 41% und durch Populin allein nur von 11 auf 29%), wie TILMANT festgestellt hat. Bei der Behandlung neuralgischer und anthralgischer Erkrankungen erweist sich Salipopulin wirksamer als die beiden isolierten Glykoside; Nebenerscheinungen wie nach Salicylsäure traten nicht auf. MADAUS regt an, in der Homöopathie an Stelle der nordamerikanischen *P. tremuloides* unsere einheimische *P. tremula* zu verarbeiten und anzuwenden, da sie nach WEHMER dieselben Bestandteile hat.

Verordnungsformen. *Homöopathie:* dil. D 1—2, dreimal täglich 10 Tropfen. — „Teep" dreimal täglich 1 Tablette.

Medizinische Anwendung. Findet nicht statt, obwohl die starke Herabsetzung der Blutharnsäure und die Erhöhung der Harnsäureausscheidung die Verwendung der Zweigrinde (von der es noch keine Droge gibt) bei anthralgischen Erscheinungen (Gicht, Gelenkrheuma) und Neuralgien (Ischias) angezeigt erscheinen lassen.

Homöopathische Anwendung. Prostatahypertrophie, akute und chronische Cystitis, Blasenschwäche, Enuresis der Greise, Blasenhalsreizung, Tenesmen und schmerzhaftes Urinieren, besonders im Alter, bei Gravidität, nach Operationen. Ferner bei Skorbut, Lues, Hämorrhoiden (auch äußerlich), Dyspepsie, Gicht, Rheuma, venösen Stauungen zur Zeit der Menses, äußerlich gegen Verbrennungen und Geschwülste (zit. nach MADAUS).

Volkstümliche Anwendung. Espenblättertee bei Incontinentia urinae senilae.

Populus tremuloides, aus deren frischer Rinde der jungen Zweige und den Blättern (zu gleichen Teilen) Essenz und Potenzen hergestellt werden, wird verordnet bei Blasenkatarrh, Urin mit viel Schleim und Eiter; bei heftigem Harndrang besonders alter Leute. Gutes Mittel bei Blasensprung nach Laparotomie oder Ovariotomie. Harnröhrenentzündung, schmerzhaftes Urinieren besonders während der Schwangerschaft (HEINIGKE).

Populus nigra L.,
Schwarzpappel, Echte Pappel.

Beschreibung. Baum, 15—35 m hoch, Krone eiförmig, locker, mit schlanken, ausgebreiteten Zweigen (var. P. *pyramidalis* mit schlanker Krone und anliegenden, hochstrebenden Zweigen), vielfach mit trockenen Ästen und Zweigen; Rinde grauschwarz, jüngere Äste grauweiß. Stamm älterer Bäume mit unregelmäßig zerrissener Borke, eichenähnlich tief gefurcht. *Blätter* wechselständig, langgestielt, glatt, etwas glänzend, dreieckig bis rhombisch, am Grunde gestutzt oder keilförmig, am Rande bogenförmig — gesägt, kahl, oberseits dunkelgrün, unterseits heller, in der Jugend leicht behaart, Blattrippen stark hervortretend, gelblich, Seitennerven bogig verzweigt. Blattstiele seitlich zusammengedrückt, drüsenlos. *Knospen* spitz, kegelförmig, gelb, klebrig. *Blüten* kommen vor den Blättern; männliche Kätzchen 3—4 cm lang, purpurrot, abfallend, weibliche eine lockere, grünliche Traube bildend, 2 Narben. Kapselfrüchte rund, einfächerig, mit seidenhaarigen Samen. *Blütezeit* März, April.

Besonderes. Die Laubknospen und die jungen Blätter sind mit einer klebrigen, balsamisch duftenden, bitter schmeckenden Schicht bedeckt. Der Baum ist gesetzlich *geschützt*; er kommt fast nur männlich vor, der weibliche nur an einzelnen Orten Deutschlands.

Vorkommen. Wälder, Wiesenränder, Ufer, als Landstraßenbaum angepflanzt (var. *P. pyramidalis*).

Sammelzeit. Die Knospen werden im Frühjahr vor dem Öffnen gesammelt und frisch verarbeitet (Pappelsalbe) oder getrocknet.

Drogen, Arzneiformen. Gemmae Populi, Pappelknospen; Oleum Populi, Pappelöl; Unguentum Populi, Pappelsalbe.

Bestandteile. 0,5% ätherisches Öl, Chrysin (= Dioxyflavon und Oxy-Methoxyflavon), Tectochrysin, Salicin (= δ-Glykosid des Salicylalkohols), Populin (= Glykosid), Farbstoff, Mannit, Harz, Apfel- und Gallussäure, Fett, Eiweiß (vgl. Bestandteile von *Populus tremula*).

Wirkung, Anwendung. Im Volke wird noch immer die Pappelsalbe bei Hämorrhoiden, Krampfadern, Beinschmerzen, Gelenkleiden, Gicht, entzündeten Brüsten, Frostbeulen, Wunden, aufgesprungenen Lippen und Verbrennungen verwendet. Die Abkochung der Knospen wird bei Brustleiden, Brustfellentzündung, Rheuma, Gicht, Ischias, Krankheiten von Nieren und Blase (Blasenschwäche alter Leute) und Wechselfieber gebraucht. Die aus dem Holz hergestellte Pappelkohle bei Sodbrennen, saurem Aufstoßen, Brechreiz, Verdauungsstörungen, Blähungen. Der durch Aufsetzen mit Branntwein hergestellte Pappelspiritus findet die gleiche Anwendung wie die Knospenabkochung und wird äußerlich bei Quetsch- und Schürfwunden, Verstauchungen und Verrenkungen angewendet. Pappelpomade nimmt man gegen Schuppen und zur Förderung des Haarwuchses.

Populus alba L., *Silberpappel*. Die Rinde (mit Salicin?) wird gegen Harnbeschwerden und bei Fieber (Malaria tertiana) verwendet. Die jungen Triebe und die Rinde wirken stark anthelmintisch und werden in

Norwegen und England in Gaben von 300—500 g gegen Spulwürmer bei Pferden angewendet.

Populus balsamifera L., *Balsam-Pappel.* Die Rinde (mit Salicin?)wird bei Fieber, als warmes Kataplasma oder als Badezusatz gegen Fußschweiß gebraucht.

Populus candicans, AIT., *Ontario-Pappel.* Die Homöopathie stellt aus den Knospen Essenz und Potenzen her und wendet sie an bei akuten Luftröhrenkatarrhen, Schnupfen mit Heiserkeit und Stimmlosigkeit, katarrhalischem Fieber, Brennen im Halse, Asthma, Sonnenstich (HEINIGKE).

Myricaceae, Gagelgewächse.

Myrica gale L., Echter Gagel.

Beschreibung. Strauch, Höhe 30—125 cm, sehr ästig. Zweige glänzend, dunkelbraun, dicht beblättert, *Blätter* wechselständig, einfach bis fiederteilig, keilförmig, nach unten verschmälert, an der Spitze gesägt (auf 1 cm etwa 3—4 Zähne), selten über $1^1/_2$ cm breit und 5 cm lang, etwas derb, oberseits dunkelgrün, glanzlos, unterseits blässer, dünnfilzig. *Blüten* zweihäusig, männliche in zylindrischen Ähren, weibliche in kurzen Ähren, end- und achselständig, aufrecht abstehend, vor den Blättern erscheinend. Trockene Steinfrucht mit wachsausscheidender Hülle. *Blütezeit* April, Mai.

Besonderes. Pflanze mit goldglänzenden Harzpünktchen besetzt. Geruch des Strauches angenehm aromatisch.

Vorkommen. Moorige Waldwiesen, Heidemoore, an der Küste selten. Pflanze ist gesetzlich *geschützt!*

Drogen. Die Blätter wurden früher als Folia Myrti brabantici gegen Hautkrankheiten und als Ersatz für chinesischen Tee benutzt.

Bestandteile. Blätter und Kätzchen enthalten etwa 0,5 % ätherisches Öl mit Cineol, Pinen, Phellandren, Sesquiterpen, Palmitinsäure und andere Fettsäuren und deren Ester. Es zeigt giftige Wirkungen (HAGER).

Wirkung, Anwendung. Abkochungen der Blätter wirken betäubend. Man hat sie früher dem Bier zugesetzt. Angewendet wurden sie bei Hautkrankheiten, gegen Dysenterie und als Abortivum (SCHULZ).

Betulaceae, Birkengewächse.

Corylus avellana L., Haselnußstrauch.

Beschreibung. Strauch, selten baumartig, Höhe 2—4 m. Zweige braunsilberig, die jüngeren wie die Blattstiele drüsig-rauhhaarig. Mark meist bräunlich. Blattstiele etwa 1 cm lang, *Blätter* wechselständig, rundlich, herzförmig, wellig, zugespitzt, doppelt-gesägt, unterseits blaßgrün, kurzhaarig. *Blüten* getrenntgeschlechtlich auf demselben Strauch, die männlichen in länglichen Kätzchen, die weiblichen noch zur Blütezeit von den Knospenschuppen umhüllt. *Narben* der weiblichen Blüten büschelförmig und rot. Fruchthülle glockenförmig-zerschlitzt, offen, etwa so lang wie die Frucht. Frucht = Haselnuß, braunschalig mit süßem Kern. *Blütezeit* Februar, März.

Besonderes. Pflanze zur Blütezeit noch ohne Blätter.

Vorkommen. Waldränder, Abhänge, Gebüsche; häufig.

Sammelzeit. Gesammelt werden 1. die männlichen Staubblütenkätzchen, 2. die Rinde, 3. die Nußkerne.

Anbau. Lohnend und notwendig, zumal die wildwachsenden Sträucher nicht abgeerntet werden dürfen.

Drogen. Haselnußkerne, Haselnußöl.

Bestandteile. Die Haselnußpollen enthalten Globuline, Pepton, Wachs, Bitterstoff, Cholesterin, Vernin, 14,7% Saccharose, Xanthin, Guamin, Hypoxanthin, vielleicht Adenin (WEHMER). Die Kerne enthalten 50—60% fettes Öl, 0,5% Phytosterin, Protein Corylin, 2—5% Saccharose, 2,5% Asche. Das Öl besteht zu etwa 85% aus Ölsäureglycerinester und 10% Palmitinglycerinsäureester.

Wirkung, Anwendung. Im Volke werden die Staubblütenkätzchen als schweißtreibendes Mittel bei Influenza und Lungenentzündung und stopfend gegen Durchfälle verwendet. Abkochungen der Rinde sind ein altes Volksheilmittel bei Wechselfieber. Die Nüsse sollen einen blutdrucksteigernden Stoff enthalten und von guter Wirkung bei Blutarmut und Bleichsucht sein (KROEBER).

Betula verrucosa EHRH., B. alba L., Weißbirke, Warzige Birke, Rauhbirke.

Beschreibung. Schlanker Baum, Höhe bis 25 m. *Rinde* schneeweiß, mit frühzeitig-schwarzrissiger Borke; die Rinde schält sich meist in horizontalen Streifen ab. Junge *Zweige* dicht mit Drüsenwarzen besetzt und sehr biegsam, später zumeist hängend. *Blätter* einfach, wechselständig, rautenförmig, dreieckig, mit spitzlichen Seitenecken, langzugespitzt, doppelt-gesägt, dünn, klebrig, kahl, oben lebhaft, unten heller grün. *Fruchtkätzchen* hängend, walzlich, ziemlich dick, braun. *Blütezeit* April, Mai.

Besonderes. Blätter riechen angenehm, schmecken bitterlich, zusammenziehend.

Vorkommen. In Laub- und Nadelwäldern eingesprengt, in Gebüschen, an Wegen; sehr häufig. Gern mit Fichten vergesellschaftet.

Sammelzeit. Die Blätter werden im Mai bis August durch Abstreifen von den Zweigen gesammelt.

Drogen, Arzneiformen. Folia Betulae, Birkenblätter; Cortex Betulae, Birkenrinde; Oleum betulinum (Pix betulina) Birkenteer; Oleum Rusci (Betulae) rectificatum. — *Homöopathie:* Urtinktur ist der durch Anbohren junger kräftiger Birken im Frühjahr gewonnene Saft.

Bestandteile. Saponine, ätherisches Öl mit 25% Betulol (Sesquiterpenalkohol). Junge Blätter und Triebe enthalten ein Harz, das den Butylester der Betuloretinsäure darstellt. Der Birkenteer enthält Guajacol, Kreosol, Kresole, Xylenole, Spuren Phenol.

Pharmakologie. Birkenblätter (Saponinwirkung?) wirken stark diuretisch, ohne die Nieren zu reizen, jedoch ist die Wirkung individuell verschieden. JÄNICKE berichtete von lytischer Wirkung bei Nephrolithiasis. Ebenso wurde von starker choleretischer Wirkung, besonders der Knospen, berichtet.

Verordnungsformen. Fol. Betulae: zum heißen Aufguß 2—3 Teelöffel auf 1 Glas Wasser, 2 Gläser täglich. Pix betulina: zum Aufpinseln bei Dermopathien. — *Homöopathie:* ⌀ bis dil. D 1, dreimal täglich 10 Tropfen.

Medizinische Anwendung. Als vorzügliches, von vielen Seiten immer wieder bestätigtes Diureticum, das keine Reizwirkungen auf das Nierenparenchym ausübt. Die diuretische Wirkung des Aufgusses wird durch Zufügen einer Messerspitze Natriumbicarbonat pro Tasse noch verstärkt. Die Wirkung von Quecksilbersalzen wird durch Birkenblätter ganz wesentlich erhöht, so daß man dann mit kleineren Dosen auskommt. Bei Blasenkatarrh wirken Birkenblätter reizlos, so daß sie auch bei Nephropathien (auch chronischer Art) verabreicht werden können. Auch Rheumatismus wird gut beeinflußt. Man gibt hier Tee, Bäder mit Birkenblätterabsud oder macht Packungen der frischen Blätter auf die erkrankten Partien. Hautkrankheiten, auch solche, die auf mangelhafter Ausscheidung von Stoffwechselprodukten beruhen, können innerlich und äußerlich mit der Abkochung behandelt werden. Bei chronischen Dermopathien pinselt man mit Birkenholzteer. — *Homöopathische* Dosen haben wenig Wirkung; es wird hier meist die Urtinktur verordnet bei den gleichen Indikationen.

Volkstümliche Anwendung. Bei Blasen- und Steinleiden, Intermittens, unterdrückten Fußschweißen, wie überhaupt als Diaphoreticum in Form des Tees oder der Packungen mit frischen Blättern. Bei allen Harnsäureansammlungen, Rheumatismus und Gicht. Der abgezapfte Birkensaft wird viel als Haarwuchsmittel angewandt.

Alnus glutinosa GAERTNER, Betula alnus var. glutinosa L., Schwarzerle, Roterle, Erle.

Beschreibung. Baum, Höhe bis 25 m. Stammrinde schwarzbraun. *Blätter* einfach, wechselständig, rundlich oder rundlich-verkehrt-eiförmig, stumpf, ungleich gesägt, kahl, unterseits hellgrün, nur in den Achseln bärtig, jung klebrig. Tragblätter der Trugdöldchen bräunlich-purpurn. Männliche Kätzchen lang, braun; weibliche kurz, rot, Kätzchenschuppen anliegend. Seitliche Fruchtzapfen gestielt. *Blütezeit* März, April.

Besonderes. Verholzte zapfenartige Fruchtstände noch im nächsten Jahre am Baum.

Vorkommen. Feuchte Wälder der Ebene, Sümpfe, Ufer, Gräben; gemein.

Sammelzeit. Die Blätter im Frühjahr und zeitigen Sommer.

Arzneiformen. Angewandt werden meist die frischen Blätter oder die getrocknete Rinde junger Zweige.

Bestandteile. Die *Blätter* enthalten Rohrzucker, Glutanol, Glutinol, die Harzsäuren Glutanolsäure und Glutinolsäure; die *Rinde* enthält

5—20% Gerbstoff, Farbstoff, Emodin, Wachsalkohol, Alnulin, Protalnulin, fettes Öl, Phlobaphene.

Wirkung und Anwendung. Im Volke wird die Abkochung der Rinde bei Wechselfieber mit Erfolg benutzt, ebenso bei Hals- und Mandelentzündung als Gurgel- und als Spülmittel bei Blutungen. Frisch zerquetschte Blätter werden auf Geschwüre aufgelegt, ferner auf die Brustwarzen Stillender, um die Milch zum Versiegen zu bringen. Blattaufgüsse verwendet man zur Hervorrufung unterdrückten Fußschweißes. Der Ansatz der Früchte mit Weingeist wird gegen Epilepsie angewendet.

Cupuliferae, Becherfrüchtler.

Castanea sativa MILLER, C. vesca GAERTNER, Fagus castanea L., Echte Kastanie.

Beschreibung. Strauch oder Baum, bis 35 m hoch. Rinde rissig, Äste abstehend, *Blätter* wechselständig, kurzgestielt, länglich-lanzettlich, kurz zugespitzt, lang-zugespitzt-gesägt; etwas lederartig, oben dunkelgrün glänzend, unten blaßgrün, kahl, Seitennerven sehr zahlreich, gerade verlaufend. *Blütenstände* achselständig, sitzend, erscheinen nach den Blättern. *Blüte:* männliche Kätzchen aufrecht, gelblich; Stempelblüten zu 2—3. *Früchte:* in stachliger Hülle 2—3 braune Kastanien (Maronen), die als Nahrungsmittel geschätzt werden. *Blütezeit* Juni.

Vorkommen. Stammt aus Südeuropa, bei uns nur angepflanzt in Wäldern und Gärten wärmerer Gegenden.

Sammelzeit. Die Blätter werden vor der Blüte gepflückt.

Drogen, Arzneiformen. Folia Castaneae, Kastanienblätter; Extractum Castaneae fluidum, Kastanienfluidextrakt. — *Homöopathie:* Essenz und Potenzen aus den frischen Blättern.

Bestandteile. 9% Gerbstoff, Saccharose, Glucose, Glykoside, Harz, Fett, Pektine, viel i-Inosit, Phytin (?), etwa 6% Mineralbestandteile.

Pharmakologie. Von VOLLMER wurde Wasseransammlung in der Lunge nach Gaben von *C. sativa* festgestellt.

Verordnungsformen. Fol. Cast. zum heißen Aufguß, 2 Teelöffel auf 1 Tasse Wasser, 2 Tassen täglich; Extr. Cast. fluid. drei- bis fünfmal täglich 10—20 Tropfen. — *Homöopathie:* dil. D 1, dreimal täglich 10 Tropfen.

Medizinische Anwendung. Als vorzügliches Keuchhustenmittel, wenn es auch nicht bei allen Patienten gleichgut wirkt. Auch bei Krampf- und Reizhusten. Bei Albuminurie (LASSJADKO).

Homöopathische Anwendung. Trockener Krampfhusten, Keuchhusten, ferner bei Hexenschuß, Wassersucht infolge BRIGHTscher Krankheit.

Volkstümliche Anwendung. Husten, Keuchhusten, Muskelrheumatismus, ferner die Früchte und Rinde bei Nasenbluten, Hexenschuß, Bluthusten, Magen- und Darmentzündung mit Durchfällen.

Quercus robur L., Qu. pedunculata, EHRH., Sommer-Eiche, Stiel-Eiche.

Beschreibung. Baum, bis über 40 m hoch. Äste knorrig, hin und her gebogen. Rinde rissig, meist dunkel. *Blätter* wechselständig, kurz gestielt, fast sitzend, am Rande tiefbuchtig, Lappen stumpf, ganzrandig, am Grunde herzförmig geöhrt, oberseits tiefgrün, unterseits heller, meist ganz kahl. Knospen rundlich, kahl, an den Zweigspitzen knäuelig. Männliche und weibliche *Blüten* an verschiedenen Zweigen desselben Baumes, die männlichen in hängenden, lockerblütigen Kätzchen, grünlich, die weiblichen einzeln oder zu wenigen am gemeinsamen Stiele, von kleinen Deckschuppen umgeben. Die *langgestielte Frucht* ist eine einsamige Nuß (= Eichel), anfangs grün, zuletzt lederbraun, sitzt in einem schuppig-holzigen Becher, dem Näpfchen. *Blütezeit* Mai.

Besonderes. Blätter kaum gestielt, Früchte *lang*gestielt.

Quercus sessilis EHRH., Quercus sessiliflora SALISB., Trauben-, Winter- oder Steineiche.

Beschreibung. Baum, Höhe bis 50 m, Krone regelmäßig. Stamm bis zum Wipfel durchgehend. *Rinde* dunkel, tiefrissig, nicht abblätternd. Knospen eiförmig. *Zweige* gleichmäßig beblättert. *Blattstiel* 1—3 cm lang, länger als die halbe Breite des Blattgrundes. *Blätter* 8—12 cm lang, gelappt, Lappen gerundet; Blattspreite in der Regel symmetrisch, länglich-verkehrt-eiförmig, tiefbuchtig, mit meist keilig zulaufendem Grunde, oberseits etwas glänzend, kahl, dunkelgrün, unterseits fein-sternhaarig. Blattnerven verlaufen nur nahe am Blattgrunde auch in die Buchten. Kätzchen grünlich.

Vorkommen. Europa. Bildet (besonders in den Flußniederungen) größere oder kleinere Waldbestände, häufiger noch in Laub- oder Nadelwäldern eingesprengt.

Sammelzeit. Die Blätter werden im Sommer, also nur jung gesammelt. Die Rinde wird im Schälwaldbetrieb gewonnen, man verwendet nur die sog. Glanz- oder Spiegelrinde von höchstens 20 Jahre alten Bäumen, die noch keine Borke gebildet haben. Die Eicheln werden in ausgereiftem Zustand gesammelt, von den Näpfchen befreit, dann scharf getrocknet und geschält und erneut gut getrocknet.

Drogen, Arzneiformen. Cortex Quercus, Eichenrinde; Semen Quercus, Eicheln; Semen Quercus tostum, Eichelkaffee. — *Homöopathie:* Essenz aus der frischen Rinde der jungen Zweige.

Bestandteile. In der Rinde: 10% (7—20%) Eichenrindengerbstoff (kein Tannin!), Gallussäure, Ellagsäure, Quercit, Quercinit, Eichenphlobaphen, Pentosane, Methylpentosane, Laevulin, Pektine, Harz, Fett, Tannase (?), 5—8% Asche mit viel Kalk, ferner 0,4—0,06% krystallisiertes Catechin (REBER). In den Samen fand WASICKY: 7—8% Gerbstoffe, 5% fettes Öl, 6,65% Protein, 4,9% Dextrose, 1,9% Rohrzucker, 44,3% Stärke, 3,2% Pentosane, 2,2% Rohfaser, Citronensäure, Quercit, 2,25% Asche.

Pharmakologie. Im Vordergrund steht die adstringierende Wirkung der *Gerbstoffe*. (Grundsätzliches über Gerbstoffe siehe in der *Übersicht über Pflanzenstoffe arzneilicher Bedeutung*.) Die Wirkung der Eichenrindengerbstoffe ist von der reinen Tannins oder Gerbsäure vollkommen verschieden. Die Wirkung der letzteren reicht niemals in untere Darmabschnitte, abgesehen von der starken Magenreizung, die von diesen Stoffen verursacht wird, kann eine adstringierende Wirkung auf Nierenbecken oder Blase nicht eintreten, weil Gerbsäuren als solche niemals über die Nieren ausgeschieden werden. Verwendet man statt Tannin gerbstoffhaltige Drogen, vermeidet man jede Reizung, erreicht sichere, ausgeglichene adstringierende Wirkungen auch in den tieferen Darmabschnitten. Die Adstriktion wirkt sich besonders an entzündeten Schleimhäuten aus; Einschränkung der Drüsentätigkeit, Steigerung der Widerstandsfähigkeit und Abnahme der Reizbarkeit der Zellen, Adstriktion der Capillaren, Verminderung der Durchblutung, geringe Anästhesie; Dämpfung der Darmperistaltik. SCHULZ nimmt eine Resorption in den Säftestrom an, Beeinflussung und Kontraktion der glatten Muskulatur, so daß der gesunkene Gefäßtonus wieder erhöht wird. Wird eine Wundfläche (Verbrennungen) mit Gerbstoffumschlägen behandelt, so geht die Tanninsäure mit dem Eiweiß eine harte, wasserunlösliche Verbindung ein, die dem Galalith ähnlich ist; eine Resorption von Eiweißabbauprodukten in den Kreislauf, die toxisch wirken, ist so unmöglich gemacht, die Heilung erfolgt komplikationslos per primam.

Verordnungsformen. Cortex Quercus, zum heißen oder kalten Auszug, $^1/_2$—1 Teelöffel auf 1 Tasse, 2—3 Tassen täglich. Als Badezusatz, zu Umschlägen: Cortex Quercus, 500 g mit 3—4 l Wasser kochen (= Vollbad; für Teilbäder 1 Handvoll, für Umschläge 1 Handvoll auf 1 l Wasser). 8%ige Tanninlösung zur Wundbehandlung. — *Homöopathie:* dil. D 3, drei- bis viermal täglich 1 Tablette.

Medizinische Anwendung. *Intern* bei Hämorrhagien (Magen- und Darmblutungen, Hämaturie, Hämoptoe, Menstruatio mimia, Apoplexie), bei Ulcera ventriculi et duodeni, Gastroenteritis, Dysenterie, Diarrhöe, Albuminurie, chronischer Nephritis, Blasenschwäche, Enuresis infantum, Fluor albus, Milzschwellungen, Leberschwellungen, Ikterus, ferner bei rachitischer und skrofulöser Diathese, allgemeiner Schwäche. *Extern* werden die Umschläge mit der Abkochung bei Ekzemen, Frostbeulen, Rhagaden, Wunden, Geschwüren (U. cruris), Fissura ani, Hämorrhoiden und bei Verbrennungen selbst größerer Hautflächen angewendet. *Spülungen* bei Mund- und Rachenaffektionen, Angina, Tonsillitis, Stomatitis, Gingivitis, Aphthen; Vaginalspülungen bei Fluor und Prolaps ani und hochsitzenden Hämorrhoiden. *Bäder* (Voll- und Teilbäder) bei allgemeiner Schwäche, Rachitis, Skrofulose, Hautkrankheiten, Fußschweiß, Thrombangitis obliterans (KOSCH gab hier 30 Minutenbäder, die bis zur Kniekehle gingen und während der ganzen Zeit bei etwa 38—40° C konstant gehalten wurden mit sehr guten Erfolgen). Die *Wundbehandlung*, die Verbrennungsbehandlung, hat sich (mit 8 bis 10% Tanninlösung), gestützt auf zahlreiche bedeutende Autoren, als führend herausgestellt; am besten bringt man die Lösung mit dem

Zerstäuber auf und läßt die betr. Partien bis zur Verkrustung offen liegen; man kann nach Belieben nachsprühen, das Erneuern von Umschlägen fällt weg.

Hömöopathische Anwendung. In der Hauptsache bei Milzleiden, Leberschwellungen mit Ascites, Wechselfieber mit Milzanschwellung, chronischen Darmkatarrhen infolge von Alkoholmißbrauch.

Volkstümliche Anwendung. KNEIPP gab die Abkochung zu Umschlägen bei Kropf und anderen Drüsengeschwülsten, zu Sitzbädern bei Mastdarmvorfall und Mastdarmfisteln, innerlich bei Bluthusten, Blutbrechen und Dysenterie. Frühgeborene Kinder sollen nach ihm mit Eichelkaffee und Milch ernährt werden. Im Volke werden die jungen Blätter zu Frühlingskuren, besonders schwacher und schwindsüchtiger Personen angewendet; bei Blutspucken, Hämorrhoiden, Blasenleiden (Bettnässen) und ebenso wie die Rinde bei allen möglichen Blutungen, Bronchialkatarrh, Lungenleiden, Wechselfieber, Steinbeschwerden, Mastdarmverfall. Die Bäder mit der Rinde sind bekannt bei Rachitis, Skrofulose, Mastdarmvorfall, Hämorrhoiden, Milzanschwellungen, Aufliegen, Verbrennungen, Geschwüren, Beinschäden, Frostbeulen, Fuß- und Handschweiß. — *Eichelkaffee* (= geröstete, grob gepulverte Samen), bei dem nur noch wenig Gerbstoff vorhanden ist, ist ein ausgezeichnetes diätetisches Getränk bei chronischen Darmkatarrhen; im Volke wird er gleichzeitig bei Blutarmut, Bleichsucht, Rachitis, Skrofulose, nervösen Zuständen, Lungenschwindsucht und zu starker Menstruation verwendet.

Ulmaceae, Ulmengewächse.

Ulmus campestris L., Feld-Ulme, Rüster.

Beschreibung. Baum, 10—40 m hoch. *Rinde* grau, anfangs glatt, später rissig; Äste fächerartig ausgebreitet; einjährige Zweige meist kahl, zweizeilig, ältere oft mit Korkleisten. *Blätter* wechselständig, 6—10 cm lang, ganz kurz (8—15 mm) gestielt, spitz, verkehrt-eiförmig, am Grunde unsymmetrisch, doppelt-gesägt, oberseits glatt oder rauh, lebhaft grün, unterseits hellgrün, in den Nervenwinkeln behaart oder kahl. *Knospen* dick, eiförmig oder kegelförmig. *Blüten* zwittrig, fast sitzend, büschelig, klein, gelblich. Frucht weißhäutig geflügelt, verkehrt-eiförmig oder fast kreisrund, kahl. *Blütezeit* März, April.

Besonderes. Die Blüten erscheinen vor den Blättern.

Vorkommen. Wälder, oft angepflanzt. In Ebene und Hügelland, namentlich in den Flußauen verbreitet. Fehlt im Berglande.

Arzneiformen. Cortex Ulmi, Ulmenrinde. — Die *homöopathische* Urtinktur wird aus der frischen, inneren Rinde junger Zweige hergestellt. Das gleiche Material verwendet die Fa. *Madaus* zu einer „Teep"-Verreibung.

Bestandteile. Nach C. WEHMER finden sich in der Rinde: etwa 3% Gerbstoff, „Schleim", Phytosterin, Phytoserin mit Stigmasterin und Sitosterin, Phlobaphene, ferner Substanzen mit den Formeln $(C_{12}H_{24})n$

und $(C_{11}H_{20}O_2)n$, eine Substanz mit dem Schmelzpunkt von 240° C. In der Asche findet sich neben 72,7% CaO viel Kieselsäure. In den Blättern findet sich 0,0182% Bariumsulfat.

Pharmakologie. BENTLEY und TRIMEN bezeichnen die Ulmenrinde als leicht adstringierend, tonisch und erweichend, in größeren Dosen von diaphoretischer und diuretischer Wirkung.

Verordnungsformen: Cortex Ulmi, conc., zum heißen Aufguß, $^1/_2$ Teelöffel auf 1 Tasse, 3 Tassen täglich. — ,,Teep", zweistündlich 1 Tablette. — *Homöopathie:* dil. D 2, drei- bis viermal täglich 1 Tablette.

Anwendungen. Die Ulmenrinde kann man bei Diarrhöen innerlich und als Einlauf geben. MADAUS empfiehlt sie ferner bei Cystitis, zur Tamponade bei Metritis und bei rheumatischen und gichtischen Beschwerden, Dyspepsie, Hydrops und bei chronischen Exanthemen, schlaffen Geschwüren und Flechten innerlich und äußerlich zu Umschlägen und Verbänden. BOHN hebt ihre besonderen Wirkungen auf die skrofulöse Körperverfassung hervor; er gibt sie bei Durchfällen und harnsaurer Blutentmischung. In der *Homöopathie* wird die Pflanze bei Rheumatismus und verdünnt als Wundheilmittel verwendet. — SCHULZ berichtet von der ärztlichen Verordnung der Rinde (Cortex Ulmi interior) bei chronischem Ekzem; bei Anwendung der Abkochung trat vermehrte Diurese ein, das Ekzem verstärkte sich zunächst, um dann allmählich zu verschwinden.

Volkstümliche Anwendung. Abkochungen der inneren Rinde bei Gicht und Wassersucht, Intermittens, Verdauungsschwäche, Blutungen. Die zerquetschten frischen Blätter und die Rindenabkochung vielfach gegen Geschwüre, Flechten, chronische Hautausschläge.

Moraceae, Maulbeergewächse.

Morus nigra L.,
Schwarzer Maulbeerbaum.

Beschreibung. Strauch oder Baum, Höhe 3—15 m. Krone dicht, gedrungen. Zweige schlank, rotbraun, gleichmäßig mit Mark gefüllt. *Blätter* wechselständig, oft verschieden gestaltet, rundlich-eiförmig, ungeteilt oder durch stumpfe Buchten drei- bis fünflappig, ungleich gesägt, meist zugespitzt, herzförmig, derb; oberseits dunkelgrün, sehr rauhkurzhaarig, unterseits heller, dicht weichhaarig. Bäume ein- oder zweihäusig, Blüten eingeschlechtlich; männliche in länglichen, walzigen Kätzchen, weibliche Kätzchen kugelig-eiförmig, fast sitzend. Blütenhülle vierblättrig, Rand rauhhaarig. 4 Staubblätter, 2 lange, rauhhaarige Narben. Scheinbeere = Maulbeere, schwarzviolett (brombeerähnlich), 2—2,5 cm lang, säuerlich-süß schmeckend; Saft rot. — *Blütezeit* Mai.

Besonderes. Der Baum führt Milchsaft.

Vorkommen. Stammt aus Persien; bei uns in der Nähe von Gehöften und auch als Alleebaum angepflanzt.

Sammelzeit. Die Blätter können gesammelt werden, vor allem aber die Früchte, die frisch zur Verarbeitung kommen.

Drogen, Arzneiformen. Sirupus Mori, Maulbeersirup. — Die Fa. *Madaus* stellt eine „Teep"-Verreibung aus Beeren und Wurzelrinde her.
Bestandteile. *Früchte:* 9,2% Zucker, 1,8% org. Säuren, Pektinstoffe und Pektose (HAGER). *Blätter:* Adenin, Asparaginsäure, Glucose, Pepton, Calciumcarbonat und in der Asche 0,024% Kupfer. *Wurzelrinde:* Calciummalat, Labenzym (WEHMER).
Wirkung. Maulbeersirup soll leicht abführend und expektorierend wirken. Die Wurzelrinde wird in China gegen Diabetes, Wassersucht, Nierenhypofunktion und Impotenz gebraucht; DRAGENDORFF gibt gleichfalls die Verwendung als Purgans an. Die Blätter werden in letzter Zeit als Diabetesmittel empfohlen.
Verordnungsformen. Sirupus Mori, mehrmals täglich 1 Teelöffel. — Die getrockneten Blätter als Pulver, dreimal täglich 1,0 g.
Anwendung. Sirup: Bei Halsaffektionen als Expectorans, als mildes Laxans. Die Blätter bei Diabetes.

Cannabis sativa L.,
Hanf.

Beschreibung. Einjährig, Höhe 30—150 cm. *Wurzel* spindelförmig, weiß. *Stengel* aufrecht, oberwärts verzweigt, kantig, rauhhaarig. *Blätter* gegenständig, langgestielt, gefingert, 5—7zählig, Blättchen schmallanzettlich, spitz, gesägt. Obere Blätter 3fingerig oder ungeteilt. *Blüten* unscheinbar, getrenntgeschlechtlich. Staubblätter der männlichen Pflanze gelbgrün, der weiblichen grün in kätzchenartigen Blütenständen. Frucht nüßchenartige Schließfrucht. *Blütezeit* Juli, August.
Besonderes. Pflanze kurzhaarig-rauh.
Vorkommen. In Deutschland angebaut, auch verwildert.
Sammelzeit. Die blühende Pflanze wird mit Blättern abgestreift oder die Samen nach der Reife gesondert geerntet.
Anbau. Auf Feldern wie Getreide. Lohnend, weil die wertvollen Stengelfasern vorzüglichen Absatz finden. Die Pflanzen wachsen in 3 Monaten aus.
Drogen, Arzneiformen. Herba Cannabis sat.; Semen Cannabis sat.; Tinctura Cannabis sat.; Oleum Cannabis sat.; *Homöopathie:* Essenz und Potenzen aus den frischen Krautspitzen.
Bestandteile. *Samen:* 30—35% fettes Hanföl, Alkaloid Trigonellin, Protein, Cholin, Edestin, kryst. Globulin, Nuclein, Lecithin, Cholesterin, Harz, Zucker. *Blätter:* Carotin, Calciummalat, Bitterstoff (WEHMER, ARNAUD). (Narkotische Substanzen, wie Cannabinol, sind nur in *Cannabis indica*, Indischer Hanf, enthalten.) *Cannabis sativa* ist ungiftig. MALOWAN konnte (1938) keine Alkaloide nachweisen; er stellte 12,3% Asche mit 16,35% Säureunlöslichem, 7,21% P_2O_5, 62,2% CaO, 3,07% Fe und 4,8% Harz, ferner Pflanzenwachs und ein Riechstoffgemisch fest.
Pharmakologie. MADAUS zeigte, daß die blühende Pflanze wachstumshemmend auf Aspergilus wirkt; die hom. Urtinktur ruft noch in der Verdünnung 1:3 am Katzenauge Mydriasis hervor. An Hunden zeigten sich bei Dosen von 0,04 g/kg geringe Ermüdungserscheinungen, die nicht in Schlaf übergingen (MALOWAN).

Verordnungsformen. Sem. Cannabis sat. zum kalten Auszug oder mit Milch gekocht, $^1/_2$ Teelöffel auf 1 Tasse, 8 Stunden stehen lassen, tagsüber schluckweise trinken. Sem. Cannabis sat. pulv., teelöffelweise mit Wasser verrührt, dreimal täglich $^1/_2$ Teelöffel. Tinct. Cannabis sat., dreimal täglich 5—10 Tropfen. — *Homöopathie:* dil. D 1—2, dreimal täglich 10 Tropfen.

Medizinische Anwendung. Bei entzündlichen Vorgängen im Darmkanal und im gesamten Urogenitalsystem, auch bei Gonorrhöe und Prostatabeschwerden. Ferner bei Entzündungsprozessen im Brustraum, besonders bei Bronchitis, Pneumonie, Pleuritis, auch Perikarditis. Rheumatische Zustände, insbesondere Gonorrhöefolgen werden ausgezeichnet beeinflußt (FLÄHMIG). In Japan wird der alkoholische Extrakt zur Blutzuckersenkung benutzt.

Homöopathische Anwendung. Bei hysterischen Zuständen, bei Herzkrämpfen, die mit Atembeschwerden auftreten, bei Magenkrämpfen, Erbrechen und entzündlichen Leberschwellungen, Koliken, die mit Verstopfung einhergehen, bei Entzündungen, Krampfzuständen, Katarrhen von Nieren, Harnleiter, Blase und Harnröhre, beim entzündlichen Stadium des Trippers, bei Fluor. Außerdem bei Hornhauttrübungen nach Skrofulose, bei beginnender Katarakt.

Volkstümliche Anwendung. Gonorrhöe, Fluor, Blasenkatarrhe und -entzündungen, Gelbsucht, Leberstauungen, chronischer Rheumatismus, Sterilität, Impotentia virilis, Pollutionen. Der alkoholische Auszug bei Lungen- und Herzkrankheiten und wiederholtem Nasenbluten (SCHULZ).

Humulus lupulus L.,
Hopfen.

Beschreibung. Ausdauernd, Wurzelstock kräftig, stark verzweigt. *Stengel* zahlreich, bis 6 m lang, dünn, sechskantig, rauh durch zweispitzige Kletterhaare, rechtswindend bis 5 m hoch. *Blätter* gegenständig, rundlich oder eiförmig, mit herzförmigem Grunde, fünflappig, obere dreilappig, grobgesägt, oberseits glatt, unterseits rauh. Nebenblätter paarweise, meist mehr oder weniger verwachsen, zweispitzig. Pflanze zweihäusig; männliche Blüten weißlich-gelbgrün, in reichblütigen, achselständigen lockeren Rispen; die weiblichen Blüten in gelbgrünen, zapfenähnlichen Ähren = Früchte; der Grund der Deckblätter ist mit goldgelben Drüsen (Lupulin) besetzt. *Blütezeit* Juli bis September.

Besonderes. Die rechtswindende Pflanze macht in etwa 2 Stunden eine Drehung. Geruch angenehm aromatisch, Geschmack gewürzhaft bitter.

Vorkommen. In feuchtem Gebüsch, besonders in Erlenbrüchen, Hecken, an Waldrändern, Flußufern; sehr verbreitet. In großem Maße kultiviert.

Sammelzeit. Die weiblichen Blütenzapfen werden im August und September gepflückt.

Anbau. Hopfen wird im großen angebaut; der Ausfall der Ernte wechselt stark. Es ist kaum lohnend, zum Zwecke der Lupulingewinnung anzubauen.

Drogen, Arzneiformen. Strobuli Lupuli, Hopfen. Glandulae Lupuli, Hopfendrüsen = Lupulin. Oleum Humuli Lupuli, Hopfenöl. Extractum Lupuli, Hopfenextrakt. Extractum Lupuli fluidum, Hopfenfluidextrakt. Extractum Lupulini, Lupulinextrakt. Tinctura Lupuli, Hopfentinktur. — *Homöopathie:* Urtinktur sowohl aus den frischen Fruchtzapfen als auch aus den Glandulae = Lupulin.

Bestandteile. *Lupulin:* 0,75—2,25% äth. Öl, 55% Harz, 10% Hopfenbitter, 5% Gerbstoff, Cholin, Asparagin, 3—4% Dextrose, Wachs in Spuren, 7% Wasser, 10% Asche. *Fruchtzapfen:* stickstofffreie Bitterstoffe = 2—6% Humulon = α-Lupulinsäure und 8—12% Lupulon, ferner 14,57% Harz, 2,52% Gerbstoff, 0,13% äth. Öl, 9,9% Wasser, 10% Asche. *Öl:* Nonylsäureester, Geranylester (?), Linalool, Myrcen, Myrcenolester, Sesquiterpen Humulen (= Caryophyllen), Keton Luparon, ungesättigter Sesquiterpenalkohol Luparenol; Phenolaether Luparol (CHAPMANN). — Alkaloide konnten bisher nicht festgestellt werden, TSCHIRCH vermutet ein flüchtiges Alkaloid und eine morphinähnlich wirkende Base.

Pharmakologie. Lupulin setzt die Erregbarkeit des Zentralnervensystems herab, intravenös lähmt es die Zentren in der Med. obl.; in toxischen Dosen treten Extremitätenlähmungen auf. RUSIECKI und SIKORSKI stellten fest, daß die Hopfenbittersäuren die Träger der sedativen Eigenschaften und der toxischen Erscheinungen (Atemerregung und Atemlähmung) sind. Die Bittersäuren verharzen bei Luftzutritt rasch und verlieren an Wirksamkeit. Das aus dem Hopfen gewonnene ätherische Öl besitzt keine sedative Wirkung. Die sedativen und pulsfrequenzherabsetzenden Eigenschaften sind wiederholt belegt. — MADAUS untersuchte die anaphrodisiakische Wirkung, fand aber keinen Einfluß auf den Oestrus bei Ratten. VŠTEČKA berichtet über eine antidiabetische Wirkung. STEIDLE stellte eine antagonistische Wirkung gegenüber Nicotin fest; er fand ferner, daß die Wirkung je nach der Hopfensorte verschieden ist und beim Lagern stark abnimmt; nach 9 Monaten etwa $^1/_6$ des ursprünglichen Wertes. — *Vergiftungserscheinungen:* Bei Hopfenpflückerinnen traten neben dem starken Schlafbedürfnis Toxidermien auf. LEWIN berichtet, daß schon 1—2 g der Droge Schwere des Kopfes und der Glieder, Müdigkeit, Brennen im Epigastrium, Appetitmangel, Schwindel und Erbrechen verursachten. Lupulin ruft örtlich starke Reizungen hervor, Jucken, Rötung, Blasenbildungen, im Auge starke Entzündung (Ophthalmie der Hopfenpflücker) und innerlich Erbrechen, Fieber, Aufregungserscheinungen, Atemnot, Pulsverlangsamung, Mydriasis, Schweißausbrüche, Exantheme.

Verordnungsformen. Lupulin 0,5—1,0 g, zwei- bis dreimal täglich in Oblaten. Strobuli Lupuli zum heißen Aufguß, 1—2 Teelöffel auf 1 Tasse, abends zu trinken. Tinct. Lupuli, dreimal täglich 10—20 Tropfen. — *Homöopathie:* dil. D 1—3, dreimal täglich 10 Tropfen oder D 2, zwei- bis dreimal täglich 1 Tablette.

Medizinische Anwendung. Bei Schlaflosigkeit und Erregungszuständen, auch sexueller und hysterischer Art, also bei Erektionen krankhafter Ursache, Pollutionen, Bettnässen; als Diureticum und Stomachicum, ferner bei Cystitis, Harnverhaltung, Harnträufeln, Prostatabeschwerden, Gonorrhöe; Anorexie, Dyspepsie, Krämpfen im Magen-Darm-Tractus, Gastritis.

Homöopathische Anwendung. Sexuelle Neurasthenie, Neuralgien im Genitalbereich, Rückenmarksschwäche, Impotenz, Migräne und wie vorstehend.

Volkstümliche Anwendung. Die Abkochung der Fruchtzapfen bei Entzündungen in Blase und Harnröhre, Pollutionen, schmerzhaften Erektionen, Magenkrämpfen und -katarrh, Koliken (Nieren-, Gallen-), Aufregungszuständen nervöser und sexueller Art, Dysmenorrhöe, Beschwerden der Wechseljahre, skrofulösen Drüsenerkrankungen, langwierigen Eiterungen, nervösem Asthma. Hopfensalbe wird gegen Haarausfall und schmerzhafte Geschwüre verwendet.

Weitere Anwendung. Hopfen wird in großen Mengen in der Brauerei zur Herstellung der Bierwürze verwendet.

Urticaceae, Nesselgewächse.

Urtica dioeca L.,
Große Brennessel.

Beschreibung. Ausdauernd, Höhe 30—120 cm. Wurzelstock kriechend, ästig; *Stengel* meist einfach, aufrecht, vierkantig, reich beblättert, nebst den Blättern zwischen den Brennhaaren kurzhaarig. *Blätter* kreuzgegenständig, länglich-herzförmig, lang zugespitzt, grobgesägt, trübgrün, länger als ihr Stiel. *Blütenzweige* in den oberen Blattachseln rispigwickelartig, grün, entweder aufrecht (männlich) oder hängend (weiblich). *Blüten* klein, unscheinbar, grün. Rispen nebst Seitenästen länger als die Blattstiele. Die *Samen* sind sehr kleine, schwärzliche Nüßchen. *Blütezeit* Juni bis September.

Besonderes. Blätter und Stengel tragen steife Brennhaare mit blasig geschwollenem Grunde und dünn ausgezogenem, an der Spitze ein Knöpfchen tragenden, verkieselten Ende. Das Knopfspitzchen bricht bei Berührung ab und der Reizstoffe enthaltende Inhalt verursacht Brennen und Quaddelbildung auf der Haut.

Vorkommen. Als gemeines Unkraut überall an Zäunen, Hecken, Wegen, auf Schutt und an Waldrändern.

Urtica urens L.,
Kleine Brennessel.

Beschreibung. Einjährig, Höhe 30—60 cm. *Blätter* kreuzgegenständig, eiförmig-elliptisch, spitz, stumpflich-eingeschnitten-gesägt, hellgrün, glänzend, die unteren kürzer als ihr Stiel; *Blütenzweige* mit Staub- und Stempelblüten, Rispen kürzer als der Blattstiel. Männliche Blüten mit 4 Hüll- und 4 Staubblättern, weibliche mit 2 größeren und 2 kleineren Hüllblättern und ungeteiltem Fruchtknoten mit pinselförmiger Narbe. *Blütezeit* Juli bis September.

Besonderes. Mit Ausnahme der vorhandenen Brennhaare meist unbehaart.

Vorkommen. Als (Garten-)Unkraut, auf Schutt, an Wegrändern; gemein.

Sammelzeit. Bei der außerordentlichen Bedeutung der Brennessel als Heilpflanze sollte sie nirgends ausgerottet, sondern vielmehr sorgfältig gesammelt werden! Die *Blätter* können gesondert gesammelt werden; man zupft sie nach unten ab. Am einfachsten ist die Sammlung des ganzen *Krautes*; kurz vor und während der Blüte werden die Stengel etwa handbreit über der Erde abgeschnitten. Die *Wurzeln* können gleichzeitig gegraben, von den Stengelresten befreit, gesäubert und luftig getrocknet werden.

Drogen, Arzneiformen. Herba Urticae, Nesselkraut. Folia Urticae, Nesselblätter. Radix Urticae, Brennesselwurzeln. Tinctura Urticae, Brennesseltinktur. Brennesselrohsaft. — Homöopathie: *U. dioeca:* Urtinktur aus dem frischen Kraut. *U. urens:* Urtinktur aus der frischen blühenden Pflanze ohne Wurzel.

Bestandteile. Lecithin, Enzym, Sekretin (DOBREFF), Gerbstoff, Ameisensäure, Carotin, Wachs, Schleim, Kalium- und Calciumnitrat, Kieselsäure, Eisen, im Blätterdestillate Spuren Methylalkohol. Die hautreizende Nesselwirkung wird durch eine nicht flüchtige, ungesättigte, stickstoffreie Verbindung saurer Natur, die den Harzsäuren nahesteht, hervorgerufen (F. FLURY 1927); man kann sie den ähnlich-hautreizenden Stoffen der Primel, des Giftsumachs u. a. zuordnen. Nach R. BERG enthalten die Brennesseln besonders das Vitamin A.

Pharmakologie. Die Ameisensäure spielt bei der Nesselwirkung nur eine untergeordnete Rolle. Die durch Berührung mit den Pflanzen entstehenden Quaddeln sind mit rotem Hof umgeben und rufen heftiges Brennen und Jucken hervor; bei Verbrennung größerer Körperteile haben sich Schwefelbäder gut bewährt. Innerlich können bei Einnahme größerer Mengen der konzentrierten Abkochung Magenreizungen, Brennen der ganzen Körperdecke, Nierenschädigungen (Ödeme) auftreten. Die früher in der Heilkunde gebräuchlichen „Urtikationen", das Peitschen der Haut mit frischen Pflanzen, haben den Wert der ableitenden Hautreizungen. — DOBREFF machte Untersuchungen über das enthaltene Sekretin, das nach ihm zu den allerstärksten, excitosekretorisch wirkenden Mitteln auf Magen und Pankreas gehört, die wir bis jetzt kennen. Nach subcutanen Injektionen von Brennesselsaft wurde eine starke Pankreassekretion beobachtet, der Säuregehalt stieg parallel der Magensaftsekretion. Am Hund entsprach eine Injektionsdosis etwa 2,5 g trockenen Blättern. CREMER stellte im Tierversuch die starke blutbildende Wirkung des Saftes fest. Die blutzuckersenkende Wirkung ist verschiedentlich erprobt worden (MEYER, MARX, ADLER), daneben tritt aber bei diesen Versuchen auch ein blutzuckererhöhender Stoff auf (WASICKY). Die diuretische Wirkung, die bei Herzkranken oft mehrere Tage anhielt, wurde erneut von WANTOCH-WIL (1935) bestätigt, ebenso die tonussteigernde, anregende Wirkung auf den Darm, wie NEMORI 1929 feststellte; Konzentrationen von 1:1000 bis 1:25 wirkten anregend, höhere dagegen stillstellend. MADAUS stellte in der *U. dioeca* große Mengen ausfällbaren Eiweißes starker Giftigkeit fest; die letale Dosis für Mäuse betrug etwa 10 mg. Er verlangt von einer guten *Urtica urens*-Tinktur etwa 20 FD pro ccm.

Verordnungsformen. Herba Urticae conc., zum heißen Aufguß 1 Teelöffel auf 1 Tasse, 3 Tassen täglich. Brennesselrohsaft, täglich, 100—125 g. Tinct. Urticae, dreimal täglich 20—30 Tropfen oder lokal zur Einreibung. — *Homöopathie:* ∅ — dil. D 2, 20 Tropfen in $^1/_2$ l Wasser schluckweise in 4—6 Stunden trinken oder dreimal täglich 10 Tropfen.

Medizinische Anwendung. Bei harnsaurer Diathese und den damit zusammenhängenden Beschwerden (Rheumatismus, Arthritis deformans, A. urica, Hydrops, träge Diurese, Obstipation, Grießbildung, Dermopathien). BOHN bestätigt die diuretische Wirkung und gibt sie bei allergischen Urticarien. STAUFFER berichtet von besonderer Wirkung bei Nierenkoliken mit Sand- und Steinabgang und Hämaturie. LECLERC gibt den Saft mit gutem Erfolg bei Metrorrhagien, Epistaxis. Der Rohsaft ist durch seinen hohen Sekretin- und Vitamin A-Gehalt besonders geeignet zur Behandlung von anämischen Erkrankungen, Chlorose, Ekzemen, Xerophthalmie (ECKSTEIN-FLAMM). Besondere Erfolge werden angezeigt bei Nachtschweißen und Durchfällen Tuberkulöser. — ECKSTEIN-FLAMM empfehlen nachdrücklich die Urtikation, das Erzeugen von quaddelförmigen Hautentzündungen durch Schlagen mit frischen Stengeln zur Behandlung von chronischem und akuten Gelenkrheumatismus, Pleuritis, Verwachsungen, akuten Katarrhen der Luftwege; es kommt dabei außer der örtlichen Reizung eine allgemeine Steigerung der Abwehrkräfte in Betracht.

Homöopathische Anwendung. Bei Nessel- und Bläschenausschlägen, Weißfluß mit ungeregelter Periode, bei Verbrennungen auch äußerlich, kleine Dosen bei Galaktorrhöe, größere zur Anregung der Milchsekretion.

Volkstümliche Anwendung. Die jungen Blätter werden viel als Frühjahrsgemüse gegessen, der Rohsaft zur allgemeinen Blutreinigung. Die Abkochung gegen Blutungen aller Art (Lunge, Hämorrhoiden, Magen, zu starke Menstruation), bei Wassersucht besonders der Gelenke, chronischem Bronchialkatarrh, chronischen Ekzemen, bei Tuberkulose, zur Steigerung der Milchsekretion. — Abkochungen oder spirituöse Auszüge der Pflanze, besonders der Wurzel, stellen ein viel benutztes *Haarwuchsmittel* dar; die Wirkung ist vielfach ärztlich belegt und sollte experimentell geklärt werden.

Parietaria officinalis L., P. erecta M. u. K., Aufrechtes Glaskraut.

Beschreibung. Ausdauernd, Höhe 30—100 cm. *Stengel* aufrecht, meist einfach, kurzfilzig-behaart. *Blätter* groß, wechselständig, gestielt, länglich-eiförmig, 5—10 cm lang, zugespitzt, am Grunde verschmälert, seltener abgerundet, ganzrandig, dreinervig, glasartig-glänzend, durchscheinend punktiert, oberseits dunkelgrün, unterseits blasser. *Blüten* in achselständigen Knäueln, meist getrenntgeschlechtlich, die weiblichen mit quastenförmigen Narben. Blütenhülle glockenförmig, an den männlichen Blüten so lang wie die Staubblätter. Diese sind anfangs einwärts gekrümmt, springen aber bei schwacher Berührung der Blütenhülle elastisch hervor. Blütenfarbe grün, *Blütezeit* Juni bis Herbst.

Besonderes. Stengel, Zweige, Blattstiele und Blattunterseiten sind kurzfilzig behaart, aber ohne Brennhaare.

Vorkommen. Schutt, Zäune, Mauern; zerstreut.

Sammelzeit. Zur Blütezeit sammelt man die ganze Pflanze ohne Wurzel.

Drogen, Arzneiformen. Herba Parietariae, Glaskraut. — Die Fa. *Madaus* stellt eine „Teep"-Verreibung her.

Bestandteile. Bitterstoff, Gerbstoff (ZÖRNIG).

Verordnungsformen. Herba Parietariae, zum heißen Aufguß, 1 Teelöffel auf 1 Tasse, 3 Tassen täglich. — „Teep" täglich 2 Tabletten.

Wirkung, Anwendung. Im Volke wird die Pflanze zur Anregung der Diurese, bei chronischer Nephritis, Cystitis, Lithiasis, chronischen Katarrhen der Luftwege und des Darmes gebraucht (SCHULZ), vielfach als Wundmittel. LECLERC hält sie für ein brauchbares Diureticum.

Loranthaceae, Mistelgewächse.

Viscum album L., Mistel.

Beschreibung. Strauch, Höhe 30—60 cm. Immergrüne, strauchartige Schmarotzerpflanze, auf verschiedenen Bäumen wurzelnd, Apfel- und Birnbäume, Pappeln und Fichten bevorzugend, selten auf Eichen. Strauch gabelästig, mit grünbraunen, gegliederten Zweigen, in den Gelenken leicht abbrechend. *Blätter* gegenständig, lanzettlich spatelig, stumpf, dick, lederartig, undeutlich geadert, ganzrandig, immergrün. *Blüten* unscheinbar, gelblichgrün, meist vierzählig, geknäuelt, in den Astgabeln sitzend. Männliche und weibliche Blüten getrennt. *Frucht* eine kugelige, weißglänzende, einsamige Beere mit zähem, schleimigen Fleische; sie reift im Dezember. — Die einzelne Pflanze wird bis 70 Jahre alt. — *Blütezeit* März, April.

Vorkommen. In ganz Deutschland verbreitet, nach Norden zu seltener werdend.

Sammelzeit. Die jüngeren Zweige des Strauches mit den Blättern werden im Sommer gesammelt und getrocknet.

Drogen, Arzneiformen. Stipites (et Folia) Visci, Mistelstengel. Extractum Visci albi fluidum, Mistelfluidextrakt. — Die Fa. *Madaus* stellt eine „Teep"-Verreibung aus frischen Blättern und Stengeln her. — *Homöopathie:* Urtinktur aus gleichen Teilen frischer Beeren und Blätter.

Bestandteile. Keine glykosidartigen Stoffe, keine Saponine. Die Anwesenheit eines Alkaloides wird bestritten. Dagegen sind vorhanden: Cholin und Cholinester, sowie ein dem Acetylcholin nahestehender parasympathischer Reizstoff (KOCHMANN), ferner Propionylcholin (MÜLLER) und eine digitalisartig wirkende Substanz (EBSTER, JARISCH), weiter ist nach HÄMMERLE (1931) die Viscumsäure, ein Saponin, frei oder in leicht abspaltbarer Form enthalten. Außerdem sind vorhanden:

Inosit, Urson und eine noch unbekannte physiologisch wirkende Substanz, Vitamin C (MADAUS), Quercitrin. In den Beeren: Inosit, Urson, Viscin, Visciresen, Alkohole und Säuren (WEHMER). ROBERG konnte für die Stengeldroge kein Saponin feststellen.

Pharmakologie. Die *blutdrucksenkende* Wirkung wies GAULTHIER nach; im wesentlichen sind dabei Cholin und Cholinester wirksam, welche die Arteriolen und Capillaren direkt dilatieren. Der von M. KOCHMANN isolierte parasympathische Reizstoff, dessen Wirkungen durch Atropin antagonistisch beeinflußbar sind, bewirkt beim Menschen nach oraler Zufuhr Blutdrucksenkung; KLEINE erzielte z. B. nach monatelanger Mistelverabfolgung eine Senkung von 195 mm Hg auf 135 mm. — Die digitalisartige Wirkung wird von einer Reihe Autoren belegt; nach EBSTER hat die Pflanze am Kaninchen eine ziemlich lange anhaltende tonische Wirkung mit Erhöhung des Minutenvolumens, die erst im vorgeschrittenen Stadium absinkt. — Die *antisklerotische* Wirkung führt HÄMMERLE darauf zurück, daß die von ihm gefundene Viscumsäure den Blutcholesterinspiegel senkt. Nach therapeutischen Dosen des Mistelextraktes tritt eine Steigerung der Diurese ein. — Die von alters her als *Krebsmittel* benutzte Mistel wurde von KAELIN erprobt; es gelang ihm, mit injizierbaren Extrakten eine Reihe von inoperablen Carcinomen und Carcinomrezidiven zu heilen. — *Nebenwirkungen* bei der Verabfolgung von Mistelextrakten treten gelegentlich auf: Magenstörungen, Koliken, transitorische Harnretention (TOBLER); nach mittleren und großen Dosen wurde die Atmung geschwächt. Durch den Genuß der *Beeren* werden *Vergiftungserscheinungen* hervorgerufen: Erbrechen, Koliken, blutige Durchfälle, Mydriasis, Sinnestäuschungen, Zuckungen und bei kleinen Kindern Tod (POTTER, DIXON). — Nach R. KRESS (1935) ist die Wirtspflanze von Einfluß auf die Wirkung der Mistel; französische Autoren bezeichnen so bei der Untersuchung der diuretischen Wirksamkeit besonders die Weißdornmistel als Ausgangsmaterial. Ebenso ist die Frage der Zubereitung von großem Einfluß auf die Wirkung; nach WASICKY ist z. B. in der getrockneten Droge die blutdrucksenkende Wirkung am besten erhalten, während der herzwirksame Bestandteil empfindlicher auch gegen Kochen ist. EBSTER und JARISCH verwendeten das Kaltwasserextrakt zu ihren Versuchen, die ergaben, daß die Wirkung genau so stark wie die der Digitalis sei.

Verordnungsformen. Stip. Visci albi, zum kalten Auszug, 1—2 Teelöffel auf 1 Tasse Wasser, 8 Stunden stehen lassen, tagsüber 1—3 Tassen trinken. Stip. Visci albi pulv. 1,0—1,5 g pro die (s. Rp.). Extr. Visci fluid., dreimal täglich 30—40 Tropfen. Vinum Visci albi (1000:50), täglich 125 g. — *Homöopathie:* ⌀ — dil. D 1.

Medizinische Anwendung. Hypertonie, Arteriosklerose; Epilepsie und andere Krämpfe (Kinderkrämpfe, Migräne, Asthma); Neuralgien des Kopfes, der Ovarien, Ischias; Hämorrhagien (Menorrhagie, Metrorrhagie, Lungenblutungen, Epistaxis, Blutungen in der Nachgeburtsperiode), ferner bei Dysmenorrhöe, Endometritis, Myomatosis, Fluor. Seltener sind die Anwendungen bei carcinomatöser Dyskrasie, Heuschnupfen, Thyreotoxikosen, BRIGHTscher Krankheit (VACHEZ).

Rp: Pulv. Visc. alb.
Succ. Liquirit.   āā   3,0
M. f. pil. Nr. XXX
S.: dreimal täglich 3 Pillen.

Epilepsie (KROEBER)
Rp: Rad. Valerianae
Stip. Visci albi
Fol. Aurantii
Rad. Paeoniae   āā   25,0
D. s.: 1 Eßlöffel auf 1 Tasse Wasser, 2 Tassen täglich.

Uterushämorrhagien (TÜRK)
Rp: Stip. Visci albi
Hb. Equiseti
Lign. Santali albi   āā   25,0
C. m. f. spec.
D. s.: 1 Teelöffel auf 1 Tasse, 2—3 Tassen täglich.

Homöopathische Anwendung. Plötzliche Schwindelanfälle, epileptiforme Krampfanfälle leichter Art, denen keine organische Veränderung zugrunde liegt (HEINIGKE). Bei chronischer Gastritis gibt RUNCK 2mal wöchentlich Injektionen von Viscum D 7—9.

Volkstümliche Anwendung. Bei Epilepsie, Hysterie, Schwindel, Blutungen der Lunge und der Gebärmutter (zu starke Menstruation). Die Früchte werden als Wurmmittel verwendet. KNEIPP empfahl die Pflanze zur Stillung von Blutflüssen und gegen andere Störungen im Blutumlauf und zur Behandlung epileptiformer Krämpfe, wie sie durch Magendarmstörungen hervorgerufen werden; er verordnete in solchen Fällen: früh einen Eßlöffel Olivenöl und abends 1 Messerspitze Mistel.

Aristolochiaceae, Osterluzeigewächse.
Aristolochia clematitis L.,
Osterluzei, Wolfskraut.

Beschreibung. Ausdauernd, Höhe 30—90 cm. Grundachse kriechend, *Stengel* krautig, aufrecht, windend, ohne Kletterwurzeln. *Blätter* wechselständig, langgestielt, ganzrandig, herz- oder nierenförmig, ungelappt. *Blüten* in den Blattwinkeln, 2 cm lang, büschelig. Blumenblätter gelb oder braun, getrennt, mit zungenförmigem Saum. Krone röhrig, am Grunde kugelig. Frucht kugelförmig. *Blütezeit* Mai, Juni.

Besonderes. Pflanze hellgrün, kahl.

Vorkommen. Weinberge mit kalkhaltigem Boden, Zäune, Hecken, Ackerränder; zerstreut.

Sammelzeit. Während der Blüte die ganze Pflanze, die Wurzeln im Herbst.

Anbau. Ist auf steinigem Boden, an Hecken, auf Ödland, bei kalkhaltigem Boden leicht. Fortpflanzung durch Stecklinge oder Ableger oder auch durch Samen, aus dem man in guter Erde die Pflanzen zieht.

Drogen, Arzneiformen. Herba Aristolochiae clem., Osterluzeikraut. Radix Aristolochiae clem., Osterluzeiwurzel. Tinctura Aristolochiae clem. — *Homöopathie:* Essenz und Potenzen aus der Wurzel (auch von *A. milhomens* und *serpentaria*).

Bestandteile. Stickstoffhaltige, krystallisierte Aristolochiasäure, ätherische Öle, Bitterstoff, Apfel- und Gerbsäure, Harze. MADAUS fand eine erhebliche Menge von ausfällbarem Eiweiß von starker Giftigkeit; 5 mg war die letale Mausdosis.

Pharmakologie. Die Aristolochiasäure ist ein *Capillargift* und kann choleraähnliche Enteritis hervorrufen. Weiter führt sie zu Nierenentzündungen, Leberdegeneration und hat auch zentrale Wirkung. Schleimhautentzündungen, Erbrechen, hämorrhagische Nephritis, Darmentzündungen mit Durchfällen, Herz- und Atemlähmungen sind Erscheinungen der Vergiftung. *Gegenmittel:* Entleerung des Magen-Darmkanals, dann schleimhaltige Mittel, Uzara, Analeptica, Cardiaca.

Verordnungsformen. Rad. Aristolochiae clem., $^1/_4$ Teelöffel auf 1 Glas Wasser, kalt aufsetzen, 8 Stunden ziehen lassen, tagsüber trinken. Herba Aristolochiae clem., $^1/_2$ Teelöffel auf 1 Glas Wasser, kochend übergießen oder kalt ansetzen. Konzentriertere Abkochungen zu Bädern. Tinct. Aristolochiae, dreimal 10—20 Tropfen. *Homöopathie:* dil. D 3, dreimal 10 Tropfen. Größere Dosen sind zu vermeiden.

Medizinische Anwendung. Als ausgezeichnetes Wundheilmittel für chirurgische Zwecke von vielen Seiten erprobt. Bei chronischen Geschwüren und Eiterungen, Fisteln, Ulcera cruris. Eine direkte bactericide Wirkung konnte im Experiment nicht nachgewiesen werden, die vorzügliche Wirkung ist nur durch Resistenzsteigerung zu erklären (MADAUS). Ferner bei Schwäche, Nervosität, Dyspepsie, Myalgien, als Emmengogum und gegen die Folgen mangelhafter Perioden, nach gynäkologischen Operationen, bei Fluor.

Homöopathische Anwendung. Hämorrhagische Nephritis, Muskelschmerzen, bei allgemeiner Schwäche und bösartigen Geschwüren.

Volkstümliche Anwendung. Zu Umschlägen bei Geschwüren und Eiterungen, Ekzemen; innerlich als Abortivum. Früher bei Bluthusten, gichtischen Zuständen, zur Anregung des Lochialflusses.

Asarum europaeum L.,
Haselwurz, Brechwurz, Hasenöhrlein, Teufelsklaue, wilder Nard.

Beschreibung. Ausdauernd, Höhe 5—10 cm. *Wurzelstock* dünn, stark verzweigt, kriechend. *Stengel* kurz, an seiner Spitze zwei langgestielte, rundlich-eiförmige *Blätter*, fast gegenständig, ganzrandig, lederartig, tiefgrün mit bläulichem Schimmer. Die nickende *Blüte* ist braun-violett, glockig. Blumenblätter getrennt. *Staubbeutel* geschwänzt, *Frucht* sechsfächerige, nicht aufspringende Kapsel mit kleinem Samen. *Blütezeit* April, Mai.

Besonderes. Pflanze zottig-behaart. *Geruch* der Wurzel ist stark gewürzhaft, pfeffer- und baldrianartig, *Geschmack* scharf, widerlich bitter.

Vorkommen. In Laubwaldungen und Gebüschen, besonders gern unter Haselnußsträuchern in gebirgigen Gegenden, häufig im südlichen und östlichen Deutschland, nach Westen zu abnehmend. *Schwach giftig!*

Sammelzeit. Juli—August. Nach Lockerung des Bodens werden die ganzen Pflanzen aus der Erde gezogen, die Blätter abgezupft und die Wurzeln nach Säuberung getrocknet.

Anbau. Die Pflanze gedeiht ohne Pflege am besten in feuchter Humuserde an schattigen Orten.

Drogen, Arzneiformen. Rhizoma Asari conc. und pulv. — *Homöopathie:* Essenz und Potenzen aus frischen Wurzeln.

Bestandteile. 1% baldrianähnlich riechendes ätherisches Öl mit campherartigem Asaron, Asarylaldehyd, Diasaron, Sesquiterpenalkohol, Sesquiterpen, Glykosidspuren, Citronensäure, Gerbstoff, Schleim, Harz, Stärke, Saccharose.

Pharmakologie. Asaron wirkt stark reizend auf die Schleimhäute, lähmend auf Blutgefäße und Zentralnervensystem. *Vergiftungserscheinungen:* Erbrechen, Durchfälle, Nierenreizung, Mydriasis, erysipelatöse Schwellungen und Rötungen der Haut, Schwäche, Kollaps. Das beim Trocknen der Wurzeln allmählich schwindende Asaron wirkt nur innerlich, und zwar emetisch und narkotisch; es ist nicht giftig, wird vom Körper eliminiert. Dagegen ist jede Fraktion des Asaronöls giftig, verursacht Hyperämie sämtlicher Organe, Nephritis, Metritis, Verfall, Tod (J. ORIENT). H. SCHULZ berichtet von ständigem Harndrang und vorzeitigem Auftreten der Menstruation, LECLERC beobachtete eine deutlich expektorierende Wirkung bei 2—4 g der Tinktur täglich.

Verordnungsformen. Rhiz.Asari pulv. 0,65—3,75 g täglich innerlich oder zum Aufschnupfen. Rhiz. Asari conc. 1 Teelöffel auf 1 Tasse Wasser zum Aufguß. Tinct. Asari zweimal täglich 5 Tropfen. — *Homöopathie:* dil. D 2—3, dreimal täglich 10 Tropfen. — Vorsicht bei Angina pectoris (MADAUS)!

Medizinische Anwendung. Als Emeticum therapeuticum; zur Anregung der Gefäßarbeit. Bei Migräne, Diphtherie, Pneumonie, Angina pectoris, Asthma, Trunksucht. Als Schnupfmittel zur Anregung der Sekretion.

Homöopathische Anwendung. Reizbarkeit, Überempfindlichkeit (Nervenfrost, Lichtscheu, Augenflimmern), Hysterie, Magen- und Darmkatarrh, Kolik, Blasenkrampf, fieberhafte Erkrankungen, rheumatische Schmerzen, Schmerzen nach Augenoperationen, Kopfschmerzen mit Übelkeit.

Volkstümliche Anwendung. Gegen Trunksucht, Wechselfieber, Schüttelfrost, Wassersucht, Milz- und Leberleiden, Gicht, Ischias, Geschwülste und als Abortivum.

Polygonaceae, Knöterichgewächse.

Rumex acetosa L.,
Sauerampfer.

Beschreibung. Ausdauernd, Höhe 30—60 cm. Wurzel spindelförmig oder ästig, mehrköpfig, fleischig, gelb. *Stengel* aufrecht, einfach, oberwärts verzweigt, kantig, gefurcht, kahl oder weichhaarig, unterwärts rot überlaufen, oben grüner. *Blätter* wechselständig, untere langgestielt, länglich-eirund, stumpf, am Grunde pfeilförmig-lappig, ihre Spießecken abwärts gerichtet, etwas fleischig, nicht deutlich durchscheinend geadert, grasgrün, die wenigen Stengelblätter nach oben zu sitzend und spitz, schmaler und kleiner werdend. Nebenblätter gezähnt oder fransig zerschlitzt. Blütenstände Scheintrauben, meist locker-rispig, gipfelständig, blattlos. *Blüten* klein, unvollständig, sechsteilige Hülle, grün, etwas rot überlaufen. *Früchte* nüßchenartig, innere Zipfel der Fruchthülle rundlich-herzförmig, häutig, ganzrandig, am Grund mit einer herabgezogenen Schuppe versehen. Fruchtstiele meist rot. *Blütezeit* Mai, Juni und im August.

Besonderes. Geschmack der Blätter und Stengel angenehm-säuerlich, der Wurzel bitter-zusammenziehend, der Samen bitterlich.

Vorkommen. Wälder, feuchte Wiesen, Grasplätze; gemein, mitunter auch in Gärten als Gemüse gebaut.

Rumex acetosella L., *Kleiner Sauerampfer*, erreicht nur eine Höhe von 8—25 cm. Die Blätter sind spießförmig, lanzettlich oder linealisch, oft ohne Spießecken. Tuten silberweiß, zuletzt fransig-zerschlitzt. Blütenstiele kurz, ungegliedert. Innere Zipfel der Fruchthülle rundlichherzförmig, ganzrandig. Die Pflanze *blüht* von Mai bis August und wächst auf Sandfeldern, Triften, sonnigen Hügeln; gemein.

Sammelzeit. Die Blätter werden während der Blütezeit gesammelt und gut getrocknet.

Drogen, Arzneiformen. Herba Rum. acet. conc., Sauerampferkraut. — *Homöopathie:* Urtinktur aus der im Juni gesammelten, frischen Wurzel.

Bestandteile. Im Kraut ist primäres Kaliumoxalat enthalten, Fett, Zucker und Vitamin C. Im Saft der frischen Pflanze fand sich 1,36% Oxalat. Die Wurzel enthält chrysophansäureähnliche Substanzen, die Früchte etwa 4% fettes Öl.

Pharmakologie. Erst der übermäßige Genuß der oxalsäurereichen Pflanzenteile kann *Vergiftungserscheinungen* auslösen. Es tritt zuerst Erbrechen auf, dann Zeichen der Herzschädigung, Kleinwerden des Pulses, Absinken des Blutdruckes. Krämpfe können bis zum Tetanus führen und unter zentraler Lähmung und Kreislaufschwäche kann der Tod eintreten. Weniger heftige Vergiftungen verlaufen unter den Zeichen einer starken Nierenschädigung, direkter Verstopfung der Tubuli mit Krystallmassen von Calciumoxalat, zur Anurie und Urämie. *Prognose* nicht günstig. *Gegenmittel:* Verabreichung von Kalkwasser, Kreide, Magnesia usta; Magenspülung, Laxantien, salinische Diuretica, ferner Calcium i. v., Traubenzucker, Cardiaca, Analeptica, Zufuhr großer Flüssigkeitsmengen, Ringerlösung subcutan. — In therapeutischen Dosen wirkt die Pflanze mild purgierend, antiarthritisch, antiskorbutisch durch ihren sehr hohen Gehalt an Vitamin C.

Verordnungsformen. Herba Rum. acet., zur Abkochung, 1 Eßlöffel auf 2 Tassen, tagsüber trinken. — „Teep" 2—3 Teelöffel täglich. — *Homöopathie:* dil. D 2, drei- bis viermal täglich 1 Tablette.

Medizinische Anwendung. Bei Vitamin-C-Avitaminosen (Skorbut, Hämorrhagien), ferner bei Hautausschlägen, Anämie, Chlorose. MADAUS schlägt noch die Anwendung bei Diabetes mell. vor. *Kontraindikationen* bestehen für Personen, die Anlage zur Stein- und Konkrementbildung haben, ebenso für Prostatiker, Dyspeptiker und Tuberkulöse (Gefahr der Entmineralisierung!).

Homöopathische Anwendung. Konvulsionen, Halsschmerzen, Speiseröhrenentzündung.

Volkstümliche Anwendung. Die Pflanze wird abgebrüht, um einen großen Teil der Oxalsäure zu entfernen, und als Gemüse, Salat und zu Suppen und Soßen verwendet. Sie soll einen günstigen Einfluß auf die Verdauungs- und Ausscheidungsorgane und auf die Leber besitzen. KNEIPP gab die Abkochung mit Wein bei Unterleibschmerzen und zur Anregung der Harnabscheidung, ferner bei Skorbut als „vorzügliche Kost für Kranke". Abkochungen des Krautes werden gebraucht bei Hautkrankheiten, Gelbsucht, chronischer Verstopfung, Kropf, Unterleibsstockungen, Hämorrhoiden, Appetitlosigkeit, Schwäche und Blässe. Ebenso werden Wurzel und Samen verwendet, auch noch bei Würmern, Durchfall, Ruhr, Skorbut. Äußerlich werden Abkochungen des Krautes und der Wurzel bei Entzündungen, Eiterungen, Flechten, Krätze und anderen Hautleiden angewendet.

Rumex alpinus L.,
Alpen-Ampfer.

Beschreibung. Ausdauernd, Höhe 60—120 cm. Wurzel dick, mehrköpfig, querrunzelig, außen rötlich, braun, innen dunkelgelb. *Stengel* aufrecht, sehr dick, gefurcht, ästig, mit Tuten. *Blätter* wechselständig, gestielt, rundlich-herzförmig, abgerundet-stumpf oder an der stumpfen Spitze kurz zugespitzt; Blätter nach oben zu immer kleiner, die obersten lanzettlich. Blattstiele rinnig. *Blüten* in gedrungenen, beim Hervorbrechen von den vertrockneten Tuten umhüllten Rispen. Blüten vielehig, die äußeren sechs grünlichen Hüllblättchen länglich, abstehend, die inneren zusammenneigend, bei der Frucht breit, eirund. Karyopse glänzend graubraun, einsamig. *Blütezeit* Juli, August.

Besonderes. Geruch schwach widerlich, Geschmack anfangs süßlich, dann säuerlich-herb, leicht bitterlich.

Vorkommen. Quellfluren, Bäche, Grasland, namentlich die Viehweiden der höheren Gebirge.

Wirkung, Anwendung. Die Wurzel enthält Anthraglykoside und wirkt gut abführend. Sie wurde früher als Radix Rhapontici montani geführt (Mönchsrhabarber) als Ersatz des echten Rhabarber. Heute nur noch in der Tierheilkunde und im Volke als Abführmittel und bei Hautkrankheiten innerlich und äußerlich.

Rumex crispus L.,
Krauser Ampfer, Grindwurz.

Beschreibung. Ausdauernd, 60—100 cm hoch, Wurzelstock möhrenartig. *Stengel* kantig gefurcht, meist erst oberwärts ästig. *Grundblätter* am Grunde gestutzt oder fast herzförmig, groß, mit flachem Stiel, *Stengelblätter* kleiner, schmal-lanzettlich-spitz, alle Blätter lederig mit wellig-krausem Rand. Blütenstand schmal, oft locker, *Blüten* zwittrig, klein und unscheinbar; innere Blütenhüllblätter breit-herzförmig, 3 bis

5 mm lang, ganzrandig oder am Grunde gezähnelt, nur eines davon schwielentragend. *Blütenzeit* Juni bis August.

Vorkommen. An Gräben, Wegrändern, auf Wiesen, feuchten Äckern; sehr häufig.

Sammelzeit. Die Wurzel kann im Frühjahr gesammelt werden, sie wird längs zerschnitten und getrocknet.

Drogen, Arzneiformen. Rad. Rumic. crispae (Rad. Lapathi), Ampferwurzel, Grindwurzel. — *Homöopathie:* Essenz und Potenzen aus der im Frühjahr gegrabenen, frischen Wurzel.

Bestandteile. 4,25% Oxymethylanthrachinone, Emodin, Emodinmonomethyläther, Chrysophansäure, Harz, Phytosterol, Lapathinsäure, Zucker, 5,5% Gerbstoff, 0,38—0,634% Eisen, ätherisches Öl, im Kraut auch Kaliumoxalat.

Pharmakologie. Die Wurzeln gehören zu den Emodindrogen, besitzen also ausgesprochene Dickdarmwirkung. GILBERT und LEREBOULLET fanden, daß die Wurzeln in hohem Maße die Fähigkeit besitzen, anorganisches Eisen aufzunehmen und in die organische Form überzuführen. Beim Begießen mit Ferrumcarbonatlösungen soll ein Eisengehalt von 1,5% erzielt werden (SAGET erzielte sogar bis 3%!). Bei therapeutischer Anwendung wird dann die stopfende Fe-Wirkung durch die abführende der Anthraglykoside ausgeglichen. Am Patienten zeigte sich bei der Anwendung eine Vermehrung der roten Blutzellen und ein Ansteigen des Hämoglobingehaltes.

Verordnungsformen. Rad. Rumic. crispae pulv., dreimal täglich 0,5 bis 0,75 in Oblaten. — *Homoöpathie:* ∅ — dil. D 1, dreimal täglich 10 Tropfen.

Medizinische Anwendung. Als resorbierendes, bitteres Tonicum bei Chlorose und Anämien, besonders bei Tuberkulose. Ferner bei chronischen Hautkrankheiten (Ekzemen), Impetigo.

Homöopathische Anwendung. Erkältungskatarrhe, Kehlkopf- und Luftröhrenkatarrh bei Bronchitis, Influenza, Asthma (auch bei Tuberkulose), Heiserkeit, Halsschmerzen, Darmkatarrhe Tuberkulöser, Nesselsucht, Hautjucken (HEINIGKE). Kitzelhusten, Reizhusten mit Verschlimmerung in der Kälte, Pharyngitis, Laryngitis, Kehlkopf- und Lungentuberkulose, Diarrhöe (MADAUS).

Volkstümliche Anwendung. Der Samen wird als Abkochung gegen chronische Ekzeme, Diarrhöe, Dysenterie angewendet. Der frisch gepreßte Saft der Samen örtlich gegen Hautmale (SCHULZ).

Rumex patientia L., *Garten-Ampfer*, enthält außer Oxalat ebenfalls Anthrachinon. Die Wurzel wurde früher auch als Mönchsrhabarber bezeichnet.

Rumex obtusifolius L., *Stumpfblättriger Ampfer*; die Wurzelabkochungen wurden im Volke bei chronischen Hautleiden, selbst solcher luischer Grundlage, die Samen gegen Durchfälle verwendet.

Rumex aquaticus L., *Wasser-Ampfer*. Die Samen sind früher von ärztlicher Seite gegen Ichthyosis und hartnäckigen Herpes labiales angewandt worden (SCHULZ).

Rheum palmatum L. (Rheum officinale B., Rh. palm. tanguticum M.),
Rhabarber.

Beschreibung. Ausdauernd, Höhe bis 2 m. *Wurzelstock* sehr dick, fast fleischig, stark ästig. Stengel aufrecht, fast armdick, ebenso die Äste. *Blätter* sehr groß, handförmig gelappt und geadert, mit länglich-eiförmigen bis lanzettlichen, spitzen Lappen und großen Blattscheiden. Bei *Rh. palm. tangut.* sind die Blätter tief gelappt, die Lappen fast fiederig eingeschnitten und diese Abschnitte oft noch gelappt oder grob gesägt. *Blüten* zwittrig, klein, weißlich oder rot, in großen, rispig angeordneten, büschelförmigen Wickeln, welche in den Achseln von kurztütenförmigen Hochblättern stehen. Blütenstiele gegliedert. Die Blüte selbst besteht aus einem sechsteiligen Perigon mit 9 Staubblättern und drei kopf-schildförmigen Narben. *Blütezeit* Juli, August.

Besonderes. Die Pflanze ist sehr veränderlich; man nimmt etwa 60 Arten an.

Vorkommen. Stammt aus Mittelasien und wächst dort in sandig-lehmigem, trockenen Boden; in Deutschland angebaut.

Anbau. Am besten auf ungedüngtem, lettenartigen Tonboden. Man sät im Frühjahr oder Herbst aus, versetzt die Pflanzen im zweiten Jahre, wo nur etwa sechs, im Herbst wieder verwelkende Blätter gebildet werden. Erst im dritten Jahre bildet die Pflanze Stengel und Blüten, stirbt aber nach der Samenreife, Ende Juli, schon wieder ab. Man gräbt die Wurzeln im August, bürstet sie trocken ab, zieht die äußere Haut ab, schneidet sie in Stücke, die man auffädelt und rasch, eventuell künstlich, trocknet. Die Samen (etwa 200 von einer Pflanze) sammelt man und benutzt sie für neue Pflanzungen. Der Anbau ist, wenn der richtige Boden da ist, sehr zu empfehlen.

Drogen, Arzneiformen. Rhizoma Rhei, Rhabarber; Extractum Rhei, Rhabarberextrakt; Extractum Rhei fluidum, Rhabarberfluidextrakt; Extractum Rhei compositum, Zusammengesetztes Rhabarberextrakt; Sirupus Rhei, Rhabarbersirup; Tinctura Rhei aquosa, Wäßrige Rhabarbertinktur; Tinctura Rhei vinosa, Weinige Rhabarbertinktur. — *Homöopathie:* Tinktur und Potenzen aus dem geschälten Wurzelstock.

Bestandteile. Gemisch von krystallisierten Anthrachinonglykosiden = Rheopurgarin (GILSON), das sich aus Chrysophanein, Rheum-Emodin, Rheochrysin und Rheïnglykosid zusammensetzt, ferner Aloe-Emodin, Rhabarberon (= Iso-Emodin), Gerbstoffe (= Tannoglykoside), Pektin, Gummi, Glykose, Fructose, Stärke, etwas Fett, Phytosterin, Spuren ätherischen Öles, Enzyme, Oxalsäure und bis 12% Asche.

Pharmakologie. Rhabarber wirkt in kleinen Dosen (0,1—0,3) stopfend (adstringierend), gärungshemmend, schränkt die Schleimsekretion und Säureproduktion ein, steigert den Appetit und die Blutfüllung der Beckengefäße. In größeren Dosen wirkt er purgierend (Dickdarmmittel), und zwar erfolgt nach 8—10 Stunden eine schmerz- und sensationslose Entleerung (MEYER-GOTTLIEB, MARFORI-BACHEM). Die abführende Wirkung ist nicht an den Anthrachinongehalt gebunden (KROEBER, CASPARI, GÖLDLIN, WASICKY, TSCHIRCH). Man vermutet, daß es entweder Anthranole sind, die durch Oxydation in Anthrachinon übergehen, oder Substanzen, die sich erst aus Anthrachinonen bilden. MADAUS stellte in den Wurzelstöcken kleine Mengen ausfällbaren Eiweißes von geringer Giftigkeit fest. Bei einzelnen Personen sind *Idiosynkrasien* gegen Rhabarber beobachtet worden; es traten Erbrechen, Schwindel, Koliken, Exantheme bis zur Blasenbildung und Ablösung des Epithels der Mundschleimhaut auf (LITTEN). Die abführenden Substanzen gehen bei Stillenden auch in die Milch über, die dann leicht abführend wirkt!

Verordnungsformen. Als leicht adstringierendes *Stomachicum:* Rhiz. Rhei pulv. 0,1—0,3 dreimal täglich. Extract. Rhei 0,1—0,3 dreimal täglich, ebenso Extract. Rhei comp., Tinct. Rhei aquosa, dreimal täglich $^1/_2$ bis 3 Teelöffel, ebenso Tinct. Rhei vinosa, dreimal täglich 1—2 Teelöffel. Rhiz. Rhei conc., zum heißen Aufguß, $^1/_4$ Teelöffel auf 1 Tasse, tagsüber schluckweise getrunken. — Tinct. stomachic. F. M. B. — Als *Purgans:* Rhiz., Rhei pulv. 0,5—5,0 in kurz aufeinanderfolgenden Dosen. Extract. Rhei comp. 0,5—1,0 in Pillen (s. Rp.). Tabl. Rhiz. Rhei 0,25—0,5 bis 1,0, dreimal täglich 1—2 Tabletten. — *Homöopathie:* dil. D 2, dreimal täglich 10 Tropfen.

Medizinische Anwendung. Als Purgans und Stomachicum, auch bei Anämischen und Rekonvaleszenten. Eine Kontraindikation scheint bei Hämorrhoiden, Blasenkatarrhen und Gicht zu bestehen.

Laxans, Carminativum pro infant.
Rp: Pulv. Magn. c. Rheo   50,0
  D. s.: Täglich mehrmals 1—2 Messerspitzen.

Purgans (F. M. B.)
Rp: Rhiz. Rhei pulv.   10,0
  Glycerini   5,0
  M. f. pil. Nr. XXX
  D. s.: dreimal täglich 1—3 Pillen.

Homöopathische Anwendung. Verdauungsstörungen mit nächtlichen Störungen bei Kindern, sauerriechende Durchfälle, chronische Darmkatarrhe, Gastritis, Enterospasmen, Leber- und Gallenleiden, Cholelithiasis, Pfortaderstauungen, Ikterus, Rheuma (KÖHLER), Gehirnkongestionen infolge Verdauungsstörungen.

Polygonum cuspidatum SIEB. und ZUCC., Schildblättriger Windenknöterich.

Beschreibung. Ausdauernd, bis über 2 m hoch. Langkriechende Grundachse, Stengel reichverzweigt, aufrecht, *nicht* windend, 2—10 mm dick, rotgesprenkelt, unterwärts meist hohl. *Blätter* 10:13 cm groß, mit fast geradlinig gestutztem Grunde, schildförmig, derb. Blütenähren schlank, achselständig, Blütenhülle weißlich. *Blütezeit* August, September.

Besonderes. Junge Triebe als Gemüse eßbar.

Vorkommen. Zierpflanze, bei uns zum Befestigen von Böschungen, Dämmen und Dünen angepflanzt, von da verwildert.

Bestandteile. In Wurzel und Rinde Emodinglykoside, so daß diese Pflanzenteile als *Abführmittel* Anwendung finden können.

Polygonum bistorta L.,
Wiesenknöterich, Schlangenwurz, Natterwurzel.

Beschreibung. Ausdauernd, Höhe 30—100 cm, Ausläufer treibend. *Wurzelstock* fest, hart, oft S-förmig gewunden, plattgedrückt, geringelt, mit Blattresten und vielen Fasern besetzt, außen braun, innen fleischrot. *Blütenstengel* aufrecht, einfach, kahl, gerillt, knotig, am Grunde mit häutigen Scheiden besetzt, entfernt beblättert. *Grundblätter* groß, nebst den unteren Stengelblättern länglich-eirund, spitz oder zugespitzt, am Grunde gestutzt oder herzförmig, in einen langen, fast dreikantigen, wellig geflügelten Blattstiel übergehend. Obere Stengelblätter lanzettlich bis lineal, halbstengelumfassend, oberseits hellgrün, unterseits bläulichgrün, glatt oder kurzhaarig, am Rande kerbig-wellig. Scheinähre dicht, endständig. *Blütenhülle* rosenrot mit stets aufrechten Zipfeln. Früchte kleine einsamige Nüßchen. *Blütezeit* Mai bis Juli; mitunter nochmals im Herbst.

Vorkommen. Feuchte Wiesen, lichte Waldplätze; zerstreut, aber gesellig.

Sammelzeit. Nach der Blüte wird der Wurzelstock gegraben, gesäubert und getrocknet. Anbau nicht lohnend.

Droge. Rhizoma Bistorta, Natterwurzel.

Bestandteile. 15—21% Gerbstoffe (darunter Tormentillsäure), Farbstoff Bistortarot, 30% Stärke, Pararabin, Spuren Oxymethylanthrachinon, etwa 10% Eiweiß, 1% Calciumoxalat.

Pharmakologie. An der Wirkung der Pflanze sind praktisch nur die Gerbstoffe und die Stärke beteiligt, und zwar als verwertbar die adstringierende und reizmildernde Wirkung (zit. nach GESSNER).

Verordnungsformen. Rhiz. Bistorta conc., zum lauwarmen oder heißen Aufguß, 1 Teelöffel auf 1 Tasse, mehrere Stunden stehen lassen, 2—3 Tassen täglich. Rhiz. Bistorta pulv., dreimal täglich 1,0, verrührt oder in Oblaten.

Medizinische Anwendung. Durch die vereinigte styptische *und* reizmildernde Wirkung zur wirksamen Tannintherapie bei entzündlichen und blutigen Diarrhöen, Ulcera ventriculi et duodeni, Uterus-, Nieren- und Blasenblutungen, Nasenblutungen. Zum Gurgeln bei Mund- und Rachenaffektionen (Angina), zum Spülen bei Fluor, als Klysma bei Darmblutungen, Hämorrhoiden, Durchfällen. Das Pulver kann äußerlich als ausgezeichnetes Blutstillungsmittel verwendet werden. LECLERC gibt seit vielen Jahren seinen Tuberkulösen und Tuberkulosebedrohten einen mit Rhiz. Bistorta bereiteten Wein als vorzügliches Tonicum. BOHN gibt an, daß die Planze ebenso wie *P. aviculare* zusammenziehend auf die Schleimhäute des Darms und der Blase, besonders deren Blutgefäße wirkt und deren Absonderungen einschränkt.

Rp: Rad. Bistortae conc. 125,0
    Alkohol 45% 250,0
    Macera per horas XXIV
    Deinde adde
    Vin. rubr. (Bordeaux) qu. s. ad. 1000,0
    Macera per dies IV
    Filtr.
    D. s.: Täglich 1 großes Weinglas.

Volkstümliche Anwendung. Chronische Katarrhe, Durchfälle, innere Blutungen, unfreiwilliges Wasserlassen. Pollutionen, Fluor, Folgezustände von Geschlechtskrankheiten, zur Verhütung von Fehlgeburten. Als Gurgelmittel bei Mund-, Hals-, Zahnfleischkrankheiten, lockeren Zähnen; als Wundmittel in Form von Pulver oder frisch geschabter Wurzel, auch Umschläge bei Geschwüren und Verbrennungen.

Polygonum persicaria L.,
Flohknöterich, Großer Knöterich.

Beschreibung. Einjährig, Höhe 30—100 cm, Faserwurzel. Stengel meist verästelt, rund, glatt. Scheiden eng anliegend, auf der Fläche kurzhaarig, an Rande bis 2 mm lang gewimpert. *Blätter* wechselständig, kurz gestielt, länglich-lanzettlich, in der Mitte am breitesten, unterseits auf den Nerven behaart, oberseits oft schwarzgefleckt. *Scheinähren* dichtblütig, länglich-walzenförmig, oft rispenartig vereinigt, alle deutlich gestielt. Blütenstiele und Blütenhülle drüsenlos. Blütenhülle weißlich, grünlich oder rötlich. *Frucht* beiderseits flach oder auf einer Seite gewölbt. *Blütezeit* Juli bis September.

Vorkommen. An Bächen und Gräben, auf Schutt, Äckern, an Wegrändern; verbreitet.

Sammelzeit. Während der Blütezeit wird die Pflanze unter Aussonderung der Blüten und Fruchtähren gesammelt.

Bestandteile. 0,053% ätherisches Öl (mit Persicariol, einer campherartigen Substanz), 1,92% Wachs, 1,52% Gerbstoff, Quercetin, Gallussäure, Phlobaphen, 5,42% Schleim und Pektin, 2,18% oxalsaurer Kalk, 3,24% Apfelsäure, Zucker, flüchtige Amine, Phytosterin, Oleinsäure.

Wirkung, Anwendung. Im Volke bei Darmblutungen, Durchfällen, Hämoptoe, Ikterus, Gicht, Brustleiden, chronischen Ekzemen, Ulcus ventriculi, chronischer Gonorrhoe (SCHULZ).

Polygonum hydropiper L.,
Wasserpfeffer, Pfefferknöterich.

Beschreibung. Einjährig, Höhe 30—50 cm, Stengel aufrecht oder ausgebreitet. *Blätter* wechselständig, länglich-lanzettlich, beiderseits verschmälert, spitz, oft drüsig-punktiert, bisweilen mit schwarzem Fleck. Scheiden fast kahl, meist gewimpert. Scheinähren locker, dünn, fadenförmig. *Blütenhülle* drüsig-punktiert, meist vierblättrig, grünlich am Rande regelmäßig rötlich. *Frucht* höckerig-rauh. *Blütezeit* Juli bis September.

Besonderes. Geschmack aller Teile scharf pfefferartig.

Vorkommen. Feuchte Orte, Gräben, Sümpfe; gemein.

Drogen, Arzneiformen. Herb. Polygoni hydropiperis, Wasserpfefferkraut; Extract. Polygoni hydropiperis fluidum, Wasserpfefferfluidextrakt. *Homöopathie:* Essenz aus der frischen, blühenden Pflanze ohne Wurzel.

Bestandteile. Glykosid (?), ätherisches Öl, Ameisen-, Essig,- Baldrian-, Apfel-, Melissin- und Gallussäure, 3,5% Gerbstoff, Kaliumnitrat, Phytosterin, Glukose, Fructose, in der Wurzel Oxymethylanthrachinon.

Pharmakologie. Die Pflanze wirkt hervorragend hämostyptisch; nach KRAWKOW beruht diese Eigenschaft auf einer Beeinflussung der Viscosität und Gerinnbarkeit des Blutes. STEINBERG stellte fest, daß das die Blutgerinnung beschleunigende, aktive Prinzip der Pflanze Glykosidcharakter besitzt. Die Wirksamkeit nimmt beim Trocknen ab. Die frische Pflanze reizt innerlich und äußerlich ziemlich stark.

Verordnungsformen. Herb. Polygon. hydropip., zum heißen Aufguß, $1/_2$—1 Teelöffel auf 1 Tasse, 2 Tassen täglich. Herb. Polygon. hydropip. pulv., dreimal täglich 1,0, verrührt oder in Oblaten. Extract. Polygon. hydropip. fluid., dreimal täglich 30—40 Tropfen. — *Homöopathie:* ⌀ — dil. D 2, dreimal täglich 10 Tropfen.

Medizinische Anwendung. Als Hämostypticum, besonders bei Menorrhagie, Metrorrhagie, Dysmenorrhöe, nach Abort und Abrasio, bei Hämaturie, Hämorrhoidalblutungen, Magenblutungen, Hämoptoe. Äußerlich kann das Pulver bei gangränösen Ulcera aufgestreut werden. — *Kontraindikation:* Nierenentzündungen.

Homöopathische Anwendung. Blähungskolik, Cholera nostras, Ruhr, Hämorrhoiden, Nierengrieß, Sphincterkrampf, Amenorrhöe (HEINIGKE).

Volkstümliche Anwendung. Die Abkochung bei Blasen- und übermäßigen Monatsblutungen, Hämorrhoiden, Darmblutungen, als Gurgelwasser bei Zahnschmerzen, Halsentzündungen, Kehlkopfleiden. Der reine oder verdünnte Saft zur Reinigung von Geschwüren und Abstoßung abgestorbener Teile. Die frische, zerquetschte Pflanze zu hautreizenden Umschlägen, zur Schmerzstillung bei Geschwülsten, zur Heilung von Wunden, Ekzemen und Krätze. In der Tierheilkunde als Wundreinigungs- und -heilmittel.

Polygonum aviculare L.,
Vogelknöterich.

Beschreibung. Einjährig, Wurzel lang, dünn, *Stengel* 10—60 cm lang, nicht windend, meist kriechend, niederliegend oder aufsteigend bis fast aufrecht, reich verästelt, mit ungleich langen Gliedern, kahl, längsstreifig, zäh. Äste bis zur Spitze beblättert. *Blätter* wechselständig, fast sitzend, meist klein, elliptisch bis lineal-lanzettlich, spitz oder stumpf, am Rande etwas rauh, mit deutlichen Seitennerven. *Blüten* klein, zu 2—5 in blattwinkelständigen Trugdolden, Blütenhülle fünfteilig, zwei Zipfel nach außen, drei nach innen, grünlich-weiß, rosarot berandet. *Frucht* mit eiförmigen Flächen, runzelig-gerieft. *Blütezeit* Juni bis Oktober.

Besonderes. Die Pflanze ist sehr veränderlich.

Vorkommen. Grasplätze, Äcker, Wege, zwischen Pflaster; sehr gemein.

Sammelzeit. Während der Blüte sammelt man die ganze Pflanze, säubert und trocknet sie. Besonders wertvoll sind die Herbstpflanzen.

Drogen, Arzneiformen. Herba Polygoniavic., Vogelknöterichkraut. — *Homöopathie:* Essenz und Potenzen aus dem frischen Kraut.

Bestandteile. Spuren ätherischen Öles und eines Alkaloids, 0,13 bis 0,68% Gesamtkieselsäure, davon 0,05—0,2% lösliche (getrocknete Pflanzen 0,85—1,0% und lösliche 0,09—0,24%), ferner Glykotannide, kleine Mengen eines Anthrachinonderivates, ein Disaccharid. HAGER verzeichnet 0,05% ätherisches Öl, das eine krystallinische Verbindung, Persicariol, enthalten soll.

Pharmakologie. Infolge des Gehaltes an löslicher Kieselsäure ist die Pflanze ein Bestandteil des KOBERT-KÜHNschen Kieseltees (über Kieselsäurewirkung s. a. *Equisetum arv.*). Ferner wirkt die Pflanze adstringierend auf die Schleimhäute, besonders von Darm, Blase (und auf deren Gefäße), und schränkt ihre Sekretion ein (BOHN). ROSSISKI vermutet, daß sie die Blutgerinnungsfähigkeit erhöht.

Verordnungsformen. Herba Polygoni avic., zum heißen Aufguß, 1 Teelöffel auf 1 Tasse, 3 Tassen täglich. — *Homöopathie:* ∅ — dil. D 2, dreimal täglich 10 Tropfen.

Medizinische Anwendung. Blutungen aus Magen, Darm, Uterus (zu starke Menstrualblutungen), Nieren und Blase, auch bei Ulcerationen und Steinleiden, blutigen Diarrhöen, Gastroenteritis, Cholera infantum. Als Spülmittel bei Fluor, zum Gurgeln und Spülen bei Mund- und Rachenentzündungen. Ferner bei Initialtuberkulose und anderen Lungenaffektionen, die einer Anregung zur Bindegewebsneubildung und Sekretionseinschränkung bedürfen.

Homöopathische Anwendung. Frigidität (RETSCHLAG), Katarrhe der Atmungsorgane.

Volkstümliche Anwendung. Lungenkrankheiten (Schwindsucht), Husten, Bronchitis, Keuchhusten, Durchfälle, Blasenblutungen, Nieren- und Blasensteine und -grieß, Albuminurie (KÜNZLE), Hämorrhoiden, Fluor, zu starke Menstruation, Gicht, Rheuma, äußerlich zur Wundbehandlung, bei Ohren- und Augenentzündungen, auch in Form der zerquetschten frischen Blätter. Vielfach werden der Pflanze im Volke aphrodisierende Wirkungen zugeschrieben.

Polygonum dumetorum L., Heckenknöterich.

Beschreibung. Einjährig, *Stengel* windend, fast glatt, gestreift, 60 bis 160 cm lang. *Blätter* wechselständig, herzförmig, dreieckig. *Blüten* büschelig in den Blattwinkeln, traubig oder rispig. Blütenstiele so lang wie die grüne Blütenhülle, die nur am Rande und innen weiß ist und deren drei äußere Zipfel häufig geflügelt sind. *Nüßchen* sind glänzend und glatt. *Blütezeit* Juli bis September.

Besonderes. Pflanze kahl, Stengel rechtswindend.

Vorkommen. Hecken, Zäune, Gebüsche; verbreitet.

Bestandteile, Wirkung. Die Pflanze enthält höchstwahrscheinlich ebenfalls Emodinglykoside; der wäßrige Auszug wirkt als gutes Abführmittel.

Chenopodiaceae, Gänsefußgewächse.

Chenopodium bonus henricus L.,
Guter Heinrich, Mehlspinat.

Beschreibung. Ausdauernd, Höhe 15—60 cm. *Stengel* aus aufsteigendem Grunde aufrecht, einfach, bisweilen mit grünem Mark erfüllt.

Blätter wechselständig, langgestielt, ganzrandig, glänzend, dreieckig, spießförmig, am Rande oft etwas wellig. *Blütenstände* in langen, dichten end- und blattwinkelständigen Ähren. *Blüten* grünlich. Samen aufrecht, stumpfrandig, glänzend. *Blütezeit* Mai bis August.

Besonderes. Pflanze wie mehlig bestäubt, etwas klebrig, nicht riechend!

Vorkommen. Dorfstraßen, Schutt, Wegränder; gemein.

Wirkung, Anwendung. Im Volke wird die Pflanze in Form von Breiumschlägen zum Erweichen und Zerteilen angewandt. Abkochungen der Blätter bei Kopfgrind und Hautausschlägen. — Außerdem wird aus den jungen Blättern vielerorts ein Spinatgemüse bereitet.

Chenopodium vulvaria L.,
Stinkender Gänsefuß, Rautenblättriger Gänsefuß, Hunds- oder Bockmelde.

Beschreibung. Einjährig, Höhe 15—30 cm. Stengel meist ausgebreitet, ästig. *Blätter* ganzrandig, 2—3 cm lang, rauten-eiförmig, bläulich-grau bestäubt, stachelspitzig. Blütenstände grün, klein, geknäuelt, ohne Tragblätter. Scheinähren an der Spitze des Stengels und der Äste. Die *Blütenhülle* ist gelbgrün, 2—5spaltig, aufrecht, die Frucht bedeckend. Staubfäden pfriemlich, am Grunde ringförmig verbunden, Griffel kurz mit fadenförmigen Narben. *Blütezeit* Juli bis September.

Besonderes. Die Pflanze ist grau-grün mehlig bestäubt und riecht unangenehm nach Heringslake, aber nur in frischem Zustand. Der Geschmack ist salzig.

Vorkommen. Wege, Mauern, Schutt, in der Nähe menschlicher Ansiedlungen; zerstreut (Salpeterpflanze).

Sammelzeit. Die Pflanze wird während der Blütezeit abgeschnitten.

Arzneiform. *Homöopathie:* Essenz und Potenzen aus der frischen, blühenden Pflanze.

Bestandteile. Trimethylamin, Betain = Trimethylglykokoll, Salpeter, Phosphate, Ammoniumsalze, Gerbstoff.

Pharmakologie. Trimethylamin bewirkt in größeren Dosen zentrale Erregungen bis zur Tetanie, steigert Reflexerregbarkeit, Atemtätigkeit und erhöht den Blutdruck, Tod beim Warmblütler durch Atemstillstand.

Verordnungsformen. *Homöopathie:* dil. D1—3, dreimal täglich 10 Tropfen.

Medizinische Anwendung. Es liegen kaum objektive Urteile vor. Die Pflanze hat sich bei übelriechendem Fluor und bei Rhinitis bewährt, dann bei Ohrensausen (URBATIS), Leberleiden (WENZEL) und als Anthelminticum. MADAUS schlägt vor, die Pflanze als Emmenagogum und Spasmolyticum zu versuchen.

Homöopathische Anwendung. Obstipation, Enuresis, Milzbeschwerden.

Volkstümliche Anwendung. Besonders gegen Menostase, ferner rheumatische und krampfhafte Leiden, Gebärmutterverlagerungen, hysterische Affektionen.

Spinacia oleracea L.,
Spinat, Gemüse-Spinat, Sommer-Spinat.

Beschreibung. Zweijährig und einjährig, Höhe 30—50 cm. *Wurzel* schwach. *Stengel* aufrecht, einfach oder ästig, röhrig. *Blätter* wechselständig, langgestielt, die unteren und mittleren dreieckig-pfeilförmig oder länglich-eiförmig, spitzlich, ganzrandig oder gezähnt, die oberen länglich, am Grunde keilförmig, weich, lebhaft grün. *Blüten* in Knäueln, bei der weiblichen Pflanze achselständig, 2—3spaltig, bei der männlichen in unbeblätterten, end- und achselständigen Scheinähren, 4teilig; Blütenhülle krautig, grün. Fruchthülle fast kugelig, wehrlos, ungehörnt. *Blütezeit* Juni bis September.

Besonderes. Pflanze kahl, unbestäubt.

Vorkommen. Gemüsepflanze, bei uns überall angebaut. Stammt vermutlich aus dem Orient.

Anbau, Ernte. Erfolgt feldmäßig durch Aussaat und ist bei größerem Marktabsatz lohnend.

Bestandteile. Spinat wird als Gemüse und als Preßsaft verwendet. Die Blätter enthalten Chlorophyll, Lecithin, Eiweißkörper, Spinacin, Spinatsekretin, Saponine, Jod, Arsen, Eisen, Phosphor und Oxalsäure, Vitamine A, B, C und D, 16—17% Asche mit 31—39% Na_2O, 9—23% K_2O, 10—13% CaO, 4—7% Cl, 8—12% P_2O_5, 4—9% SO_3, 5—7,5% MgO, 2—4,6% F_2O_3, 3—5,9% SiO_2 (KROEBER).

Pharmakologie. Neben der Saponinwirkung und der Wirkung der Vitamine ist es das Spinatsekretin, welches eine starke Anregung auf die Sekretionen von Pankreas, Magenschleimhaut und Galle ausübt. Spinat ist ein hochwertiges basenüberschüssiges Nahrungsmittel.

Wirkung und **Anwendung.** Spinatsaft gilt als hervorragendes Mittel bei Vitaminmangelkrankheiten, als Nähr- und Kräftigungsmittel für Anämische, Rekonvaleszenten, als Nahrungsmittel für Kinder, als Heilmittel bei Skorbut und chronischen Hautausschlägen, Leberschwellungen und chronischer Obstipation. Im Volke wird der Saft und das Gemüse angewendet bei Husten, Erkältungskrankheiten, Asthma, Bleichsucht, Schwächezuständen, zur Anregung der Milchsekretion, bei Gicht und Rheumatismus. — Als *Kontraindikation* wird die Neigung zur Steinbildung betrachtet.

Atriplex hortense L.,
Gartenmelde, Melde.

Beschreibung. Einjährig, Höhe 30—200 cm. *Blätter* wechselständig, einfach, glanzlos, fast gleichfarbig, die unteren herzförmig-dreieckig, spitzlich, schwach gezähnt, die mittleren aus spießförmigem Grunde länglich-dreieckig. Die unscheinbaren *Blüten* gelb oder rot, (Blumenblätter getrennt) stehen in lockeren, rispigen Scheinähren. Blütenhülle rundlich-eiförmig, zugespitzt, ganzrandig. Fruchtstielchen etwa so lang wie die Frucht. *Blütezeit* Juni bis September.

Besonderes. Ganze Pflanze mitunter blutrot angelaufen, mehlig bestäubt.

Anwendung. Die Melde erhält viel Saponinsubstanzen (KOBERT, KROEBER); davon leitet sich ihre volkstümliche Verwendung als Blutreinigungsmittel her. Sie wird vielfach als Gemüse gegessen, die jungen Blätter wie Spinat zubereitet. Außer in mittelalterlichen Kräuterbüchern ist die Gartenmelde als Heilpflanze nicht bekannt. Dem Samen werden dort brechenerregende und abführende Eigenschaften nachgesagt.

Portulacaceae, Portulakgewächse.
Portulaca oleracea L., Portulak.

Beschreibung. Einjährig, Stengel meist niedergestreckt oder mit aufsteigenden Ästen, 8—20 cm lang. *Blätter* gegenständig, länglich-keilig, dick, sehr saftig. *Blüten* gabelständig oder zu 1—3 in den Blattwinkeln. Kelch zweispaltig, Zipfel stumpf gekielt. 5 Blumenblätter (selten 4 oder 6), gelb, der Kronenröhre eingefügt, frei oder am Grunde verwachsen, 8—15 Staubblätter, am Grunde oft verwachsen. Kapsel quer aufspringend, vielsamig. *Blütezeit* Juni bis September.

Besonderes. Die Blüten öffnen sich nur vormittags.

Vorkommen. In Südeuropa heimisch. Bei uns wird meist die Gartenform *P. sativa* HAWORTH als Gemüsepflanze gezogen, die aus den Gärten mitunter auf Schutt, Äcker, Wege verwildert.

Arzneiform. *Homöopathie:* Urtinktur aus den frischen Blättern.

Bestandteile. 92—95% Wasser, 1—2,2% Stickstoffsubstanz, 1,3—2,2% stickstofffreie Extraktivstoffe, 0,3—0,4% Fett, 1—1,4% Rohfaser, 1—1,6% Asche. Saponine sind noch nicht bestätigt.

Homöopathische Anwendung: Als dil. D 2.

Volkstümliche Anwendung. Außer als Suppen- und Salatgemüse wird die Pflanze als Blutreinigungsmittel, bei inneren Entzündungen, Magen- und Leberleiden, Sodbrennen, Skorbut, Blutspucken, Schlaflosigkeit, Blasen- und Nierenleiden, bei zu starker Menstruation und übermäßig gesteigertem Geschlechtstrieb verwendet. Der ausgepreßte Saft bei Brandwunden, verdünnt bei Augenentzündungen, zum Spülen bei Zahnschmerzen. Die zerquetschten Blätter gegen Hühneraugen (KROEBER).

Caryophyllaceae, Nelkengewächse.
Saponaria officinalis L., Gemeines Seifenkraut.

Beschreibung. Ausdauernd, Höhe 30—70 cm. *Wurzelstock* weitkriechend, stark verzweigt bis fingerdick, außen rotbraun, innen gelb. *Stengel* aufrecht, kantig gegliedert, einfach oder oberwärts verästelt, schwach behaart. *Blätter* kreuzgegenständig, länglich-lanzettlich, spitz, dreinervig, am Rande rauh, kahl oder spärlich behaart, grasgrün. *Blüten* endständig in büscheligen Rispen oder einzeln in den Blattachseln. Kelchröhre 15—22 mm lang, fünfzähnig, walzenförmig, ohne Flügel, kahl oder behaart, purpurn angehaucht. 5 Kronenblätter, hell fleischfarben, selten weiß, zwischen Nagel und Platte kleine hochstehende Zähnchen oder Fransen, welche ein Nebenkrönchen bilden. Vielsamige Kapselfrucht mit 4 Zähnen aufspringend. *Blütezeit* Juni bis September.

Besonderes. Pflanze schwach rauh, kurzhaarig. Blüten besonders am Abend wohlriechend. Geschmack der Wurzel anfangs süßlich, dann scharf kratzend und bitterlich.

Vorkommen. In Auenwäldern, Gebüsch und Hecken, auf sandigen Ufern und Schutt.

Sammelzeit. Im Frühling oder im Herbst gräbt man die Wurzeln, wäscht sie kurz, trocknet und bündelt sie.

Anbau. Lohnend, weil selbst auf sonst unbrauchbaren Sandböden möglich; man legt Stücke der Wurzeln aus oder sät im Herbst dünn aus.

Drogen, Arzneiformen. Radix Saponariae, Seifenwurzel; Saponinum, Saponin; Extractum Saponariae, Seifenwurzelextrakt. — *Homöopathie:* Tinktur und Potenzen aus den getrockneten Wurzelstöcken.

Bestandteile. Alle Teile der Pflanze enthalten Saponine, im Wurzelstock 5%, hauptsächlich Saporubrin (= Saponaria-Sapotoxin), daneben Saporubinsäure (GESSNER), ferner Kohlehydrate, Spuren von Fett, etwa 5% Asche.

Pharmakologie. Vgl. *Primula off.* und Grundsätzliches in der „Übersicht über die wichtigsten Pflanzenstoffe arzneilicher Bedeutung." Die Saponaria-Saponine werden nur schwer resorbiert, entfalten daher nicht ihre ganze Giftwirkung und verursachen allenfalls Kratzen und Erbrechen, Leibschmerzen und Diarrhöe (PACHORUKOW). Lokal reizen sie stark, besonders die Schleimhäute, und rufen Entzündungen hervor (KOFLER). MADAUS stellte für die homöopathische Urtinktur einen hämolytischen Index von 1:100, für die mit 25%igem Alkohol hergestellte homöopathische Tinktur 1:10000 und die „Teep"-Verreibung 1:15000 fest. Ferner fand er in 1 g der Droge 200 FD. und in 1 ccm Tinktur 14 FD. — In kleinen Dosen wirkt die Pflanze spezifisch expectorierend, was man sich durch reflektorische Anregung von der Magenschleimhaut aus für Darm und Luftwege erklärt (VOLLMER); größere Dosen wirken emetisch (POULSSON).

Verordnungsformen. Rad. Saponariae conc., zum kalten Auszug, 1 Teelöffel auf 1 Glas Wasser, 8 Stunden stehen lassen, tagsüber trinken. Extractum Saponariae, dreimal täglich 0,5 in Pillen oder Elixier. — *Homöopathie:* dil. D 3, zwei- bis dreistündlich 1 Tablette.

Medizinische Anwendung. Als Expectorans bei Erkrankungen der Respirationsorgane mit zähem Schleim (Bronchitis, auch bei Angina und Katarrhen im Nasen-Rachenraum). Ferner bei Rheuma, Gicht, Dermopathien (Skrofulose, Furunkulose, Ekzeme, Psoriasis), Leber- und Gallenleiden, Hyperacidität, Meteorismus (auch als Klysma). BOHN empfiehlt sie bei der venerischen und harnsauren Diathese, bei Störungen des Pfortaderkreislaufes. ECKSTEIN-FLAMM zeigen sie noch an bei Zuckerkrankheit, als mildes Abführmittel, Neigung zu Steinbildung, Arteriosklerose und echten Blutkrankheiten, Pleuritis, Pelvitis.

Homöopathische Anwendung. Zur Behandlung akuter Erkältungen, Schnupfen, Halsschmerz (HEINIGKE).

Volkstümliche Anwendung. Bei Erkältungskrankheiten, Leberstauungen, chronischem Ekzem, chronischem Rheumatismus, auch bei Verdauungsschwäche, Nierenverstopfung, Bleichsucht, Wechselfieber, Wassersucht, Skrofulose, Gicht, Syphilis, Drüsenschwellungen, Krankheiten der Lungen-, Magen- und Darmschleimhaut, Würmern, Stauungen im Unterleib und Gekröse, Milzstauung, chronischen Hautkrankheiten.

Spergularia rubra Presl., Arenaria rubra var. campestris L.,
Roter Spärkling, Rote Schuppenmiere, Rotes Sandkraut.

Beschreibung. Einjährig bis ausdauernd, Höhe 5—15 cm, *Stengel* niederliegend oder aufstrebend, einfach oder ästig, kahl oder kurzhaarig, oberwärts drüsig. *Blätter* gegenständig, bis 2,5 cm lang, 0,5 cm breit, linealisch-fadenförmig, stachelspitzig, beiderseits flach, etwas fleischig, graugrün. Nebenblätter verlängert eiförmig, silberweiß glänzend. *Blüten* in endständigen, traubenförmigen Trugdolden, Kelch fünfteilig, krautartig, grün, am Rande trockenhäutig, stumpf, wenig länger als die Krone. 5 Kronenblätter, rosenrot, eiförmig, etwas ausgerandet, 10 Staubblätter, Fruchtknoten mit 3 Griffeln. Fruchtkapsel so lang wie der Kelch, dreieckig-eiförmig. Samen nicht bestachelt, graubraun, fast dreieckig, feinrunzelig, ungeflügelt, mit wulstigem Rande. *Blütezeit* Mai bis September.

Besonderes. Pflanze kurzhaarig, oberwärts drüsig. Geschmack krautartig.

Vorkommen. Auf sandigen Äckern, an Wegrändern; meist gemein.

Drogen, Arzneiform. Herba Arenariae rubrae, Rotes Sandkraut, das während der Blüte gesammelte Kraut. — *Homöopathie:* Urtinktur aus dem blühenden Kraut und Potenzen.

Anwendung. Bei Blasenkatarrh, Dysurie, Cystitis, Harnsteinen.

Stellaria media Dillenius, Alsine media L.,
Vogelmiere, Hühnerdarm, Sternmiere.

Beschreibung. Einjährig und überwinternd, große Rasen bildend. Wurzel dünn, langfaserig. *Stengel* bis 40 cm lang, liegend oder aufsteigend, sehr ästig, dünn, stielrund, einreihig behaart, an den unteren Gelenken zuweilen wurzelnd. *Blätter* gegenständig, untere langgestielt, eiförmig, kurz zugespitzt, die oberen kurzgestielt oder sitzend, ganzrandig, an den Stielen und am Grunde gewimpert, sonst kahl. *Blüten* klein, in gabel- und endständigen, lockeren, wenigblütigen Trugdolden. 5 Kronenblätter, zweispaltig bis zweiteilig, weiß, so lang oder kürzer als der Kelch. Kelchblätter länglich, fünfteilig, stumpf. Staubblätter grauviolett oder purpurrot. Fruchtstiele lang, zuletzt zurückgeschlagen. Kapsel gedunsen, mit sehr kurzem Mittelsäulchen, Samen dunkelbraun, mit Wärzchen. *Blütezeit* März bis Oktober.

Besonderes. Pflanze sattgrün.

Vorkommen. Bebauter Boden, Hecken, Gebüsche, Schutt, Wegränder; sehr gemein.

Sammelzeit. Das Kraut schneidet man dicht über dem Erdboden ab und trocknet es vorsichtig.

Drogen, Arzneiformen. Herba Stellaria media, Vogelmierenkraut. — *Homöopathie:* Urtinktur und Potenzen aus der blühenden Pflanze.

Bestandteile. Saponinsubstanzen, in der Asche viel Kalium und Chlor.

Verordnungsformen. Herba Stell. med. zum kalten Auszug, 1 Teelöffel auf 1 Tasse, 8 Stunden stehen lassen, 2—3 Tassen täglich. — *Homöopathie:* ⌀ dil. D 2, dreimal täglich 10 Tropfen.

Medizinische Anwendung. Tuberculosis pulmonum (FIECK, WEGENER), Hämoptise, Katarrhe; äußerlich zu Umschlägen bei schlecht heilenden Wunden, Geschwüren, Ausschlägen, zum Aufziehen bei Nasenblutungen. Umschläge und Augenbäder bei Hornhauttrübungen.

Homöopathische Anwendung. Bei Rheumatismus mit stechenden Schmerzen, Steifheit der Gelenke und Verschlimmerung durch Wärme. Bei chronischem Rheumatismus, Gicht in den Fußgelenken, Psoriasis (HEINIGKE).

Volkstümliche Anwendung. Zur Vermehrung der Harnausscheidung bei Wassersucht, bei Hämorrhoiden, Blutkrankheiten, Ausschlägen, Augenentzündungen und zur Wundbehandlung. KNEIPP empfiehlt sie bei Lungenleiden, Bluthusten, Blutbrechen, Hämorrhoiden, Nieren- und Blasenverschleimung und auch äußerlich bei offenen Schäden, alten, faulen Geschwüren, Ausschlägen und in Mischung mit Zinnkraut, Spitzwegerich und Wermut bei Lupus, Krebs. DINAND hebt noch die Augenbäder hervor, die bei Entzündungen und Verletzungen wirksam sind.

Herniaria glabra L.,
Glattes Tausendkorn, Kahles Bruchkraut.

Beschreibung. Ausdauernd, charakteristisch durch die Bildung kreisförmig ausgebreiteter, flach an den Erdboden angedrückter Rasen. Wurzel dünn und weiß. *Stengel* 5—20 cm lang, ästig, sich gabelig teilend, meist kahl. Seitenzweige blattgegenständig. *Blätter* im Blütenstande wechselständig, nur an den unteren Teilen der Stengel gegenständig. Blätter klein elliptisch, am Grunde verschmälert, kahl oder nur am Grunde kurz gewimpert. *Blüten* in achselständigen, meist zehnblütigen dichten Knäueln, unansehnlich, gelbgrün wie die Blätter, fünfteilig. Zipfel der Blütenhülle unbegrannt. Kelchblätter flach, kahl, stumpf-eiförmig, kürzer als die Kapsel. 5 fruchtbare, 5 unfruchtbare Staubblätter. *Blütezeit* Mai bis September.

Besonderes. Pflanze satt- oder gelbgrün, kahl. Geschmack schwach salzig. Schäumt im Wasser zerrieben.

Vorkommen. Trockene Sandfelder, Heiden, Triften, trockene Grasplätze, Wegränder; häufig.

Sammelzeit. Das ganze blühende Kraut mit der Wurzel wird gesammelt.

Anbau. Zu empfehlen; man sät im zeitigen Frühjahr auf dünnem, sandigen Boden aus.

Drogen, Arzneiformen. Herba Herniariae; Bruchkraut. Extractum Herniariae. Extract. Hern. fluid. — *Homöopathie:* Urtinktur aus der im Juli gesammelten frischen Pflanze ohne Wurzeln.

Bestandteile. 3% neutrales Saponin, 0,4% saures Saponin (Herniariasäure) (DAEBLER), 0,2% Herniarin = Methylester des Umbelliferons = Geruchsträger, Gerbstoff, etwa 0,06% äth. Öl und Spuren eines Alkaloides Paronychin.

Pharmakologie. Herniarin (= Cumarinderivat) besitzt vermutlich die beruhigende Wirkung auf die Blasenmuskulatur, an der vielleicht auch das Paronychin beteiligt ist. Die Saponine verhindern die Steinbildungen, besonders wenn bereits Grieß vorhanden ist (KOBERT). MADAUS fand in der homöopathischen Tinktur einen hämolytischen Index von 1:1200. Die diuretischen Wirkungen werden sogar dem Coffein und der Digitalis vorangestellt (GOLINER).

Verordnungsformen. Herba Herniariae, zum kalten oder heißen Aufguß, 2 Teelöffel auf 1 Tasse, 2 Tassen täglich. Extractum Herniariae, dreimal täglich 0,5 g. Extract. Hern. fluid., dreimal täglich 10—20 Tropfen. *Homöopathie:* ⌀ — dil. D 1, dreimal täglich 10 Tropfen.

Medizinische Anwendung. Bei Cystitis chronica, als Diureticum ohne Nebenwirkungen, die Blasenmuskulatur beruhigend. Weiter bei Steinbildungen (Grieß) in Niere und Blase, Altersbeschwerden, Blasenkrämpfe, Harnverhaltung, Urethritis, Gonorrhöe, auch bei Lues III, Tuberkulose. *Kontraindikationen:* Nephritis, Cholelithiasis.

Homöopathische Anwendung. Chronische Katarrhe der Blase und der Atmungsorgane.

Volkstümliche Anwendung. Äußerlich als Wundheilmittel und als Auflage bei Brüchen; die Abkochung als Diureticum und bei Nieren- und Blasensteinen, Nieren- und Blasenkrankheiten, Katarrhen der Luftwege, Tuberkulose, Gelbsucht, Weißfluß, Lues und zur Spülung bei Zahnschmerzen.

Lauraceae, Lorbeergewächse.

Laurus nobilis L.,
Lorbeer, Edler L.

Beschreibung. Baum oder Strauch, bis 10 m hoch werdend. *Blätter* lanzettlich, lederartig, am Rande wellig. *Blütenbüschel* zweihäusig, klein, zu zwei in den Blattachseln. Männliche Blüten mit vier gelblich-weißen, leicht abfallenden Blütenblättern und 8—12 Staubblättern; weibliche Blüten mit 4 sterilen Staubblättern und einem Stempel. *Frucht* eine schwarzblaue Steinbeere. *Blütezeit* April, Mai.

Besonderes. Stark aromatischer Geruch, Geschmack bitter und zusammenziehend.

Vorkommen. Bei uns selten im Freien; meist nur als Zierpflanze in Kübeln.

Drogen, Arzneiformen. Folia Lauri, Lorbeerblätter; Oleum Lauri foliorum, Lorbeerblätteröl; Fructus Lauri, Lorbeerfrüchte; Oleum Lauri (expressum), Lorbeeröl; Unguentum Lauri, Lorbeersalbe.

Bestandteile. *Blätter:* 1—3% äth. Öl, Bitterstoffe, Gerbsäure. — *Früchte:* etwa 1% äth. Öl, 25—30% fettes Öl, Zucker, Gummi, Stärke, Laurin = Lorbeercampher. Oleum Lauri expressum besteht aus: Laurinsäureglycerid und äth. Öl, Lorbeercampher, Harz, Melissylalkohol, Kohlenwasserstoff Lauran, Phytosterin, Chlorophyll.

Verordnungsformen. Unguentum Lauri (comp.), Lorbeersalbe.

Wirkung. Anwendung. Lorbeersalbe gilt im Volke als „Gelenkschmiere" bei Rheuma, Gicht, Zerrungen, Verstauchungen, Nervenschmerzen und Krätze. — Die *Blätter* werden heute nur noch als Küchengewürz verwendet; früher gebrauchte man sie als magenstärkendes, Blähungen treibendes Mittel und bei Frauenleiden. — Die *Früchte* wirken tonisierend bis reizend und wurden bei Magen-, Milz- und Blasenleiden verwendet. Heute nur noch in der *Tierheilkunde* üblich.

Ranunculaceae, Hahnenfußgewächse.

Paeonia officinalis L., P. peregrina M., P. femina GARSAULT, Echte Pfingstrose.

Beschreibung. Ausdauernd (Staude), 60—80 cm hoch. Wurzelfasern zu länglichen *Knollen* verdickt, Stengel starr, aufrecht, krautig, kahl, unverzweigt. *Blätter* wechselständig, doppelt dreizählig, Teilblätter länglich-lanzettlich, das mittlere herablaufend, dreispaltig oder dreiteilig, netzadrig, oberseits dunkelgrün, kahl, unterseits blaßgrün, zerstreut behaart. *Blüten* einzeln, endständig, 5 Kelchblätter, samtartig, Blumenkrone sehr groß, 8—12 cm breit, Kronenblätter 5 oder mehr, verkehrt eirund, ganzrandig oder gekerbt, carmin- oder blutrot, Staubblätter rot. *Früchte* aufrechtstehende Hülsenkapseln mit anfangs roten, später glänzend schwarzen Samen. *Blütezeit* Mai, Juni.

Besonderes. Die Blüten schließen sich nachts. Geschmack der Blütenblätter süßlich-herb, schleimig, der Samen mild-ölig, der Wurzel frisch bitterlich-süß bis widerlich-scharf, etwas zusammenziehend.

Vorkommen. Nur als Zierpflanze in Gärten; stammt aus Südeuropa.

Sammelzeit. Die Blütenblätter werden kurz vor dem Abfallen ausgezupft und rasch im Schatten getrocknet, die Wurzelknollen im Herbst gegraben, die Samen nach der Reife aus den Kapseln entfernt.

Anbau. Nicht lohnend. Die Pflanze wächst gut an trockenen Orten.

Drogen, Arzneiformen. Radix Paeoniae, Pfingstrosenwurzel; Flores Paeoniae, Pfingstrosenblüten; Semen Paeoniae, Pfingstrosensamen. — *Homöopathie:* Essenz und Potenzen aus den frischen, im Frühjahr gesammelten Wurzeln.

Bestandteile. *Wurzeln und Samen:* Alkaloid Paeonin (= Peregrinin), ferner in den Wurzeln noch 14—25% Stärke, 4—5% Glykose, 8—14% Saccharose, 4—9,7% Stickstoffsubstanzen, bis 2% Metarabinsäure, bis 1% organische Säuren, 0,4—0,56% Calciumoxalat, Fett, Gerbstoff, Harz, 4—6% Asche. Außerdem soll noch ein Glykosid vorhanden sein, das in Glucose und das duftende Paeonol gespalten wird. KROEBER konnte das von HOLSTE festgestellte Alkaloid nicht bestätigen. *Samen:* 23,6% fettes Öl, 1,4% Zucker, 11% Eiweiß, 1,2% Arabinsäure, Pektin, Harzsäure, Tannin, 2,57% Asche. *Blüten:* Paeonin = Farbstoffglykosid, Gerbstoff.

Pharmakologie. Das Alkaloid Paeonin wirkt steigernd auf die Peristaltik und den Tonus des Uterus, aber schwächer als Secale. Es kontrahiert die Nierencapillaren und erhöht die Blutgerinnungsfähigkeit ohne Herz und Blutdruck zu beeinflussen (HOLSTE). Auch KIONKA bestätigte uterusbewegende Substanzen. Die getrockneten Wurzeln sind nach HALLIER-SCHLECHTENDAHL fast wirkungslos. Das Farbstoffglykosid Paeonin bewirkt Schlingbeschwerden, Darm- und Nierenreizungen, Schmerz, dann Taubheit und Kälte in den Extremitäten (THOMSEN).

Verordnungsformen. Rad. Paeoniae off. conc., zum heißen Aufguß 1 Teelöffel auf 1 Tasse, 2 Tassen täglich oder $^1/_2$—1 Tasse zum Klysma. Rad. Paeoniae off. pulv., zwei- bis dreimal täglich 0,3—0,6 g in Oblaten (pro infant.). — *Homöopathie:* dil. D 2, dreimal täglich 10 Tropfen.

Medizinische Anwendung. Als Spasmolyticum bei Spasmen der Darmmuskulatur, Asthma und Epilepsie, besonders der Kinder. Als Specificum zur Schmerzbehandlung bei Gicht.

Homöopathische Anwendung. Fissura ani, Hämorrhoiden, Prolaps ani, Varicen, Rheuma, Gicht.

Volkstümliche Anwendung. Gicht, Rheuma, Asthma, Migräne, Nervenschmerzen, Epilepsie, Krämpfe der Kinder, Magenkrämpfe, Steinleiden, Folgen plötzlichen Erschreckens; die Samen als Brechmittel und bei Unterleibsbeschwerden der Frauen, bei Blasenblutungen.

Caltha palustris L.,
Sumpf-Dotterblume, Schmirgel, Butterblume.

Beschreibung. Ausdauernd, Höhe 15—50 cm. *Stengel* aufsteigend, oben verzweigt, saftig. Blattstiel mit häutig-scheidig-stengelumfassendem Grunde. *Blätter* wechselständig, dunkelgrün, fettglänzend, feingekerbt. Grundblätter gestielt, herzförmig-rundlich, obere nierenförmig, fast sitzend. *Blüten* gestielt, strahlig, groß, 5 Blütenhüllblätter, goldgelb. 20 und mehr Staubblätter. Balgfrüchte mehrsamig, der Länge nach aufspringend. *Blütezeit* April, Juni und Herbst.

Vorkommen. Sumpfige Wiesen, Gräben, Ufer; gemein.

Arzneiform. Die *Homöopathie* stellt Urtinktur aus der im Frühjahr blühenden, frischen Pflanze her.

Bestandteile. Anemonol (= Ranunculol) und ein noch nicht erforschtes Alkaloid in sehr geringer Menge (GESSNER). Außerdem sind Cholin, Carotin, viel Flavon, Saponine (ROBERG) und etwas Quercetin vorhanden.

Pharmakologie. Die Pflanze wirkt wie alle Ranunculaceen reizend auf Haut und Schleimhäute. *Vergiftungen* nicht selten, da die Blütenknospen als Kapernersatz und die Blüten manchmal noch zum Butterfärben verwendet werden. Vgl. *Ranunculus acer.*

Homöopathische Anwendung. Dil. D 2—3, dreimal täglich 10 Tropfen; bei Pemphigus, Zungenverhärtungen, Keuchhusten, Bronchialkatarrh, Dysmenorrhöe, Asthma (n. MADAUS), Uteruscarcinom (HEINIGKE).

Volkstümliche Anwendung. Als blasenziehendes Mittel; bei Gelbsucht, als Diureticum und Purgans.

Helleborus niger L., Christrose, Schwarze Nieswurz.

Beschreibung. Ausdauernd, Höhe 15—30 cm. Wurzelstock über 2 cm im Durchmesser, ästig, außen schwarzbraun, innen weiß, mit vielen langen Fasern. Aus jeder Knospe treibt ein Blatt und ein ein- oder zweiblütiger Schaft. *Blätter* erst nach der Blüte erscheinend, grundständig, langgestielt, fußförmig geteilt, lederartig, glänzend dunkelgrün, kahl, 7—9 Abschnitte, nur an der Spitze gesägt. Blütenstiel blattlos, rund, lang, rötlich angelaufen, mit 2—3 Deckblättern, eiförmig, ein- bis zweiblütig. *Blüten* groß, weit geöffnet, mit 5 großen, weißen, purpurn anlaufenden, später grünlich werdenden Kelchblättern. Kronenblätter im Innern, klein und unscheinbar, grünlich-gelb, röhrig, zweilippig. Staubfäden weiß, Staubbeutel gelb. *Frucht* vielsamige Balgkapsel. *Blütezeit* Dezember bis März.

Besonderes. Widerlicher Geruch, Geschmack zuerst süßlich, dann scharf kratzend und bitter. *Giftig!* Gesetzlich *geschützt!*

Vorkommen. In den Alpen, gern auf Kalkboden und in schattigen Wäldern, im Flachland nur angepflanzt oder verwildert.

Sammelzeit. Im März gräbt man die Wurzeln aus.

Anbau. Lohnend, weil die Wildpflanze geschützt ist. Zum Anbau ist kräftiger, nicht nasser Waldboden geeignet, auch an schattigen Orten, unter Bäumen. Man sät entweder dünn aus oder zerteilt alte Stöcke. Im dritten Jahre kann man die Wurzeln ernten.

Drogen, Arzneiformen. Rhizoma Helleborus nigra, schwarze Nieswurzel; Extractum Hellebori nigra; Tinctura Hellebori nigra. — *Homöopathie:* Tinktur und Potenzen aus dem getrockneten Wurzelstock.

Bestandteile. Digitalisglykosid Helleboreïn, Saponinglykosid Helleborin.

Pharmakologie. Helleboreïn verursacht in kleinen häufigen Dosen Pulsverlangsamung, leicht erregend, in großen Dosen Beschleunigung und Lähmung; es erhöht den Blutdruck, Kumulation ist vorhanden. Es kommt zur Anwendung nicht in Betracht, weil es bei peroraler Zufuhr schlecht resorbiert, schnell zerstört wird, örtlich stark reizende Wirkungen entfaltet. Helleboreïn reizt örtlich sehr stark, wird resorbiert und erzeugt neben Erbrechen und Durchfällen nach anfänglicher Erregung Lähmungen. Helleboreïn kann als Lokalanaestheticum benutzt werden; in Dosen von 0,0015—0,002 g macht es die Cornea für 30 Minuten anästhetisch (VENTURI, GASPARINI). Bei Ratten verursachte *Helleborus niger* selbst noch in der Verdünnung 1:10000 (D 4) beträchtliche Steigerung der Diurese (HILDEBRANDT). — *Vergiftungen:* Kopfschmerz, Schwindel, Kratzen und Brennen in Mund und Oesophagus, Mydriasis, verlangsamter Puls, Erbrechen, Durchfälle, Delirien, Schlafsucht, Kollaps, Tod mit Herzstillstand im Krampfanfall, keine Bewußtseinsstörungen. *Gegenmittel:* Schleime, keine Abführmittel, Analeptica. *Prognose* ungünstig. — *Äußerlich* macht die Pflanze stärkste Gewebsreizung mit großen, serumgefüllten Blasen.

Verordnungsformen. Rhiz. Hellebori nigri pulv. 0,25—1,0 g. Tinctura Hellebori nigri 0,5—2,0 g. *Vorsicht* mit größeren Dosen! — *Homöopathie:*

⌀, stündlich 2—3 Tropfen (DAHLKE) oder dil. D 3—4, dreimal täglich 10 Tropfen.

Medizinische Anwendung. Akute Nephritis, besonders Scharlachnephritis. Nephritis haemorrhagica. Urämie, Hydrops, Ödeme, Anasarka. Bei urämischen und amenorrhöischen Stauungserscheinungen, die mit Hirnsymptomen einhergehen (Meningitiden), eklamptische (Cave! Dosis!) und epileptische Zustände, Hydrocephalus, weiter bei Psychosen, Schizophrenie, Melancholie, Stupor, Dementia praecox, besonders dann, wenn gleichzeitig amenorrhöische Erscheinungen bestehen. — Die *homöopathischen* Anwendungen sind die gleichen. Es werden noch angegeben Gesichtsneuralgien, Gicht (FALKENHAHN), Orchitis (HAUER), Nachtschweiße (GLIMM), wie MADAUS berichtet.

Volkstümliche Anwendung. Nerven- und Leberleiden, Wassersucht, als Emmenagogum (Abortivum!); äußerlich bei Geschwüren und anderen Hautleiden (nach GESSNER).

Helleborus viridis L.,
Grüne Nieswurz.

Beschreibung. Ausdauernd, Höhe 30—50 cm. *Wurzelstock* ästig, mit dünnen, zerbrechlichen Nebenwurzeln, außen braun-schwarz, innen weißlich. *Stengel* aufrecht, fast gabelig-ästig, nur am Grunde der Äste und Blütenstiele beblättert. *Blätter* fußförmig, krautig, weich. Fiederblättchen der Grundblätter zurückgekrümmt, breit lanzettlich, mit hervorspringenden Adern, scharf gesägt, mit stachelspitzigen Sägezähnchen. *Kelchblätter* ziemlich flach, *gelblichgrün*. Kronenblätter unscheinbar. Zahlreiche Staubblätter. *Blütezeit* März, April.

Besonderes. Pflanze kahl, Geruch usw. wie bei *H. niger. Giftig!*

Vorkommen. In Gebirgsgegenden an Waldrändern; zerstreut, auch in Gärten gebaut.

Sammelzeit. Die Wurzelstöcke werden im Herbst oder im Frühjahr vor der Blüte gesammelt.

Anbau. Lohnend; die Pflanze wächst leichter auf und kann auch an Stellen gesetzt werden, die für *H. niger* ungünstig sind.

Drogen. Rhizoma Helleborus viridis, Grüne Nieswurzel; Extractum Helleborus viridis; Tinctura Helleborus viridis.

Bestandteile. s. *H. niger.*

Pharmakologie. Die Alkaloide aus *H. viridis* verursachen beim Frosch zunächst Unruhe, dann Ataxie und Stupor, dann folgt ein zweites Erregungsstadium mit Krämpfen, dem völliges Schwinden der Reflexe und langsames Erlöschen der Herzfunktion folgt (FRANZEN). Therapeutisch wie *H. niger.*

Weitere Anwendung. Beide Helleborusarten werden in der Tierheilkunde verwendet und zu Niespulvern mit verarbeitet.

Nigella sativa L.,
Echter Schwarzkümmel.

Beschreibung. Einjährig, Höhe 20—30 cm. Wurzel dünn, Stengel aufrecht, meist einfach oder wenig verästelt, rauhhaarig. *Blätter* wechselständig, dreifach fiederteilig, mit lineal-lanzettlichen, haarfeinen Zipfeln, untere Blätter gestielt, obere sitzend. *Blüten* einzeln, endständig. *5 Kelch*blätter, blau oder bläulich-weiß, Nagel kürzer als die Platte. *Kronen*blätter grün, unscheinbar, genagelt, gespalten. Staubbeutel ohne Stachelspitze. Kapseln drüsig-rauh, vom Grunde bis zur Spitze zusammengewachsen. *Samen* querrunzelig, scharf dreikantig, schwarz oder dunkelgrau. *Blütezeit* Juli, August.

Besonderes. Zerriebene Samen, gewürzhaft kümmel- und erdbeerartig riechend und campherartig schmeckend.

Vorkommen. In Südeuropa heimisch, bei uns angebaut, selten verwildert.

Sammelzeit. Zur Samenreife im September. Kurz vor der Reife schneidet man die Pflanzen, bündelt sie und läßt sie auf dem Feld oder in der Scheune nachreifen, damit keine Samen verloren gehen. Der Samen wird dann noch nachgetrocknet.

Anbau. Feldmäßig lohnend. Die Pflanze liebt leichten, lehmigen Boden, den man im März, April und Mai reihenweise besät, so daß man vom Juli ab laufend ernten kann. Die Felder müssen von Unkraut freigehalten und zu dicht stehende Pflanzen verzogen werden.

Drogen, Arzneiformen. Semen Nigellae, Schwarzkümmel. — *Homöopathie:* Essenz aus den Samen.

Bestandteile. 1,4% Melanthin (saponinartiges Glykosid), Melanthinsäure, Saponin, 0,5—1,4% äth. Öl, 27—40% fettes Öl, Eiweiß, Gummi.

Pharmakologie. Melanthin bewirkt bei Katzen in Dosen von 2 mg pro kg Tod unter Dyspnoe und Krämpfen, wirkt hämolytisch und macht Darm- und Nierenentzündungen (v. SCHULZ). MADAUS stellte für die homöopathische Tinktur einen hämolytischen Index von 1:400 fest, der sich bei Verwendung 25%igen Weingeistes auf 1:200 erhöhte. Das „Teep"-Präparat hatte den Index 1:400.

Verordnungsformen. Semen Nigellae sativae, zum heißen Aufguß 1 Teelöffel auf 1 Tasse, schluckweise trinken. Sem. Nig. sat. pulv., dreimal täglich 1,0 g, verrührt oder in Oblaten. — *Homöopathie:* dil. D 3, drei- bis vierstündlich 5 Tropfen.

Medizinische Anwendung. Als Carminativum bei Flatulenz, Meteorismus, Magen- und Verdauungsbeschwerden, ferner als Diureticum und Anthelminticum und zur Anregung der Lactation. FINSTERWALDER gab die Samen im Teegemisch bei Purpura haemorrhagica mit Erfolg (MADAUS).

Homöopathische Anwendung. Magenkrankheiten, Blähungen, Ikterus, Leber- und Darmentzündungen, zur Anregung der Lactation und bei Bronchialkatarrhen mit starker Verschleimung.

Volkstümliche Anwendung. Als abführendes, wind- und harntreibendes Mittel bei Verschleimung der Lunge und des Darmes, Gelbsucht, Blähungen, Würmern, mangelnder Menstruation und Lactation. Vielfach als Pfeffergewürz, auch in der Tierheilkunde zu Freß- und Reinigungspulvern, zur Anregung der Milchbildung.

Actaea spicata L.,
Christophskraut.

Beschreibung. Ausdauernde Pflanze, Höhe 30—60 cm. *Blätter* wechselständig, groß, dreizählig, doppelt gefiedert. Blättchen eiförmig oder länglich eingeschnitten gesägt. *Blüten* meist zwei, eine am Ende des Stengels. 4 getrennte Blumenblätter, gelblich-weiß. Staubblätter ebensolang. *Beeren* schwarz, glänzend, in Trauben stehend. *Blütezeit* Mai, Juni, selten im August.

Besonderes. *Schwach giftig!*

Vorkommen. Schattige Laub- und Bergwälder, Gebüsche, gern auf Abhängen; zerstreut.

Sammelzeit. Während der Blüte.

Drogen. Die Wurzelstöcke früher als Radix Christophorianae oder Radix aconiti racemosi. — *Homöopathie:* Essenz und Potenzen aus der frischen Wurzel.

Bestandteile. KOBERT vermutet einen mezereumartigen Stoff.

Pharmakologie. Die Blätter ziehen auf der Haut Blasen (BERGE-RIECKE). Nach KOBERT ist der mezereumartige Stoff in den Beeren und Samen enthalten und ruft Hautrötung und Blasenbildung, innerlich Gastroenteritis, Dyspnoe und Delirien hervor. Daß die Pflanze fördernd auf Fäulnisprozesse wirkt (BOAS), konnte MADAUS nicht bestätigen; Bact. Coli wurden nach 15 Tagen getötet.

Verordnungsform. In homöopathischer Zubereitung: dil. D 2—4, dreimal täglich 10 Tropfen.

Homöopathische Anwendung. Bei Rheumatismus der Hand- und Fußgelenke, in Zehen und Fingern; bei Magenkrebs. In kleinen Dosen als Analgeticum und Sedativum bei nervöser Erregbarkeit.

Volkstümliche Anwendung. Als Tee bei Hautleiden, Asthma, Kropf. In der russischen Volksheilkunde bei Hysterie, Uterusblutungen, Fluor albus, Kopfschmerzen und als Emeticum.

Aquilegia vulgaris L., A. atrata KOCH,
Gemeiner Akelei, Harlekinsblume.

Beschreibung. Ausdauernd, Höhe 40—60 cm. *Stengel* aufrecht, oberwärts ästig, kurzhaarig. *Blätter* wechselständig, am Grunde doppeltdreizählig. Blättchen rundlich, dreilappig, gekerbt. *Blüten* langgestielt, nickend, violettblau, selten weiß, rosa oder rotbraun. Die 5 Sporne der (getrennten) Blumenblätter an der Spitze hakenförmig, länger als deren ausgerandete Platte. 5 Kelchblätter, eiförmig, in der Farbe den Blumenblättern gleich. Samen zweireihig. *Blütezeit* Juni, Juli.

Besonderes. Stengel, Blätter und Blütenstiele kurzhaarig.

Vorkommen. Schattige Laubwälder; zerstreut, häufig in Gärten. Die Pflanze ist gesetzlich *geschützt!*

Sammelzeit. Während der Blüte wird das ganze Kraut abgeschnitten.

Drogen, Arzneiformen. Das Kraut wird ausschließlich frisch benutzt. Die *Homöopathie* stellt daraus Essenz und Potenzen her.

Bestandteile. Es ist bisher nur das Vorhandensein eines amygdalinähnlichen Glykosides bekannt. Im Samen findet sich ein fettspaltendes Enzym.

Pharmakologie. Es wurde berichtet, daß nach dem Aussaugen des Saftes einiger Blüten Vergiftungserscheinungen auftraten, die sich in schwerer Ohnmacht, starker mehrstündiger Benommenheit, Myosis, Cyanose und Diarrhöen äußerten. 2 Tage lang hielt große Schwäche mit Herzklopfen und Oligurie an. Eigene Versuche stellten fest, daß nach Kauen von zwei Blüten eine gewisse Benommenheit eintrat, die schnell wieder verschwand; andere Erscheinungen traten nicht auf.

Verordnungsformen. Der Saft des zerquetschten Krautes wird zur Wundbehandlung angewandt; innerlich gibt man nur die *homöopathische* Zubereitung: dil. D 1, dreimal 10 Tropfen.

Homöopathische Anwendung. Dymenorrhöe; innerlich und äußerlich bei Hautausschlägen, Mundgeschwüren, fistelnden Wunden. HEINIGKE gibt noch die Anwendung bei Clavus und Globus hystericus an.

Volkstümliche Anwendung. Mundgeschwüre, Fisteln, Hautausschläge, Gelbsucht, bei Verstopfung kleiner Kinder, Augenschwäche, Ohrensausen, Fluor und Menstruationsbeschwerden.

Delphinium consolida L.,
Feld-Rittersporn, Acker-R.

Beschreibung. Einjährig und überwinternd, Höhe bis 30 cm. Pfahlwurzel kräftig, *Stengel* dünn, sperrig, verzweigt, meist rötlich. *Blätter* wechselständig, fein zerteilt, dreizählig, mit zwei- bis dreiteiligen Blättchen und schmalen, linealischen Zipfeln. Wenigblütige Traube. *Blüte* 5 blumenkronartige, blaue bis violett-blaue, selten rosa oder weiße Kelchblätter, von denen das obere in einen heller gefärbten Sporn ausläuft und 4 kleine, im Kelch versteckte, zu einem Sporn verwachsene Blumenblätter. Blütenstielchen länger als die Deckblätter. Frucht Balgkapsel, meist einzeln, mit braunem Samen. *Blütezeit* Mai bis September.

Vorkommen. Äcker, stellenweise häufig, dann wieder selten.

Sammelzeit. Die Blüten werden abgezupft und rasch im Zugwind getrocknet oder die ganze blühende Pflanze wird abgeschnitten. Das Sammeln der Samen ist schwieriger, aber lohnender.

Drogen. Semen Consolidae regalis (Semen Calcatrippae), Ritterspornsamen; Flores Consolidae reg., Ritterspornblüten.

Bestandteile. Im *Samen* sind zwei bekannte Alkaloide Delsolin und Delcosin und ein noch unbekanntes Alkaloid enthalten. Im *Kraut* das Alkaloid Calcatripin, in den *Blüten* ein Farbstoffglykosid und ein blauer Farbstoff = Glykoalkaloid Delphinin (GESSNER).

Pharmakologie. Calcatripin verursacht durch Vagusreiz Herzverlangsamung, Blutdrucksenkung durch Lähmung des Gefäßnervenzentrums, Lähmung des Atemzentrums; die sensiblen Nerven werden zuerst gereizt, dann gelähmt. Keine Mydriasis! *Vergiftungen:* Kommen durch die in Gärten als Zierpflanzen häufig kultivierten Ritterspornarten *Delphinium elatum, D. Staphysagria* und *D. Ajacis* hin und wieder vor. Die Vergiftungserscheinungen sind denen von *Aconitum napellus* entsprechend. *Prognose* ziemlich günstig, weil die Wirksamkeit geringer ist.

Wirkung, Anwendung. Die Aufgüsse des Krautes wurden früher als Diureticum und Anthelminticum benutzt, die Samen gegen Ungeziefer („Läusekörner" wie die Samen von *D. Staphysagria*), der alkoholische Auszug aus den Samen gegen Keuchhusten (Schulz). Die Blüten nimmt man zu Hustenteemischungen.

Aconitum vulparia Rchb., A. lycoctonum L., Gelber Eisenhut, Gelber Sturmhut.

Beschreibung. Ausdauernd, Höhe 50—125 cm. Wurzelstock stark verzweigt. Zweige des Blütenstandes dicht kurzhaarig. *Blätter* langgestielt, tief handförmig gespalten, oben etwas behaart. Blütenstand traubig, Blütenstiele abstehend. *Blüten* zweiseitig symmetrisch, schwefelgelb. Oberes Kelchblatt (Helm) etwa dreimal so hoch als breit. Obere Kronenblätter auf geradem Nagel aufrecht, mit fädlichem, kreisförmig zusammengerollten Sporn. *Frucht* kahle Balgkapsel, Samen zahlreich, dreikantig. *Blütezeit* Juni, Juli.

Vorkommen. Bergwälder; zerstreut, fehlt im Norden. *Stark giftig!* Die Pflanze ist gesetzlich *geschützt!*

Arzneiform. Die *Homöopathie* stellt Urtinktur aus dem frischen, zum Beginn der Blüte gesammelten Kraut und Potenzen her.

Bestandteile. Die akonitähnlichen Alkaloide Lycaconitin und Myoctonin, die bei der Spaltung Lycoctonin und Lycoctoninsäure liefern. In den Samen stellte man ein fettspaltendes Enzym fest.

Pharmakologie. Die Alkaloide entsprechen dem Aconitin; Vergiftungen kommen kaum vor, da die Pflanze arzneilich nicht verwendet wird.

Homöopathische Anwendung. Als dil. D 4, zwei- bis dreistündlich 3 Tropfen. Indikationen wie bei *A. napellus*.

Aconitum napellus L., Echter Sturmhut, Eisenhut.

Beschreibung. Ausdauernde Pflanze, Höhe bis 150 cm. *Wurzelstock* braun, mit 2 rübenförmigen, fleischigen *Knollen*. *Stengel* aufrecht, einfach oder verästelt. *Blätter* wechselständig, gestielt, groß (ähnlich den Blättern des scharfen Hahnenfußes), tief fingerförmig eingeschnitten, Abschnitte fiederteilig gesägt, die oberen Blätter gehen in sitzende Deckblätter über. *Blüte* blau-violett, Kelchblätter 5, getrennt, das oberste größer als die anderen, helmförmig gewölbt, Stiel der Kapuzen bogig gekrümmt; Blumenblätter unscheinbar. *Frucht* Balgkapsel mit schwarzbraunen, dreikantigen runzeligen Samen. *Blütezeit* Juni-August.

Besonderes. Geschmack anfangs süßlich, dann brennend scharf. Die Pflanze erzeugt Entzündung und Blasen auf der Haut. *Sehr giftig!*

Vorkommen. Wildwachsend, hauptsächlich in Gebirgswäldern Mitteleuropas, an lichten Waldstellen, an Bachrändern. Als Zierpflanze häufig in Gärten. Viele Spielarten. Die wildwachsende Pflanze ist gesetzlich *geschützt!*

Sammelzeit. Die Blätter werden zur Blütezeit gepflückt; die Knollen der blühenden Pflanze werden gesammelt.

Anbau. Der Same wird im Herbst gesät, die Pflanzung geschieht in etwa 50 cm Abstand in nicht zu gutem Boden an schattigen Orten (Parks, Gärten). Vermehrung vom zweiten Jahre ab durch Teilung.

Drogen, Arzneiformen. Tubera Aconiti, Eisenhutknollen; Folia Aconiti, Eisenhutblätter; Extractum Aconiti Tuberum, Eisenhutknollenextrakt; Extractum Aconiti Foliorum; Extractum Aconiti fluidum, Eisenhutfluidextrakt; Tinctura Aconiti, Eisenhuttinktur; Aconitinum crystallisatum, krystallisiertes Aconitin; Aconitinum nitricum cryst., Aconitinnitrat; Aconitinum hydrobromicum cryst.; Aconitinum hydrochloricum cryst.; Aconitinum salicylicum cryst.; Aconitinum amorphum, amorphes Aconitin; Granula Aconitini; Unguentum Aconotini. — *Homöopathie:* Essenz und Potenzen aus dem frischen, blühenden Kraut.

Bestandteile. Aconitine, an Aconitsäure gebunden. In den Blättern noch Gerbstoff und Inosit, in den Wurzelknollen Indaconitin und Nepalin.

Pharmakologie. *Aconitin* wirkt: 1. zentralerregend, dann lähmend. Tod durch Atem- oder Herzlähmung; erregt werden besonders die motorischen Zentren in Gehirn und Rückenmark, Pupillenerweiterungs-, Brech- und Atemzentrum; auch Dyspnoe durch Vagusreizung. 2. periphere Herzwirkung durch Reizung der intrakardialen Herzhemmungsfasern, Pulsverlangsamung, Herzperistaltik, Lähmung in Diastole (am Kaltblütlerherz wirkt noch $^1/_{1000}$ mg Aconitin). 3. erregend, dann lähmend auf die peripheren sensiblen Nervenendigungen (Anaestheticum dolorosum) bis zur völligen Gefühllosigkeit. 4. erregend (fibrilläre Zuckungen), dann lähmend auf die Enden der motorischen Nerven (curareähnlich). Ebenso wirkt Indaconitin, Nepalin ist giftiger. *Vergiftungserscheinungen:* starker Speichelfluß, nach kurzer Zeit Kribbeln und Brennen im Mund, dann am ganzen Körper, Schweißausbruch, Gefühllosigkeit, „Absterben" der Glieder, Kältegefühl, Gesichtsmuskellähmung, Atemnot, Verlangsamung, Unregelmäßigkeit, Abschwächung des Herzschlags, bei erhaltenem Bewußtsein Störungen des Sehens und Hörens, Mydriasis, Erbrechen, Koliken, Durchfälle, Harnflut, dann Bewußtlosigkeit, Krämpfe, Absinken der Temperatur, Kollaps, Tod nach großen Dosen durch primäre Herzlähmung, sonst durch Atemstillstand. *Prognose:* Wenn Atmung und Herztätigkeit erhalten bleiben, erholen sich selbst schwere Fälle. *Behandlung:* Entleerung des Magen-Darmkanals, Magenspülungen, Kohle, ferner Wärmezufuhr, künstliche Atmung, Analeptica: Atropin, Campher, Digitalis oder Strophanthin. Die durchschnittliche tödliche Dosis für den Menschen beträgt 5—6 mg Aconitinum nitricum cryst. (Fühner). — Die Pflanze gehört zu den Alkaloidpflanzen mit leicht spaltbaren Alkaloiden und wird als Antineuralgicum, Antipyreticum und Cardiacum gebraucht. Aconitin ist nach E. Rost das giftigste aller Alkaloide.

Verordnungsformen. Aconitin cryst. 0,0001 ($^1/_{10}$ mg) ein- bis dreimal täglich. Tinct. Aconiti 5—10 Tropfen auf einmal, Maximaldosis pro dosi 0,5 g, pro die 1,5 g. Herba Aconiti 0,03—0,01—0,2 g in Pulvern oder Pillen. *Homöopathie:* dil. D 4—6. *Rezeptpflichtig* sind Tubera Aconiti, Tinctura Aconiti, Extractum Aconiti, Aconitinum; homöopathische Zubereitungen bis dil. D 3 einschl.

Medizinische Anwendung. Neuralgien, besonders im Gebiet des Trigeminus und Ischiadicus, besonders bei akut einsetzenden heftigen Schmerzen und tabischen Krisen (E. G. SCHENCK). Rheumatismus der Muskeln und Gelenke. Erkältungskrankheiten (Grippe, Pneumonie, Pleuritis, Bronchitis, Laryngitis) und beginnende Infektionsfieber, nervöse Herzleiden.

Neuralgien
Rp: Aconitini cryst.   0,003
    Mass. pil. q. s. f. pil. Nr. XXX
    C. Lycop.
    D. sub signo veneni et sub sigillo
    S.: 2—3 Pillen täglich (ROST-KLEMPERER).

Homöopathische Anwendung. Bei Fieber katarrhalischer und rheumatischer Natur, bei Erkältungen, bei rheumatischen Nerven- und Gelenkschmerzen, bei katarrhalischen Affektionen der Augenlidbindehaut, der Luftröhrenschleimhaut, des Magen-Darmkanals, der Blase, bei entzündlichen Brust- und Bauchfellaffektionen, bei Entzündungszuständen des Herzbeutels, des Herzens und der Gefäßstämme, bei Blutungen aus Nase, Lunge, Magen und Gebärmutter.

Volkstümliche Anwendung. Das Kraut mit Spiritus aufgesetzt zum Einreiben bei rheumatischen Leiden.

Bemerkungen. P. RODET und CARPENTIER empfehlen das Napellin zur Morphiumentziehungskur zur Verminderung von Abstinenzerscheinungen.

Clematis recta L.,
Steife Waldrebe, Aufrechte Waldrebe.

Beschreibung. Ausdauernd, Höhe 50—150 cm. *Wurzelstock* knotig, walzig, *Stengel* krautig, aufrecht, nicht kletternd. *Blätter* gegenständig, unpaarig gefiedert, lebhaft mattgrün; meist 7 Teilblätter, eiförmig zugespitzt, ganzrandig. *Trugdolden* endständig, rispenförmig; keine Blumenblätter, sondern 4 weiße Kelchblätter, länglich-stumpf, außen am Rande weichhaarig. *Blütezeit* Juni, Juli.

Vorkommen. Trockene, buschige Wiesen und felsige Abhänge; selten, häufiger als Zierpflanze in Gärten.

Sammelzeit. Die ganze Pflanze wird während der Blütezeit abgeschnitten.

Drogen, Arzneiformen. Herba Clematidis rectae; steifes Waldrebenkraut. — *Homöopathie:* Urtinktur und Potenzen aus dem frischen blühenden Kraut.

Bestandteile. Anemonin, Anemonencampher.

Pharmakologie. Nur die frische Pflanze besitzt stark hautreizende, blasenziehende Wirkung und verursacht innerlich Magen- und Darmentzündungen, Nierenreizungen und Erregungen im Zentralnervensystem (Konvulsionen, Lähmungen), wie KOBERT bestätigte. Bei Untersuchungen über den Toxingehalt fand MADAUS geringe Mengen ausfällbaren Eiweißes von mittlerer Giftigkeit. Das Anemonin läßt sich in den homöopathischen Zubereitungen noch bis zur 3. Potenz nachweisen.

Verordnungsformen. Herba Clematis rectae zum heißen Aufguß, 1 Teelöffel voll auf 1 Tasse Wasser, 2—3 Tassen täglich. — *Homöopathie:* dil. D 2—4, dreimal täglich 10 Tropfen.

Anwendung. Meist in homöopathischen Dosen bei Erkrankungen der männlichen Genitalorgane, Orchitis, Neuralgia testis; Schwellungen, Verhärtungen der Hoden, Epididymitis, Affektionen der Funic. spermat., Gonorrhöe, Harnröhrenstrikturen, Prostatabeschwerden; ferner bei Schwellungen und Verhärtungen von Drüsen bei Ulcera, Nageleiterungen, Neigung zu Carcinom. Außerdem bei Hautkrankheiten, besonders bei nässenden, pustulösen Ekzemen, die mit Juckreiz einhergehen.

Volkstümliche Anwendung. Bei chronischen (schuppenden, nässenden) Hautleiden, syphilitischen Geschwüren, Gicht, Rheuma, gonorrhoischen Gelenkleiden, nächtlichen luetischen Knochenschmerzen und carcinomatösen Geschwüren; ferner bei chronischen, verhärteten Drüsenschwellungen des weiblichen Geschlechtes.

Clematis vitalba L.,
Echte Waldrebe.

Beschreibung. Ausdauernd, Wurzelstock knotig, kräftig. *Stengel* vielkantig, bis 3 cm dick, kahl, bis 7 m hoch kletternd, im Alter verholzend. *Blätter* gegenständig, unpaarig gefiedert; Blättchen herz-, seltener eiförmig, zugespitzt, teilweise mehr oder weniger gezähnt bis gelappt oder ganzrandig. *Blüten* klein, aufrecht, in Trugdolden, achsel- und endständig. Krone fehlend. 4—5 Blütenhüllblätter, länglich bis eiförmig, beiderseits filzig, außen gelbgrün, innen und am Rande weiß. Staubblätter zahlreich. Griffel der reifen Früchtchen verlängert, federartig. — *Blütezeit* Juli bis September.

Besonderes. Die Pflanze klettert mit Hilfe der Blattstiele. Blüten wohlriechend. *Giftig!*

Vorkommen. Gebüsche, Hecken, besonders in Süd- und Mitteldeutschland; zerstreut. Als Gartenpflanze manchmal gezogen.

Arzneiformen. Die Fa. MADAUS stellt eine ,,Teep"-Verreibung aus den frischen Blättern her. — *Homöopathie:* Urtinktur aus den frischen Blättern und Potenzen.

Bestandteile. Anemonin, Caulosaponin (= Leontin), Clematitol (= Clematitin), das Stigmasteringlukosid, Cerylalkohol, Myricylalkohol, Behensäure, Melissensäure, Sitosterin, Trimethylamin (KLEIN).

Pharmakologie. MUSZYNSKI und WOLANSKI haben einige wichtige Feststellungen gemacht. Beim Verarbeiten von frischem Kraut in einer Fleischmaschine entsteht eine ,,fast unerträgliche Atmosphäre, welche Nasenschleimhaut und Augen zu starkem Niesen und Tränenfluß reizt. Die Neger des Kongogebietes benutzen die frischen Blättchen oder die Blüten als Kopfschmerzmittel, indem sie diese mit Wasser zerreiben und einige Tropfen davon in die Nasenlöcher bringen. WOLANSKI hat diese Wirkung nachgeprüft und gibt an, daß selbst der heftigste Migräneanfall sich auf diese Weise in wenigen Minuten beseitigen ließ. — Die hämolytische Wirkung verschwindet beim Trocknen bis 70°, sie bleibt jedoch, wenn auch schwächer, erhalten, wenn man die Pflanze im Schatten und in der Sonne trocknet (KOFLER, AUFERMANN). MADAUS stellte für die homöopathische Urtinktur einen hämolytischen Index von 1:20 fest. Anemonin fand nicht mehr darin. Eine baktericide Wirkung der Blüten konnte er nicht feststellen. Er bezweifelt, daß es sich bei obigen Feststellungen überhaupt um die Pflanze gehandelt hat.

Verordnungsformen. ,,Teep", 2—3 Tabletten täglich. — *Homöopathie:* dil. D 2, dreimal täglich 10 Tropfen.

Anwendung. Ulcus cruris (innerlich und äußerlich), Migräne (CARTIER, WOLANSKI).

Anemone pratensis L., Pulsatilla pratensis MILL., Nickende Küchenschelle, Kuhschelle, Wiesenschelle.

Beschreibung. Ausdauernd, Höhe 25—50 cm. *Wurzelstock* mehrköpfig, oben mit zottigen Scheiden besetzt. Grundständige *Blätter*, langgestielt, eiförmig, 2—3fach fiederspaltig mit linealen Zipfeln, zottig behaart. *Hochblätter* grau-zottig, mit mehrfach gespaltenen, nur vereinzelt ungeteilten Zipfeln. Blütenschaft zottig behaart, mit überhängender Einzelblüte. Blütenhüllblätter glockenförmig-zusammenschließend, an der Spitze nach außen zurückgerollt, selten über 2 cm lang, wenig länger als die Staubblätter. Außen weiß-zottig, vielteilig, dunkelviolett, selten rötlich oder grünlich-gelb. Teilfrucht mit langbärtigem, langgeschweiften Schnabel. *Blütezeit* April, Mai.

Besonderes. Geschmack des frischen Krautes brennend scharf. *Giftig!*

Vorkommen. Trockene Wälder (mehr in Kieferwäldern), sandige, sonnige Hügel; zerstreut, stellenweise fehlend. Pflanze ist gesetzlich *geschützt!*

Sammelzeit. Nach der Blüte, wenn die Blätter völlig ausgebildet sind, pflückt man von jeder Pflanze einige ab. Die Blätter werden meist frisch verarbeitet.

Anbau. Sehr zu empfehlen. Die Pflanze vermehrt man durch Stockteilung oder durch Aussaat im Herbst; sie gedeiht am besten auf ungepflegtem Boden.

Drogen, Arzneiformen. Herba Pulsatillae nigricantis, Küchenschellenkraut; Tinctura Pulsatillae; Extractum Pulsatilla; Extr. Puls. fluidum. *Homöopathie:* Essenz und Potenzen aus der blühenden, frischen Pflanze.

Bestandteile. Anemonol (Pulsatillencampher), Anemonin und Anemonsäure.

Pharmakologie. Wirksam ist das Anemonin; es gehört zu den Mitteln, die die Übererregbarkeit und Reizbarkeit des ganglionären Nervensystems herabsetzen (SCHAPTER), und beruhigend auf Erkrankungen der

Sexualorgane beider Geschlechter, einschließlich der Dysmenorrhöe, Metritis, Adnexitis wirkt. BALLON stellte fest, daß größere Gaben einen hypnotischen Zustand mit Herabsetzung der Sensibilität machen, der einen von unten nach oben ansteigenden Lähmungszustand nach sich zieht; ohne Veränderung des Blutdrucks (!) läßt die Intensität der Herzschläge nach. MADAUS hat vor allem die emmenagoge Wirkung geprüft; er fand sichere Wirkungen auf den Uterus. Jungen, noch nicht geschlechtsreifen Ratten gab er täglich 2 ccm Pulsatilla dil. D 1, wodurch ein frühzeitiger Oestrus ausgelöst wurde. Im weiteren Verlauf wurden in den Vaginalabstrichen dieser Tiere öfter Schollen nachgewiesen als bei den nichtbehandelten Kontrolltieren. Der Toxingehalt ergab durchschnittliche Mengen von ausfällbarem Eiweiß mittlerer Giftigkeit. Der wässerige Extrakt der Pflanze war von stark bactericider Wirkung, die an Coli, Aspergillus niger und Oidium lactis geprüft wurde. Saponingehalt: der hämolytische Index war 1:20. Der frische Saft der Pflanze erzeugt auf der Haut Rötung und Blasen.

Verordnungsformen. Fast ausschließlich als *homöopathische Tinktur* oder flüssige Potenz (D 3—4, dreimal täglich 10 Tropfen); ferner Tinctura Pulsatillae täglich 20—40 Tropfen; Herba Pulsatillae pulv. 0,1—0,4 g in Oblaten; Extractum Pulsatillae 0,3—0,24 (Extrakt ist *rezeptpflichtig!*). *Vorsicht* bei Gravidität!

Medizinische Anwendung. Nur wenig, allenfalls noch bei Neuralgien und Rheumatismus und rheumatischen lancinierenden Schmerzen, ferner bei Gastritis und Enteritis, wenn dieselben auf Verdauungsstörungen beruhen. Man hat Erfolge bei Grippe und Erkältungskrankheiten gesehen. Das Hauptgebiet der Verordnung von Pulsatilla liegt in der Homöopathie.

Rp: Hb. Pulsatillae 3,0
Massae pil. q. s. f. pil. Nr. XXX
S. bei Eintritt der Schmerzen 1—2 Pillen. (E. MEYER)

Homöopathische Anwendung. Als Hauptmittel bei amenorrhöischen Zuständen, als Antiabortivum, zur Erleichterung der Geburt und Korrektion von Lageanomalien. Weiter als Lactagogum, bei Fluor, Endometritis. Prostatitis, Epididymitis werden ebenso günstig beeinflußt wie die Gonorrhöe. Kreislaufstörungen (Phlebitiden, Ulcera cruris) und kalte Extremitäten (MOLL). Bei Masern wird das Exanthem verstärkt. Ferner wird Pulsatilla bei Gastropathien ebenso wie bei rheumatisch-gichtischen Affektionen und Erkrankungen der oberen Luftwege gegeben und bei Ohren und Augenleiden (J. KLEIN bei Conjunktivitis scrof.). Vielfach wird davon gesprochen, daß es einen „Pulsatilla-Typ" gibt, bei dem das Mittel besonders günstig paßt. DONNER nimmt an, daß es sich dabei um endokrin Stigmatisierte handelt (Fehlsteuerung der Hypophyse), weil bei hypophysären Störungen oft Krankheitsbilder auftreten, die Pulsatilla günstig beeinflußt.

Volkstümliche Anwendung. Zum Beizen von Wunden und bei syphilitischen Geschwüren, der Absud zum Einreiben bei Rheuma und Gicht. Auch gegen Beschwerden der Unterleibsorgane.

Anemone pulsatilla L., Pulsatilla vulgaris MILLER,
Echte Kuhschelle, Küchenschelle.

Beschreibung. Ausdauernd, Höhe 10—30 cm. Wurzelstock kräftig, braun. Grundständige Blätter behaart, doppelt-fiederspaltig, Blättchen fiederteilig. *Hochblätter* gefingert-vielteilig, weißzottig, am Grunde zu einer, den Blütenstiel umgebenden Scheide verwachsen. Blüten ziemlich aufrecht, Stengel einblütig. Ein grüner Kelch fehlt. *6 Blütenblätter* mit gerader Spitze, außen nebst Stengel zottig, am Grunde glockig, von der Mitte an schwach aufwärts gebogen, hellviolett. Teilfrüchtchen mit langbärtigem, lang geschweiften Schnabel. *Blütezeit* März, April.

Besonderes. *Stark giftig!* Pflanze gesetzlich *geschützt!*

Vorkommen. Trockene Wälder, sonnige Hügel; zerstreut. In Ost- und Westpreußen fehlend.

Anbau. Zu empfehlen (wie *A. pratensis*).

Wirkung, Anwendung. usw. siehe *A. pratensis*.

Anemone hepatica L., Hepatica triloba GILIBERT,
Leberblümchen.

Beschreibung. Ausdauernd, Höhe 8—15 cm. *Wurzelstock* stark befasert, walzlich, Blätter und Blütenstiele kommen aus diesem hervor. *Blätter* oberseits kahl, grün, unterseits rötlich, weichhaarig, dreilappig, am Grunde herzförmig, Lappen ganzrandig, breit-eiförmig. Die *Blüten* kommen meist früher als die Blätter und stehen in Büscheln. 6—10 elliptische Kronenblätter, himmelblau, selten rosa oder weiß, getrennt, 20 Staubblätter. Dicht unter der Blumenkrone 3 kelchartige grüne Hüllblättchen; Kelch fehlt. Teilfrüchtchen ungeschweift. *Blütezeit* März, April.

Besonderes. Vielfach stehen noch die verwelkten Blätter vom Vorjahre am Stock; die Blüte dauert nur 8 Tage.

Vorkommen. Schattige Laubwälder und Gebüsche, gern auf kalkhaltigem Boden; zerstreut. Pflanze ist gesetzlich *geschützt!*

Sammelzeit. Nach der Blüte, sobald die Blätter entwickelt sind, werden diese abgepflückt.

Drogen, Arzneiformen. Herba Hepatica, Leberblümchenkraut; Flores Hepaticae, Leberblümchenblüten. — *Homöopathie:* Essenz und Potenzen aus der frischen Pflanze.

Bestandteile. Anemonol, Hepatrilobin (Glykosid, noch nicht erforscht) und im Wurzelstock Saponin.

Verordnungsformen. Hb. Hepaticae zum kalten Aufguß, 2 Teelöffel voll auf 1 Glas Wasser 8 Stunden ziehen lassen, tagsüber schluckweise trinken. — *Homöopathie:* dil. D 1, dreimal täglich 10 Tropfen.

Medizinische Anwendung. Bei Leber- und Gallenleiden (Gallensteinen, Gallengrieß) und Milzschwellungen, ferner als Diureticum bei Nieren- und Blasenleiden und bei Gonorrhöe.

Homöopathische Anwendung. Besonders bei chronischen Reizzuständen des Rachens und der Luftröhre (Bronchitis, Reizhusten, Laryngitis, Tracheitis).
Volkstümliche Anwendung. Leber-, Nieren-, Blasen- und Lungenkrankheiten, Tuberkulose.

Anemone nemorosa L.,
Busch-Windröschen, Weiße Osterblume.

Beschreibung. Ausdauernd, Höhe 10—30 cm. Wurzelstock gelbbraun, kriechend. Stengel aufrecht, mit 3 *Blättern*, diese langgestielt, dreiteilig; mittlerer Abschnitt jedes Blättchens tief dreilappig eingeschnitten gesägt, seitliche Abschnitte nur zweilappig. Blätter und Blütenstiel leicht behaart, meist einblütig. Ein grüner Kelch nicht vorhanden, *Blütenblätter* meist 6, 1—1³/₄ cm lang, weiß, mit rötlichen Adern, außen oft rötlich überlaufen, selten rot; Staubblätter zahlreich; Früchtchen weichhaarig. *Blütezeit* März bis Mai.

Vorkommen. Gebüsche, Laubwälder, Wiesen; gemein.

Arzneiform. Die *Homöopathie* stellt Urtinktur aus der frischen, kurz vor der Entfaltung der Blüte gesammelten Pflanze her.

Bestandteile. Anemonencampher Anemonol und seine unwirksamen Spaltprodukte Anemonin und Anemonsäure (s. *Ranunculus acer*).

Pharmakologie. Die Pflanze wirkt in frischem Zustand wie alle Ranunculaceen blasenziehend (TOUTON); Vergiftungserscheinungen siehe *R. acer*.

Homöopathische Anwendung. Dil. D 3, dreimal täglich 10 Tropfen, bei Frauenleiden (Dymenorrhöe, Fluor) und Dermatosen (Pemphigus, nässende Flechten, Ekzeme), ferner bei rheumatischen Muskel- und Gelenkschmerzen, Influenza, krampfhaften Atembeschwerden (MADAUS, KROEBER).

Volkstümliche Anwendung. Die frische Pflanze als blasenziehendes Mittel bei Zahnschmerzen, Rheumatismus. Die getrocknete Pflanze zur Anregung der Diurese und als Vieharznei.

Ranunculus ficaria L.,
Scharbockskraut, Feigwurzel.

Beschreibung. Ausdauernd, Höhe 10—20 cm, *Wurzel* mit schmutziggelben, keulenförmigen Knollen und Fasern. Stengel niederliegend oder aufsteigend, mehrblättrig. *Blätter* ungeteilt, rundlich-herzförmig, saftig, fest, glänzend, die unteren langgestielt, geschweift-gezähnt, die oberen kurzgestielt, eckig, in den Blattachseln oft Brutknöllchen. *Blüten* einzeln, mit 3—5 grünen Kelchblättern, Kronenblätter schmal, länglich, goldgelb, glänzend, sternförmig angeordnet. Früchtchen ungeschnäbelt, kurzhaarig. *Blütezeit* März bis Mai.

Vorkommen. Gebüsche, Hecken, Wiesen; gemein, gesellig.

Sammelzeit. Die Blätter werden im April und Mai gesammelt.

Droge. Die Blätter werden unter dem Namen Herba Chelidonii minoris im Handel geführt.

Bestandteile. Anemonol und ein Saponin, Vitamin C.

Pharmakologie. Anemonol ist in den jungen, zarten, hellgrünen Blättchen, die frisch (mit Sahne) als wertvoller, vitaminreicher Rohsalat benutzt werden können, nicht enthalten, dagegen sicher in den älteren, ausgewachsenen Blättern und in den Knollen. (Über die Wirkungen des Anemonols s. *R. acer* und *R. bulbosus*.)

Verordnungsform. Herba Chelidonii minoris, zum kalten Auszug, 2—3 Teelöffel auf 1 Glas, 8 Stunden stehen lassen, tagsüber trinken.

Medizinische Anwendung. Die Abkochung gegen Hämorrhoiden. LECLERC setzt sich vor allem für diese Indikation ein. Er gibt Fluidextrakt innerlich und Pillen aus Extract. spissum Rad. Ficariae 0,1 und Sem. Strychni 0,01 und äußerlich eine Salbe aus Extract. spiss. Rad. Fic. und Unguent. Populi 5:50. — Im Volke wird ebenfalls eine Salbe aus frischem Kraut und Fett gegen Hämorrhoiden verwendet.

Ranunculus acer L.,
Scharfer Hahnenfuß.

Beschreibung. Ausdauernd, 30—100 cm hoch; Wurzelstock kurz, abgebissen, faserig. *Stengel* aufrecht, rund, glatt, hohl, vielfach angedrückt-behaart. *Grundblätter* rosettig, langgestielt, handförmig fünfteilig, dunkelgrün; *Stengelblätter* immer kürzer gestielt, obere oft nur noch dreiteilig, Zipfel rautenförmig, mehr oder weniger tief eingeschnitten. Blütenstiele kurzhaarig, ebenso der Kelch, der fünfblättrig und hellgrün ist. *Blüten* aus fünf glänzenden, gelben, verkehrt-eiförmigen Blumenblättern. Früchtchen linsenförmig, einsamig, mit *kurzem* Schnabel, der mitunter gekrümmt ist. *Blütezeit* Mai bis August.

Besonderes. Pflanze schmeckt scharf. *Giftig!*

Vorkommen. Als bekanntes Wiesenunkraut, auch an Waldrändern; gemein.

Bestandteile. Als Hauptbestandteil ist das flüchtige, stickstofffreie Anemonol (= Ranunculol), das aber leicht schon beim Trocknen zerfällt, enthalten.

Pharmakologie. Anemonol reizt örtlich heftig und führt bei Resorption über eine Erregung zu Lähmungen im Zentralnervensystem. *Vergiftungen* kommen vor, wenn irgendwie frische Pflanzen genossen werden. Es kommt örtlich zu starken Schleimhautentzündungen, Gastroenteritis mit heftigem Erbrechen, Durchfällen, Koliken, Hämaturie, Nierenreizung bis zur Entzündung; zentral treten Schwindel, Bewußtlosigkeit, Krämpfe, Herz- und Atemschädigungen auf, die in 1 bis 2 Tagen zum Tode führen können. Auf der Haut treten Dermatitis, Blasen- und Geschwürsbildung auf, auch bei innerlicher Vergiftung. *Gegenmittel:* Magenspülungen, Adsorbentien, Schleime, Flüssigkeitszufuhr, Diuretica, Analeptica (GESSNER). Anemonolwirkung siehe auch *R. bulbosus*.

Homöopathische Anwendung. Zubereitungen (Essenz und Potenzen) aus dem frischen, im Oktober gesammelten Kraut werden angewendet bei Rose, Neuralgien, Lumbago, Gangrän, Rheumatismus (HEINIGKE).

Volkstümliche Anwendung. Als Hautreizmittel (Simulation!) und innerlich gegen Gicht, Rheumatismus, chronische Hautleiden, Rippenfellentzündung, Kopfschmerzen.

Anemonol ist (nach GESSNER) in folgenden Ranunculaceen enthalten:
Ranunculus aquatilis L., *Wasser-Hahnenfuß*,
Ranunculus aconitifolius L., *Eisenhutblättriger Hahnenfuß*,
Ranunculus bulbosus L., *Knolliger Hahnenfuß*,
Ranunculus flammula L., *Brennender Hahnenfuß*,
Ranunculus ficaria L., *Scharbockskraut*,
Ranunculus glacialis L., *Gletscher-Hahnenfuß*,
Ranunculus Lingua L., *Großer Hahnenfuß*,
Ranunculus sceleratus L., *Gift-Hahnenfuß*,
und in vielen anderen Arten.

Ranunculus bulbosus L., Knolliger Hahnenfuß.

Beschreibung. Ausdauernd, Höhe 15—40 cm, Wurzelstock kurz, abgebissen, *Stengel* am Grunde *knollig* verdickt, ohne Ausläufer, unterwärts nebst den Blattstielen abstehend, oberwärts anliegend behaart. *Blätter* wechselständig, dreizählig, Blättchen dreispaltig oder dreiteilig, das mittlere gestielt. Blütenstiele gefurcht. Blüten einzeln, *Kelchblätter* zurückgeschlagen, fünf Blumenblätter, groß, goldgelb. Früchtchen glatt, mit kurzem, gekrümmten Schnabel. *Blütezeit* Mai, Juli.

Besonderes. Pflanze deutlich mehr oder weniger behaart; *giftig!*

Vorkommen. Trockene Grasplätze, Wegränder, Hügel; häufig.

Pharmakologie. Der wirksame Bestandteil ist das Anemonol (= Ranunculol). Über seine Wirkungen siehe *R. acer.* MADAUS, BOAS, STEUDE u. a. haben die bactericide Wirkung der Pflanze sowie des reinen Anemonols beschäftigt. Es zeigte sich, daß die Pflanze stark fäulniswidrig wirkt und selbst resistente Bakterien tötet, z. B. Coli noch in der 3. Potenz! Anemonol behält in seinen verschiedenen Lösungen seine Wirkung bei; für Bakterien ist es giftiger als für Pilze, von denen Oidium lactis am wenigsten geschädigt wurde, dann folgten Mycoderma, Saccharomyces cerevisiae und Aspergilus.

Verordnungsformen. Hauptsächlich in *homöopathischen* Zubereitungen; es werden Essenzen und Potenzen aus der frischen, blühenden, im Juni gesammelten Pflanze hergestellt. Man gibt dil. D 2—4, dreimal täglich 10 Tropfen; die Fa. *Madaus* stellt eine „Teep"-Verreibung her, von der man 2—3 Tabletten täglich gibt.

Homöopathische Anwendung. Erkrankungen des Hirns und Rückenmarks mit krampfhaften und lähmungsartigen Erscheinungen, bei Nervenschmerzen (Gicht, Rheumatismus), nässenden Flechten (Ekzemen) und Blasenausschlägen (Pemphigus), Schwere des Kopfes mit Stumpfsinnigkeit und Vergehen der Gedanken (HEINIGKE), als leichtes Narkoticum, bei Herpes zoster, Pruritus, Urticaria, Gelenk- und Muskelrheumatismus, Gicht, Pleuritis mit Exsudaten, Neuralgien, speziell Intercostalneuralgie, Meningitis (MADAUS).

Volkstümliche Anwendung. Bei Gicht und Rheuma, auch bei Neuralgien, wird entweder die frische Pflanze zerquetscht zur Hautreizung bis zur Blasenbildung benutzt oder die Abkochung der getrockneten Pflanze getrunken, ebenso wird die Abkochung der frischen Pflanze bei Furunkeln, Karbunkeln und Eiterungen äußerlich und innerlich verwendet.

Ranunculus sceleratus L.,
Gift-Hahnenfuß.

Beschreibung. Ein- oder zweijährig, Höhe 10—100 cm, *Wurzel* faserig, *Stengel* meist reich verzweigt, aufrecht, hohl, kahl. Blattstiele kahl, *Blätter* wechselständig, etwas glänzend, fleischig, kahl; untere dreiteilig, Abschnitte rundlich oder verkehrt-eiförmig, gekerbt; obere dreizählig mit lineal-keilförmigen Blättchen, ganzrandig. *Blüten* einzeln, Blütenstiele behaart, Kelch zurückgeschlagen, 5 Kronenblätter, 5—10 mm breit, blaßgelb. Früchtchen runzlig, sehr klein und zahlreich. *Blütezeit* Mai bis Oktober.

Besonderes. Die Pflanze ist *sehr giftig* und bildet je nach dem Standort Land-, Seichtwasser- oder Schwimmblattformen aus.

Vorkommen. Zerstreut an feuchten Orten, in Gräben, an Ufern, auf sumpfigen Wiesen.

Bestandteile, Wirkung. Anemonol, das in der Menge die von *R. acer* nicht überschreitet. Trotzdem sind die Vergiftungserscheinungen, die sich örtlich an der Haut und innerlich nach Einnahme einstellen, wesentlich schwerer als von anderen Ranunculusarten. Auflegen der frischen, zerquetschten Pflanze ruft auf der Haut starke Blasen- und Geschwürsbildung mit heftigen Entzündungserscheinungen des ganzen betreffenden Körperteiles hervor. Bei versehentlichen Einnahmen als Gemüse sind ernste Vergiftungen, die sogar tödliche Folgen hatten, beobachtet worden.

Verordnungsformen. Ausschließlich als *homöopathische* Zubereitungen: es werden Essenz und Potenzen aus der frischen, im Oktober gesammelten Pflanze hergestellt. Man verordnet dil. D 3, dreimal täglich 10 Tropfen. Die Fa. *Madaus* stellt eine „Teep"Verreibung her, von der man 2—3 Tabletten täglich nehmen läßt. *Vorsicht* mit größeren Dosen!

Homöopathische Anwendung. Bei asthenischen Erkrankungen mit geringem Fieber und vorwiegender Kälteempfindung, rheumatischen Muskel- und Gelenkschmerzen ohne Anschwellungen, Augen- und Ohrenaffektionen und Ergriffensein des Kopfes, Herpes, Pemphigus neonat., Angina tonsillaris, krampfhaften Atembeschwerden, Asthma, chronischer Pleuritis, Schleimhautkatarrhen, Influenza, Leberleiden, Kolik, Nieren- und Blasenaffektionen, Fluor und verringerter Menstruation (HEINIGKE). MADAUS nennt Mundfäule, Räude, Zungenentzündung und -neuralgie durch schlecht sitzenden Zahnersatz, Fließschnupfen, Hepato-, Nephro- und Cystopathien, renalen Hydrops, Ischias, Scheitelkopfschmerz, Kopfgenickkrampf, Pankreasleiden (RETSCHLAG), Halblähmung nach Schlagfuß (LEWINSKY).

Volkstümliche Anwendung. Hauptsächlich bei Gicht, Rheuma und Neuralgien (Ischias), sowohl innerlich als Abkochung als auch äußerlich zum Blasenziehen.

Adonis vernalis L.,
Frühlings-Teufelsauge, Frühlings-Adonis, Adonisröschen.

Beschreibung. Ausdauernde Pflanze, Höhe 15—25 cm. Grundachse verzweigt, *Stengel* aufrecht, rund, am Grunde mit Schuppen, oben beblättert. *Blätter* wechselständig, 2—3fach gefiedert in zahlreiche feine Zipfelchen zerteilt. *Blüte* citronengelb, bis 5 cm groß, einzeln stehend, Krone zwölf- bis zwanzigblättrig; sonnenwendig, flach ausgebreitet. Blumenblätter glänzend, oft gezähnelt, verwachsen, am Grunde ohne Honiggrübchen. Kelche fünfblättrig, flaumhaarig. Teilfrüchtchen fast kugelig, verkehrt-eiförmig, mit kleinem hakigen Schnabel. *Blütezeit* April, Mai.

Vorkommen. Sonnige Hügel, auf Kalk und Sand, zerstreut. In Norddeutschland selten. Die Pflanze ist gesetzlich *geschützt!*

Sammelzeit. Während der Blüte; die Pflanze wird im unteren Drittel des Stengels abgeschnitten.

Anbau. Vermehrung durch Samen oder Stockteilung; der Same wird nur oberflächlich ausgesät. Anbau auf kalkhaltigem Boden leicht und lohnend.

Drogen, Arzneiformen. Herba Adonidis vernalis, Frühlingsadoniskraut; Adonidin; Extractum Adonidis fluidum; Tinctura Adonidis. *Homöopathie:* Essenz und Potenzen aus der frischen, blühenden Pflanze.

Bestandteile. Das Adonidin (bis zu 0,2% in den Wurzeln enthalten) wurde früher als wirksamster Bestandteil gehalten. Indessen wurden inzwischen zwei nichthämolysierende Glykoside aus der Pflanze isoliert: Glykosid I, amorph, wasserlöslich und Glykosid II, amorph, wasserunlöslich, löslich in Alkohol, Chloroform, Essigester. Die Zuckerkomponente des II soll der Digitoxose nahestehen. Ferner sind vorhanden: 4% Adonit, Adonitsäure, Cholin, Harz. ROBERG konnte in der Droge kein Saponin nachweisen.

Pharmakologie. Die Adonisglykoside wirken digitalisartig und kumulieren nur wenig; sie eignen sich zur Fortsetzung einer Digitalisbehandlung und dann, wenn Digitalis nicht mehr vertragen wird. BUBNOW verzeichnete am Menschen folgende Wirkungen: 1. Der Herzschlag ist bemerkenswert kräftiger. 2. Der Herzumfang verringert sich. 3. Die Herzgeräusche, insbesondere die systolischen und präsystolischen Geräusche bei der Aortenstenose werden reiner. 4. Der Herzrhythmus wird regularisiert und meistens verlangsamt. Manchmal ist die Schlaghäufigkeit nicht verändert. 5. Ist auch der Puls meist verlangsamt; die Blutwelle ist kräftiger und voller. Die Aufnahme durch den Magen-Darmkanal scheint eine bessere zu sein. Die Glykoside verengen die peripheren Gefäße. Besonders wichtig ist die kräftige diuretische Wirkung, die besonders von der ganzen Pflanze ausgeht. Auch eine sedative Wirkung, die besonders II zuzuschreiben ist, ist festgestellt (BECHTEREW bei Epilepsie). Die Ausscheidung von Harnstoff und Chloriden wird durch die Pflanze gefördert. Bei Überdosierung treten *Vergiftungserscheinungen* auf: Übelkeit, Erbrechen, Magenschmerzen, Diarrhöe, Erregung mit nachfolgender Lähmung, Koma, Tod. Nach intravenöser Injektion zuerst Bradykardie mit Blutdrucksteigerung, dann Tachykardie.

Verordnungsformen. Herba Adonidis, täglich 1 Teelöffel auf 1 Tasse zum kalten Auszug; Tinctura Adonidis, dreimal täglich 10—20 Tropfen; Infus. Adonid. vernal. (4,0—8,0 auf 200,0—250,0), mehrmals täglich 1 Eßlöffel voll. — *Homöopathie:* dil. D 2—4, dreimal täglich 10 Tropfen. **Maximaldosis:** Herba Adonidis 1,0 pro dosi, 3,0 pro die.
Medizinische Anwendung. Bei kardialem Hydrops, senilem Versagen des Herzmuskels, Stauungserscheinungen, Ascites, ferner bei Thyreotoxikosen, Krämpfen, Keuchhusten, bei Herzbschwerden Fettleibiger, bei Herzklopfen, Schwindelanfällen, Angina pectoris und bei allgemeiner Adipositas, funktionellen Neurosen, Chorea infantum, genuiner Epilepsie, außerdem bei Pleuritis und Ascites infolge Leberschädigung. *Kontraindikationen:* Krankheiten der Aorta, Arteriosklerose, in der ersten Phase interstitieller Nephritis. *Vorsicht* mit intravenösen Injektionen, besonders nach Digitalisverabreichung.

Rp: Herb. Adonidis vern. conc.   10,0
D. s.: 1 Teelöffel voll auf 1 Glas Wasser, kalt ansetzen, 8 Stunden ziehen lassen, tagsüber schluckweise trinken.

Rp: Inf. Adonidis vern.   5,0 : 90,0
Sir. Cinnamomi   10,0
M. d. s.: drei- bis viermal täglich 1 Eßlöffel voll.

Homöopathische Anwendung. Bei Endokarditis, Herzinsuffizienz, organischen und funktionellen Herzfehlern, Fettherz, M. Basedowii, Wassersucht, besonders dann, wenn gleichzeitig rheumatische Beschwerden vorhanden sind.
Volkstümliche Anwendung. Bei Harnbeschwerden, Steinleiden, Gicht, Wassersucht.

Adonis aestivalis L. (A. citrinus HOFFMANN),
Kleines Teufelsauge, Blutauge, Adonisröschen, Sommeradonis.

Beschreibung. Einjährige Pflanze, Höhe 30—50 cm. *Stengel* einfach oder ästig, aufrecht. *Blätter* stengelständig, die unteren gestielt, die oberen sitzend, zwei- bis dreifach fiederteilig (haarförmig) mit linealischen, zwei- bis dreispaltigen Blättchen. *Blüte* brennend hellrot (bei *Var. citrinus* HOFFMANN strohgelb mit dunkelbraunen Flecken am Grunde), Blumenblätter getrennt, ausgebreitet, Krone sechs- bis achtblättrig, mit oder ohne schwarzem Fleck am Grunde. Kelch kahl, der Blumenkrone angedrückt. Zahlreiche Staubblätter. Teilfrüchtchen kahl, unten mit einem spitzen Zahn, oberwärts mit einem spitzen Höcker. *Blütezeit* Mai bis Juli.
Besonderes. Geruchlos, von scharfem bitteren Geschmack.
Vorkommen. Als lästiges Unkraut unter der Saat, auf Feldern und Äckern, Lehm- und Kalkboden, zerstreut.
Sammelzeit. Während der Blüte schneidet man das blühende Kraut kurz über dem Boden ab.
Anbau. Vermehrung am besten durch Samen, der oberflächlich ausgesät wird; die Kultur bietet keine Schwierigkeiten, da die Pflanze auf Lehm- und Kalkboden gut angeht. Wenig lohnend.

Drogen. Herba Adonidis aestivalis, Ackerröschenkraut.
Bestandteile. Das Kraut enthält 0,2% eines Glykosides, das aber schwächer wirkt als Adonidin.
Pharmakologie. Die Wirkungsintensität für das aus *A. aestivalis* isolierte (noch unbenannte) Glykosid ist mindestens um das 200fache geringer als die des Adonidins aus *A. vernalis* (KOBERT). KIEFER stellte fest, daß im Tierversuch die 150fache Dosis als vom Adonidin notwendig war, um Herzstillstand herbeizuführen.
Volkstümliche Anwendung. Im Teeaufguß als Entfettungsmittel.

Berberidaceae, Sauerdorngewächse.
Berberis vulgaris L.,
Berberitze, Sauerdorn, Essigbeere.

Beschreibung. Strauch, Höhe 1,25—2,00 m. Wurzel gelbgefärbt, Rinde hellgrau, Holz fein und gelb. Äste gertenförmig, rötlich. Langtriebe mit dreiteiligen Stacheln, in deren Achseln die blättertragenden Kurztriebe stehen. *Blätter* kurzgestielt, verkehrt-eiförmig, wimperiggesägt, büschelständig. *Blütenstand:* seitenständige, vielblütige, herabhängende Traube. 5—6 Blumenblätter, getrennt, gelb. *Staubblätter* reizbar. Kelchblätter meist sechs, grünlich-gelb. Beeren länglich-rund, scharlachrot. *Blütezeit* Mai, Juni.
Besonderes. Die Blüten duften stark, die Rinde schmeckt stark bitter, die Beeren sauer. Der Strauch ist die Wirtspflanze des *Getreiderostes*, deshalb muß er in der Nähe von Getreidefeldern ausgerottet werden.
Vorkommen. Sonnige Hügel, lichte Wälder, Hecken, gern auf Kalk und Grauwacke, häufig in Gärten angepflanzt und verwildert.
Sammelzeit. Die Blätter werden im Sommer gepflückt, die Beerentrauben vor der Vollreife im September. Vor dem Trocknen im Ofen sollen die (abgestreiften) Beeren an der Luft oder in der Sonne vorgetrocknet werden. Durch Schälung von Wurzeln, Stamm und Ästen erntet man die Rinde.
Anbau. Lohnend, da der Strauch im Freien immer mehr ausgerottet wird wegen des auf ihm wachsenden Getreiderostes. Vermehrung durch Stecklinge oder Samen.
Drogen, Arzneiformen. Cortex Berberidis radicis, Berberitzenwurzelrinde; Fructus Berberidis, Berberitzenbeeren; Tinct. Berberidis; Extract. Berberidis fluid.; Berberium, Berberin; B. carb., B. hydrobrom., B. hydrochlor., B. nitr., B. phosph., B. sulf. — *Homöopathie:* Tinktur und Potenzen aus der getrockneten Wurzelrinde.
Bestandteile. *Wurzelrinde:* Alkaloid Berberin (1,3%, gleichzeitig gelber Farbstoff), ferner das Alkaloid Oxyacanthin und Berbamin, in den Blüten noch ätherisches Öl; die *Früchte* sind alkaloidfrei und enthalten nur Fruchtsäuren.
Pharmakologie. *Berberin* wirkt zunächst erregend, dann lähmend und führt über die Lähmung des Atemzentrums zum Tode. Das Vasomotoren-

zentrum wird geschädigt und unter Vaguslähmung sinkt der Blutdruck rasch ab, das Herz wird erweitert und gelähmt. Uteruskontraktionen werden verstärkt. Kleine Dosen fördern die Atmung, große Dosen lähmen sie und machen Durchfälle, Erbrechen, Aufregungszustände, Delirien. Bei Tieren zeigte man, daß längere Verabreichung schwere Entzündungen und Nekrosen in der Niere und Schädigungen der Ganglienzellen des Zentralnervensystems verursacht. *Berberin* hat spezifischen Einfluß auf den Erreger der Orientbeule (Leishmania tropica); saures Berberinsulfat verhindert schon in der Verdünnung 1:80000 in vitro das Wachstum. *Oxyacanthin* lähmt den Sympathicus, senkt ebenfalls den Blutdruck und kompensiert z. B. die Wirkung mittlerer Gaben von Adrenalin (RAYMOND-HAMET). Es wirkt antipyretisch. *Vergiftungen* kommen kaum vor, zumal die therapeutischen Gaben niemals groß sind.

Verordnungsformen. Cortex Berberidis zum heißen Aufguß, 1 Teelöffel auf 2 Glas Wasser, tagsüber trinken. Fructus Berberidis zum kalten Aufguß, 1 Teelöffel auf 1 Glas Wasser, tagsüber trinken. — Berberidin: 0,05—0,25 g in drei Pulvern (mit Sacch. lactis verrieben) täglich. Zur Injektion: 1—2%ige saure Berberinsulfatlösung, wöchentlich 1 ccm injizieren. — *Homöopathie:* dil. D 2, dreimal täglich 10 Tropfen.

Medizinische Anwendung. Bei Orientbeulen: Injektionen des sauren Berberinsulfates in die Beulen und deren nächste Umgebung (VARMA 1927). — Die Aufgüsse bei Hepato- und Cholecystopathien, besonders Lithiasis, auch bei Pyelocystitis. Ferner bei Gicht, Rheuma, auch Arthritis deformans, dann bei Diarrhöen skrofulösen und tuberkulösen Ursprungs (SCHULZ, REIL), bei Ekzemen (EISENBERG), als Gegenmittel bei Adrenalinshock (MEYER). Aufguß oder Tinktur auch als Gurgelmittel bei Zahnfleisch- und Mundschleimhautentzündungen (als Ersatz für Ratanhia). Schließlich als Stomachicum bei Dyspepsie und Anorexie, was BUCHNER bestätigte. BRISSEMORET und CHALLAMEL verwendeten die Pflanze zu Morphin-Entziehungskuren, ebenso INVERNI.

Homöopathische Anwendung. Nierenstockungen mit Schmerzen und Harndrang, chronische Verdauungsstörungen, Darmstörungen mit Leber- und Milzstauungen, Ikterus mit Diarrhöe, Entzündungen und Schmerzen des Samenstranges, der Hoden, bei Blutstauungen und Schmerzen in Uterus und Ovarien, ferner bei gichtisch-rheumatischen Leiden.

Volkstümliche Anwendung. Bei Leberleiden, Gelbsucht, Gallenleiden, bei Appetitlosigkeit und Verdauungsschwäche, mangelnder Periode, Wassersucht. Die Blätter zu Tee bei Skorbut, Ruhr, Verstopfung. KNEIPP empfahl den alkoholischen Extrakt gegen Lungen-, Leber- und Unterleibskrankheiten, Krämpfe bei verdorbenem Magen, Sodbrennen. Der Rindentee als Mund- und Gurgelwasser.

Weitere Anwendung. Die Früchte ergeben eingekocht ein saures Kompott; der weiter daraus hergestellte Wein wird bei Verstopfung, Appetitlosigkeit, Kopfschmerzen, Ruhr und Lungenleiden getrunken.

Papaveraceae, Mohngewächse.
Papaver somniferum L., Schlafmohn.

Beschreibung. Einjährig, Höhe 50—150 cm. Meist einfache Pfahlwurzel, *Stengel* rund, verästelt, wie die Blätter *kahl*, blaugrün, nur die Blütenstiele waagerecht-abstehend-steifhaarig. *Blätter* zerstreut stehend, wechselständig, länglich, ungleich gezähnt, untere buchtig gelappt, obere ganzrandig, halbstengelumfassend. *Blüten* einzeln, endständig auf langen Stielen, vor der Entfaltung hängend, nachher aufrecht, mit zweiblättrigem Kelch, der beim Aufblühen abfällt. Blumenkrone bis 10 cm breit, vierblättrig, abfallend. Kronenblätter weiß mit violettem Fleck am Grunde *(Var. alba)* oder purpurviolett mit schwärzlichem Fleck *(Var. nigra)*. *Fruchtkapsel* kugelig oder eiförmig-länglich, kahl; unter der vier- bis zwanzigstrahligen Narbe öffnet sie sich mit Löchern. *Samen* klein, zahlreich, kurz nierenförmig, grau oder bläulichschwarz. *Blütezeit* Juni bis August.

Besonderes. Pflanze blaugrün; führt weißen Milchsaft.

Vorkommen. Häufig angebaut, nur in der Nähe von Mohnfeldern verwildert.

Sammelzeit. Die unreifen *Mohnköpfe* schneidet man, wenn sie noch Milch führen, ab, schneidet sie halb durch und trocknet bei gelinder Wärme vorsichtig und schnell. Die weißen, grauen, blauen, auch braunen *Samen* werden aus den vollkommen dürren Kapseln ausgeschüttelt. *Opiumgewinnung:* Wenige Tage nach Abfallen der Blütenblätter macht man am besten am Abend senkrechte Schnitte in die Kapseln; am Morgen sitzt am unteren Ende des Schnittes ein Tropfen des eingetrockneten Milchsaftes. Man schneidet mehrere Male, muß aber darauf achten, daß die Kapselwände nicht durchgeschnitten werden, damit nichts nach innen fließt und die Samen noch reifen können. Die einzelnen gesammelten Tropfen schlägt man zu kleinen Broten zusammen. Nach THOMS erhält man von 100 Mohnköpfen etwa 1,27 g Opium.

Anbau. Lohnend; die Pflanze wächst auf unkrautfreiem kräftigen Boden am besten. Für 1 a braucht man etwa 30 g Samen.

Drogen, Arzneiformen. Fructus Papaveris immaturi, Unreife Mohnköpfe; Semen Papaveris, Mohnsamen; Oleum Papaveris, Mohnöl; Sirupus Papaveris, Mohnsirup; *Opium*; Opium pulveratum; Emplastrum opiatum, Opiumpflaster; Extractum Opii (aquosum), Opiumextrakt; Extractum Opii liquid.; Sirupus opiatus; Tinctura Opii simplex, Opiumtinktur; Tinct. Opii benzoica; Tinct. Opii crocata; Unguentum opiatum; *Opiumalkaloide:* Acidum meconicum, Mekonsäure; Morphium, Morphin; Morph. acetic.; Morph. hydrobromic.; Morph. hydrochloric.; Morph. sulfuric.; Morph. tartaric.; Äthylmorphinum hydrochloricum; Diacetylmorphinum hydrochloricum; Apomorphinum hydrochloricum; Codeinum, Codein; Cod. hydrochloric.; Cod. phosphoric.; Sirupus Codeini, Codeinsirup; Cotarninum hydrochloricum; Papaverin; Papaverinum hydrochloricum. — *Homöopathie:* Tinktur und Potenzen des Opiums.

Bestandteile. *Unreife Mohnköpfe:* bis 0,14% Alkaloide (0,03% Morphin, 0,04% Narkotin). *Reife Mohnköpfe:* 0,02% Alkaloide. *Samen:* 40—50% fettes Öl, bis 23% Schleim, bis 13% Eiweißstoffe, 6% Cellulose, 5—6% Asche, nur das unwirksame Alkaloid Rhoeadin. *Öl:* Glycerinester der Linolsäure, Ölsäure, Palmitinsäure, Stearinsäure und kleine Mengen Linolen- und Isolinolensäure. *Opium* enthält etwa 24 (20—25%) Alkaloide, die zum größten Teil an Mekonsäure gebunden sind und sich in die Phenanthren-Abkömmlinge (10% Morphin, 0,3% Codein, 0,15% Thebain, Pseudomorphin = Oxydimorphin) und in die Isochinolinabkömmlinge (1% Papaverin, 6% Narkotin, 0,2% Narcein, Codamin, Laudanin, Laudamidin, Laudanosin, Tritopin, Mekonidin, Lanthopin, Protopin, Cryptopin, Papaveramin, Gnoscopin, Oxynarkotin, Hydrocotarnin, Xanthalin, Rhoeadin, Opionin, Pseudopapaverin, Rhoeagin) ordnen lassen. Außerdem sind enthalten: Schleim, Pektin, Gummi, Harz, Fett, Eiweiß.

Pharmakologie. Die *Opiumwirkung* ist komplexer Natur. Zentral herrscht die Morphin-, peripher die Morphin-Papaverinwirkung vor. Opium wirkt am Darm günstiger als Morphin, überhaupt wirkt es bei oraler oder rectaler Zufuhr intensiver als bei parenteraler, weil die außerdem enthaltenen kolloidalen Bestandteile die Resorption resorptionsverzögernd wirken und dadurch die Dauer und Tiefe der örtlichen Wirkung steigern. *Vergiftungen* kommen gelegentlich vor: es setzt nach etwa 1 Stunde eine allgemeine Schlafsucht mit Schwindel und Kopfschwere ein, die bis zum Koma geht. Die Atemfrequenz sinkt außerordentlich stark ab (5—2 Atemzüge pro Minute, CHEYNE-STOKESsches Atmen), die Pupillen sind bei starker Cyanose der Schleimhäute maximal verengt, die Haut ist abnorm blaß. Bei Kindern treten oft Krämpfe auf. Die *Prognose* ist gut. Man *behandelt* mit Magenspülungen mit $1/2$—$1^0/_{00}$ Kaliumpermanganatlösung und zwar alle halbe Stunden. Brechmittel und Gerbstoffe sind zwecklos, vielmehr muß das dauernd wieder in den Magen abgeschiedene Morphin zerstört bzw. oxydiert werden. Vor allem muß die Atmung angeregt werden durch Hautreize, künstliche Atmung, Sauerstoffzufuhr, ferner werden Analeptica gegeben (Coffein, Campher) und Atropin als sog. Antidotum Morphini oder Adrenalin.

Die *Morphinwirkung* ist spezifisch narkotisch auf die betreffenden Rindenfelder der Körperfühlsphäre, welche die Schmerzempfindung vermitteln, gerichtet, und zwar ohne Bewußtseinstrübungen oder allgemeine Narkose zu machen. Es setzt die Atemfrequenz herab, beseitigt Hustenreize und macht Myosis. Daneben schädigt es vegetative Zentren, macht Alkalose, Blutzuckersteigerung, hemmt die Nierensekretion und ruft in toxischen Dosen neben tiefer Bewußtlosigkeit Schädigung des Gefäßnervenzentrums hervor bis zum Tod durch zentrale Atemlähmung. Gelegentlich führt Morphin auch zu Aufregungszuständen und Erbrechen. Peripher wirkt es steigernd auf den Tonus der glatten Muskulatur, macht spastische Kontraktionen im Darmtraktus. Am Kaltblütler hat man spinale Reflexerregbarkeitssteigerungen mit tonischen Krämpfen festgestellt, die aber beim Warmblütler wegen des vorher einsetzenden Todes nicht auftreten können. Der *Morphinismus* liegt in der echten Gewöhnung an Morphin begründet; der Organismus gewinnt bei öfteren

Gaben die Fähigkeit, Morphin abzubauen und die Zwischenprodukte in den Zellstoffwechsel einzuschalten; bei Absetzen der Morphinzufuhr fehlen diese dem Organismus, so daß schwere Abstinenzerscheinungen auftreten können. Die Morphingaben bewirken eine bestimmte Euphorie und selbst einmalige Gaben können zum Morphinismus führen. Bei chronischen Leiden kann durch die öftere Anwendung zur Schmerzstillung Morphinismus erzeugt werden.

Die Wirkung des *Papaverins* ist fast nur peripher; es erschlafft die glatte Muskulatur und bringt am Darm die spastische Morphinwirkung zum Fortfall. Größere Dosen lähmen die Darmmuskulatur und können Herzlähmungen erzeugen. Der Synergismus zwischen Papaverin und Morphin weist auf die Verwendung von Opium für intestinale Wirkungen hin!

Codein wirkt in erster Linie hustenstillend, die schmerzstillende Wirkung tritt zurück. Codein führt nicht zur Gewöhnung, weil es unverändert ausgeschieden wird, aber alle Codeinderivate können zur Sucht führen.

Thebain ist Krampfgift; es macht wie Strychnin spinale Reflexübererregbarkeit, Tetanus. Seine Derivate können zur Sucht führen. *Narkotin* wirkt nicht narkotisch, es steigert und vertieft lediglich die Morphinwirkung. Noch schwächer wirkt *Narcein*. Laudanin, Laudanosin, Tritopin sind vorwiegend Krampfgifte; vorwiegend zentral und peripher lähmend wirken Cryptopin, Hydrocotarnin, Gnoscopin. *Apomorphin* wirkt als spezifisches, zentrales Brechmittel, auch leicht erregend auf das Atemzentrum.

Verordnungsformen. Morphin: 1—2%ige Lösungen (mit Atropin) zur Injektion; 2%ige Lösungen zu Schmerz- und Schlaftropfen. Äthylmorphinum hydrochlor. zu Schmerzpulvern. Papaverin (mit Belladonna) zu Suppositorien. Codein: 2%ige Lösungen (Cod. phosph.) zu Hustentropfen und Suppositorien. Dionin (= Äthyläther des Morphins) in 2%iger Lösung als Schmerz- und Hustentropfen, als Kindersirup (0,03—0,1 : 100,0) und zu Schlafpulvern. — *Homöopathie:* Opium dil. D 4 bis D 6, zweimal täglich 1 Tablette.

Maximaldosen:
Opium pulveratum (10% Morphin) 0,15! pro dosi, 0,5! pro die;
Extract. Opii (20% Morphin) 0,075! pro dosi, 0,25! pro die;
Opium concentr. (50% Morphin) 0,03! pro dosi, 0,1! pro die;
Tinct. Opii benz. (0,05% Morphin) keine Maximaldosis;
Tinct. Opii simpl. (1% Morphin) 1,5! pro dosi, 5,0! pro die;
Tinct. Opii croc. (1% Morphin) 1,5! pro dosi, 5,0! pro die;
Pulv. Ipecacuanhae (1% Morphin) 1,5! pro dosi, 5,0! pro die;
Morphium hydrochloricum 0,03! pro dosi; 0,1! pro die;
Codein. phosphoricum 0,1! pro dosi, 0,3! pro die;
Papaverin. hydrochlor. 0,2! pro dosi, 0,6! pro die;
Dionin 0,1! pro dosi, 0,3! pro die;
Apomorphin. hydrochloricum 0,02! pro dosi, 0,06! pro die;
Heroin 0,005! pro dosi, 0,015! pro die;
Eukodal 0,03! pro dosi, 0,1! pro die;
Narcophin 0,03! pro dosi, 0,1! pro die.

Alle Opium-Alkaloide, deren Salze und synthetischen Derivate unterliegen in jeder Art der Zubereitung den *Vorschriften für rezeptpflichtige Arzneimittel* und den *Bestimmungen über den Verkehr mit Betäubungsmitteln!*

Medizinische Anwendung.

Morphin: zur Schmerzstillung. Als Schlafmittel nur dann, wenn Schmerzen oder starker Husten die Ursachen der Schlaflosigkeit sind.

Codein, Dionin: zur Hustenbekämpfung.

Dionin: in der Augenheilkunde äußerlich, zur örtlichen Reizung der Cornea.

Opium: bei Krampfhusten und spastischen Zuständen glatter Muskulatur, Diarrhöen und als Expectorans (mit Ipecacuanha).

Papaverin: bei starken Spasmen, Koliken, Gefäßkrisen.

Pilulae contra tussim
Rp: Morphini hydrochlorici 0,1
  Radicis Ipecacuanhae 0,3
  Stibii sulfurati aurantiaci 0,5
  Radicis Liquiritiae
  Sacchari albi   āā 2,5
  F. c. aq. pil. Nr. 50.

Solutio sedativa
Rp: Codein. phosphor.   0,5—0,75
  Aq. Amygdal. amar.   10,0
  Aq. destill.   ad 40,0

Suppositoria sedativa
Rp: Codein. phosphor.   0,05
  Extr. Belladonnae   0,03
  Ol. Cacao   3,0

Pilulae sedativae
Rp: Codein. phosphor.
  Semin. Myrist. plv.   āā 1,0
  Extr. Liquirit.   2,0
  M. f. pil. Nr. 30.

Mixtura antispasmodica
Rp: Aetheris   0,2
  Spiritus   0,8
  Tinct. Opii crocat.   2,0
  Sir. simpl.   30,0
  Aq. Flor. Aurant.   60,0
  Aq. Melissae   60,0
  S.: 2stündlich 1 Eßlöffel.

Pastilli Tinct. Opii
Rp: Tinct. Opii simplicis   gtts X
  Sacchar. Lactis   0,7
  Amyli Oryzae
  Talci depurati
  Cacao deoleati   āā 0,1
  M. f. pastillus.

Mixtura opiata
Rp: Opii pulv.
  Gummi arab.   āā 0,5
  Aq. Cinnamomi   2,5
(1 Tropfen = etwa 0,008 g Opium).

Homöopathische Anwendung: Bei atonischer Stuhlverstopfung!

Papaver rhoeas L.,
Klatschmohn.

Beschreibung. Einjährig und überwinternd, Höhe 30—60 cm. *Stengel* aufrecht, verzweigt, nebst den Blättern und Blütenstielen waagerechtabstehend behaart. *Blätter* wechselständig, länglich-lanzettlich, tief fiederspaltig, sägeförmig eingeschnitten, mattgrün. Kelch ein- bis zweiblättrig, abfallend. *Blüten* einzeln, langgestielt, endständig, nickend. 4 Blumenblätter, kreuzweise gestellt, verkehrt-eiförmig, zart, sich fettig anfühlend, oft wie zerknüllt aussehend, scharlachrot mit violettschwarzem Fleck am Grunde. Frucht vielfächerige Kapsel, kahl, verkehrt-eiförmig, am Grunde abgerundet. Narbenläppchen decken sich. *Blütezeit* Mai bis Juli.

Besonderes. Pflanze borstig behaart, mit weißem bitteren Milchsaft.

Vorkommen. Auf Kornfeldern, Brachen, Wegrainen; häufig. Sammelzeit: Die Blütenblätter werden ausgezupft und rasch im Schatten abgetrocknet. Anbau nicht lohnend.

Drogen, Arzneiformen. Flores Rhoeados, Klatschrosenblüten; Sirupus Rhoeados, Klatschrosensirup.

Bestandteile. Alkaloid Rhoeadin an Mekonsäure gebunden, in den Blüten noch roten Farbstoff und Schleim.

Pharmakologie. Das Alkaloid ist pharmakologisch unwirksam (WILLSTÄTTER). Der Sirup wird als Expectorans verwendet.

Verordnungsformen. Flores Rhoeados, zum heißen Aufguß, 2 Teelöffel auf 1 Tasse. Sirupus Rhoeados, mehrmals täglich einen Eßlöffel.

Medizinische Anwendung. Als schleimiges Expectorans bei Erkältungskrankheiten der Atemwege, besonders bei Kindern. INVERNI empfiehlt die Anwendung bei Bronchitis, Pertussis, Angina; LECLERC auch gegen Schlaflosigkeit bei Kindern und Greisen.

Volkstümliche Anwendung. Brustschmerzen, Husten, Verschleimung, Heiserkeit, Katarrhe, Lungenkrankheiten.

Chelidonium majus L.,
Schellkraut, Schöllkraut, Warzenkraut.

Beschreibung. Ausdauernd, Höhe 30—90 cm. *Wurzelstock* fingerdick, walzenförmig, rotbraun, innen gelbrot. *Stengel* wiederholt gabelästig, hohl, an den Knoten verdickt, behaart. *Blätter* wechselständig, oberseits kahl, mattgrün, unterseits blaugrün und etwas behaart, gefiedert bis fiederspaltig, Zipfel rundlich, buchtig oder gezähnt. *Trugdolde* mit langgestielten Blüten. 4 Blumenblätter, gelb, getrennt, kreuzweise gestellt. *Kelch* fast kahl, zweiblättrig. Frucht bis 5 cm lang, schotenförmige Kapsel mit schwarzen Samen. *Blütezeit* April bis September.

Besonderes. Die ganze Pflanze führt orangegelben Milchsaft. Geruch ist unangenehm, Geschmack scharf und bitter. *Giftig!*

Vorkommen. Stark verbreitet auf Schutt, an Hecken, Zäunen, Mauern, Felsen; gemein, Unkraut.

Sammelzeit. Die ganze Pflanze wird im Frühjahr gesammelt und rasch getrocknet.

Drogen, Arzneiformen. Herba Chelidonii majoris, Schellkraut; Extractum Chelidonii, Schellkrautextrakt; Tinctura Chelidonii Rademacheri, RADEMACHERs Schellkrauttinktur; Chelidoninum, Chelidonin. *Homöopathie:* Essenz und Potenzen aus der vor der Blüte gesammelten frischen Wurzel.

Bestandteile. Der orangegelbe Milchsaft: Alkaloide Chelidonin, Chelerythrin, α-, β-, γ-Homochelidonin, Protropin (= Fumarin = Macleyin), Sanguinarin, Chelidoxanthin (Farbstoff = Berberin), das ganze Kraut außerdem etwas ätherisches Öl.

Pharmakologie. Die Alkaloide stehen denen des Opiums chemisch sehr nahe. *Chelidonin* wirkt wie Morphin, ohne aber eine Reflexerregbarkeitssteigerung zu machen; es lähmt die glatte Muskulatur und die motorischen und sensiblen Nervenendigungen. Die Zahl der Herzkontraktionen wird vermindert bis zum Stillstand in Systole. HANZLIK gab an, daß das Chelidonin chemisch und physiologisch dem **Papaverin**

ähnlich sei (lähmend auf glatte Muskulatur, Herabsetzung der Pulsfrequenz, Absinken des Blutdruckes). α-Homochelidonin wirkt ebenso, aber weniger auf das Herz, wie auch das β-Homochelidonin, das aber stärkere lokale Sensibilitätslähmungen macht. Chelerythrin besitzt örtlich stark reizende Wirkungen (Entzündung, hämorrhagische Blasenbildung), macht absteigende zentrale Lähmungen und Muskelstarre, Herz- und Atemlähmung (Tod). Sanguinarin wirkt zunächst schwach narkotisch, dann folgt ein heftiges tetanisches Stadium, Erregung des Darmes, der Speicheldrüsen, örtlich zuerst reizend, dann sensibel lähmend. — Nach Injektion von Extr. Chelid. kam es nach $1^1/_2$ Stunden unter Schmerzen, Unruhe, Fieber, Bewußtlosigkeit zum Tode. — *Vergiftungen:* Brennen, Kratzen im Mund und Rachen (Entzündungen), Erbrechen, Magenschmerzen, Koliken, Durchfälle, Blutharnen, Blasenbeschwerden, Atemlähmung, Koma, Tod. *Gegenmittel:* Magenspülung, Adsorbentia, künstliche Atmung, Analeptica (Coffein, Campher), Atropin oder Adrenalin.

Chelidonium und seine Zubereitungen zeigen im ultravioletten Licht starkes gelbes Aufleuchten (Nachweis von Vergiftungen!). Nach MEYER geht die toxische Wirkung nicht von den Alkaloiden, sondern von den im Safte vorhandenen Harzen aus. Die neutralen Salze der Alkaloide wirkten stark bactericid (STICKL) noch in der Verdünnung 1 : 1000; Chelidoxanthin spezifisch gegen Staphylokokken und Milzbrandbacillen. MADAUS prüfte mit der Frischpflanzenverreibung „Teep" die Wirkungen am Gesunden nach; außer in einem Falle, wo Augenflimmern (1 g Pflanzensubstanz) auftrat, zeigte sich nichts.

Wirkung auf Carcinom; verschiedentlich angegeben. DENISSENKO sah nach peroraler und parenteraler Beibringung Epitheliome zurückgehen und verschwinden. STICKL berichtet, daß die Schöllkrautalkaloide das Wachstum des Mäusecarcinoms hemmen. MADAUS konnte demgegenüber keine Wirkungen feststellen. LECLERC erklärt die schmerzlindernden Wirkungen bei Magencarcinom (REUTER, WITZEL, BRENDEL) durch die morphinartige Alkaloidwirkung. Auch bei Lepra soll die Pflanze wirksam sein.

Verordnungsformen. Herba Chelid. maj. zum kalten und heißen Auszug, $^1/_2$ Teelöffel auf 1 Tasse, 2 Tassen täglich. Extract. Chelid. in Pillenform 0,6 g pro die (kann bis zur Höchstdosis von 6,0 gesteigert werden). Extr. Chelid. fluid. 0,5—2,0 g pro die. Tinct. Chelidonii RADEMACHERI täglich drei- bis fünfmal 5—20 Tropfen. — *Homöopathie:* ⌀ — dil. D 3, drei- bis fünfmal täglich 10 Tropfen. *Vorsicht* mit größeren Dosen!

Medizinische Anwendung. Bei Leberschwellungen, Gallenstauungen, Cholelithiasis, Gallengrieß, Hypochondrie, ferner bei Hyperemesis gravidarum (NEUBERT), Magen- und Darmbeschwerden entzündlicher Art, Milzschwellungen, weiter bei harnsaurer Diathese, Rheuma, Gicht, Nierenwassersucht, Hämorrhoiden, Skrofulose, seltener bei Tussis, Pertussis, Bronchitis, Pneumonie, Asthma bronchiale, Schwindsucht. Vielfach sind gute Erfahrungen bei Grippe gemacht worden.

Psoriasis (HAEHL)
Rp: Chelidonium maj. ⌀ 3,0
 Lanol. anhydr. 20,0
 Vaselin. flav. ad 30,0
 S.: Nach dem Bad einzureiben.

Homöopathische Anwendung. Bei Störungen der Leberfunktion, melancholischen Gemütsaffektionen, chronischem Magen- und Darmkatarrh mit Mattigkeit, Gliederschwere, Kopfschmerzen, Denkunvermögen, bei typhösen und intermittierenden Fiebern, Lungen- und Brustfellentzündungen besonders wenn die Leber beteiligt ist, Bronchitis mit geringem Auswurf, Rheuma und Gicht (einzelner Nervenstämme), Schwachsichtigkeit, Augenentzündungen, Hautausschlägen mit Bläschen und Pusteln, Nieren- und Blasenkatarrh, ungeordneter reichlicher Periode, Fluor, Schwächezuständen.

Volkstümliche Anwendung. Gicht, Gelbsucht, Amenorrhöe, Tuberkulose, Darmkatarrh, Magenkrampf, Hämorrhoiden, Asthma, periodischen Gesichtsschmerzen, Bronchialkatarrh, Wechselfieber, Krebs; zum Aufstreuen auf Wunden und Geschwüre und der frische Saft der Pflanze zum Betupfen von Warzen und Sommersprossen.

Corydalis cava Schw. u. K., C. tuberosa D. C., Hohler Lerchensporn, Gemeine Hohlwurz.

Beschreibung. Ausdauernd, Höhe 15—30 cm. *Wurzelstock* knollig, hohl. *Stengel* einfach, ohne Schuppen, grün bis rotbraun, mit 2 Laubblättern, diese doppelt-dreizählig, eingeschnitten, zart, kahl, blaugrün. Blütentrauben endständig, 10—20blütig, stets aufrecht. Deckblätter eiförmig-lanzettlich, ganzrandig, rötlich. *Lippenblüte* trübpurpurn, blau, lila oder gelblichweiß, mit tief ausgerandeter Ober- und Unterlippe und langem, an Ende abwärts gebogenen Sporn. Krone kelchlos. Frucht schotenförmig, grün. Samen schwarz, glänzend, kugelig mit Anhängsel. — *Blütezeit* April, Mai.

Besonderes. Blüten schwach harzig-wohlriechend.

Vorkommen. Laubwälder, Gebüsche; ziemlich verbreitet, im Nordwesten sehr selten.

Arzneiformen. Die Fa. *Madaus* eine stellt „Teep"-Verreibung aus den in der Vegetationsruhe gesammelten Knollen her. Die *Homöopathie* stellt ihre Urtinktur ebenfalls aus den Knollen her. —

Bestandteile. Bis zu 5% an Apfel- und Fumarsäure gebundene, den Opiumalkaloiden verwandte Alkaloide, von den die wichtigsten sind: Corydalin, Corybulbin, Isocorybulbin, Bulbocapnin, Corytuberin, Corydin, Corycavin, Corycavidin, Corycavamin, Protropin (= Fumarin), Glaucin. Auch im Kraute der Pflanze wurden die meisten der Alkaloide gefunden (n. Gessner).

Pharmakologie. Die Isochinolinderivate *Corydalin, Corybulbin* und *Isocorybulbin* haben zentralnarkotische Wirkung; peripher schädigen sie die musculomotorischen Apparate des Herzens und führen zur Blutdrucksenkung. *Corytuberin* ist ein Reflex-Krampfgift und führt über Vagusreizung, Blutdrucksteigerung, Zunahme der Atemfrequenz durch zentrale Atemlähmung zum Tode. *Corydin* macht zentral schwache Narkose, um dann wie Corytuberin zum Tode zu führen. *Corycavin, Corycavidin, Corycavamin* wirken sekretionssteigernd auf Tränen- und Speicheldrüsen, rufen klonische Krämpfe ohne Reflexerregbarkeitssteigerung hervor, die mit Pulsverlangsamung und Blutdrucksteigerung einhergehen. *Glaucin* macht schwache Hirnnarkose, klonische Krämpfe, Starre und Lähmung der gesamten Muskulatur und Erlöschen der Sensibilität. *Protropin* macht beim Warmblütler Blutdrucksteigerung, dann Senkung durch Schädigung des Vasomotorenzentrums und des Herzens und führt zum Tod durch Atemlähmung. — *Bulbocapnin* hat das meiste pharmakologische Interesse gefunden. Es bewirkt eine eigenartige, an Katalepsie erinnernde Aufhebung der willkürlichen und reflektorischen Bewegungen bei erhaltenem Tonus und ungestörter Statik der Muskulatur und bei Erhaltensein der Aufnahme sensibler Reize; nebenher steigert es die Tränen- und Speichelsekretion, schädigt die Herztätigkeit und die Atmung (zit. nach O. GESSNER). Das rein dargestellte Bulbocapnin-MERCK hat eine ausgesprochene Wirkung gegen hyperkinetische Zustände, Tremor verschiedener Ätiologie (Paralysis agitans, Chorea). Auch bei ataktischen Zuständen von Tremorcharakter ist es von günstigem Einfluß. Von BRÜCKE wird es als Schlafmittel, besonders wenn motorische Unruhe, Aufregungszustände vorliegen, bewertet, auch in Verbindung mit Morphin oder Scopolamin. Nach MOLITOR (1936) sollte es zur Narkose-Einleitung Verwendung finden. Die durch Adrenalin normalerweise erzeugte Blutdruckerhöhung wird durch Bulbocapnin ebenso gehemmt wie die durch Dioxyphenyläthylaminoäthanol erzeugte Blutdrucksenkung, es wirkt also als Stabilisator des Blutdrucks (RAYMOND-HAMET 1936). GALOTTA beobachtete an 5 Fällen von Dementia praecox eine halbe Stunde nach der Injektion von 0,0015 g pro kg eine Senkung des Calciumspiegels. Auch bei Dyskrasie, Skrofulose, syphilitischen Ulcera und in der Augenheilkunde soll es von guter Wirkung sein. MERCK bringt unter dem Namen Bulbophen ein Komplexpräparat der Corydalisalkaloide mit etwa 30—50% Bulbocapnin in den Handel, das vielleicht den Vorzug vor dem isolierten Alkaloid verdient.

Verordnungsformen. Bulbocapnin 0,1 als Einzel- und Tagesgabe, je nach dem Fall auch zweimal täglich (innerlich oder parenteral). — „Teep", dreimal täglich 1 Tablette. — *Homöopathie:* dil. D 2, dreimal täglich 1—2 Tabletten.

Medizinische Anwendung. Paralysis agitans, Parkinsonismus, *Menière*scher Symptomenkomplex, Dementia praecox, Chorea, Aufregungszustände choreatischen Charakters, Schlaflosigkeit infolge motorischer Unruhe, Schreibkrampf mit Tremorcharakter.

Homöopathische Anwendung. Syphilitische Affektionen, Malariakachexie.

Fumaria officinalis L.,
Echter Erdrauch.

Beschreibung. Einjährig, Höhe 15—30 cm. *Wurzel* dünn, faserig, *Stengel* aufrecht, ästig. Blätter wechselständig, doppeltfiederschnittig, Fiederchen meist dreispaltig, lineal-lanzettlich, am Grunde der Blattstiele keine Nebenblätter. *Blüten* klein, kurz gestielt, in dichten aufrechtstehenden Trauben, gipfelständig, blatt- oder achselgegenständig, rosa bis dunkelpurpurfarben, an der Spitze schwärzlich-rot. 2 abfallende Kelchblätter. 4 ungleiche, verwachsene Blumenblätter, zweilippig, das oberste Kronenblatt in einen kugeligen Sporn ausgezogen. Frucht niedergedrückt-kugelig, oben abgestutzt. *Blütezeit* Mai bis Herbst.

Besonderes. Pflanze grau-grün. Geschmack bitter, salzig.

Vorkommen. Äcker, Gartenland, feuchter Boden; häufig.

Sammelzeit. Mai bis August. Das blühende Kraut wird kurz über der Erde abgeschnitten.

Anbau. Nicht lohnend; der Samen wird im Frühjahr dünn ausgesät.

Drogen, Arzneiformen. Herba Fumariae, Erdrauchkraut; Extractum Fumariae; Sirupus Fumariae. — *Homöopathie:* Essenz aus der frischen, blühenden Pflanze.

Bestandteile. Alkaloid Fumarin (= Protopin = Macleyin) an Fumarsäure gebunden, ferner Bitterstoff, Harz, Schleim.

Pharmakologie. Fumarin bewirkt beim Warmblütler zuerst Steigerung, dann Senkung des Blutdruckes (Schädigung des Vasomotorenzentrums). Die Hemmungsapparate im Herzen werden schon durch mäßige, der Herzmuskel selbst durch größere Gaben gelähmt, ebenso der Darm. Schließlich erfolgt Tod durch Atemlähmung. Die peripheren Nerven behalten bis zum Schluß ihre Erregbarkeit (ENGEL, MEISSNER, GESSNER). MEYER beobachtete bei äußerlicher und subcutaner Anwendung anästhesierende Eigenschaften. Bei der therapeutischen Anwendung ist (nach LECLERC) die Wirkung ganz verschieden, je nachdem, ob längere Verabreichung erfolgte oder konzentriertere Zubereitungen gegeben wurden. Während der ersten 8 Tage erfolgte rasche Blutkörperchen-Neubildung, später aber, wenn die Pflanze weitergegeben wurde, eine sehr bemerkbare Verminderung.

Verordnungsformen. Herba Fumariae, zum kalten oder heißen Aufguß 2 Teelöffel auf 2 Tassen Wasser, tagsüber trinken. — *Homöopathie:* dil. D 2, zwei- bis dreimal täglich 1 Tablette.

Medizinische Anwendung. Zur Anregung der Ausscheidungstätigkeit von Magen, Darm, Leber, Pankreas und Haut, also bei Magenschwäche, schlechter Verdauungstätigkeit, spastischer Obstipation, Leber- und Gallenblasenstauungen, Hydrops (Ascites), Unterleibsplethora. Ferner bei Exanthemen aller Art, besonders Ekzemen und Skrofulose. ZIMMERMANN berichtet von besonderen Wirkungen auf Magengeschwüre. Die Anregung von LECLERC ist zu beachten. Die Verabreichung ist demnach nach längstens 10 Tagen von Pausen zu unterbrechen, wenn man keine Umkehrung in entkräftigende (hyposthénisante) Wirkung haben will, wie das bei den Beschwerden der Arteriosklerotiker vielleicht erwünscht ist.

Homöopathische Anwendung. Chronische Ekzeme, besonders scrophulöser Natur.

Volkstümliche Anwendung. Bei chronischer Verstopfung, Gallenleiden, Wasseransammlungen, chronischen Hauterkrankungen, Gesichtsunreinigkeiten, Skrofulose.

Cruciferae, Kreuzblütler.

Cochlearia armoracia L., Nasturtium armoracia SCHULTZ, Meerrettich.

Beschreibung. Ausdauernd, Höhe 50—125 cm. *Wurzeln* und unterirdische Achsen oft über 50 cm lang, dick, walzlich-rund, zart geringelt, querwarzig, bräunlich-gelb, innen hartfleischig, weiß. *Stengel* aufrecht, ästig, beblättert. *Grundblätter* sehr groß, bis 30 cm und darüber lang, grün, am Grunde herzförmig, länglich, gekerbt; *Stengelblätter* wechselständig, mittlere kammartig-fiederspaltig, obere eiförmig-lanzettlich, gekerbt-gesägt, stumpf, mit verschmälertem Grunde sitzend, oberste linealisch, fast ganzrandig. *Blütenstand* lockere Kreuzblütenrispe, Kronenblätter weiß, bis 8 mm lang. Schötchen kugelig-elliptisch, kaum 3 mm lang. Frucht selten reifend. *Blütezeit* Juni, Juli.

Besonderes. Pflanze kahl. Wurzel beißend riechend, scharf aromatisch schmeckend.

Vorkommen. Ufer, Gräben, verwildert; viel als Gemüse angebaut.

Sammelzeit. Es wird nur die Wurzel geerntet, sobald sie fleischig ist.

Anbau. Lohnend, wenn marktmäßiger Absatz da ist.

Drogen, Arzneiformen. Radix Armoracia, Meerrettichwurzel, wird nur in frischem Zustande gebraucht. Oleum Armoracia, Meerrettichöl, durch Destillation gewonnen. Die *Homöopathie* stellt Essenz und Potenzen aus der frischen Wurzel her.

Bestandteile. Glykosid Sinigrin, Enzym Myrosin, freies Senföl, Saccharose, Asparagin, Glutamin, Arginin, Alloxurbasen, Kohlehydrate, Oxydase, organischer Schwefel, Rhodanwasserstoff, etwa 10% Asche mit bis zu 30% Schwefel- und ebensoviel Kaliumverbindungen (KROEBER) Öl = Allylisothiocyanat.

Pharmakologie. Umschläge der frischen, zerriebenen Wurzel führen zu starker Hyperämie der Haut, nur bei besonders empfindlichen Personen auch zur Blasenbildung. Innerlich wird die Schleimhaut- und Darmdrüsentätigkeit angeregt.

Verordnungsformen. Hauptsächlich als frische geriebene oder gehobelte Wurzel auf Butterbrot oder mit Zucker vermengt teelöffelweise. Meerrettichessig: Übergießen mit Weinessig und 14tägige Maceration. Abkochungen mit Rotwein: 2 Teelöffel der gehobelten Wurzel auf 1 Glas. Kataplasmen: die geriebene Wurzel wird auf Leinwand gestrichen und aufgelegt. Sirup: die geriebene Wurzel mit Zucker vermengt, einige Stunden ziehen lassen, dann abpressen; täglich 1—3 Eßlöffel. — *Homöopathie:* dil. D 2 bis D 3, dreimal täglich 1 Tablette.

Medizinische Anwendung. Katarrhe, Asthma, Anacidität, Obstipation, Flatulenz, Skorbut, Gicht, Rheuma, Hydrops. BOHN bezeichnet die Wurzel als erregend auf die Blutgefäße und als Mittel gegen harnsaure Blutentmischung, PIC und BONNAMOUR als „mächtiges Antiscorbuticum", was auch LECLERC bestätigt. — Äußerlich finden die Breiumschläge Anwendung bei Schmerzzuständen aller Art (Neuralgien, Ischias, Magenkrämpfe, Brustkrämpfe), kurz überall dort, wo entweder eine leichte Hyperämie erzeugt oder innere Organe entlastet werden sollen.

Homöopathische Anwendung. Bei Husten und Bronchialkatarrh.
Volkstümliche Anwendung. In der Küche, gerieben oder als Soßengewürz. Ferner zu Umschlägen und Bädern gegen Frostbeulen. Innerlich bei Lungenleiden (Husten bei Tuberkulose), Gicht, Rheuma, Verdauungs- und Leberbeschwerden. Der Meerrettich-Essig als Cosmeticum bei Sommersprossen, Leberflecken und Hautausschlägen.

Cochlearia officinalis L.,
Echtes Löffelkraut, Skorbutkraut.

Beschreibung. Zweijährig, Höhe 15—30 cm. *Wurzel* dünn, spindelförmig, mit vielen Fasern. *Stengel* einfach oder ästig, fein gerieft. *Grundblätter* bilden eine Rosette und sind langgestielt, kreis- oder breit-eiförmig, am Grunde schwach herzförmig, obere Blätter stengelumfassend mit tief herzförmigem Grunde, grob gezähnt, lebhaft grün. *Blütenstand* eine reichblütige, etwas überhängende Traube. *Kreuzblüte:* 4 Blumenblätter, verkehrt-eiförmig, getrennt, genagelt, weiß; 4 Kelchblätter, stumpf-eiförmig. *Frucht* ein Schötchen mit je 1—4 Samen in jedem Fach. *Blütezeit* Mai, Juni.

Besonderes. Ganze Pflanze kahl und hellgrün. Beim Zerreiben des Krautes scharfer senfartiger Geruch, Geschmack scharf-würzig, kressenartig.

Vorkommen. Auf salzhaltigem Boden, am Meeresstrand.

Sammelzeit. Das ganze Kraut wird kurz vor und während der Blüte gesammelt.

Anbau. Man sät auf nicht zu trockenem Boden dünn aus, kann auch im Herbst unter Getreide säen.

Drogen, Arzneiformen. Herba Cochleariae, Löffelkraut; Oleum Cochleariae, Löffelkrautöl; Spiritus Cochleariae, Löffelkrautspiritus; *Homöopathie:* Essenz und Potenzen aus dem frischen blühenden Kraut.

Bestandteile. Vitamin C, Butylsenföl, ein flüchtiges schwefelhaltiges Öl, das durch die Einwirkung von Myrosin aus dem Glykocochlearin entsteht, ferner δ-Limonen (?), Gerbstoff, Harz, 20% Mineralstoffe. Die Ausbeute an ätherischem Öl aus der frischen Pflanze 0,015—0,03%, aus dem getrockneten Kraut 0,15—0,3%.

Pharmakologie. Butylsenföl reizt die Haut stark, hyperämisiert und kann isoliert zur Blasenbildung führen. Innerlich können Entzündungen von Magen, Darm, Nieren hervorgerufen werden. Die Konzentrationen in der Pflanze, die meist nur in verhältnismäßig geringen Mengen und mit anderen Speisen genossen wird, ist jedoch so gering, daß die vorzüglichen sekretionsanregenden, verdauungsfördernden Eigenschaften kleiner Dosen Butylsenföl zur Wirkung kommen.

Verordnungsformen. Meist wird die frische Pflanze zum Butterbrot, zum Salat, gegessen. Die Herstellung von frischem Saft durch Zerkleinern und scharfes Auspressen ist zu empfehlen; man läßt davon täglich 50—100 g nehmen. — Die getrocknete Pflanze, Herba Cochleariae zum heißen Aufguß, 1 Eßlöffel auf 1 Tasse, 10 Minuten ziehen lassen, täglich 2—3 Tassen. — Äußerlich: Spir. Cochleariae. — *Homöopathie:* dil. D 1—3, dreimal täglich 10—20—30 Tropfen.

Medizinische Anwendung. Der frische Saft gegen C-Avitaminosen und Schwächezustände, Rekonvaleszenz, Apoplexiegefahr. Der Aufguß des getrockneten Krautes bei chronischen Hautkrankheiten, Skrofulose; diuretisch bei Hydrops, Ascites, Niereninsuffizienzen, Nierengrieß, Prostatabeschwerden, Folgen von Gonorrhöe, Unterleibsbeschwerden der Frau, ferner bei Rheuma, Gicht, Impotenz und andere Sexualleiden (DICK). Spir. Cochl. in Wasser zum Spülen bei Mund- und Halsentzündungen, Paradentose, Infekten, Anginen; äußerlich zum Einreiben bei Nervenschmerzen (Kopf-, Zahnschmerzen, Ischias) und Muskelschmerzen (Lumbago, Rheuma).

Homöopathische Anwendung. Als wassertreibendes, den Stoffwechsel förderndes Mittel besonders bei Wassersucht, Skorbut, Halsleiden.

Volkstümliche Anwendung. Meist frisch als Gemüse, zu Frühlingskuren, zur Blutreinigung; bei Skorbut, Skrofulose, Rheuma, Gonorrhöe, Nasenbluten, Fettsucht.

Tierheilkunde. Mit dem Saft der Pflanze wischt man das Maul bei Maul- und Klauenseuche aus.

Alliaria officinalis ANDRZJ., Erysimum alliaria L., Sisymbrium Alliaria SCOP.,
Knoblauchsrauke, Ramselwurz.

Beschreibung. Zweijährige Pflanze, Höhe 25—100 cm. *Stengel* aufrecht, meist einfach, kantig gestreift, blaugrün bereift, kahl, unterwärts nebst den Blattstielen zerstreut-behaart. *Blätter* wechselständig, ungeteilt, ausgeschweift, grobgezähnt, saftig grün, leicht welkend. Grundblätter langgestielt, nierenförmig; Stengelblätter kurzstielig, herz-eiförmig, zugespitzt, oberseits mit eingedrücktem, unterseits vorspringenden Adernetz. *Blüten* klein, weiß, in einer oben etwas gehäuften Traube; 4 Kronenblätter, 4 abfallende Kelchblätter. *Schoten* abstehend, viel länger als das fast waagerecht abstehende, gleichdicke Stielchen. Samen braun.

Besonderes. Die Pflanze hat zerrieben starken Knoblauchgeruch.

Vorkommen. Lichte Laubwälder, Gebüsche, Auen, Zäune, Wegränder, Schuttplätze; gesellig, häufig.

Blütezeit. Mai, Juni.

Sammelzeit. Während der Blüte schneidet man die oberen Stengelhälften ab.

Bestandteile. Im Kraut und in der Wurzel ein Senföl-Glykosid, Myrosin, äth. Knoblauchöl.

Pharmakologie. Hautreizende Wirkung; in kleinen Gaben innerlich appetitanregend, sekretions- und resorptionsfördernd, spasmolytisch, gärungswidrig und als Wurmmittel. Vergiftungserscheinungen kommen bei dem geringen Gehalt der Pflanze an Senf- und Knoblauchöl kaum vor.

Wirkung, Anwendung. Als Tee und das frisch zerquetschte Kraut im Volke als Wundmittel bei schlechtheilenden Geschwüren.

Sisymbrium sophia L.,
Besen-Rauke, Sophienkraut.

Beschreibung. Einjährig, Höhe 25—100 cm. Stengel aufrecht, meist ästig, kurzhaarig. *Blätter* wechselständig; sehr fein zerteilt, 2—3fach gefiedert, mit linealischen, fast borstigen Zipfeln. *Kreuzblüten* in aufrechten Trauben, gehäuft, an den Enden der Äste. 4 Kelchblätter, aufrecht, abstehend, 4 Blumenblätter, klein, hellgelb. *Schoten* dünn, einnervig, etwa 1½mal so lang als die abstehenden Stiele, bogig aufstrebend, die Blüten nicht überragend. *Blütezeit* Mai bis Herbst.

Besonderes. Pflanze mit sehr feinen, grauen Haaren bedeckt.

Vorkommen. Sandfelder, Wegränder, Schutt; meist gemein mit Ausnahme der höheren Gebirge.

Droge. Die Pflanze lieferte früher Herba und Semen Sophiae chirurgorum, die vom Volke gegen Eingeweidewürmer und Steinleiden gebraucht wurden.

Sisymbrium officinale Scop., Erysimum off. L.,
Wege-Rauke.

Beschreibung. Einjährig, Höhe 30—60 cm. *Stengel* aufrecht, sparrigästig, nebst den Blättern und Schoten meist kurz-weichhaarig, violett angelaufen. *Blätter* wechselständig, gestielt, untere fiederteilig, mit 2—3paarigen, länglichen, gezähnten Seitenabschnitten und sehr großem, spießförmigen, ungleich-gezähnten Endabschnitt; obere Blätter spießförmig, kurzhaarig. *Kreuzblüten* in aufrechten Trauben, endständig, klein. 4 Kronenblätter, gelb, 4 Kelchblätter. *Schoten* aufrecht, in langen blattlosen Trauben, 10—15 mm lang, kurzgestielt, pfriemlich-zugespitzt, meist kurzhaarig, dem Stengel dicht angedrückt; Scheidewand dünn. *Blütezeit* Mai bis Herbst.

Vorkommen. Schutt, Ödland, Wegränder; gemein.

Sammelzeit. Das Kraut wird zur Blütezeit nicht zu tief abgeschnitten.

Droge. Herba Erysimi, Raukenkraut.

Bestandteile. Senfölglykosid und Myrosin.

Pharmakologie. Wirksam ist das S-haltige ätherische Öl für die Schleimhäute der Respirationsorgane, im frischen Kraut auch Rhodanwasserstoff. Jaretzky stellte für die Erysimum-Arten herzwirksame Glykoside mit Digitaliswirkung fest.

Verordnungsformen. Herba Erysimi, zum heißen Aufguß, 1 Teelöffel auf 1 Tasse, 3 Tassen täglich.

Medizinische Anwendung. Katarrhe der Respirationsorgane, besonders bei Trockenheit und Entzündung des Larynx; Expectorans. Das Kraut wird in Frankreich als Herbe au chantre bezeichnet.

Volkstümliche Anwendung. Akuter und chronischer Kehlkopfkatarrh, Heiserkeit, Stimmlosigkeit, Hals- und Brustleiden, Husten, Asthma, Brustverschleimung, Lungenkatarrh, Gelbsucht, Blasenleiden, Nierensteine, Skorbut (nach Kroeber).

Sinapis alba L.,
Weißer Senf.

Beschreibung. Einjährig, Höhe 30—60 cm. Stengel aufrecht, ästig, gestreift, nebst den Blättern kurzborstig. *Blätter* wechselständig, gestielt, gefiedert, mit ungleich-buchtig gezähnten, oft gelappten Blättchen, von denen das endständige meist mit dem nächstunteren Paar verschmilzt. *Blüten* in langen, aufrechten Trauben. Kreuzblüten: 4 Kelchblätter, waagerecht abstehend, 4 gelbe Blumenblätter. Schoten abstehend oder zurückgeschlagen, so lang oder kürzer als der bleibende, oft sichelförmig gekrümmte Schnabel, walzlich, meist steifhaarig, Klappen fünfnervig. *Samen* gelblich, kugelig, etwa 2 mm dick, grubig punktiert. *Blütezeit* Juni bis August.

Besonderes. Der Same schmeckt brennend scharf.

Vorkommen. Stammt aus Südeuropa. Angebaut und auf Äckern, Schutt, an Wegrändern, verwildert.

Anbau. Ernte. Der weiße Senf wird (im Gegensatz zu dem arzneilich verwendeten *schwarzen Senf (Brassica nigra)* zu Gewürz- und Speisezwecken verwendet. Die anspruchslose Pflanze gedeiht auf fast jedem Boden, besonders wenn er locker und kräftig ist. Man sät im Frühjahr dünn in Reihen aus. Die Samenstengel schneidet man ab, sobald sich die Schoten gelblich färben und hängt sie zur Nachreife auf. Für 1 a rechnet man etwa 300 g Samen und einen Ertrag von 8—12 kg (MEYER).

Droge. Semen Erucae (Sem. Sinap. alb.), Weißer Senfsamen. Oleum Sinapsi pingue, Fettes Senföl.

Bestandteile. Sinalbin, Myrosin, Sinapin, etwa 25% fettes Öl.

Pharmakologie. Durch das Myrosin entsteht auch hier das wirksame Allylsenföl (s. *Brassica nigra*). HEUPKE und HOLLÄNDER wiesen indes nach, daß der Samen von *S. alba* im Gegensatz zu dem von *Brassica nigra* die Sekretion hemmt! ECKSTEIN-FLAMM geben an, daß die Wirkung im ganzen etwas schwächer sei als die des schwarzen Senfs. — Das fette Öl dient als Speise-, Brenn- und Schmieröl und zur Herstellung von Seife.

Volkstümliche Anwendung. Chronischer Magen- und Darmkatarrh, katarrhalische Leiden der Respirationsorgane, Asthma, Kopfschmerzen mit Blutandrang zum Kopfe, Gesichtsschmerz, Rheuma, Ischias. Als Diureticum bei Steinleiden, Wassersucht und Gicht. Ferner bei chronischem Ekzem und Epilepsie (SCHULZ).

Brassica nigra KOCH, Sinapis nigra L.,
Schwarzer Senf, Schwarzer Kohl.

Beschreibung. Einjährig, Höhe bis 125 cm. Wurzel faserig, *Stengel* aufrecht, sparrig-ästig, unterwärts zerstreut behaart und bläulich angehaucht. *Blätter* wechselständig, gestielt, untere grasgrün, leierförmig-gefiedert mit großen gelappten Endabschnitten, gezähnt; obere lanzettlich, ganzrandig. Blütenstand end-achselständige Doldentrauben. *Kreuzblüte*, 4 Blumenblätter, genagelt, getrennt, goldgelb. 4 Kelchblätter linealisch, waagerecht abstehend. Schoten aufrecht, lineal (dem Stengel dicht angedrückt), 2—3 cm lang, 2fächerig, mit schwärzlichen oder rotbraunen, nahezu kugeligen Samen. *Blütezeit* Juni, Juli.

Besonderes. Geschmack mild, ölig, säuerlich, dann brennend scharf.

Vorkommen. Gebüsch, an Wiesengräben, Flußufern, Äckern, Schutt; zerstreut, bisweilen angebaut.

Anbau. Der schwarze Senf wird als Feldfrucht angebaut; er wächst am besten auf kräftigem lockeren Boden. Im Frühjahr sät man dünn aus (1 a = 300 g), möglichst reihenweise. Die Pflanzen blühen in etwa 6 Wochen. Die Ernte erfolgt, sobald sich die Schötchen gelblich färben; in Büscheln reifen sie dann nach und werden ausgeschüttelt. Im Durchschnitt erntet man von 1 a 8—12 kg Senfsamenkörner.

Drogen, Arzneiformen. Semen Sinapis, Senfsamen; Oleum Sinapis aeth., Ätherisches Senföl; Charta sinapisata, Senfpapier. — *Homoöpathie:* Tinktur und Potenzen aus den reifen Samen.

Bestandteile. Samen: 24,5% fettes Öl, Enzyme und das Alkaloid Sinapin, 0,3—1,3% äth. Öl, in welchem sich 3,5—7% Sinigrin-Myronsaures Kalium befindet, aus welchem durch das weiter vorhandene Myrosin der therapeutisch wirksame Stoff, das Allylsenföl entsteht; daneben Allylcyanid, Propenylsenföl, Rhodanallyl.

Pharmakologie. Allylsenföl ist das wirksame Agens; es führt zu starker Hyperämie der Haut bis zur Entzündung mit Blasenbildung und Gewebsnekrose. Innerlich reizen *größere* Dosen stark, erzeugen heftige Entzündungen des Magen-Darmkanals, schließlich durch Resorption Vergiftungssymptome wie Erregung, dann Lähmung des Zentralnervensystems und führen über Krämpfe und fortschreitende Lähmung bis zum Tod im Koma. Der Harnapparat wird stark geschädigt; es erscheinen Eiweiß und Blut im Harn, außerdem Blasenreizungen. In *kleinen* Dosen wird die Darm- und Drüsentätigkeit angeregt, die Verdauung gefördert. Dagegen konnte durch HEUPKE und HOLLÄNDER nachgewiesen werden, daß der Samen von Sinapis *alba* die Sekretion hemmt! Zum Anrühren des schwarzen Senfmehles darf kein heißes Wasser (nicht über 45°) verwendet werden, weil sonst das Myrosin unwirksam wird.

Vergiftungen sind selten, weil es, abgesehen von Suicid- oder Abortversuchen, nicht zur Aufnahme größerer Mengen kommt. Allenfalls können in Betrieben usw. einmal Senföle zur Einatmung kommen, die dann starke Reizungen in den Luftwegen und Ödem erzeugen (Verwendung als Kampfstoff im Kriege). *Gegenmittel:* Magenspülungen, Milch, Schleim, Öl, Opium, Analeptica; den Vergifteten möglichst wenig bewegen!

Verordnungsformen. Semen Sinapis nigrae plv., der mit lauwarmem Wasser angerührt zu Packungen und Pflastern verwendet wird, auch als Zusatz zu Bädern (Säckchen mit 250,0 g Senfmehl wird in das Badewasser eingelegt). Chartae sinapis, Senfpapier (zu Umschlägen). Spiritus Sinapis DAB VI zum Einreiben. — *Homoöpathie:* dil. D 3, dreimal täglich 10 Tropfen. — *Vorsicht:* größere Dosen und zu lange Pflastereinwirkungen können zu unangenehmen Reizungen, Blasenbildungen und Entzündungen führen.

Medizinische Anwendung. Im wesentlichen äußerlich zu Umschlägen (zu Brei angerührtes Pulver oder Senfpapier) zur kräftigen Ableitung auf die Haut. Besonders bei Entzündungen der Brustorgane, aber auch bei Lumbago und anderen Rheumaformen sowie Neuritiden. Bei starkem Blutandrang zum Kopf (Klimakterium, drohende Apoplexie, Angina pectoris) macht man Fußbäder oder Umschläge mit Senfmehl. Auch Senfölspiritus eignet sich zum Einreiben des Thorax bei Angina pectoris und im übrigen bei Rheuma, Neuralgie usw. Das unverdünnte Senföl (Vorsicht!) kann in den Händen des Arztes zu intensiven Hautreizungen (Erzeugung umschriebener Entzündungen, bis zur Pustel- und Blasenbildung) vorzüglich verwendet werden.

Umschläge
Rp: Sem. Sinapis nigrae plv.   100,0
  D. s.: Man rührt den Senfsamen mit lauem Wasser zu einem Teig an, der auf Leinwand gestrichen 5—15 Minuten aufgelegt wird.

Rp: Chartae sinapis DAB VI
  D. s.: Das Senfpapier wird in Wasser getaucht und aufgelegt.

Rp: Spiritus sinapis DAB VI
  D. s.: Zum Einreiben.

Homöopathische Anwendung. Bei Heufieber, Schnupfen, Sodbrennen und bei Skorbut.

Volkstümliche Anwendung. Äußerlich ebenfalls als Hautreizmittel, innerlich bei Asthma, Brustverschleimung, Keuchhusten, Fieber, Leberstauungen, Magenbeschwerden, Wallungen, Wassersucht.

Allylsenföl und *p-Oxybenzylsenföl* findet sich auch in (den Samen) von:
Raphanus raphanistrum L., *Hederich,*
Sinapis alba L., *Weißer Senf,*
Sinapis arvensis L., *Ackersenf,*
Alliaria officinalis ANDRZJ., *Knoblauchsrauke,*
Sisymbrium officinale SCOP., *Wegrauke,* Wegesenf,
Nasturtium officinale R. B., *Brunnenkresse.*

Raphanus sativus L.,
Rettich, Radieschen.

Beschreibung. Zweijährig, Höhe 50—125 cm, *Wurzel* dick, fleischig, schwarz, grau bis weiß. *Stengel* aufrecht, oft ästig, innen hohl, nebst den Blättern zerstreut steifhaarig. Untere *Blätter* gestielt, leierförmig, mit länglich-eiförmigen Seiten- und eiförmigen Endblättchen, ungleichgezähnt; oberste Blätter ungeteilt und länglich. Blütenstand traubig, Kelchblätter aufrecht, *Kreuzblüte* gelb oder weiß bis blaßviolett oder dunkelgelb geädert. *Schoten* walzlich, lang und schief geschnäbelt, schwammig, kaum eingeschnürt, nicht in Glieder zerfallend (wie die Schoten von *Raphanus raphanistrum*), bis 5 cm lang und 1 cm dick. *Blütezeit* Mai, Juni.

Besonderes. Pflanze rauhhaarig. Ändert ab: *var. niger* DC. mit großer, fleischiger, außen grauschwarzer Wurzel und *var. Radiola* DC., *Radieschen,* mit kleiner fleischiger, runder oder länglicher, außen roter oder weißer Wurzel.

Vorkommen. Nur angebaut, selten verwildert.

Arzneiformen. Der *schwarze Rettich* wird medizinisch in Form des Preßsaftes oder auch gerieben angewendet. — *Homöopathie:* Essenz und Potenzen aus den frischen Wurzeln.

Bestandteile. Durch Spaltung eines Glykosides ätherisches Öl mit krystallisiertem Rhaphanol (= Rhaphanolid), Diastase, Methylmercaptan, Rhodanwasserstoff, Amylase-Enzymogen, organischer Schwefel, Pentosane, Allyl- bzw. Butylsenföl, das auch im Kraut des Rettichs nebst Myrosin enthalten ist. In dem Samen 37—40% fettes Öl.

Pharmakologie. Der Saft des schwarzen Rettichs wirkt stark cholagog. Bei Duodenalsondenversuchen (EIMER und HENRICH) traten nacheinander stärkere Aussonderung von heller Lebergalle und dunkler Blasengalle ein; es wechselte also (bei Tagesmengen von 150 ccm Preßsaft) zwischen der choleretischen und cholekinetischen Wirkung.

Verordnungsformen. Succus Raphan. sat. in steigenden Mengen von 100—400 g täglich. Von geriebenen Rettichen, die mit etwas Salz und Zucker geschmackskorrigiert werden, muß man die gleichen Mengen geben. — *Homöopathie:* dil. D 2, drei- bis viermal täglich 5—10 Tropfen.

Medizinische Anwendung. Chronische Gallen-(und Leber-)Stauung, Cholelithiasis, auch mit diuretischem Effekt, Darmkatarrhe chronischer Art, Pertussis, Krampfhusten (sekretionssteigernd). — Durch den hohen Basenüberschuß (nach RAGNAR BERG) als ausgezeichnetes diätetisches Nahrungsmittel.

Homöopathische Anwendung. Hysterie, neuralgische Kopfschmerzen, Abmagerung, Schlaflosigkeit, Leberbeschwerden, Blähungen, chronische Diarrhöe, Pemphigus.

Volkstümliche Anwendung. Der meist durch Aushöhlen der Rettiche und Füllung mit Zucker hergestellte Saft wird angewendet bei Keuchhusten, Heiserkeit, Verschleimung von Brust, Magen und Darm, Durchfall, Skorbut, Asthma, Milz- und Gallenerkrankungen, Gallensteinen, Gallenblasenentzündung, Gelbsucht, Gallenerbrechen, chronischen Reizungen von Nieren und Blase, Nieren- und Blasengrieß, Gicht, Rheumatismus, Ischias. KNEIPP empfahl den Rettichsaft bei Lungenkrankheit „wenn die Lunge nicht schon Löcher hat". Im Volke wird der Saft als Mittel gegen Sommersprossen angewendet.

Nasturtium officinale R. BR., Sisymbrium nasturtium L., Brunnenkresse.

Beschreibung. Ausdauernd, Wurzelstock kriechend, gegliedert. *Stengel* 40—100 cm lang, kriechend, kantig, hohl, an den Blattachseln wurzelnd, mit aufsteigenden Ästen. *Blätter* wechselständig, unpaarig gefiedert, untere dreizählig, obere drei bis siebenzählig. Blättchen sitzend, geschweift, die seitenständigen elliptisch, das endständige eiförmig, am Grunde fast herzförmig, fleischig, dunkelgrün, kahl. *Blüten* in kleinen, weißen, endständigen Doldentrauben. Blumenblätter verkehrt-eiförmig, am Grund violettlich gefärbt, Staubbeutel gelb. Schoten so lang wie die Stielchen, lineal-länglich, gedunsen, meist sichelförmig gekrümmt. *Blütezeit* Mai bis September.

Besonderes. Geruch der frisch zerriebenen Blätter scharf, würzig. Geschmack scharf rettichartig, bitterlich.

Vorkommen. Häufig in Quellwässern, in Bächen und Flüssen mit reinem Wasser; auch kultiviert zu Gemüsezwecken.

Sammelzeit. Die Blätter werden vor und während der Blüte gesammelt, man zieht sie nach unten ab. — Die frischen Blätter als Roh-Salat-Gemüse.

Drogen, Arzneiformen. Herba Nasturtii, Brunnenkresse; Succus Nasturtii, Brunnenkressensaft. — *Homöopathie:* Essenz aus der frischen, blühenden Pflanze.

Bestandteile. Ein Senfölglykosid Glykonasturtiin, aus dem durch fermentativen Prozeß (Myrosin?) ein ätherisches Öl mit Phenyläthylsenföl entsteht. Außerdem sind vorhanden: Raphanolid-Raphanol, Rhodanwasserstoff, Eisen, Spuren Arsen, Kaliumnitrat (KROEBER), Diastase, Kohlenwasserstoffe (?), Vitamine A, C, D und nach SCHWARZ 0,448 mg Jod pro kg getrocknete Pflanze; in den Samen 24% fettes Öl.

Pharmakologie. Die von MADAUS durchgeführte Wertbestimmung durch Bestimmung der vorhandenen Senföle ergab für die übliche homöopathische Tinktur eine Silberzahl von 0,011, zeigte also einen verhältnismäßig kleinen Gehalt an Senföl an. Wurde die Pflanze vor dem Auszug mit Myrosinase fermentiert, stieg die Silberzahl auf 0,03. — Der Genuß der rohen Blätter ruft mitunter schmerzhafte Blasenbeschwerden hervor; die Kontraktilität der glatten Muskelfasern wird erhöht.

Verordnungsformen. Herba Nasturtii, zum heißen Aufguß, 1—2 Eßlöffel auf 1 Tasse, 3 Tassen täglich. Succus Nasturtii, dreimal täglich 3 Eßlöffel. — *Homöopathie:* dil. D 2, drei- bis viermal täglich 1 Tablette.

Medizinische Anwendung. Chronische Hautkrankheiten, Ekzeme, Acne, Aphthen und Gingivitis, Skorbut, Anämien, Chlorose, Diabetes, Struma; unterstützend bei chronischen Bronchialerkrankungen, Hydrops, Leber- und Gallenleiden, Blasenleiden (Cystitis, Grieß), Verdauungsschwäche, Verstopfungen, Würmern. *Kontraindikation* Gravidität!

Homöopathische Anwendung. Als Fiebermittel und bei Neuralgien, auch wie vorstehend.

Volkstümliche Anwendung. Meist in Form des frischen, rohen Salates als allgemeines Blutreinigungs- und Auffrischungsmittel, bei allen vorstehend aufgeführten Krankheiten. KNEIPP empfahl die Brunnenkresse bei Lungenkrankheit und Blutarmut. BOHN hebt die Anwendung bei Struma hervor, die auch im Volke bekannt ist.

Dentaria enneaphyllos L.,
Weiße Zahnwurz, Neunblättrige Z.

Beschreibung. Ausdauernd, Höhe 20—30 cm. *Wurzelstock* kriechend, gelblich, fingerdick, mit zahnähnlichen, übereinander liegenden, nackten Schuppen. *Stengel* schief aufsteigend, einfach, kahl. *Blätter* quirlig, gestielt, dreizählig, kahl. Teilblätter spitz, ungleich gesägt. Überhängende Doldentraube, bis über 12 Blüten. *Kreuzblüte,* 4 getrennte Blumenblätter, gelblichweiß. Staubblätter so lang wie die Blumenkrone.

Schoten lanzettlich-lineal, flach zusammengedrückt, geschnäbelt. *Blütezeit* April, Mai.

Vorkommen. Schattige Gebirgswälder, auf Kalkboden; selten.

Sammelzeit. Das blühende Kraut wird abgeschnitten, die Wurzelstöcke werden im Sommer gegraben.

Drogen. Die Wurzelstöcke werden unter dem irreführenden Namen Radix Saniculi, das Kraut als Herba Saniculi gehandelt!

Bestandteile. Ein unangenehm riechendes und schmeckendes ätherisches Öl. KROEBER stellte im Fluidextrakt Alkaloide und Glykoside fest; auch der Rückstand nach Abdunsten des Extraktes reagierte auf Alkaloid- und Glykosidreagentien mit starken Fällungen.

Wirkung, Anwendung. Im Volke bei Brust-, Magen- und Darmerkrankungen als schleimlösendes Mittel, bei Blutungen aus Niere und Blase, zu starker Menstruation, Gebärmutterleiden, Syphilis, Veitstanz. Zum Spülen bei Entzündungen im Mund und Rachen, bei Mundfäule, Skorbut, Geschwüren. Umschläge und Waschungen bei Verwundungen, Quetschungen, Ausschlägen, Geschwüren, Brüchen und Geschwülsten.

Cardamine pratensis L.,
Wiesen-Schaumkraut, Wiesenkresse.

Beschreibung. Ausdauernd, Höhe bis 30 cm. Wurzel faserig, *Stengel* aufrecht, meist einfach, stielrund, fein gerillt, hohl, kahl, manchmal unterwärts zerstreut behaart, bereift. *Grundblätter* rosettig mit rundlichen, ganzrandigen oder ausgeschweiften, gestielten Blättchenpaaren (4—6); *Stengelblätter* wechselständig mit linealischen bis länglichen ganzrandigen, fast sitzenden Blättchen. Blätter oft zerstreut behaart. Trugdolde, sieben- und mehrblütig. *Kreuzblüte:* Kelch und Krone 4blättrig, Blumenblätter getrennt, weiß oder blaßlila-weiß, 4 lange, 2 kurze Staubblätter, Staubbeutel gelb, Griffel kurz und dick. Schoten aufrecht, abstehend. *Blütezeit* März bis Mai.

Besonderes. An den Stengeln oft weiße Schaumflocken, in denen sich die grüne Larve der Schaumzikade versteckt hält.

Vorkommen. Wiesen, feuchte Wälder; gemein.

Sammelzeit. Die ganze Pflanze wird kurz vor und während der Blütezeit gesammelt oder die Blüten besonders. Der Anbau ist nicht lohnend, weil keine Nachfrage besteht.

Bestandteile. Myrosin, Senfölglykosid „Glykonasturtiin", 0,00135% δ-sec.-Butylsenföl (WEHMER).

Anwendung. Der Aufguß der frischen oder getrockneten Pflanze oder auch die gepulverte Pflanze werden bei Chorea, hysterischen Krämpfen und rheumatischen Schmerzen empfohlen (BOHN). Die von SCHULZ angenommene Wirkung auf die Diabetessymptome konnte von SAUER, der sie nachprüfte, nicht bestätigt werden.

Volkstümliche Anwendung. Unterleibsstockungen, Hautkrankheiten, Skorbut, Scharlachfieber, Krämpfe der Kinder.

Capsella bursa pastoris MOENCH, Thlaspi bursa past. L., Hirten-Täschelkraut, Taschenkraut, Bauernsenf.

Beschreibung. Einjährig und zweijährig, Höhe 10—40 cm. *Stengel* aufrecht, einfach ästig oder abstehend verzweigt, kahl, im unteren Teil zerstreut behaart. *Grundblätter* bilden eine Rosette, sind gestielt, schrotsägeförmig bis fiederspaltig mit dreieckigen Zipfeln. *Stengelblätter* kleiner, wechselständig, sitzend, lanzettlich, stengelumfassend, meist ganzrandig. Kelchblätter kürzer als die weißen, getrennten Blumenblätter. Die *Blüten* sind klein und bilden eine gedrängte Trugdolde. *Schötchen* auf fast waagerecht abstehenden Stielen, dreieckig-verkehrtherzförmig, ähnlich einem Täschchen. *Blütezeit* Frühjahr bis Herbst.

Vorkommen. Äcker, Wege, Schutt; sehr häufig (Ackerunkraut).

Sammelzeit. Vom April bis in den September hinein kann das Kraut gesammelt werden, indem man die ganze Pflanze am unteren Teil des Stengels abschneidet und im Schatten rasch trocknet.

Anbau. Bei dem massenhaften Vorkommen der Pflanze nicht lohnend.

Drogen, Arzneiformen. Herba Bursae past., Hirtentäschelkraut; Tinctura Bursae past., Hirtentäscheltinktur; Extractum Bursae past. fluid.; Hirtentäschelfluidextrakt; Unguentum Bursae past. — *Homöopathie:* Essenz und Potenzen aus der frischen blühenden Pflanze.

Bestandteile. Allylsenföl-Glykosid, Alkaloid „Bursin", Schwefel, Cholin, Tyramin, ferner eine nicotinähnliche Base und in der Asche mehr als 40% Kaliumoxyd. In der Droge konnte ROBERG kein Saponin nachweisen.

Pharmakologie. Welchem Bestandteil die hämostyptische Wirksamkeit der Pflanze zuzuschreiben ist, konnte noch nicht ermittelt werden. HARSTE stellte fest, daß 1 ccm des wäßrigen Auszuges eine Uteruskontraktion erzeugt, die der nach $^1/_{100}$ mg Histamin entspricht. Die uteruskontrahierende Wirkung der frischen grünen Pflanze ist nicht größer als die der getrockneten Droge. Die Uteruswirkung wird nicht durch den hohen Kaliumgehalt allein bestimmt (WASICKY). Nach KROEBER besitzt Fluidextrakt erst nach 3monatlicher Lagerung seine volle Wirksamkeit. Auf Wunden wirkt die Pflanze reizend (KIONKA).

Verordnungsformen. Herba Bursae past. zum kalten Aufguß, 3 Teelöffel auf 1 Glas Wasser, 8 Stunden stehen lassen, tagsüber bis 2 Gläser trinken; Tinct. Bursae past. fünfmal täglich 30 Tropfen; Extract. Bursae past. fluid. täglich 5—15 g. — *Homöopathie:* ⌀ — dil. D 1, drei- bis fünfmal täglich 10 Tropfen.

Medizinische Anwendung. Vielfach erprobt als promptes Haemostypticum bei Uterusblutungen (ohne Rücksicht auf erhöhten oder erniedrigten Blutdruck), auch bei allen anderen Blutungen. Ferner bei Menorrhagien (auch bei Adnexitis, Metritis und Myomen) und Dysmenorrhöe. Vielfach wird die Pflanze bei Fluor angewandt; besonders wirksam ist sie bei Cholangitis und Cholelithiasis (KOSCH), auch bei Erkrankungen der Harnorgane (Nierengrieß).

Homöopathische Anwendung. Amenorrhöe, Menorrhagie, Metrorrhagie, Blutungen post partum, Fluor mit großer Schwäche, Nieren- und

Blasenaffektionen mit Blutungen, Hämorrhoidalblutungen, Nierengrieß, Steinbildungen, Harnsäureretention.

Volkstümliche Anwendung. Zur Regulierung der Menstruation, bei Lungen-, Nieren- und Uterusblutungen, Wechselfieber, Leber- und Darmkrankheiten (Durchfälle, Koliken), Appetitlosigkeit; ferner als Wundheilmittel (starker Tee oder pulverisiertes Kraut aufgestreut).

Cheiranthus cheiri L.,
Goldlack, Gelbveiglein, Pferdeblume.

Beschreibung. Ausdauernd, Höhe 30—50 cm. Blütenstiel aufrecht, untere Äste kurz, nicht blühend. *Blätter* wechselständig, gestielt, ganzrandig, mit zerstreuten, angedrückten Haaren besetzt, untere lanzettlich, beiderseits 1—2zähnig. *Blüte* goldgelb bis orangegelb, bei der kultivierten Pflanze braungelb bis purpurn. 4zähliger Blumenblätterkreis, getrennt. Narbe zweilappig, die Lappen zurückgekrümmt. *Schoten* 4kantig, zusammengedrückt, angedrückt behaart. *Blütezeit* Mai, Juni.

Besonderes. Pflanze ohne Drüsenhaare, Blüten stark duftend.

Vorkommen. Felsen, Gemäuer; zerstreut, häufig als Zierpflanze und in Töpfen gezogen.

Sammelzeit. Die ganze Pflanze am besten kurz vor der Blüte.

Drogen, Arzneiformen. Herba Cheiri, Goldlackkraut. — *Homöopathie:* Zubereitungen aus der frischen Pflanze.

Bestandteile. *Blüten:* 0,06% äth. Öl, Myrosin, Quercitin. *Blätter:* schwefelhaltiges Glykosid Cheiranthin. *Samen:* 1,6—1,7% schwefelhaltiges Glykosid Cheirolin, Glykocheirolin, Myrosin, Cheirinin, Cholin (WEHMER).

Pharmakologie. Das Glykosid *Cheiranthin* besitzt Digitaliswirkung; 1 mg = 400 Froschdosen, 1,0 g der Pflanze = 1300 Froschdosen (JARETZKY, WILCKE, REEB). Das Alkaloid Cheirinin soll chininartig wirken. GESSNER bezweifelt, ob die erfolgreiche Anwendung der Pflanze als Abortivum auf dieses Alkaloid zurückzuführen ist oder ob Pilzgifte eine Rolle spielen, da die Pflanze leicht von Pilzen befallen wird. Vergiftungserscheinungen sind bisher nicht bekannt geworden.

Verordnungsformen. Das frische oder getrocknete Kraut zum heißen Aufguß, 1 Teelöffel auf 2 Tassen täglich. — *Homöopathie:* dil. D 1, dreimal täglich 10 Tropfen.

Anwendung. Hauptsächlich im Volke als Abführmittel, bei Gelbsucht, vor allem bei Frauenleiden, fehlender oder zu geringer Monatsblutung (Abortivum!), ferner bei Wassersucht, Harngrieß.

Resedaceae, Resedagewächse.
Reseda odorata L.,
Wohlriechende Reseda.

Beschreibung. Einjährig und ausdauernd, Höhe 30—50 cm. Stengel aufrecht oder niederliegend, ästig. *Blätter* wechselständig, ungeteilt, in den kurzen Stiel plötzlich verschmälert, spatelförmig, die oberen öfter dreispaltig, mit länglichen Abschnitten. Blüten schwach zweiseitig, in Trauben. *Blumenkrone* sechszählig, gelbgrün, Blätter in 2 oder mehr Zipfel zerschlitzt. Kelchzipfel spatelig. Blütenstiele doppelt so lang als der Kelch. Fruchtkapsel verkehrt-eiförmig, zuletzt hängend, Samen runzlig. *Blütezeit* Juli bis Oktober.

Besonderes. Blüten sehr wohlriechend.

Vorkommen. Zierpflanze aus Nordafrika, gelegentlich auf Schutt, in Gartennähe verwildert.

Bestandteile. In der Wurzel findet sich Phenyläthylsenfölglykosid, in den Blüten das wohlriechende ätherische Resedaöl.

Wirkung, Anwendung. Im Volke wird die konzentrierte Abkochung der Blüten gegen Bandwürmer getrunken (SCHULZ).

Droseraceae, Sonnentaugewächse.

Drosera rotundifolia L., Rundblättriger Sonnentau.

Beschreibung. Ausdauernd, Höhe 10—20 cm. *Blätter* langgestielt, bilden eine bodenständige Rosette. Am Rande und auf der Oberseite sind sie mit etwa je 200 purpurroten, langgestielten *Drüsenhaaren* (Tentakeln) besetzt, die am Ende je ein Drüsenköpfchen tragen. Diese Köpfchen scheiden ein klebriges Sekret aus, das im Sonnenlicht wie Tautröpfchen glänzt, Insekten anlockt und festhält. Durch das Zusammenklappen vieler Drüsenhaare werden die Insekten mit einer magensaftähnlichen Flüssigkeit bedeckt, erstickt und verdaut. *Blütenstiele* bis 20 cm hoch, nicht selten gabelig geteilt, an den Enden einseitige, vor dem Aufblühen eingerollte Scheinblütentraube mit kleinen, sternförmigen, grünlich-weißen Blüten. Kelch tief fünfspaltig, 5 Blumenblätter, 5 Staubblätter, mehrfächeriger Fruchtknoten mit mehreren Griffeln. *Blütezeit* Juli, August.

Besonderes. Fleischfressende Pflanze.

Vorkommen. Torfsümpfe, sandiger Moorboden, Hochmoore; zerstreut.

Sammelzeit. Die Pflanzen werden ohne die Blütenstiele vor und während der Blüte gesammelt; man sticht sie im ganzen heraus und säubert. Die Pflanze ist reichsgesetzlich *geschützt!*

Anbau. Zu empfehlen, wo mooriges Gelände zur Verfügung steht.

Drogen, Arzneiformen. Herba Droserae (Herba Rorellae), Sonnentau; Extractum Droserae, Sonnentauextrakt; Tinctura Droserae, Sonnentautinktur. — *Homöopathie:* Essenz und Potenzen aus der vor der Blüte gesammelten frischen Pflanze.

Bestandteile. Ein proteolytisches Ferment, Oxynaphtochinon, Droseron = Methyljuglon (WITANOWSKI), 0,003 % Benzoesäure, Ameisen-, Apfel-, Citronen-, Essig-, Propionsäure, ein gelber und ein carminroter Farbstoff, Spuren ätherischen Öles, Gerbstoff, Kalium- und Calciummalat, 8,3—9,14% Gesamtasche, keine Alkaloide, keine Glykoside (SABALITSCHKA).

Pharmakologie. Konzentrierte Extrakte der Pflanze rufen heftige katarrhalische Erscheinungen der Luftwege hervor, rheumatische Gelenk- und Muskelschmerzen treten auf, im Mund kommt es zu Entzündungen und Geschwüren, außerdem zum Erbrechen und heftigen blutigen Durchfällen (GESSNER). Die antispasmodische Wirkung wird vielfach hervorgehoben (INVERNI, KETEL), ebenso die sekretionsfördernde Wirkung auf die Schleimhaut der Bronchien (HIRZ), die durch Hyperämie der Schleimhäute hervorgerufen werden soll. Bei subcutaner Anwendung treten starke lokale Reizungen auf, die auf den Ameisensäuregehalt zurückgeführt werden. GLASER erklärt die Droserawirkung mit wahrscheinlich erhöhtem Eiweißzerfall im Körper, der zu vermehrter Phenolbildung und damit zum Auftreten von Hydrochinon im Harn (grünlich-braune Farbe) führen kann. Antisklerotische Erfolge sind mehrfach belegt, so von PETLACH, der einen Zusammenhang mit der diuretischen Wirkung sieht und die Herabsetzung der Blutalkalität beobachtete, ferner von WASICKY, PEYER. HOPPE, SEYLER und HARTER haben versucht, das Droserin zu isolieren; es ist gegen hohe Temperaturen auffallend widerstandsfähig. Im PASTEUR-Institut wurde durch PICHET festgestellt, daß schon winzige Mengen der Pflanze genügen, um jegliches Wachstum von Tuberkelbacillen zu verhindern.

Verordnungsformen. Herba Droserae zum heißen Aufguß, 2 Teelöffel auf 1 Glas Wasser, tagsüber getrunken. Tinctura Droserae, 10 bis 20 Tropfen dreimal täglich. — *Homöopathie:* ⌀ — dil. D 1, dreimal täglich 10 Tropfen.

Medizinische Anwendung. Die Wirkung bei Pertussis ist von zahlreichen Autoren belegt (POTTER, PIC und BONNAMOUR, LECLERC, INVERNI, BÖHLER, HEINZ, BOHN u. a.), die Wirkung bei Lungentuberkulose ist unsicher, dagegen sicher bei Krampfhusten nervöser Basis, Husten der Phthisiker, Bronchitis, Asthma, außerdem bei Darmkatarrhen, Ikterus, Hydrops, Arteriosklerose und bei Hyperemesis gravidarum.

Homöopathische Anwendung. Feuchter Katarrhalhusten, Influenza, Asthma bronchiale, Cyanose, Pharyngitiden, chronische Heiserkeit, ferner bei Magenerkrankungen mit Heißhunger, Erbrechen, Blähungen, weiter bei Koliken, Ruhr, Hydrops, Cystitis, Wechselfiebern mit Paroxysmen, rheumatischen Gliederschmerzen und Krämpfen, Gesichtsreißen und nervösen Augen- und Ohrenaffektionen.

Volkstümliche Anwendung. Bei Brusterkrankungen, Arteriosklerose, Wechselfieber, Epilepsie, Magenschwäche, Wassersucht, zur Anregung des Geschlechtstriebes beim weiblichen Geschlecht. Trotzdem pharmakologisch wenig Anhaltspunkte dafür vorhanden sind, wird die Pflanze im Volke in Teemischungen bei Krampf- und Keuchhusten in größerem Umfang gebraucht. Der ausgepreßte frische Saft wird mitunter zur Behandlung von Bißwunden, bei Augenleiden und zur Beseitigung von Sommersprossen, Warzen und Hühneraugen verwendet.

Crassulaceae, Dickblattgewächse.
Sedum acre L., Mauerpfeffer.

Beschreibung. Ausdauernd, Höhe 5—15 cm. Grundachse sehr ästig und verzweigt, oft auch unterirdisch kriechend, rasenbildend. Die aufsteigenden Zweige dicht beblättert, tragen unfruchtbare Stengel oder fruchtbare, locker beblätterte Blütenstengel. *Blätter* vier- oder sechszeilig angeordnet, eiförmig, Rücken bucklig, kaum zweimal so lang als dick, stumpflich, am Grunde *ohne* spornähnlichen Fortsatz, ganzrandig, ohne Stachelspitze, fleischig-saftig, gras- bis gelbgrün. *Blütenstände* kahl, in endständigen, kurz gestielten Trugdolden; 5 Kelchblätter, klein, stumpf, 5 (6) Blumenblätter, 7—9 mm lang, waagerecht sternförmig ausgebreitet, spitz, lanzettlich, zweimal so lang als der Kelch, goldgelb. Balgfrüchtchen sternförmig angeordnet, vielsamig. *Blütezeit* Mai bis Juli.

Besonderes. Pflanze von scharfem, pfefferartigen Geschmack. Verwechslung mit *S. mite* ist möglich; die Blätter letzterer haben aber am Grunde einen spornähnlichen Fortsatz.

Vorkommen. Sonnige Orte, Felsen, Sandfelder; meist häufig.

Drogen, Arzneiformen. Herba Sedi acris, Mauerpfefferkraut. — *Homöopathie:* Essenz und Potenzen aus der frischen, blühenden Pflanze.

Bestandteile. Rutin, ein unbestimmtes Alkaloid, Calciummalat, viel Schleim, Gummi, Harz, Wachs, Zucker (OBEN, WAGNER).

Pharmakologie. In therapeutischen Dosen senkt die Pflanze den Blutdruck (KIONKA). In steigenden Dosen wurden (durch die Tinktur) besonders Erscheinungen im Rachen beobachtet, die sich in Kratzen und starker Sekretion äußerten. Ferner stellten sich Übelkeit, Erbrechen, Druckgefühl im Magen, Kopfschmerzen, Gedächtnisschwund ein. Injektionen zeigten die gleichen Erscheinungen. Ein gleichzeitig bestehender chronischer Bronchialkatarrh heilte in 4 Tagen. Nach diesen Selbstversuchen stellte JÜNGST im Tierversuch fest, daß die Pflanze ein Gehirngift ist. *Vergiftungserscheinungen:* Würgen, Erbrechen, Betäubung, Anästhesie, Flacherwerden der Atmung, Dyspnoe, Tod durch Lähmung des Atemzentrums. Örtlich auf der Haut bewirkt der frische Saft Brennen und Erythem, aber keine Blasen; alkoholische Auszüge wirken nicht, nur auf der Nasenschleimhaut bewirken sie stechende Stirnschmerzen von tagelanger Dauer. — 1884 benutzte der spanische Arzt DUVAL den frischen Saft als Emeticum bei Diphtherie und behandelte mehr als 300 Fälle damit; Lähmungen traten niemals auf.

Verordnungsformen. Herba Sedi acris, zum heißen Aufguß, 1 Teelöffel auf 1 Tasse, 2 Tassen täglich. Herba Sedi acris pulv., dreimal täglich 1,0 verrührt oder in Oblaten. — *Homöopathie:* dil. D 1, dreimal täglich 10 Tropfen.

Medizinische Anwendung. Arteriosklerose, Hypertonie, Hämorrhoiden, Fissura ani, Spasmen im Rectum, Prolapsus ani, Sterilität (?); der frische Saft (auch in Salbenform) bei Wunden, Kopfgrind, Ulcera. BOHN gibt an, daß die Form der Epilepsie, die mit Harnverhaltung und dumpfem Gefühl im Kopf verbunden ist, selbst in veralteten Fällen geheilt wird.

Homöopathische Anwendung. Bei hämorrhoidalen Schmerzen, Fissuren.

Volkstümliche Anwendung. Das frisch zerquetschte Kraut zur Vertreibung von Warzen und Flechten und zu Salbe für Verbrennungen; der frisch gepreßte Saft gegen Hautkrebs und zum Gurgeln bei Diphtherie, die Abkochung bei Ruhr, Epilepsie, Kropf, Skorbut, Harnverhaltung. In der Volks-Tierheilkunde gegen Sterilität und Milchverhaltung. — Außerdem vielfach als Salatwürze benutzt.

Sempervivum tectorum L.,
Echte Hauswurz.

Beschreibung. Ausdauernd, Höhe 5—50 cm. *Stengel* anfangs kurz, die Blätter zu einer 6—14 cm breiten Rosette gehäuft, erst bei der Blüte streckt sich der Stengel und trägt einen großen, trugdoldigen Blütenstand. *Rosettenblätter* länglich-verkehrt-eiförmig, stachelspitzig, dickfleischig, beiderseits kahl, Rand gewimpert, graugrün, an der Spitze meist rotbraun, *Schaftblätter* wechselständig, sitzend, ähnlich den Rosettenblättern, meist braunrot gestrichelt und in der vorderen Hälfte ganz braunrot. *Blüten* hell- bis dunkelrot oder weiß, mit je 9—12 sternförmig ausgebreiteten Kelch- und Kronenblättern, letztere doppelt so lang als der Kelch. Drüsenschüppchen sehr kurz, gewölbt. Früchtchen auseinanderstehend, Griffel am äußeren Rande. *Blütezeit* Juli, August.

Besonderes. Im Innern der dickfleischigen Blätter sind Temperaturen bis 52^0 C bei 28^0 C Außentemperatur gemessen worden.

Vorkommen. Auf Felsen im Rhein-, Mosel-, Nahe- und Aartal, häufiger auf Dächern und an Mauern; angepflanzt, zuweilen verwildert.

Arzneiformen. Drogen gibt es nicht. Die *Homöopathie* stellt Essenz und Potenzen aus der frischen, vor Beginn der Blüte gesammelten Pflanze her.

Bestandteile. Gerbstoffe, Harze, Schleim, Ameisensäure, reichlich freie Apfelsäure und Calciummalat (KROEBER).

Verordnungsformen. Die *homöopathischen* Zubereitungen ⌀ bis dil. D 2, dreimal täglich 10 Tropfen oder ⌀ äußerlich.

Anwendungen. Herpes zoster, Panaritium, Verhärtung der Zunge und bei krebsigen Geschwüren. Äußerlich gegen Insektenstiche und vergiftete Wunden (HEINIGKE). MADAUS führt noch die äußerliche Anwendung bei Warzen, Sommersprossen, Kombustionen, Augenentzündungen, Rotlauf, Ulcera und Hühneraugen mit den zerquetschten Blättern oder dem Saft an. Gegen Schwerhörigkeit wird der Saft ins Ohr geträufelt. Läßt man ein Blatt längere Zeit in kaltem Wasser liegen, so bekommt man einen leicht säuerlichen Geschmack des Wassers, das als kühlendes Getränk bei Fiebernden und Verschleimungen der Atmungsorgane benutzt wird (MADAUS). Ältere ärztliche Indikationen sind Aphthen, cirrhöse Zungenverhärtungen, Amennorrhöe, Uteruskrämpfe. Der frische Saft oder die Tinktur werden auch von neueren ärztlichen Autoren (MÜNCH, STAUFFER) bei Zungen- und Uteruscarcinom empfohlen.

Volkstümliche Anwendung. Schulz gibt an, daß die zerquetschten Blätter oder der Saft gegen Hühneraugen, Überbeine und Sommersprossen benutzt wird. Eine aus den Blättern hergestellte Salbe wird gegen Kropf verwendet und der frische Saft soll die bei Dys- und Amenorrhöe auftretenden Uterusneuralgien beseitigen. Ferner wird die Pflanze angewendet bei Steinleiden, Blasenleiden, Rheuma, Fieber, Krämpfen, Herz- und Nervenleiden, Magengeschwüren, Ruhr, Hämorrhoiden, Menorrhagien, Würmern, Halsentzündungen, Mundfäule und der Saft oder die zerquetschten Blätter bei Wunden, Insektenstichen, aufgesprungener Haut, entzündeten Brustdrüsen, Geschwüren, Hautkrebs, Kopf-, Ohren- und Zahnschmerzen (Kroeber).

Saxifragaceae, Steinbrechgewächse.
Ribes nigrum L.,
Schwarze Johannisbeere, Gichtbeere.

Beschreibung. Stacheloser Strauch, 1—1^1/$_2$ m hoch. *Blätter* wechselständig, gestielt, tief drei- bis fünflappig, spitz, am Grunde mehr oder weniger herzförmig, Mittellappen nie länger als die Seitenlappen, am Rande grob gezähnt, krautig, oberseits kahl, unterseits behaart und mit gelblichen Harzdrüsen besetzt. Blattstiele weichhaarig. Deckblätter pfriemlich, kürzer als die Blütenstielchen, gewimpert. *Trauben* achselständig, reichblütig, locker, weichhaarig, hängend oder nickend. Kelchröhre glockig, Kelchblätter weichhaarig, zurückgerollt, etwa dreimal länger als die länglichen Blumenblätter. *Krone* grünlich, innen blaßrötlich. *Beerenfrucht* größer als die bekannten roten Johannisbeeren, violett bis schwarz, kugelig, drüsig punktiert, sehr selten grün. *Blütezeit* April, Mai.

Besonderes. Beeren eßbar, Geschmack eigenartig-süß, Geruch der Beeren und Blätter etwas widerlich, bocks- oder wanzenartig.

Vorkommen. Viel in Gärten gepflanzt, im Freien mitunter in feuchten Wäldern und Gebüschen, Flachmooren, Sümpfen.

Sammelzeit. Die Blätter werden während oder kurz nach der Blüte gepflückt und sorgfältig getrocknet. Die Beeren zur Reifezeit.

Droge. Folia Ribis nigri, Schwarze Johannisbeerblätter.

Bestandteile. Gerbstoff, Emulsin und (nur im Knospenzustande?) etwa 0,75% ätherisches Öl, das anscheinend Cymol enthält. Die Beeren enthalten 10,4—12,8% Zucker, Pektin, Emulsin, 2,6—3,7% Apfelsäure.

Pharmakologie. Die Blätter wirken (ätherisches Öl?) diuretisch durch Reizung des Nierenepithels und bewirken die Ausscheidung unvollständig oxydierten Stickstoffes (Huchard), was auch Leclerc bestätigt.

Verordnungsformen. Fol. Ribis nigr., zum heißen Aufguß, 2 Teelöffel auf 1 Tasse, 2—3 Tassen täglich.

Medizinische Anwendung. Als gutes Diureticum bei harnsaurer Diathese. Kneipp gab sie bei Blasenleiden, besonders bei Grießbildung.

Volkstümliche Anwendung. Abkochungen der Blätter werden wie die frischen eingekochten Beeren bei Rheumatismus, Gicht, Wassersucht, Herzkrankheiten, schmerzhaftem Wasserlassen der Gichtiker,

Blasenkrämpfen, mangelhafter Verdauung, Diarrhöe, Koliken, Migräne, Krampf- und Keuchhusten (bei letzterem der frische Saft der Beeren) verwendet. Abkochungen der getrockneten Beeren als Gurgelmittel bei Entzündungen in Mund und Rachen, Zahnfleischblutungen, Husten, Heiserkeit. Aus den Beeren wird Likör und Branntwein hergestellt.

Saxifraga granulata L.,
Körner-Steinbrech.

Beschreibung. Ausdauernd, Höhe 15—50 cm. Wurzelstock mit rundlichen, erbsengroßen Brutknöllchen besetzt, *Stengel* aufrecht, einfach oder ästig, wenigblättrig, oberwärts drüsig-klebrig-behaart. *Blätter* wechselständig, klein, bis 2 cm breit, die grundständigen langgestielt, rosettig, rundlich-nierenförmig, kerbig-gelappt; 2—6 Stengelblätter, entfernt, kurzgestielt, keilförmig-rundlich, drei- bis fünfspaltig. *Blüten* in gedrängten Trugdolden, Kelch aufrecht, abstehend, fünfteilig, Zipfel länglich-lanzettlich, 5 Kronenblätter, milchweiß, 10—12 mm lang. 10 Staubblätter. Fruchtknoten zweigriffelig, Frucht kapselartig mit sehr kleinen Samen. *Blütezeit* Mai, Juni.

Besonderes. Stengel und Blätter drüsig-klebrig-behaart.

Vorkommen. Waldränder, grasige Hügel, Wiesen, auf Sand; in der Ebene häufig.

Drogen, Arzneiformen. Herba Saxifragae granulatae, Steinbrechkraut. *Homöopathie:* Essenz und Potenzen aus der frischen, blühenden Pflanze.

Bestandteile. Es wird Bergenin vermutet, das in seiner Wirkung zwischen Bleinin und Salicin steht (GARREAU, MACHELART).

Wirkung. Die überlieferte steinlösende Wirkung ist nicht sicher bestätigt, wahrscheinlich ist sie aus der alten Signaturenlehre übernommen.

Verordnungsformen. Herba Saxifraga gran. conc., zum heißen Aufguß, 2 Teelöffel auf 1 Tasse, 2—3 Tassen täglich. — *Homöopathie:* ∅ — dil. D 1, dreimal täglich 10 Tropfen.

Anwendung. Bei Lithiasis, Oxalat- und Uratsteinen, Grießbildung, auch Cholelithiasis, Nierensteinkoliken, chronischen Ausschlägen.

Volkstümliche Anwendung. Steinleiden, Leberschwellungen, Gelbsucht, Magenkrämpfe, auch der Saft äußerlich bei Ohrenschmerzen und Schwerhörigkeit.

Saxifraga tridactylis L.,
Finger-Steinbrech.

Beschreibung. Kleines, bis 15 cm hoch werdendes Pflänzchen, mit einzelnen, drüsenhaarigen, rötlichen, beblätterten Stengeln; *Blätter* bilden keine Rosette, die unteren sind gestielt, spatelförmig, ungestielt oder dreilappig, die oberen sitzend, keilförmig-länglich, vorn meist dreizähnig. *Blüten* locker-trugdoldig, langgestielt, Kelchröhre glockig, fünfspaltig; 5 Blumenblätter, etwa 4 mm lang, weiß, doppelt so lang wie die eiförmigen Kelchzipfel. Kapselfrucht zweifächerig, geschnäbelt. *Blütezeit* April, Mai.

Besonderes. Pflanze mehr gelbgrün, drüsig-kurzhaarig.

Vorkommen. Felsen, Mauern, sandige Äcker, trockene Wiesen; sehr zerstreut.

Wirkung, Anwendung. Im Volke innerlich bei Drüsenverhärtungen und in Bier gekocht gegen chronischen Ikterus (SCHULZ).

Parnassia palustris L.,
Herzblatt, Sumpf-Herzblatt.

Beschreibung. Ausdauernd, Höhe 15—25 cm. Grundständige *Blätter* eine Rosette bildend, langgestielt, herz-eiförmig, ganzrandig, stumpf, mit einem Spitzchen, dunkel punktiert. *Stengel* aus der Mitte der Rosette, aufrecht, kantig, unterwärts mit einem einzigen, lebhaft grünen Stengelblatt, sitzend, stengelumfassend. Kelch fünfblättrig, *Blüten* groß, einzeln, endständig. 5 Blumenblätter, rein weiß, oval, vorn schwach ausgerandet, mit durchsichtigen Adern, 5 Nebenkronblätter, gelbgrün, mit 9—13 Wimpern (Fransen). 5 fruchtbare Staubblätter zwischen den Kronenblättern, Fruchtknoten ungefächert, aus 4 Fruchtblättern bestehend; Kapsel mit 4 Klappen aufspringend. *Blütezeit* Juli bis September.

Vorkommen. Nasse Wiesen, trockene Gipsberge; zerstreut, bisweilen gehäuft.

Bestandteile. Gerbstoffe der Catechuguppe.

Wirkung, Anwendung. Im Volke wird Herzblatt bei Blutungen, Blutspeien, Durchfall, Weißfluß, Harnzwang (SCHULZ), epileptischen Krämpfen (PETERS), nervösem Herzklopfen (DIHRSK) verwendet.

Platanaceae, Platanen.
Platanus occidentalis L.,
Amerikanische Platane.

Beschreibung. Baum, bis 30 m hoch, Äste ziemlich aufrecht, *Borke* in grauen, verschieden großen rundlichen Schuppen abblätternd, so daß der Stamm gefleckt erscheint. *Blätter* gestielt, drei bis fünflappig (winkelig), am Grunde herz- oder keilförmig oder abgestutzt, verschieden kleinbuchtig gezähnt, unterseits in den Nervenwinkeln behaart, ebenso die jungen Blätter, die unterseits wie mit Filz überzogen erscheinen. Nebenblätter tütenförmig, stengelumfassend. *Blüten* einhäusig, in kugelförmigen Blütenständen, perlschnurartig hängend. Blütenhülle fehlend, Staubblätter zahlreich, Griffel pfriemlich. Früchtchen nüßchenartig, vierkantig, verkehrt-pyramidenförmig, am Grunde mit Haarschopf. *Blütezeit* Mai.

Vorkommen. Aus Nordamerika stammend, in West- und Mitteleuropa kultiviert (Park- und Alleebaum).

Arzneiform. Nur *homöopathisch:* Essenz und Potenzen aus der frischen, jungen Zweigrinde. Die Fa. *Madaus* stellt eine „Teep"-Verreibung daraus her.

Verordnungsformen. dil. D 1, dreimal täglich 10 Tropfen (auch zur äußerlichen Anwendung in Verdünnung mit Wasser). — „Teep" dreimal täglich 1 Tablette.

Wirkung, Anwendung. Innerlich und äußerlich bei Chalazion, Hordeolum, Katarakt, Ichthyosis, trockenen Flechten (MADAUS).

Rosaceae, Rosenartige Gewächse.
Pirus malus L.,
Apfelbaum.

Beschreibung. Baum, Höhe bis 10 m. Krone ausgebreitet, Rinde grau, schuppig. *Blätter* wechselständig, doppelt so lang als ihr Stiel, breit-eiförmig oder elliptisch, kurz-zugespitzt, gekerbt-gesägt, oben etwas runzelig, unterseits meist filzig. Knospen behaart, fast rundlich, stumpf. *Blüten* in kleinen Dolden, Blütenstiele etwa 2—3mal so lang als die Kelchblätter, nebst dem Kelch dünnfilzig. 5 weiße Blumenblätter, außen oft rötlich, Staubbeutel gelb, Griffel am Grunde verbunden, etwas wollig, die Staubblätter überragend. *Scheinfrucht* (= Apfel) kugelig oder länglich, am Stiel vertieft, oben mit den Resten der 5 Kelchzipfel, grün, gelblich, rot oder rotgeflammt oder -gefleckt, glänzend oder matt. Fruchtfächer (= Kerngehäuse) mit pergamentartigen Schalen, Fruchtfleisch mehr oder weniger saftig, wohlschmeckend süß bis säuerlich, aromatisch. *Blütezeit* Mai.

Vorkommen. In sehr vielen Abarten und Züchtungen angepflanzt, selten wild.

Arzneiformen. Die Früchte werden roh oder gerieben verabfolgt. — Die Wurzelrinde des Apfelbaumes wird als Cortex radicis Piri Mali therapeutisch angewendet.

Bestandteile. In den *Früchten:* 6—16% Gesamtzucker, organische Säuren (Apfel-, Citronen-, Bernstein-, Milch- und Oxalsäure), Oxydase, Peroxydase, Pectase, Pentosane, Pektine, Galactoaraban, Gerbstoffe, Cellulose. In den Samen etwa 0,6% Amygdalin. In der *Wurzelrinde* finden sich 3—5% des bitteren Glykosids Phlorizin, ferner Pektin, Gerbstoff, Citronensäure.

Pharmakologie. Phlorizin wirkt zerstörend auf die Malaria-Plasmodien und wurde als Chininersatz angewendet. Am Gesunden rufen schon kleine Dosen Glykosurie hervor (5 mg); Tiere wurden bei Dosen von 1 g auf 1 kg Körpergewicht pro Tag in 5 Tagen bei Nahrungsentziehung frei von Glykogen in Leber und Muskeln. Am Diabetiker tritt eine starke Erniedrigung des Blutzuckerspiegels ein. Die stopfende Wirkung roh geriebener Äpfel bei Durchfällen soll auf dem Gerbsäuregehalt beruhen, doch werden auch entzündungswidrige Eigenschaften der Pektine dafür verantwortlich gemacht.

Verordnungsformen. Äpfel werden roh gerieben und 2 Tage lang bei völliger Nahrungsentziehung täglich 500—1500 g gegeben; vom 3. Tage ab kann leichte Diät zugefügt werden (= HEISLERsche Apfeldiät). Apfelsaft als diätetisches erfrischendes Krankengetränk, ferner rohe, geriebene Äpfel zu Diätspeisen (s. Rp.). — Cortex rad. Piri Mali pulv., fünfmal täglich 1—2 g verrührt oder in Oblaten. Phlorizin 0,5—1,0 bis 1,5 ein- bis zweimal täglich.

Medizinische Anwendung. Die HEISLERsche Apfeldiät bei Durchfällen und Darmtoxikosen, Ruhr, Paratyphus. Apfelsaft als basenüberschüssiges Getränk bei Stoffwechselkrankheiten, Verdauungsbeschwerden, Fieber, Entzündungen. Roh geriebene Äpfel zur basenüberschüssigen Diät:

Müsli (nach BIRCHER-BENNER): 150 g Äpfel werden gerieben, dazu 1 Eßlöffel Haferflocken, 3 Eßlöffel Wasser, Saft $^1/_2$ Citrone, 1 Eßlöffel süßer Kondensmilch, geriebene Nüsse oder Mandeln gegeben, vermischt, etwas ziehen lassen, roh essen.

ECKSTEIN-FLAMM umreißen die diätetische Bedeutung des Apfelgenusses dahingehend, daß neben örtlichen, umstimmenden Wirkungen noch infolge des hohen Basenüberschusses (und der basisch wirksamen Säuren) ein tiefgreifender Einfluß auf den Gesamtstoffwechsel da sei. Zustände der Übersäuerung werden durch regelmäßigen Apfelgenuß weitgehend beeinflußt, und zwar besonders bei Gicht, Rheumatismus, rheumatischen Nieren- und Leberleiden, Arterienverkalkung, frühzeitigen Alterserscheinungen, hartnäckigen Ekzemen. Ferner werden die Verdauungsverhältnisse beeinflußt und eine günstige Wirkung auf das Nervensystem erzielt, die vermutlich mit dem Gehalt des Apfels an organisch gebundenem Phosphor zusammenhängt. — Phlorizin oder besser das Wurzelrindenpulver werden bei Diabetes mellitus und bei Fieber und Wechselfieber angewendet.

Volkstümliche Anwendung. Im Volke wird der Tee aus Apfelschalen viel getrunken; er gilt als nervenberuhigend, kräftigend und wirksam bei Fettsucht. KNEIPP empfahl den Tee bei Fieber und entzündlichen Prozessen. Apfelsaft, Apfelwein und Apfelmolke gelten als wirksam bei Erkältungskrankheiten, Halsleiden, Lungenleiden, Herzkrankheiten (schwaches Herz), Fieber, Entzündungen, Gicht, Rheuma, unregelmäßiger, geringer Periode, Nieren-, Blasen- und Steinleiden, Hämorrhoiden, Würmern, Hautausschlägen und bei Nervosität und Vollblütigkeit mit Blutandrang zum Kopf. Äußerlich soll sich der Apfelsaft bei unreiner Haut, Mitessern und zur Behandlung von Geschwüren bewährt haben.

Pirus aucuparia GAERTNER, Sorbus aucuparia L., Vogelbeere, Eberesche.

Beschreibung. Hochstämmiger Baum, bis 15 m Höhe. Knospen kegelförmig, schwärzlich, mit weißem Flaum, nicht klebend. *Blätter* wechselständig, gefiedert, elf- bis siebzehnzählig, eschenblattähnlich, an der Einfügung jedes Blättchenpaares mit einer Drüse, in der Jugend besonders unterseits locker behaart, später kahl. Teilblätter länglich-lanzettlich, spitz gezähnt. *Doldentrauben* vielblütig, 5 Blumenblätter, rundlich, weniger lang als breit, kahl, weiß. Kelch einblättrig, fünfspaltig. *Früchte* (= Vogelbeeren) in Büscheln, kugelig, erbsengroß, erst grün, reif gelbrot oder leuchtend scharlachrot. *Blütezeit* Mai, Juni.

Besonderes. Blüten duften unangenehm; Beeren sind bitterlich-herb.
Vorkommen. Wälder, Gebüsche, Landstraßen, häufig angepflanzt.
Sammelzeit. Im August und September pflückt man die ganzen Beerenbüschel von den Bäumen, zupft die Beeren dann ab und trocknet sie zuerst im Schatten, dann an der Sonne gründlich.

Drogen, Arzneiformen. Fructus Sorbi, Vogelbeeren; Extractum Sorbi fluidum, Vogelbeerenfluidextrakt; Sirupus Sorborum; Succus Sorborum.

Bestandteile. Gerbstoff-Sorbitannsäure, Sorbinsäure, Parasorbinsäure, organische Säuren (Apfel-, Citronen-, Bernstein- und Weinsäure), die Alkohole Sorbit, Octit, Rohrzucker, Glucose, Farbstoff, ätherisches Öl, Wachs, Vitamin C. In den Samen bis zu 22% fettes Öl, Emulsin und etwas Amygdalin. In den Samen von 2000 Beeren wurden 0,04% Sorbinsäure und 0,007 g Blausäure gefunden (GESSNER).

Pharmakologie. GESSNER berichtet von dem Todesfall eines Kindes nach dem Genuß roher Beeren.

Verordnungsformen. Fruct. Sorbi aucup., zum kalten Auszug, 1 Teelöffel auf 1 Tasse, 8 Stunden stehen lassen, tagsüber trinken. Extract. Sorbi fluid., dreimal täglich 10—30 Tropfen. Sirupus und Succus Sorbi, eßlöffelweise mehrmals täglich.

Wirkung, Anwendung. Bei Nephrolithiasis, Fieber (bei Pneumonie und Pleuritis), als mildes Darmregulans (Durchfälle, Verstopfung) und Diureticum in der Kinderheilkunde. Bei Gicht, Rheuma, als Blutreinigungsmittel und bei Lungenkrankheiten. Im Volk werden die Beeren zu magenstärkendem Mus und zu Vogelbeerenschnaps (Ebereschenbranntwein) verwendet. KÜNZLE empfahl die Abkochung der Beeren zum Gurgeln bei Heiserkeit. Die starke Beerenabkochung findet in der *Tierheilkunde* bei Lungenseuche Anwendung.

Cydonia vulgaris PERSOON, Pirus cydonia L.,
Quitte, Echte Quitte.

Beschreibung. Als Baum bis 6 m, als Strauch 2—4 m hoch. Äste abwärts gerichtet, junge Zweige zottig behaart. *Blätter* wechselständig, kurzgestielt, eiförmig, ganzrandig, oberseits zuletzt kahl, unterseits nebst der Kronenröhre zottig graufilzig. *Blüte* endständig, einzeln; 5 Kronenblätter, rötlichweiß, getrennt; 5 Kelchblätter, länglich, drüsig-gesägt, Zipfel zurückgeschlagen und filzig. *Frucht* = Quitte, apfel- oder birnenförmig, in der Reife goldgelb, mit abwischbarem Filz überzogen. *Blütezeit* Mai, Juni.

Besonderes. Baum oder Strauch dornenlos. Frucht sehr aromatisch riechend, Geschmack herb, säuerlich, süß, leicht zusammenziehend. Die Samen sind geruchlos und von fadem schleimig-öligen Geschmack.

Vorkommen. Bei uns nur angebaut; hier und da verwildert.

Sammelzeit. Die Quittensamen werden an der Luft getrocknet, die von ihnen befreiten Quittenfrüchte werden als Schnitten zuerst einige Tage an der Luft, dann im Ofen getrocknet.

Anbau. Sehr zu empfehlen. Man zieht den Quittenbaum durch Veredelung auf Birne oder Apfel; für medizinische Verwendung ist die Apfelquitte vorzuziehen. Die Bäume lieben warmen Standort und guten, feuchten Boden. 50 kg frische Früchte ergeben etwa 250 g Samenkerne und 10 kg getrocknete Schnitten.

Drogen. Fructus Cydoniae conc., getrocknete Quitten. Semen Cydoniae, Quittensamen.

Bestandteile. Samen: 22% Schleim (in der Epidermis), Glykosid Amygdalin, Ferment Emulsin, etwas Gerbstoff, aber nach PRITZKER und und JUNGKUNZ im Gegensatz zn Apfelkernen kein Pektin; im Keim findet man 15% fettes Öl, 4,5% Mineralstoffe mit viel Phosphorsäure. Die reifen Früchte enthalten etwa 10% Zucker, Apfel- und Weinsäure, Gerbstoff, Pektin und Protopektin und Galactoaraban (KROEBER).

Pharmakologie. Amygdalin ist unwirksam; erst bei der hydrolytischen Spaltung kann Blausäure entstehen. Bei der Herstellung des Quittenschleimes ist darauf zu achten, daß die Samen unzerkleinert angesetzt werden, damit nicht größere Mengen Blausäure in den Schleim gelangen (über Amygdalin und Blausäure s. *Prunus communis*). Der therapeutisch wichtige und benutzte Bestandteil der Samen ist der Schleim, der als Mucilaginosum gebraucht wird.

Verordnungsformen. Mucilago Cydoniae, Quittenschleim. Fructus Cydoniae, zur Abkochung 1 Eßlöffel auf 1 Tasse, 2 Tassen täglich.

Medizinische Anwendung. Der Schleim als kühlendes, einhüllendes, reizmilderndes Mittel bei Schleimhautaffektionen in Mund- und Rachenhöhle und Magen, bei Husten und Erkältungskrankheiten.

Volkstümliche Anwendung. Der Schleim bei Erkrankungen der Luftwege (Lungenbeschwerden), ferner zu Umschlägen bei Augenentzündungen, Hautschrunden, wunden Lippen, wunden Brustwarzen, Verbrennungen, Durchliegen, Hämorrhoiden und als Hautpflegemittel, auch bei Flechten und Ausschlägen. Die Abkochung der getrockneten Früchte bei Durchfall, Blutungen, Fluor albus.

Weitere Anwendung. Die frischen Früchte werden zu wohlschmeckenden Gelees, Marmeladen und als Kompott verwendet.

Crataegus oxyacantha GAERTNER (L.),
Zweigriffeliger Weißdorn, Hagedorn.

Beschreibung. Dorniger Strauch oder kleiner Baum, Höhe 1—5 m. Rinde hell, Äste knorrig verwachsen. *Blätter* wechselständig, kurz gestielt, unterseits hellbläulich-grün, oberseits dunkelgrün, verkehrteiförmig, 3—5lappig, besonders vorn ungleich gesägt, am Grunde keilförmig, Lappen oft abgerundet und ungeteilt. *Blüten* in aufrechten Doldenrispen, 5 getrennte Blumenblätter, weiß bis rötlich, Kelchzipfel eiförmig zugespitzt, kahl. *Frucht* eiförmig, 1—3samig (meist 2samig), rot, leicht mehliges Fruchtfleisch, bitterlich, nicht unangenehm schmekkend. *Blütezeit* April bis Juni.

Besonderes. Dornen bis $1^1/_2$ cm lang, Blütengeruch etwas unangenehm.

Vorkommen. Gebüsche, Waldränder, Hecken, Zäune; gemein.

Sammelzeit. Die Blätter werden in jungem Zustand gesammelt, die Blüten werden abgezupft. Rinde soll im Frühjahr geerntet werden.

Anbau. Als Hecken zu empfehlen; Ernte erst nach Jahren möglich.
Drogen, Arzneiformen. Flores Crataegi oxyacanthae, Weißdornblüten; Folia Crat. ox., Weißdornblätter; Fructus Crat. ox., Weißdornfrüchte; Extractum Crataegi fluidum (aus Früchten); Tinctura Crataegi ox. (aus Samen oder Blüten). — *Homöopathie:* Urtinktur und Potenzen aus den frischen, reifen Früchten.
Bestandteile. *Blüten:* Quercitrin, Quercetin, 0,157% ätherisches Öl, Trimethylamin mutmaßlich nur in den frischen Blüten. *Früchte:* 1,19% Gerbstoff, Emulsin, wahrscheinlich eine Lipase, einen wachsartigen Körper, einen Kohlenwasserstoff vom Smp. 62—63° C, Glyceride mit 85% ungesättigten und 15% gesättigten Fettsäuren, ein Alkohol der Fettreihe vom Smp. 80° C, ein gelber fettlöslicher Farbstoff, im Ätherextrakt die „Crataegussäure" mit Phytosterinreaktionen, Phlobaphene, Protokatechugerbstoff, Pentosen, Fructose, Saponin (KROEBER), Pentosanschleim, Spuren Oxalsäure, eine Säure vom Smp. 228—229° C, kleine Mengen Glucose, keine Blausäure, keine Alkaloide (L. BAECHLER). *Rinde:* Fett mit Palmitin- und Stearinsäure, etwas Myristinsäure, Harzsäuren, Cerylalkohol, kryst. „Alniresinol", Gerbstoffe, Invertzucker, Polysaccharide, oxal- und weinsaure Salze, Bitterstoff Crataegin (H. THOMS Handbuch, zit. nach KROEBER). In den jungen Trieben soll (WICKE) ein Glykosid enthalten sein, das bei der Spaltung Cyanwasserstoff liefert; KALKBRUNNER fand es weder in Knospen, Blüten, noch in den Blättern. GESSNER gibt an, daß in Wurzelrinde und Blüten das Glykosid „Oxyacanthin" enthalten ist.
Pharmakologie. LECLERC betont das Fehlen jeglicher Giftigkeit; er konnte erst in Dosen von 100 Tropfen der Tinktur leichte Benommenheit und Verlangsamung des Pulses feststellen. MARTINI stellte fest, daß der Extrakt Erweiterung der peripheren Gefäße, Herabsetzung des Blutdruckes und des peripheren Widerstandes verursacht; der Extrakt 1:100 verlangsamt und schwächt die Kontraktionen am Kaninchenherz. BECKER berichtet, daß optimale Dosen vermehrte Herzleistung und Steigerung des Blutdruckes machten, dagegen ein Sinken bei geringeren und größeren Dosen eintrat. MADAUS fand mit der Verdünnung D 3 keine Wirkung; erst der 16%ige Extrakt zeigte am Frosch (nach 6—7 ccm) eine, wenn auch biologisch unbefriedigende Wirkung. Er stellte fest, daß 1 g der Droge demnach etwa 35 FD. entspricht. HILDEBRANDT konnte an Ratten mit Urtinktur keine diuretischen Wirkungen feststellen. Für den wirksamen Bestandteil spricht BAECHLER die Crataegussäure an, die er auch krystallinisch darstellte.
Verordnungsformen. Tinct. Crataegi (aus Blüten) drei- bis fünfmal täglich 10 Tropfen. Tinct. Crataegi (aus Früchten) einmal täglich 10—15 Tropfen. Tinct. Crat. 40—50 Tropfen am Abend. Flores Crat. ox. pulv. 3—5 g. Extr. Crat. fluidum dreimal täglich 5—10 Tropfen. Flores Crataegi zum heißen Aufguß, 1 Eßlöffel auf 1 Tasse, tagsüber getrunken. — *Homöopathie:* ⌀ bis dil. D 1, dreimal täglich 10 Tropfen.
Medizinische Anwendung. Myokardschwäche des alternden Herzens, nach akuten Infektionskrankheiten, Krampferscheinungen (Angina pect.), pathologisch nach oben oder unten verschobener Blutdruck; die Wirkung ist auf Herz und Gefäße eine regulierende. Zur Regelung der Herzarbeit,

besseren Blutverteilung und Herabsetzung der Erregbarkeit des Nervensystems (Klimakterium, Basedow, Schlaflosigkeit, Schwindel, Ohrensausen). Eignet sich besonders als Herztonikum, welches längere Zeit hindurch gegeben werden kann.

Homöopathische Anwendung. Herzschwäche infolge akuter Krankheiten, Kompensationsstörungen, Herzerweiterung, Herzklopfen, Herzklappenfehler mit Hypertrophie, Fettherz, Angina pectoris, nervöse Reizbarkeit, Depressionen, Erschöpfung, nervöse Verdauungsschwäche mit Stuhlträgheit, Arteriosklerose, Emphysem.

Volkstümliche Anwendung. Bei hohem Blutdruck, als Beruhigungsmittel, bei Herzangst, Herzfehlern, Herzschmerzen beim Steigen, Herzklopfen, Herzwassersucht.

Weitere Anwendung. Die harten Samenkörner können zu einem wohlschmeckenden Kaffee-Ersatz gebrannt werden, besonders wenn man die ganzen Früchte in der Erde einige Tage zur Fermentation sich selbst überläßt, sie also wie die Kaffeekirschen behandelt.

Rubus fruticosus L.,
Brombeere, Kratzbeere.

Beschreibung. Strauch, Höhe bis 2 m. Stengel holzig, zwei- oder mehrjährig, blühende aufrecht, unfruchtbare bogig gekrümmt, herabgebogen oder niederliegend, stumpfkantig, rötlich-braun, mit zurückgebogenen, starken, am Grunde zusammengedrückten Stacheln besetzt. *Blätter* wechselständig, drei- bis fünfzählig, handförmig, mit wechselnder Behaarung; Blättchen unregelmäßig scharf-gesägt, länglich-eiförmig, zugespitzt, Endblättchen langgestielt; oberseits dunkel-, unterseits hellgrün. Blattstiele und Mittelnerven stachelig. *Blüten* auf wenig bestachelten Stielen in lockeren Trauben, Kelch fünfzipflig, 5 Blumenblätter, abstehend-eiförmig, weiß oder blaßrötlich. *Frucht* (= Brombeere) aus vielen kleinen Beerchen zusammengesetzt, vor der Reife glänzend rot, reif glänzend oder stumpf tiefschwarz, bisweilen bläulich bereift. *Blütezeit* Juni, Juli.

Besonderes. *Rubus fruticosus* ist eine Sammelart, die in viele, oft schwer unterscheidbare Arten gespalten ist. Früchte eßbar.

Vorkommen. Wälder, Gebüsche, Gräben, auf Heiden, Hügeln, an Abhängen; in Gärten angepflanzt.

Sammelzeit. Die Blätter können bis in den September hinein gesammelt werden. *Anbau* der Blätter wegen nicht lohnend, in Beerenplantagen sind die Blätter nebenher gut zu ernten.

Drogen, Arzneiformen. Folia Rubi fruticosi, Brombeerblätter. Die Fa. *Madaus* stellt eine „Teep"-Verreibung her.

Bestandteile. In den *Blättern:* Gerbstoff, 0,8% Milchsäure, ferner Apfel-, Bernstein- und Oxalsäure, Inosit und noch unbekannte Hydracide. In den *Früchten:* Citronen-, Apfel-, Bernstein- und Oxalsäure, Gummi, Farbstoff, Pektin, Zucker, etwas Fett. In den *Samen* etwa 12,9% fettes Öl.

Pharmakologie. Infolge ihres Gerbstoffgehaltes besitzt die Pflanze eine leicht adstringierende Wirkung. MADAUS stellte die Wirksamkeit der Blätter bei Diabetes fest und fand, daß sie schwach bactericid wirken; Oidium lactis wurde abgetötet, während sie bei Aspergilus niger wirkungslos waren.

Verordnungsformen. Fol. Rubi fruticos., zum heißen Aufguß, 2 Teelöffel auf 1 Tasse, 2—3 Tassen täglich. — ,,Teep" $^1/_2$ Teelöffel voll dreimal täglich.

Medizinische Anwendung. Als bactericid wirkendes Adstringens bei Diarrhöe, Enteritis, Magenblutungen, Colitis, Appendicitis chronica, ferner unterstützend bei Diabetes, Hautkrankheiten, Bronchialkatarrh, Erkältungsfieber, Anämie, Neurasthenie, Schlaflosigkeit, außerdem bei Fluor, Menorrhagie, nach BRÜNNER auch zur Auflockerung der Weichteile prae partum. Gurgelwasser bei Mund- und Rachenentzündungen, Angina. Bei Hämorrhoiden und Rhagaden haben sich Klysmen bewährt. — *Homöopathische* Anwendung findet nicht statt.

Volkstümliche Anwendung. Bei Durchfällen, Ruhr, Fluor werden Abkochungen der Blätter und der unreif gesammelten, getrockneten Früchte angewendet. Der Tee bei Hautausschlägen, Menorrhagie, zur Milderung der Wehen und zur Erleichterung der Geburt, ferner bei Husten, Heiserkeit, Grippe, Hals- und Mandelentzündung, Zahnfleisch- und Mundgeschwüren. Die Früchte außer als Kompott auch bei Würmern, außerdem zur Saft-, Gelee- und Marmeladebereitung, Brombeerwein, Likör und Branntwein (Brombeergeist). Ein besonders aromatisches Getränk, das dem chinesischen Tee sehr ähnelt, ergeben die fermentierten Blätter.

Rubus idaeus L.,
Himbeere.

Beschreibung. Der Ausläufer treibende Wurzelstock treibt zweijährige Stengel, die erst im 2. Jahre blühen. Haupttriebe mit dickem Mark erfüllt. *Schößlinge* mit leicht überneigender Spitze, stielrund, bereift, meist grundwärts mit kurzen, kegelig-pfriemlichen, roten Stacheln besetzt. Junge Triebe, Blatt- und Blütenstiele dicht drüsenhaarig. Nebenblätter mit dem Blattstiel verbunden, linealisch. *Blätter* dreizählig und fünf- bis siebenzählig, gefiedert. Blättchen eiförmig, zugespitzt, die seitlichen sitzend; flach oder runzelig, unterseits weißfilzig, ungleich scharf-gesägt, selten beiderseits grün. *Blüten* in end- und achselständigen Trauben an der Spitze der Ästchen, wenigblütig. Krone fünfblätterig, Blumenblätter verkehrt eiförmig, klein, weiß. Frucht (= Himbeere) hängend, kugelig, aus vielen kleinen Beerchen zusammengesetzt, matt, saftig, samtartig, karminrot oder gelb. *Blütezeit* Mai bis August.

Besonderes. Früchte riechen sehr aromatisch, schmecken süß.

Vorkommen. Gebüsche, Hecken, Waldschläge und Lichtungen; häufig, in Gärten und Plantagen viel angebaut.

Sammelzeit. Wie *R. fruticosus*.

Drogen, Arzneiformen. Folia Rubi idaei, Himbeerblätter; Sirupus Rubi idaei, Himbeersirup; Spiritus Rubi idaei, Himbeerspiritus (= Essenz).

Wirkung, Anwendung. Wie *R. fruticosus*. — Himbeersirup als Geschmackskorrigens und zu Krankenlimonade. Außerdem stellt man noch Himbeer-Essig, Himbeerwein und Branntwein her.

Comarum palustre L., Potentilla palustris Scop.,
Blutauge, Sumpf-Blutauge.

Beschreibung. Ausdauernd bzw. Halbstrauch. Grundachse kriechend, Stengel 30—100 cm lang, aufsteigend, ästig, im unteren Teil und die kriechenden Äste verholzend. *Blätter* wechselständig, gestielt, gefiedert, 5—7zählig; die obersten 3zählig, fast sitzend; Fiederblätter lanzettlich, scharf gesägt, oberseits dunkelgrün, unterseits bläulich-grün, filzig. *Blüte* aufrechtstehende Traube, 5 Kronenblätter, dunkel-purpurrot, meistens kleiner als die 5 auf der Innenseite dunkel-rotbraunen Staubblätter. Frucht mit schwammig-fleischig vergrößertem Fruchtboden, erdbeerartig. *Blütezeit* Juni, Juli.

Besonderes. Pflanze kurzhaarig.

Vorkommen. Torfsümpfe, Sumpfwiesen, Ufer, Gräben; stellenweise.

Sammelzeit. Das blühende Kraut ohne verholzende Stengel.

Bestandteile. Gerbstoff, Säuren.

Wirkung, Anwendung. Im Volke bei Magen-Darmkatarrh, Durchfällen, Blutungen, Leberleiden in Form der Abkochung.

Potentilla tormentilla Cr., P. erecta Hampe, Tormentilla erecta L., P. silvestris Necker.
Blutwurz, Ruhrwurz, Tormentille.

Beschreibung. Ausdauernd, *Wurzel* dick, knollenförmig, außen braun, auf dem Bruch lachsrot-blutrot, bis 7 cm lang. *Stengel* aufrecht bis niederliegend, rispig verzweigt, an den Knoten *niemals* wurzelnd, mäßig behaart, 15—30 cm lang. Grundblätter gestielt, fast immer dreizählig. *Stengelblätter* sitzend, dreizählig, Nebenblätter drei- oder vielspaltig, zerschlitzt; Blätter deshalb scheinbar halb- oder ganz quirlständig. Blättchen keilförmig-länglich, nach vorn eingeschnitten-gesägt, angedrückt-behaart. *Blüten* einzeln, gipfelständig, vier- bis fünfzählig, auf langen, aufrechten Stielen, länger als die Blätter; Blumenblätter klein, verkehrt-herzförmig, so lang oder länger als der Kelch, goldgelb mit orangefarbenem Fleck am Grunde. Kelch vierblättrig. Früchte glatt, nußartig, hart. *Blütezeit* Juni bis Oktober.

Besonderes. Geschmack der Wurzel stark zusammenziehend.

Vorkommen. Wälder, Waldwege, besonders auf feuchteren Stellen, Triften, Wiesen; nicht selten.

Sammelzeit. Der Wurzelstock wird im Frühjahr oder Herbst möglich ohne Beschädigung gegraben, gewaschen und gut getrocknet.

Anbau. Lohnend; sonnige Lage und feuchter Boden ist notwendig, wenn schöne Wurzeln entstehen sollen. Man kann entweder im Frühjahr aussäen oder durch Teilung alter Wurzelstöcke vermehren.

Drogen, Arzneiformen. Rhizoma Tormentillae, Tormentillwurzel. Extractum, Tinctura und Sirupus Tormentillae. — *Homöopathie:* Urtinktur und Potenzen aus dem frischen Wurzelstock.

Bestandteile. 17—31% Gerbstoffe, teilweise in glykosidischer Bindung als Tormentillgerbsäure, ein krystallinisches Glykosid Tormentillin (= Tormentol?), Katechin, ferner Ellagsäure, Chinovasäure, Chinovin,

Gummi, Harz, reichlich Stärke, Calciumoxalat, ein Riechstoff, keine Gallussäure. Nach den Untersuchungen von W. PEYER verringert sich der Gerbstoffgehalt der Droge und der daraus hergestellten Tinkturen in $1^1/_2$ Jahren um etwa ein Viertel! Der Gerbstoff geht dabei nach BRANDT in wertlose Phlobaphene über.

Pharmakologie. Grundsätzlich ist, daß der in der Wurzel enthaltene Gerbstoff infolge seiner adsorptiven Bindung und der ihn begleitenden Ballaststoffe nicht im Magen (wie etwa reiner Gerbstoff, der schon hier durch Eiweißfällung die Schleimhäute stark schädigen kann), sondern erst im Darm ganz allmählich in Freiheit gesetzt wird; dadurch wird die gewünschte Wirkung von allen Nebenerscheinungen frei (KOFLER). Die Wurzel ist eines der besten Adstringentien überhaupt mit ganz besonderem enteralen, der Physiologie des Darmes weitgehend entgegenkommenden Wirkungsoptimum (Antidiarrhöeicum, Antidysentericum). LECLERC bezeichnet sie darüber hinaus als eines der besten pflanzlichen Mittel der „Tannintherapie der Tuberkulose". BOHN bestätigt den günstigen Einfluß auf die erschlafften Schleimhäute der Unterleibsorgane. Viele Autoren haben wiederholt darauf hingewiesen (WEISS, PEYER, VOLLMER), daß die Wurzel der ausländischen Ratanhiawurzel zumindest gleichwertig ist. G. G. WEGENER fordert mit Recht, daß die Wurzel, ihr Pulver oder ihre Tinktur als gebräuchliches Blutstillungsmittel für den Samariterdienst verwendet werden soll, weil es physiologischer als chemische Lösungen wirkt, deren Wirkung aber noch übertrifft.

Verordnungsformen. Rhiz. Tormentilla conc., 1 Eßlöffel mit $^1/_2$ l Wasser 15 Minuten kochen lassen, mehrmals täglich 1 Tasse (PEYER). Rhiz. Tormentilla pulv., dreimal täglich 1,0 in Oblaten oder messerspitzenweise (WEISS). — *Homöopathie:* D 2, drei- bis viermal täglich 1 Tablette.

Medizinische Anwendung. Bei hartnäckigen Gastro-Enteritiden (Dysenterie) mit Diarrhöe, Vomitus, Darmblutungen (auch als Klysma!), bei Ulcera ventriculi et duodeni, als Magen- und Darmtonicum bei Anämie, Anorexie, schlechter Magenfunktion (Atonie, Schwäche). Bei Blutungen (Menorrhagie, Hämaturie), auch äußerlich zu Spülungen bei Fluor, Entzündungen in Mund und Rachen (Stomatiden, Gingivitiden, Skorbut, Angina, Tonsillitis, Epistaxis), bei Wunden, Rhagaden, Ekzemen, Quetschungen, Blutergüssen. Sitzbäder bei Hämorrhoiden und Analfissuren. Die Injektion oder die konzentrierte Abkochung gegen atonische Leukorrhöe der jungen Mädchen (BENTLEY, TRIMEN) und als vorzügliches Tonicum bei Tuberkulose (LECLERC). — Die *homöopathischen* Anwendungen sind die gleichen. — Es sei noch nachdrücklich darauf hingewiesen, daß das Wurzel*pulver* innerlich und äußerlich die besten Erfolge gewährleistet.

Volkstümliche Anwendung. Chronische Darmkatarrhe, Ruhr, Gonorrhöe, Schleimflüsse, zu starke Menstruation, innere Blutungen und Wunden, skorbutische Geschwüre, Beinschäden, Hautverletzungen, zum Spülen bei Mundentzündungen, zur Durststillung bei Diabetes und Albuminurie. KNEIPP empfahl sie noch bei Blutbrechen, Lungen- und Leberleiden, Gelbsucht und äußerlich bei Gicht und als Wundheilmittel.

Potentilla anserina L.,
Gänse-Fingerkraut, Anserine.

Beschreibung. Ausdauernd, Wurzelstock vielköpfig, holzig. *Stengel* kriechend, rankenartig, an den Knoten wurzelnd und beblättert, 15 bis 50 cm lang. *Blätter* grund- und gegenständig, kurz gestielt, unterbrochen-vielpaarig gefiedert. Fiederblättchen sitzend, länglich, scharfgesägt, oberseits meist kahl oder schwach behaart, dunkelgrün, unterseits, zuweilen auch beiderseits silberweiß, seidig behaart. Stengelständige Nebenblätter scheidenförmig, vielspaltig. *Blüten* einzeln oder zu zwei auf langen Stielen aus den Blattachseln. 5 ziemlich große Blumenblätter, verkehrt-eiförmig, doppelt so lang als der Kelch, goldgelb, oft rotgelb. 5 Kelchblätter, doppelt-fünfspaltig. *Blütezeit* Mai bis Juli.

Vorkommen. Grasplätze, Wiesen, Wegränder, Dorfstraßen, Triften, Ufer; gemein.

Sammelzeit. Während und nach der Blüte werden die Blätter gesammelt.

Drogen, Arzneiformen. Herba Potentillae anserinae, Gänsefingerkraut. — *Homöopathie:* Essenz und Potenzen aus der frischen, blühenden Pflanze ohne Wurzel.

Bestandteile. Etwa 7% Tannoide, Tormentol (= gesättigter Ester).

Pharmakologie. Außer der adstringierenden, enterostyptischen Wirkung ist die antispasmodische Wirkung, die von SCHNEIDER und NEVINNY auch durch Tierversuche belegt wird, das Wesentliche. Nach WEISS wirkt sich diese Eigenschaft hauptsächlich auf den Pylorus und den Uterus aus. Nach HAUPTSTEIN wirkt die Pflanze schmerzstillend bei Dysmenorrhöe.

Verordnungsformen. Herba Potentilla anserina, zum heißen Aufguß, 2 Teelöffel auf 1 Tasse, 2—3 Tassen täglich. Herb. Potent. ans. pulv., 1—2—3 Kapseln zu 0,5 dreimal täglich oder dreimal täglich 1,0 in Oblaten oder verrührt. — *Homöopathie:* D 2, drei- bis viermal täglich 1 Tablette.

Medizinische Anwendung. Bei Gastro- und Enterospasmen und -koliken (Diarrhöe, Dysenterie, Enteritis, Meteorismus), bei Blutungen (Lunge, Darm) und als Emmenagogum besonders bei Dys- und Amenorrhöe spastischer Herkunft (HAUPTSTEIN, ALBRECHT). Dieser und EHMIG empfehlen die Pflanze bei atonischem Uterus, Myomen, Lageveränderungen auf Grund von entzündlichen Erscheinungen an Uterus und Adnexen. Spülungen bei Fluor, besonders entzündlicher Ursache.

Homöopathische Anwendung. Darmkatarrh, Cholerine, Ruhr, Darmblutungen, Dysmenorrhöe.

Volkstümliche Anwendung. Durchfälle mit Kolik, Ruhr, Hämoptise, Arthritis, Intermittens; äußerlich bei Augenentzündungen, Gesichtsausschlägen und zur Wundbehandlung. Die in Milch gekochte Wurzel zur Heilung aller möglichen Krampfanfälle (Asthma, Keuchhusten, Brust-, Herz-, Magen- und Darmkrämpfe), Epilepsie (KNEIPP), ferner bei Wassersucht, Leber- und Milzleiden, Gelbsucht, Nieren- und Blasensteinen, Gicht, Rheuma, Fluor und Amenorrhöe. Zu Spülungen bei Fluor, Zahnschmerzen, lockeren Zähnen.

Potentilla reptans L.,
Kriechendes Fingerkraut, Kriechender Gänserich.

Beschreibung. Ausdauernd, Wurzel dünn, spindelförmig, Stengel meist wenig verzweigt, niederliegend, an den Knoten *wurzelnd*, 30—60 cm lang. *Blätter* fußförmig, langgestielt, in der Regel fünfzählig (selten drei- und siebenzählig); Blättchen länglich-verkehrt-eiförmig, gekerbt-gesägt, kahl oder unterseits angedrückt-behaart. Nebenblätter klein, ungeteilt oder zwei- bis dreispaltig. *Blüten* einzeln oder zu zwei aus den Blattwinkeln, die Stiele so lang oder länger als die Blätter. Blumenblätter 5 oder 4, verkehrt-herzförmig, goldgelb, länger als der doppelt-fünfspaltige, zipflige Kelch. Griffel fast end- oder seitenständig, abfallend. *Blütezeit* Juni bis August.
Vorkommen. Feuchte Wiesen, Gebüsche, an Gräben, Ufern; nicht selten.
Wirkung, Anwendung. Wie *P. anserina*.

Fragaria vesca L.,
Wald-Erdbeere, Gemeine Erdbeere.

Beschreibung. Ausdauernd, Höhe 8—15 cm. *Wurzelstock* lang, braun, mit zahlreichen oberirdischen, sich bewurzelnden Ausläufern. Stengel und Blattstiele abstehend. *Blätter* dreizählig, eiförmig, grobgesägt, unterseits seidenhaarig, oben weniger behaart. *Blütenform* Doldentraube. 5 rundliche, fein gekerbte Blumenblätter, getrennt. 20 Staubblätter. Kelch fünfblättrig, Frucht = fleischige „Erdbeere" = Scheinfrucht. Das Fruchtfleisch ist der so entartete Blütenboden, die kleinen nußartigen Teilfrüchtchen liegen an der Oberfläche der Beere, frei oder in kleinen Grübchen. *Blütezeit* Mai, Juni.
Besonderes. Blütenstiele angedrückt behaart. Kelch zur Fruchtzeit abstehend oder zurückgeschlagen, Frucht aromatisch, sehr schmackhaft.
Vorkommen. Wälder, Gebüsche, Wiesen; gemein.
Sammelzeit. Die Blätter werden während der Blütezeit kurz über dem Boden abgepflückt.
Anbau. Wegen der Früchte wird die Gartenform viel angebaut; die Blätter derselben sind für Arzneizwecke nicht vollwertig.
Drogen, Arzneiformen. Folia Fragariae, Erdbeerblätter; Rhizoma Fragariae, Erdbeerwurzel. — *Homöopathie:* Essenz und Potenzen aus den reifen Früchten!
Bestandteile. *Blätter:* Gerbstoffe, Citral = ein flüchtiger citronenähnlich riechender Stoff, 1,34—2,25% K_2O; *Wurzeln:* etwa 10% Gerbstoffe; *Früchte:* 3—13% reduzierenden Zucker, 1—6,33% Rohrzucker, 1,2—1,65% freie Säure; *Samen:* 14—19% fettes Öl.
Verordnungsformen. Folia Fragariae zum heißen Aufguß, 1 Eßlöffel auf 1 Tasse, 2 Tassen täglich. Rhizoma Fragariae zur Abkochung, 1 Teelöffel auf 1 Tasse, 2 Tassen täglich. — *Homöopathie:* dil. D 1—3, dreimal täglich 10 Tropfen.
Medizinische Anwendung. Als Adstringens bei Durchfällen (Sommer-Diarrhöen), Ikterus, Stauungen im Unterleib, als Darmtonicum und mildes „eröffnendes" Diureticum.

Hömöopathische Anwendung. Bei Verdauungsschwäche und Mesenterialdrüsenerkrankungen, Nesselausschlägen, Frostbeulen.

Volkstümliche Anwendung. Als Abendtee (Ersatz für chinesischen Tee); ferner gilt er als blutreinigend, harntreibend, zusammenziehend und nervenberuhigend. Man nimmt ihn bei Gicht und Rheuma, Steinbildungen, Leber- und Milzleiden, Blutüberfüllungen im Darm, Hämorrhoiden, Wassersucht, Bronchialkatarrh, Durchfällen, Gonorrhöe, Nachtschweißen und bei Hautausschlägen. KNEIPP wendet die Früchte ebenso an: „Die Erdbeeren beruhigen die Blutwelle". Er gibt sie als Stärkungsmittel Herzkranken und Genesenden. Der frische Saft wird im Volke noch gegen Hautunreinigkeiten, Flecken und Male im Gesicht gebraucht.

Geum urbanum L., Caryophyllata urbana SCOP., Echte Nelkenwurz.

Beschreibung. Ausdauernd, Höhe 25—50 cm. *Wurzelstock* 3—7 cm lang, fingerdick, geringelt, außen gelblich-braun, im Innern fleischfarbig, zuweilen auch lila. *Stengel* aufrecht, ästig, behaart, mehrblütig. *Blätter* wechselständig, gekerbt-gezähnt, untere langgestielt, unterbrochen leierförmig-gefiedert, obere dreizählig. Nebenblätter groß, blattartig, ungleich. *Blüten* einzeln, endständig, aufrecht, 5 kleine Kronenblätter, verkehrt-eiförmig, ohne Nagel, ausgebreitet, goldgelb; 5 Deckblätter, Kelch 5 kleine Zipfel, zurückgeschlagen. *Fruchtköpfchen* sitzend, Früchtchen kurzborstig, Schließfrucht durch den bleibenden Griffel begrannt. *Blütezeit:* Juni bis Herbst.

Besonderes. Pflanze rauhhaarig, riecht nur frisch nelkenartig.

Vorkommen. Feuchte Wälder, Gebüsche, Zäune, Mauern; gemein.

Geum rivale L., Bach-Nelkenwurz.

Beschreibung. Ausdauernd, Höhe 30—50 cm, Stengel aufrecht, einfach oder ästig, mehrblütig. *Grundblätter* leierförmig gebuchtet mit großem Endblatt; stengelständige Blätter dreizählig oder ungeteilt; Nebenblätter klein, eiförmig. *Blüten* nickend, Stengel und Kelch oberwärts rotbraun. Kronenblätter 5, aufrecht, rundlich-verkehrt-eiförmig, mit langem Nagel, gelb. Kelch aufrecht, fünfspaltig, glockig, viele Staubblätter, Griffel in der Mitte hakig gegliedert, unteres Glied am Grunde behaart. *Fruchtköpfchen* langgestielt. *Blütezeit* Mai, Juni.

Besonderes. Pflanze drüsig-rauhhaarig.

Vorkommen. Feuchte Wälder, Gebüsche, Wiesen, Gräben; ziemlich verbreitet.

Sammelzeit. Die ganzen Pflanzen werden während der Blüte, oder die Wurzelstöcke gesondert im Frühjahr gesammelt.

Drogen, Arzneiformen. Rhizoma Caryophyllatae (Radix Gei urbani), Nelkenwurzel (von *G. urbanum*). Rhizoma Caryophyllatae aquaticae Bachnelkenwurzel (von *G. rivale*). Meist aber *beide* Wurzeln als Rhiz. Caryophyllatae. Tinctura Caryophyllatae, Nelkenwurztinktur. — *Homöo-*

pathie: Urtinkturen aus der frischen, blühenden *Geum rivale* ohne Wurzel, und aus der getrockneten Wurzel von *Geum urbanum.*

Bestandteile. 0,02—0,1% ätherisches Öl mit Eugenol (= Nelkenöl) als Hauptbestandteil, das sich in den Wurzeln beider Pflanzen aus dem Glykosid Gein durch das Ferment Gease bildet, ferner 30% Gerbstoffe, Bitterstoff, Farbstoff, gärungsfähige Kohlehydrate mit Saccharose, Harz, Stärke, Gummi, Ammoniaksalze und vermutlich auch Essigsäure.

Pharmakologie. Eugenol wirkt örtlich betäubend, anästhesierend, antiseptisch, innerlich verursacht es in größeren Gaben (über 3 g) Schwindel und rauschähnliche Zustände, Nierenreizungen, Durchfälle. Nach einer Vergiftung mit 30 g traten Erbrechen, Atemnot, Cyanose und Koma auf, der Patient erholte sich jedoch wieder. Diese Eigenschaften können sich bei der Anwendung der Pflanzen höchstens in Schwindel und Erbrechen bemerkbar machen. Eugenol lähmt die glatte Muskulatur (WASICKY) und wirkt stark gallentreibend, wie SCHRÖDER und VOLLMER feststellten, die nach Eugenolverabfolgung auffallend starke Füllung der Gallenblase bemerkten.

Verordnungsformen. Rhiz. Caryophyll. pulv., dreimal täglich 1 g, verrührt oder in Oblaten. Tinct. Caryophyll., dreimal täglich 10—15 Tropfen. Rhiz. Caryophyll. zum heißen Aufguß, 1 Teelöffel auf 1 Tasse Wasser, 2 Tassen täglich. — *Homöopathie:* D 2—D 3, dreimal täglich 1 Tablette.

Medizinische Anwendung. Bei durchfälligen und spastischen Erkrankungen des Magen- und Darmkanals (Dysenterie, Typhus, Atonie, Koliken), Dyspepsie, gastrischem Fieber, Darmspasmen (Obstipation), Blähungen. Ebenso bei Leber- und Gallenstörungen und Hämorrhoiden. Bestätigt wird die Wirkung bei Febris intermittens, Nervenfieber und Infektionskrankheiten, Blutungen, Nachtschweißen der Phthisiker, Muskelschwäche, Bleichsucht, Skrofulose, Rachitis, Diabetes (GLASER), klimakterische Beschwerden (MÜLLER). Als Spülmittel (Adstringens) bei Zahnfleischaffektionen, Angina und Fluor albus.

Homöopathische Anwendung. Chronischer Bronchialkatarrh, Dyspepsie alter Leute, Erbrechen.

Volkstümliche Anwendung. Durchfälle, Ruhr, Nervenschwäche, Leberleiden, Wechsel- und Nervenfieber, Schleim- und Blutfluß, Skropheln, Rachitis. KNEIPP empfahl, 6—8 Tropfen Nelkenöl in 1 Löffel warmem Wasser gegen kolikartige Beschwerden.

Agrimonia eupatoria L.,
Odermennig (Kleiner, Gemeiner), Ackermennig.

Beschreibung. Ausdauernde Pflanze, Höhe 30—100 cm. Wurzelstock kurz, mit ästiger Pfahlwurzel. *Stengel* aufrecht, rauhhaarig, *Blätter* wechselständig, fast sitzend, unterbrochen gefiedert, Blättchen länglich, elliptisch, gesägt, oberseits grün, zerstreut behaart, unterseits dicht graukurzhaarig, zerstreut drüsig, das unpaare Blättchen gestielt. *Blüte* klein, goldgelb, 5zählig, Blumenblätter getrennt und eiförmig. Die Blüten stehen in ährenförmigen Trauben. Kelch 5spaltig. Fruchtachse verkehrt-kegelförmig, außen mit hakigen Borsten besetzt. Früchte klettenartige Scheinfrüchte. *Blütezeit* Juni bis September.

Besonderes. Ganze Pflanze rauhhaarig und von angenehmem Geruch; Geschmack zusammenziehend bitter.

Vorkommen. An sonnigen trockenen Stellen, Weg- und Ackerrändern, buschigen Hügeln und Hecken; häufig.

Sammelzeit. Mai—Juli. Die Blätter werden abgezupft, bevor die Pflanze blüht oder die ganze Pflanze wird nicht zu tief abgeschnitten.

Anbau. Durch Ausstreuen von Samen auf magerem Boden (Waldränder) läßt sich die Pflanze mühelos ziehen. Nicht lohnend.

Drogen, Arzneiformen. Herba Agrimoniae, Odermennigkraut; auch als Pulver.

Bestandteile. 0,2% ätherisches Öl, Gerbstoffe, Bitterstoffe (Glykosid Eupatorin?); die Asche enthält viel Kieselsäure.

Verordnungsformen. Herba Agrimoniae zum heißen Aufguß, 1 Teelöffel auf 1 Tasse, 2 Tassen täglich. Herb. Agrimon. pulv., fünfmal täglich 1 Messerspitze. Herb. Agrimon. 250,0 aufkochen und dem Badewasser zusetzen.

Medizinische Anwendung. Bei Hepatopathien aller Art, auch bei Leberverhärtungen, Ikterus, Cholelithiasis. Bei harnsaurer Diathese (BOHN), hartnäckigem Rheumatismus, bei Stein- und Griesbildung in den Nieren. Gelegentlich bei Verdauungsstörungen, Katarrhen der Atmungsorgane und Bettnässen. Ferner als Gurgelwasser bei Entzündungen der Mund- und Rachenschleimhaut (Aphthen) und als Umschlag und Bad bei Wunden und Geschwüren.

Volkstümliche Anwendung. Schwindsucht, Lungenkatarrh, Darm- und Blasenschwäche, Blutungen, chronische Leberleiden, Hautkrankheiten.

Alchemilla vulgaris L.,
Echter Frauenmantel, Sinau.

Beschreibung. Ausdauernd, Höhe 15—30 cm. Untere *Blätter* langgestielt, nierenförmig, bis zur Mitte geteilt, 7—9lappig, Lappen fast halbkreisförmig, Nebenblätter zu einer stengelumfassenden, tutenförmigen Scheide und diese mit dem Blattstiel verwachsen. Die unscheinbaren *Blüten* stehen in doldigen Rispen, sind gelblich-grün und die Blumenblätter getrennt. Ein Früchtchen mit seitlichem Griffel. *Blütezeit:* Mai bis Herbst.

Besonderes. Die ganze Pflanze ist weichhaarig; der Rand der Blätter ist frühmorgens mit Wasserperlchen besetzt, die aus dem Blatt ausgetreten sind und in den leicht gefalteten Blättern ruht ein großer Wassertropfen.

Vorkommen. Laubwälder, feuchte Gebüsche, Wiesen, an Bächen; häufig.

Sammelzeit. Juni—August; das blühende Kraut wird etwa 5 cm über dem Erdboden abgeschnitten.

Anbau. Nicht lohnend, da das Kraut überall reichlich wächst.

Drogen, Arzneiformen. Herba Alchemillae, Radix Alchemillae. *Homöopathie:* Urtinktur und Potenzen.

Bestandteile. Gerbstoff, Bitterstoff (*Alchemilla alpina* außerdem noch einen Harzkörper, Lecithin, Öl- und Linolsäure und ein Phlobaphen).

Pharmakologie. Wissenschaftlich noch nicht geklärt; aus der Überlieferung wirkt die Pflanze als Emmenagogum und geburtserleichternd, ferner als Wundheilmittel, Diureticum.

Verordnungsformen. Herba Alchemillae, 4 Teelöffel voll auf 1 Glas kochendes Wasser, 10 Minuten ziehen lassen, 2 Glas täglich (ebenso als Wundheilmittel). — *Homöopathie:* ⌀ bis dil. D 2, dreimal täglich 10 Tropfen oder drei- bis viermal täglich 1 Tablette.

Medizinische Anwendung. Gegen Fluor albus innerlich und zu Spülungen (auch bei Menorrhagie, Unterleibsentzündungen und -erschlaffungszustände. KLÖPFER gibt an, daß zur Erzielung einer guten leichten Geburt 4 Wochen vor der Entbindung dreimal täglich eine Tasse des Tees getrunken werden sollte. Ferner wirkt der Tee bei Fettleibigkeit infolge ovarieller Dysfunktion. Bei Wunden und Geschwüren wird er innerlich und äußerlich gegeben. REUTER behandelt Ulcera cruris durch Aufbinden frischer Blätter. Ferner wird die Pflanze bei Hydrops, Diabetes, Arteriosklerose, Magen-Darm-Erkrankungen, besonders solchen mit Durchfällen, erfolgreich angewendet (H. SCHULZ).

Homöopathische Anwendung. Als Diureticum sowie bei Unterleibskrämpfen.

Volkstümliche Anwendung. Als Blutreinigungsmittel, Diureticum, bei Darmkatarrh, Menorrhagie, Diabetes, akuten Entzündungen, Eiterungen, nach Entbindungen und bei Brüchen. In der Schwangerschaft zur Stärkung des Uterus bzw. Festigung der Frucht (KÜNZLE). Äußerlich als Wundheilmittel.

Sanguisorba officinalis L., Großer Wiesenknopf.

Beschreibung. Ausdauernd, Höhe 60—150 cm. Wurzel einfach oder vielköpfig, dunkelbraun. *Stengel* nur mit 3 oder 4 Blättern, aufrecht, oberwärts gabelästig, gerillt, hohl, kahl, etwas glänzend. *Stengelblätter* unpaarig gefiedert, mit hinfälligen Nebenblättern am Grunde der Blattstiele. *Grundblätter* rosettig, 20—40 cm lang, gestielt; 7—13 Fiederblättchen, diese gestielt, eiförmig, am Grunde oft herzförmig, kerbig- bis scharfgesägt, unterseits blaugrün. *Blüten* zwittrig, tiefrotbraun, in länglich-eirunden, knopfförmigen, langgestielten Ähren am Ende des Stengels und seiner Zweige. Kelchbecher an der Frucht schwach vierkantig, glatte Flächen, 1 Früchtchen. Narbe kopfförmig, Narbenpapillen kurz. *Blütezeit* Juni bis September.

Besonderes. Ganze Pflanze kahl.

Vorkommen. Mäßig feuchte Wiesen, Gebüsche; häufig.

Sanguisorba minor SCOP., Kleiner Wiesenknopf.

Beschreibung. Höhe 30—50 cm. Die Fiederblättchen sind hier rundlicher, die Blütenähren sind kugelig, anfangs grün, später rötlich, kaum aber so dunkelrotbraun wie bei *S. officinalis*. Die Blüten selbst sind unten männlich, oben weiblich, die mittleren öfter zweigeschlechtlich; 2 Griffel, Narben pinselförmig. Die ganze Pflanze ist zerstreut *behaart*, auch der Stengel. Sie blüht von Mai bis Juli und wächst gern auf trokkenen Hügeln, gern auf Kalkboden.

Sammelzeit. Das ganze blühende Kraut beider Arten wird gesammelt und getrocknet. Die Blütenähren können auch gesondert gesammelt werden. Die Wurzel wird nicht mehr verwendet.

Drogen, Arzneiformen. Herba Sanguisorbae officinalis, Wiesenknopfkraut. — *Homöopathie:* Urtinktur aus dem frischen, blühenden Kraut.

Homöopathie: Tinktur und Potenzen aus dem frischen, blühenden Kraut.

Bestandteile. Gerbstoff und auf Grund neuerer Untersuchungen auch Saponin (in der Wurzel 16,94% Tannin, 2,5—4% Saponin).

Pharmakologie. Die Pflanze, besonders die Wurzeln, können als Hämostypticum und Adstringens verwendet werden (in der chinesischen Medizin seit altersher im Gebrauch).

Verordnungsformen. Herba Sanguisorbae off., zum kalten oder heißen Aufguß, 1 Teelöffel auf 1 Tasse, 2—3 Tassen täglich. — *Homöopathie:* dil. D 2, zwei- bis viermal täglich 5 Tropfen.

Medizinische Anwendung. Blutungen und Enteritiden (Uterusblutungen, Metrorrhagie, Menorrhagie, bei Myomen und im Klimakterium, Hämoptoe, Gastroptoe, Dysenterie, blutige Diarrhöen, Colitis, Hämorrhoidalblutungen). Die *homöopathischen* Anwendungen sind die gleichen.

Volkstümliche Anwendung. Abkochungen der Pflanze bei Darmkatarrhen, Diarrhöen, Blutungen aller Art, auch Lungenblutungen, zu starker Menstruation, Eingeweidewürmern. Der frisch gepreßte Saft wird gegen Lungenschwindsucht angewendet. Das frische, zerquetschte Kraut zum Auflegen auf Wunden und Geschwüre.

Filipendula ulmaria L., Ulmaria pentapetala Gil., Spiraea ulmaria L.,
Echtes Mädesüß, Meetsüß, Spierstaude.

Beschreibung. Ausdauernd, Höhe 1—2 m. Wurzelfasern in der Mitte zu länglichen Knollen verdickt. *Stengel* beblättert, aufrecht, kantig, oberwärts verästelt. *Blätter* groß, wechselständig, mit Nebenblättern, die mit dem Blattstiel verbunden sind, unterbrochen gefiedert; Blättchen eiförmig, ungeteilt, das Endblättchen größer, handförmig, drei- bis fünfspaltig, alle ungleich-gesägt, beiderseits grün oder unterteils weißfilzig. *Blütenstand* eine reichblütige Doppelspirre, ihr Gipfel wird von den Seitenästen überragt. *Blüten* zwittrig mit gleichblättrigem Kelch, fünf kleine gelblichweiße oder weiße Blumenblätter. Früchte = eigenartig spiralig zusammengewundene Schließfrüchte. *Blütezeit* Juni, Juli.

Besonderes. Die Blätter sehen den Ulmenblättern ähnlich. Geruch der Blüten bittermandelähnlich, Geschmack süßlich.

Vorkommen. Feuchte Wiesen, Ufer, Gebüsche; häufig.

Sammelzeit. Die Blüten werden gepflückt und rasch im Schatten getrocknet.

Drogen, Arzneiformen. Flores Spiraeae, Spierblumen; Herba Spiraeae; Radix Spiraeae; Tinctura Spiraeae. — *Homöopathie:* Essenz und Potenzen aus der frischen Wurzel.

Bestandteile. In allen Teilen ist das Glykosid Gaultherin (= Monotropitin) enthalten, das durch Einwirkung des Fermentes Gaultherase Methylsalicylat bildet. Ferner sind ätherisches Öl (etwa 0,2%), keine Saponine, in den Blüten auch Spuren von Heliotropin und Vanilin enthalten. Man vermutet auch freie Salicylsäure, Citronensäure und Gerbstoff, Wachs, Fett und den Farbstoff Spiraein.

Pharmakologie. Die sichere diuretische Wirkung der Pflanze ist den Salicylverbindungen zuzuschreiben. LECLERC sah reichliche Diurese bei Hydrops der Gelenke und Ascites, ebenso HANNON. MADAUS hat die antifebrile Wirkung am Kaninchen geprüft, er erzeugte Temperaturen von 40°, die er durch Injektionen von Spiraeatinktur sofort um 1—2° senken konnte; Nachprüfungen fielen nicht so positiv aus.

Verordnungsformen. Flores Spiraeae oder Herba Spiraeae oder Radix Spiraeae, zum kalten Aufguß, 1 Teelöffel auf 1 Tasse, 8 Stunden stehen lassen, 1—2 Tassen täglich. Tinctura Spiracae, täglich 1—2 Teelöffel. — *Homöopathie:* ∅ dil. D 1, dreimal täglich 10 Tropfen.

Medizinische Anwendung. Die Pflanze wird als vegetabilisches Salicylat bezeichnet (MADAUS). Man gibt sie mit diuretischer Wirkung bei Rheuma, Gicht, harnsaurer Diathese, Hydrops, Ascites, ferner bei Nephritis (besonders Scharlach-Nephritis), Cystitis mit Retention, Blasenspasmen.

Homöopathische Anwendung. Nervöse Leiden, Neurosis cordis rheumatica, Kopfschmerzen mit Schwindel und Kongestionen, Magenbrennen, Magen-Darmkatarrh, Nieren- und Blasenaffektionen gichtischer Art, akute Anfälle rheumatischer Schmerzen in Muskeln und Gelenken.

Volkstümliche Anwendung. Harnleiden, chronische Leiden der Luftwege mit starker Sekretion, Blutspucken, Rheuma, Gicht, Grippe, Hämorrhoiden, übermäßige Monatsblutungen, Weißfluß, Durchfall, Würmer, Hautkrankheiten, Steinleiden.

Rosa centifolia L. (von Rosa gallica abstammend), Gartenrose, Zentifolie.

Beschreibung. Aufrechter Strauch, stark verzweigt, Höhe 90 cm bis 3 m. Schößlinge drüsenborstig mit ungleichförmigen Stacheln, die größeren derb, sichelförmig. *Blattstiele* fast ohne Stacheln, nur drüsigborstig. *Blätter* wechselständig, unpaarig gefiedert, Blättchen eiförmig, weniger starr, geschärft-gesägt, drüsig gewimpert, unterseits blasser. 5 Kelchblätter, Zipfel eiförmig-lanzettlich. *Blüten* zu 2—3, endständig, nickend, groß, weiß bis rosenrot, durch Umwandlung der Staubblätter in Blumenblätter stark gefüllt, von charakteristischem Dufte. *Früchte* (= Hagebutten) eiförmig bis kugelig, drüsgrauh, dunkel-carminrot, reifen aber meist nicht aus. *Blütezeit* Juni bis August.

Vorkommen. In Gärten gepflanzt.

Rosa damascena MILL. (von Rosa gallica abstammend),
Damascener Rose, Portland-Rose.

Beschreibung. Aufrechter Strauch, Höhe 1—2 m. Schößlinge mit ziemlich gleichen, gekrümmten Stacheln besetzt, die oft rot sind. *Blattstiele* mit zahlreichen starken Stacheln besetzt. Nebenblätter meist kammartig zerschlitzt. *Blätter* wechselständig, gefiedert. Blättchen eiförmig-länglich, etwas zugespitzt, einfach-gesägt. Oberseits glänzend, grün, kahl, unterseits teilweise behaart. Blütenstand doldentraubig bis doldig. *Blüten* stets gefüllt, meist zu 5—10, in Form und Farbe sehr verschieden, nicht gelb! Kelchzipfel nach der Blüte herabgeschlagen oder abfallend. *Früchte* (= Hagebutten) elliptisch bis birnenförmig, rot, selten ausreifend. *Blütezeit* Juni—Juli.

Vorkommen. In Gärten gepflanzt.

Sammelzeit. Von beiden Gartenformen sammelt man die Blütenblätter nach völliger Entfaltung, man zupft sie am Vormittag, nachdem der Tau abgetrocknet ist, aus und trocknet sie vorsichtig im Schatten. Wo viel Rosen gezogen werden, ist diese Verwertung der Blütenblätter lohnend.

Drogen, Arzneiformen. Flores Rosae, Rosenblütenblätter; Aqua Rosae, Rosenwasser; Mel rosatum Rosenhonig; Oleum Rosae, Rosenöl. — *Homöopathie:* Essenz und Potenzen aus den frischen Blumenblättern.

Bestandteile. In den Blütenblättern: Ätherisches Öl mit 63,7% Geraniol, ferner 10—25% Gerbstoffe, Quercitrin, Bitterstoff, fettes Öl, Wachs.

Pharmakologie. Der hohe Gerbstoffgehalt gewährleistet eine sichere adstringierende Wirkung. Geraniol wirkt als Anthelminticum bei Darmparasiten der Haustiere (TOSCANO-RICO).

Verordnungsformen. Flores Rosae, zum heißen Aufguß, 3 Teelöffel auf 1 Tasse, 3 Tassen täglich. Mel rosatum boraxatum, Rosenhonig mit Borax, löffelweise im Mund verteilt. — *Homöopathie:* dil. D 1, dreimal täglich 10 Tropfen.

Medizinische Anwendung. Der Aufguß als vorzügliches Adstringens bei atonischen Diarrhöen, besonders in der Kinderpraxis. Mel rosatum boraxatum bei Stomatomykosis (Soor) der Kinder. Aqua Rosae zu Umschlägen bei Herzneurosen (PFLEIDERER).

Homöopathische Anwendung. Bei Beginn des Heufiebers, wenn die Tuba Eustachii ergriffen ist HEINIGKE).

Volkstümliche Anwendung. Abkochungen der Blütenblätter bei Durchfall und Hämoptise. Ferner wird aus ihnen durch Mischung mit Öl, Mennige, Campher und Rübensaft ein Pflaster hergestellt, das gegen entzündliche Schwellungen (Panaritien, Gelenk- und Brustentzündungen) und alte Wunden viel angewendet wird (SCHULZ).

Bemerkungen. Oleum Rosae ist in der Parfümerie und Kosmetik hochgeschätzt; Aqua Rosae wird zur Herstellung von Marzipan, Glasuren und anderen Zuckerbäckereien verwendet.

Rosa canina L.,
Hunds-Rose, Heckenrose, Hagebutte.

Beschreibung. Strauch, bis 3 m hoch, Zweige überhängend oder kletternd mit derben, sichelförmigen, am Grunde verbreiterten, zusammengedrückten Stacheln. Blattstiele meist drüsig und bestachelt. *Blätter* wechselständig, unpaarig gefiedert, meist 5- bis 7zählig, am Grunde beiderseits geflügelt. Blättchen eiförmig, einfach oder doppelt gezähnt, kahl, unterseits drüsenlos. Blütenstiel so lang oder länger als die Blütenachse. Kelch krugförmig, Kelchblätter nach dem Abblühen zurückgeschlagen, vor der Fruchtreife abfallend. *Blüten* zu 1—4 beisammen, Blütenblätter leicht abfallend, groß, fünfblättrig, rot, rosa bis weiß. Griffel etwas behaart. *Scheinfrucht* (= Hagebutte) kugelig oder länglich, zuerst orangefarben, dann glänzend scharlachrot, lange hart bleibend, besteht aus der fleischig gewordenen Kelchröhre und enthält zahlreiche, von Härchen umgebene, harte Kernchen (Samen). *Blütezeit* Juni, *Fruchtreife* Anfang Oktober.

Besonderes. Pflanze sehr veränderlich, Blüten etwas wohlriechend, Früchte vorzüglich verwendbar.

Vorkommen. Gärten, Hecken, Gebüsche, an Wegen und Rainen; häufig.

Sammelzeit. Die völlig ausgereiften Früchte werden längs aufgeschnitten, völlig entkernt, zunächst an der Luft vor- und im Ofen nachgetrocknet. Die Kerne werden durch Abspülen von den Härchen gereinigt, dann ebenfalls getrocknet.

Anbau. Lohnend, wenn z. B. ungenützte, steinige Hänge zur Verfügung stehen; man kann aussäen oder einfach durch Stockteilung vermehren, Pflege brauchen die Sträucher nicht.

Drogen, Arzneiformen. Fructus Cynosbati, Hagebutten; Semen Cynosbati, Hagebuttenkerne. — *Homöopathie:* Essenz und Potenzen aus den frischen Blumenblättern.

Bestandteile. In den *Früchten:* 0,038% ätherisches Öl, rotgelber Farbstoff Carotin, Pektin, Vitamin C, 11,6—15,6% Gesamtzucker, 1,7 bis 2,6% fettes Öl, 3—3,6% Gesamtsäure, 2—2,7% Gerbstoffe, Pentosane, 2,4—8% Asche, davon 26,8% CaO. In den *Samen:* 0,01% Vanillin, Spuren Lecithin, 0,3% Invertzucker, 8,8% fettes Öl, Dextrin, Bernstein-, Apfel- und Weinsäure in Spuren, 1% Phlobaphene, Pentosen, Oxycellulose, Lignin, 2,3% Asche mit viel Phosphorsäure und Aluminium. In den *Blättern* ist viel Vitamin C enthalten.

Pharmakologie. Die schwach diuretische Wirkung der Kerne bestätigt PEYER. MADAUS stellte fest, daß der wäßrige Auszug der Früchte ohne Kerne Bacterium Coli tötet.

Verordnungsformen. Fruct. Cynosbati, zur Abkochung, 1—2 Teelöffel auf 1 Tasse, 3 Tassen täglich. Semen Cynosbati, zur Abkochung, 1 Teelöffel auf 1 Tasse, 3 Tassen täglich. Semen Cynosbati pulv., mehrmals täglich 1—2 Messerspitzen. — *Homöopathie:* D 2, zwei- bis dreistündlich 1 Tablette.

Medizinische Anwendung. *Früchte:* Als diätetisches Getränk bei Nieren- und Blasenleiden, Blasenkatarrhen, Nephritis, Albuminurie,

Diabetes, zur Unterstützung der Verdauung nach fetten, reichlichen Mahlzeiten (KNIETZSCH). *Samen:* Als diätetisches Getränk bei Grieß- und Steinbildungen in Niere und Blase, Cholelithiasis, Hydrops, Gicht, Rheuma, Ischias.

Homöopathische Anwendung. Keuchhusten, Entzündungen der Niere und der Harnwege, Nierengrieß.

Volkstümliche Anwendung. Abkochungen als Abendgetränk, bei Keuchhusten, Nieren- und Blasenleiden, die der Samen bei Steinleiden. Die Früchte roh oder als Mus gegen Bandwürmer und Würmer. Aus den Früchten wird Marmelade, Kompott, Suppe und Wein und Likör hergestellt.

Fungus Cynosbati, Rosengalle, Schlafapfel.

Faserig-verfilzte Wucherungen an den Zweigen der *Rosa canina*, durch den Stich der Rosengallwespe *Rhodites rosae* GIR. entstehend. Auszüge und Abkochungen wurden früher arzneilich verwendet, so gegen Harnverhaltung (RADEMACHER), als Ersatz für Secale corn. zur Anregung von Uteruskontraktionen (BRESTOWSKI), bei carcinomatösen Wucherungen des Magens (WIZENMANN). Im *Volke* gegen Schlaflosigkeit, bei Kindern einfach dadurch, daß die Rosengalle unter das Kopfkissen gelegt wird.

Prunus communis STOKES, Amygdalus comm. L., Echte Mandel, Gemeine Mandel.

Beschreibung. Baum oder Strauch, Höhe 2—5 m. *Blätter* einfach, wechselständig, drüsig-kahl, schmal, lanzettlich, gesägt. Blattstiele oberwärts drüsig, länger als die halbe Blattbreite. *Blüten* meist einzeln oder in Büscheln, rosarot, apfelblütenähnlich, Kelch etwas wollig. *Frucht* pflaumenförmig, grünlich bis rotbraun, weiß samtfilzig, mit Längsfurche. Steinfrucht größer als Pflaumenkern, hellbraun, mit vielen Grübchen, ein- bis zweisamig. *Samen* von dünner, brauner Haut bekleidet, schmecken bei *Var. amara* HAYNE bitter, bei *Var. dulcis* MILL. süß (= bittere und süße Mandeln). *Blütezeit* März, April.

Vorkommen. In Südeuropa heimisch; in Süd- und Mitteldeutschland in Gärten angepflanzt.

Anbau. In Süddeutschland ist ein Anbau sehr zu empfehlen; geerntet werden nur die reifen Früchte wegen ihrer Samen. Vermehrung durch Stecklinge, die man vorerst im Kasten bis zur Bewurzelung bringt.

Drogen, Arzneiformen. Amydalae amarae, bittere Mandeln; Oleum Amygdalarum (amarum) aethereum, ätherisches Bittermandelöl; Oleum Amygdalarum amararum sine Acido hydrocyanico, Blausäurefreies Bittermandelöl; Amygdalinum, Amygdalin; Aqua Amygdalarum amarum, Bittermandelwasser; Amygdalae dulces, süße Mandeln; Oleum Amygdalarum, Mandelöl; Sirupus Amygdalarum, Mandelsirup.

Bestandteile. Die *bitteren* Mandeln enthalten etwa 4% krystallisiertes Glykosid Amygdalin, das Ferment Emulsin und etwa 50% fettes Öl, 2—3% gummiartige Stoffe, 5% Zucker, 3% Asche, 5—6% Wasser, keine Stärke. Die *süßen* Mandeln enthalten 43—57% fettes Öl, 6—10% Zucker, 20—25% Eiweißstoffe, 3—4% gummiartige Stoffe, Emulsin, Laktase und Lipase, in reifem Zustand *kein* Amygdalin, keine Stärke. — Aqua Amygdalarum amarum soll einen Gesamtgehalt an Cyanwasserstoff von 0,1% enthalten.

Pharmakologie. Wirksam ist nur die aus dem Amygdalin durch Hydrolyse freiwerdende *Blausäure*, die örtlich in 2%iger Lösung Anästhesie macht, resorptiv kommt es in höheren Dosen zu blitzartigem Tod (Zusammenstürzen, Schreien, Krämpfe, Atemlähmung, Exitus) und zwar wird das Atemzentrum direkt nach kurzer Erregung gelähmt und das Atmungsferment, ohne das kein Zellstoffwechsel möglich ist, zerstört. Durch völlige Ausschaltung der inneren Atmung wird kein Blutsauerstoff mehr gebraucht, es tritt keine CO_2-Verschiebung mehr ein, so daß es zur Erstickung bei vollem O-Gehalt des Blutes kommt. Nebenbei entsteht Cyanhämoglobin. *Vergiftungen* kommen nur durch Zufuhr von größeren Mengen bitterer Mandeln, Pfirsichkerne, Pflaumenkerne usw. vor. Die Erscheinungen beginnen mit Kratzen und Brennen im Hals, Speichelfluß, Erbrechen, Benommenheit und verstärken sich rasch unter zunehmendem Angstgefühl, Herzklopfen, Atemnot (verzögertes Expirium, Mydriasis) zum Bewußtseinschwund, es folgen dann Erstickungskrämpfe und unter fortschreitender Asphyxie tritt meist in $^1/_2$—1 Stunde der Tod ein. Die Erscheinungen der Atemnot sind auch bei leichteren Vergiftungen typisch, so lange noch überhaupt geatmet wird, ist die *Prognose* nicht ungünstig. *Gegenmittel:* Magenspülungen mit $^1/_2$—1$^0/_{00}$ Kaliumpermanganatlösung, um die Blausäure zu ungiftiger Cyanursäure zu oxydieren. Innerlich und (5%ig) subcutan Natrium thiosulfuricum zur Überführung der Blausäure in ungiftige Rhodanwasserstoffsäure, Traubenzucker, Sulfur colloidale und Dioxyaceton i. v., Analeptica, künstliche Atmung (GESSNER).

Verordnungsformen. Aqua Amygdalarum amarum 2,0 pro dosi, 6,0 pro die (auch als Lösungsmittel für Morphium hydrochloricum.) — Oleum Amygdalarum, fettes Mandelöl, eßlöffelweise.

Medizinische Anwendung. Aqua Amygdal. am. als Schlafmittel und zur Herabsetzung der Sensibilität und Reflexerregbarkeit bei starkem Hustenreiz, Pertussis, Stimmritzenkrampf, Bronchitis, Pneumonie, Gastralgie, Angina pectoris und zu Augenwässern bei Conjunctivitis und Lidkrampf. Das *fette* Mandelöl kann als reizlinderndes Mittel bei Sodbrennen, Ulcera, Magen- und Darmschmerzen, Blasenkatarrh benutzt werden (BOHN), außerdem als leicht verdauliches Pflanzenfett zur Ernährung Tuberkulöser und Kachektischer. Die süßen Mandeln werden zur Herstellung der Mandelmilch, die in der Ernährung der Säuglinge eine Rolle spielt (bei Eiweiß-Allergie!), verwendet.

Bemerkungen. Die Mandeln, hauptsächlich die süßen, werden in der Küche und Konditorei in großen Mengen verwendet. Aus den beim Auspressen der süßen Mandeln verbleibenden Rückständen stellt man die kosmetisch verwendete sog. Mandelkleie her; das fette Mandelöl wird als Salbengrundlage zu Krems und ähnlichen Kosmetika verarbeitet. Auch als Schmieröl für Uhrwerke und feine Maschinen wird es benutzt. Das ätherische Bittermandelöl wird fast nur noch als Riechstoff, zur Likörherstellung usw. verwendet.

Prunus spinosa L.,
Schwarzdorn, Schlehe.

Beschreibung. Strauch, 1—3 m hoch, dicht verzweigt, Äste sperrig abstehend, *Zweige* in spitze Dornen auslaufend, jüngere meist filzig behaart, Rinde grauschwarz. *Blätter* (nach den Blüten erscheinend, sehr dicht stehend, wechselständig, meist nicht über 4—5 cm lang, kurzgestielt, schmal, spitz-elliptisch, jung eingerollt und flaumhaarig, scharf gesägt, mit etwa 6 Paar stärkeren Seitennerven, ohne Blattstielwarzen. *Blüten* bedecken oft die ganzen Zweige (wie Schnee), einzeln, zu zweit oder zu dritt, gestielt, 10—17 mm im Durchmesser, weiß. 5 Blumenblätter, etwa 6 mm lang, verkehrt-eiförmig; Kelch glockig, fünfteilig. *Steinfrucht* (= Schlehe) kugelig oder etwas eiförmig, aufrecht, bis $1^3/_4$ cm dick, hart, schwarzblau, stark bereift. *Blütezeit* April, Mai.

Besonderes. Die Blüten riechen und schmecken etwas bittermandelartig; die Früchte sind nach Frost genießbar, von aromatischem, herben Geschmack.

Vorkommen. Waldränder, steinige Orte, Hecken; gemein.

Sammelzeit. Die Blüten werden von den Zweigen gezupft und im Schatten rasch getrocknet.

Drogen, Arzneiformen. Flores Pruni spinosi, Schlehenblüten. — *Homöopathie:* Essenz und Potenzen aus den frischen Blüten.

Bestandteile. Rinde, Blätter und Knospen sind frei von Amygdalin, in den Samen befinden sich 3%, in den Blüten nur Spuren. Saponin ist in den Blüten nicht gefunden worden; im Destillat fand man Ammoniak, Amin (?), die Anwesenheit des Nitrilglykosides wird angenommen; ferner ist noch Quercitin enthalten. In den Früchten findet man Zucker, organische Säuren, Gerbstoff, Farbstoff, Pektin, Harz und eine fluoreszierende Substanz (vielleicht Aesculin).

Verordnungsformen. Flor. Pruni spinosi, zum kalten Auszug, 1 bis 2 Teelöffel auf 1 Tasse, 8 Stunden stehen lassen, tagsüber trinken. — *Homöopathie:* ⌀ — dil. D 2, dreimal täglich 10 Tropfen.

Medizinische Anwendung. Als mildes, von Nebenerscheinungen freies Laxans und Diureticum, das sich besonders für Kinder eignet. Bei Verstopfung mit Magen- und Blähungsbeschwerden, Übelkeit und Brustbeklemmung (MADAUS).

Homöopathische Anwendung. Kolik mit Blähungen, Übelkeit, Brustbeklemmung; bei Atembeschwerden mit serösem Pleura-Exsudat; bei Bauchwassersucht und geringer Diurese; bei Blasenkrampf, Uteruskongestionen, häufiger und schmerzhafter Menstruation, Fluor (HEINIGKE), Ciliarneuralgie, cardiale Ödeme und Ascites (SCHMIDT), Unterleibsplethora mit Obstipation und Hämorrhoiden, Menorrhagie, Leukorrhöe, Rheuma und harnsaurer Diathese (STAUFFER). Als Herztonicum (ENSINGER).

Volkstümliche Anwendung. Als Blutreinigungsmittel und gegen Leiden der Respirations-, Verdauungs- und Harnwege (SCHULZ); KNEIPP empfahl die Schlehenblüten als schuldloses, zuverlässiges Abführmittel. Die Abkochung bei Prostatahypertrophie. Blätterabkochungen gegen Hautausschläge. Das aus den reifen Früchten hergestellte Mus bei Magenschwäche, Durchfall, Blutungen, Nieren- und Blasenleiden. Der frisch gepreßte Saft bei Blutungen, Prolaps, als Gurgelmittel bei Mund- und Halsgeschwüren (KROEBER). Aus den Früchten wird außerdem Wein, Likör und Branntwein hergestellt.

Prunus cerasus L.,
Sauerkirsche, Weichsel.

Beschreibung. Baum oder Strauch, bis 6 m hoch, Äste aufrecht-abstehend. *Blätter* wechselständig, 8—12 cm lang, flach, oval, zugespitzt, fast doppelt-gesägt-gekerbt, am Grunde ein- bis zweidrüsig, nicht lederartig, kahl, lebhaft grün, glänzend. *Blüten* in wenigblütigen, sitzenden Dolden, am Grunde von aufrechten Knospenschuppen und wenigen kleinen Laubblättern umhüllt. Blüten bis 3 cm im Durchmesser, 5 Kronenblätter, fast kreisrund, nicht ausgerandet, weiß. *Früchte* hell- bis dunkelrot, niedergedrückt-kugelig (= Sauerkirschen). *Blütezeit* April, Mai.

Besonderes. Früchte säuerlich-aromatisch, sehr geschätzt!

Vorkommen. Aus Kleinasien stammend, bei uns angepflanzt und verwildert.

Sammelzeit. Die Blätter werden im Juni, Juli gepflückt. Die oft beim Verwerten der Sauerkirschen abfallenden Fruchtstiele werden gesammelt und getrocknet. Die an Stamm und Ästen häufig austretenden Harzklumpen können bei vorsichtiger Abnahme gesammelt werden.

Drogen. Stipites (Pedunculi) Cerasorum, Kirschenstiele. Folia Cerasi, Kirschblätter. Gummi Cerasorum, Kirschgummi. Sirupus Cerasorum, Kirschensirup (der Kirschsaft des Handels, der mit Zusätzen haltbar gemacht ist, ist für arzneiliche Zwecke nicht geeignet).

Bestandteile. *Blätter:* Fruchtsäuren (Citronensäure), Quercetin, Gerbstoff, Dextrose, Saccharose, Cumarin. *Stiele:* eisengrünende Gerbstoffe (?). In den von der Steinschale befreiten *Kernen* findet sich Amygdalin und Emulsin.

Medizinisch werden die Blätter, Stiele und Kerne nicht verwendet; der Sirup vielfach pharmazeutisch zum Färben und zur geschmacklichen Verbesserung von Arzneien und zur Bereitung durstlöschender Krankengetränke.

Volkstümliche Anwendung. Die Kerne und die daraus hergestellte Tinktur bei Steinleiden, Grieß, Milzbeschwerden, Impotenz. Die Abkochung der Stiele bei chronischer Bronchitis, Bleichsucht, Durchfall, Harnleiden, Fluor, Schnupfen und das aufgelöste Harz (Kirschgummi) gegen Impetigo, Ekzem, Räude, Husten, Steinbildungen, Blasenkatarrhe. Vielfach wird eine Kirschenkur bei chronischen Unterleibsstockungen, Gicht und Nierenkolik angewendet.

Prunus laurocerasus L., Padus laurocerasus MILLER, Gemeiner Kirschlorbeer, Lorbeerkirsche.

Beschreibung. Baum oder Strauch, Höhe bis 6 m. Äste abstehend, rund, grauschwarz, kahl. *Blätter* 5—15 cm lang, 5—7 cm breit, elliptisch, zugespitzt, entfernt gezähnt bis ganzrandig, am Rande etwas umgebogen, Mittelrippe beiderseits stark hervortretend, lederartig, kahl; oberseits dunkelgrün, glänzend, unterseits heller, in der Nähe der Basis mehrere bräunliche Drüsenflecken. *Blüten* unscheinbar, etwa 1 cm breit, weiß, in aufrechten, 5—12 cm langen, vielblütigen Trauben. Frucht etwa 8 mm lang, kegelförmig-kirschenähnlich, schwarzrot; Stein glatt, eiförmig, etwas zusammengedrückt. *Blütezeit* Mai.

Besonderes. Blätter immergrün, zerquetscht nach bitteren Mandeln riechend; Geschmack bitter, zusammenziehend.

Vorkommen. Südeuropa, Kleinasien; in Deutschland als Zierstrauch gezogen.

Sammelzeit. Die Blätter werden im Juli, August, wenn sie am gehaltreichsten sind, gesammelt und frisch verwertet.

Anbau. Man nimmt kleine Zweige vom vorjährigen oder letzten Triebe und steckt sie im Frühjahr in ein schattiges Mistbeet. Die bewurzelten Pflänzchen kommen in jedem gut bearbeiteten Boden gut fort, man kann sie auch als Hecke anpflanzen. Im Winter müssen die Sträucher vor Frost geschützt werden (MEYER). Nach mehreren Jahren sollen sie versetzt oder gut gedüngt werden.

Drogen, Arzneiformen. Oleum Laurocerasi, Kirschlorbeeröl. Aqua Laurocerasi, Kirschlorbeerwasser. — *Homöopathie:* Urtinktur aus den frischen, im August gesammelten Blättern.

Bestandteile. Die frischen Blätter enthalten etwa 1% des Glykosides Prulaurasin (= Iso-Amygdalin = Laurocerasin), ferner Emulsin (= Prunase). Auch Knospen, Rinde und Samen enthalten ein blausäurelieferndes Glykosid, das in den getrockneten Blättern nur noch in geringer Menge vorhanden ist neben Phyllinsäure, Zucker, Gerbstoff, Fett und ätherischem Öl. Das ätherische Öl enthält Benzaldehyd, Blausäure, Benzaldehydcyanhydrin, eine Spur Benzylalkohol.

Pharmakologie. Prulaurasin zerfällt erst durch Emulsin in Gegenwart von Wasser in Glucose und Benzaldehydcyanhydrin; durch ein weiteres Ferment des Emulsins, eine Oxynitrilase, wird dieses erst in Blausäure und Benzaldehyd hydrolysiert. (Über die Wirkung der Blausäure s. *Prunus communis*.) Kirschlorbeeröl entspricht völlig dem Bittermandelöl. — Die Wirkung des *Kirschlorbeerwassers* entspricht der des Bittermandelwassers; sie beruht auf dem Gehalt an Cyanwasserstoff. Kirschlorbeerwasser macht am isolierten Kaltblütlerherzen Stillstand in Systole, in größerer Verdünnung Verringerung der Kontraktionen und Stillstand in Diastole (LEFEUVRE, GRÉGOIRE).

Verordnungsformen. Aqua Laurocerasi, 2,0 pro dosi, 6,0 pro die (auch als Lösungsmittel für Morphium hydrochloricum). — *Homöopathie:* ∅ — dil. D 2.

Medizinische Anwendung. Schmerzhafte Spasmen und Reizzustände des Verdauungstraktes, Erbrechen, Gastralgien, spastische Reizzustände der Bronchien, Keuchhusten, Asthma, Stimmritzenkrampf, ferner zu Augenwässern bei Conjunctivitis und Lidkrampf und als geschmacksverbesserndes Lösungsmittel für Morphin.

Homöopathische Anwendung. Dyspnoische und cyanotische Zustände, Pulmonalstenose, trockener Husten, Krampf- und Kitzelhusten, „Herzhusten", Keuchhusten, Asthma, Bronchitis chronica, Lungentuberkulose, nervöser Kopfschmerz, Migräne, Muskelkrämpfe, Kinnladenkrampf, Epilepsie, Tetanus, Magen- und Darmkatarrhe, Magen- und Darmkrämpfe, Singultus, Leberkongestionen, Koliken, Diarrhöe, Blasenkrämpfe, Uteruskrämpfe bei Dysmenorrhöe, unregelmäßige und verlangsamte Herztätigkeit, nervöse Sehstörungen mit geringem Bindehautkatarrh, krampfhafte Zuckungen vorübergehender Natur, Apoplexie, Lähmungen.

Prunus padus L.,
Traubenkirsche, Ahlkirsche.

Beschreibung. Baum oder Strauch, Höhe 3—15 m. *Blätter* einfach, wechselständig, länglich-verkehrt-eiförmig oder elliptisch, zugespitzt, doppelt-gesägt mit abstehenden Zähnen (an denen leicht abfallende, rotbraune Drüsen sitzen), etwas runzelig, kahl, dünn. Blattstiele mit 2 Drüsen. *Blüten* in vielblütigen, überhängenden Trauben an den Spitzen der Zweige. Kelch fünfzipfelig, Kronenblätter 5, verkehrt-eiförmig, weiß. Etwa 20 Staubblätter. *Steinfrucht* erbsengroß, kugelig, glänzend, schwarz. Kern mit runzeliger Schale. *Blütezeit* April, Mai.

Besonderes. Blüten riechen stark.

Vorkommen. Feuchte Waldstellen, Gebüsche, gern mit Weiden und Erlen an Ufern, öfters in Parkanlagen.

Arzneiformen. — *Homöopathie:* Essenz und Potenzen aus der Rinde junger, blühender Zweige und aus den Blättern. — Die Fa. *Madaus* stellt eine „Teep"-Verreibung her.

Bestandteile. In der Rinde sind 1—2,3% amorphes Amygdalin enthalten (nach GESSNER Iso-Amygdalin), in den Samen 1,5% krystallisiertes Amygdalin, beide Arten in geringer Menge auch in Blättern und Blüten. Das Fruchtfleisch der Beeren ist giftfrei. (Über die Amygdalinwirkung s. *Prunus communis*.)

Wirkung, Anwendung. MADAUS empfiehlt auf Grund seiner Rundfrage die Rinden-Verreibung („Teep", 2—3 Tabletten täglich) als antidiarrhöeisch und beruhigend wirksam bei spastischen Affektionen.

Homöopathische Anwendung. ∅ — dil. D 2 bei Kopfschmerz, Herzleiden und Stechen im Mastdarm (HEINIGKE).

Volkstümliche Anwendung. Als Abkochung zur Beseitigung hartnäckiger Ekzeme, gegen Fieber, zur Anregung der Wasserausscheidung, bei Gicht, Rheuma und als Abführmittel gegen Kolik. Zu starke Abkochungen sollen Kopfweh, Schwindel, Erbrechen und Durchfall herbeiführen (SCHULZ). Die Früchte werden mitunter gegessen, Mus und Saft oder Branntwein aus ihnen hergestellt.

Amygdalin und *Emulsin* finden sich in den Samenkernen aller bekannten Steinobstfrüchte, in geringer Menge auch in Blättern und Rinde:

Prunus persica SIEB. und ZUCC., *Pfirsichbaum*. Samen mit 3—6% Amygdalin;
Prunus armeniaca L., *Aprikosenbaum*. Samen mit 3—8% Amygdalin, im fetten Öl dieser Samen kein Amygdalin;
Prunus domestica L., *Pflaume*, Zwetsche, auch in den Abarten, wie Mirabelle, Reineclaude. Etwa 1% Amygdalin;
Prunus avium L., *Vogelkirsche*, auch in den von ihr abstammenden Süßkirschen. Etwa 2% Amygdalin;
Prunus virginiana MILL., *Spätblühende Traubenkirsche;*
Prunus Mahaleb L., *Weichselkirsche;*
ferner enthalten Amygdalin oder ein ähnliches, Blausäure lieferndes Glykosid:
Pirus malus L., *Apfelbaum*. Samen mit etwa 0,6% Amygdalin;
Pirus communis L., *Birnbaum*. In den Samen Amygdalin;
Pirus aucuparia GAERTN., *Vogelbeere*. Spuren Blausäure;
Cydonia vulg. PERSOON., *Quitte*. In den Samen Amygdalin;
Pirus aria EHRB., *Mehlbeere*. Blausäure lieferndes Glykosid;
Pirus torminalis, EHRB., *Elsbeere*. Blausäure lieferndes Glykosid;
Spiraea Aruncus L., *Wald-Geißbart*. Blausäure lieferndes Glykosid;
Crataegus oxyacantha L., *Weißdorn*. In den Samen Amygdalin;
Crataegus monogyna JACQ., *Eingriffliger Weißdorn;*
Sambucus nigra L., *Schwarzer Holunder*. δ-Amygdalin;
Sambucus racemosa L., *Traubenholunder;*
Sambucus Ebulus L., *Zwergholunder;*
Aquilegia vulg. L., *Akelei*. Enthält amygdalinähnliches Glykosid. (Aufstellung nach GESSNER).

Papilionaceae, Schmetterlingsblütler.

Genista germanica L.,
Deutscher Ginster, Stechginster.

Beschreibung. Strauch, Höhe 30—60 cm. Stengel ästig, aufrecht oder aufsteigend, unterwärts meist stark dornig, Blütenstiele dornenlos. Ästchen beblättert, rauhhaarig. *Blätter* grasgrün, eirund-lanzettlich. Traubige *Schmetterlingsblüte*, goldgelb. Deckblätter pfriemlich, halb so lang als das Blütenstielchen, diese sowie der Kelch und die oval-länglichen Hülsen rauhhaarig. *Blütezeit* Mai, Juni.

Vorkommen. Trockene Wälder, Hügel, sandige Wiesen; meist nicht selten.

Sammelzeit. Während der Blüte werden die jungen Zweige mit Blüten bis zur ersten Verästelung abgeschnitten. Die Blüten kann man auch gesondert abzupfen.

Drogen. Nicht im Handel.

Bestandteile. Alkaloid Spartein mit 0,2—0,3%, ferner zwei noch wenig erforschte Alkaloide, Bitterstoff Skoparin (Farbstoff), ätherisches Öl, Gerbstoff, Zucker, Wachs, Schleim.

Pharmakologie. *Spartein* wirkt in kleinen Dosen leicht erregend auf die parasympathischen Ganglien, so daß Verengerung der Splanchnicusgefäße, Anstieg des Blutdrucks und eine gleichzeitige Verlangsamung der Herztätigkeit die Folgen sind. POULSSON empfiehlt die Anwendung dort, wo Digitalis versagt hat. Weiter aber wirkt Spartein auf die Erregungsleitungen im Herzen, regt die Speichelsekretion und die Peristaltik an, ebenso die Schweißdrüsentätigkeit. Im Gegensatz zu diesen Meinungen steht GESSNER, der dem Spartein blutdrucksenkende, pulsbeschleunigende und gefäßerweiternde Wirkungen zuschreibt (s. a. *Sarothamnus scoparia*).

Verordnungsform. 2 Teelöffel auf 1 Tasse Wasser, täglich 2 Tassen.

Wirkung, Anwendung. Kreislaufverbessernd bei Herzschwäche und Herzfehlern mit niedrigem Blutdruck, Pulsbeschleunigung und Vorhofflimmern, auch bei beginnender Unterleistung des Herzens, Wasseransammlung durch Herzschwäche (ECKSTEIN-FLAMM). KNEIPP setzte sich stark für den *Deutschen Ginster* ein; er nannte ihn ein vorzügliches unterstützendes Mittel gegen Rheumatismus, Gicht, harnsaure Diathese und bei ähnlichen chronischen Leiden, weiter als sehr zweckmäßig gegen Grieß- und Steinleiden, bei Entkräftung und in der Rekonvaleszenz; nach dem Teegebrauch soll viel Schleim abgehen.

Genista tinctoria L., Färber-Ginster.

Beschreibung. Halbstrauch, *Stengel* niederliegend oder aufsteigend, 30—60 cm lang, oft besenartige, verzweigte Äste, kantig gefurcht. *Blätter* länglich oder elliptisch, fast sitzend, kahl, oberseits dunkelgrün, am Rande weichhaarig. Endständige, fast ährenförmige Traube, dicht, vielblütig; *Schmetterlingsblüten*, Krone gelb, Fahne zurückgeschlagen, Kiel nebst den Flügeln abwärts gerichtet. Kelch, Krone und Hülsen kahl; Samen eirund, grünlich-gelb. *Blütezeit* Juni, Juli.

Besonderes. Stengel dornenlos. Geruch schwach kressenartig, Geschmack unbedeutend.

Vorkommen. Trockene Wiesen, Triften, Wälder; gemein.

Sammelzeit. Während der Blüte werden die blühenden Zweigspitzen abgeschnitten.

Drogen, Arzneiformen. Herba Genistae tinctoriae, Färberginsterkraut; Semen Genistae tinct. — *Homöopathie:* Urtinktur aus frischen Sprossen, Blättern und Blüten zu gleichen Teilen.

Bestandteile. Farbstoffe Genistein und Luteolin, 0,0237% festes, ätherisches Öl, Gerbstoff, Bitterstoff, Zucker, Wachs, Schleim; in den Samen das Alkaloid Cytisin.

Pharmakologie. Cytisin wirkt nicotinähnlich; über seine Wirkungen s. *Cytisus laburnum*. In der Droge ist es nicht enthalten.

Verordnungsformen. Herba Genistae tinct. conc. zum heißen Aufguß 1 Teelöffel auf 1 Tasse, 2 Tassen täglich. — *Homöopathie:* dil. D 2, drei- bis vierstündlich 5 Tropfen.

Medizinische Anwendung. Die Pflanze ist ein gutes Diureticum bei Hydrops, besonders wenn Grieß- und Steinleiden gleichzeitig vorhanden sind. Auch bei kardialem Hydrops dann, wenn Digitalis versagt. Bei

Nierenkrankheiten degenerativer Art (BRIGHTsche Krankheit, Schrumpfniere), Leber- und Milzkrankheiten, Stoffwechselkrankheiten wie Gicht und Rheuma, Hämorrhoiden. Die Pflanze wirkt stoffwechselsteigernd und in der Rekonvaleszenz bei Abmagerung (SCHMIDT).
Homöopathische Anwendung. Zur Wirkung auf das Gefäßsystem des Unterleibes. Als Diureticum, bei Kongestionen nach Brust, Hals und Kopf mit rheumatischen Erscheinungen.
Volkstümliche Anwendung. Die Abkochung oder das Pulver zur Anregung der Ausscheidungsorgane, harntreibend, abführend, schleim- und steinlösend. Bei Nieren- und Gallensteinleiden (Grieß), Bauch- und Hautwassersucht, Leber- und Milzkrankheiten, Verstopfung, Darmverschleimung, Blasenleiden (Harnzwang), Herzleiden, Stockungen der Menstruation, auch bei Hautkrankheiten wie Flechten und bösartigen Geschwüren.

Sarothamnus scoparius WIMMER, Spartium scoparium L., Besenginster.

Beschreibung. Strauch, Höhe 50—200 cm. Holzige Hauptwurzel, Seitenwurzeln mit handförmig gelappten Knöllchen. Äste und Zweige aufrecht, rutenförmig, fünfkantig, Sprossen lebhaft grün. *Blätter* in geringer Zahl, klein, wechselständig, in zwei Formen, am Grunde der Triebe gestielt, dreizählig, an der Spitze einfach, sitzend, alle Blättchen weich behaart. Blütenstiele viel länger als das Tragblatt. Oberlippe des Kelches zwei-, Unterlippe dreizähnig. *Schmetterlingsblüten* sehr groß, gelb, sehr selten weiß, achselständig, einzeln oder zu zwei. Früchte mehrsamige, seitlich zusammengedrückte, reif schwarze oder braunschwarze Hülsen, Samen braun. *Blütezeit* Mai, Juni.
Vorkommen. Sandige, trockene Wälder, Abhänge, Hügel, Wegränder.
Sammelzeit. Die Blüten werden gepflückt und rasch getrocknet. Das ganze Kraut mit Blüten wird gesammelt und getrocknet; man schneidet die Zweige etwa in der Hälfte ab.
Drogen, Arzneiformen. Flores Genistae, Ginsterblüten; Herba Sparteii scoparii, Besenginsterkraut; Extractum Scoparii, Besenginsterextrakt; Tinctura Scoparii; Besenginstertinktur. Sparteinum, Spartein; Sparteinum sulfuricum, Sparteinsulfat. — *Homöopathie:* Urtinktur und Potenzen aus den frischen Blüten.
Bestandteile. Nach VIŠNIAK und BUSQUET (1923) bis über 0,2% Spartein, ferner Sarothamnin, Genistein, sowie einen vasokonstriktorischen Anteil, der weder Alkaloid noch Glykosid ist (KROEBER), außerdem einen gelben bitteren Farbstoff Scoparin, etwas äth. Öl. In den reifen *Früchten* über 1% Spartein, Melanin, in den *Samen* das Alkaloid Cytisin, 7,2% fettes Öl, in den *Blüten* Scoparin, Spartein, äth. Öl, Gerbstoff, Schleim, Wachs, Zucker.
Pharmakologie. Spartein wirkt zentral ähnlich dem Coniin, peripher ähnlich dem Nicotin, erst erregend, dann lähmend auf die Umschaltganglien des VNS, ist also ein Nerven- und in höheren Dosen ein allgemeines Protoplasmagift. Therapeutische Dosen wirken pulsbeschleunigend, blutdrucksenkend, gefäßerweiternd, nicht diuretisch, dagegen

hatte McGuide mit subcutanen Injektionen von 0,06—0,12 Spartein alle 3—6 Stunden bei postoperativer Anurie Erfolg und Leclerc hält die diuretische Eigenschaft (allerdings der ganzen Pflanze) wichtiger als die kardiale. Nach Sparteininjektionen in den Rückenmarkskanal tritt eine normale Anästhesie ein (Mercier). *Vergiftungserscheinungen:* Brennen, Kratzen, Speichelfluß, kalter Schweiß, kühle, blasse Haut, Erbrechen, Durchfälle, Herzklopfen, Atemnot, Sehstörungen, Schwindel, Krämpfe, Bewußtseinstrübung, Tod durch Atemlähmung. *Gegenmittel:* Magenspülungen, dann Adsorbentien, Gerbstoffe, Analeptica, künstliche Atmung. — Bemerkenswert ist, daß Spartein die Wirkungen von Schlangengift aufhebt (Billard). Extrakte der ganzen Pflanze machten am Hunde Vasokonstriktion und Bradykardie (Busquet, Višniac). Auch Uterusblutungen konnte Joachimovits durch protrahierte Gaben zum Stehen bringen. Im Tierversuch brachte am Kaninchen noch ein wäßriges Kaltextrakt in der Verdünnung von 1:500000 den Uterus zu deutlichen Kontraktionen (Meerschweinchen 1:5000000!). An der Gefäßwirkung ist eine isolierbare adrenalinähnliche Substanz beteiligt, die ebenso wie Adrenalin nach Zerstörung des Rückenmarkes Blutdrucksteigerung hervorruft; diese Wirkung wird nach vorangehender Anwendung von Yohimbin stark vermindert oder umgekehrt wie beim Adrenalin (Jourdain). Wense bestätigte diese Wirkungen, er fand eine dem Adrenalin ähnliche Fluorescenz, dagegen eine starke Widerstandsfähigkeit des Ginsterauszuges gegen oxydative Zerstörung und an der Nickhaut der Katze eine größere Verstärkbarkeit der Ginsterwirkung durch Cocain als beim Adrenalin. Schmalfuss und Heider stellten fest, daß die blutdrucksteigernde Wirkung an die Farbvorstufen, das Tyramin und Oxytyramin, geknüpft ist. Stirnadel fand eine dem Thyreoidin ähnliche Wirkung bei klimakterischen Arthropathien; Herzleiden werden demnach durch die Pflanze nur dann beeinflußt, wenn gleichzeitig Hypothyreoidismus vorliegt. Noorden empfahl Spartein vor allen anderen Herzmitteln bei diabetischen Herzkranken. Von der Heilung außergewöhnlich hartnäckiger, ovariell bedingter Ekzeme berichtet Janson (Blüten). Die Entstehung der Serumanaphylaxie wird durch Sparteincamphosulfat unterbunden (Mercier, Kryjanowsky). Madaus berichtet von der Heilung langjähriger Sterilität durch die Pflanze.

Verordnungsformen. Flores Genistae oder Herba Sparteii scop., zum Aufguß, 1 Eßlöffel auf 1 Tasse, 2—3 Tassen täglich. Extractum Scoparii, dreimal täglich 0,2—0,4. Tinctura Scoparii, dreimal täglich 20 bis 30 Tropfen. Sparteinum sulfuricum, mehrmals täglich 0,05—0,15.
— *Homöopathie:* dil. D 2, zwei- bis dreistündlich 5 Tropfen.

Maximaldosis: Sparteinum sulfuricum 0,2 pro dosi, 0,6 pro die.

Medizinische Anwendung. *Cardiacum:* Herzschwäche mit verlangsamtem Puls, Herzfehler mit niedrigem Blutdruck, Arrhythmien mit Bradykardie, Vorhofflimmern, Kreislaufschwäche bei Hypothyreoidismus, Angina pectoris, bei diabetischen Herzkranken. *Diureticum:* Postoperative Anurie, kardialer Hydrops, Ascites, Anasarka, Blasen- und Nierenleiden, Stein- und Grießbildungen, Arthritis urica, zur Harnsäureausscheidung; bei Ödemen, die von NaCl-Retention herrühren,

Scharlachnephritis. Ferner als *Uterotonicum* und *Hämostypticum*, besonders bei Blutungen aus einem nicht oder wenig vergrößertem Uterus bei sonst normalem Genitalbefund. Weiter bei zu schwacher Menses mit Exanthemen, bei klimakterischen Beschwerden, ferner bei Hypothyreoidismus (Adipositas, Herzleiden); zu versuchen bei Sterilität.

Homöopathische Anwendung. Herzleiden mit beschleunigtem Puls und Unregelmäßigkeiten, Kongestionen nach Kopf, Hals und Brust mit leichten rheumatischen Erscheinungen (HEINIGKE).

Volkstümliche Anwendung. Als Diureticum und Laxans, bei Bauch- und Hautwassersucht, Herz-, Nieren-, Milz- und Leberleiden, Nierensteinen und -grieß, Blasenkrampf, Gicht, Rheuma, Skrofulose, Flechten, Beingeschwüren. KNEIPP empfahl die Pflanze als Kräftigungsmittel nach Krankheiten, als vorzügliches unterstützendes Mittel bei Rheumatismus, Gicht, harnsaurer Diathese und ähnlichen chronischen Leiden.

Cytisus laburnum L., Laburnum vulgare GRISEB., Goldregen, Bohnenbaum, Geißklee.

Beschreibung. Baum, Höhe bis 7 m. Zweige graugrün, rutenförmig, in der Jugend kurzhaarig. *Blätter* wechselständig, langgestielt, dreizählig; Blättchen länglich-eiförmig, 4—8 cm lang, 2—$3^{1}/_{2}$ cm breit, oberseits kahl, unterseits heller, angedrückt behaart. *Schmetterlingsblüten* goldgelb, in vielblütigen, schlaff hängenden, endständigen Trauben an kurzen Seitenzweigen. *Hülsen* länglich-linealisch, an der oberen Naht dick gekielt, seidenhaarig. Samen dunkelbraun, nierenförmig. *Blütezeit* Mai, Juni.

Besonderes. *Giftig!* Die Wurzel schmeckt süßlich.

Vorkommen. Als Zierstrauch ziemlich häufig.

Sammelzeit. Die Samen des Goldregens können gesammelt werden. Man verwendet sie zur Herstellung des Cytisins und der homöopathischen Tinktur.

Arzneiformen. Cytisinum nitricum, salpetersaures Cytisin. Pflanzenteile werden nicht mehr verwendet. — *Homöopathie:* Tinktur und flüssige Potenzen aus dem reifen Samen.

Bestandteile. Alle Teile der Pflanze enthalten das Alkaloid Cystisin (Chinolinderivat), das in den reifen Samen bis zu 3% enthalten ist. Ferner Cholin, Enzym Urease (auch in den Blättern), in der Rinde Pektin, in den Blüten Peroxydase.

Pharmakologie. Die Wirkungen des Cytisins sind stark nicotinähnlich, es macht eine zentrale kurze Erregung, dann schnell einsetzende absteigende Lähmung. Der Tod kann nach größeren Dosen blitzschnell eintreten. Auch peripher entsteht zunächst eine Erregung, dann Lähmung sämtlicher vegetativer Ganglien, wobei die parasympathischen Ganglien früher betroffen werden als die sympathischen. *Vergiftungserscheinungen:* Nach Genuß von Samen oder der süß schmeckenden Wurzel treten zunächst Myosis, starke Verlangsamung der Herzarbeit (Stillstand in Diastole), Erbrechen, Durchfälle, Nierenblutungen, Blutdrucksteigerung, starke Speichel- und Schweißabsonderung, starke Aufregungs- und Verwirrungszustände, tonisch-klonische Krämpfe (heftige

Uteruskontraktionen) ein, darauf folgt jedoch Mydriasis, starke Beschleunigung der Herzarbeit, Blutdrucksenkung, Tod durch Atemlähmung nach 1—9 Stunden oder nach Tagen. *Gegenmittel:* Magenspülung, Adsorbentia, Wärme, Analeptica, künstliche Atmung, Ringerlösung subcutan, Amylnitrit, Uzara. *Prognose* für Erwachsene nicht ungünstig. — Cytisin hat eine elektive Wirkung auf die chemischen Receptoren des Carotissinus; nur relativ starke Dosen erregen das Atemzentrum direkt (ANITSCHKOW), es wirkt emetisch (PRÉVOST, BINNET), hat auf die Herzkontrationen keinen Einfluß (STRENG).

(Aus Cytisusblättern hergestellte Zigarren erzeugen bei Nichtrauchern dieselbe Übelkeit wie echte Zigarren, während Raucher kein Unbehagen verspüren, so daß durch Tabakgewöhnung gleichzeitig eine gesteigerte Widerstandsfähigkeit gegen Cytisin zustande zu kommen scheint [GESSNER].)

Verordnungsformen. Zur Injektion: Cytisinum nitricum (C. hydrochloricum) in Dosen von 0,003—0,005, ansteigend von 0,001. *Vorsicht mit größeren Dosen! Maximaldosis* 0,01 g (KRAEPELIN). — *Homöopathie:* dil. D 4, dreimal täglich 10 Tropfen.

Medizinische Anwendung. Migräne, besonders paralytischer Form (FRÖHNER, BRESTOWSKI). KRAEPELIN verwendete es bei Migräne, Dementia paralytica, Melancholie, Hysterie, MARMÉ bei chronischer Arsenikvergiftung mit Hyperämie der Intestinalgefäße, SCOTT GRAY u. a. bei Hyperemesis gravidarum, Leberkrankheiten.

Homöopathische Anwendung. Konvulsionen, Betäubung, Gleichgültigkeit, Schwindel, Intestinalbeschwerden mit Durst, Übelkeit, Aufstoßen, Erbrechen, Brennen, Schmerzen in der Magengrube, Tenesmus, grasgrüner Urin, Erektionen. Kälte, Taubheitsgefühl und Schwäche in Händen und Füßen; Augenleiden, Hydrocephalus.

Volkstümliche Anwendung. Die Blätter als auflösendes und zerteilendes Mittel.

Ononis spinosa L.,
Dornige Hauhechel.

Beschreibung. Ausdauernd, Höhe 30—60 cm. Pfahlwurzel mehrköpfig, sehr lang und stark holzig. *Stengel* aufrecht oder aufstrebend, rötlich, von ein- bis zweireihigen Haaren zottig und zerstreut-drüsenhaarig. *Blätter* wechselständig, klein, im untersten Teil dreizählig, im oberen Teil einfach, eiförmig, länglich, gezähnt, spitzlich, fast kahl, in den Blattachseln die zu mehrstacheligen Dornen umgestalteten Kurztriebe. *Schmetterlingsblüten* kurz gestielt, groß, rosenrot, einzeln oder zu zweit in den Blattwinkeln. Kelch fünfspaltig, bleibend. Früchte ein- bis dreisamige aufrechte Hülsen. *Blütezeit* Juni bis September.

Besonderes. Pflanze riecht unangenehm, der Geschmack der Wurzel ist kratzend-süßlich.

Vorkommen. Raine, Triften, Wegränder, Ödland; meist häufig.

Sammelzeit. Die Wurzeln der mehrjährigen Pflanzen werden im Herbst gegraben.

Anbau. Lohnend, wenn auch die Wurzeln erst nach mehreren Jahren gegraben werden können. Die Pflanze braucht sonnige Standorte und wächst besonders gut auf letten- und schieferhaltigem Untergrund. Vermehrung am besten durch Stockteilung.

Drogen, Arzneiformen. Radix Ononidis, Hauhechelwurzel. — *Homöopathie:* Essenz und Potenzen aus der frischen, blühenden Pflanze.

Bestandteile. Drei Saponin-Glykoside: Ononin, Pseudononin, Onon, ferner das Glykuronid Ononid, Phytosterin Onocerin, Spuren ätherisches Öl, fettes Öl, 2% Rohrzucker, Gummi, Stärke, Harz, Eiweiß, Gerbstoff, Citronensäure, etwa 7% Asche.

Pharmakologie. Die gute diuretische Wirkung der Pflanze ist noch nicht restlos geklärt. Bülow schrieb die Wirkung dem Ononid zu, Bulkowstein, Jaretzky, Sievers zeigten, daß die diuretische Wirkung vom resorbierten Saponin oder Sapogenin abhängt und daß saponinfreie Pflanzen unwirksam sind. Saponinhaltige Drogen riefen beim gesunden Menschen eine Diuresesteigerung von etwa 20% hervor. Bei Ratten stellte Herre eine 30%ige Steigerung fest. Madaus hatte bei Meerschweinchen überhaupt keinen Erfolg; er führt das darauf zurück, daß es saponinarme und saponinreiche Arten der Pflanze gibt und sich so der negative Befund erklärt. Kobert stellte fest, daß beim Menschen nach Einnahme von 2,0 g Rad. Ononidis die Harnmenge von etwa 1000 g auf über 1500 g anstieg, diese Steigerung aber schnell wieder nachließ, was auch Kroeber feststellte, der deshalb empfiehlt, Pausen einzuschalten zwischen den einzelnen Gaben. Kofler konnte bei Kranken mit gestörtem Wasserhaushalt keine Wirkungen feststellen und Madaus gibt an, daß in solchen Fällen bereits eine Tablette Calomel genüge, um die Diurese in Gang zu bringen. Extrakte erwiesen sich nur per os wirksam, nicht aber bei subcutaner oder intravenöser Zufuhr (Cow).

Verordnungsformen. Rad. Ononidis, zum kalten Auszug, 1—2 Teelöffel auf 1 Tasse, einige Stunden stehen lassen, 2—3 Tassen tagsüber trinken. Rad. Ononidis, pulv. drei- bis fünfmal täglich 1—2 g. — *Homöopathie:* D 2, drei- bis viermal täglich 1—2 Tabletten.

Medizinische Anwendung. Bei Wasserretentionen, wenn gleichzeitig harnsaure Diathese vorliegt, besonders wirksam, also bei allen Hydropsformen, Ödemen, Nephritis, Nephrolithiasis, Cystitis, Cystolithiasis, Arthritis urica, Rheuma, Cholelithiasis, chronische Exantheme, Ekzeme, hartnäckiges Hautjucken, ferner bei Adipositas, Epistaxis, Fluor albus.

Homöopathische Anwendung. Wie vorstehend, besonders hervorgehoben werden Nierengrieß- und Nierensteinkolik, chronische Nephritis.

Volkstümliche Anwendung. Gicht, Rheumatismus, Drüsengeschwülste, Skrofulose, Hauterkrankungen, Wassersucht, Gallensteine, Gelbsucht, Katarrhe und Schwächezustände der Harnorgane und bei Gonorrhöe. Eckstein-Flamm berichten, daß die Pflanze bei allen Formen mangelhafter Nierentätigkeit, auch bei entzündlichen Vorgängen, wirksam ist, Verdauungsdrüsen und Sekretionstätigkeit der Lungenschleimhäute anrege.

Glycyrrhiza glabra L.,
Süßholz, Lakritzenwurzel.

Beschreibung. Ausdauernd (Staude), Höhe 120—180 cm, buschig, Pfahlwurzel mit zahlreichen, gelben, fingerdicken, weithin horizontal im Boden kriechenden *Ausläufern.* Stengel aufrecht, ästig, oberwärts rauh. *Blätter* wechselständig, kurz gestielt, unpaarig gefiedert. Blättchen zu 3—8 Paaren, eiförmig bis breit-elliptisch, stumpf, etwas ausgerandet, kurz stachelspitzig, oberseits kahl, unterseits klebrig. Blattstiel mit Rinne, mit kleinen Haaren besetzt. Nebenblätter sehr klein, hinfällig. Trauben langgestielt, kürzer als das Blatt. *Schmetterlingsblüten,* voneinander abstehend, lila mit weißer Fahne. Kelch behaart. Hülsen meist viersamig, kahl. *Blütezeit* Juli, August.

Vorkommen. Stammt aus Südeuropa, bei uns nur kultiviert.

Anbau. Nachdrücklich zu empfehlen! Es muß lehmig-sandiger Boden, der zwar feucht ist, aber kein stockendes Wasser enthält, zur Verfügung stehen neben mäßig feuchtem, wärmeren Klima. Die Anpflanzung und Vermehrung geschieht durch die sog. Fechser (die von den Augen des Wurzelkopfes sich horizontal entwickelnden Wurzeln), die man auf Beete (hier „Bänke" genannt) pflanzt. Nach 3 Jahren, während derer die Pflanzen gedüngt und vor Frost geschützt werden müssen, kann mit der Ernte der langen Wurzeln begonnen werden, doch sind etwa 10jährige Wurzeln am gehaltreichsten. Man gräbt nur die langen Seitenwurzeln aus, die man an dem stehenbleibenden Wurzelstock abschneidet. Gleichzeitig legt man zwischen den alten Stöcken immer wieder neue Kulturen an, so daß fast dauernd geerntet werden kann. Die geernteten Wurzeln werden während des Trocknens nach ihrer Dicke sortiert und gebündelt.

Drogen, Arzneiformen. Radix Liquiritiae, Süßholz; Extractum Liquiritiae; Extractum Liquiritiae fluidum; Pulvis Liquiritiae comp.; Succus Liquiritiae, Süßholzsaft; Succus Liquir. dep. inspissatus; Tabulae Liquiritiae cum Ammonio chlorato, Salmiaktabletten. — *Homöopathie:* Tinktur aus der getrockneten Wurzel.

Bestandteile. Glykuronid Glycyrrhizin 5—7—14% (= an Calcium und Kalium gebundene Glycyrrhizinsäure), 1—5% Glucose und Saccharose, 9,25% Stickstoffsubstanz, bis 3,5% Fett, wenig Gerbstoff, über 30% Stärke, 0,03% ätherisches Öl, 2—4% l-Asparagin, bis 10% Bitterstoffe, 4,12% Harze, Oxal- und wahrscheinlich auch Apfelsäure (TSCHIRCH).

Pharmakologie. Glycyrrhizin hat Saponinwirkungen ohne Saponin zu sein. Es schmeckt süß und hat keinen (KOBERT) oder nur einen kleinen hämolytischen Index (WASICKY). Wäßrige Lösungen schäumen stark. Innerlich wirkt es nicht giftig und nicht schleimhautreizend, bei subcutaner Injektion zeigt es lokale Reizwirkung, intravenös wirkt es giftig wie Saponin. FÜHNER stellte fest, daß es in hohem Maße sensibilisierend wirkt, z. B. macht es den Darm für die Wirkung von Fol. Sennae empfänglicher. URBACH konnte das besonders deutlich zeigen. Er erzeugte bei Meerschweinchen mit Eiweiß starke Überempfindlichkeiten und erreichte es, daß sie nach einigen Wochen auf eine Lösung

1:10000 des Eiweißes mit einem tödlichen anaphylaktischen Shock, auf eine Lösung 1:100000 nur noch mit geringen Reizerscheinungen und auf eine Lösung 1:10000000 überhaupt nicht reagierten. Auf Anraten von WASICKY setzte er dieser Zehnmillionenverdünnung 0,1 bis 0,2 g Glycyrrhizin zu, worauf sie schon auf Gaben von 1 ccm in schwerem anaphylaktischen Shock starben! Also eine Wirkungssteigerung um das Tausendfache durch ein an und für sich für die Tiere unschädliches Mittel. Aus dem Glycyrrhizin kann sich die Glykuronsäure bilden, die zur Abbindung vieler Stoffwechselendprodukte notwendig ist, wenn dieselben entgiftet und durch die Niere ausgeschieden werden sollen. Durch diesen Vorgang werden viele Stoffwechselschlacken überhaupt erst harnfähig, woraus ECKSTEIN und FLAMM schließen, daß die harntreibende, entgiftende Wirkung des Süßholzes mit diesem Mechanismus in Zusammenhang steht.

Verordnungsformen. Süßholz wird ausschließlich in Mischungen mit anderen Pflanzen verabreicht (s. Rp.). — *Homöopathie:* dil. D 2—3, zwei- bis dreistündlich 5 Tropfen.

Medizinische Anwendung. Als Expectorans, zur Lösung und Verflüssigung des Schleimes bei allen Erkrankungen der Respirationsorgane. Ferner bei Nephro- und Cystopathien (renalem Hydrops), Steinleiden, Ruhr, Gicht und Rheumatismus; als Zusatz zu laxierenden Mischungen steigert sie deren Wirkungen. — Die *homöopathischen* Anwendungen sind die gleichen.

Rp: Rad. Liquiritiae
 Fol. Farfarae
 Rad. Althaeae
 Fol. Plant. lanc. āā 25,0
 C. m. f. species.
 D. s.: 2—3 Teelöffel auf 1 Tasse, 2—3 Tassen täglich.

Liquor pectoralis (ROST-KLEMPERER)
Rp: Succi Liquirit. dep. 20,0
 Aq. Foeniculi 60,0
 Olei Anisi 0,2
 Spiritus 16,3
 Liqu. Amm. caust. 3,5
 M. d. s.: Teelöffelweise alle 2 Stunden.

Laxans (DAB VI)
Rp: Pulv. Liquirit. compos. 100,0
 M. d. s.: dreimal täglich 1 Teelöffel voll.

Volkstümliche Anwendung. Als Tee oder in Form des eingedickten Saftes („Lakritzen") bei Erkältungskrankheiten, trockenem Husten, Lungenverschleimung, Katarrhen, Heiserkeit; der Tee auch bei Magen-, Leber-, Nieren- und Blasenleiden, Seitenstechen und als gelindes Abführmittel bei Kindern.

Trigonella foenum graecum L., Bockshornklee.

Beschreibung. Einjährig, Höhe 30—50 cm. Wurzel spindelförmig, *Stengel* einfach, aufrecht, wenig ästig. *Blätter* entfernt, wechselständig,

Trigonella foenum graecum.

dreizählig; Blattstiele oben etwas verdickt, behaart. Blättchen länglich, keilförmig, gestutzt, vorn gezähnt, das mittlere länger gestielt, Nebenblätter aus eiförmigem Grunde, pfriemenförmig, ganzrandig, stark behaart. *Schmetterlingsblüten* einzeln oder zu zwei in den Blattachseln, fast sitzend. Kelch weichhaarig, fünfspaltig, mit pfriemlichen Zipfeln. Krone gelblichweiß, Fahne verkehrt-eirund, ausgerandet, Flügel kürzer, länglich, Schiffchen stumpf. Hülsen etwas sichelförmig, zottig, längsgeadert, 8—15 cm lang, etwa 4 mm breit. *Samen* vierkantig, rautenförmig, gelbbräunlich, sehr hart, mit hakig gekrümmtem Keim. *Blütezeit* Juni, Juli.

Besonderes. Pflanze behaart. Geruch stark nach Kräuterkäse. Samen schleimig, aromatisch.

Vorkommen. Stammt aus Südeuropa. Bei uns angebaut und verwildert.

Anbau, Ernte. Lohnend. Man sät auf guten lockeren, unkrautfreien Boden dünn aus (1 a = 200 g), bedeckt schwach und walzt. Die Schoten erntet man noch bevor sie sich öffnen. Ertrag 1 a = 16—20 kg.

Drogen, Arzneiformen. Semen Foenugraeci, Bockshornsamen. Oleum Foenugraci. Ungt. Foenugr. comp. — *Homöopathie:* Tinktur aus den reifen Samen.

Bestandteile. Mannogalactan, 0,13% Alkaloid Trigonellin, 0,05% Cholin, 0,014% ätherisches Öl, 6—9,85% fettes Öl, 27% Protein (mit 25% Globulin, 20% Albumin, 55% Nucleoproteid), Saponin, Gerbstoff, gelber Farbstoff (Flavon-Abkömmling nach v. LINGELSHEIM), 28% Schleim, Bitterharz, Diastase, Enzym Seminase, 6% fettes Öl mit Cholesterin, Lecithin und einer esterartigen, zu Betain oxydierbaren Glycerinverbindung, 3,7% Asche. Hämolyse gab nur der Fluidextrakt, nicht aber die Abkochung (KROEBER). MADAUS stellte Vitamin C fest.

Pharmakologie. Das Samenpulver ist ein ausgezeichnetes Roborans, trotzdem MADAUS in Tierversuchen keine Gewichtszunahmen feststellen konnte. BLUM beobachtete neben Gewichtszunahmen von 1 bis 2 kg im Monat Vermehrung der Erythrocyten, bessere Ausnutzung der Eiweißstoffe, Beschränkung der Phosphorausscheidung. INVERNI gibt an, daß schwächliche Kinder in 1 Woche 1 kg an Gewicht zunahmen.

Verordnungsformen. Sem. Foenugraeci plv., drei- bis fünfmal täglich 1 Teelöffel, evtl. in Apfelmus verrührt (s. Rp.). Sem. Foenugraeci plv., zum heißen Aufguß, $^1/_2$ Teelöffel auf 1 Tasse, 1—3 Tassen täglich. Sem. Foenugraeci, mit heißem Wasser angerührt zu Umschlägen und Kataplasmen. — *Homöopathie:* dil. D 1—D 3, drei- bis fünfmal täglich 5—10 Tropfen oder äußerlich D 1, 10 Tropfen auf $^1/_2$ Glas Wasser.

Medizinische Anwendung. Das Pulver am besten in Substanz als *Roborans* (Rachitis, Skrofulose, Diabetes, Tuberkulose). MULLER berichtet von ausgezeichneten Erfolgen bei Osteomyelitis, tuberkulösen Knochenerkrankungen bei Kindern, BLUM empfiehlt ihn bei Appetitlosigkeit, Schwäche, Magerkeit.

Rp: Sem. Foenugraeci plv.   2,0
    Ol. Bergamottae gtt. II
    D. t. dos. XXX
    S.: Fünfmal täglich 1 Pulver (LECLERC).

Mit heißem Wasser angerührt wird das Samenpulver zu Umschlägen und *Kataplasmen mit erweichender Wirkung* verwendet bei Furunkeln, Geschwüren, Tumoren, Drüsenschwellungen, Eiterungen, Panaritien. Als *Antiphlogisticum* bei Appendicitis, Mastitis, Pleuritis, Neuralgien, Ischias, Gelenkentzündungen. Zu Spülungen und Klysmen bei Anginen und Halsgeschwüren, Hämorrhoiden, Prolaps, Rectum-Ca.

Homöopathische Anwendung. Innerlich als Konstitutionsmittel bei beginnender Tuberkulose, Emphysem, Asthma, Verschleimung, zur Anregung der Milztätigkeit, bei Hämorrhoiden. MADAUS berichtet, daß BÜCHLE bei Strumen Umschläge mit der Abkochung (20:500) machen läßt, gleichzeitig den Tee im Wechsel mit Jodum D 4 und Sulfur gibt. MADAUS gibt weiter an, daß Foenum graecum zu Ausscheidungskuren bei Gonorrhöe, Rheuma und Gicht und gelegentlich bei Fieber, Magen- und Darmbeschwerden (Ulcus ventriculi) angewendet wird. BECKER hatte bei apoplektischer Zungenlähmung mit einem Teegemisch von Bockshornsamen und Rad. Pyrethri gute Erfolge.

Volkstümliche Anwendung. Das Samenpulver zu erweichenden, zerteilenden Umschlägen bei Furunkeln, Eiterungen, Schwellungen, Krampfschmerzen im Unterleib, Koliken. Mit etwas Essig gekocht als Breiaufschlag bei offenen Wunden, Geschwüren (Unterschenkelgeschwüren), Drüsengeschwülsten. Die Abkochung wird getrunken bei Lungenkrankheiten, Husten, Heiserkeit, Fieber, Milzleiden, Magenbeschwerden (Geschwüren), Blähungen, Ruhr, Hämorrhoiden und wird gegen Kopfgrind und Schuppenbildung angewendet. Zum Gurgeln bei Mund- und Rachenentzündungen, Anginen, Diphtherie, als Klystier bei Mastdarmvorfall und -geschwüren (KNEIPP). MADAUS berichtet, daß in Indien der Auszug mit Öl zur Förderung des Haarwuchses und zu Einreibungen bei Müdigkeit und Abgespanntheit verwendet wird.

Weitere Verwendung. In der Tierheilkunde gegen Rotz, Kehlsucht der Pferde und technisch zur Herstellung von Appreturen.

Melilotus officinalis L.,
Echter Steinklee, Honigklee.

Beschreibung. Zweijährig, Höhe 30—100 cm. *Stengel* aufsteigend oder niederliegend, ästig, hohl, kahl. *Blätter* wechselständig, dreizählig, gestielt, Blattstiel bis 1 cm lang, fein behaart. Blättchen: untere verkehrt-eiförmig, obere länglich, gesägt-gezähnt, spitz oder gestutzt. Nebenblätter pfriemenborstig. *Blüten* in lockeren, reichblühenden, achselständigen Trauben, Schmetterlingsblüte. Kelch fünfzähnig, Blumenkrone goldgelb, Fahne und Flügel länger als das Schiffchen. Hülse eiförmig, stumpf, stachelspitzig, querfaltig, wenig netzig, kahl. *Blütezeit* Juli bis September.

Besonderes. Pflanze kahl oder oberwärts zerstreut behaart. Blüten duften stark waldmeisterähnlich.

Vorkommen. An Acker- und Wegrändern, Zäunen, Fluß- und Bachufern; zerstreut.

Sammelzeit. Die ganze blühende Pflanze wird etwa am Beginn der Verästelung abgeschnitten.

Anbau. Lohnend, wächst auf jedem Boden wie andere Kleearten.
Drogen, Arzneiformen. Herba Meliloti, Steinklee. Emplastrum Meliloti, Steinkleepflaster. — *Homöopathie:* Tinktur aus frischen Blättern und Blüten.
Bestandteile. Zwei Cumaringlykoside, Melilotosid und Cumarigen, ferner etwa 0,0133% ätherisches Öl, welches ebenfalls Cumarin enthält, Harz und 6% Asche.
Pharmakologie. Cumarin als wirksamer Bestandteil kann in größeren Gaben Vergiftungserscheinungen hervorrufen, die sich in Kopfschmerz, Benommenheit, Schwindel äußern.
Verordnungsformen. Herba Meliloti, zum kalten oder heißen Aufguß, 1 Teelöffel auf 1 Tasse, entweder 2 Tassen tagsüber oder 1 Tasse am Abend (Schlafmittel). Emplastrum Meliloti. — *Homöopathie:* ∅ — dil. D 1, dreimal täglich 10 Tropfen oder am Abend 20 Tropfen.
Medizinische Anwendung. Als Beruhigungs- und Schlafmittel, bei Koliken, Darmspasmen. Das Pflaster bei rheumatischen Gelenkerkrankungen, Drüsenschwellungen. Der heiße Aufguß zum Kopfdampfbad bei Otitis und Stirnhöhlenprozessen. (Herb. Meliloti ist Bestandteil der Species emollientes DAB VI.)
Homöopathische Anwendung. Kopfschmerzen mit Kongestionen, Migräne, hypertonische und klimakterische Beschwerden mit Kongestionen, ferner bei Koliken, Blähungen, Krämpfen der Kinder.
Volkstümliche Anwendung. Innerlich bei chronischem Bronchialkatarrh und Leibschneiden, auch als Schlaftrunk. In der Hauptsache äußerlich in Salben, Pflastern und Kräuterkissen bei Gelenkleiden rheumatischer Art, Drüsenschwellungen, Milchknoten, Geschwüren und Furunkeln, auch bei offenen Wunden.
Weitere Anwendung. Die getrockneten Pflanzen dienen als Mottenschutz und die fein gepulverten Blätter als aromatisierende Beimengung zum Schnupftabak.

Trifolium pratense L.,
Wiesenklee, Rotklee.

Beschreibung. Ausdauernd, Höhe 15—50 cm. Pfahlwurzel bis 60 cm lang. Hauptachse eine Zentralrosette grundständiger Blätter, aus deren Achseln die Blütenstengel entspringen. *Stengel* aufsteigend, gerillt bis kantig, oft rötlich überlaufen, angedrückt weißlich behaart. *Blätter* dreizählig, untere lang-, obere kurzgestielt oder fast sitzend; Blättchen kurzgestielt, eiförmig bis elliptisch, ganzrandig, oberseits frischgrün, unterseits bläulichgrün, oft mit hellgrünen oder rotbraunen Flecken versehen. Nebenblätter eiförmig, plötzlich in eine Granne übergehend. Blütenköpfchen kugelig oder eiförmig, meist zu zwei, sitzend oder kurzgestielt, von Blättern umhüllt. *Schmetterlingsblütchen:* Kelchröhre am Grunde verschmälert, zehnnervig, behaart; Kelchzähne durch spitze Buchten getrennt, fadenförmig. Blumenblätter purpurrot, selten weiß, Fahne mit geraden Seitenrändern, an der Spitze gestutzt, ausgerandet, mit einem Mittelspitzchen. *Blütezeit* Juni bis September.

Besonderes. Die Art ist außerordentlich formenreich. Blüten wohlriechend.

Vorkommen. Wiesen, Triften, Gebüsche, auf Feldern gebaut; häufig.

Arzneiform. *Homöopathie:* Essenz aus den frischen Pflanzen. — Die Fa. *Madaus* stellt eine „Teep"-Verreibung her.

Bestandteile. *Blüten:* Isorhamnetin, 3-Methyläther des Quercetins, Quercetinglucosid, phenolische, den Farbstoffen der Flavongruppe verwandte Substanzen (Pratol, Pratensol), Glucosid Trifolin, das bei der Hydrolyse Rhamnose und Trifolitin liefert, Isotrifolin, furfurolhaltiges ätherisches Öl (frisch 0,006%, getrocknet 0,028%), Salicylsäure, p-Cumarsäure, Harz. Die ganze Pflanze und die *Blätter* enthalten: Paragalaktanähnliches Kohlehydrat, 1—1,3% Fett, 0,4—0,6% Wachs, Arsen (frisch 0,012 mg, getrocknet 0,037 mg in 100 g Substanz), Asparagin, anscheinend Tyrosin, Hypoxanthin, Xanthin, Guanin, Enzyme, Pektase, Urease, Proteine und Schwefelverbindungen. In den *Samen:* 11,1—14,78% fettes Öl, 1—8% Saccharose, Mannan (KROEBER). Im weißen Wiesenklee stellte KROEBER Saponinsubstanzen fest.

Verordnungsformen. *Homöopathie:* ⌀ — dil. D 2, dreimal täglich 10 Tropfen. — „*Teep*", drei- bis viermal täglich 1 Tablette.

Anwendung. Innerlich als Stomachicum, zur Anregung der Darmdrüsentätigkeit, bei zu starker Menstruation, Abmagerung, ferner bei Erkrankungen der Respirationsorgane (Husten, Heiserkeit, Bronchitis, Halsschmerz mit Verschleimung), Mumps und anderen Drüsenschwellungen bei Kindern. Äußerlich bei Drüsenschwellungen, als erweichendes Mittel.

Volkstümliche Anwendung. Chronische Katarrhe, Bronchitis, Magenkatarrh, Fluor, Conjunctivitis. Gegen carcinomatöse Geschwüre werden die Blüten mit Wasser ausgekocht und abgepreßt; zu diesem Preßsaft werden wieder frische Blüten getan und dieses Verfahren einige Male wiederholt. Die schließlich erhaltene, konzentrierte Flüssigkeit wird bis zur Salbenkonsistenz eingedickt und auf die Geschwüre gelegt (zit. nach SCHULZ).

Trifolium arvense L.,
Ackerklee, Hasenklee, Katzenklee.

Beschreibung. Einjährig und überwinternd einjährig, Höhe 10 bis 40 cm. Pfahlwurzel kräftig, *Stengel* aufrecht, aufsteigend, meist ästig und sparrig, nebst den Blättern kurz-zottig behaart und rötlich überlaufen. *Blätter* dreizählig; Blättchen lineal-länglich, gezähnelt; Nebenblätter aus eiförmigem Grunde pfriemenförmig. Blütenköpfchen achselständig, walzenförmig, bis 1 cm dick, langgestielt, grauzottig, am Grunde ohne Hülle. 5 borstenförmige Kelchzähne, länger als die Krone. Schmetterlingsblüten, sehr klein, weißlich, später rosa. *Blütezeit* Juni bis September.

Besonderes. Ganze Pflanze zottig-behaart, meist rötlich überlaufen.

Vorkommen. Sandige Äcker, an Wegrändern, an trockenen Orten; gemein.

Drogen, Arzneiformen. Herba Trifolii arvensis, Katzenkleekraut. — *Homöopathie:* Essenz aus den im Juli gesammelten Pflanzen.
Bestandteile. Die Pflanze enthält 4,05% Gerbstoff (MADAUS).
Verordnungsformen. Herba Trifol. arv., zum heißen Aufguß, 2 Teelöffel auf 1 Tasse, 3 Tassen täglich. — *Homöopathie:* ⌀ — dil. D 2, mehrmals täglich 10 Tropfen.
Anwendungen. Als Adstringens (Gerbstoff!) bei Diarrhöe und Dysenterie, ferner bei Fluor, starkem Speichelfluß, Pankreasaffektionen und Diabetes mellitus (MADAUS, BARTELS). Im Volke wird der Ackerklee gegen Durchfall und als Brusttee gebraucht.

Anthyllis vulneraria L., A. dillenii SCHULTES,
Wundklee, Jesu-Wundenkraut, Bärentatze.

Beschreibung. Ausdauernd, entsendet aus der kräftigen Pfahlwurzel mehrere liegende oder aufsteigende, oberwärts filzig behaarte Stengel, 10—30 cm lang. *Blätter* wechselständig, unterste Blätter gestielt, ungeteilt, länglich-eiförmig, ganzrandig, spitz, unterseits filzig, oft mit kleinen Nebenblättchen, obere gefiedert, 1—7paarig. *Blüte* goldgelb (bei *A. dillenii* oberer Teil des Schiffchens und Fahne blutrot), an der Spitze des Stengels zu einem Köpfchen vereinigt, mit einem fingerförmig geteilten Deckblatt. *Kelch* bauchig, weiß-filzig, Kelchzähne sehr kurz. *Blütezeit* Mai bis Herbst.
Vorkommen. Trockene Wiesen, Triften, Wegränder, gern auf Lehmboden; häufig.
Sammelzeit. Während der Blüte wird das Kraut über der Erde abgeschnitten oder die Blüten gesondert gepflückt.
Drogen. Flores Anthyllidis, Wundklee.
Bestandteile. Gerbstoff, Saponinsubstanzen (KROEBER), Schleim, gelber Farbstoff; in den Blüten: Xanthophyll, rotes Anthocyan und ein blauer Farbstoff; in den Samen: fettes Öl, Raffinose, Saccharose.
Anwendung. Im Volke als Blutreinigungstee, auch gegen das Erbrechen bei Kindern. Der Tee oder auch das frische, zerquetschte Kraut als Wundheilmittel zu Umschlägen und Waschungen.

Galega officinalis L.,
Geißraute, Geißklee.

Beschreibung. Ausdauernd (Staude), Höhe 60—120 cm. Stengel aufrecht, hohl, ästig. *Blätter* wechselständig, unpaarig gefiedert, 11 bis 17 Blättchen, länglich-lanzettlich, stachelspitzig, kahl. Nebenblätter halb-pfeilförmig-lanzettlich, stachelspitzig. Blütentrauben locker, achselständig, länger als das Blatt. *Schmetterlingsblüte*, mäßig groß, Fahne lila, Flügel und Schiffchen weiß. Schiffchen kürzer als Flügel und Fahne. Alle Staubblätter verwachsen. Kelch fünfzähnig. Hülsen schmal und lang, im Kelch sitzend, mehrsamig. *Blütezeit* Juli, August.
Besonderes. Pflanze kahl.
Vorkommen. Sumpfige Wiesen, Ufer; nicht selten angepflanzt und verwildert.

Sammelzeit. Das blühende Kraut wird 10—20 cm über dem Boden abgeschnitten.

Drogen, Arzneiformen. Herba Galegae, Geißrautenkraut; Extractum Galegae fluidum, Geißrautenfluidextrakt; Tinctura Galegae, Geißrautentinktur.

Bestandteile. Alkaloid Galegin = Guanidino-i-amylamin, Luteolin, Galuteolin (Glykosid), Gerbstoff, Saponin, Bitterstoffe, Saccharose, Stachyose, fettes Öl.

Pharmakologie. Die Wirkung des Galegins ist blutzuckersenkend, wenn auch schwächer als die des Synthalins (TAURET, SIMONNET). Es besitzt die Eigenschaften der Glucokinine; je nach der Dosierung tritt die Hyper- oder Hypoglykämie stärker hervor (REINWEIN). Nach Dosen von 0,025 g Galegin hörte die Glykosurie auf und das Gewicht der Patienten stieg an. Auch die einzelnen Dosen von 0,15 g wurden ohne irgendwelche kumulative Wirkung vertragen. Bei schweren Fällen von Altersdiabetes sahen PARTURIER und HUGONOT vor allem eine Beeinflussung der Acidosis. Die Wirkung hypoglykämisierender Substanzen auf neoplastische Hautgeschwüre prüfte DA COSTA auch mit *Galega off*. Eine Salbe aus 0,5 g Extractum Galegae in 30,0 g Grundsalbe brachte die neoplastischen Ulcera zum Vernarben; höhere Dosen beschleunigten dagegen die Entwicklung. MADAUS untersuchte experimentell die lactagoge Wirkung der Planzentinktur; es zeigte sich bei Mäusen eine beachtliche Gewichtszunahme (im Durchschnitt 18%) der Jungen, deren Mütter Galega als Zusatz bekommen hatten. Mit Galega gefütterte Kühe geben bis zu 30% mehr Milch (GAUCHERON). Nach Absetzen der Anwendung bleibt die Wirkung noch 2—3 Tage erhalten (INVERNI).

Verordnungsformen. Herba Galegae, 2 Teelöffel auf 1 Glas Wasser, 8 Stunden kalt ansetzen, tagsüber trinken. Extractum Galegae fluidum, dreimal täglich 10—15 Tropfen. Tinctura Galegae, dreimal täglich 20—30 Tropfen.

Medizinische Anwendung. Als sicheres hypoglykämisches Mittel, besonders bei Altersdiabetes, in insulinrefraktären Fällen, zur Unterstützung der Insulinwirkung. Als promptes Lactagogum zur Besserung der Menge und Qualität der Milch.

Rp: Hb. Galegae
Semen Galegae āā 25,0
D. s.: 1 gehäufter Teelöffel voll auf 1 Tasse Wasser, kalt ansetzen, kurz aufkochen und 10 Minuten ziehen lassen. 3 Tassen täglich vor den Mahlzeiten (STIRNADEL).

Volkstümliche Anwendung. Der Saft der frischen Pflanze wie die Abkochung bei Epilepsie und zur Förderung der Milchsekretion bei Mensch und Vieh.

Robinia pseudacacia L.,
Gemeine Robinie, Falsche Akazie.

Beschreibung. Baum, Höhe bis 27 m. Rinde tief langrissig. Junge Triebe spärlich behaart, bald kahl. *Blätter* unpaarig-gefiedert, 20—30 cm lang, mit 9—17 Fiederblättchen, kurz gestielt, oval, ganzrandig. Nebenblätter zu starken Dornen umgebildet. *Blüten* in blattachselständigen, meist hängenden, lockeren Trauben, kurz gestielt, wie die Hülsen kahl. Kelch glockig, Schmetterlingsblüten, ziemlich groß, weiß, selten fleischrot, Oberlippe zweizähnig, Unterlippe dreispaltig. Oberes Staubblatt frei, Griffel bärtig. Fruchthülsen vielsamig. *Blütezeit* Mai, Juni.

Besonderes. Blüten sehr wohlriechend.

Vorkommen. Stammt aus Nordamerika, jetzt überall angepflanzt, vielfach verwildert.

Arzneiformen. *Homöopathie:* Essenz und Potenzen aus der frischen Rinde junger Zweige. Die Fa. *Madaus* stellt eine „Teep"-Verreibung her.

Bestandteile. Die Rinde enthält ein dem Ricin ähnliches Toxalbumin, das Robin, ferner ein unbeständiges, zersetzliches Alkaloid, Farbstoff und Glykosyringasäure. Nach WEHNER wurden gefunden: Amygdalin und Harnstoff spaltende Enzyme, Globuline, Albumin, etwas Fett, Sitosterine, Stigmasterin, Gerbstoff. Die Blüten enthalten ätherisches Öl.

Pharmakologie. Robin agglutiniert rote Blutzellen. Bereits von EHRLICH wurden Immunisierungsversuche vorgenommen. Mäuse und Kaninchen ließen sich immunisieren und produzierten Antitoxine; das Antiricinserum schützte auch gegen Robin. Wäßrige Lösungen gerinnen beim Erhitzen und werden entgiftet. Pferde, Maultiere, Hühner sind empfindlich gegen Robin. Injiziert man es, so treten Hämorrhagien besonders im Darmkanal auf bis zur tödlichen Wirkung; Kühe scheinen resistenter zu sein (LACINA, LUKŠIK).

Verordnungsformen. *Homöopathie:* dil. D 2, dreimal täglich 10 Tropfen. „Teep" 3 Tabletten täglich.

Homöopathische Anwendung. Magenstörungen (Sodbrennen, Dyspepsie, Hyperacidität, Gastritis, Ulcus ventriculi, Magenblutungen, gastrische Kopfschmerzen), ferner Migräne, Gesichtsneuralgie, Rheuma des Kiefergelenkes, rheumatische Zahnschmerzen, Typhus, Grippekatarrh (WITTLICH), Fluor albus (WITZEL) (zit. nach MADAUS).

Bemerkungen. Vielfach rufen die *Blätter* erysipeloide Exantheme, Infiltrationen, Ödeme, Lid- und Zungenschwellungen, Fieberschauer und Obstipation hervor. — Im *Volke* wurden die Blüten außer zum Parfümieren von Speisen und Zuckerwerk auch als Spasmolyticum benutzt und gegen Husten getrunken; Branntweinauszüge bei Gicht, die Rinde bei Fieber als Ersatz der Chinarinde, der Samen als Kaffee-Ersatz, das Laub bei Pferdekrankheiten.

Astragalus glycyphyllus L.,
Bärenschote, Süßholztraganth.

Beschreibung. Ausdauernd, Höhe 60—125 cm. Stengel deutlich entwickelt, niederliegend, mit aufgerichteter Spitze, ästig. *Blätter* unpaarig gefiedert. Blättchen 11—13, groß, elliptisch oder eiförmig. Nebenblätter nur am Grunde mit dem Blattstiel verbunden. Blütentrauben eiförmig-länglich, ziemlich dicht, kürzer als das Blatt, achselständig. *Blumenblätter* grünlichgelb, Schiffchen stumpf, ohne Spitze. Hülsen linealisch, gebogen, unten tief gefurcht, kahl, aufrecht, zusammenneigend. Frucht aufrecht, zweifächerig. *Blütezeit* Juni bis August.

Vorkommen. Trockene, lichte Wälder, Gebüsche. Häufig nur in Nordwestdeutschland, östlich der Elbe selten.

Volkstümliche Anwendung. Bei chronischen rheumatischen Leiden und Hautkrankheiten (hartnäckiges Ekzem).

Coronilla varia L.,
Bunte Kronwicke, Giftwicke.

Beschreibung. Ausdauernd, Grundachse verzweigt, *Stengel* 30 bis 125 cm lang, niederliegend oder aufsteigend, kantig, hohl, krautig, ästig. *Blätter* wechselständig, meist 5—12paarig, Blättchen länglich oder verkehrt-eiförmig, Nebenblätter lanzettlich, nicht zusammengewachsen, beiderseits am Grunde des Blattstiels. *Dolden* länger als das Blatt, etwa 12—20blütig. Blütenstiele 2—3mal so lang als die Kronenröhre. *Blüten* mäßig groß, bunt, Fahne rosa, Flügel weiß, Schiffchen weiß mit violetter Spitze. *Blütezeit* Juni bis August.

Besonderes. Pflanze kahl! *Giftig!*

Vorkommen. Sonnige Hügel, Wegränder, Gebüsche; zerstreut.

Sammelzeit. Die ganze Pflanze wird kurz vor oder während der Blüte gesammelt; der Gehalt an giftig wirksamen Substanzen ist aber besonders in den reifen Samen größer.

Drogen, Arzneiformen. Herba Coronillae variae, Kronwickenkraut. Coronillinum, Coronillin, das Glykosid aus der Pflanze.

Bestandteile. Das digitalisartig wirkende Glykosid Coronillin.

Pharmakologie. Coronillin wirkt giftig; es sind Vergiftungen vorgekommen, die unter Nausea, Magen-Darm-Katarrhen und tonischklonischen Krämpfen im Koma in wenigen Stunden zum Tode geführt haben (GESSNER). In therapeutischen Dosen soll Coronillin fast so wirksam wie Digitoxin sein und die Coronargefäße erweitern.

Anwendung. Nach anfänglichen Versuchen an Stelle von Digitalis ist die Verwendung wieder aufgegeben worden; man gab die Auszüge aus der Pflanze bei Herzneurosen, die mit asthmatischen Anfällen einhergehen. Der Pulsschlag wurde kräftiger, die Diurese gesteigert. SCHULZ berichtet, daß sich das Mittel in der Praxis nicht gehalten hat. KOSCH hat 1938 den heißen Aufguß aus der blühenden Pflanze daraufhin erneut der Anwendung unterzogen; er gab 2 Teelöffel der getrockneten Pflanze auf 1 Tasse Wasser, tagsüber schluckweise getrunken, bei den nervösen Herzstörungen im Klimakterium und in Fällen, wo entweder Herzverfettung oder Adipositas bestand, bei Herzschwäche mit vorzüglichem Erfolg.

Vicia faba L.,
Pferdebohne, Saubohne, Puffbohne.

Beschreibung. Einjährig, Höhe 60—120 cm. Stengel einfach oder ästig, aufrecht, kantig, röhrig. Nebenblätter halb-pfeilförmig, begranntgezähnt. *Blätter* wechselständig, meist ganzrandig, mit krautiger Stachelspitze, ohne Wickelranke. *Schmetterlingsblüten* in sehr kurz gestielten, zwei- bis vierblütigen Trauben. Kelchzähne ungleich, die drei unteren viel länger als die zwei oberen. Krone groß, weiß, mit schwarzem Fleck an den Flügeln, oder reinweiß oder purpurn. *Hülse* länglich, lederartig, kurzhaarig, gedunsen, mit schwammigen Querscheidenwände. *Same* länglich mit endständigem Nabel. *Blütezeit* Juni, Juli.

Besonderes. Pflanze kahl, etwas fleischig.

Vorkommen. Im nördlichen Deutschland als Viehfutter angebaut.

Bestandteile, Wirkung. Glykoalkaloide, deren Spaltbasen Pyrimidinderivate sind: Vicin, Convicin. — Die bei Tieren und Menschen unter dem Namen Vicismus und Fabismus auftretenden schweren Erkrankungen sind nicht auf diese Alkaloide zurückzuführen; sie treten nur gelegentlich auf und sind vielleicht durch Pilzbefall bedingt (GESSNER).

Arzneiform. Die *Homöopathie* stellt Urtinktur und Potenzen her.

Phaseolus vulgaris L. (Phaseolus nanus L.), Bohne (Buschbohne).

Beschreibung. Einjährig, Höhe 2—4 m (mit windendem, rinnenförmigen Stengel) oder 30—60 cm hoch (mit nicht windendem, stark verzweigten Stengel = *Ph. nanus*), *Blätter* wechselständig, groß, 5 bis 7 cm breit, dreizählig, breit-eiförmig, lang zugespitzt. *Traubenblüten* achselständig, wenigblütig. *Schmetterlingsblüten* weiß, gelblichweiß, rötlich, seltener lila oder hellviolett, Flügel halb so breit wie die Fahne, Kelch fünfzipfelig; Hülsen (= Bohnen) hängend, ziemlich gerade, glatt. *Samen* länglich, nierenförmig, weiß, gelb, schwarz oder bunt. *Blütezeit* Juni bis September.

Besonderes. Die Buschbohne wächst sich bei schwach belichteten Kulturen wieder windend aus. Die Pflanzen sind mitunter zerstreut behaart; die Blätter nehmen am Abend die sog. Schlafstellung ein.

Vorkommen. Stammt aus Südamerika; jetzt überall in Gärten und auf Äckern gebaut, weil die grünen Hülsen (als Schnittbohnen) als Gemüse viel verwendet werden.

Sammelzeit. Für arzneiliche Zwecke werden nur die Schalen der *reifen* Hülsen, die beim Ausschälen der reifen Samen abfallen, gesammelt.

Drogen, Arzneiformen. Fructus Phaseoli sine Semine (Cort. Fruct. Phaseoli), Bohnenschalen; Semen Phaseoli pulv., Bohnenmehl. — *Homöopathie:* Essenz und Potenzen aus der frischen, verblühten Pflanze.

Bestandteile. Die Hülsen enthalten Phasol, Phaseolin, Paraphysosterin, Flavone (WEHMER), Arginin.

Pharmakologie. Bohnenschalen-Abkochungen und -extrakte senken den Blutzuckerspiegel; nach KAUFMANN ersetzt 1 Tasse Tee 3—5 Einheiten Insulin. GESSNER und SIEBERT erreichten die Senkungen des Nüchternblutzuckers um 20—40 mg-%; WASICKY fand Extrakte im Tierversuch wirksam gegen die alimentäre und Adrenalinhyperglykämie. Besonders günstig wird die Acidose beeinflußt. LAPP stellte fest, daß die Blutzuckersenkung nur am Gesunden eintritt. Die diuretische Wirkung ist vielfach belegt, so von RAMM, SCHÖFER, HILDEBRANDT (am Tierexperiment), KNEIPP, CREMER, ROSS, SCHULZ u. a. — Das Bohnenmehl besitzt spezifische Wirkungen auf nässende und juckende Ekzeme.

Verordnungsformen. Cort. Fruct. Phaseoli, 250,0 mit $^3/_4$ l Wasser über Nacht einweichen, dann 3—4 Stunden einkochen auf etwa $^1/_2$ l, in Portionen tagsüber trinken oder etwa 2—3 Teelöffel auf 1 Tasse, kochen, 3 Tassen täglich. Semen Phaseoli pulv., zum Aufstreuen. — *Homoöpathie:* ⌀, dreimal täglich 10 Tropfen.

Medizinische Anwendung. Das Dekokt der Schalen als Unterstützung und zum teilweisen (in leichteren Fällen vollkommenen) Ersatz der Insulinwirkung, besonders zur Beseitigung der Acidosis und dann, wenn gleichzeitig Wasserretention besteht. Die sichere reizlose Anwendung als Diureticum findet bei Hydrops, Nephro- und Cystopathien, Hydrops pericardii, Pleuritis exsudativa statt. Gute Wirkungen werden bei Gicht, Rheuma, Neuralgien (Ischias), Stein- und Grießbildungen festgestellt. *Bohnenmehl* zum Aufstreuen bei juckenden, nässenden Ekzemen (SCHULZ).

Homöopathische Anwendung. Herzleiden, Pleuritis mit Erguß, Herzbeutelentzündung, Diabetes, Harnsäuregrieß, Hämaturie, Wasseransammlungen.

Volkstümliche Anwendung. Gesichtsacne, Wassersucht, chronischer Rheumatismus, Ischias, Nieren- und Blasenleiden arthritischer Grundlage. Bohnenmehl bei juckenden und nässenden Ekzemen, besonders bei erfolglos behandelten derartigen Leiden (SCHULZ).

Geraniaceae, Storchschnabelgewächse.

Geranium robertianum L.,
Ruprechtskraut, Ruprechts-Storchschnabel, Stinkender St.

Beschreibung. Einjährig und überwinternd, Höhe 25—50 cm. *Stengel* aufrecht, ästig, an den stark verdickten Gelenken leicht abbrechend, unterhalb meist rot gefärbt, abstehend drüsig behaart. *Blätter* gegenständig, drei- bis fünfzählig, mit gestielten, doppelt fiederspaltigen Blättchen. Blätter und Stengel mit langen, roten Drüsenhaaren besetzt. *Blütenstiele* zweiblütig, blattwinkelständig, nach dem Verblühen etwas abwärts gezogen. 5 Kronenblätter, verkehrt-eiförmig, ungeteilt, lang benagelt, rosenrot oder hellpurpurn, mit 3 weißlichen Streifen. 5 Kelchblätter, begrannt. Zweiklappige Springfrucht, Form eines Storchschnabels, mit 2 weiße Haare tragenden Samen. *Blütezeit* Juni bis Herbst.

Besonderes. Pflanze fast klebrig behaart, Geruch widerlich, Geschmack salzig-herb.

Vorkommen. Feuchte Gebüsche, Wälder, an schattigen steinigen Plätzen, alten Mauern; häufig.

Sammelzeit. Das blühende Kraut wird kurz über dem Erdboden abgeschnitten; fruchttragende Äste sollen wegfallen.

Drogen, Arzneiformen. Herba Geranii robertiani (Herba Ruperti), Ruprechtsstorchschnabelkraut. — *Homöopathie:* Essenz aus der frischen blühenden Pflanze.

Bestandteile. Bitterstoff Geraniin, 19—44% Gerbstoffe, Ellagsäure (BRANDL, SCHLUND), Stärke, Harz, Schleimzucker und in der frischen Pflanze ätherisches Öl als Geruchsträger.

Pharmakologie. Die Drüsenhaare der frischen Pflanze rufen mitunter Hautreizungen hervor. Die Pflanze wirkt kontrahierend auf den Uterus (KOBERT). Die Indianer der nordamerikanischen Weststaaten sehen die Wurzel als bestes Mittel gegen die Lues an (THULCKE). MADAUS untersuchte den Toxingehalt und fand durchschnittliche Mengen ausfällbaren Eiweißes von mittlerer Giftigkeit.

Verordnungsformen. Herba Geran. rob. zum kalten oder heißen Aufguß, 1 Teelöffel auf 1 Tasse, bis 2 Tassen täglich. — *Homöopathie:* dil. D 2, drei- bis viermal täglich 5 Tropfen.

Medizinische Anwendung. Bei fieberhaften Gastroenteritiden, als Adstringens bei Diarrhöen, chronischen Magen- und Darmentzündungen (Ulcera), Dysenterie, Cholera infantum, Blutungen aus Lunge und Nase. Bei Hautkrankheiten, besonders ektogener Ursachen, wie Geschwüren carcinomatöser, fressender Art, Ulcera cruris, Erysipel, nässenden Ekzemen, auch bei Mastitis wendet man neben der innerlichen Darreichung den Saft der frischen Pflanze auch äußerlich an. Weiter werden Erfolge angegeben bei Schwerhörigkeit, Drüsenverhärtungen, Gallenleiden (Lithiasis), Rheuma und Gicht. — Die *homöopathischen* Anwendungen sind die gleichen (Hämorrhagien, chronische Darmkatarrhe).

Volkstümliche Anwendung. Bei Durchfällen, Harnleiden und Blutungen, Blasen- und Nierensteinen, chronischem Bronchialkatarrh, Wechselfieber, Rotlauf, Gebärmuttererkrankungen. Äußerlich zur Blutstillung und als Brei der zerquetschten Pflanze bei schlecht heilenden Wunden, Geschwüren, Geschwülsten (geröstet, gebäht), zum Zerteilen der stockenden Milch.

Erodium cicutarium L'HÉRITIER, Geranium cicutarium L., Reiherschnabel, Schierlingsblättriger R.

Beschreibung. Einjährige und überwinternde Pflanze, Höhe 15 bis 50 cm. *Stengel* aufrecht oder niederliegend, gabelästig, gerillt, rauhhaarig, rötlich. *Blätter* oft rötlich überlaufen, hellgrün, unpaarig gefiedert. Blättchen sitzend, tief eingeschnitten fiederspaltig. *Blütenstand* doldenartig; 5 Kronenblätter, hellpurpurn, gleichgroß, gefleckt und ungefleckt. 5 fruchtbare Staubfäden, am Grunde verbreitert, ohne Zähnchen. Deckblättchen der Blütenstiele kurz begrannt. Kelch fünfblättrig, begrannt. Frucht bis 4 cm lang, Schnabel der Teilfrüchtchen mehr oder weniger schraubig aufgedreht. *Blütezeit* März bis Oktober.

Besonderes. Pflanze rauhhaarig, oft oberwärts drüsig.

Vorkommen. Bebauter Boden, Wegränder, trockene Grasplätze; gemein.

Sammelzeit. Das ganze Kraut während der Blüte.

Drogen. Herba Erodii cicutarii, Reiherschnabelkraut; Extractum Cicutarii aquos. spissum.

Bestandteile. Gerbstoffe, etwas Gallussäure, Fett- und Wachssubstanzen bei Abwesenheit wirksamer organischer Stoffe (WEHMER). Die Anwesenheit spezifisch hämostyptisch wirksamer Bestandteile wird von KOCHMANN als sicher vermutet. 12—14% Mineralstoffe mit 44% KO_2

Pharmakologie. 1896 belegt KOMOROWITSCH die starke hämostyptische Wirkung und erwähnt auch die kontraktionsauslösende Uteruswirkung. Während des Weltkrieges empfahl v. DONGEN die Pflanze, deren Wirkungsintensität nach ihm zwischen Secale und Hydrastis liegt; er schreibt kleinen Dosen eine blutdrucksteigernde, großen Dosen hingegen eine blutdrucksenkende Wirkung zu. Diese Ergebnisse konnte WINDRATH nicht bestätigen, ebenso nicht KERSCHENSTEINER und WASICKY und FRANZ. Diese schreiben eine etwaige uteruskontrahierende Eigenschaft dem hohen Gehalt an Kalium zu. KROEBER weist trotzdem auf die von ihm angenommene Bildung uterinwirksamer Amine als Abbauprodukte vorhandener basischer Eiweißstoffe und Abbau dieser zu wirkungslosen Endprodukten bei älteren Präparaten hin.

Verordnungsformen. Herba Erodii cicut. zum heißen Aufguß 1 Teelöffel auf 1 Tasse Wasser, 2—3 Tassen täglich. Extract. Erodii Cicut. aquos. spiss. 0,15—0,3 g zweistündlich in wäßriger Lösung.

Medizinische Anwendung. Als Hämostypticum bei Metrorrhagien und Menorrhagien, besonders wenn die Ursachen in entzündlichen Erscheinungen des Endometriums liegen. Bei Blutungen junger Mädchen, Blutungen infolge Adnexerkrankungen, praeklimakterischen Blutungen und bei Dysmenorrhöe mit profuser Menstruation.

Oxalidaceae, Sauerkleegewächse.

Oxalis acetosella L.,
Hain-Sauerklee, Echter Sauerklee.

Beschreibung. Ausdauernd, Höhe 8—15 cm. Wurzelstock kriechend, *Stengel* sehr kurzgliedrig mit gedrängt stehenden schuppenartigen Niederblättern. *Blätter* scheinbar grundständig, langgestielt, dreizählig, mit verkehrt-eiförmigen Blättchen. Blütenstengel einblütig, länger als die Blätter, oberhalb der Mitte mit zwei Vorblättern versehen. Blatt- und Blütenstiele schwach rötlich angelaufen. *Blüten* weiß, rosa oder lila, mit wäßrigen blassen roten Adern und gelbem Grund, teils ansehnlich, teils winzig und geschlossen bleibend. 5 Kronenblätter, eiförmig, Kelch fünfteilig. Fruchtkapsel länglich-eiförmig. *Blütezeit* April, Mai.

Besonderes. Pflanze zerstreut behaart. Blätter legen sich bei trübem Wetter zusammen, schmecken sauer.

Vorkommen. In schattigen Wäldern, feuchten Gebüschen, auf Wiesen.

Sammelzeit. Nach der Blütezeit werden die Blätter gesammelt.

Drogen, Arzneiformen. Herba Acetosellae, Sauerklee. — *Homöopathie:* Essenz aus der frischen, blühenden Pflanze.

Bestandteile. Oxalsaure Salze, ein Oxalsäure oxydierendes Enzym und prim. Alkalioxalat, das 0,86% des Saftes ausmacht (WEHMER).

Pharmakologie. Bei gehäuftem Genuß kann Zucker und Calciumoxalat im Harn auftreten (KOBERT).

Verordnungsformen. Herba Acetosellae, zum heißen Aufguß, 1 Teelöffel auf 1 Tasse, 2—3 Tassen täglich oder bei Bedarf 1 Tasse. — *Homöopathie:* dil. D 2—3, dreimal täglich 10 Tropfen.

Wirkung, Anwendung. Sodbrennen, Magenstörungen, Leberstauungen, Ikterus, Nephritis, Skorbut, Würmer, als Blutreinigungsmittel (MADAUS); Paralysis agitans (GLIMM); zur Steigerung der Widerstandskraft bei Ca. ventriculi und carcinomatösen Ulcera (WILMKES). Lokal werden die zerquetschten Blätter und der frische Saft bei Mundfäule, als Wundmittel, bei Krebsgeschwüren angewendet.

Tropaeolaceae, Kapuzinerkressengewächse.
Tropaeolum majus L.,
Große Kapuzinerkresse.

Beschreibung. Bei uns einjährige, in der Heimat ausdauernde Pflanze, *Stengel* kriechend, kahl, fleischig, mit Hilfe der Blattstiele kletternd, bis 3 m. *Blätter* wechselständig, kreis-schildförmig, ausgeschweift, langgestielt, strahlenaderig, glatt, unterseits graugrün. *Blüten* achselständig, groß, zweiseitig-symmetrisch, gespornt. Kelch fünfblättrig, Unterlippe aus 2, Oberlippe aus 3 Blättern. Kronenblätter groß, stumpf, keilförmig, die 3 vorderen benagelt, mit feuerroten Streifen, orange bis rot; Sporn bis 3 cm lang, schwach gekrümmt, zugespitzt. 8 Staubblätter; Fruchtknoten zur Reifezeit in 3 rundlich-nierenförmige, gelb-runzelige Nüßchen zerfallend. *Blütezeit* Juni bis Oktober.

Besonderes. Pflanze kahl; Geschmack der jungen Blätter kressenartig.

Vorkommen. In Peru heimisch, bei uns als bekannte Zierpflanze angebaut.

Arzneiformen. Der frische Saft in Verbindung mit anderen Pflanzenauszügen. — *Homöopathie:* Urtinktur aus der frischen Pflanze und Potenzen.

Bestandteile. Glykosid Glykotropaeolin, das durch Myrosin in ätherisches Öl mit 76—90% Benzylsenföl, Dextrose und Kaliumbisulfat gespalten wird (MADAUS).

Pharmakologie. Die sekretionseinschränkende Wirkung ist auf das schwefelhaltige ätherische Öl zurückzuführen (RIPPERGER, LECLERC).

Wirkung, Anwendung. Chronische, putride Bronchitis, Emphysem. CAZIN hat bei Bronchitis mit Tbk.-Verdacht durch Anwendung des Saftes Verminderung des Hustens und Auswurfes, Aufhören der Schweiße und Kräftezunahme beobachtet (LECLERC). Das schwefelhaltige ätherische Öl soll im frischen Saft in Verbindung mit den Auszügen der Brennessel und des Buchsbaumes zur Anregung des Haarwachstums vorzügliche Dienste leisten (LECLERC).

Rp: Fol. et semin. rec. Tropaeol.
Fol. Urticae rec.
Fol. Buxi āā 100,0
Alkohol 500,0
Mac. p. dies XV, colat. adde Ol. Geran. qu. s.
S.: Mit einer Bürste täglich in die Kopfhaut einreiben.

Linaceae, Leingewächse.

Linum catharticum L.,
Wiesen-Lein, Purgier-Lein.

Beschreibung. Einjährig und überwinternd einjährig, Höhe 8 bis 30 cm. *Stengel* aufrecht, einfach, fadenförmig, kahl, nur im Blütenstand ästig. *Blätter* gegenständig, ungestielt, ganzrandig, spitz, am Rand wimperig-rauh, blaugrün, die unteren länglich-verkehrt-eiförmig, die oberen lanzettlich. *Blüten* in lockeren, rispig verzweigten, spärlich beblätterten Wickeln, achselständig, mit ziemlich langen Blütenstielen. 5 Kelchblätter, länglich, zugespitzt, drüsig bewimpert, 5 Kronenblätter, klein, zugespitzt, weiß, am Grunde gelb. Kapsel kugelig, unvollkommen zehnfächerig. *Blütezeit* Juni bis August.

Besonderes. Pflanze geruchlos, Geschmack bitter und unangenehm.

Vorkommen. Wiesen, Triften, Grasplätze, lichte Wälder, Bachufer; gemein, Unkraut.

Sammelzeit. Die ganze Pflanze wird während der Blüte gesammelt.

Drogen, Arzneiformen. Herba Lini cathartici, Purgierkraut. — *Homöopathie:* Essenz und Potenzen aus der frischen, blühenden Pflanze.

Bestandteile. 0,5% amorphen Bitterstoff Linin, ein amorphes Glykosid Linarin (WEHMER).

Pharmakologie. Linin hat abführende Wirkung, in größeren Dosen führt es zum Erbrechen.

Verordnungsformen. Herba Lini cathartici, zum heißen Aufguß, 1 Teelöffel auf 1 Tasse, nach Bedarf oder zwei bis drei Tassen täglich. Herba Lini cath. pulv., 2,0 g als einmalige Gabe. (Ein wirksamer Extrakt wird nicht mehr hergestellt; man gab davon 0,5 g.) — *Homöopathie:* dil. D 3, dreimal täglich 10 Tropfen.

Medizinische Anwendung. Als sicheres Purgans (Diureticum) bei Ascites, Ödemen, Anasarka, besonders dann, wenn für Hg Kontraindikationen bestehen.

Hömöopathische Anwendung. Bronchialkatarrh, Amenorrhöe, Hämorrhoiden, Diarrhöe. MADAUS berichtet, daß es bei Heuschnupfen im Wechsel mit Lobelia infl. und Aralia rac. gelobt wird.

Volkstümliche Anwendung. Wassersucht, Leberleiden, als kräftiges Abführ- und Entwässerungsmittel bei katarrhalischen und rheumatischen Erkrankungen, Würmern. Der aus den Samen gekochte Schleim gegen Zuckerkrankheit.

Linum usitatissimum L.,
Echter Lein, Flachs.

Beschreibung. Ausdauernd, Höhe 30—60 cm. Pfahlwurzel lang, dünn. Stengel einzeln, aufrecht, zäh, rund, kahl, oben rispig verzweigt. *Blätter* wechselständig, lang, schmal-lanzettlich, spitz, dreinervig, unbewimpert. *Blüten* langgestielt, 5 verkehrt-eiförmige Blumenblätter, dunkelgeadert, himmelblau, selten weiß, am oberen Rande wellig gekerbt, 5 Staubblätter. 5 Kelchblätter, eiförmig zugespitzt, fast so lang wie die

Kapsel, am Rande fein gewimpert. Frucht kugelig, zugespitzt, zehnfächerige Kapsel, Samen zugespitzt, flach, glänzend, braun. *Blütezeit* Juni, Juli.

Besonderes. Geschmack mild, ölig, schleimig.

Vorkommen. Allgemein angebaut, wild unbekannt.

Anbau. Dringend zu empfehlen, zumal der Flachs auch auf steinigen Feldern gut gedeiht und in Samen und Fasern vorzüglichen Nutzen gibt.

Drogen, Arzneiformen. Semen Lini, Leinsamen; Placenta Seminis Lini, Leinkuchen; Oleum Lini, Leinöl; Oleum Lini sulfuratum. — *Homöopathie:* Tinktur aus der frischen, blühenden Pflanze.

Bestandteile. Das Blausäure abspaltende Glykosid Linamarin (= Phaseolunatin) ist in der ganzen Pflanze, auch in den Samen, enthalten. Außerdem enthalten die Samen: 29—40% fettes Öl, 6—20% Schleim, Edestin, ein krystallisierendes Globulin und ein Albumin, 0,9% Lecithin, glykosidspaltendes Ferment Linase, Lipase, Protease, Diastase, Dihydrositosterin. Im Öl Linol- und Linolensäure. Der Aschengehalt des rohen Schleimes beträgt 12,14%.

Pharmakologie. Leinsamen wirkt als ölhaltiges Mucilaginum abführend, kotvermehrend, peristaltiksteigernd. Blausäure scheint keine Rolle zu spielen, allenfalls eine ganz geringe örtlich schmerzstillende, zumal bei heißer Zubereitung das blausäureabspaltende Enzym zerstört wird. Die Fäulniserreger im Darm werden weitgehend unschädlich gemacht. Leinsamen quillt im Magen-Darmkanal etwa um das 2,7fache seines Volumens.

Verordnungsformen. Semen Lini toti seu pulverati in Gaben von 1—2 Teelöffeln kurz aufgekocht oder verrührt in Wasser, Milch, Kompott. Semen Lini pulv., mit kochendem Wasser zu Brei angerührt, in Flanell eingeschlagen als Kataplasma. Oleum Lini als Brandliniment. — *Homöopathie:* dil. D 1, dreimal täglich 10 Tropfen.

Medizinische Anwendung. Innerlich gegen Obstipation. Schleimhautentzündungen der Atemwege, die mit wenig Sekretion einhergehen, Asthma, Heufieber. Bei Nieren- und Blasenentzündungen (Prostatabeschwerden, Urethritis), entzündlichen Darmstörungen mit Blutungen und Schleimabgang bei hartem (Schafkot-) Stuhl und entzündlichen Hämorrhoidalbeschwerden (auch als Klysma). Äußerlich als Kataplasma als schmerzlinderndes, auflösendes und erweichendes Mittel bei Schmerz- und Krampfzuständen, Koliken, Entzündungen, Lymphangitis, Drüsenschwellungen, Verstauchungen, Verrenkungen, Myalgien, Geschwüren, Furunkeln und zur Krustenerweichung bei Impetigo und Skropheln. Das Leinöl in Form des Brandlinimentes (Ol. Lini, Aqua Calcaria āā) bei Verbrennungen, Abschürfungen.

Homöopathische Anwendung. Heufieber, Asthma, Zungenlähmung, Nesselsucht (HEINIGKE).

Volkstümliche Anwendung. Weitverbreitet bei entzündlichen Magen- und Darmkatarrhen, Magen- und Darmgeschwüren, Verstopfung, bei Koliken (Nieren-, Gallensteine) auch als Klistiere und Kataplasmen. Die Umschläge bei Drüsenschwellungen und Entzündungen, die Abkochungen bei Blasenkatarrhen und -entzündungen, Krampfhusten, Lungenleiden, Bluthusten, schmerzhafter Periode, schmerzhaften Durchfällen, Zuckerkrankheit. Vielfach wird das Leinöl bei den gleichen Anzeigestellungen verwendet, das in größeren Mengen (50—200 g) auf einmal genommen, Gallensteine entfernen soll.

Weitere Anwendung. Leinöl findet ausgedehnte Verwendung als Speiseöl und in der Technik zur Herstellung von Seifen, Farben, Firnissen. Leinkuchenmehl (Preßkuchen) als Viehfutter.

Rutaceae, Rautengewächse.
Ruta graveolens L.,
Raute, Echte Raute, Weinraute.

Beschreibung. Ausdauernde Staude, 30—60 cm hoch, mit holziger Wurzel und mehreren Stengeln, einfach, kahl, unten holzig, nach oben zu krautig und verzweigt. Sprosse blaßgrün, mit punktförmig durchscheinenden Öldrüsen. *Blätter* wechselständig, gestielt, doppelt- oder fast dreifach gefiedert, im Umriß fast dreieckig; Blättchen länglich, die endständigen verkehrt-eiförmig, stumpf oder gestutzt, stachelspitzig. *Blüten* in Trugdolden, vier- (die Gipfelblüten fünf-)zählig; Kronenblätter grünlich-gelb, löffelförmig ausgehöhlt, am Grunde plötzlich verschmälert, drüsig-punktiert, mit fransigen Rändern. Frucht eine vier- bis fünffächerige Kapsel mit nierenförmigen Samen. *Blütezeit* Juni bis August.

Besonderes. Ganze Pflanze kahl, graugrün. Alle grünen Teile mit Drüsen besetzt, in denen ein stark (wein- oder rosenartig) riechendes ätherisches Öl enthalten ist.

Vorkommen. In Südeuropa heimisch; bei uns in Gärten angepflanzt.

Sammelzeit. Die Blätter werden kurz vor dem Aufblühen gesammelt und im Schatten rasch getrocknet.

Anbau. Auf warmem, lockeren, trockenen Boden durch Aussaat im zeitigen Frühjahr, auch durch Stecklinge oder Stockteilung.

Drogen, Arzneiformen. Folia Rutae, Rautenblätter; Oleum Rutae, Rautenöl; Aqua Rutae. — *Homöopathie:* Essenz und Potenzen aus dem frischen, vor der Blüte gesammelten Kraut.

Bestandteile. 0,06—0,7% ätherisches Öl (mit zwei Ketonen und organischen Säuren), ferner das Cumaringlykosid Rutin, Harz, Bitterstoff, Gummi, Gerbstoff, Stärke, freie Apfelsäure.

Pharmakologie. Das ätherische Öl wirkt leicht narkotisch, darmreizend, macht Myosis, Zungenschwellungen, Speichelfluß, Gastroenteritis, Nephritis mit Hämaturie, Abnahme des Seh- und Zeugungsvermögens, dagegen Reizungen im weiblichen Genitalapparat, Hyperämie im Unterbauch mit Kongestionen und Erregungen der Uterusmuskulatur. Die excito-motorische Uteruswirkung ist vielfach Ursache von Aborten gewesen, zu welchem Zweck auch die Pflanze im Volke benutzt wird. Eine Reihe von Autoren sprechen ihr mindestens Secalewirkung zu. Kleine Dosen (nach INVERNI 0,1—0,15) sind vorzüglich emmenagog, hämostyptisch und antispasmodisch verwendbar. Bei Untersuchungen über den Toxingehalt fand MADAUS erhebliche Mengen ausfällbaren Eiweißes von starker Giftigkeit. Auf der Haut ruft die frische Pflanze gelegentlich juckende, brennende Entzündungen, die schlecht heilen, hervor (TOUTON). Das isolierte Glykosid Rutin ist kaum giftig; im Tierexperiment bewirkte es Hypotonie und Vermehrung des Nierenvolumens (RENÉ-PARIS).

Verordnungsformen. Folia Rutae conc., zum kalten Auszug, 1 Teelöffel auf 1—2 Tassen Wasser, 8 Stunden stehen lassen, tagsüber trinken. Folia Rutae pulv. (s. Rp.). Oleum Rutae, dreimal täglich 2 Tropfen. — *Homöopathie:* dil. D 1, 3mal täglich 10 Tropfen; äußerlich ⌀, 2 bis 4 Tropfen auf 1—2 Eßlöffel Wasser (30—40 Tropfen auf $1/_2$ l Wasser). — *Vorsicht* mit größeren Dosen!

Medizinische Anwendung. Als *Emmenagogum* bei Amenorrhöe, Dysmenorrhöe, Menorrhagie, Metrorrhagie, atonischen Uterusblutungen und bei spastischen Adnexbeschwerden. Bei Muskel- und Gelenkrheumatismus, Angina pectoris (MEYER), Kopfkongestionen, Kurzatmigkeit, Schwindelanfällen. Umschläge wirken bei Asthenopien (durch Übermüdung, Überanstrengung), Akkommodationskrämpfen, Blepharospasmen, Blepharitis, Conjunctivitis, Katarakt, rheumatisch-sklerotischer Glaskörpertrübung.

KNEIPP empfahl die Pflanze als allgemein krampflösendes Mittel (Verdauungsschwäche, Meteorismus, Koliken).

Rp: Fol. Rutae pulv.   1,5
Mass. pil. qu. s. ut f. pil. XXX
S.: Täglich 5—10 Pillen.

Homöopathische Anwendung. Äußerlich ⌀ verdünnt als Gliederstärkungsmittel, bei Sehnenscheidenentzündungen und anderen Gelenkaffektionen, Verletzungen der Knochen und der Knochenhaut, Verstauchungen, Verrenkungen, Quetschungen, Blutergüssen, ferner bei Rheuma, Gicht, Neuralgien, Ischias, weiter bei Augenschwäche, Augenschmerzen, Lidkrampf, Überanstrengungsfolgen; innerlich bei Magenschmerz mit Würgen und Erbrechen, Blähungskolik, Mastdarmverfall mit Proktalgie, Blasenkrampf, gesteigertem Geschlechtstrieb mit Pollutionen, Uterusblutungen, vorzeitigen Wehen, Abortus, zu reichlichen Menstrualblutungen, Krampf- und Lähmungszuständen verschiedener Art (HEINIGKE). COOPER berichtete 1934 von der Heilung eines Cervixcarcinoms durch Ruta.

Volkstümliche Anwendung. Als Abortivum und bei krampfhaften Menstruationsschmerzen, hartnäckiger Amenorrhöe, ferner bei Epilepsie, Gicht, Rheumatismus, Asthma, anfallsweise auftretendem Herzklopfen mit Kopfkongestionen. Äußerlich werden die frisch zerquetschten Blätter oder der Saft gegen die Anschwellungen nach Verrenkungen, zur Behandlung eiternder Wunden, die Abkochung als Gurgelmittel verwendet (SCHULZ).

Dictamnus albus L.,
Diptam.

Beschreibung. Ausdauernd, Höhe 50—100 cm. *Wurzelstock* weiß, verästelt, walzig. *Stengel* aufrecht, meist einfach, flaumig behaart, im oberen Teil mit sitzenden, schwarzen Drüsen besetzt. *Blätter* wechselständig, unpaarig gefiedert, Blättchen eiförmig oder lanzettlich, klein gesägt, durchscheinend punktiert. *Blüten* in verlängerter Traube, groß, unregelmäßig, durch kugelige Sekreträume wie drüsig punktiert, mit dunklen Adern und meist grünlicher Spitze. Blütenfarbe rosarot, selten weiß. *Staubblätter* auffallend herabgezogen. Lappen der Fruchtkapsel netzförmig, runzlig. *Blütezeit* Mai bis Juli.

Besonderes. Die Pflanze riecht stark gewürzhaft. Die Fruchtstände haben einen so starken Gehalt an ätherischem Öl, daß man sie an schwülen und stillen Abenden leicht zur Entzündung bringen kann.

Vorkommen. Kalkfelsen, Bergwälder (in Massen auf Eichen-Kahlschlägen). Vielfach in Gärten als Zierpflanze angebaut.

Sammelzeit. Die Wurzelstöcke werden nach der Blüte gegraben. Das Sammeln der wildwachsenden Pflanze ist verboten; sie ist gesetzlich *geschützt!*

Anbau. Lohnend.

Drogen, Arzneiformen. Radix Dictamni, Diptamwurzel; Cortex radicis Dictamni, Diptamrinde. — *Homöopathie:* Essenz und Potenzen aus frischen Blättern.

Bestandteile. Die Wurzel enthält: Lacton (Dictamnolacton, das dem Santonin ähnelt [Thoms]), Alkaloid Dictamnin, Saponin, Bitterstoff, Fraxinellon, Trigonellin, Cholin, Phenolcarbonsäure, Zucker, ätherisches Öl (in den Blättern 0,15%, in den Blüten 0,05%). Roberg konnte in der Droge kein Saponin nachweisen.

Pharmakologie. Dictamnin besitzt toxische Wirkungen (vermutlich auf den Uterus). Fluidextrakte und wäßrige Auszüge der Wurzeln (0,1:100) zeigten in kürzester Zeit Totalhämolysen (Kroeber).

Verordnungsformen. Radix Dictamni conc. zum heißen Aufguß, $1/_2$ Teelöffel auf 1 Tasse Wasser, 2 Tassen täglich. — *Homöopathie:* dil. D 2, dreimal täglich 10 Tropfen.

Medizinische Anwendung. Bei hartnäckigem Fluor albus, als Emmenagogum, Lactagogum, zur Förderung des Lochialflusses und bei hysterischen Zuständen, die mit Störungen am Genitalapparat verbunden sind. Ferner bei Darmatonien, Obstipation, Flatulenz, Magenleiden, Eingeweidewürmern.

Homöopathische Anwendung. Erkrankungen des Urogenitalsystems; starker Schweiß, Hartleibigkeit, häufiger Abgang stinkender Winde, vermehrte Stuhlentleerung und Harnabsonderung, Jucken am After, Abgang zähen Schleims aus der Gebärmutter (Heinigke).

Volkstümliche Anwendung. Die Wurzel als Abkochung bei Würmern, Wechselfieber, Epilepsie, Hysterie, Magenerkrankungen (-Krämpfe), Steinbildungen, zur Förderung der Menstruation und des Wochenflusses. Der Ansatz der Wurzel mit Alkohol als Einreibung bei rheumatischen Erkrankungen.

Polygalaceae, Kreuzblumengewächse.
Polygala chamaebuxus L.,
Buchsblättrige Kreuzblume, Zwergbuchs.

Beschreibung. Zwergstrauch, *Stengel* holzig, ästig, aufsteigend, 10 bis 20 cm lang. *Blätter* wechselständig, 3 cm lang, 8 mm breit, lanzettlich oder elliptisch, kurz stachelspitzig, untere kleiner, verkehrt-eiförmig, immergrün, lederartig, am Rande leicht gerollt. *Blütenstiele* blattwinkelständig und endständig, meist zweiblütig. *Blüten* mit frei- und verschiedenblättrigem Kelch, Kronenblätter klein, vorderes Blatt vierlappig, gelb, zuweilen rötlich-violett überlaufen. Kapselfrucht. *Blütezeit* April bis Juni.

Vorkommen. Gebirgswälder, steinige Abhänge, Heiden.

Wirkung, Anwendung. Die Pflanze wird vom Volke wie *P. amarum* zur Anregung der Milchsekretion verwendet. Die Wurzel ist im vorigen Jahrhundert von ärztlicher Seite als Ersatz für die Senegawurzel, Radix Senegae, vorgeschlagen worden.

Polygala amarum L., Bittere Kreuzblume, Ramsel.

Beschreibung. Ausdauernd, Höhe 5—15 cm, Wurzel holzig, dünn gelblich. Stengel einfach, zu mehreren aus einer Wurzel, kahl. *Grundblätter* rosettig, verkehrt-eiförmig, *Stengelblätter* wechselständig, 2—4 mm breit, länglich-keilförmig, nach oben zu kleiner werdend. *Blüten* klein, hellblau, zuweilen auch dunkelblau, rötlich oder weißlich, in aufrechten, endständigen, reichblütigen Trauben. 5 Kelchblätter, länglich-verkehrteiförmig, 2 davon blumenblattartige Flügel bildend. Krone dreiblättrig, mittleres Blatt (Kiel) helmartig. Frucht flache Kapsel. *Blütezeit* Mai bis Juli.

Besonderes. Geschmack mehr oder weniger bitter, Geruch schwach.

Vorkommen. Trockene Wiesen (-ränder), auf Hügeln und Höhen, besonders auf Kalkboden; zerstreut.

Sammelzeit. Während der Blüte wird das ganze Kraut mit den Wurzeln gesammelt, die Wurzeln abgespült und die sauberen Pflanzen getrocknet. Anbau nicht lohnend.

Drogen, Arzneiformen. Herba Polygalae amarae, Bitteres Kreuzblumenkraut. — *Homöopathie:* Essenz aus der frischen, blühenden Pflanze ohne Wurzel.

Bestandteile. 1—2% Saponine (Senegin=neutral, Polygalasäure=sauer), Bitterstoff Polygalin (= Polygamarin), Alkohol Polygalit, ätherisches Öl (0,05% ?), fettes Öl (1,55% ?), Wachs (0,2% ?), Eiweiß (0,5% ?), Gerbstoff, Zucker, Gummi, Salze und einen an Cumarin erinnernden Riechstoff (?), Gesamtasche 5,2—5,8%.

Pharmakologie. Die Pflanze regt die Sekretion von Milch und Schleim, besonders der Schleimhäute des Respirationstractus, an. MADAUS stellte für die homöopathische Urtinktur einen hämolytischen Index von 1:100 fest.

Verordnungsformen. Herba Polygalae, zum kalten oder heißen Auszug, $^1/_2$—1 Teelöffel auf 1 Tasse, 1—2 Tassen täglich. Herba Polygalae pulv., dreimal täglich 1,0 g, verrührt oder in Oblaten. — *Homöopathie:* dil. D 2, drei- bis viermal täglich 5 Tropfen.

Medizinische Anwendung. Zur Anregung der Lactation, der Quantität und Qualität der Milch. Bei chronischer Bronchitis, postgrippösen Bronchitiden, Tuberculosis laryngis et pulmonum, besonders bei starker Sekretion, ferner bei Emphysem, Asthma, Pneumonie, Hämoptoe, auch bei schleimigen Gastro-enteritiden und Diarrhöen. Als bitteres Tonicum bei Anorexie, Dyspepsie, schlechter Verdauung.

Homöopathische Anwendung. Chronische Lungenleiden.

Volkstümliche Anwendung. Zur Anregung der Milchsekretion, als allgemeines Blutreinigungsmittel, bei Schwindsucht und Erkrankungen der Atmungsorgane, Asthma, Nierenleiden, Wassersucht, Rheuma, Gicht, Appetitmangel, schlechter Verdauung, Durchfällen.

Bemerkungen. Die Wurzel von *Polygala vulgaris* L., der *Gemeinen Kreuzblume*, enthält das Glykosid Gaultherin; sie soll aber therapeutisch unwirksam sein.

Euphorbiaceae, Wolfsmilchgewächse.

Euphorbia cyparissias L., Zypressen-Wolfsmilch.

Beschreibung. Ausdauernd, Höhe 15—30 cm. Wurzelstock kriechend, *Stengel* meist mit unfruchtbaren Ästen. *Blätter* glanzlos, ganzrandig, schmal-linealisch, stumpflich oder kurz-stachelspitzig. Vorblätter ei-rautenförmig. Drüsen wachsgelb. Im Sommer nach der Fruchtreife färben sich die Hochblätter oft lebhaft rot. Unvollständige *Blüten* gelblich-grün in vielstrahligen Scheindolden. Frucht dreifächerig, fast kugelige Kapsel, fein punktiert, rauh. *Blütezeit* April, Mai.

Besonderes. Pflanze mit weißem Milchsaft, der bei Verletzung reichlich quillt. *Stark giftig!*

Vorkommen. Auf sandigen, sonnigen Triften, an Weg- und Ackerrändern; meist häufig.

Euphorbia peplus L. Garten-Wolfsmilch.

Beschreibung. Einjährig, Höhe 10—25 cm, Pfahlwurzel schwach, verzweigt. Stengel aufrecht oder aufsteigend, später vom Grunde an ästig. Blätter gestielt, verkehrt-eiförmig oder rundlich, stumpf, ganzrandig, keilförmig in den Blattstiel verschmälert. Äste der drei- bis fünfstrahligen Dolden wiederholt zweiteilig, 3 Hüllblätter, laubblattähnlich, 2 Vorblätter, eiförmig, sitzend oder kurz gestielt; Blütenhülle fehlend. *Blütenstände* einhäusig, mit gelblicher glockig-kreiselförmiger Hülle und 2 gelblichweißen, langgehörnten Drüsen. Früchtchen auf dem Rücken mit 2 schwach geflügelten Kielen, Samen sechskantig, die äußeren Flächen mit 4, die seitlichen mit 3 Grübchen, blaugrau-hellbraun. *Blütezeit* Juli bis Oktober.

Besonderes. Pflanze kahl, Milchsaft führend. *Giftig!*

Vorkommen. Gartenland, Wegränder, Äcker, Schutt; gemein.

Drogen, Arzneiformen. Herba Euphorbiae pepli, Gartenwolfsmilchkraut. — Die Fa. *Madaus* stellt eine „Teep"-Verreibung aus beiden blühenden Pflanzen mit Wurzeln her. — Die *Homöopathie* stellt aus der frischen, blühenden *E. cyparissias* Urtinktur und Potenzen her.

Bestandteile. Im Milchsaft: Euphorbinsäure bzw. deren Anhydrid, ferner krystallisiertes Euphorbon, Harz, Kautschuk, Gallussäure, Apfel- und Weinsäure, ätherisches und fettes Öl, WEHMER vermutet auch ein Alkaloid. Im Kraut sind noch enthalten: Fett mit Olein, Cerylalkohol, Fructose, Cholin und Salze.

Pharmakologie. Der Milchsaft hat örtlich stark reizende Wirkungen und ruft heftige Entzündungen mit Blasen- und Geschwürbildung hervor. Gefährlich ist der Milchsaft vor allem auf der Cornea, wo er tiefgreifende Prozesse hervorrufen kann. Innerlich treten starkes Brennen und Mund- und Rachenentzündungen auf, Erbrechen, heftige kolikartige Durchfälle; nach Resorption, die sich an der Mydriasis zeigt, treten neben Schwindel und Delirien auch Krämpfe auf, der Puls wird durch die Kreislaufschwäche klein und unregelmäßig, die Haut wird blaß und kalt (Lähmung der Splanchnicusgefäße, Blutaustritte) und der Tod kann in 2—3 Tagen eintreten. *Vergiftungen* sind nicht so selten. *Gegenmittel:* Magenspülung, Brechmittel, dann Schleime, Adsorbentien, Uzara, Analeptica, Cardiaca. — MUCH hatte die *E. peplus* in den Kreis seiner immunbiologischen Versuche einbezogen, die MADAUS nachprüfte, der ebenfalls die starke antitoxinbildende und immunstoffliefernde Wirkung feststellte. Meerschweinchen wurden mit Wolfsmilchsaft vorbehandelt; sie setzten einer nachträglichen tödlichen Infektion mit Ratinbacillen starken Widerstand entgegen und überstanden diese bei sachgemäßer Behandlung gut. — Homöopathische Dosen wirken auf chronische Reizzustände von Schleimhäuten und Haut.

Verordnungsformen. Fast ausschließlich als homöopathische Zubereitung: dil. D 2—4, dreimal täglich 10 Tropfen. — „Teep", 3 Tabletten täglich. *Vorsicht* mit größeren Dosen!

Anwendung. Bei Katarrhen der oberen Luftwege, besonders im ersten Stadium, Augen-, Ohren- und Kopfhöhlenkatarrhen, ferner bei Magenkrämpfen, ruhrartigen Diarrhöen mit Erbrechen, weiter bei Hautkrankheiten, besonders bei Erysipel, Psoriasis, chronischen Ekzemen, schließlich bei Augenkrankheiten alter Leute (Conjunctivitis, Schmerzen), entzündlichen Erscheinungen an Gelenken und Knochen (Tuberkulose), Schlaflosigkeit, sexueller Übererregbarkeit, Gehörstörungen mit Tubenkatarrhen.

Volkstümliche Anwendung. Neben der häufigen Anwendung des frischen Saftes zum Betupfen und Bestreichen von Warzen und Sommersprossen, auch vereinzelt als blasenziehendes Mittel, wird die Abkochung der Pflanzen als Brech- und Abführmittel angewendet.

Mercurialis annua L.,
Einjähriges Bingelkraut, Schutt-Bingelkraut.

Beschreibung. Einjährig, Höhe 25—50 cm. Stengel mehr oder weniger verzweigt, aufrecht, vierkantig, gefurcht, kahl, an den Gliedern aufgetrieben. *Blätter* gegenständig, gestielt, ei-lanzettlich, zugespitzt, kerbig-gesägt, stark geadert, glänzend hellgrün. Nebenblätter klein, schmal. *Blüten* zweihäusig, klein, blaßgelblich grün. Männliche Blüten bilden eine aus den Blattachseln entspringende unterbrochene Ähre.

Weibliche Blüten einzeln oder zu 2—3 auf kurzen Stielen in den Blattachseln. Fruchtkapsel mit haartragenden Höckern besetzt. *Blütezeit* Juni bis Herbst.

Besonderes. Pflanze kahl, *ohne* Milchsaft. Frisch zerrieben von unangenehmen Geruch. *Schwach giftig!*

Vorkommen. Gartenland, Äcker, Schutt, Zäune.

Mercurialis perennis L.,
Wald-Bingelkraut, Ausdauerndes Bingelkraut.

Beschreibung. Ausdauernd, Höhe 15—40 cm. Grundachse kriechend, ausläufertreibend. *Stengel* stielrund, einfach, aufsteigend, unterwärts nicht beblättert. *Blätter* gegenständig, eiförmig oder lanzettlich, kurz zugespitzt, kerbig-gesägt, dunkelgrün, mehr oder weniger angedrückt-borstig-behaart; Blattstiel bis 3 cm lang. *Blüten* zweihäusig, männliche geknäuelt in Scheinähren (Stiel dünn, fadenförmig, kahl, lang); weibliche langgestielt, achselständig, einzeln oder büschelig. Blütenhülle einfach, dreiblättrig, grünlich. 8—12 Staubblätter. Fruchtknoten mit kurzem Griffel und 2 Narben. Kapsel rauhhaarig, Samen runzelig, grauweiß. — *Blütezeit* April, Mai.

Besonderes. Pflanze ohne Milchsaft und ohne Brennhaare. *Giftig!*

Vorkommen. Schattige Laubwälder, Gebüsche, besonders in gebirgigen Gegenden; häufig.

Sammelzeit. Die Pflanzen werden zur Blütezeit gesammelt.

Drogen, Arzneiformen. Herba Mercurialis annuae, Bingelkraut. Herba Cynocrambes (Mercurialis montanae), Waldbingelkraut. — *Homöopathie:* Essenz aus der frischen, zur Zeit der beginnenden Blüte gesammelten Pflanze *(M. perennis) und* dem frischen, blühenden Kraut von *M. annua.*

Bestandteile. Die Basen Methylamin (= Mercurialin) und Trimethylamin, Saponine (ÜBERHUGER), das Chromogen Hermidin, aus dem durch Oxydation der blaue Farbstoff Cyanohermidin entsteht, ätherisches Öl, Bitterstoff, Fett. Im Samen ein dem Leinöl ähnliches Öl.

Pharmakologie. Die allgemeine Anregung der Sekretionen und der Peristaltik ist eine Saponinwirkung (KOBERT). Die abführende und nierenreizende Wirkung ist wahrscheinlich auf die beiden Basen zurückzuführen. Versuche mit frischem Extrakt und frischem Kraut ergaben bei Tieren eine Zunahme der Harnsekretion und Durchfälle, im weiteren Verlauf Lähmung der Blasen- und Darmmuskulatur (GESSNER). Von SCHULZ wurde nach wochenlangem Verfüttern an Schweine nur eine sehr erhebliche Zunahme der Diurese gefunden, niemals aber Hämaturie. Nach LECLERC ist die getrocknete Pflanze fast wirkungslos.

Verordnungsformen. Herba Mercurialis, zum heißen Aufguß, 2 Teelöffel auf 1 Tasse, 2 Tassen täglich oder 1 Tasse bei Bedarf. — *Homöopathie:* ⌀ — dil. D 2, dreimal täglich 10 Tropfen.

Medizinische Anwendung. Als Diureticum und Laxans, besonders bei Luetikern und Melancholikern (MADAUS), weil es als Saponinpflanze bei Hg- und As-Kuren wirkungssteigernd ist. Es kann bei Anorexie, Obstipation, Hydrops, Leberstauungen, Magen- und Darmerscheinungen,

Amenorrhöe gegeben werden. Besonders wirksam ist es bei Diarrhöen, die bei Orts- und Klimawechsel entstehen (E. G. SCHENK). Äußerlich bewähren sich Umschläge und Salben zur Wundbehandlung, bei Eiterungen, Verbrennungen und Entzündungen (WINTER). LECLERC gibt es als Laxans bei Frauen, während der Menopause und bei Ammen, denen man die Milch vertreiben wolle und zwar in Gaben von 30—100 g des frischen Saftes in Bouillon.

Homöopathische Anwendung. Bei allen rheumatischen Erkrankungen mit Ergriffensein des Perikards, bei rheumatischen Magen-, Darm- und Blasenbeschwerden, bei rheumatischen Kopf- und Gliederschmerzen mit Sehstörungen oder melancholischen und hypochondrischen Gemütszuständen (HEINIGKE), bei Erkältungskrankheiten und Dermatitis (HAUER).

Volkstümliche Anwendung. Als Abführmittel, bei Wassersucht, Menstruationsstockungen, Verschleimung der Brust, Appetitlosigkeit, Syphilis, Nierengrieß.

Buxaceae, Buchsbaumgewächse.

Buxus sempervirens L.,
Buchsbaum, Gemeiner B.

Beschreibung. Meist buschiger Strauch, 15—50 cm hoch oder Baum bis zu 8 m mit bis 50 cm Stammdicke. Junge Zweige behaart. Die immergrünen *Blätter* sind gegenständig, oval, an der Spitze eingebuchtet, bis zu 2 cm lang, lederartig, oberseits glänzend dunkelgrün, unterseits weißlich mit deutlich vorspringenden Seitennerven. Blattstiele gewimpert. *Blüten* klein, in blattachselständigen Knäueln mit endständiger weiblicher Blüte. Blumenblätter gelblich-weiß und getrennt. *Frucht* dreihörnige Kapsel, Samen dunkelbraun. *Blütezeit* März, April.

Besonderes. Die Blätter riechen und schmecken unangenehm, die Blüten sind wohlriechend.

Vorkommen. Bei uns selten wild, aber häufig in Park und Garten angepflanzt.

Sammelzeit. Die Blätter werden im Frühjahr und Sommer durch einfaches Abstreifen gesammelt.

Drogen, Arzneiformen. Folia Buxi, Buchsbaumblätter; Tinct. Buxi, Buchsbaumtinktur. — *Homöopathie:* Urtinktur aus frischen jüngeren Sprossen mit Blättern.

Bestandteile. Blätter und Rinde enthalten die Alkaloide Buxin, Parabuxin, Buxinidin, Parabuxinidin, Buxinamin und kleine Mengen ätherischer Öle (GESSNER).

Pharmakologie. Buxin ist ein Krampfgift. Überdosierungen äußern sich in Erbrechen, Durchfällen, Schwindel, klonischen Krämpfen, Atemlähmung. Es wird in solchen Fällen neben der Entleerung des Magens und Darmes Kohle und gegen die Krämpfe Chloralhydrat gegeben, Analeptica und künstliche Atmung. Die Droge wirkt in kleinen Dosen laxierend, cholagog und antipyretisch, so daß sie früher statt Chinin gebraucht wurde.

Verordnungsformen. Fol. Buxi zum heißen Aufguß $^1/_2$ Teelöffel auf 1 Tasse Wasser; Fol. Buxi pulv. 0,5 g zweimal täglich; Tinct. Buxi dreimal täglich 5—10 Tropfen. — *Homöopathie:* dil. D 3, dreimal täglich 5—10 Tropfen.

Medizinische Anwendung. Bei Cholangitis mit intermittierendem Fieber (LECLERC). (Früher wurde Buxin in Dosen von 0,1—1,0 g als Chinin-Ersatz verwandt, gab aber öfter unangenehme Nebenwirkungen.)

Homöopathische Anwendung. Bei Verstopfung, Rheumatismus.

Volkstümliche Anwendung. Vereinzelt bei Lungenentzündung, chronischen Hautkrankheiten, Rheumatismus, Haarausfall. Man stellt auch eine Salbe her, die bei Hautausschlägen angewendet wird.

Anacardiaceae, Sumachgewächse.

Rhus toxicodendron L., Gift-Sumach.

Beschreibung. Aufrechter, niedriger Strauch mit überhängenden Zweigen, Höhe bis 1 m. Stengel ästig, kahl, warzig punktiert, junge Triebe behaart. *Blätter* wechselständig, dreizählig, langgestielt, Blättchen eiförmig, zugespitzt, die seitlichen kurz-, das mittlere längergestielt, ganzrandig oder gezähnt, etwas derb, kahl oder beiderseits mehr oder weniger behaart. *Blüten* in kleinen, lockeren, reichbehaarten Rispen in den Blattachseln, wenig verzweigt, oberwärts in Trauben übergehend. Blüten vielehig, Blumenblätter weißlich-grünlich, oft purpurn geadert. Staubbeutel herz-pfeilförmig; Steinfrüchtchen harzreich. *Blütezeit* Juni, Juli.

Besonderes. Pflanze mit weißem, an der Luft schwarzwerdenden Milchsaft; *stark giftig!*

Vorkommen. Zierstrauch aus Nordamerika, hier und da in Gärten und Anlagen, kaum verwildert.

Anbau. Die Hersteller der homöopathischen Arzneiformen, für die der Strauch ausschließlich verwendet wird, besitzen meist eigene Anpflanzungen dieser gefährlichen Giftpflanze, so daß sich eine Kultivierung nicht lohnt.

Arzneiformen. Nur noch homöopathisch; es werden Essenz und Potenzen aus den Blättern hergestellt. Die Fa. *Madaus* stellt eine „Teep"-Verreibung her.

Bestandteile. Die Pflanze enthält das stickstofffreie Toxicodendrol (= ein Polyhydrophenol mit ungesättigten Seitenketten).

Pharmakologie. *Toxicondendrol* wirkt außerordentlich stark hautreizend; schon die Berührung der Blätter, die Ausdünstung des Strauches genügen, um tiefgreifende Dermatitiden mit Blasenbildungen und heftige Allgemeinerscheinungen (Fieber, Erschöpfung) hervorzurufen. Selbst nach Gaben von dil. D 4 beobachtete VOLLMER Rötung, Pusteln und Bläschen an Kopf und Hals! Per os regen kleinste Dosen die Sekretion von Nieren, Darm und Haut an, dagegen rufen größere Dosen heftige Gastroenteritis, Nephritis, Albuminurie, Betäubung hervor (MCNAIR); bei diesen Vergiftungserscheinungen bekommen nicht selten vorher gelähmte Glieder ihre Beweglichkeit wieder (KOBERT). MADAUS führte Immunisierungsversuche an Mäusen aus, die jedoch negativ ausfielen, während FORD bei Meerschweinchen und Kaninchen durch subcutane Injektionen in steigenden Dosen Immunität erzeugen konnte, die er auf ein im Blut gebildetes Antitoxin zurückführte, weil das Blutserum der so behandelten Tiere auch normale vor der Giftwirkung schützte. Als sicheres *Heilmittel* für die Rhus-Dermatitis hat sich eine gesättigte Lösung von Bleiacetat in 70%igem Alkohol erwiesen (MAKIE). Keine Salben, allenfalls Puder! Innerliche Vergiftungen, die selten sind, behandelt man mit Adsorbentien, Schleim, Uzara, Diuretica, Analeptica.

Verordnungsformen. *Homöopathie:* dil. D 4—6, dreimal täglich 5 bis 10 Tropfen. — ,,Teep" drei Tabletten täglich.

Homöopathische Anwendung. Muskel- und Gelenkrheumatismus in akuten und chronischen Formen, Herpes zoster, Erysipel, Dermatitis bullosa, Pemphigus, Pruritus, Ekzeme, Neuralgien (Ischias), Infektionskrankheiten, Arthritis urica (MADAUS). Gegen Idiosynkrasien gegen Bananen, Erdbeeren, Milch, Eier (PAHNKE). An der Ostseeküste soll angeblich mit dem Mittel keine Wirkung zu erzielen sein.

Aquifoliaceae, Stechpalmengewächse.

Ilex aquifolium L.,
Stechpalme.

Beschreibung. Strauch, auch bis 10 m hoher Baum mit reicher Verzweigung. *Blätter* spiralig, im Umriß eiförmig, länglich-lanzettlich, stachelspitzig, stachelig gezähnt, mit einem Dorn endigend, am Rande wellig, glänzend lederartig, kahl, immergrün, oberseits dunkelgrün, unterseits hellgrün. *Blüten* büschelig gestellt, in blattachselständigen, ein- bis dreiblütigen Trugdolden. Blumenkrone radförmig, tief vier- (selten fünf- bis neun-) spaltig, Blumenblätter weiß, zuweilen rötlich, schwach duftend. Kelch meist vierspaltig. Steinfrucht. Beeren kugelig mit 4 (2—20) Steinen, rot, zuweilen gelb. *Blütezeit* Mai, Juni.

Vorkommen. Wälder, Bergtriften, besonders im Unterholz von Buchenwäldern; zerstreut. Pflanze ist gesetzlich *geschützt!*

Sammelzeit. Die Blätter werden vor der Blüte gesammelt, die Früchte nach völliger Reife.

Drogen, Arzneiformen. Folia Aquifolii, Stechpalmenblätter. Baccae Aquifolii, Stechpalmenfrüchte. — *Homöopathie:* Essenz und Potenzen aus den im Juni gesammelten frischen Blättern.

Bestandteile. Der glykosidische Bitterstoff Ilicin (?), der Farbstoff Ilixanthin, Ilexsäure (?), Kaffeegerbsäure, Dextrose, Gummi, Wachs. In der Asche der Blätter 20,6% MgO (WEHMER).

Pharmakologie. WAUD stellte am Froschherz die typische Digitaliswirkung fest, die schließlich zum systolischen Herzstillstand führte. — Die Beeren erzeugen heftige Gastroenteritis.

Verordnungsformen. Folia Aquifolii, 2 Teelöffel zum heißen Aufguß auf 1 Tasse, tagsüber trinken. — *Homöopathie:* dil. D 1—2, dreimal täglich 10 Tropfen.

Medizinische Anwendung. Fieber, auch intermittens, besonders bei entzündlichen Prozessen, wo gleichzeitig kardiale und diuretische Wirkungen gebraucht werden (Pneumonie, Pleuritis, Appendicitis, akute Infektionskrankheiten wie Masern, Scharlach, Typhus). Ferner noch bei Hydrops, Gicht, Rheuma, Husten, Diarrhöe, Dyspepsie, Ikterus.
Homöopathische Anwendung. Diarrhöe, Gelbsucht, Milzschmerzen, Wechselfieber, Augenkrankheiten.
Volkstümliche Anwendung. Husten, chronischer Bronchialkatarrh, Gicht, Rheuma, Verdauungsschwäche, Magenschmerzen, Kolik, Steinleiden, Durchfälle, Krämpfe. Die Beeren gegen Epilepsie und Kolik. Die zerstoßene Rinde als zerteilendes, erweichendes Mittel bei Beulen, Knoten und bei Gliederverrenkungen, die schon erhärtet sind.

Celastraceae, Spindelbaumgewächse.

Evonymus europaea L.,
Pfaffenhütchen, Spindelbaum.

Beschreibung. Strauch oder bis 6 m hoher Baum. Äste braun, geflügelt, jung mit vierkantigen, glatten Zweigen. *Blätter* gegenständig, länglich-eiförmig, zugespitzt, fein gesägt, glatt. *Doldentraube* aus den Blattwinkeln. 4—5 kleine Kronenblätter, länglich, hellgrün. *Fruchtkapsel* rosenrot, meist 4lappig, eigenartig gestaltet, im Innern die weißen, von einem orangeroten Samenmantel umgebenen Samen. *Blütezeit* Mai, Juni.
Besonderes. Pflanze kahl, *giftig!*
Vorkommen. Waldränder, Gebüsche, Hecken.
Bestandteile. In der Rinde der Zweige, in den Früchten und Wurzeln das Glykosid Evonymin, in dem fetten Öl der Samen außerdem Triacetin = Glyceryltriacetat (GESSNER).
Pharmakologie. Evonymin wirkt digitalisartig. Triacetin soll blutdrucksteigernd und toxisch wirken. *Vergiftungen* sind beobachtet worden; es treten Koliken, Durchfälle, Ohnmacht auf und unter Krämpfen tritt der Tod ein. *Gegenmittel:* Magenspülung, Tannin, Adsorbentien, Opium, Atropin, Amylnitrit, Analeptica.
Volkstümliche Anwendung. Das Öl der Samen gegen Krätze und andere Hautparasiten, auch bei Impetigo contagiosa.

Hippocastanaceae, Roßkastaniengewächse.

Aesculus hippocastanum L. (A. pavia rubra LMK., A. p. flava DC),
Roßkastanie, Gemeine Kastanie.

Beschreibung. *Baum* mit schwach rissiger Rinde und kugeliger Krone, Höhe 20—30 m. *Blätter* gegenständig, 5—7fingerig, Blättchen sitzend, keilförmig, verkehrt-eiförmig, fast doppelt gesägt. *Knospen* glänzend, braun, klebrig. *Blüte* aufrechtstehende Traube, 4—5 getrennte Blumenblätter, weiß oder rot und gelb gefleckt, meist rostfleckig. *Staub-*

blätter 7, Kelch glockig, Fruchtkapsel igelstachlig, mit 1—3 glänzend rotbraunen Samen, den bekannten „*Kastanien*". Blütezeit Mai, Juni.

Vorkommen. Stammt aus Nord-Griechenland, jetzt sehr häufig als Allee- und Zierbaum angepflanzt.

Sammelzeit. Die Rinde im Frühjahr oder Herbst von 3—5jährigen Zweigen, die Samen nach der Reife, die Blüten zupft man während der Blüte aus den sog. „*Kerzen*" heraus.

Drogen, Arzneiformen. Cortex Hippocastani, Roßkastanienrinde; Semen Castanea equina, Roßkastaniensamen; Folia Hippocastani; Flores Hippocastani. Spirituöser Extrakt als „Kastanol" bekannt. — *Homöopathie:* Essenz aus frischen, geschälten Samen und frischen Blüten und flüssige Potenzen.

Bestandteile. *Rinde:* Glykosid Aesculin, dessen Lösungen stark fluoreszieren, Fraxin und Quercitrin (Glykoside), Kastaniengerbsäure und Allantoin. *Samen:* 30—40% Stärke mit Bitterstoffen und Saponin (10%), Aesculin in Spuren und etwa 5% Fett; in der Samenschale findet man krystallisiertes Tannin und das Enzym Aesculinase.

Pharmakologie. Aesculin wird, weil es die ultravioletten Strahlen absorbiert, als Lichtschutzmittel benutzt. Die Rinde als Adstringens und als Ersatz für Chinarinde als Antipyreticum. Der Saponingehalt der Samen weist auf die Verwendung bei katarrhalischen Erkrankungen hin. Die gute Wirkung bei Hämorrhoiden und Varicen kommt mutmaßlich durch das anästhesierend wirkende saponinartige Argyrin (eine Komponente des Bitterstoffs) zustande, welches vielleicht spezifische Wirkung auf die Gefäßwandungen hat. Auch können die hämolysierenden Eigenschaften des Saponins die Viskosität des Blutes herabsetzen und so den Kreislauf erleichtern (DE VEVEY).

Verordnungsformen. Cortex Hippocastani pulv. in Wasser (3,7 bis 5,6 g); Extract. Castanea equ. (Kastanol), 10—15 Tropfen zweimal täglich; Tinct. Cast. equ. 10 Tropfen zweimal täglich. — *Homöopathie:* dil. D 1—3, dreimal täglich 10 Tropfen.

Medizinische Anwendung. Bei Hämorrhoiden, Varicen, Abdominalplethora (Pfortaderstauungen), Gallenstauung, zur Regulierung der Darmtätigkeit (Obstipation und Diarrhöe), Magenschwäche und Säureanomalien, Analfissuren, Uterusblutungen. Ferner bei katarrhalischen Erkrankungen der Atemwege, bei Gicht und Rheuma (innerlich und äußerlich), ebenso Bäder bei Hautausschlägen (auch skrophulöser Art), die sowohl aus Blättern als auch aus Kastanien (gut zerkleinert oder Mehl) zubereitet werden; man kocht sie zunächst gut durch, setzt sie dem Bad zu und schlägt das Ganze mit einer Holzkelle schaumig. Das Aesculin wird zur Lupusbehandlung verwendet; es ist der Bestandteil vieler Lichtschutzmittel. Der Fluidextrakt zur Pinselung bei Flechten und Frostbeulen. Extrakt bei Keuchhusten.

Darmbeschwerden
Rp: Sem. Cast. equin. plv.   50,0
    D. s.: ½ Teelöffel auf 1 Glas Wasser.

Katarrhe
Rp: Sem. Cast. equin. plv.   20,0
    D. s.: Mehrmals täglich 1 Messerspitze.

Homöopathische Anwendung. Bei chronischen Leiden der Verdauungsorgane mit Stauungen im Pfortadersystem, Leberschwellung, Gallenstauung, bei Hämorrhoiden, Luftröhrenkatarrhen mit hämorrhoidaler Komplikation, Harnbeschwerden, Prostata-Leiden, Pollutionen, chronischer Blutüberfüllung der Gebärmutter und Fluor albus.
Volkstümliche Anwendung. Bei Hämorrhoiden und Uterusblutungen, chronischem Darmkatarrh, chronischer Bronchitis, Rheumatismus.
Weitere Anwendung. Die Samen stellen ein wertvolles Mastfutter für die Schweine und das Wild dar. Die 30—40% Stärke der Samen lassen sich nach Entbitterung (durch Weingeist oder Auswaschen mit Sodalösung) als Mehl und Nahrungsmittel ebenso wie für technische Zwecke verwenden. Die 5% Fett können herausgelöst werden. Die pulverisierten Samen sind ein Hauptbestandteil des sog. Schneeberger Schnupftabakes.

Balsaminaceae, Balsaminengewächse.

Impatiens noli tangere L.,
Echtes Springkraut.

Beschreibung. Einjährig, Höhe 30—60 cm. *Stengel* aufrecht, ästig, saftig, an den Gelenken geschwollen. *Blätter* wechselständig, eiförmig, spitz, grob gesägt, zart, leicht welkend, Blattstiele mit gestielten Drüsen. *Blüten* trompetenähnlich, an ziemlich langen Stielen, nickend, einzeln in den Blattachseln oder in endständigen, trugdoldigen Rispen, drei- bis sechsblütig, gespornt, Sporn gekrümmt, 2—3 cm lang. Krone unregelmäßig, 5 goldgelbe oder weiße Blumenblätter, im Schlunde oft rot punktiert, ebenso das blumenblattartige unpaarige Kelchblatt. 5 verbundene Staubblätter, Fruchtknoten oberständig, Frucht kahl, schotenförmig. *Blütezeit:* Juni bis September.

Besonderes. Feuchte Wälder, Erlenbrüche, Gebüsche, schattige Quellen und Gräben; oft massenhaft.

Wirkung, Anwendung. Im Volke werden Abkochungen der getrockneten Blätter als Purgans und Diureticum, sowie bei Hämorrhoidalbeschwerden getrunken. Die Pflanze enthält einen faden, dann bitteren, kratzenden Geschmack, der von einem harzartigen Stoff herrührt, dessen Genuß Übelkeit, Erbrechen und Schwindelgefühl hervorruft (SCHULZ).

Rhamnaceae, Kreuzdorngewächse.

Rhamnus cathartica L.,
Echter Kreuzdorn.

Beschreibung. Strauch oder Baum, 3—8 m hoch, *Zweige* sparrig abstehend mit end- und gabelständigen, stechenden *Dornen*. Rinde anfangs silbergrau, später schwärzlich. Blätter teils büschelig, teils gegenständig, auch wechselständig, gestielt, breit-eiförmig bis elliptisch, zugespitzt, am Grunde bisweilen schwach herzförmig, fein gekerbt, beiderseits mit meist drei Seiten-Bogennerven, Stiel mehrmals länger als die Nebenblätter, zerstreut-behaart. *Blüten:* blattachselständig, in büscheligen Trugdolden, unvollständig, zweihäusig, die männlichen mit verkümmerten Fruchtknoten, die weiblichen mit verkümmerten Staubblättern, Blumenblätter vierzählig, unscheinbar, gelbgrün, viel kleiner als der Kelch; Kelchzipfel flach ausgebreitet, länglich-eirund, zugespitzt. *Früchte* runde, erbsengroße, anfangs grüne, später schwarze Steinfrüchte mit meist 4 einsamigen Steinen. *Blütezeit* Mai, Juni.

Besonderes. Früchte ungenießbar, Geruch widerlich, Geschmack anfangs süßlich, später widerlich bitter.

Vorkommen. Laubwälder, Gebüsche, Zäune; häufig.

Sammelzeit. Die Früchte werden, wenn sie schwarz ausgereift sind, gepflückt.

Anbau. Lohnend, weil die Sträucher vorzüglich als Hecke verwendbar sind und auf jedem Boden, selbst wenn er trocken und steinig ist, gedeihen. Die Vermehrung geschieht am besten durch Samen, die man sofort nach der Reife im Herbst aussät; im Frühjahr pflanzt man dann aus.

Drogen, Arzneiformen. Fructus Rhamni catharticae, Kreuzdornbeeren; Sirupus Rhamni catharticae, Kreuzdornbeerensirup (DAB VI). *Homöopathie:* Urtinktur und Potenzen aus den frischen Beeren.

Bestandteile. In den reifen Früchten die Anthrachinonkörper Rhamno-Emodin, Rhamno-Cathartin (= Emodinglucosid), Emodin-Anthranol, ferner Rhamnoxanthin, Rhamnonigrin, Rhamnetin, Quercetin, Shesterin, Glucose, Galactose, Rhamnose, Pentose, Bernsteinsäure frei und als saures Calciumsalz, Harz, fettes Öl, Enzyme. Saponine nur in den unreifen Früchten.

Pharmakologie. Die Früchte wirken drastisch und diuretisch (Dickdarmwirkung). In zu hohen Dosen treten sowohl nach Genuß der Beeren als auch nach Einnahme des Saftes Erbrechen, Kolikschmerzen und heftige Durchfälle auf.

Verordnungsformen. Fruct. Rhamni cath., zum kalten Auszug, 2 bis 3 Teelöffel mit 1 Glas Wasser ansetzen, 8 Stunden stehen lassen, auf einmal oder tagsüber schluckweise trinken. Sirupus Rhamni cath., stündlich 1 Eßlöffel. Vielfach ist die Verordnung von frischem Saft, Succus Rhamni cath. möglich; man gibt davon dreimal täglich 2 Eßlöffel. Auch der Extrakt der frischen Früchte, der unter dem Namen Roob Spinae cervinae hergestellt wird, kann teelöffelweise gegeben werden. Für Kinder hat sich der frische Saft mit Honig gemischt bewährt (BOHN). — *Homöopathie:* dil. D 3, dreimal täglich 10 Tropfen.

Medizinische Anwendung. Als Purgans mit gleichzeitiger diuretischer Wirkung, als Ableitungsmittel auf den Darm bei Stoffwechselkrankheiten, Gicht, Leber- und Hautleiden.

Homöopathische Anwendung. Leberleiden, Diarrhöe, Kolik, Appendicitis.

Volkstümliche Anwendung. Meist werden die Beeren frisch (20 bis 30 Stück) oder getrocknet, auch als Abkochung bei chronischer Verstopfung, Wassersucht, Steinleiden, Gelbsucht, Lähmungen, Gicht, Rheumatismus, chronischen Hautausschlägen und Flechten angewendet.

Weitere Verwendung. Rinde und unreife Früchte zum Färben, früher zur Herstellung einer Malerfarbe.

Frangula alnus Miller, Rhamnus frangula L.,
Faulbaum, Pulverholz.

Beschreibung. Baumartiger Strauch, Höhe bis 6 m. Zweige wechselständig, abstehend, dornenlos. Rinde violettlich oder dunkelbleigrau, glatt, glänzend, mit grauweißen Korkwarzen, die in den älteren Abschnitten quergestellt erscheinen. *Blätter* auf behaarten Stielen wechselständig, eiförmig, elliptisch, 4—7 cm lang, stumpf oder kurz zugespitzt, schwach wellig ausgerandet, kahl, mit jederseits 6—8 schrägen Nebennerven, unterseits an den Nerven behaart. *Blüten* zwittrig, unscheinbar, zu 2—6 in blattachselständigen Trugdolden. *Krone* grünlich-weiß, fünfblättrig. Kelchzipfel länglich, spitzlich, aufrecht. *Frucht* eine erbsengroße, wäßrige, erst grüne, dann rote, später schwarze Steinbeere. *Blütezeit* Mai, Juni, August und September.

Vorkommen. Laubwälder, feuchte Gebüsche, Moore; häufig. Oft in Parkanlagen angepflanzt.

Sammelzeit. Im Sommer und im Herbst werden die gut ausgereiften *Beeren* abgestreift und in der Sonne gut ausgebreitet getrocknet und im Ofen nachgetrocknet. Die *Rinde* wird von den im Frühjahr abgeholzten Zweigen abgeschält und an luftigem sonnigen Ort getrocknet.

Anbau. Lohnend; er gedeiht am besten an feuchten Plätzen. Vermehrt wird er durch Stockteilung. Nach dem Abschlagen der Zweige und Äste schlägt der Stock erneut aus.

Drogen, Arzneiformen. Cortex Frangulae, Faulbaumrinde; Elixir Frangulae, Frangulaelixir; Extractum Frangulae fluidum, Faulbaumrindenfluidextrakt; Extractum Frangulae fluidum examaratum, Entbittertes Faulbaumfluidextrakt; Extractum Frangulae siccum, trockenes Faulbaumrindenextrakt; Vinum Frangulae, Faulbaumrindenwein. Cortex Frangulae muß mindestens 1 Jahr gelagert sein, ehe sie in den Handel kommt, weil sie sonst brechenerregend wirkt und wenig abführt. — *Homöopathie:* Urtinktur aus der frischen Rinde.

Bestandteile. In der Rinde des Stammes und der Zweige die Anthraglykoside Glykofrangulin (6—7%) und Frangulin (= Rhamnoxanthin), ferner etwas freies Emodin (= Trioxymethylanthrachinon), als Spaltprodukt auch Chrysophansäure in geringer Menge, ferner Rhamnocerin, Arachinsäure, Rhamnoxanthin, Bitterstoff, Zucker, flüchtige riechende Substanzen, bis 10% Asche, Gerbstoff ist bisher nicht einwandfrei festgestellt, weiter wird ein Eiweißkörper Rhamnustoxin vermutet.

Pharmakologie. Die Anthraglykoside der Frangularinde spalten sich erst im Dickdarm restlos auf und erregen hier durch Schleimhautreiz reflektorisch die Peristaltik, ohne aber Blutüberfüllung der Beckenorgane, Koliken oder Schmerzen hervorzurufen. Die Wirkung einer Gabe erstreckt sich gewöhnlich auf einige Tage (Depot im Darm), Gewöhnung tritt jedoch nicht ein. Reizerscheinungen bleiben aber nur bei Verwendung der getrockneten Rinde fern, die frische Rinde macht Erbrechen, Kolik und andere leichte Vergiftungserscheinungen. Erhitzen der frischen Rinde auf 100° C läßt diese Komponente ebenfalls verschwinden. Madaus hat die wurmtötenden Wirkungen nachgeprüft; als Testtiere verwendete er Regenwürmer und Wasserflöhe (Daphnia). Unter den 15 verschiedenen Anthelminticis steht im ersten Fall Frangula an zweiter, im zweiten Fall an erster Stelle in der tödlichen Wirkung.

Verordnungsformen. Cortex Frangulae: 1 Teelöffel auf 1 Tasse Wasser, kalt aufgesetzt oder als heißer Aufguß (für einmalige Wirkung). Zur Bekämpfung chronischer Verstopfungen bereitet man einen kalten Aufguß (12 Stunden stehen lassen) aus 2 Teelöffel auf 2 Tassen und trinkt diese tagsüber aus. Als Pulver: Cortex Frangulae pulv., dreimal täglich 2,0 g verrührt oder in Oblaten. Extractum Frangulae fluidum, 20—40 Tropfen am Abend. Vinum Frangulae, 1 Glas täglich. — *Homöopathie:* ⌀ — dil. D 1, dreimal täglich 10 Tropfen.

Medizinische Anwendung. Als Laxans, das von Nebenerscheinungen frei ist und keine Reizungen der Abdominalorgane hervorruft. Es eignet sich zur Behebung der Obstipation Gravider, Bettlägeriger, Rekonvaleszenten, Kindern und ebenso nach Irritation des Intestinums durch Drastica und nach Operationen. Es wirkt cholagog und bei Milzanschoppung, venösen Stasen (Hämorrhoiden), wird auch in Mischungen zu Entfettungskuren benutzt, ferner ist die Rinde und deren Abkochungen und Auszüge ein wirksames Anthelminticum. Die Abkochung kann zu Spülungen bei Stomatitiden, Aphthen verwendet werden.

Volkstümliche Anwendung. Ebenfalls die Rinden- (auch Beeren-, die aber nur geringe Wirkung haben) Abkochung als Abführ- und Wurmmittel, bei Leber-, Gallen- und Milzleiden, Wassersucht, Hämorrhoiden, Grind und Hautparasiten (Umschläge).

Vitaceae, Weinrebengewächse.

Vitis vinifera L.,
Weinstock, Weinrebe.

Beschreibung. Meist starkwüchsiger, bis 9 m hochklimmender Strauch. Zweige mit faseriger Rinde und gabeligen Ranken, die den Blättern gegenüberstehen. Das dritte Blatt ohne Ranke. *Blätter* zweizeiligwechselständig, herzförmig, drei- bis fünflappig, grob stachelspitziggezähnt, oberseits dunkelgrün, unterseits blasser, glänzend, kahl, selten behaart oder filzig. Blütenstände an Stelle der meist vorhandenen Ranken, bisweilen handartig verbreitert und mit eingesenkten Blüten. *Blüten* zwittrig, in Rispen. 5 Blumenblätter, gelblichgrün, an der Spitze verbunden. Früchte = Beeren, grünlich, dunkelblau oder kupferrot. *Blütezeit* Juni, Juli.

Besonderes. Blüten resedaartig wohlriechend.

Vorkommen. Stammt aus dem Orient, jetzt an sonnigen Bergen in sehr vielen Abarten gebaut, bisweilen verwildert.

Drogen, Arzneiformen. Als Drogen wurden früher geführt: Folia Vitis, Weinblätter; Pampini Vitis, Weinranken; noch heute üblich als Beigabe zu Brustteegemischen sind: Passulae majores, Rosinen und Passulae minores, Korinthen (diese stammen von *Vitis vinifera var. apyrena*). — Die *Homöopathie* stellt aus den frischen Blättern eine Urtinktur und Potenzen her.

Bestandteile. *Blätter:* Gerbstoff, Stärke, Quercetin, Quercitrin, Caroten, Weinsäure und saure Tartrate, Apfelsäure, Bernstein-Protocatechusäure, Wachs, Glutamin, Cholin, Inosit, Saccharose, Invertzucker. *Weinbeeren:* Wein-, Trauben-, Apfel-, Citronen-, Salicyl-, Bernsteinsäure, Gerbstoff, Invertin, Inosit, Pentosane, Lecithin, Quercitrin, Pektin, Pektose, Gummi, ätherische Öle, Leucin, Thyrosin, etwas Eiweiß, Mineralstoffe, Invertzucker, Saccharose, Dextrose, Lävulose (KROEBER, WEHMER).

Volkstümliche Anwendung. Abkochungen der Blätter bei Rotlauf, Erbrechen, Blutspucken, zu Fußbädern bei Frostbeulen. Abkochungen der Ranken als Blutreinigungsmittel besonders bei Gicht. Der frische Saft der Ranken gegen innere Blutungen, Blutspucken, blutige Durchfälle. Der Saft des (angezapften) Weinstockes wird bei Steinleiden verwendet. Die im Frühjahr nach dem Rebenschnitt austretenden sog. Tränen werden gegen Hautausschläge, trockene Flechten, Sommersprossen, Augenentzündungen, Grieß- und Nierensteinleiden und die gärenden Trester zu Bädern bei Gelenksteifigkeit, Gicht und Rheumatismus verwendet. — Die *Traubenkur* mit reifen Trauben wird gerühmt bei hartnäckiger Verstopfung, Fettsucht, Anschoppungen und Stauungen im Unterleib, Leber- und Milzschwellung, Gicht, Hämorrhoiden, Ruhr und ruhrartigen Durchfällen, Katarrhen, Keuchhusten, Asthma, Tuberkulose, Blutarmut.

Homöopathische Anwendung. Als dil. D 2.

Tiliaceae, Lindengewächse.

Tilia platyphyllos SCOP., Tilia grandifolia EHRH.,
Sommer-Linde, Großblättrige Linde.

Beschreibung. Baum, bis 30 m hoch. Krone fast kugelig, Stamm gerade, starke Pfahlwurzel. Rinde in der Jugend glatt, im Alter flachrissig. Junge Zweige mehr oder weniger reichlich behaart, verschieden gefärbt, Mark der Zweige im Querschnitt rundlich, weich. *Blätter* wechselständig, mittellang gestielt, schiefherzförmig oder schief-dreieckig, zugespitzt, ungleich kurz gezähnt, unterseits blaßgrün, weichhaarig, besonders in den Nervenwinkeln weißlich-gelb behaart. *Knospen* stumpf-eiförmig, kahl, abstehend. *Blüten* in zwei- bis fünfblütigen Trugdolden, deren Stiel bis über die Mitte mit einem stumpf-lanzettlichen, ganzrandigen, chlorophyllfreien Hochblatt verwachsen ist. Blüten unregelmäßig, Kelch und Krone fünfblättrig, gelb bis gelbbraun. *Früchte* kleine Nüßchen, holzig, mit 5 starken Kanten. *Blütezeit* Juni, Juli.

Besonderes. Geruch der Blüten angenehm aromatisch, Geschmack ebenso, schleimig, süßlich.

Vorkommen. In Laubwäldern, Anlagen, Alleen, Dörfern.

Tilia ulmifolia Scop., T. cordata Miller, T. parvifolia Ehrh., Winter-Linde, Kleinblättrige Linde.

Beschreibung. Baum, bis 25 m hoch. Krone fast kugelig, Stamm gerade, starke Pfahlwurzel. Rinde in der Jugend glatt, im Alter flachrissig. Junge Triebe kahl. *Blätter* wechselständig, mittellang gestielt, schief-herzförmig oder schief-dreieckig, zugespitzt, ungleich spitz gezähnt, unterseits seegrün, beiderseits kahl, in den Nervenwinkeln rostgelbe Bärtchen. *Knospen* kahl, oberseits glänzend olivbraun bis rötlich. *Blüten* in 5—11blütigen Trugdolden, deren Stiel bis über die Mitte mit einem papierdünnen und deutlich durchscheinendem zungenförmigen Hochblatt verwachsen ist. *Blüten* regelmäßig, Kelch und Krone fünfblättrig, weißgelb. *Früchte* kleine Nüßchen, halb so groß als bei *T. platyph.*, undeutlich kantig, dünnschalig. *Blütezeit* Juni, Juli.

Besonderes. Geruch der Blüten angenehm aromatisch, Geschmack ebenso, schleimig, süßlich.

Vorkommen. Laubwälder, besonders im Osten, häufig angepflanzt.

Sammelzeit. Man zupft die Blüten beider Arten (die Sommerlinde blüht etwas früher) bald zu Beginn der Blütezeit und trocknet sie.

Drogen, Arzneiformen. Flores Tiliae, Lindenblüten. Aqua Tiliae. Carbo Tiliae, Lindenkohle. — *Homöopathie:* Essenz und Potenzen aus den frischen Blüten.

Bestandteile. Etwa 0,04% ätherisches Öl mit einem aliphatischen Sesquiterpenalkohol (= Farnesol), ein Kohlenwasserstoff, l-Phytosterin, Schleim, Wachs, Fett, Gerbstoff, Zucker, Hesperidin, kein Saponin (Kroeber). In den Samen ist fettes Öl enthalten, in der Rinde Vanillin und krystallinisches Tiliadin, in den Blättern ein Glykosid Tiliacin, in den Deckblättern Schleim und Gerbstoff.

Pharmakologie. Leclerc zählt die (stark diaphoretisch wirksamen) Lindenblüten zu den Antispasmodica. Nach Wiechowski enthalten sie noch gewisse, bisher unbekannte diaphoretisch wirkende Glykoside, die nicht direkt auf die Schweißdrüsen wirken, sondern diese gegen sympathische Nervenreize empfindlicher machen. Leupin wies (entgegen Kroeber) ein auf Fische toxisch wirkendes Saponin nach.

Verordnungsformen. Flores Tiliae, zum heißen Aufguß, 1 Teelöffel auf 1 Tasse, 2—3 Tassen täglich oder 1—2 Tassen nach Bedarf. Carbo Tiliae, mehrmals täglich $^1/_2$ Teelöffel in Wasser. — *Homöopathie:* ∅ — dil. D 2, mehrmals täglich 10 Tropfen.

Medizinische Anwendung. Als Diaphoreticum, kräftiges Ableitungsmittel auf die Haut. Bei Erkältungskrankheiten (Schnupfen, Husten, Katarrh, Bronchitis, Halsentzündung, Angina, Grippe, Rippenfellentzündung), Rheuma, Neuralgien, Ischias. Die antispasmodische Wirkung ist bei Krampfzuständen des Magens (Neurasthenie), die diuretische Wirkung bei spastischen Affektionen der Harnwege zu verwenden. Die *homöopathischen* Anwendungen sind die gleichen, vorzugsweise Frauenkrankheiten, Blasenschwäche, Nesselsucht, Rheumatismus. — Carbo Tiliae als Adsorbens bei Hyperacidität, Diarrhöe (wird empfohlen bei Hämoptoe, Phthisis pulm., Leber- und Gallenkrankheiten, hartnäckigen

Drüsenschwellungen, Carcinom), als Wundstreupulver bei jauchenden Geschwüren, Aqua Tiliae als Augenwasser.

Volkstümliche Anwendung. Zur Anregung der Schweißsekretion, bei Krampfschmerzen in Magen, Darm und Unterleib, gegen Bleichsucht. KNEIPP empfahl den Lindenblütentee auch bei Husten, Verschleimungen der Lunge und der Luftröhre, bei Unterleibsbeschwerden, die ihren Ursprung in der Verschleimung der Niere haben. — Aus dem Rindenbast wird durch Klopfen Schleim gewonnen, der zur Behandlung von Wunden und Geschwüren verwendet wird (SCHULZ). Die Lindenkohle war früher ein Bestandteil der Zahnpulver.

Malvaceae, Malvengewächse.

Malva neglecta WALLROTH,
Weg-Malve, Gemeine M.

Beschreibung. Einjährig, Wurzel lang, ästig, *Stengel* niederliegend oder aufstehend, ästig, 30—50 cm lang, nebst den Blättern und Blütenstielen zerstreut behaart. *Blätter* wechselständig, langgestielt, rundlich-herzförmig, drei- bis siebenlappig, Lappen stumpf, Rand gekerbt-gesägt. *Blüten* in den Blattachseln, gebüschelt. 5 Kelchzipfel, am Rande flach, mit vorwärts gerichteten Haaren. Blumenkrone klein, strahlig, rosa oder fast weiß, mit 5 tief ausgerandeten spatelförmigen Blättern, etwa zweimal so lang als der Kelch, Staubblätter zu einer Röhre verwachsen. *Fruchtstiele* abwärts gebogen, Früchtchen bilden eine runde Scheibe („Käsenäpfchen"). *Blütezeit* Juni bis September.

Vorkommen. An Wegrändern, Zäunen, Dorfstraßen, auf Schutt.

Sammelzeit. Die Blätter werden während der Blüte möglichst kurzstielig abgepflückt.

Drogen. Folia Malvae, Malvenblätter.

Bestandteile. Schleim, Gerbstoffe, bis 15% Asche.

Wirkung, Anwendung. Als gleichzeitig leicht adstringierender Bestandteil der *Species emollientes* zu erweichenden Umschlägen; innerlich bei Magen-Darmkatarrh. Im Volke auch bei Blasenleiden, als Gurgelwasser, bei Lidentzündungen und zur Wundbehandlung. Die Blüten werden zum Färben verwendet.

Verordnungsformen. Fol. Malvae, zum heißen Aufguß, 1 Teelöffel auf 1 Tasse, 2—3 Tassen täglich. *Species emollientes.*

Malva silvestris L.,
Wilde Malve, Waldmalve, Roßpappel.

Beschreibung. Zweijährig und ausdauernd, Höhe 25—100 cm. Wurzel fleischig, Stengel rauhhaarig, niederliegend, aufsteigend oder aufrecht, verästelt, mit lockerem Mark angefüllt. *Blätter* abstehend rauhhaarig, wechselständig, langgestielt, rundlich-herzförmig, 5—7 spitze Lappen, Rand gekerbt-gesägt. *Blüten* in den Blattachseln, büschelig gehäuft.

Blütenstiele lang, abstehend, rauhhaarig. Kelch grün, 5 Blumenblätter, hellpurpurrot, mit 3 dunkleren Längsstreifen, drei- bis viermal länger als der Kelch, verkehrt-eiförmig, tief ausgerandet. Früchte scheibenförmig. Früchtchen scharf berandet, netzförmig runzelig. *Blütezeit* Juli bis September.

Vorkommen. An Wegrändern, Zäunen, sonnigen Hängen und auf Schutt.

Sammelzeit. Die Blüten werden, wenn sie voll geöffnet sind, gepflückt, ebenso die Blätter während der Blütezeit. Die Blüten werden im Schatten rasch getrocknet.

Anbau. Lohnend. Der Samen wird im Frühjahr auf guten Boden, der nicht gedüngt zu sein braucht, ausgesät.

Drogen, Arzneiformen. Flores Malvae silv., Malvenblüten; Folia Malvae, Malvenblätter. — *Homöopathie:* Tinktur aus der frischen, blühenden Pflanze.

Bestandteile. Schleim, Gerbstoff, in den Blüten ein Farbstoffglykosid Malvin, das sich in Malvidin und Glucose spaltet (WEHMER).

Pharmakologie. Wirksam in den Drogen der Malve ist der Gehalt an Schleim. Dieser wirkt resorptionsverhindernd, macht die Schleimhäute unempfindlicher gegenüber Reizen chemischer, nervöser, elektrischer Art. Die Schutzwirkung wurde von TAPPEINER im Experiment bewiesen; VOLLMER bestätigte sie und KOBERT nimmt einen direkten Einfluß auf die Sekretionsvermehrung der Schleimhäute von Pharynx, Larynx und Trachea an.

Verordnungsformen. Flores Malvae silv., zum heißen Aufguß 1 Eßlöffel auf 1 Tasse, mehrmals täglich heiß trinken. Folia Malvae, zum heißen Aufguß, 2 Teelöffel auf 1 Tasse, mehrmals täglich. *Species emollientes* DAB VI. — *Homöopathie:* D 2, drei- bis vierstündlich 1 Tablette.

Medizinische Anwendung. Bei Erkältungskrankheiten der Respirationsorgane, als Gurgelmittel bei entzündlichen Affektionen im Mund und Rachen, als Umschlag bei Augenentzündungen und zu antiphlogistischen Kataplasmen bei Entzündungen, Eiterungen, Furunkeln, Phlebitiden.

Kataplasma
Rp: Flor. Chamomillae vulg.
   Herb. Althaeae conc.
   Herb. Malvae conc.
   Herb. et Flor. Melilot. conc.   āā 15,0
   Farinae Sem. Lini   60,0
   D. s.: Aufbrühen und als Breiumschlag auflegen.

Homöopathische Anwendung. Bronchialkatarrhe.

Volkstümliche Anwendung. Zur Schleimlösung bei Katarrhen der Luftwege, als Mund- und Gurgelwasser, die Abkochung der ganzen Pflanze mit Milch gegen Tuberkulose. Die Blätter werden äußerlich als erweichende, entzündungswidrige Umschläge bei Augen- und Ohrenentzündungen, Eiterungen, Furunkeln gebraucht, die Abkochung auch zu Klistieren bei krampfhaften und entzündlichen Unterleibsbeschwerden.

Althaea officinalis L.,
Echter Eibisch, Gebräuchlicher E., Althee, Echte Stockmalve.

Beschreibung. Ausdauernd, Höhe 100—125 cm. *Wurzeln* einfach oder verzweigt, fleischig, weiß, dick. *Stengel* aufrecht, oben kantig, innen markig, ästig, samtartig-filzig wie die ganze Pflanze. *Blätter* gestielt, abwechselnd, ungleich kerbig-gesägt, die unteren fünflappig mit herzförmigem Grunde, die oberen länglich-eiförmig, dreilappig, auf beiden Seiten samtartig-filzig. *Blüte* rötlich-weiß, 5 Blumenblätter, umgekehrt-eiförmig, getrennt. Blüten einzeln oder büschelartig gehäuft in den Blattachseln. Blütenstiele reichblütig, kürzer als die Blätter. Außenkelch neunspaltig, Innenkelch größer, fünfspaltig. Staubblätter nierenförmig, blaßviolett. *Frucht* 10—18 einsamige Teilfrüchte. *Blütezeit* Juli, August.

Vorkommen. Gräben, feuchte Stellen, besonders auf salzhaltigem Boden (Meeresstrand), durch Deutschland verbreitet; zerstreut.

Sammelzeit. Blätter können laufend abgepflückt werden; die Wurzeln sind erst nach 2—3 Jahren brauchbar, sie werden im Herbst gegraben und frisch geschält, zerschnitten und getrocknet; die Blüten abgezupft.

Anbau. Die Pflanze wird viel kultiviert. Vermehrung durch Wurzelschosse, die man im Frühjahr pflanzt, durch Samen, der etwa in 3 Wochen aufkeimt. Die Sämlinge werden im Herbst ausgepflanzt. Die Pflanze braucht guten Boden (Sandboden), der humusreich sein und sauber gehalten werden muß. 1 a bringt im 3. Jahr etwa 30 kg trockene Wurzeln (MEYER). Die Kultur ist lohnend, aber nicht einfach, weil Eibisch gern von Schädlingen heimgesucht wird.

Drogen, Arzneiformen. Radix Althaeae, Eibischwurzel; Folia Althaeae, Eibischblätter; Flores Althaeae, Eibischblüten; Decoctum Althaeae; Pasta Althaeae; Sirupus Althaeae; Unguentum Althaeae. — *Homöopathie:* Urtinktur und Potenzen aus der frischen Wurzel.

Bestandteile. *Wurzel:* etwa 35% Schleim, 37% Stärke, 11% Pektin, 4% Betain, 1,25% fettes Öl, 2% Asparagin, 4—7% Mineralbestandteile, Lecithin, Enzyme, flüchtiger Riechstoff, Apfelsäure, Gerbstoff. *Blätter:* Neben Schleim und 15% Asche noch Spuren (0,02%) ätherisches Öl, ebenso fand sich in den *Blüten* 0,024% festes ätherisches Öl.

Pharmakologie. Die verschiedenen Versuche zur Bestimmung des Schleimgehaltes der Wurzel zeigten, daß die im Spätherbste gesammelte Wurzel die therapeutisch wertvollste ist, weil zu dieser Zeit ein niedriger Galaktosegehalt vorhanden ist und deshalb die Herauslösung des Schleimes leichter wird. Man bestimmt (nach ROJAHN und BÖHM) den Schleimgehalt durch Prüfung der Viscosität der Auszüge. — Die Wurzel ist ein Mucilaginosum und zu erweichenden, beruhigenden Umschlägen zu gebrauchen. Bei Enteritiden als Klysma.

Verordnungsformen. Die Rad. Althaeae conc., zum kalten (!) Aufguß (2 Teelöffel auf 1 Glas Wasser), täglich 2—3 Gläser; Sir. Althaeae, mehrmals täglich 1 Tee- oder Eßlöffel in Wasser oder Tee. Kataplasma aus der frischen zerquetschten Pflanze. — *Homöopathie:* ⌀ bis dil. D 2, drei- bis vierstündlich 5—10 Tropfen.

Medizinische Anwendung. Bei Husten, Keuchhusten und anderen katarrhalischen Reizzuständen der Respirationsorgane, Tuberculosis. Ferner bei entzündlichen, katarrhalischen Erkrankungen des gesamten Urogenitaltraktes (einschl. Enteritis, Diarrhöe, Dysenterie, Cholera inf.), ferner bei Nephrolithiasis und bei Ulcera ventriculi et duodeni. Außerdem als Gurgelwasser; zu Spülungen bei Fluor albus. Kataplasma aus frischen Pflanzen bei Hautschäden und als Erweichungsmittel bei Furunkeln u. a.

Homöopathische Anwendung. Bei Erkrankungen der Atmungsorgane.

Volkstümliche Anwendung. Bei Erkältungskrankheiten, Darmkatarrhen, Blasen- und Harnröhrenbeschwerden, auch bei Fluor albus.

Bemerkungen. Alle Auszüge aus *Althaea off.* sind durch kaltes Macerieren herzustellen, da durch Kochen der Schleim zu einer festen Gallerte erstarrt, die kräftigen Geschmack besitzt, therapeutisch aber wenig Wert hat.

Althaea rosea Cavanilles, Alcea rosea L.,
Stockrose, Stangenrose, Pappelrose, Rosen-Eibisch.

Beschreibung. Zweijährige, selten ausdauernde Pflanze, Höhe bis 3 m. *Wurzel* spindelförmig, *Stengel* aufrecht, ästig, etwas rauhhaarig. *Blätter* wechselständig, langgestielt, rundlich, am Grunde meist herzförmig, fünf- bis siebeneckig oder lappig, gekerbt, runzelig, steifhaarfilzig. *Blüten* sehr groß, in den Blattachseln, meist einzeln und gipfelständig. 5 Blumenblätter, getrennt, verkehrt keil-herzförmig. Blütenfarbe wechselnd: weiß, gelb, purpurrot, dunkelviolett, oft fast schwarz. 2 Kelche, fünf- bis siebenspaltig, zottig. Zahlreiche Staubblätter. Fruchtkapseln einsamig, weichhaarig. *Blütezeit* Juli bis Oktober.

Besonderes. Geschmack schleimig süßlich-salzig.

Vorkommen. Im Orient heimisch, in Deutschland als Zierpflanze häufig angebaut, sonst an Wegrändern, Zäunen, sonnigen Hügeln und auf Schutt, oft verwildert.

Sammelzeit. Die Blüten werden kurz vor dem vollständigen Aufblühen abgezupft, wobei die Pflanze selbst nicht geschädigt werden soll. Man kann für Arzneizwecke die Blüten sowohl mit als auch ohne Kelch ernten; zum Färbereigebrauch kelchlos. Die Blüten werden im Schatten gut getrocknet, dann dick aufgeschüttet und gepreßt.

Anbau. Ist außerordentlich lohnend; man braucht dazu einen guten Mittelboden oder benutzt Kartoffelland oder Kornfelder, jedenfalls Lagen, die nicht zu windig sind. Man kann in der einfachsten Weise einfach Pflanzen mit gefüllten Blumen in Stücke schneiden und diese pflanzen. Sonst keimt man aus (am besten zweijährigem) Samen in 10—14 Tagen die Setzlinge an, die man im Herbst mit gehörigem Abstand auspflanzt. Zwischen den Stockrosen kann man dann niedrige Kräuter, wie Kamille oder Pfefferminze anbauen. Meyer empfiehlt, die federkieldicken Wurzeln vor dem Pflanzen in einen dünnen Brei aus verdünnter Mistjauche, Lehm und Rinderblut einzutauchen. —

Die Blüten werden nicht nur zu medizinischen Zwecken, sondern auch zum Färben verwendet, so daß sich ein sorgfältiger Anbau immer lohnt. Durchschnittsertrag pro Hektar etwa 75 Zentner (MEYER).

Drogen. Flores Malvae arboreae, Stockrosenblüten.

Bestandteile. Schleim, eisengrünender Gerbstoff, Phytosterine, etwa 6% Eiweiß, 9% Mineralstoffe, Anthocyanfarbstoff Althaein, der sich als brauchbarer empfindlicher Indicator erwies.

Wirkung, Anwendung. Im Volk als Teeaufguß bei allen Erkrankungen der Atmungsorgane, auch als Gurgelmittel und Augenwasser. KNEIPP empfiehlt sie vor allem zu Dämpfen und zum Einatmen bei Halsgebrechen und Brustverschleimung.

Weitere Anwendung. Zum intensiven, unschädlichen Färben von Genußmitteln (Rotwein, Liköre, Sirup).

Hypericaceae, Hartheugewächse.
Hypericum perforatum L.,
Tüpfel-Hartheu, Johanniskraut.

Beschreibung. Ausdauernd, Höhe 30—60 cm. Stengel aufrecht, mit zwei Leisten, oben stark verästelt, rund, markig, jung rötlich. *Blätter* gegenständig, sitzend, eiförmig-lanzettlich, stumpflich, ganzrandig, stark durchscheinend, schwarz punktiert durch kleine Drüsen. Blütenstand endständige *Trugdolde* mit zahlreichen goldgelben Blüten. 5 Blumenblätter, schief eiförmig, am Rande gezähnt, schwarz punktiert. Staubblätter zahlreich, in 3 Bündel verwachsen. Kelch fünfteilig, schwarz punktiert. Frucht dreiklappige Kapsel. *Blütezeit* Juni bis September.

Besonderes. Beim Zerreiben der Blätter und Blüten tritt ein rotbrauner Saft hervor.

Vorkommen. Gebüsche, Raine, Wegränder; gemein.

Sammelzeit. Im Juli und August wird die blühende Pflanze in halber Höhe abgeschnitten.

Drogen, Arzneiformen. Herba Hyperici, Johanniskraut. Oleum Hyperici, Johanniskrautöl. Tinctura Hyperici, Johanniskrauttinktur. — *Homöopathie:* Essenz und Potenzen aus der frischen, blühenden Pflanze mit Wurzeln.

Bestandteile. Zwei Farbstoffe, der rote davon ist das stark fluorescierende Hypericin, ferner 0,059—0,1146% ätherisches Öl, Gerbstoffe, Invertzucker, beträchtliche Mengen pektinartige Kohlehydrate, Cerylalkohol, zwei Paraffine, Phytosterin, Stearin-, Palmitin-, Myristinsäure, Phlobaphene, Saponin, kleine Mengen Cholin, keine Alkaloide. ROBERG konnte in der Droge kein Saponin nachweisen.

Pharmakologie. Hypericin (gelber Farbstoff) wirkt stark photosensibilisierend (HORSLEY); der Auszug der Blüten wirkt (nach Entfernung der Saponine) stark photodynamisch auf Erythrocyten (CERNY). Diese Wirkung kann durch Beifügen der Wachsbestandteile der Pflanze noch verstärkt werden. (An Vieh hat man öfter nach Genuß von Johanniskraut heftige Hauterscheinungen beobachtet, wobei weiße Schafe starben, schwarze hingegen immun waren.) LECLERC hat das Oleum

Hyperici in großem Maße zur Wundbehandlung erneut erprobt. Es wird durch Macerieren mit Olivenöl und Weißwein und nachherigem Abdampfen des Weines hergestellt und soll in Ampullen zu 10—20 ccm vorrätig gehalten werden. Er berichtet, daß das Hypericumöl leicht, aber konstant lokal anästhetisch wirkt, die entzündlichen Erscheinungen vermindert, die verletzten Gewebe schützt ohne Beeinträchtigung der Vitalität. Es verursacht keine Retention und Eiterung der Wundsekrete und begünstigt die Wiederherstellung des Hautkleides. BOHN bestätigt es ebenfalls.

Verordnungsformen. Tinctura Hyperici 10—15 Tropfen zwei- bis dreimal täglich. Herba Hyperici, zum heißen Aufguß 1 Teelöffel auf 1 Tasse, 2—3 Tassen täglich. Oleum Hyperici verum zur Wundbehandlung. — *Homöopathie:* ⌀ — dil. D 1, dreimal täglich 10 Tropfen.

Medizinische Anwendung. Nervenschädigungen (traumatisch, durch Ernährungsstörungen oder Erschöpfung), Neuralgien, Neurasthenie, Hysterie, Unruhe, Schlaflosigkeit, Commotio, spinale Affektionen, spastische Erscheinungen, traumatische Epilepsie, Tetanus. KLEINE berichtet von besonderem Erfolg bei Lähmungen infolge von Hirn- und Rückenmarkserschütterungen. Weiter wird die Pflanze bei Enuresis, ferner in der Gynäkologie bei Dysmenorrhöe, Menstruationsstörungen, Endometritis, Spasmen im Unterleib und bei klimakterischen Beschwerden verwendet. ECKSTEIN-FLAMM heben besonders die Beeinflussungen der Zirkulationsvorgänge im kleinen Becken und jener Krankheitszustände, die auf einer mangelhaften Periode bzw. auf einer Störung der drüsigen und innersekretorischen Vorgänge der Ovarien beruhen, hervor. Das *Öl* wird äußerlich als Wundmittel, besonders bei Verbrennungen, schlecht heilenden Wunden, Ulcera cruris, aber auch — ebenso wie die verdünnte Tinktur — zum Einreiben bei Rheuma, Gicht, Verstauchungen, Verrenkungen und bei Hämorrhoiden verwendet.

Homöopathische Anwendung. Innerlich und äußerlich bei Wunden aller Art, besonders wenn Nervenverletzungen dabei vorhanden sind, bei traumatischen Krampfzuständen, Blasenkrämpfen, Asthma, Endometritis und Hämorrhoiden.

Volkstümliche Anwendung. Regelstörungen, Krämpfe, Leberleiden, Katarrhe der Luftwege, von Magen und Darm, Blase, Bettnässen, Nierenleiden, Hämorrhoiden, Nervenschmerzen und -krämpfe, Epilepsie, Unterleibskrämpfe. Das *Öl* als Wundmittel, auch bei bösartigen Geschwüren, Quetschungen, Blutergüssen, Rheuma, Gicht, Ischias, Gliederschwäche und Lähmungen.

Violaceae, Veilchengewächse.
Viola odorata L.,
März-Veilchen, Wohlriechendes Veilchen.

Beschreibung. Ausdauernd, Höhe 5—15 cm. Grundachse kriechend, Ausläufer im 2. Jahre blühend. Stengel nicht vorhanden. *Blätter* grundständig, langgestielt, rundlich-eiförmig, tief herzförmig oder nierenförmig, gekerbt, fein behaart, in der Jugend tütenförmig eingerollt.

Viola odorata.

Nebenblätter eilanzettlich, zugespitzt, ganzrandig oder besonders im oberen Teile kurz drüsig-gefranst, Fransen bis 1 mm lang. *Blütenstiele* etwa in der Mitte mit 2 Vorblättern, einblütig. Kelch fünfblättrig. 5 Kronenblätter, violett, selten hellblau oder weiß, getrennt, das unterste mit aufwärtsgerichtetem Sporn versehen, die anderen 4 verkehrt-eiförmig. Narbe in ein hochgebogenes Schnäbelchen verschmälert. Kapselfrucht kugelig. *Blütezeit* März, April.

Besonderes. Blüten wohlriechend, Geschmack schleimig-süßlich.

Vorkommen. Alte Gartenpflanze, an Hecken, Zäunen, auf schattigen Wiesen; häufig.

Sammelzeit. Die dunkleren Blüten werden ohne Kelch gepflückt und vorsichtig getrocknet. Die Blätter werden am Wurzelstock abgepflückt, von Erde und Staub gesäubert und getrocknet. Die Wurzelstöcke können ebenfalls gesammelt werden.

Drogen, Arzneiformen. Flores Violae odoratae, Veilchenblüten. Herba Violae odoratae. Radix Violae odoratae, Veilchenwurzel. — *Homöopathie:* Urtinktur aus der frischen, blühenden Pflanze ohne Wurzel und Potenzen.

Bestandteile. Das von LINDE-PETERS 1917 festgestellte, emetisch wirkende Alkaloid Violin oder Viola-Emetin wurde von L. KROEBER 1922 eindeutig als ein Gemenge von Saponinen erkannt. Weiter ist in der Wurzel Salicylsäuremethylester vorhanden, außerdem Spuren (0,038%) eines olivgelben Öles mit Methylsalicylat, aus welchem 3,8% eines braunen, nach Gurkensaft riechenden Öles isoliert werden konnten *(Schimmel & Co.).* In den *Blüten* sind 0,0031% ätherisches Öl neben Zucker, Saponinen, Apfelsäure, Salicylsäure als Glykosid enthalten.

Pharmakologie. KROEBER klärte mit KERSCHENSTEINER in klinischen Versuchen die expektorierende Wirkung auf; die Veilchenwurzel kann demnach als Saponindroge die ausländische Ipecacuanha voll ersetzen (LINDE, SCHRENCK, GRIMME).

Verordnungsformen. Rad. Violae odoratae, zum heißen Aufguß, $^{1}/_{2}$ Teelöffel auf 1 Tasse, 3 Tassen täglich. Stärkere Aufgüsse wirken als Emeticum (LECLERC). Herba Viol. od., zum heißen Aufguß, 1 Teelöffel auf 1 Tasse, 3 Tassen täglich. Flores Violae odoratae meist in Teemischungen. — *Homöopathie:* D 2, zwei- bis dreistündlich 1 Tablette.

Medizinische Anwendung. Als Expectorans, besonders bei hartem, bellenden Husten, Keuchhusten, Bronchialkatarrh und in größeren Dosen als Brechmittel.

Pertussis (KROEBER)
Rp: Hb. Droserae
  Rad. Paeoniae
  Flor. Viol. odorat.   āā 25,0
  C. m. f. spec.
  D. s.: 1 Teelöffel auf 1 Glas Wasser.

Homöopathische Anwendung. Ohrenschmerzen, Augenschmerzen, Augenaffektionen (Schwachsichtigkeit, Myopie, Chorioiditis, Flimmerskotom), Hysterie, Herzklopfen, Angstgefühle; spezifisch bei rheumatischen Schmerzen der kleinen Gelenke, ferner bei Maserhusten, Keuchhusten, Bettnässen, Wurmbeschwerden der Kinder, zur Blutreinigung bei Exanthemen, Ekzemen, Skrofulose, Rose; ferner bei Chlorose,

Anämie und bei allen Entzündungen der Mundschleimhäute. *Äußerlich* bei Verhärtungen, Verrenkungen, Quetschungen, bei Augen- und Liderkrankungen (HEINIGKE, MADAUS).
Volkstümliche Anwendung. KNEIPP gab die Pflanze bei Husten, Keuchhusten, Tuberkulose, Dyspnoe. Bei Kopfschmerzen empfahl er Abwaschen des Hinterkopfes mit der Abkochung. Im Volke wird die Abkochung als Hustenmittel verwendet, die frisch zerquetschten Blätter als Auflage für Geschwüre, der frische Saft oder die Abkochung als Gurgelmittel bei Halsentzündungen (Angina).

Viola tricolor L.,
Stiefmütterchen, Wildes Stiefmütterchen, Feld-Stiefmütterchen.

Beschreibung. Einjährig und überwinternd einjährig, selten ausdauernd. Höhe 10—20 cm, Wurzel einfach, Stengel einfach oder ästig, liegend, aufsteigend oder aufrecht, scharfkantig, hohl, nebst den Blättern meist kurzhaarig. *Blätter* wechselständig, langgestielt, herz- bis eiförmig, obere länglich bis lanzettlich, gekerbt. Nebenblätter blattartig, leierförmig-fiederspaltig, der mittlere Zipfel länger und breiter, gekerbt. *Blüten* unregelmäßig blattwinkelständig, einzeln, nickend. Kelch fünfblättrig, lanzettlich, grün, mit eigentümlichen Anhängseln. Krone fünfblättrig, verschieden an Farbe und Größe, weißlichgelb oder dreifarbig, blau mit gelbem und weißem Grunde, das mittlere Paar am Grunde gebärtet, das untere in einen Sporn ausgezogen. Fruchtkapsel rundlich, dreiklappig aufspringend. *Blütezeit* April bis Oktober.

Vorkommen. Waldränder, Äcker, Brachen, Wiesen; gemein.

Sammelzeit. Die ganzen Pflanzen werden zu Beginn der Blüte gesammelt und luftig getrocknet.

Anbau. Am einfachsten, indem man den Samen in Kleefelder streut und die Pflanzen verwildern läßt. Der beetmäßige Anbau ist kaum lohnend, da die Pflanze als Ackerunkraut vorkommt und die wilden kleinblütigen Pflanzen bevorzugt werden.

Drogen, Arzneiformen. Herba Violae tricoloris, Stiefmütterchenkraut. Flores Violae tricoloris, Stiefmütterchenblüten. — *Homöopathie:* Urtinktur aus dem frischen, blühenden Kraut und Potenzen.

Bestandteile. Saponine (KROEBER 1925), das Glykosid Gaultherin, das bei der Spaltung Methylsalicylsäureester ergibt, das Farbstoffglykosid Violaquercitrin, das Quercitrin abspaltet, den Farbstoff Violanin (WILLSTÄTTER, WEIL), den gelben Farbstoff Violaxanthin (KÜHN, WINTERSTEIN 1931), ferner Gerbstoff, Weinsäure, Schleim, Zucker und im frischen Kraut Spuren ätherischen Öles, in der Asche (10,2—14,5%) hauptsächlich Kalk- und Magnesiumsalze.

Pharmakologie. Die Pflanze, die von alters her als Antiskrofulosum bekannt ist, wurde von MADAUS im Tierexperiment untersucht. Durch Roggendauerfütterung erzeugte er bei Ratten grindige Ekzeme; wenn dann dem Futter frische *V. tricolor* zugesetzt wurde, trat auffallende Besserung ein.

Verordnungsformen. Herba oder Flores Violae tricoloris, zum kalten Auszug, 1 Teelöffel auf 1 Tasse, 8 Stunden stehen lassen, 2—3 Tassen täglich. — *Homöopathie:* D 2, drei- bis viermal täglich 1 Tablette.

Medizinische Anwendung. Als Antiskrofulosum mit diuretischer und leicht purgierender Wirkung; bei Ekzemen, nassen und trockenen Exanthemen, Acne, Impetigo, Pruritus vulvae. LECLERC hält die Pflanze besonders bei Dermatosen neuroarthritischer Diathese für wirksam. BOHN weist auf die Anwendung gegen den Milchschorf der Drüsenkranken und rachitischen Kinder hin. Bei kardialen Ödemen wird sie in England gebraucht, bei uns nach FLAMM-KROEBER auch bei schmerzhaftem, mit Fieber einhergehenden Gelenkrheumatismus. H. SCHULZ setzte sich nach umfangreichen Untersuchungen und Prüfung am gesunden Menschen besonders für die Anwendung bei allen chronischen Hautkrankheiten ein. BOHN betont ihren Heilwert bei venerischer Blutentmischung (Exantheme, Wunden, Ulcera, Gicht, Rheumatismus).

Rp: Herb. Viol. tricolor.
  Herb. Scabiosae arvens.
  Rad. Bardanae
  Fol. Juglandis regiae ā ā 25,0
  C. m. f. spec.
  D. s.: 1 Teelöffel auf 1 Tasse, 2—3 Tassen täglich.

Homöopathische Anwendung. Hautausschläge skrofulöser Kinder, Drüsenanschwellungen, Durchfälle mit Blähungen, Muskelrheumatismus, Harndrang, Harnzwang, Cystitis, Pruritus vulvi (HEINIGKE), mit Cantharis D 4 gegen Atemnot (WILHELM). Als Wechselmittel nennt MADAUS Graphites und Hepar sulf.

Volkstümliche Anwendung. Als Blutreinigungsmittel bei Ausschlägen aller Art, besonders der Kinder; ferner bei Keuchhusten, Lungenkrankheiten, Blasenleiden, Fluor. Äußerlich werden entweder der frische Saft oder Abkochung angewendet.

Thymelaceae, Seidelbastgewächse.

Daphne mezereum L.,
Gemeiner Seidelbast, Kellerhals.

Beschreibung. Strauch, Höhe bis 125 cm. Äste aufrecht, verzweigt, *Rinde* runzelig, gelblich-grau, mit braunen Wärzchen, *Bast* seidenartig. *Blätter* zerstreut, wechselständig, sitzend, lanzettlich, am Grunde keilförmig verschmälert, am Ende der Äste schopfartig beisammen, ganzrandig, kahl, oberseits hellgrün, unterseits graugrün. *Blüten* vor den Blättern erscheinend, seitenständig sitzend, meist zu drei in den Achseln abgefallener Blätter, eine unterbrochene Ähre bildend. *Blütenhülle* rosenrot, rötlichviolett, selten weiß, röhrig, einblättrig, vierspaltiger Saum; Kelch fehlt. Frucht erst grün, reif scharlachrot, kleinerbsengroß, einsamige saftige Beere. *Blütezeit* Februar bis April.

Besonderes. Blüten wohlriechend. Die geriebenen Blätter riechen widerlich. Geschmack der Rinde ist scharf, brennend. *Stark giftig!*

Vorkommen. Gebirgslaubwälder, schattige, feuchte Gebüsche; nie gesellig. In Garten und Park häufig angepflanzt.

Sammelzeit. Die Rinde wird im Januar oder Anfang Februar in langen Streifen abgezogen, angetrocknet und in Knäuel gewickelt.

Anbau. Zu empfehlen, weil die wildwachsenden Pflanzen gesetzlich *geschützt* sind! Der Anbau ist dort leicht, wo schattige feuchte Orte zur Verfügung stehen. Der Samen wird flach in die Erde gelegt, die jungen Pflänzchen müssen von Unkraut freigehalten werden. Die Ernte der Rinde ist erst nach dem 5. Jahre lohnend.

Drogen, Arzneiformen. Cortex Mezerei, Seidelbastrinde; Fructus Mezerei, Seidelbastfrüchte; Extract. Mezerei aeth.; Extract. Mezerei fluidum; Unguentum Mezerei (Daphnoidae), Seidelbastsalbe. — *Homöopathie:* Essenz und Potenzen aus der frischen, vor der Blüte gesammelten Rinde.

Bestandteile. *Rinde:* harzartiges Mezereïn (= Mezereïnsäureanhydrid), Glykosid Daphnin (mit Aeskulin isomer), Apfelsäure, „Schleimzucker", Gummi, Wachs, fettes Öl, gelber Farbstoff, 4% Asche. *Blüten:* Daphnin, ätherisches Öl (Duftträger). *Früchte:* flüchtiges „Coccognin" = Bitterstoff, organische Säuren.

Pharmakologie. Mezereïn führt zu schweren Reizungen der Haut; es wirkt ähnlich dem Cantharidin. Bereits das Auflegen der Rinde führt zur Bildung von Erythem, Pusteln, Blasen und schließlich zur Geschwürsbildung. Der Staub der gepulverten Rinde macht heftige Reizungen der Augenbindehäute und der Schleimhäute von Nase, Mund und Rachen, kann unter Kopfschmerz und Schwindel bis zu Delirien führen. Innerlich erzeugt die Rinde (auch die roten Beeren), heftige *Vergiftungserscheinungen:* Brennen, Kratzen in Mund und Rachen, Speichelfluß, Schlingbeschwerden, Magenschmerzen (Schleimhautnekrosen), Koliken, Erbrechen, blutige Durchfälle, Nierenentzündungen (Blutharnen), zentral Ohnmacht, Zuckungen, Delirien, Lähmungen, Dyspnoe, Tod im Kollaps. *Gegenmittel:* Magenspülungen, Adsorbentien, Schleime, Uzara, reichlich Flüssigkeit, Analeptica (GESSNER). Prognose: ernst, weil lange Zeit Schädigungen zurückbleiben. MADAUS untersuchte die Giftigkeit des alkoholischen Auszuges; die mit Wasser verdünnte Tinktur enthielt pro Kubikzentimeter = 250 FD., die mit 10—13%igem Alkohol verdünnte enthielt pro Kubikzentimeter = 500 FD. Nebenher trat blutiger Harn und Kot und Bluterbrechen auf und die histologische Untersuchung zeigte Stauungsleber und Verfettung.

Verordnungsformen. Unguentum Mezerei zum Aufstreichen auf Mull; Extractum Mezerei zum Auflegen damit getränkten Mulls. — Innerlich ausschließlich in *homöopathischer* Zubereitung: dil. D 3—4, zwei- bis dreimal täglich 10 Tropfen. — *Vorsicht* vor größeren Dosen, es kann auch durch die Haut zur Resorption kommen!

Medizinische Anwendung. Die aufgelegte Salbe oder mit Extrakt getränkte Mulläppchen zur Anlegung von Pusteln, Blasen oder Fontanellen bei Rheuma, Gicht, Neuralgien (Ischias). Das Auflegen soll vom Arzt besorgt (Haut vorher leicht pudern!) und die Wirkung muß kontrolliert werden.

Homöopathische Anwendung. Bei juckenden Hauterkrankungen (Ekzem, Erysipel, Herpes zoster) und bei allen Neuralgien, auch Migräne, ferner bei Knochenveränderungen mit Schmerzzuständen (luische Knochenschmerzen, Periostitis, Zahnschmerzen), schließlich bei Muskelzuckungen (Tenesmus ani) und Hg-Vergiftungserscheinungen, bei Gicht und Rheuma, Magen- und Darmentzündungen, Ulcera ventr. et duod., Fluor albus, Wechselfieber, Augenleiden skrofulöser Natur (MADAUS).

Volkstümliche Anwendung. Die Rinde als Hautreiz- und blasenziehendes Mittel; die Abkochung innerlich bei chronischen Hautkrankheiten, Gicht und Rheuma und als Abortivum.

Weitere Verwendung. Die gut gedörrten Beeren können als Pfefferersatz verwendet werden.

Lythraceae, Weiderichgewächse.
Lythrum salicaria L., Blut-Weiderich.

Beschreibung. Ausdauernd, Höhe 50—120 cm. *Stengel* aufrecht, vierkantig. *Blätter* wechselweise gegen- oder quirlständig, sitzend, herzlanzettförmig, spitz. *Blüten* kurzgestielt, in langer, endständiger quirliger Ähre. Blütenachse am Grunde ohne Deckblättchen. 6 lange, schmale, getrennte, blutrote Kronenblätter. 12 Staubblätter, Kelch röhrig, acht- bis zwölfzähnig, Kapsel länglich-oval. *Blütezeit* Juli bis September.

Besonderes. Pflanze buschförmig, mehr oder weniger behaart.

Vorkommen. Weidengebüsche, Ufer, Gräben, feuchte Wiesen; gemein.

Sammelzeit. Während der Blüte werden die blühenden Sproßspitzen abgeschnitten.

Drogen, Arzneiformen. Drogen sind nicht im Handel. — *Homöopathie:* Urtinktur aus der frischen Pflanze ohne Wurzel.

Bestandteile. 5,65% Gerbstoffe, Carotin, viel Pektinstoffe, Fett, Phytosterin, Wachs, Zucker, Lävulose, Phlobaphene, Schleim, organische Säuren und deren Salze (ZELLNER, KEEGAN). Von E. CAILLE wird ein Glykosid Salicarin angegeben.

Pharmakologie. Salicarin soll spezifische Wirkungen auf den SHIGA-KRUSE-Erreger haben. Diarrhöische Erscheinungen werden schnell gebessert, ohne Verstopfungen herbeizuführen.

Verordnungsform. *Homöopathie:* dil. D 2, drei- bis viermal täglich 3—5 Tropfen.

Homöopathische Anwendung. Durchfälle, Ruhr, Typhus, akute und chronische Darmentzündungen, Durchfall der Säuglinge.

Volkstümliche Anwendung. Innere und äußere Blutungen, Durchfall, Ruhr, Darmkatarrh; auch als Klistier.

Myrtaceae, Myrtengewächse.
Myrtus communis L., Echte Myrte.

Beschreibung. Strauch oder Baum, immergrün, Höhe bis 5 m. Äste gegenständig, *Blätter* gekreuzt-gegenständig, lanzettlich, lederig, klein. *Blüten* blattachselständig, vierteilig, weiß, zahlreiche Staubgefäße,

Fruchtknoten unterständig. Beeren blauschwarz, heidelbeerähnlich, würzig-süß, überwintern am Strauch. *Blütezeit* Juli, August.

Besonderes. Blätter aromatisch duftend, Blüten wohlriechend.

Vorkommen. Mittelmeergebiet; bei uns als Zierpflanze gezogen und als Brautschmuck verwendet.

Drogen, Arzneiformen. Folia Myrti, Myrtenblätter. Oleum Myrti, Myrtenöl. Myrtolum, Myrtol (= Myrtenölcampher). — *Homöopathie:* Urtinktur aus den frischen, blühenden Zweigen und Potenzen.

Bestandteile. Die Pflanze enthält Gerbstoff, Bitterstoff und ätherisches Öl. Im Öl sind enthalten: Terpene, Cineol, Myrtenol und Geraniol.

Pharmakologie. Die Bestandteile des Öles, das zur Bekämpfung putrider Lungenprozesse und als Expectorans angewendet wird, werden durch die Lunge ausgeschieden (Geruch der Expirationsluft) und fördern in noch nicht geklärter Weise die Expektoration. Die diuretische Wirkung kommt durch den Angriff des ätherischen Öles in der Niere zustande. Die äußerliche Anwendung und die stopfenden Wirkungen führt VOLLMER auf die enthaltenen Gerbstoffe zurück.

Verordnungsformen. Folia Myrti, zum heißen Aufguß, 1 Teelöffel auf 1 Tasse, 2 Tassen täglich. Oleum Myrti, mehrmals täglich 1—2 Tropfen. — *Homöopathie:* dil. D 2, dreimal täglich 10 Tropfen.

Medizinische Anwendung. *Expectorans:* Putride Lungenprozesse (Bronchitis foetida, Gangrän), Initial-Tbc., Spitzenprozesse, Bronchitis mit spärlicher Sekretion. *Harndesinfiziens:* Pyelitis, Cystitis, Erkältungskatarrhe, Gonorrhöe und als leichtes Diureticum.

Homöopathische Anwendung. Katarrhe mit trockenem, hartem Husten, Lungenstechen, Tuberkulose, besonders nach schlecht ausgeheilten luischen Infektionen.

Araliaceae, Efeugewächse.
Hedera helix L.,
Efeu.

Beschreibung. Kletterstrauch, Stengel ästig, mit zahlreichen Haftwurzeln kletternd an Bäumen, Mauern und Felsen bis 15 m hoch. *Blätter* wechselständig, immergrün, kahl, oberseits dunkelgrün, glänzend, lederartig, aus herzförmigem Grunde drei- bis fünfeckig-lappig, meist hell geadert. *Blätter* an den oberen (blühenden) Zweigen birnbaumblättrig, ei-rautenförmig bis lanzettlich, lang zugespitzt, ganzrandig, zarter und matter als die übrigen Blätter. *Blüten* in kleinen Dolden, traubig angeordnet, grünlichgelb. Doldenstiele und -strahlen weich behaart. Kelch fünfzähnig, Blüten fünfzählig, nach Honig duftend. Frucht erbsengroß, kugelig, erst im Frühjahr reifende blauschwarze Beere. *Blütezeit* August bis Oktober.

Vorkommen. In Wäldern, Gebüschen, an Mauern, Felsen; meist häufig, nicht selten angepflanzt.

Sammelzeit. Die Blätter werden im Frühjahr und Sommer gepflückt.

Drogen, Arzneiformen. Folia Hederae helicis, Efeublätter; Tinctura Hederae hel., Efeutinktur. — *Homöopathie:* Essenz aus den Blättern.

Bestandteile. 5 verschiedene Saponine, das Glykosid Hederin (= Helixin) ist besonders reichlich in den Früchten enthalten. Außerdem noch ein „Hederaglykosid", ferner Gerbsäure, flüssiges und festes Fett, Cholesterin, Chlorogensäure, Pektin, Inosid, Ameisen- und Apfelsäure.

Pharmakologie. Hederin ruft in kleinen Dosen Gefäßerweiterung, in größeren Verengerung und gleichzeitig Verlangsamung des Herzschlages hervor (SCHULZ). Äußerlich können frische Efeublätter Hautreizungen hervorrufen. Der hämolytische Index der homöopathischen Urtinktur wurde von MADAUS mit 1 : 20 festgestellt. *Vergiftungserscheinungen* sind von TOUTON beobachtet worden. Es traten nach Genuß größerer Mengen von Efeublättern Delirien mit Stupor und Bewußtlosigkeit auf, ferner Halluzinationen und Konvulsionen, Scharlachexanthem im Gesicht, am Rücken und an den Beinen, ferner Temperatursteigerung und schneller hüpfender Puls. Kein Erbrechen, kein Durchfall.

Verordnungsformen. Folia Hed. hel., zum kalten Aufguß $1/2$ Teelöffel auf 1 Tasse, tagsüber trinken. Tinct. Hed. hel., zwei- bis dreimal täglich 10 Tropfen. — *Homöopathie:* dil. D 1, dreimal täglich 10 Tropfen.

Medizinische Anwendung. Bei chronischen Katarrhen der Respirationsorgane und der Schleimhäute des Kopfes; auch bei Fluor. Ferner bei Leber-, Gallen- (Lithiasis) und Milzleiden, Gicht und Rheuma. Als Wundmittel bei Wunden, Geschwüren, Zellgewebsentzündungen (als Salbe von LECLERC empfohlen).

Homöopathische Anwendung. Rachitis, Skrofulose, Nasenkatarrhe, Hydrocephalus; auch bei Zahnschmerzen, Wurzelhautentzündung (GLASER). Spülungen, Aufzüge von ⌀ bei Nasenpolypen.

Volkstümliche Anwendung. Chronische Katarrhe, Menorrhagie, Rachitis, Gicht, Steinleiden, Milzbeschwerden. Äußerlich als Abkochung, als frische Blätter oder Blattpulver bei Geschwüren, Brandwunden, Kopfgrind, Krätze, Skrofeln.

Umbelliferae, Doldengewächse.

Sanicula europaea L.,
Sanikel, Heildolde.

Beschreibung. Ausdauernd, Höhe 25—50 cm. Wurzelstock mehrköpfig, kurz, schwarzbraun. *Stengel* aufrecht, meist einfach, gefurcht, im oberen Teile blattlos oder nur mit 1—2 ungestielten Blättchen besetzt. *Grundblätter* langgestielt, drei- bis fünffach handförmig geteilt, mit meist dreispaltigen, eingeschnitten-gesägten Zipfeln, oberseits glänzend dunkelgrün. *Blütenschaft* mehrköpfig, Köpfchen klein, kugelig, meist in trugdoldigen oder doppeldoldigen Ständen, mit kleinblättriger, grüner Hülle. Die zwittrigen *Blüten* sind sitzend, die männlichen kurz gestielt; Kelch fünfzähnig, 5 Blumenblätter, verkehrt-herzförmig, ausgerandet, rötlichweiß. Früchte rötlich, klettenähnlich hakenstachelig. *Blütezeit* Mai, Juni.

Besonderes. Pflanze kahl, ohne Milchsaft, ohne besonderen Geruch und Geschmack, nicht fleckig.

Vorkommen. In schattigen, feuchten Laubwäldern, besonders in Buchenwäldern der Gebirgsgegenden, der Ebene zerstreut.

Sammelzeit. Die Grundblätter werden vor und während der Blütezeit gesammelt und gut getrocknet.

Drogen, Arzneiformen. Folia Saniculi, Sanikelblätter. — *Homöopathie:* Essenz aus dem frischen, blühenden Kraut.

Bestandteile. Saponine, etwas ätherisches Öl, Bitterstoff, Gerbstoff, Harz, Mineralstoffe.

Verordnungsformen. Folia Saniculi, zur Abkochung, 2 Teelöffel auf 1 Tasse, 2—3 Tassen täglich. — *Homöopathie:* D 2, zwei- bis dreistündlich 1 Tablette.

Medizinische Anwendung. Die Abkochung bei Hämoptysis und Gastroptoe, äußerlich als Wundheilmittel (auch als aufgestreutes Pulver) bei Haut- und Schleimhautgeschwüren, Mund- und Halsentzündungen, bei Eiterungen und Furunkeln, zu Nasenspülungen, als Klysma bei Darmgeschwüren und Hämorrhoiden.

Homöopathische Anwendung. Darmblutungen, Hämaturie.

Volkstümliche Anwendung. Blutspucken, Blutharnen, Darmblutungen, Ruhr, Lungenleiden, Bronchitis, Erkältungskrankheiten, Gebärmutterleiden, übermäßige Monatsblutungen, Syphilis, Veitstanz. Umschläge und Waschungen bei Wunden, Geschwüren, Ausschlägen, Brüchen, Blutungen, Quetschungen. Im Volke wird Saft aus der Pflanze dadurch gewonnen, daß ein Steintopf abwechselnd mit Blätterlagen und Zucker gefüllt, das Ganze etwas angefeuchtet, mit einem Stein beschwert, der Topf zugebunden und eine Woche in der Erde vergraben wird; der so entstehende Saft wird vorzugsweise bei Lungenleiden verwendet.

Eryngium campestre L., Feld-Männertreu.

Beschreibung. Ausdauernd, Höhe 15—50 cm, oft halbkugeliger Busch. *Wurzelstock* holzig, dick-walzlich, geringelt, braun, möhrenartig. *Stengel* aufrecht, rillig, sparrig-ästig. *Blätter* derb, starr, weißlich-netzadrig, stechend. Erste Blätter ungeteilt, länglich, die übrigen dreizählig, doppelt fiederspaltig, dornig gezähnt, untere gestielt, obere stengelumfassend. *Blütenköpfchen* fast kugelig, in kopfförmig dicht zusammengezogenen Dolden. Einzelblüten weiß oder graugrün. Hüllblätter in einen stechenden Enddorn auslaufend. Frucht mit Schüppchen oder Knötchen besetzt. *Blütezeit* Juli, August.

Besonderes. Ganze Pflanze graugrün, distelartig.

Vorkommen. Trockene Hügel, Triften, Wegränder, an Bahndämmen; stellenweise. Im Berglande fehlend.

Eryngium maritimum L., Strand-Männertreu, Stranddistel.

Beschreibung. Zweijährig, oft ausdauernd, Höhe 15—50 cm. Untere *Blätter* gestielt, herznierenförmig, an nicht blühenden Pflanzen dreiteilig. Obere Stengelblätter halbstengelumfassend, drei- bis fünflappig, alle steif, derb, stachlig. *Blütenköpfchen* in unregelmäßig groß-buschigen Trugdolden. Köpfchen bis 3 cm lang, eiförmig; Hüllblätter eiförmig, dreizipflig, dornig, so lang oder länger als die Köpfchen. Einzelblüten mit freiblättriger Krone, amethystblau oder weißlich. Kelchsaum fünfzähnig. Frucht warzig. — *Blütezeit* Juni bis August.

Besonderes. Pflanze distelartig, weißlich bereift, oberwärts bläulich-meergrün. Milchsaft führend.

Vorkommen. Nur am Strande und auf den Inseln der Nord- und Ostsee.

Eryngium planum L.,
Flacher Männertreu.

Beschreibung. Ausdauernd, bis 1 m hoch. Wurzel möhrenartig. Stengel aufrecht, einfach, sich erst oberwärts verästelnd. *Untere Blätter* langgestielt, ungeteilt, ei-herzförmig, stumpf, ungleich gekerbt-gesägt; mittlere Blätter sitzend, ungeteilt; obere drei- bis fünfteilig, stachlig-gezähnt. *Blütenköpfchen* in unregelmäßigen Dolden, Köpfchen etwa 1,5—5 cm lang, eiförmig, mit 6—8 Hüllblättern, die lineal-lanzettlich, dornig-gezähnt sind und weit voneinander abstehen. Einzelblüten mit freiblättriger Krone, blau. Kelchsaum fünfzähnig. Frucht warzig. — *Blütezeit* Juli, August.

Besonderes. Pflanze kahl, distelartig, der obere Teil blau überlaufen. Milchsaft führend.

Vorkommen. Sandige Triften, Flußufer. Im Oder-, Warthe- und Weichselgebiet, sonst selten.

Drogen, Arzneiformen. Radix Eryngii von *E. campestre.* — Die Fa. *Madaus* stellt eine „Teep"-Verreibung aus den Wurzeln von *E. campestre* her. Die *Homöopathie* stellt Urtinktur und Potenzen aus dem frischen, blühenden *E. maritimum* her.

Bestandteile. *E. campestre* (Wurzel): Saponine, Saccharose, etwas Gerbstoff, vermutlich Spuren von Alkaloid. Im Kraut 0,088% ätherisches Öl. — *E. planum:* 1% Saponin von niedrigem hämolytischen Titer; PEYER gibt an: 0,5% Saponin, 1,46% Tannoide, 0,125% ätherisches Öl, Alkaloid zweifelhaft. Auch die Wurzeln von *E. maritimum* enthalten Saponine.

Wirkungen. *E. campestre:* Bei Phthisis „auffallende Besserung" (HOFFMANN); im Volke (Sibirien) in starker Abkochung bei Wassersucht, Bauchkrankheiten, Schwächezuständen (BRYKOW), in Kleinrußland als geburtserleichterndes Mittel (ANNENKOW). Die Wurzel bei uns volkstümlich als Diureticum bei Lithiasis und gegen Amenorrhöe (SCHULZ). — *E. planum:* In Rußland bei Koliken, Husten, Schreck, Schlaflosigkeit, Wassersucht, Zahnschmerzen (ANNENKOW). 1932 machte B. PATER aufmerksam auf die Wirkung bei Keuchhusten, was STIRNADEL 1934 aus der Praxis bestätigte. In Rumänien wird die Wurzel als Diureticum und die ganze Pflanze als Blutreinigungsmittel verwendet (MANTA, WEINRICH).

Verordnungsformen. Rad. Eryngii, zum heißen Aufguß, 1 Teelöffel auf 1 Tasse, 3 Tassen täglich. — „Teep", dreimal täglich $1/_2$ Teelöffel. — *Homöopathie:* D 2, drei- bis viermal täglich 1 Tablette.

Anwendung. Als *Diureticum:* Wassersucht, Harnverhaltung, Nieren- und Blasensteine. Als *Spasmolyticum:* Keuchhusten, Koliken, Blepharospasmus. Als *Stimulans* der Geschlechtsorgane bei: Amenorrhöe, Impotenz, Pollutionen, Ejaculatio praecox, Prostatorrhöe (nach MADAUS).

Chaerophyllum temulum L., Myrrhis temula ALL., Scandix temula ROTH.,
Betäubender Kälberkropf, Taumelkerbel.

Beschreibung. Einjährig oder winterhart, Höhe 30—100 cm. Pfahlwurzel spindelförmig, hell. *Stengel* ästig, unter den Knoten verdickt, kantig, hohl, rot gefleckt, am Grunde steifhaarig, oberwärts kurzhaarig. *Blätter* mit fast dreikantigem Stiel, doppelt-gefiedert; Blättchen fiederspaltig mit eiförmigen bis länglichen Zipfeln, dunkelgrün, unterseits heller, auch braunschwarz gefleckt, behaart. *Dolden* flach, sechs- bis zwölfstrahlig, Hülle meist fehlend. Döldchen mit 20 und mehr Einzelblüten. Hüllchen mehrblättrig, gewimpert. Kronenblätter weiß, wimperlos. *Frucht* kaum 1 cm lang, flaschenförmig, ungeschnäbelt, kahl, reif gelblich, Riefen kaum hervortretend. *Blütezeit* Mai bis Juli.

Besonderes. Die Pflanze ist an Stengel, Blattstielen und Blättern behaart; der Stengel ist oft rotviolett gefleckt und unter den Gelenken geschwollen. *Giftig!*

Vorkommen. Gebüsche, Wälder, Zäune, schattige Hänge; gemein.

Arzneiform. Die *Homöopathie* stellt Urtinktur aus der frischen, blühenden Pflanze her.

Bestandteile. Ein flüchtiges, toxisches, chemisch noch nicht erforschtes Alkaloid Chaerophyllin.

Pharmakologie. Chaerophyllin wirkt örtlich stark reizend. Innerlich ruft es Gastroenteritis hervor, wirkt zentral narkotisch (Schwindel, Lähmungen) und mydriatisch. Vom Sulfat sollen 0,25 g eine Taube töten (KROEBER). Vergiftungen sind bisher nur beim Vieh beobachtet. GESSNER vermutet, daß die Giftigkeit möglicherweise wie bei *Lolium temulentum* nur bei Pilzbefall auftritt, da auch das Chaerophyllin nicht immer in der Pflanze vorhanden ist. Vergiftungserscheinungen beim Menschen sind wie Loliumvergiftungen zu behandeln.

Homöopathische Anwendung. Als dil. D 2; keine Angaben in der Literatur.

Anthriscus cerefolium HOFFMANN, A. trichosperma SCHULTES, Scandix cerefolium L., Chaerophyllum sativum LAM.,
Gartenkerbel, Echter Kerbel.

Beschreibung. Zweijährige Pflanze, Höhe 30—60 cm. *Stengel* ästig, unterwärts kantig gefurcht, oberwärts gestreift, über den Knoten kurzhaarig. *Blätter* wechselständig, doppelt bis dreifach gefiedert, sehr zart. Blättchen länglich-eiförmig, mit stumpfen, kurz-stachelspitzigen kahlen Zipfeln. *Dolde* 2—7strahlig, Strahlen weichhaarig, Hülle fehlend. Hüllchen aus 1—5 zurückgeschlagenen, gewimperten Blättchen bestehend.

Blüte weiß, Blumenblätter getrennt. *Frucht* linealisch, glatt, kahl. *Blütezeit* Mai bis Juli.

Besonderes. Duftet zerrieben sehr angenehm aromatisch.

Vorkommen. Aus Südeuropa stammend, bei uns in Gärten zum Küchengebrauch gebaut und bisweilen auf Äckern, Schutt, verwildert.

Sammelzeit. Die Pflanze wird mit beginnender Blüte abgeschnitten; meist wird die frische Pflanze angewandt. Die reifen Samen können ebenfalls gesammelt werden.

Drogen. Herba Cerefolii germanica, Kerbelkraut.

Bestandteile. *Kraut:* ätherisches Öl, Bitterstoff, Glykosid Apiin; *Samen:* 0,27% ätherisches Öl (Methylchavicol), 13,2% fettes Öl.

Anwendung. Außer zu den bekannten würzigen Kerbelsuppen („magenstärkend") verwendet man im Volke den Saft des frischen Krautes und den durch Übergießen mit kochendem Wasser aus dem getrockneten Kraute hergestellten Tee bei Frühjahrkuren, Blutandrang zum Kopfe, innerlicher Hitze, Hämorrhoiden, Unterleibsbeschwerden (auch der Wechseljahre), mangelhafter Drüsentätigkeit. Den Samen bei chronischem Ekzem, Skrophulose, Tuberkulose. Das gekochte frische Kerbelkraut zu Umschlägen bei Harnverhaltung, schmerzhaften Drüsenschwellungen, Gicht- und Milchknoten.

Anthriscus silvestris Hoffm., Chaerophyllum silvestre, Wald-Kerbel.

Beschreibung. Ausdauernd, Höhe 75—125 cm. Stengel oberwärts ästig, kantig, unterwärts nebst den Rippen der Blattscheiden kurz rauhhaarig. *Blätter* 2- bis 3fach gefiedert, glänzend. Blättchen fiederspaltig, mit länglichen, spitzen, gewimperten Zipfelchen. *Dolden* deutlich zusammengesetzt, sechs- bis fünfzehnstrahlig, gestielt. Hülle fehlend, Hüllchen meist fünfblättrig. Randblüten wenig größer als die übrigen. Blumenblätter verkehrt-eiförmig, oft mit eingebogenen Spitzchen, weiß, selten gelblich. Griffel kürzer als das Stempelpolster. *Frucht* länglich, kurz geschnäbelt, glatt. *Blütezeit* April bis Juli.

Besonderes. Früchte sehen wie lackiert aus.

Vorkommen. Wald- und Wiesenränder, Zäune, Ufer; häufig.

Pharmakologie. Merck prüfte verschiedene einheimische Umbelliferen auf ihre uteruserregende Eigenschaft; als besonders wirksam erwies sich *Anthriscus silvestris*.

Myrrhis odorata Scop., Scandix odorata L., Süßdolde, Wohlriechender Kerbel.

Beschreibung. Ausdauernd, Höhe 50—100 cm. *Stengel* besonders unterwärts kurzhaarig, gestreift, hohl, oberwärts ästig. Blattscheiden vorhanden. *Blätter* wechselständig, 3fach gefiedert, Blättchen zart, fiederspaltig, mit länglich-eiförmigen, oft gezähnten Zipfeln, von kurzen Haaren zottig. *Dolden* vielstrahlig, Hülle fehlend, Hüllchenblätter lanzettlich, zugespitzt, gewimpert, später zurückgeschlagen, Krone weiß, Griffel länger als das Stempelpolster. *Frucht* groß, länglich, glänzend braun. *Blütezeit* Mai, Juni.

Besonderes. Die Pflanze hat einen angenehmen, anisartigen Geruch und Geschmack.

Vorkommen. In Grasgärten der Gebirgsdörfer zuweilen angepflanzt und verwildert.

Wirkung, Anwendung. Im Volke wird das frische, zerquetschte Kraut äußerlich zu zerteilenden Umschlägen benutzt. Der Genuß der Samen soll die Milchabsonderung deutlich fördern (SCHULZ).

Coriandrum sativum L.,
Koriander, Schwindelkraut.

Beschreibung. Einjährig, Höhe bis 60 cm. *Wurzel* dünn, spindelförmig. *Stengel* aufrecht, rundlich, fein gerillt, oberwärts ästig. Unterste *Blätter* bald abfallend, gefiedert, mit im Umriß rundlichen, eingeschnittengesägten Blättchen, mittlere doppelt fiederteilig, obere fein zerteilt. Dolden langgestielt, 3—5strahlig. Randblüten strahlend; Hülle fehlend oder angedeutet; Hüllchen 3 linealische Blättchen. *Kronenblätter* weiß oder rötlich, getrennt. Kelch 5zähnig, *Frucht* kugelig, glatt. *Blütezeit:* Juni bis August.

Besonderes. Pflanze kahl. Geruch frisch wanzenartig; getrocknet angenehm würzig riechend und schmeckend.

Vorkommen. Stammt aus Südeuropa, wird bei uns angebaut, verwildert an Schutt und Zäunen.

Sammelzeit. Die Kugelfrüchte werden gesammelt. Man schneidet das Kraut schon vor der Reife ab, bündelt es, hängt es auf bis die Körner ausfallen.

Anbau. Lohnend, weil die Pflanze auch auf steinigem oder Kalkboden gedeiht. Sie blüht etwa 8 Wochen nach der Aussaat, die am besten in Reihen vorgenommen wird, wächst erst langsam, während der Blüte schneller.

Drogen, Arzneiformen. Fructus Coriandri, Koriander; Oleum Coriandri, Korianderöl.

Bestandteile. Bis 1% ätherisches Öl, das sich aus 60—70% δ-Linalool (= Coriandrol), Geraniol, Cymol, Pinen, Phellandren, Dipenten, Terpinen, l-Borneol zusammensetzt. Ferner sind in den Früchten enthalten: Spuren eines Alkaloids, 13% fettes Öl, 0,1—2,0% Zucker, Vitamin C, Pentosane, Pektin, Furfurol, Gerbstoff, Spuren organischer Säuren sowie etwa 10 % Stärke.

Pharmakologie. Das ätherische Öl zeigt auch in geringen Dosen eine zunächst erregende, dann depressive Wirkung. CADÉAC und MEUNIER haben sich damit beschäftigt und verglichen die Wirkung des Korianders mit der des Äthylalkohols, weil nach größeren Gaben tolle Trunkenheit, schwere Rauschzustände und tiefer Schlaf eintreten (PIC, BONNAMOUR). LECLERC schreibt diese Wirkungen nur dem Saft der frischen Pflanze zu; die getrockneten Früchte haben nur stomachische und carminative Wirkungen, wie sie auch andere aromatische Umbelliferen geben, z. B. *Carum Carvi.*

Verordnungsformen. Fruct. Coriandri zum heißen Aufguß: die Körner werden leicht zerquetscht und 1 Teelöffel mit 1 Tasse Wasser übergossen. 1 Tasse schluckweise vor den Mahlzeiten.

Medizinische Anwendung. Als Stomachicum und Carminativum.

Volkstümliche Anwendung. Neben der Verwendung als Gewürz wird die Abkochung bei Magenbeschwerden, Blähungen, Koliken, Durchfällen, Würmern, Brechreiz, Schwindel, Gelenkschmerzen und bei mangelnder Periode verwendet. SCHULZ berichtet von der Anwendung bei selbst ruhrartigen Durchfällen mit Tenesmen, ferner bei Quartana und als Antaphrodisiacum. Das zerquetschte frische Kraut auch zu Auflagen bei Geschwüren und Entzündungen.

Conium maculatum L.,
Gefleckter Schierling, Mäuseschierling.

Beschreibung. Zweijährig, Höhe 1—2 m. *Wurzel* möhrenartig spindelig, mitunter rissig, weißlich. Erst im zweiten Jahre wächst der aufrechte *Stengel*, der röhrig, zylindrisch, unten weniger gerillt, bläulich bereift und rotbraun gefleckt, oben mehr gerillt ist. Die *Blätter* sind unten langgestielt und sehr groß, 2—3fach gefiedert, am Grunde umscheidet, dunkelgrün; die Fiederblättchen einfach- oder doppelt-fiederspaltig, tief gezähnt, mit stachelspitzigen Zipfelchen, unterseits blasser als oben und etwas glänzend. An der Ansatzstelle der Doldenstrahlen bilden 3—7 zurückgeschlagene Blättchen eine *Hülle*, während an der Ansatzstelle der Blütenstiele 3—4 zurückgeschlagene einseitswendige Blättchen das *Hüllchen* bilden. Die *Blüten* selbst sind klein, weiß, 5zählig, von betäubendem Geruch; Kronenblätter umgekehrt eirund. *Früchte* grünlichbraun, eiförmig, von der Seite zusammengedrückt; Spaltfrüchtchen im Querschnitt fast 5eckig, mit 5 wellig-gekerbten Rippchen ohne Ölstriemen. *Blütezeit* Juni bis Herbst.

Besonderes. Das welkende Kraut besitzt den sog. „Mäusegeruch". Die junge Wurzel enthält einen dicklichen, erst süß, dann scharf schmeckenden Milchsaft. *Giftig!*

Vorkommen. An schattigen, feuchten Orten, an Wegen, Hecken, Zäunen, an Gemüseäckern, immer in der Nähe von Häusern; stellenweise häufig.

Sammelzeit. Die Astspitzen mit den Blättern werden kurz vor der Blüte gesammelt, rasch getrocknet und trocken (!) in gut schließende Gefäße gebracht.

Anbau. Lohnend, zumal der geringste Boden genügt, wenn er nicht zu trocken ist; die kultivierte Pflanze wächst gern in der Sonne. Im Herbst sät man und pflanzt die Sämlinge im Frühjahr aus.

Drogen, Arzneiformen. Herba Conii, Schierlingkraut; Fructus Conii, Schierlingfrüchte; Emplastrum Conii (Cicutae), Schierlingpflaster; Extractum Conii, Schierlingextrakt; Extractum Conii fluidum, Schierlingfluidextrakt; Succus Conii; Tinctura Conii; Unguentum Conii; Coniinum, Coniin; Coniinum hydrobromicum; Coniinum hydrochloricum. — *Homöopathie:* Urtinktur und Potenzen aus dem frischen, blühenden Kraut.

Bestandteile. In der ganzen Pflanze findet sich als Hauptwirkstoff das stark „mäuseartig" riechende Alkaloid δ-Coniin (= α-Propylpiderin) und zwar in den Samen kurz vor der Reife bis zu 0,7%; weiter die Alkaloide γ-Conicein, Conhydrin, n-Methylconiin und ψ-Conhydrin, ferner ätherisches Öl. Der Gesamtalkaloidgehalt beträgt kurz vor der Reife etwa 2% und nimmt beim Trocknen rasch durch Verdunsten des Coniins ab, so daß die Handelsware etwa 0,7% aufweist.

Pharmakologie. Coniin wird leicht resorbiert und teilweise unverändert wieder ausgeschieden. Es macht aufsteigende Lähmungen des Rückenmarks (Med. obl.) und Tod durch Atemlähmung. Es lähmt die Nervenendplatten und wirkt wie Nicotin auf die Ganglien des vegetativen Nervensystems. Die Wirkung ist zentral und peripher; die zentrale Wirkung tritt früher ein als die Lähmung der Nervenendplatten. Es ist auch eine zentrale Erregung da, die aber bald von den Lähmungen überdeckt wird. Das γ-Conicein hat eine bedeutend stärkere Nicotinwirkung (GESSNER). Coniin bewirkt eine Adrenalinausschüttung; ferner erzeugt es manchmal stark juckende, papulöse, erysipelartige Ausschläge (TOUTON). Gewöhnung an Coniin tritt ziemlich rasch ein. Auf der Haut und Schleimhaut wirkt es stark anästhesierend.

Vergiftungen. Infolge Verwechslung mit Küchenkräutern. Die Erscheinungen setzen sofort ein. Brennen und Kratzen in Mund und Rachen, Zungenlähmung, Speichelfluß, Kopfdruck, Mydriasis, Sehstörungen, Erbrechen, Durchfälle, dann beginnt die Lähmung von unten her, Gefühllosigkeit, Schluck- und Sprachlähmung, Dyspnoe, Tod durch Atemlähmung; Herztätigkeit und Bewußtsein bleiben erhalten! *Gegenmittel:* Magenspülung, Adsorbentien, Wärme, Analeptica, künstliche Atmung. Prognose ungünstig.

Wirkung auf Carcinom. Diese wird von altersher belegt; v. STÖRCK machte es 1760 erneut bekannt und zeigte verschiedentlich Heilungen an. Nach ihm u. a. HUFELAND, BEAUCLAIRE, DERAY, MURAWJEFF, REIL, RÉCAMIER, NICHOLLS, J. WOLFF, RAMMOND, PARTURIER, SCHULZ, BEHME, MADAUS.

Verordnungsformen. 0,05—0,1—0,2—0,3 g Herba Conii mehrmals täglich (!) (ROST-KLEMPERER) in Pulvern oder Pillen. Coniin. hydrobrom., dreimal täglich 0,005—0,01—0,03 (!). Als Salbe: Coniinum 0,05—0,1 in 10,0 Adeps. Als Umschlag: 10,0 Herba Conii auf 50,0 Farin. Lini.

Homöopathie. Dil. D 4, dreimal täglich 10 Tropfen.

Maximaldosen. Herba Conii 0,3 g! pro dosi, 1,5 g! pro die;
Semen Conii 0,2 ! pro dosi, 1,0! pro die;
Coniinum 0,002 g! pro dosi, 0,005! pro die.

Rezeptpflichtig: Herba Conii, Coniinum und seine Salze (ausgenommen in Pflastern, Salben und als Zusatz zu erweichenden Kräutern). Homöopathische Zubereitungen bis D 3 einschließlich.

Medizinische Anwendung. Innerlich als Analgeticum, Sedativum, Antispasmodicum, Antaphrodisiacum. Zur Beruhigung- und Schmerzstillung bei Krampfzuständen der Respirationsorgane, bei Keuchhusten, Asthma, bei schmerzhaften spastischen Erscheinungen am Genitale, bei Tic dol., PARKINSONscher Starre, Migräne, Schwindelgefühl und bei Schmerzen, die durch Neoplasmen hervorgerufen werden (nach MADAUS).

Besondere Erfahrungen liegen noch vor bei Tetanus (DEMME, JOHNSTON injizierten 4 Tropfen Coniin in 8 ccm Aqua), Keuchhusten (AUDHOUSY gab Monatskindern 0,012—0,015 g pro Dosis längere Zeit mit Erfolg), Lichtscheu, chronische Katarrhe im Nasen-Rachenraum, Bronchitiden (NEGA gab subcutan 0,03—0,05 g) und chronischen Hauterkrankungen (MURAWJEFF). Äußerlich in Form von Salbe und Kataplasma bei Drüsenschwellungen und Neuralgien.

Kataplasma
Rp: Herba Conii pulv.   10,0
    Farin. Lini   40,0
D. s.: Zum Anrühren mit heißem Wasser oder Milch, auf Leinwand streichen und auflegen.

(SCHULZ empfahl gegen die schmerzhaften Muskelkontraktionen beim Tetanus subcutane Injektionen 0,01—0,025 g Coniin. hydrobromic.)

Homöopathische Anwendung. Drüsenaffektionen (Verhärtungen), Schwellungen, Knoten, Carcinome der Mammae, Ulcera der Zunge, des Magens (auch Carcinome), Carcinome in abdomine, Prostatahypertrophie, Orchitis (KILIAN), Metritis, Myome, ferner bei Strumen, Tumoren und Pneumonien, ebenso bei fortschreitenden Psychosen, Rückenmarkserkrankungen, Paralysen. Gegen Alterskrankheiten verschiedendster Art (u. a. Schlaflosigkeit, Gedächtnisschwäche, trockener Kitzelhusten, Cystitis, Ohrensausen, Altersstar, Magenerkrankungen, Blähungen mit Herzklopfen, klimakterische Beschwerden).

Volkstümliche Anwendung. Umschläge mit frischem Kraut zur Unterdrückung der Milchsekretion; vereinzelt bei Epilepsie innerlich.

Apium graveolens L.,
Sellerie, Scheiberich.

Beschreibung. Zweijährig, Höhe 30—100 cm. *Wurzel* fleischig, breit knollenförmig. *Stengel* kantig gefurcht, vielästig. *Blätter* wechselständig, am Grunde langgestielt, dunkelgrün, glänzend, meist fünfpaarig, fiederschnittig, obere Blätter sitzend, dreizählig. *Dolde* vielstrahlig, Hülle und Hüllchen fehlend. *Blüte* klein, Blumenblätter weiß, getrennt, eiförmig mit eingekrümmter Spitze. *Same* fast kreisrund, mit 5 Rippchen. *Blütezeit* Juli bis September.

Besonderes. Pflanze kahl, scharf aromatisch.

Vorkommen. Häufig als Gemüsepflanze angebaut, im Freien nicht häufig, dann gern auf salzhaltigem Boden, an Seeküsten, an Bächen und Gräben in wilder Form mit spindelförmiger Wurzel.

Sammelzeit. Abgesehen vom Küchengebrauch der frischen Wurzel und des Krautes werden die Samen im Herbst gesammelt.

Anbau. Lohnend, wenn laufender Absatz vorhanden ist. Auch in Hausgärten sollte mehr Sellerie angebaut werden, aber auch eine Reihe von Pflanzen zur Samengewinnung stehen bleiben bis zum Herbst.

Drogen, Arzneiformen. Semen Apii graveolens, Selleriesamen; Oleum Apii graveolentis (Seminis), Selleriesamenöl; Succi Apii grav., Selleriesaft (aus frischem Kraut gewonnen). — *Homöopathie:* Tinktur und Potenzen aus dem frischen Samen.

Bestandteile. *Blätter:* 0,1% ätherisches Öl, Apiin (Glykosid), Mannit, Inosit, dazu kommen in der *Wurzel:* Asparagin, Cholin, Tyrosin, Alloxurbasen, Pentosane, Glutamin, Fett, Stärke, Schleim. In den *Samen:* 2,5—3% ätherisches Öl mit etwa 70% Kohlenwasserstoffen δ-Limonen und δ-Selinen, Palmitinsäure, ferner ein guajacolähnliches Phenol, 2,5—3% Sedanolid (Lakton der Sedanonsäure), 0,5% Anhydrid der Sedanonsäure; die beiden letzteren sind die Geruchsträger des Samens (KROEBER).

Pharmakologie. Die sichere diuretische Wirkung bei Harnretention ist vielfach bestätigt. Die bactericide Wirkung der Wurzel konnte nicht bestätigt werden.

Verordnungsformen. Semen Apii grav. zum kalten Aufguß, 1 Teelöffel voll auf 1 Glas Wasser, 8 Stunden ziehen lassen, tagsüber trinken. Succus Herbae Apii grav., zweimal täglich 1 Eßlöffel. — *Homöopathie:* ⌀ bis D 1, dreimal täglich 10 Tropfen.

Medizinische Anwendung. Als sicheres Diureticum bei Retentio urinae, Nieren- und Blasenleiden, Hydrops, Gicht, aber kaum wirksam bei kardialem Hydrops. ECKSTEIN-FLAMM empfehlen sie zur Behandlung gichtisch-rheumatischer Krankheitszustände, harnsaurer Diathese, zur Beeinflussung der Durchblutung der Organe des kleinen Beckens, zur Anregung des Drüsensystems (Aphrodisiacum), durch das Vorhandensein von Glykokininen bei Diabetes und bei Vitamin- und Nährsalzmangelzuständen.

Homöopathische Anwendung. Bei hartnäckiger Harnverhaltung, nervöser Unruhe, Sodbrennen, Urticaria.

Volkstümliche Anwendung. Bei Lungenkatarrh, Asthma, Nervenschwäche, Nieren- und Harnleiden, Gicht, Impotenz, zur Steigerung der Libido. Dazu wird hier vorzugsweise die Wurzel als Gemüse angewandt, obwohl sie viel weniger wirksame Bestandteile besitzt als der Samen. Der mit Zucker eingekochte Saft vielfach als Hustenmittel. Zum Kopfwaschen nimmt man das Kochwasser der Wurzeln.

Petroselinum sativum HOFFM., Apium petroselinum L., Petersilie.

Beschreibung. Zweijährig, Höhe 50—100 cm, Wurzel spindelförmig, fleischig, gelblich. *Stengel* aufrecht, sperrig verästelt, fein gerillt. *Blätter* wechselständig, langgestielt, dunkelgrün, glänzend, kahl; untere dreifach gefiedert, Fiederblättchen eiförmig-keilig, knorpelig-gezähnt, bis dreispaltig; obere kürzer gestielt, einfach gefiedert oder nur aus 3 Zipfeln bestehend und auf einer breit-weiß-hautrandigen Scheide sitzend. *Dolden* langgestielt, zehn- bis zwanzigstrahlig, flach, mit ein oder zwei Hüllblättern, die aber mitunter ganz fehlen. *Döldchen* fünf- bis fünfzehnblütig, gewölbt, mit 6—8 kurzen, pfriemenförmigen Hüllblättchen. *Blüten* klein, grünlichgelb. *Früchte* rundlich-eiförmig, seitlich stark zusammengedrückt, graugrün bis graubraun, bis 2 mm lang, leicht in die 2 fünfrippigen Teilfrüchtchen zerfallend. *Blütezeit* Juni, Juli.

Besonderes. Pflanze kahl, ohne Flecke, würzig riechend und schmeckend (Hundspetersilie riecht unangenehm und besitzt ebenso wie Schierling und Wasserschierling 3 von der Hülle herabhängende, lange Blättchen).

Vorkommen. In Gemüsegärten überall gebaut, bisweilen verwildert.

Sammelzeit. Das Kraut wird zur Blütezeit abgeschnitten, die Wurzeln im Frühjahr gegraben, die Dolden werden kurz vor der Reife abgeschnitten und in Bündeln nachgereift, damit von den Samen nichts verloren geht.

Anbau. Lohnend für marktmäßigen Absatz und für Samengewinnung, der hauptsächlich als Droge in Betracht kommt. Zur Vermehrung sät man im Frühjahr aus und pflanzt dann die jungen Pflanzen auf Beete, um sie im zweiten Jahr blühen zu lassen.

Drogen, Arzneiformen. Fructus Petroselini, Petersilienfrucht; Herba (Folia) Petroselini, Petersilienkraut; Radix Petroselini, Petersilienwurzel; Aqua Petroselini, Petersilienwasser; Oleum Petroselini, Petersilienöl. Apiolum, Apiol, Petersiliencampher. — *Homöopathie:* Essenz und Potenzen aus der frischen, vor Beginn der Blüte gesammelten Pflanze mit Wurzel.

Bestandteile. *Früchte:* 2—7% ätherisches Öl mit Apiol, 1-a-Pinen, Myristicin, Allyltetramethoxybenzol, Glykosid Apiin, primäres Kaliummalat, Mineralstoffe und etwa 20% fettes Öl. *Kraut:* Apiol, 0,06—0,08% ätherisches Öl, Apiin, Oxyapiinmethyläther, Apiose, Alkaloidspuren, organisch gebundener Schwefel. *Wurzeln:* Apiol, 0,05—0,08% ätherisches Öl, Apiin, Schleim, Zucker, 5% Asche.

Pharmakologie. Apiol wirkt örtlich stark reizend (Gastroenteritis), resorptiv macht es zentrale Lähmungen, heftige Reizungen des Nierenparenchyms, fettige Degeneration der Leber, ausgedehnte Schleimhautblutungen, hämorrhagisch-entzündliche Infiltrate im Magen-Darmkanal (HEFFTER), Hämolyse, Methämoglobinurie, Anurie (HENKE-LUBARSCH). Todesfälle sind beobachtet worden. In geringeren Dosen ruft es vasculäre Kongestionen, Kontraktionen der glatten Muskulatur von Darm, Blase und Uterus (MOURGUES), am männlichen Meerschweinchen Kongestionen am Penis, anhaltende Erektion und lebhafte geschlechtliche Erregung (LABORDE) hervor. THEODORESCU stellte eine spezifische analgesierende Wirkung auf den graviden Uterus fest. RIPPERGER bezeichnet das Öl als das in den Apotheken am häufigsten verlangte Abortivum. Im Gegensatz dazu konnte MERCK keine uterine Wirkung nachweisen, wenigstens nicht für die ganze Pflanze. WASICKY stellte in Tierversuchen fest, daß Apiol in der Verdünnung 6:100000, dagegen Myristicin noch in der Verdünnung 1:100000 starke Kontraktionen am Meerschweinchenuterus hervorruft. Die emmenagoge Wirkung wird vielfach bestätigt, so von PIC, BONNAMOUR, GALLIGO, POGGESCHI, MAROTTE, bei Dys- und Amenorrhöe. LABORDE gibt an, daß Gaben von 1,0 g Apiol leichte zentrale Erregungen hervorrufen, während stärkere Dosen einen haschischähnlichen Rausch und Betäubung, Schwindel, Ohrensausen, Kopfschmerzen erzeugen. REKO gibt an, daß Meerschweinchen, die mit Petersilie gefüttert wurden, nach wenigen Stunden starben. BONSMANN und HAUSCHILD bestätigten die diuretische Wirkung, die empirisch bekannt ist, ebenso ECKSTEIN-FLAMM, die noch auf die verdauungsfördernde Wirkung und die Förderung der Menstruation hinweisen; als

Kontraindikationen gelten entzündliche Nierenprozesse, besonders bei größeren Dosen. KNEIPP rühmt die Pflanze besonders bei Wassersucht.
Verordnungsformen. Semen Petroselini, zum kalten oder heißen Auszug, $^1/_2$ Teelöffel auf 1 Tasse, 8 Stunden stehen lassen, tagsüber trinken. Herba Petroselini pulv., dreimal täglich 1—2 g. Apiol 0,1 dreimal täglich in Kapseln. Aqua Petroselini, mehrmals täglich 1 Eßlöffel. Ol. Petroselini, dreimal täglich 5 Tropfen. Succus Petroselini (frisch gepreßt), Tagesgabe 100—150 g. — *Homöopathie:* dil. D 1, dreimal täglich 10 Tropfen. *Vorsicht* bei Gravida und mit größeren Dosen! *Rezeptpflichtig:* Apiol und seine homöopathische Zubereitungen bis D 3 einschließlich.

Medizinische Anwendung. Als kräftiges Diureticum, wenn keine entzündlichen renalen Prozesse da sind, ferner bei Cystopathien spastischer Art, durch Prostatitis hervorgerufene Harnbeschwerden und Enterospasmen. Ferner als regulierendes Emmenagogum bei Dys- und Amenorrhöe (Spasmen) und als anregendes Mittel bei Anorexie, Dyspepsie, Blähungen, Verdauungsschwäche, Leber- und Milzleiden. Als Aphrodisiacum hat die Pflanze sichere Wirkungen. REIL u. a. geben sichere Wirkungen innerer Gaben der Tinktur bei akuter und chronischer Gonorrhöe an (SCHULZ). Oesophagusspasmen sollen durch das ätherische Öl gut beeinflußt werden.

Homöopathische Anwendung. Blasen- und Harnröhrenkatarrhe, Nervenaffektionen mit Harnverhaltung, Gonorrhöe, Leberstauungen, Nycturie, Enuresis.

Volkstümliche Anwendung. Wassersucht, Gonorrhöe, Nieren- und Blasensteine, Blasenschwäche, Milz- und Leberleiden, Gelbsucht, Wechselfieber, Verschleimung, Blähungen, Magenschwäche, Schilddrüsenvergrößerung, Brustverschleimung, Engbrüstigkeit, Brustschmerzen, Gebärmutterleiden, mangelnde Menstruation und als Abortivum. Besonderer Wertschätzung erfreut sich die Petersilie als Aphrodisiacum. Ferner als Haarwuchsmittel und die frische Pflanze bei Insektenstichen, Augenentzündungen, Drüsenverhärtungen. Die zerstoßenen Samen werden gegen Kopfläuse aufgestreut.

Cicuta virosa L.,
Wasserschierling.

Beschreibung. Ausdauernd, Höhe 100—125 cm. *Wurzelstock* weiß, dick, rund, mit gelblichem Milchsaft und kammerartigen Hohlräumen. *Stengel* dick, röhrig, feingerillt, im unteren Teil oft rot angelaufen und samt dem Wurzelstock im Wasser. *Blätter* wechselständig, groß, grasgrün, dreifach fiederteilig mit lanzettlich-linealischen, sehr spitz zulaufenden und sehr scharfgesägten Blättchen. Blattstiele hohl. *Blütenstand* zusammengesetzte Dolde, Hülle fehlend. Döldchen kugelig mit linealen Hüllblättchen. *Blüte* weiß, Kronenblätter verkehrt-eiförmig, Kelchsaum drei blattartige Zähne. *Frucht* fast kugelig, mit breiten Rippen, gezähnt. *Blütezeit* Juli, August.

Besonderes. Wurzel süß schmeckend. Ganze Pflanze *stark giftig!*
Vorkommen. Gräben, Sümpfe, Teiche; zerstreut.

Arzneiformen. *Homöopathie:* Essenz und Potenzen aus dem frischen Wurzelstock mit Wurzeln.

Bestandteile. Das harzartige, stickstofffreie, neutrale, bittere, amorphe Cicutoxin (frische Wurzel 0,2%, getrocknete bis 3,5%), ferner ein Alkaloid Cicutin (stark riechend, flüchtig), ätherisches Öl. Cicutoxin konnte bisher noch nicht einwandfrei erforscht werden, da auch der chemische Nachweis bei Vergiftungsfällen stets mißglückte (JACOBSEN, TAEGER).

Pharmakologie. *Cicutoxin* ist ein Krampfgift; es greift an der Med. obl. an, erregt vor allem die Krampf-, Vasomotoren- und Vaguszentren, lähmt das Großhirn. *Vergiftungen* sind nicht selten, da vielfach der Wurzelstock mit den Sellerie- und Petersilienwurzeln und die Blätter mit den Petersilienblättern verwechselt werden. Die *Vergiftungserscheinungen* treten in wenigen Minuten ein: Übelkeit, Erbrechen, Koliken, Herzklopfen, Schwindel, Benommenheit, Ohnmacht, sehr heftige epileptiforme Krämpfe (Schaum vor dem Mund, Zähneknirschen, Schreien), dann Aussetzen der Atmung, starke Blutdrucksteigerung, unregelmäßiger hastiger Puls, weite, starre Pupillen, Atemlähmung, Tod nach 10 bis 14 Stunden. *Gegenmittel:* Magenspülung, Adsorbentien, Narkose, Chloralhydratklistiere, Analeptica, künstliche Atmung. *Prognose* sehr schlecht, weil *ein* Wurzelstock bereits einen erwachsenen Menschen tötet.

Verordnungsformen. Nur in homöopathischen Dosen: dil. D 4, zweimal täglich 10 Tropfen. *Vorsicht* mit größeren Dosen!

Wirkung, Anwendung. Epilepsie, Chorea, Cerebrospinalirritationen (Meningitis, Commotio, Krämpfe [Starr- und Kinnbackenkrämpfe], Schwindel). Blasenlähmung (ALBRECHT), Angina pectoris (FRIEDLÄNDER gibt es hier mit *Iberis am.* und *Adonis vern.*). Als Spasmolyticum bei Dysmenorrhöe (SACHSE), weiter bei Keuchhusten (MÜLLER), Wurmbeschwerden, Leistenbrüchen (LEWINSKI) und Hautkrankheiten, wie Flechten, pustulösen Ekzemen.

Volkstümliche Anwendung. Als schmerzstillende Umschläge bei Gicht, Rheuma, Drüsenaffektionen, Krebsgeschwülsten. Innerlich bei Krämpfen, Krampfhusten und Skrofulose.

Tierheilkunde. Nervenstaupe (KISSNER), Sonnenstich (JUNGHANS).

Carum carvi L., Aegopodium Carum WIB.,
Wiesen-Kümmel, Echter K., Gemeiner K., Feldkümmel.

Beschreibung. Zweijährig, Höhe bis 100 cm. Pfahlwurzel spindligrübenartig. *Stengel* aufrecht, kantig-gefurcht, ästig. *Blätter* grasgrün, doppelt fiederteilig. Teilblättchen fiederspaltig, linealisch, die untersten nebenblattartig am Grunde des scheidenartigen Blattstieles. Hülle kann fehlen. Endständige *Dolden* mit 8—10 Hauptstrahlen, Döldchen 10 bis 15strahlig. Blumenblätter weiß oder rötlich, getrennt. *Frucht* von der Seite zusammengedrückt, bei der Reife in 2 sichelförmige Teilfrüchte zerfallend. *Blütezeit* Mai, Juni.

Besonderes. Pflanze kahl, Geruch und Geschmack duftend und gewürzhaft. Merkmal: Die untersten fiederspaltigen Blättchen stehen am Hauptstiele kreuzweise!

Vorkommen. Trockene Wiesen, Ackerraine; häufig. Wird viel angebaut als Küchengewürz.

Sammelzeit. Juli, wenn die Früchte anfangen, braun zu werden. Man bündelt die Pflanzen und läßt sie nachreifen, bis sich die Samen ausklopfen lassen.

Anbau. Lohnend, wenn guter, tief bearbeiteter (lehmiger) Boden vorhanden ist. Aussaat im zeitigen Frühjahr, Ernte erst im zweiten Jahr, weshalb man unter Deckfrucht sät. Für 1 a braucht man etwa 125 g und erntet davon 5—6 kg Samen.

Drogen, Arzneiformen. Fructus Carvi, Kümmel; Oleum Carvi, Kümmelöl; Carvonum, Carvon.

Bestandteile. 3—7% ätherisches Öl, das sich aus über 60% δ-Carvon, δ-Limonen, Dihydrocarvon, Dihydrocarveol, Carveol und einer narkotisch riechenden Base zusammensetzt (WEHMER).

Verordnungsformen. Fruct. Carvi zum heißen Aufguß zwei Teelöffel auf 1 Tasse Wasser, zwei- bis dreimal täglich. Oleum Carvi 10—20 Tropfen dreimal täglich. — Vielfach in Form von Likör.

Medizinische Anwendung. Als bekanntes Stomachicum und Carminativum, bei Magenkrämpfen, Enteritis, ebenso als Laktagogum, bei Amenorrhöe und Krampfzuständen in den Adnexen und im Uterus.

Volkstümliche Anwendung. Bei Blähungen, Magenkrankheiten und bei mangelnder Milchsekretion, zur Steigerung der Periode, zur Erleichterung der Geburt (lockert die Weichteile auf und regt Wehen an), zur Steigerung der Diurese. Äußerlich das ätherische Öl in Mischung mit fettem Öl als Einreibung bei Erkrankungen der Atmungsorgane, Hautparasiten und zur Stärkung bei beginnender Rachitis (FLAMM, KROEBER).

Tierheilkunde. Blähungen, Magenkrämpfe, Koliken, Freßunlust, schlechte Verdauung, mangelhafte Milchbildung.

Pimpinella anisum L.,
Anis.

Beschreibung. Einjährig, Höhe 30—50 cm, Wurzel spindelförmig, *Stengel* aufrecht, stielrund, zart gerillt, flaumhaarig, oberwärts ästig. *Grundblätter* ungeteilt, rundlich-herzförmig oder dreilappig, eingeschnitten-gesägt; mittlere gefiedert; obere dreispaltig oder ungeteilt. *Dolden* sieben- bis fünfzehnstrahlig, Döldchen vier- bis neunstrahlig, Hülle und Hüllchen meist fehlend. Blumenblätter weiß, umgekehrtherzförmig, mit eingebogener Spitze. *Früchtchen* eirund-birnenförmig, feingerippt, angedrückt flaumig-behaart. *Blütezeit* Juli, August.

Besonderes. Pflanze in allen Teilen fein behaart, Geruch und Geschmack angenehm süßlich-gewürzhaft.

Vorkommen. Aus dem Orient stammend; vielfach in Gärten angebaut und verwildert.

Sammelzeit. Noch vor der Reife werden die Doldenstengel geschnitten und gebündelt und zum Nachreifen aufgehängt oder die ganzen Pflanzen ausgerauft und aufgestellt; durch Ausklopfen gewinnt man den Samen.

Anbau. Lohnend, wenn unkrautfreier kalkhaltiger Boden vorhanden ist. Für 1 a braucht man etwa 250 g Samen, den man im Frühjahr in

Reihen aussät. Die Pflanzen entwickeln sich langsam und sind besonders während der Blütezeit gegen Witterungsumschläge empfindlich.

Drogen, Arzneiformen. Fructus Anisi, Anis; Oleum Anisi, Anisöl; Anetholum, Anethol; Anisaldehyd; Acidum anisicum, Anissäure; Natrium anisicum; Aqua Anisi; Spiritus Anisi; Sirupus Anisi; Tinctura Anisi. Liquor Ammonii anisati DAB VI. — *Homöopathie:* Tinktur und Potenzen aus den reifen Früchten.

Bestandteile. Die Früchte enthalten 2—3% ätherisches Öl mit 80 bis 90% Anethol, Anissäure, Anisaldehyd, Anisketon, ferner Cholin, 8 bis 11% fettes Öl, 3,5—5,5% Zucker, 16—18% Stickstoffsubstanzen, 12 bis 25% Rohfaser, 11—13% Wasser, 6—10% Asche.

Pharmakologie. Anisöl, bzw. Anethol wird vom Warmblütler in großen Mengen vertragen; es wird in freier Form und gebunden durch Lungen und Niere ausgeschieden. Bei Hunden riefen 3 ccm pro Kilo Körpergewicht Speichelfluß, Erbrechen, Niesen, Zuckungen und Stupor hervor. Anisöl tötet Krätzemilben und Läuse in etwa 10 Minuten (LALOU). Es hämolysiert rote Blutzellen. Für die Anwendung des Anisöles am Menschen waren CADÉAC, MEUNIER, LESIEUR der Meinung, daß es ein echtes Betäubungsmittel sei (45 Tropfen riefen zwölfstündigen Schlaf hervor) und Analgesie und Parese mache. Es rege ferner die Sekretion der Galle an, fördere die Verdauung. Kleinere Dosen fördern die Zirkulation, erleichtern die Atmung und wirken tonisierend auf das Herz, regen die Tätigkeit des Rachen-Flimmerepithels an (WASICKY) und fördern die Milchsekretion (INVERNI). Rein klinisch wirkt Anis bzw. Anisöl spasmolytisch, carminativ, sedativ und expektorierend. — *Natriumanisat* wirkt antiseptisch, antithermisch und antirheumatisch wie Salicylsäure, ohne jedoch das Herz zu beeinflussen (HAGER).

Verordnungsformen. Fruct. Anisi, zum heißen Aufguß, 4 Teelöffel auf 1 Tasse, tagsüber schluckweise. Fruct. Anisi pulv., dreimal täglich 1,0, verrührt oder in Oblaten. Oleum Anisi, drei- bis fünfmal täglich 5—10 Tropfen auf Zucker. Natrium anisicum drei- bis viermal täglich 1,0. Aqua Anisi, eßlöffelweise. Sirupus Anisi, eßlöffelweise. Tinct. Anisi, drei- bis fünfmal täglich 5—15 Tropfen. Spiritus Anisi, zum Einreiben. — *Homöopathie:* dil. D 1—2, dreimal täglich 10 Tropfen.

Medizinische Anwendung. Magen-Darmstörungen, die mit Meteorismus und kolikartigen Schmerzen verbunden sind, Krampfzustände des Verdauungstraktus, Appetitlosigkeit, Aufstoßen. Weiter als Expektorans bei Erkältungskrankheiten der Respirationsorgane. Das Natriumanisat bei echtem Rheumatismus an Stelle von Salizylsäure. Anis wirkt beruhigend, fördernd auf Laktation und Menstruation. Wenn die stillende Mutter es nimmt, geht es in die Milch über und wirkt sedativ auf den Säugling (MADAUS). ASCHNER empfiehlt das Öl zur Erleichterung des Geburtsverlaufes, da es Wehen anrege und beruhige. Die *homöopathischen* Anwendungen sind die gleichen.

Pulvis carmin. inf. (MEYER)
Rp: Fruct. Anisi plv.
　　Fruct. Foeniculi plv.
　　Magn. ust.
　　Sacchari
　　M. f. pulv.
　　D. s.: Mehrmals täglich 1 Messerspitze.

Volkstümliche Anwendung. Bei chronischer Bronchitis mit zähem Schleim, Kolikanfällen, Magen-Darmaffektionen, Blähungen, Magenschwäche, zur Anregung der Milchsekretion und der Libido. Das Anisöl gegen Kopfläuse und anderes Ungeziefer. Öl auf Zucker oder Abkochungen der Früchte zum Gurgeln bei Halsentzündungen und Mundschäden. — Vielfach werden die Früchte allem möglichen Backwerk (in einzelnen Gegenden sogar dem Brot) beigemengt.

Pimpinella magna L.,
Große Bibernelle.

Beschreibung. Ausdauernd, Höhe 50—100 cm. Ohne knollig verdickten Wurzelstock! *Stengel* kantig gefurcht, ästig, oben unbeblättert. *Blätter* gefiedert; Fiederblättchen der unteren Blätter kurz gestielt, eiförmig oder länglich, eingeschnitten gesägt, die der oberen linealisch. *Blüten* in zusammengesetzten Dolden, Hülle und Hüllchen fehlend, Krone freiblättrig, Kelchsaum undeutlich. Kronblätter verkehrt-herzförmig mit eingebogenem Läppchen, weiß, selten rosa. *Griffel länger* als der Fruchtknoten. *Frucht* eiförmig oder länglich-eiförmig, kahl. *Blütezeit* Juni bis September.

Besonderes. Pflanze kahl und ohne Flecken.

Vorkommen. Feuchte Wiesen, Gebüsche, Waldränder; stellenweise.

Pimpinella saxifraga L.,
Kleine Bibernelle, Gemeine B.

Beschreibung. Ausdauernd, Höhe 15—50 cm. Wurzel spindelförmig, schwammig, außen hellbraun, innen hellgelb, Milchsaft führend. *Stengel* meist ästig, stielrund, zart gerillt, oberwärts fast blattlos, kahl, unterwärts meist kurzhaarig. *Blätter* wechselständig, Grundblätter langgestielt, einfach gefiedert, Fiederblättchen sizend, breit eiförmig, gezähnt; Blättchen der Stengelblätter fiederspaltig oder drei- bis zweispaltig, manchmal lanzettlich und ungeteilt. *Dolden* flach, zehn- bis zwanzigstrahlig, Döldchen acht- bis achtzehnstrahlig, Hülle und Hüllchen fehlen. Kronblätter 5, weiß oder gelblichweiß, selten rosa, verkehrt-herzförmig mit eingebogenem Läppchen. *Griffel kürzer* als der Fruchtknoten. *Frucht* eiförmig oder länglich-eiförmig, kahl. *Blütezeit* Juni bis September.

Besonderes. Geruch bocksartig, Geschmack süßlich-scharf brennend.

Vorkommen. Sonnige Wiesen und Hügel, trockene Wälder; gemein.

Sammelzeit. Die Wurzeln beider Pflanzen werden im Frühjahr und Herbst gegraben.

Anbau. Leicht möglich, da die Pflanzen auch auf steinigem mageren Boden gut fortkommen. Man sät im Frühjahr dünn aus; die Wurzeln erntet man im dritten Jahre.

Drogen, Arzneiformen. Radix Pimpinellae, Bibernellwurzel; Extractum Pimpinellae; Tinct. Pimpinellae. — *Homöopathie:* Essenz und Potenzen aus den frischen Wurzeln.

Bestandteile. 0,025—0,4% ätherisches Öl, 0,5% stickstofffreier Bitterstoff Pimpinellin, 1,107% Rein-Saponin, Gerbstoff, Gummi, Zucker, Stärke, Eiweiß, Harz, Benzoesäure (?).

Pharmakologie. Der Bitterstoff hat Lactoncharakter und gehört zu den Cumarinen. Die expektorierende Wirkung kommt sicher über die Saponine zustande.

Verordnungsformen. Rad. Pimp., zur Abkochung mit Wasser oder Wein, 1 Teelöffel auf 1 Tasse. Rad. Pimp. pulv., dreimal täglich 1,0. Tinct. Pimpinellae, drei- bis fünfmal täglich 10—15 Tropfen. — *Homöopathie:* ⌀ bis D 2, dreimal täglich 10 Tropfen.

Medizinische Anwendung. Bei katarrhalischen Erkrankungen der Luftwege als Expektorans. Katarrhalisches Asthma (BOHN), Pharyngitis chronica (REUTER). MADAUS führt an, daß das Wurzelpulver bei Diphtherie zum Gurgelwasser oder zum Einblasen verwendet werden kann. Außerdem ist die Pflanze bei allen anderen Verschleimungen und zur Anregung der Schleimabsonderung (Darm, Nieren, Blase) und als Anregungsmittel für Magen, Darm und Darmdrüsen indiziert.

Homöopathische Anwendung. Ebenso, ferner bei Frostschauern, Kopfschmerzen, Epistaxis, Nackensteifigkeit, Ohrgeräuschen (HEINIGKE).

Volkstümliche Anwendung. Angina, Heiserkeit, Husten, Katarrhe und als Emmenagogum. Der Saft der frischen Wurzel oder die zerriebene Wurzel zur Behandlung langwierig eiternder Wunden. KNEIPP empfahl die Pflanze zur Reinigung von Lunge, Nieren und Blase und besonders für Gichtkranke. Im Volke findet man noch die Verwendung bei Verdauungsstörungen, Darm- und Magenverschleimung, Gicht, Nieren- und Blasensteinen, mangelnder Menses, Fieber, Würmern, Darmkatarrh, Sodbrennen, nervösem Herzklopfen, Halsbräune, Croup.

Aegopodium podagraria L.,
Giersch, Podagrakraut, Geißfuß.

Beschreibung. Ausdauernde Pflanze, Höhe 60—100 cm. *Stengel* aufrecht, oberwärts etwas ästig, unterwärts hohl. *Blätter* wechselständig, untere doppelt-, obere einfach-dreizählig. Blättchen eiförmig, ungleich kerbig gesägt. Blattnerven unterseits kurzhaarig. Blattstiele der Blätter werden zu bauchigen Scheiden. *Dolden* groß, flach, Hülle und Hüllchen fehlend. 5 ausgerandete Blumenblätter, getrennt, weiß, selten rosa. 5 Staubblätter, Kelch klein. *Frucht* eiförmig, ungeflügelt, gerippt. *Blütezeit* Juni bis August.

Besonderes. Ganze Pflanze fast kahl.

Vorkommen. Wald, Gebüsche, Ufer, Zäune; gemein.

Sammelzeit. Während der Blüte.

Anbau. Zwar sehr leicht, weil die Vermehrung der als Unkraut wuchernden Pflanze durch unterirdische Ausläufer von selbst erfolgt, aber nicht lohnend, weil Giersch als Arzneipflanze nur selten verwendet wird.

Drogen, Arzneiformen. Herba Aegopodii podagrariae, Gierschkraut; Radix Aegopodii podagrariae, Gierschwurzel. — *Homöopathie:* Urtinktur aus dem frischen Kraut.

Verordnungsformen. Herba Aegopodii pod., zum heißen Aufguß, 3 Teelöffel auf ein Glas Wasser, heiß aufgießen, 10 Minuten stehen lassen, tagsüber trinken. — *Homöopathie:* ⌀, dreimal täglich 10 Tropfen.

Medizinische Anwendung. Bei Podagra, auch bei gichtisch-rheumatischen Erscheinungen, bei Darmstörungen die zwischen Durchfall und Verstopfung wechseln, bei Nierenschwäche, Blasenleiden.
Homöopathische Anwendung. Gicht, Rheuma.
Volkstümliche Anwendung. Meist nicht in Teeform, sondern in Form von Gemüse, besonders in den sog. Frühjahrskräutern. Sonst gegen Gicht, Rheuma und Hämorrhoiden (als Auflage und Bad). KÜNZLE empfahl die Pflanze auch bei Vergiftungen und äußerlich gegen Mückenstiche. Auch im Volke dient es als Wundmittel (das zerquetschte Kraut wird aufgelegt).
Tierheilkunde. Giersch wird in Ostpreußen den Schweinen gegeben, die dann keinen Rotlauf bekommen sollen.

Oenanthe aquatica LAM., Phellandrium aquaticum L., Oenanthe phellandrium LAM.,
Wasserfenchel.

Beschreibung. Zweijährig und überwinternd, Höhe 50—150 cm. *Wurzel* fadenförmig, büschelig, später dick, möhrenartig, schwammig. *Stengel* treibt unten oft Ausläufer, oberhalb ausgesperrt vielästig, gebogen, röhrig, stielrund, gerillt, kahl. *Blätter* wechselständig, doppelt- bis dreifach-fiederteilig, mit ausgespreizten, eiförmigen, fiederspaltig eingeschnittenen Fiedern, die untergetauchten Blätter mit schmal-linealen bis haarförmigen Zipfeln. *Dolden* den Blättern scheinbar gegenständig, acht- bis zwölfstrahlig, Hülle vorhanden, Hüllchen mehrblättrig. 5 Blumenblätter, weiß, verkehrt-herzförmig. *Frucht* meist 3—5 mm lang, grünlichbraun, länglich-eiförmig, mit stumpfen, wenig ausgeprägten Rippen. *Blütezeit* Juni bis August.

Besonderes. Pflanze kahl, Früchte von bitterem Geschmack und unangenehm gewürzigen Geruch. *Giftverdächtig!*

Vorkommen. Gräben, Sümpfe, stehende Gewässer; häufig.

Sammelzeit. Die Dolden werden kurz vor völliger Reife gesammelt, in Bündeln zum Nachreifen aufgehängt und Papiertüten lose darübergestülpt.

Anbau. Lohnend, wenn feuchter Boden zur Verfügung steht. Man zieht entweder durch Aussäen im Herbst Pflänzchen, die man im Frühjahr an Ort und Stelle pflanzt oder legt in einfachster Weise Teile der unterirdischen Ausläufer, die die Pflanze bildet, aus.

Drogen, Arzneiformen. Fructus Phellandri, Wasserfenchel. Extractum Phellandri; Tinctura Phellandri; Sirupus Phellandri. Oleum Phellandrii aquatici, Wasserfenchelöl. — *Homöopathie:* Tinktur und Potenzen aus den reifen Samen.

Bestandteile. *Früchte:* 1,0—2,5% ätherisches Öl, 20% fettes Öl, Galactan und Mannan, 2—3% wachsartige Substanz, 4% Harz, 8—10% Extraktivstoffe, 3—4% gummiartige Stoffe, 65—70% Faser, 8% Asche. Im *ätherischen Öl:* etwa 80% d-b-Phellandren, Alkohol Androl, Aldehyd Phellandral, ein rosenartig riechender Alkohol, vielleicht auch Pinen und Sabinen (HAGER).

Pharmakologie. Das ätherische Öl scheint narkotische und expektorierende Wirkung, spezifisch auf die Bronchialschleimhaut und Alveolarepithelien zu haben (BOHN, INVERNI).

Verordnungsformen. Fruct. Phellandri, zum kalten oder heißen Aufguß, 1 Teelöffel auf 1 Tasse, 2—3 Tassen täglich. Fruct. Phellandri pulverata (cum Saccharum s. Rp.). Tinct. Phellandri, mehrmals täglich 5 Tropfen. — *Homöopathie:* dil. D 3, dreimal täglich 10 Tropfen.

Medizinische Anwendung. Tuberculosis pulmonum mit viel und eitrigem Sekret, Bronchitis foetida, Bronchiektasien, Gangrän, auch Asthma mit Verschleimung, Pertussis. Erfolge werden auch bei Mastitis, Adipositas, Meteorismus gemeldet. Äußerlich zu Umschlägen (30 Tropfen auf $1/2$ l) bei Ulcera cruris bei Varicen und bei skrofulösen Geschwüren. — Die *homöopathischen* Anwendungen sind die gleichen.

Rp: Fruct. Phellandri pulv. 0,75
Sacch. albi 0,75
M. f. pulv. D. tal. dos. Nr. XII.
D. s.: Alle 3 Stunden 1 Pulver.

Volkstümliche Anwendung. Husten, Keuchhusten, Bronchialkatarrh, Lungenentzündung mit starker Sekretbildung, Schleimflüsse der Nieren, Blase und Geschlechtsorgane, Blähungen, Koliken und als Wundwasser.

Tierheilkunde. Bei Influenza der Pferde und als Wundwasser, auch Umschläge mit dem zerquetschten frischen Kraut.

Aethusa cynapium L., Athamanta cretensis L., Hundspetersilie, Gleisse, Kleiner oder Gartenschierling.

Beschreibung. Einjährige Pflanze, Höhe 10—100 cm. *Wurzel* dünn spindelförmig, Stengel ästig, oben gabelig, hohl, gestreift und bereift. *Blätter* wechselständig, stark glänzend, doppelt bis dreifach fiederteilig, Blättchen fiederspaltig mit spitzen eingeschnittenen Zipfeln. *Dolde* flach, vielstrahlig. Hülle fehlend, Hüllchen dreiblättrig, zurückgeschlagen, viel länger als die Döldchen. *Blüte* weiß, Randblüten größer als die Mittelblüten, Blumenblätter getrennt, Früchte kugelig-eiförmig. *Blütezeit* Juni bis Oktober.

Besonderes. Ganze Pflanze kahl, beim Zerreiben unangenehm riechend. *Giftig!*

Vorkommen. Äcker, Zäune, Hecken, Schutt, in Gärten; gemein.

Sammelzeit. Während der Blüte schneidet man die ganze Pflanze nicht zu tief ab.

Drogen, Arzneiformen. Wurzel und Kraut früher als Radix et Herba Cynapii s. Cicutae minoris. — *Homöopathie:* Urtinktur und Potenzen aus der blühenden Pflanze.

Bestandteile. 0,015% ätherisches Öl mit Ameisensäure und ein Coninähnliches toxisches Alkaloid in 0,00023%.

Pharmakologie. *Vergiftungen* sind auch tödlich bei Mensch und Tier beobachtet worden; Symptome ähnlich der Coniinvergiftung, aufsteigende Lähmung, Mydriasis, Brechdurchfall, Speichelfluß, Taumeln, Zuckungen, Hirnödem. In therapeutischen Dosen ausgesprochene Darmwirkung, krampflösend, stopfend, diuretisch.

Verordnungsform. *Homöopathie:* dil. D 3—6, dreimal täglich 10 Tropfen.
Maximaldosis. Nicht festgesetzt, *Vorsicht* mit größeren Dosen!
Homöopathische Anwendung. Bevorzugt bei Cholera infantum in subakuten Fällen, die in Marasmus übergehen, bei Darmkatarrhen und Krämpfen, die mit gastrointestinalen Reizerscheinungen einhergehen, Pylorusspasmen der Säuglinge (ENSINGER); ferner auch bei Nervenkrankheiten (nerv. Erschöpfung, Epilepsie, Gefäßneurose, Gehirnlähmung, Schläfrigkeit) und bei Wassersucht, Harnbeschwerden und Nephropathien (STEUERNTHAL).

Foeniculum vulgare MILLER, Anethum foeniculum L., Fenchel.

Beschreibung. Zweijährig und ausdauernd, Höhe 1—2 m. *Wurzel* weiß, meerrettichartig. *Stengel* aufrecht, markig, stielrund, gerillt, blaubereift, kahl, oberwärts ästig. *Blätter* zerstreut, gestielt, 3- und mehrfach gefiedert mit fadenförmigen, schmalen Zipfeln. Blattscheide lang, an der Spitze mit mützenförmigen Öhrchen. *Dolden* groß, vielstrahlig (10—20), Hülle und Hüllchen fehlend. Krone gelb, Kronenblätter an der Spitze eingerollt. *Frucht* länglich, oval, aus 2 Teilfrüchtchen bestehend, bläulichgrün, mit 5 kräftigen Rippen. *Blütezeit* Juli, August.

Besonderes. Pflanze kahl, blau angehaucht. Geruch würzig, Geschmack süßlich, schwach brennend.

Vorkommen. In Gärten als Würze, zur Samengewinnung angebaut, auch verwildert.

Sammelzeit. Man schneidet die jeweils reifen Dolden heraus, trocknet sie, klopft (oder drischt) sie aus.

Anbau. Feldmäßig lohnend. Man sät Anfang Mai aus; im nächsten Jahr pflanzt man aus, so daß im September die erste Blüte kommt. Diese Pflanzen erntet man nicht, sondern im nächsten Frühjahr hebt man die Wurzeln aus, schneidet die alten Samenstengel ab, verschneidet sie nunmehr so, wie man Kartoffeln legt; im Juli beginnt die Blüte. Fenchelfelder sollen nicht mit Stalldünger gedüngt werden, da dies den Wurzeln sehr schadet.

Drogen, Arzneiformen. Fructus Foeniculi, Fenchel; Oleum Foeniculi, Fenchelöl; Radix Foeniculi, Fenchelwurzel; Aqua Foeniculi, Fenchelwasser. — *Homöopathie:* Tinktur und Potenzen aus den reifen Früchten.

Bestandteile. Die *Früchte* enthalten: 1—4—6% ätherisches Öl, 9 bis 12% fettes Öl, 4—5% Zucker, 16—17% Stickstoffsubstanzen, 15% Rohfaser, 10—16,5% Alkoholextrakt, 9—9% Mineralstoffe, 10—16% Wasser. Im *ätherischen Öl:* 50—60% Anethol, Anisaldehyd, Anissäure, Anisketon, Anol-p-Propenylphenol, Methylchavicol, bis 20% δ-Fenchon, δ-Pinen, Camphen, δ-Limonen, α-Phellandren, Dipenten (KROEBER).

Pharmakologie. Fenchelöl wirkt entzündungsverstärkend und capillarerweiternd; ARNOLD stellte seine Wirkungen in Gegensatz zu denen der Kamille, RIPPERGER zu denen des Anisöls. — In größeren Dosen macht es Erregungszustände, wie Krämpfe, heftiges Zittern, Halluzinationen, worauf sich Somnolenz und Niedergeschlagenheit einstellt. Wie alle ätherischen Öle, wirkt auch das Fenchelöl hyperämisierend auf die Beckenorgane, es reizt Magen, Darm, Nieren und ruft Erbrechen, Durchfälle und auch Anurie hervor. Auf den graviden Uterus wirkt es stark abortiv. Die therapeutischen Dosen machen Appetitsteigerung, fördern die Verdauung, wirken carminativ, diuretisch, fördern die Menstruation.

Verordnungsformen. Fructus Foeniculi, zum heißen Aufguß, 1 Teelöffel auf 1 Tasse Wasser, 2 Tassen täglich. Fructus Foeniculi pulv., dreimal täglich 1,0 g mit Wasser angerührt oder in Oblaten. Radix Foeniculi conc., 1 Eßlöffel auf 1 Tasse Wasser, 15 Minuten ziehen lassen, tagsüber trinken. Oleum Foeniculi, dreimal täglich 6—10 Tropfen auf Zucker. — *Homöopathie:* ⌀ — dil. D 1, dreimal täglich 10 Tropfen.

Medizinische Anwendung. Bei Magen- und Darmschwäche und -krämpfen, chronischen blähenden Verstopfungen (alter Leute) und Blähungen bei Kindern, bei Appetitlosigkeit. Weiter bei Erkrankungen der Atmungsorgane, als Laktagogum und Diureticum (besonders die Abkochung der Wurzel), auch bei Nieren- und Blasenleiden (in homöopathischer Form). Bei chronischen Entzündungserscheinungen an Augenlidern und Bindehäuten in Form des Aqua Foeniculi. — Die *homöopathischen* Anwendungen sind die gleichen. Es kommen noch Anwendungen bei Rachitis, Skrofulose und Grippe hinzu.

Volkstümliche Anwendung. Bei Verdauungsschwäche, Magen- und Darmerkrankungen mit Blähungen und schneidenden Schmerzen, Koliken und Krämpfen, bei Nieren- und Blasenleiden, Katarrhen der Atmungsorgane (KNEIPP bei Lungenkrankheit, Keuchhusten, Asthma, ferner bei der vom Magen bedingten Migräne und Krampfzuständen intestinaler Herkunft), bei Unterleibsschwäche und Milchmangel Stillender. Bei Halskrankheiten zum Gurgeln, auch als Augenwasser. Das gekochte Kraut wird aufgelegt bei Blähungen, Unterleibsschmerzen, geschwollenen und entzündeten Brustdrüsen.

Anethum graveolens L.,
Dill, Haarstrang, Tille, Bergkümmel, Gurkenkraut.

Beschreibung. Einjährige Pflanze, Höhe 50—120 cm. *Stengel* stielrund, gestreift, ästig. *Blätter* wechselständig, doppelt bis dreifach fiederteilig, mit linealisch-fadenförmigen, glattrandigen Zipfeln. Die weiß berandeten Blattscheiden sind kurz, an der Spitze Öhrchen bildend. Hülle und Hüllchen wenigblättrig oder fehlend. *Blüte* gelb, 5 Blumenblätter, rundlich, eingerollt, getrennt. Früchtchen elliptisch. *Blütezeit* Juli, August.

Besonderes. Pflanze kahl, stark aromatisch.

Vorkommen. Aus Südeuropa stammend, bei uns zum Küchengebrauch angebaut und manchmal verwildert.

Ernte, Anbau. Die reifen Dolden bringt man zum Trocknen ein und klopft die Samen aus. Der Anbau ist leicht, da er sich, einmal ausgesät (Frühjahr oder Herbst, auch als Zwischenkultur unter anderen Gemüsen), leicht selbst aussät, wenn man immer einige Dolden stehen läßt.

Drogen, Arzneiformen. Fructus Anethi, Dillsamen; Aqua Anethi, Dillwasser; Oleum Anethi, Dillöl. — *Homöopathie:* Tinktur und Potenzen.

Bestandteile. 2,5—4% ätherisches Öl mit 50% δ-Carvon, δ-Limonen und Phellandren, Dill-Apiol und bis 18% fettes Öl, im Kraut noch Myristicin.

Pharmakologie. Dill wirkt als Sedativum, Spasmolyticum, Stomachicum und Lactagogum. MADAUS stellte fest, daß im Dill eine Substanz enthalten ist, die im Tierversuch zuerst erregend, dann lähmend bis tödlich wirkt und in der jungen grünen Pflanze mehr vorhanden ist als in der vergilbten Herbstpflanze; positiv waren hier nur Extrakte mit Methanol. Hingegen wirkten schwärmhemmend auf Proteusbacillen besser die Extrakte der Herbstpflanzen. Ferner konnte er eine Verlängerung der Schlafzeit am Menschen einwandfrei feststellen. — FREISE (Rio de Janeiro) gibt die Verwendung der Pflanze zur Behandlung von Hämorrhoiden an; verwendet wird die 4—5 Monate alte Pflanze, die etwa 40—60 cm hoch ist. Man nimmt nur die oberen zwei Drittel ohne den Hauptstengel, grob zerschnitten und stellt daraus zwei Infuse her, einmal 20—25 g auf 200—250 Wasser als Klysma und einmal 5—10 g auf 150—200 g zum Einnehmen. Der Tee wird abends vor dem Schlafengehen getrunken — nach drei Tagen beginnt man mit den Einläufen, die man durch 6 Tage fortsetzt — der Tee soll danach noch etwa eine Woche weitergetrunken werden. Selbst kirschgroße Knoten erfuhren durch planmäßige Behandlung in 2—3 Wochen vollständige Reduktion, Rezidive sind nicht bekannt geworden. — Wichtig scheint die lange Verweildauer der Klysmen zu sein. Das Öl scheint für die Wirkung verantwortlich zu sein und die Wirkungsgeschwindigkeit mit dem Gehalt des Öles an Carvon zu steigen.

Verordnungsformen. Fructus Anethi, 1 Teelöffel auf 1 Glas Wasser oder Wein aufkochen, 2 Gläser täglich oder 1 Glas vor dem Schlafengehen. Aqua Anethi 1—2 Eßlöffel dreimal täglich. Oleum Anethi 0,03—0,18 pro dosis. — *Homöopathie:* ∅ bis dil. D 1, dreimal täglich 10 Tropfen.

Medizinische Anwendung. Bei Koliken, Flatulenz, Diarrhöe und Magenverstimmung. Ferner bei Schlaflosigkeit, als Emmenagogum und Lactagogum. Zur Herabsetzung der Libido. Aqua Anethi als Augenwasser. Zur Behandlung der Hämorrhoiden nach der Vorschrift von FREISE.

Volkstümliche Anwendung. Außer als beliebtes Küchengewürz auch die Abkochungen des Samens bei Blähungen, Übelkeit, Koliken, Magenschmerzen, Magengeschwüren. Auch bei Lungenbeschwerden und zur Anregung der Milchbildung Stillender.

Meum athamanticum JACQUIN, Athamanta meum L., Bärwurz, Haarblättrige B.

Beschreibung. Ausdauernd, Höhe 15—30 cm. *Wurzelstock* oben schopfförmig. *Stengel* aufrecht, gestreift-kantig, wenig beblättert, einfach oder oberwärts ästig, grundwärts meist hohl. Blattscheiden am oberen Ende kapuzenförmig verlängert. *Blätter* doppelt-fiederteilig, Fiederchen im Umriß rundlich, in viele spitze, haarfeine, quirlige Zipfel geteilt. Zipfel kaum über 7 mm lang. *Blüte* = *Dolde*, Hülle fehlend,

5—8 Hüllchenblätter, pfriemenförmig, *nicht* häutig berandet. Blumenblätter weiß oder gelblich-weiß. *Frucht* länglich-walzlich, stark gerippt. *Blütezeit* Mai bis Juli.

Besonderes. Zerrieben von kräftig aromatischem Geruch.

Vorkommen. Gebirgswiesen, stellenweise häufig.

Wirkung, Anwendung. Die Pflanze enthält, besonders in der Wurzel, ein brennend aromatisch schmeckendes ätherisches Öl (0,7%) und wird vom Volke bei Menostase, Fluor, Hysterie und Asthma verwendet. Mancherorts auch gegen Blasenleiden.

Levisticum officinale Koch,
Liebstöckel.

Beschreibung. Ausdauernd, Höhe 100—200 cm. *Wurzel* ästig, lang, dick, fleischig, schwammig, außen gelbbraun, innen weiß. *Stengel* stielrund, zartgerillt, hohl, unbehaart, glänzend, oberwärts ästig. Untere *Blätter* doppelt-, obere einfach-fiederteilig, am Grunde scheidenförmig, lederartig, glänzend. Blättchen breit-verkehrt-eiförmig, keilig verschmälert, eingeschnitten gesägt. *Blütenstand* kleine 6—12strahlige Dolde, Hülle und Hüllchen vielblättrig, häutig berandet, zurückgeschlagen, Kelchsaum undeutlich, Blumenblätter blaßgelb, rundlich, eiförmig, eingerollt. *Frucht* oval, Rippen geflügelt. *Blütezeit* Juli, August.

Besonderes. Pflanze kahl, Geruch aromatisch, sellerie-artig, Geschmack süßlich gewürzhaft, später bitter.

Vorkommen. In Südeuropa heimisch, bei uns vielfach in Gärten angepflanzt, wild unbekannt.

Sammelzeit. Die Wurzeln werden im Frühjahr gegraben; im Anbau soll 1 a 60—70 kg trockene Ware ergeben (Meyer).

Anbau. Auf etwas feuchten, nicht zu sonnigen Plätzen und tiefem Boden gedeiht sie gut; man vermehrt sie nur durch Teilung alter Stöcke.

Drogen, Arzneiformen. Radix Levistici, Liebstöckelwurzel; Extractum Levistici, Liebstöckelextrakt; Oleum Levistici, Liebstöckelwurzelöl. — *Homöopathie:* Tinktur aus dem frischen, im Frühjahr oder Herbst gesammelten Wurzelstock mit Wurzeln.

Bestandteile. *Wurzel* 0,3—0,5% ätherisches Öl in frischem Zustand, getrocknet 0,6—1,0%, ferner Stärke, Zucker, Fett, Gummi, Harz, Gerbstoff, Apfel- und mutmaßlich Angelikasäure. Im *Öl* hat man festgestellt: δ-α-Terpineol, eine cineolartige Verbindung, ein Terpen (?), Ester der Essig-, Baldrian- und Benzoesäure und im alten Öl noch Myristicinsäure, Aldehyd und Harz (Kroeber).

Pharmakologie. Das ätherische Öl wirkt diuretisch; im Tierversuch hat man bei Kaninchen und Mäusen festgestellt, daß die stärkste Wirkung nach peroraler Gabe, aber auch gute Wirkungen nach subcutaner und intraperitonealer Injektion eintraten (Bonsmann, Hauschild).

Verordnungsformen. Rad. Levistici conc., zum heißen Aufguß $1/2$ Teelöffel auf 1 Tasse, 2—3 Tassen täglich. Rad. Levistici pulv., dreimal täglich 1,0 g, verrührt oder in Oblaten oder mehrmals täglich eine Messerspitze. — *Homöopathie:* D 2, drei- bis vierstündlich 1 Tablette.

Medizinische Anwendung. Hydrops und Ödeme renaler und kardialer Ursachen, ferner bei Pyelitis, Cystitis, Albuminurie, besonders dann, wenn gleichzeitig Magen- und Darmerkrankungen vorliegen, außerdem bei Verdauungsschwäche, Dyspepsie, Leber- und Milzleiden, Verschleimung der Respirationsorgane, auch bei Gicht, Rheuma und Steinleiden, übelriechenden Schweißen und besonders bei Amenorrhöe. Äußerlich können die Abkochungen zu Bädern (Stärkung der Unterleibsorgane) oder Umschlägen (Wunden, Eiterungen) verwendet werden.

Homöopathische Anwendung. Als Diureticum.

Volkstümliche Anwendung. Wassersucht, Bronchialerkrankungen, Verschleimung von Lunge und Darm, Blähungen, Gelbsucht, allgemeine und Nervenschwäche, Impotenz, mangelnde Menstruation, Steinleiden, Mund- und Halsgeschwüre, als Wundwasser. Außerdem die frische Pflanze als Küchengewürz.

Archangelica officinalis Hoffmann, Angelica archangelica L., Engelwurz, Edle E., Brustwurz, Zahnwurz, Geilwurzel, Heiligenbitter, Gilke, Angelika.

Beschreibung. Zweijährig, Höhe 1—2 m. *Wurzel* dick, ästig, mit gelblichem Milchsaft. *Stengel* aufrecht, nach oben ästig verzweigt, rund, gerillt, röhrig, oft purpurrot angelaufen, bläulich bereift. *Blätter* wechselständig, kahl, unterseits blaugrün. Die großen Blätter zwei- bis dreifach fiederteilig, die oberen einfach fiederteilig, sitzen auf den auffallenden, großen bauchigen Blattscheiden. Die Blättchen sind herzeiförmig, ungleich grob gesägt, das endständige drei-, die seitlichen meist zweilappig. Die sehr großen *Dolden* sind grünlich-weiß, 30—40strahlig, mehlig-weichhaarig, die Blüten bestehen aus 5 getrennten Blumenblättern. Hülle fehlt, Hüllchen vorhanden, vielblättrig, lineal. *Frucht* oval, geflügelt, strohgelb. *Blütezeit* Juni bis August.

Besonderes. Geruch und Geschmack stark aromatisch.

Vorkommen. Auf feuchten Wiesen, an Gräben, Ufern und Bächen; sehr zerstreut, öfter angebaut, verwildert.

Sammelzeit. Die Wurzeln werden im Herbst gegraben. Sie werden entweder (zur Destillation) frisch verwendet oder getrocknet und geschnitten. Die Stengel können als Gemüse verwendet werden; man schneidet sie im Mai, schält sie, kocht sie kurz mit Zuckerwasser auf und verwendet sie als Kompott.

Anbau. Auf feuchtem Boden sät man im Herbst aus. Die Pflänzchen setzt man im Frühjahr um in etwa 30—50 cm Abstand. Im ersten Jahre entsteht nur eine kleine Blattrosette, im zweiten Jahre entwickeln sich die großen Blätter und die Anlage des Blütenschaftes; diese wird herausgeschnitten, so daß die gesamte Vegetationskraft der Entwicklung der Wurzel zugute kommt, die Blüte wird so vermieden. Lohnend.

Drogen, Arzneiformen. Radix Angelicae, Engelwurzel; Oleum Angelicae radicis, Angelikawurzelöl; Oleum Angelicae fructus, Angelikasamenöl; Oleum Angelicae herbae, Angelikakrautöl; Tinctura Angelicae, Angelikatinktur. — *Homöopathie:* Urtinktur und Potenzen aus der getrockneten Wurzel.

Bestandteile. Ätherisches Öl: Frische Wurzeln 0,1—0,37%, getrocknete Wurzeln 0,35—1,0%, frisches Kraut 0,015—0,1%, Samen 0,7—1,5%. Das Öl enthält außerdem das Lacton der Oxypentadecylsäure, Gemenge von Terpen und Cymol, δ-Phellandren, eine Valeriansäure und g-Lacton. Die Wurzel enthält noch etwa 6% Harz, Wachs, Bitterstoff, Gerbstoff, Pektin, Stärke, 0,3% krystallisierte Angelikasäure, Hydrokarotin-Angelicin, 23,75% Rohrzucker, sowie Apfel-, Baldrian- und Essigsäure.

Pharmakologie. Stomachicum; BOHN schreibt, daß die Wirkung auf einer Kräftigung und Belebung der Blutgefäßmuskulatur des Darmes und der Luftröhren beruhe. Das Öl wirkt zunächst erregend, dann narkotisch.

Verordnungsformen. Radix Angelicae pulv., mehrmals täglich 1 Messerspitze. Radix Angelicae conc. zum kalten Aufguß; $^1/_2$ Teelöffel mit Wasser 8 Stunden ziehen lassen, tagsüber trinken. Tinctura Angelicae, dreimal täglich 20—30 Tropfen. — *Homöopathie:* dil. D 1—3, dreimal täglich 10 Tropfen oder D 3, dreimal täglich 1 Tablette.

Medizinische Anwendung. Als Stomachicum bei allen Gastroenteropathien, besonders bei Appetitlosigkeit und Magenschwäche. Als Expektorans bei Erkrankungen der Atemwege, als Tonicum, auch bei Epilepsie, Hysterie, nervöser Schlaflosigkeit. Auch bei Pleuritis, Adnexitis und Parotitis, ferner bei Ca. sollen gute Wirkungen da sein. Äußerliche Anwendung bei Ekzemen und Ulcera cruris. Kräuterkissen bei Rheuma und Gicht. BAUMGARTEN empfiehlt sie bei Vergiftungskrankheiten durch chronischen Nikotin- und Alkoholmißbrauch. LECLERC bestätigt die Wirkung bei Anorexie.

Homöopathische Anwendung. Als Stomachicum.

Volkstümliche Anwendung. Als schweißtreibendes und menstruationsförderndes Mittel (Abortivum), äußerlich zu Kräuterkissen und Bädern. Bei allgemeiner Schwäche, Nervenerkrankungen mit Schwäche, Lungen- und Brustleiden, Darmkrankheiten (krampfartigem Erbrechen), Epilepsie, Hysterie. Angelikaspiritus bei Rheuma, Gicht und Krätze, ebenso die Abkochung der Wurzel, die auch zur Wundbehandlung angewandt wird. KNEIPP verordnete das Pulver bei Kolik, Ruhr, Unterleibsschmerzen, krankem Hals, wundem Kehlkopf.

Tierheilkunde. Bei Verdauungsschwäche, Krämpfen, Nervenstörungen.

Peucedanum ostruthium KOCH, Imperatoria o. L., Meisterwurz, Kaiserwurz.

Beschreibung. Ausdauernd, Höhe 30—100 cm. *Wurzelstock* walzenförmig, fingerdick, geringelt, warzig, fleischig, graubraun, innen gelblich, milchend, treibt Ausläufer. *Stengel* aufrecht, oberwärts ästig, rund, gestreift, hohl, nur unter den Dolden flaumhaarig, sonst kahl, glänzend. *Blätter* wechselständig, derb, fast lederartig, auf der Unterseite schwach behaart, untere gestielt, doppelt-dreizählig, Blättchen breit-eiförmig, grob gesägt, zwei- und dreispaltig, obere einfach-dreizählig, unterseits blaßgrün, auf den Nerven etwas rauh. Blattscheiden häutig aufgeblasen. *Dolde* groß, flach, ohne Hülle oder einblättrig, 30—50strahlig. Hüllchen wenigblättrig, sehr klein, abfallend. Blumenblätter weiß, umgekehrtherzförmig. *Früchte* breit geflügelt. *Blütezeit* Juli, August.

Besonderes. Geruch stark würzig, Geschmack bitterlich-brennend.

Vorkommen. Im Berglande (Alpen) verbreitet, auf feuchten Gebirgswiesen und in Gärten der Gebirgsdörfer oft angepflanzt und daraus verwildert.

Sammelzeit. Die Wurzelstöcke sollen im Frühjahr oder im Herbst gegraben und scharf getrocknet werden.

Drogen, Arzneiformen. Rhizoma Imperatoriae, Meisterwurzel. — *Homöopathie:* Essenz und Potenzen aus der frischen Wurzel.

Bestandteile. Die Wurzeln enthalten 0,2—1,0% ätherisches Öl, das sich zu 95% aus Terpenen und Estern zusammensetzt, ferner Oxypeucedanin, Ostruthin-Imperatorin, Ostruthol, Osthol (sämtlich Bitterstoffe), Umbelliferon (?), Gummi, Harz, Stärke, Gerbstoff, fettes Öl, Saponine (?).

Pharmakologie. Kroeber stellte schwache hämolytische Wirkungen der wäßrigen Abkochung und des Fluidextraktes fest.

Verordnungsformen. Rhiz. Imperatoriae, zum kalten Auszug, $^1/_2$ Teelöffel auf 1 Tasse, 8 Stunden stehen lassen, 2—3 Tassen tagsüber trinken. Rhiz. Imperat. pulv., dreimal täglich 1,0 g in Oblaten oder verrührt. — *Homöopathie:* D 2, drei- bis viermal täglich 1 Tablette.

Medizinische Anwendung. Magen- und Darmbeschwerden, die mit starken Schleimbildungen und Stauungen einhergehen, ebenso Bronchialkatarrhe mit starker Sekretion. Aschner verwendet sie bei Arthritis urica, Wittlich gegen Diabetes mellitus und Heufieber.

Homöopathische Anwendung. Magenleiden mit Wärmegefühl, das sich über den ganzen Körper verbreitet, Hautleiden (Heinigke).

Volkstümliche Anwendung. Chronische Magen- und Darmkatarrhe, Fieber, als Beruhigungsmittel bei Delirium tremens, als Schlafmittel, als Aphrodisiacum. Die aus dem Wurzelpulver bereitete Salbe bei Blutvergiftungen, chronischen Eiterungen (Künzle) und Krebsgeschwüren. Der aus der vergärten Wurzel hergestellte Branntwein als Magenschnaps.

Tierheilkunde. Im Volke wird die Meisterwurzel bei Maul- und Klauenseuche angewendet.

Peucedanum officinale L., Echter Haarstrang.

Beschreibung. Ausdauernd, Höhe 1—2 m, Wurzel fleischig, weißgelb mit gelblichem Milchsaft. *Stengel* stielrund, gerillt, oberwärts ästig. Grundblätter wiederholt dreizählig-zusammengesetzt, Fiederchen schmal linealisch, beiderseits verschmälert; Stengelblätter klein, aufrecht, die obersten nur durch blattlose Scheiden dargestellt. *Blattstiele* nicht rinnig. Strahlen der Dolden kahl. Hüllchen vielblättrig, borstenförmig, bleibend. Döldchenstrahlen zwei- bis dreimal so lang als die Frucht. 5 Kronenblätter, verkehrt-eiförmig, mit einwärts gedrücktem Läppchen, gelb oder weiß. Kelchrand schwach fünfzähnig. *Früchte* stark zusammengedrückt, geflügelt. *Blütezeit:* Juli bis August.

Besonderes. Ganze Pflanze kahl, fleckenlos. Die Wurzel führt gelblichen Milchsaft.
Vorkommen. Wiesen, Böschungen, buschige Hügel; sehr zerstreut.
Bestandteile. Ätherisches Öl, Bitterstoff Peucedanin ($C_{16}H_{16}O_4$).
Wirkung, Anwendung. Im Volke wird die aromatische Wurzel gegen Wechselfieber angewendet. Kraut- und Wurzelabkochungen ferner bei chronischen Katarrhen der Respirationsorgane, zur Regulierung der Menstruation (SCHULZ).
Arzneiform. Die *Homöopathie* stellt Urtinktur und Potenzen aus der Pflanze her.

Peucedanum palustre MOENCH, Selinum p. L., Ölsenich, Sumpf-Haarstrang.

Beschreibung. Zweijährig, Höhe 60—125 cm, *Stengel* kantig-gefurcht, röhrig, oft purpurrot, jung milchend, oben ästig. *Blätter* doppelt-, untere dreifach-gefiedert, mit meist fiederspaltigen Blättchen; Blattzipfel lanzettlich, mit weißlicher Stachelspitze. Hülle zurückgeschlagen, nebst den Hüllchen häutig berandet. 5 Blumenblätter, weiß bis rötlich, Kelchsaum fünfzähnig. *Blütezeit* Juli, August.
Besonderes. Pflanze kahl und nicht gefleckt.
Vorkommen. Sumpfige Wiesen, zwischen Gebüsch und Schilf, an Teichrändern; verbreitet.
Wirkung, Anwendung. Abkochungen der brennend scharf und bitter schmeckenden Wurzel werden im Volke bei Keuchhusten und krampfhaften Zuständen gebraucht (SCHULZ).

Peucedanum oreoselinum MOENCH, Athamanta Oreoselinum L., Berg-Hirschwurz, Bergsilge, Bergsellerie.

Beschreibung. Ausdauernd, Höhe 30—90 cm. *Stengel* stielrund, oberwärts rinnig. Grundblätter dreifach-gefiedert, Blättchen eiförmig, eingeschnitten-fiederspaltig mit länglich-lanzettlichen, knorpelig-bespitzten Zipfeln, beiderseits grün, glänzend. *Blüten* in zusammengesetzten Dolden. Hülle und Hüllchen vielblättrig, bleibend, zurückgeschlagen. Kelchsaum fünfzähnig. 5 Kronenblätter, verkehrt-eiförmig, mit einwärtsgedrücktem Läppchen, weiß, selten rötlich. *Frucht* stark zusammengedrückt, geflügelt, Fugenstriemen bogenförmig, den Rändern genähert. *Blütezeit* Juli, August.
Besonderes. Die Wurzel ist weiß und führt weißen Milchsaft.
Vorkommen. Trockene Wälder, Hügel, Wiesen; zerstreut.
Bestandteile. In der Wurzel ätherisches Öl, Bitterstoff Peucedanin.
Wirkung, Anwendung. Im Volke wird die Pflanze, besonders die Wurzel, bei chronischen Katarrhen der Respirationsorgane, zur Regulierung der Menstruation und gegen Wassersucht verwendet. Der Infus aus dem Kraute bei Gonorrhöe (SCHULZ).
Arzneiform. Die *Homöopathie* stellt Urtinktur und Potenzen aus der Pflanze her.

Pastinaca sativa L.,
Gebauter Pastinak, Echter P.

Beschreibung. Zweijährig, Höhe 30—100 cm, Wurzel spindelförmig, weißlich. *Stengel* kantig-furchig, von der Mitte an ästig, mehr oder weniger steifhaarig. *Blätter* wechselständig, fiederteilig, die oberen kleiner. Teilblättchen der Grundblätter oberseits meist glänzend, unterseits weichhaarig, eiförmig bis länglich, oft mit dreilappigen Endabschnitte seits weichhaarig, eiförmig bis länglich, oft mit dreilappigen Endabschnitten, stumpf, ungleich gekerbt-gesägt. Stengelblätter länglich, zuweilen fiederspaltig, spitz, gesägt. *Gipfeldolde* viel größer als die seitlichen Dolden, ungleich acht- bis zehnstrahlig. Hülle und Hüllchen fehlend oder ein- bis zweiblättrig. Blumenblätter gelb. *Früchte* breit elliptisch, geflügelt, linsenförmig zusammengedrückt. *Blütezeit* Juli, August.

Besonderes. Ganze Pflanze aromatisch riechend (Wurzel möhrenartig).

Vorkommen. Wiesen, Wegränder, meist häufig, auch viel angebaut.

Sammelzeit. Die ganze Pflanze wird zur Blütezeit abgeschnitten, die Wurzel nach der Blüte gegraben. Die Früchte werden solange als möglich reifen gelassen, dann werden die Dolden abgeschnitten und nachgereift.

Drogen, Arzneiformen. Radix Pastinacae, Pastinakwurzeln. — *Homöopathie:* Essenz aus der frischen, zweijährigen Wurzel der angebauten Pflanzen.

Bestandteile. Wahrscheinlich in der ganzen Pflanze ein nicht flüchtiges Alkaloid. Die Wurzeln enthalten 0,35% ätherisches Öl, ferner fettes Öl, Pektin, Saccharose, Glykose. Die trockenen Früchte enthalten bis 3,6% ätherisches Öl mit n-Buttersäureoctylester und Estern der Propion-, Heptyl- und Kapronsäure. Ein vermutetes Alkaloid Pastinacin konnte nicht bestätigt werden.

Pharmakologie. Die harntreibende Wirkung der Pflanze ist vielfach festgestellt worden. Bei Berührung mit der frischen Pflanze treten öfter Dermatitiden auf; eine einheitliche Ursache ist dafür noch nicht bekannt.

Verordnungsformen. Radix Pastinacae, zum heißen Aufguß, 2—3 Teelöffel auf eine Tasse, bis zu 3 Tassen täglich. — *Homöopathie:* D 2.

Wirkung, Anwendung. Wurzeln und Früchte werden im Volke bei Steinleiden, Blasengeschwüren, Magenleiden, Wechselfieber, Zahnschmerzen, Tuberkulose und die ganze Pflanze bei Magenleiden, Appetitlosigkeit, Nierenleiden, Harnbeschwerden, unregelmäßigem Stuhlgang, Schlaflosigkeit, Kopfschmerz, Frösteln, Husten, Kehlkopf- und Blasenkatarrh, rheumatischen Schmerzen und Steinleiden verwendet (PATER).

Homöopathische Anwendung. Zur Diurese, bei Gicht, Steinleiden und fieberhafter Tuberkulose.

Heracleum sphondilium L.,
Wiesen-Bärenklau, Gemeine B.

Beschreibung. Ausdauernd, Höhe 60—150 cm. *Stengel* eckig, gefurcht, oberwärts ästig, mit bauchig-aufgetriebenen Blattscheiden. *Blätter* wechselständig, steifhaarig, selten kahl. Fiedern der Blätter gelappt oder handförmig-geteilt, rinnenartig. *Dolden* groß, seitwärts hochgebogen, die einzelnen Döldchen flach. Hülle fehlend oder vorhanden. Hüllchen vielblättrig; Randkrone strahlend, Krone weiß, grünlich, gelblich oder rötlich. *Frucht* vor der Reife steifhaarig. *Blütezeit* Juni bis Herbst.

Besonderes. Ganze Pflanze steifhaarig, Geruch unangenehm.

Vorkommen. Wiesen, Wälder, Gebüsche, Wegränder, gern etwas feucht stehend; gemein.

Sammelzeit. Man schneidet die Pflanze während der Blütezeit ab oder gräbt die Wurzeln im Frühjahr vor der Blüte. Die Früchte werden nach der Reife gesammelt.

Drogen, Arzneiformen. Das Kraut als Herba Brancae Ursinae, Wiesenbärenklau. — *Homöopathie:* Essenz und Potenzen aus dem frischen Kraut.

Bestandteile. Die Wurzel enthält Glutamin, Arginin, Galactan, Araban (STIEGER), die Früchte enthalten ätherisches Öl (GESSNER).

Pharmakologie. Auf die Haut gelegt, verursacht die Pflanze Entzündungen (SCHULZ).

Verordnungsformen. Herba Brancae Ursinae, zum kalten Auszug, 1—2 Teelöffel auf 1 Tasse, 2 Tassen täglich schluckweise. LECLERC schlägt einen Fluidextrakt vor, den er in Dosen von 2,0 g gibt. — *Homöopathie:* ⌀ — dil. D 1, mehrmals täglich 10 Tropfen.

Medizinische Anwendung. Verdauungsbeschwerden mit spastischen Zuständen, sexuelle Neurasthenie (mangelnde Libido).

Homöopathische Anwendung. Verdauungsschwäche, Schmerzen in der Milzgegend, Seborrhoea capillitia, Hautleiden, hysterische Krämpfe; Husten, Heiserkeit, Zungenlähmung und -geschwüre (BASTIAN).

Volkstümliche Anwendung. Verdauungsbeschwerden, Unterleibsstockungen, Durchfall, Ruhr, Epilepsie, nervöse Leiden, hysterische Krämpfe. Abkochungen der Samen bei Würmern und Bauchschmerzen. Kraut und Wurzel als erweichendes und zerteilendes Mittel zum Auflegen bei Geschwülsten und Geschwüren (nach KROEBER, SCHULZ).

Laserpitium latifolium L.,
Breites Laserkraut.

Beschreibung. Ausdauernd, Höhe 60—150 cm. *Stengel* kahl, stielrund, fein gerillt, oberwärts ästig. Grundachse oben schopfig. *Blätter* wechselständig, untere dreizählig-doppelt-fiederteilig. Blättchen eiförmig, grob gesägt, am Grunde herzförmig, ungeteilt. Blattscheiden aufgeblasen. Hülle und Hüllchen vielblättrig. Hüllblätter breit linealisch, Hüllchenblätter borstenförmig, kurz. Doldenstrahlen innen rauh. Kronenblätter weiß, Kelch deutlich fünfzähnig. *Frucht* achtflügelig, im Querschnitt rundlich. *Blütezeit* Juli, August.

Vorkommen. Kalkhaltige Bergwälder; stellenweise.

Wirkung, Anwendung. Im Volke als Diureticum, bei Meteorismus und Menstruationskolik (SCHULZ).

Daucus carota L.,
Möhre, Mohrrübe, Karotte.

Beschreibung. Ein- und zweijährig, Höhe 30—60 cm. *Wurzel* weißlich, holzig, spindelförmig, *Stengel* gefurcht, steifhaarig. *Blätter* 2—3fach fiederteilig, mit fiederspaltigen, matten Blättchen und lanzettlichen, haarspitzigen Zipfeln, borstig behaart. *Dolde* zusammengesetzt, flach, von großen, langen, fiederspaltigen Blättern als Hülle umgeben; Blumenblätter weiß, getrennt. *Fruchtdolde* nestartig zusammengezogen, in der Mitte vertieft. *Blütezeit* Juli bis Oktober.

Besonderes. Inmitten der weißen Doldenblüte befindet sich eine einzelne purpur-schwarze Einzelblüte („Mohrenblüte"); die nestartige Fruchtdolde schließt und öffnet sich mit der wechselnden Witterung. Die Wurzel schmeckt und riecht aromatisch, süßlich. *Die Gartenform* der Möhre besitzt meist gelbrote, fleischige, nicht holzige, süße Wurzeln, die als „Mohrrüben" ein wertvolles Küchengemüse durch ihren hohen Gehalt an Vitaminen darstellen.

Vorkommen. Wiesen, Triften, Weg- und Ackerränder; gemein. Die Gartenform sehr häufig angebaut.

Sammelzeit. Die Samen werden gesammelt, indem die Dolden kurz vor der Reife abgeschnitten und in Bündeln aufgehängt werden. Die Wurzeln zieht man heraus, wenn sie groß genug sind.

Anbau. Bei geeignetem Marktabsatz empfehlenswert.

Drogen. Gibt es nicht; die Wurzeln der wilden sowie der Gartenform werden frisch angewendet und gebraucht.

Bestandteile. *Wurzeln:* α-Carotin = Provitamin A, ferner die Vitamine B_1, C; 1,18% Stickstoffsubstanz, 0,29% Fett, 6—12% Zucker, 2,64% stickstofffreie Extraktivstoffe, 1,67% Rohfaser, 1,03% Asche, 0,0114% ätherisches Öl, Sitosterin, Stigmasterin (Hydrocarotin), Lecithin und andere Phosphatide, Glutamin, Apfelsäure, apfelsaures Kalium, Pektin, Galaktan, Araban, Enzyme Pectase und Diastase, Xanthophyll, Pentosane, Methylpentosane, Asparagin, Inosit, wenig Proteinstoffe und Amide, 86% Wasser. — *Früchte:* Alkaloidspuren, 13,1% fettes Öl, 0,5—1,6% ätherisches Öl; *Blätter:* zwei flüchtige sauerstoffreie Basen, Pyrrolidin (Tetramethylenimid) und Daucin.

Pharmakologie. Vitamin A wird im Organismus aus Carotin gebildet, es beeinflußt die Störungen der Schleimhautfunktionen wie Xerophthalmie, infektiöse Keratomalacie, Hemeralopie, Degeneration der Darmschleimhaut, Steinbildung, erhöht die Infektionsresistenz und behebt die Störungen der Sexualfunktionen. Vitamin B wirkt antineuritisch, beeinflußt seröse Ergüsse, Ödeme, Magen- und Darmaffektionen, Herzdilatationen. Vitamin C ist das antiskorbutische Vitamin, es beeinflußt Schädigungen der Capillarwände, damit die Blutungsbereitschaft, beseitigt Störungen im Zahn- und Knochenwachstum. — Die sichere anthelmintische Wirkung ist wahrscheinlich in dem ätherischen Öl der Wurzel zu suchen (GILANSCHAH).

Wirkung, Anwendung. Die *Wurzeln der wilden Form* werden bei Wassersucht und mangelndem Geschlechtstrieb gegessen; der Brei daraus wird zur Heilung von fauligen, chronischen Geschwüren (Ulcera cruris) und Brandwunden verwendet. KOSCH berichtet von der Wirkung des Wurzelbreies auf Ulcera cruris; bei täglich frischen Auflagen heilten 6 Fälle nicht allzu rasch, aber sauber und sicher ab, die bisher selbst durch hochwertigste chemische und Lebertran-Salben nur teilweise beeinflußbar waren. Alle Fälle zeigen seit 2 Jahren keine Rezidive. Im Volke benutzt man auch das zerquetschte und mit Honig versetzte frische Kraut zur Wundheilung. Die *Früchte* der wilden Form sollen als Abkochung getrunken oder aufgelegt die Menstruation und die Konzeption fördern und bei Harnbeschwerden und Wassersucht nützlich sein (nach KROEBER). *Die Wurzeln der Gartenform* sind als rohes oder gekochtes Gemüse oder in Form des ausgepreßten Saftes nützlich bei nervösen Erschöpfungs- und Reizzuständen, Skorbut, mangelnder Widerstandskraft gegen Infektionskrankheiten, Stoffwechselkrankheiten (Diabetes, Mineralstoffmangel, Acidosis), Eingeweidewürmern. Bei Bleichsucht, Rachitis, Brechdurchfall und anderen Magen- und Darmstörungen der Kleinkinder kann die Mohrrübe in jeder Form (roher Brei, Suppe, Saft) zur raschen Zustandsänderung grundlegend verwendet werden; man beobachtet bei Unterernährten rasche Gewichtszunahmen.

Cornaceae, Hartriegelgewächse.

Cornus mas L.,
Kornelkirsche, Herlitze.

Beschreibung. Strauch, selten kleiner Baum, Höhe bis 8 m. Äste grün, kahl, nur jung angedrückt behaart und stielrundlich. *Blätter* gegenständig, elliptisch, lang zugespitzt, ganzrandig, beiderseits grün, kurzhaarig, kommen erst nach der Blüte. *Blüten* in einfachen kleinen Dolden, seitenständig; 4 Blumenblätter, gelb, getrennt. *Früchte* länglich, hängend, glänzend, kirschrote Beeren, eßbar. *Blütezeit* April, Mai.

Vorkommen. Trockene Hügel, Kalkberge, in den Bergwäldern Mitteldeutschlands einheimisch; zerstreut, vielfach als Zierstrauch angepflanzt.

Sammelzeit. Die scharlachroten Beeren werden im Herbst gesammelt.

Bestandteile. Saccharose, Invertzucker, Glyoxylsäure.

Wirkung, Anwendung. Im Volke werden die Beeren roh oder gekocht bei Durchfällen (Ruhr), chronischem Darmkatarrh, Blutsturz, hitzigem Fieber verwendet (hier der verdünnte, eingekochte Saft!). Hier und da werden Fruchtsäfte, Kompotte und Marmeladen hergestellt, die übrigens in Rußland und der Türkei üblich sind.

Pirolaceae, Wintergrüngewächse.

Pirola rotundifolia L.,
Großes Wintergrün, Rundblättriges W.

Beschreibung. Ausdauernd, Höhe 15—30 cm. *Wurzelstock* fadenförmig, kriechend, ästig; Stengel stumpfkantig. *Blätter* immergrün, am Grunde rosettig gehäuft, fast kreisrund, mit stumpfer Spitze, undeutlich gekerbt, kürzer als ihr Stiel, lederartig, glänzend. *Blüten* in allseitswendigen Trauben, reichblütig. Kelch fünfteilig, Zipfel lanzettlich, zugespitzt, an der Spitze zurückgebogen. Krone mittelgroß, offen = glockenförmig, 5 Kronenblätter, frei, verkehrt-eiförmig, weiß, zuweilen rötlich. 10 Staubblätter, aufwärts gekrümmt. Fruchtknoten oberständig, Griffel länger als die Krone, abwärts geneigt. Fruchtkapsel fünffächerig mit zahlreichen Samen. *Blütezeit* Juni, Juli.

Besonderes. Pflanze kahl, Blüten wohlriechend.

Vorkommen. Schattige Waldstellen, Gebüsche, Moor, Dünen; verbreitet, sehr gesellig.

Bestandteile, Wirkung, Anwendung. Siehe *Chimaphila umbellata.*

Chimaphila umbellata L., Pirola umbellata,
Winterlieb, Wintergrün, Waldmangold, Walddolde.

Beschreibung. Ausdauernd, Halbstrauch, Höhe 10—25 cm. *Wurzelstock* weiß, kriechend; Stengel aufrecht, holzig, kantig. *Blätter* zu 3—6, fast quirlig, lanzettlich-keilförmig, eichenblattähnlich eingeschnitten, zur Spitze hin scharf gesägt, immergrün, oberseits dunkel-, unterseits blaßgrün, stark glänzend, lederig; Ackernetz auf der Oberseite vertieft. Blütenstand Doldentraube, *Blüten* auf bis 10 cm hohen Stielen, nickend, Krone flach-glockenförmig, fünfblättrig, rosenrot, mit 5 Staubblättern. Kelch fünfteilig, Fruchtkapsel und Blütenstiele rauh. *Blütezeit* Juni bis August.

Vorkommen. Schattige, trockene Wälder, Kiefernwälder; sehr zerstreut. Pflanze gesetzlich *geschützt!*

Sammelzeit. Während der Blüte werden die ganzen Pflanzen abgeschnitten.

Drogen, Arzneiformen. Herba Chimaphilae (Herba Pirolae umb.), Winterliebkraut. Extract. Chimaphil. fluid., Winterliebfluidextrakt. — *Homöopathie:* Essenz und Potenzen aus der frischen, blühenden Pflanze ohne Wurzel.

Bestandteile. Glykoside Arbutin und Ericolin, Bitterstoffe Chimaphilin und Urson, 4% Gerbstoffe.

Pharmakologie. Ein Fluidextrakt aus der Droge erwies sich als diuretisch wirksam (KROEBER), während konzentrierter Extrakt lokal reizte (ZÖRNIG, BUSQUET); zugleich wurde die Chlor- und Stickstoffausscheidung erhöht. ABET erzielte mit Gaben von 8—15 g Extrakt täglich bei Herzkranken einen Anstieg der Diurese bis auf 5 l; Nebenerscheinungen blieben aus. POTTER machte Angaben über die Förderung von Appetit und Verdauung und stellte fest, daß die frischen Blätter die Haut röten und Blasen ziehen. MADAUS schlägt zur Wertbestimmung die Untersuchung des Gehaltes an Arbutin und Hydrochinon vor; er fand in der homöopathischen Tinktur 0,37% Arbutin und 0,01% Hydrochinon, also waren 6,6% des Glykosids gespalten. SOULES stellte antidiabetische Wirkungen fest und HALE und PAINE berichten bestätigend von der Heilung von Mammatumoren, was schon POTTER anführt.

Verordnungsformen. Herba Chimaphilae, zum heißen Aufguß, 1 Eßlöffel auf 1 Tasse, 2—3 Tassen täglich. Extract. Chimaphil. fluid., dreimal täglich 10—20 Tropfen. — *Homöopathie:* dil. D 2, dreimal täglich 10 Tropfen.

Medizinische Anwendung. Als Diureticum bei entzündlichen Nieren- und Blasenerkrankungen, bei Cystitis, Cystopyelitis, Ödemen, Retentio urinae bei Prostatabeschwerden. BOHN berichtet von einzig dastehenden Wirkungen bei Skrofulose. Mammatumoren (cystischer Art) sollen nach HALE und PAINE durch Verabreichung von dreimal täglich bis 40 Tropfen der Tinktur geheilt werden; auch äußerlich soll die Pflanze bei Carcinomen und Ulcera wirken (MADAUS).

Homöopathische Anwendung. Akuter und chronischer Blasenkatarrh, chronische Nierenkrankheiten, Wassersucht, hartnäckige Verstopfung, Hämorrhoiden, Darm- und Unterleibstuberkulose (HEINIGKE, RETSCHLAG).

Volkstümliche Anwendung. Bei Wassersucht, chronischen Blasenkatarrhen ohne Belästigung des Magens, bei Harnsteinen.

Ericaceae. Heidekrautgewächse.

Ledum palustre L.,
Porst, Sumpfporst.

Beschreibung. Strauch, Höhe 50—120 cm. Wurzel ästig, holzig. *Stengel* quirlig verzweigt, Zweige aufrecht, abstehend, jung rostrot-filzig. *Blätter* wechselständig, rosmarinähnlich, kurzgestielt, lineal-lanzettlich bis breit-lanzettlich, ganzrandig, derb-lederig, immergrün, glänzend, oberseits meist kahl, unterseits dicht rostrot-filzig, nicht schuppig, etwa 3 mm breit, am Rande umgerollt. *Blüten* langgestielt, Stiele dünnfilzig, in reichblütigen, endständigen Dolden, nach der Blüte überhängend. Kelch klein, fünfspaltig, Krone getrenntblättrig, 5 weiße oder rosenrote Blumenblätter, zottig behaart. Frucht eiförmig, fünffächerige Kapsel, hängend, dünnfilzig. *Blütezeit* Mai bis Juli.

Besonderes. Pflanze riecht sehr stark gewürzhaft-widerlich, Geschmack bitter-zusammenziehend, aromatisch.

Vorkommen. Sumpfige, torfige Orte, hauptsächlich im nordöstlichen Deutschland. Pflanze ist gesetzlich *geschützt!*

Sammelzeit. Während der Blüte wird die Pflanze gesammelt.

Drogen, Arzneiformen. Herba Ledi palustris, Sumpfporstkraut. Tinctura Ledi palustris; Sirupus Ledi palustris. — *Homöopathie:* Tinktur und Potenzen aus den getrockneten frischen Sprossen mit Blättern und Blüten.

Bestandteile. 0,3—2% ätherisches Öl, mit dem Hauptbestandteil Ledol (= Ledumcampher = Sesquiterpenalkohol), außerdem die Glykoside Ericolin, 0,35—0,42% Arbutin, kein Andromedotoxin, ferner Leditannsäure = eine glykosidische Gerbsäure, Fett, Wachs, Citronensäure, Pektin, Harz, Quercitrin.

Pharmakologie. Ledol wirkt örtlich stark reizend, resorptiv zentral in mittleren Dosen vorübergehend erregend, in größeren Dosen lähmend. Es kommt zu motorischen Lähmungen, Atembeschwerden bis zum -stillstand, Herzlähmung, Lähmung von Darm und Uterus (SUZUKI). WASICKY sah Herabsetzung der Hyperämie der Lungen und Erweiterung der Coronargefäße im Tierversuch. Therapeutische Dosen wirken diuretisch, narkotisch und stark schweißtreibend. *Vergiftungen* durch die Anwendung als Abortivum sind beobachtet. Es treten Erbrechen, Koliken mit blutigen Durchfällen, Reizungen der Harn- und Geschlechtsorgane, Schweißausbrüche, Pulsbeschleunigung, Muskel- und Gelenkschmerzen, dann Anästhesien, Schwindel, Benommenheit, Schlafsucht, Krämpfe und schließlich Kollaps ein. *Gegenmittel:* Brechmittel, Spülungen, Schleime, eventuell Chloralhydrat, Analeptica, künstliche Atmung, reichliche Flüssigkeitszufuhr.

Verordnungsformen. Herba Ledi pal., zum kalten Aufguß $^1/_2$ Teelöffel auf 1 Tasse, tagsüber trinken. Tinct. Ledi pal., drei- bis viermal täglich 5 Tropfen. Sirupus Ledi pal., eßlöffelweise. — *Homöopathie:* ⌀ — dil. D 1, dreimal täglich 10 Tropfen.

Medizinische Anwendung. Rheumatismus und Gicht in allen Formen, besonders bei Befall der Gelenke. Myalgien, ferner Pertussis und Asthma. Bei lymphatisch-skrofulöser Diathese, nässenden Ekzemen, Acne, Flechten, Krätze, sowie bei Perniones, Kontusionen, Wunden, Panaritien, Insektenstichen. Weiter bei Erkrankungen der Samenblasen, uterinen Blutungen (Metrorrhagien), Nymphomanie. — Die *homöopathischen* Anwendungen sind die gleichen.

Volkstümliche Anwendung. Gicht, Rheumatismus, Fieber, Zuckerkrankheit, Bronchialkatarrh, Keuchhusten, Ruhr, als brechenerregendes, wassertreibendes und auswurfförderndes Mittel. Mißbräuchlich als Abortivum. Die Abkochung zur Wundbehandlung. — Das Kraut wird gebündelt als Mottenschutz benützt.

Rhododendron ferrugineum L.,
Rostrote Alpenrose.

Beschreibung. Immergrüner Strauch, aufrecht, Höhe bis 1 m. *Blätter* wechselständig, länglich-lanzettlich, bis 6 cm lang, lederartig, am Rande kahl und umgerollt, oberseits mit engem, vertieften Adernetz, drüsenlos, unterseits sehr dicht-schuppig, anfangs gelblich, später rostrot. *Blüten* gestielt, in Doldentrauben. Blumenkrone schief-glockig, etwa $1^1/_2$ cm lang, fünfzipflig, dunkelrosenrot. Staubblätter langgestielt. Kapselfrucht; Samen breit, flügelrandig. *Blütezeit* Juli, August.

Vorkommen. In den Alpen, besonders auf kieselhaltigem Gestein und in den Tälern auf Mooren; auch als Zierstrauch. Die Pflanze ist gesetzlich *geschützt!*

Rhododendron hirsutum L.,
Grüne Alpenrose, Almenrausch.

Beschreibung. Immergrüner Strauch, aufrecht, Höhe kaum 90 cm. *Blätter* wechselständig, elliptisch oder länglich-verkehrt-eiförmig, bis $3^1/_2$ cm lang, lederartig, klein gesägt, *nicht* umgerollt, am Rande borstig gewimpert, oberseits eng netzadrig, unterseits grün, schuppig, mit anfangs gelben, später rostbraunen Punkten. *Blüten* gestielt, in Doldentrauben, Krone schief-glockig, etwa $1^1/_2$ cm lang, fünfzipflig, rot, selten weiß. Staubblätter langgestielt. Samen breit, flügelrandig. *Blütezeit* Juni bis August.

Vorkommen. In den Alpen, besonders auf Kalkboden, nicht selten in die Täler herabsteigend; auch als Zierstrauch angepflanzt. Die wildwachsende Pflanze ist gesetzlich *geschützt!*

Bestandteile. Glykosid Ericolin, 0,72% Arbutin (ZECHNER), Gerbstoffe, Citronensäure, Wachs, 0,123% ätherisches Öl (HAENSEL) mit aromatischem Geruch und Aldehyd-Spuren.

Wirkung, Anwendung. Im Volke werden Abkochungen der Blätter bei Rheumatismus, Gicht und Steinleiden getrunken.

Arctostaphylos uva ursi SPRENGEL, Arbutus uva ursi L., Gemeine Bärentraube, Moosbeere.

Beschreibung. Ästiger, niederliegender *Strauch*, Äste 30—100 cm lang, *Blätter* immergrün, kahl, wechselständig, länglich verkehrt-eiförmig, ganzrandig, netzadrig, glänzend lederartig, unterseits blaßgrün. *Blüten* in kleinen, endständigen, überhängenden 3—10blütigen Trauben, Blumenkrone weiß oder rosenrot, krugförmig, wachsartig, 5zipflig; Blumenblätter verwachsen. *Steinfrucht* kugelig, dunkelrot. *Blütezeit* April, Mai.

Besonderes. Blätter sind *nicht* punktiert!

Vorkommen. Heiden, Nadelwälder, trockene Gräben, zuweilen ganze Strecken überziehend; zerstreut.

Sammelzeit. Die Blätter und jungen Zweige im Mai—August. Die Blätter werden abgestreift, dabei die Zweigspitzen abgepflückt, Trocknung im Schatten.

Anbau. Auf moorig-sandigem Boden sät man dünn aus. Die Keimung zieht sich Jahre hinaus, Pflege ist unnötig. Anbau lohnend und notwendig.

Drogen, Arzneiformen. Folia Uvae Ursi, Bärentraubenblätter; Arbutin; Cellotropin; Decoctum Uvae Ursi; Extractum Uvae Ursi fluidum.
— *Homöopathie:* Essenz aus den frischen Blättern und Potenzen.

Bestandteile. Über 30% Gerbstoff, 6% Gallussäure, Gallotannin, Ellagsäure, Ellagitannin, Farbstoff Quercetin, Citronen-, China-, Ameisensäure, 0,01% ätherisches Öl, 16—25% Arbutin-Hydrochinon-δ-Glykoseäther, Arbutase, Methylarbutin, Urson, Ericolin. In der homöopathischen Urtinktur wurde Vitamin C nachgewiesen.

Pharmakologie. Die Pflanze desinfiziert den Blaseninhalt. Die Bestandteile Arbutin und Methylarbutin sind an sich harmlos, da sie vom Organismus unverändert durch die Nieren ausgeschieden werden. Erst dann, wenn bei Krankheitszuständen der Harn alkalisch reagiert, werden die Glykoside gespalten und jetzt können Hydrochinon und Methylhydrochinon ihre antiseptischen und antizymotischen Eigenschaften entfalten. Die Gerbsäure hat keinen Anteil an der Wirkung, ruft gelegentlich Erbrechen bei der Einnahme von Tee hervor. Die enthaltenen Kalksalze wirken vermutlich sekretionshemmend auf die Schleimhäute der Nieren und Harnwege. Nach H. SCHULZ heilt die Pflanze nur jene Formen chronischen Blasenkatarrhs, die mit Eiterbildung der Schleimhaut und Zersetzung des Harns einhergehen, da erst dann die Bedingungen für die Spaltung der Arbutine gegeben sind. (Die wirksamen Bestandteile finden sich u. a. auch in den Knospen und Blättern des Birnbaums ohne den störenden Gerbstoffgehalt, so daß eine Nachprüfung wichtig wäre!)

Verordnungsformen. Fol. Uvae Ursi als Aufguß 1 Teelöffel a. 1 Tasse Wasser, kochen oder kalt ansetzen. Folia Uvae Ursi pulv., 1,5—5 g dreimal täglich. — *Homöopathie:* D 2, drei- bis vierstündlich 1 Tablette.

Medizinische Anwendung. Chronische Cystitis mit Eiterbildung und Harnzersetzung, Pyelitis, zur Beseitigung der Schmerzanfälle bei Harngries und Harnsteinen. Die konzentrierte Abkochung als wehenförderndes Mittel.

Homöopathische Anwendung. Entzündliche Affektionen der Nierenkelche und des Nierenbeckens, venöse Stauungen in Niere und Blase, chronische Katarrhe der Blase und Harnröhre, Enuresis nocturna.

Volkstümliche Anwendung. Nierenbeckenkatarrh, Nierenentzündung, Harnzwang, spontanes Harnfließen, Pollutionen, Harnröhrentripper, chronische Durchfälle, Katarrhe der Atmungsorgane.

Vaccinium vitis idaea L.,
Preißelbeere, Kronsbeere.

Beschreibung. Halbstrauch, Höhe 10—20 cm, *Äste* aufrecht oder aufsteigend, stielrund, nebst den Blatträndern unterwärts und an den Blattnerven kurzhaarig, grünrindig, lange kurzfilzig bleibend. *Blätter* wechselständig, verkehrt-eiförmig, ganzrandig bis wellig gekerbt, am Rande zurückgerollt, stumpf, lederartig, glänzend, oberseits dunkelgrün, unterseits hellgrün, drüsig-punktiert, immergrün. *Blüten* nickend, in kleinen, zweigendständigen Trauben. Krone einblättrig, glockig, vier- bis fünfzähnig, weiß bis rosa. Griffel länger als die Krone. Kelch einblättrig, vier- bis fünfzähnig. *Beeren*früchte kuglig, scharlachrot, innen weißlich, fest = eßbar! — *Blütezeit* Mai, Juni und zum zweitenmal im Juli und August.

Besonderes. Geschmack der reifen Beeren herbsüß, bitterlich.

Vorkommen. Wälder, besonders Kiefernwälder, auf Sandboden, oft ganze Bergrücken überziehend, in manchen Gegenden aber ganz fehlend.

Sammelzeit. Die Blätter sollen im September durch Abstreifen von den Zweigen gesammelt werden, die Beeren zur Reifezeit. Die Trocknung der Blätter hat bei Lufttemperatur zu erfolgen.

Drogen. Folia Vitis idaea, Preißelbeerblätter. — Die Beeren werden mit Zucker zu Kompott, Marmelade und Saft verkocht.

Bestandteile. *Blätter:* 4,69—5,67% Arbutin, Vacciniin, Hydrochinon, Gerb-, Gallus- und Chinasäure, Ericolin (?), Ericinol, Urson, Wein- und Apfelsäure, Invertzucker. Im Herbst ist der Arbutingehalt am höchsten. *Beeren:* 83,7% Wasser, 8,74% Gesamtzucker, 1,98% Apfelsäure, 0,25% Gerbsäure, 0,69% Stickstoffsubstanzen, Benzoesäure (?), Farbstoff Idaein = Glykosid aus Galaktose und Cyanidin (WILLSTÄTTER, MALLISON), 1,8% Rohfaser, 0,26% Asche.

Pharmakologie. Die arbutinhaltigen Blätter belegen die volkstümliche Verwendung bei Blasenbeschwerden.

Volkstümliche Anwendung. Abkochungen der Blätter werden bei Blasenleiden, Blasenkatarrhen, Rheumatismus, Gicht, Wechselfieber, Husten mit starker Schleimbildung angewendet. Die Beeren werden in Form des Kompottes als heilsam geachtet bei Blutspucken, Blutungen aus Darm und Gebärmutter, Brechruhr, Magenbeschwerden, Magengeschwüren, Fieber. Bei fieberhaften Krankheiten wird der Saft verdünnt heiß gegeben. Die zerquetschten frischen Beeren sollen zu Auflagen bei Brustkrebs wirksam sein.

Vaccinium myrtillus L.,
Heidelbeere, Blaubeere.

Beschreibung. Halbstrauch, Höhe 15—30 cm, selten höher. Wurzel holzig, waagerecht im Boden verlaufend. *Stengel* aufrecht oder aufsteigend, stark verzweigt, scharfkantig, grün. *Blätter* wechselständig, ganz kurz gestielt, rundlich-eiförmig, fein gesägt, derb aderig, kahl, im Herbst abfallend. *Blüten* einzeln, achselständig, kurz gestielt, hängend. Krone krugförmig oder kugelig, meist mit 4—5 zurückgebogenen Zähnen, grün, rötlich überlaufen. Kelch vier- bis fünfzähnig. *Früchte* = Blaubeeren oder Heidelbeeren, an kurzen Stielen, blauschwarz, meist bereift, vielsamig, saftig, vom Kelchring gekrönt, der Saft purpurn, stark färbend. *Blütezeit* vom April bis Mai, manchmal zum zweitenmal im Sommer.

Besonderes. Beeren süß-säuerlich wohlschmeckend. Geschmack der Blätter leicht zusammenziehend.

Vorkommen. In lichten Wäldern, auf Waldwiesen und Heiden.

Sammelzeit. Die Blätter können bis in den Spätsommer durch Abstreifen von den Zweigen gesammelt werden. Die Beeren werden zur Reifezeit meist durch Kämmen gesammelt; man trocknet zuerst an der Sonne, bis sie leicht schrumpfen, dann im Ofen bis zur völligen Schrumpfung und zum Schluß nochmals in der Sonne. Sie dürfen nicht zu hart sein.

Drogen, Arzneiformen. Folia Myrtilli, Heidelbeerblätter. Fructus Myrtilli, Heidelbeeren. Extractum Myrtilli fluidum, Heidelbeerblätter-Fluidextrakt. Vinum Myrtilli, Heidelbeerwein. — *Homöopathie:* Urtinktur aus den frischen Beeren und Potenzen.

Bestandteile. In den *Blättern:* etwa 1% freies Hydrochinon (OETTEL), Vaciniin (= Benzoylglykose) = dem Arbutin gleichwertig, ferner Gerbstoffe, Chinasäure und ein glykosidischer Bitterstoff Ericolin, Gesamtasche 3,8—4,2% (J. D. RIEDEL) und das Enzym Arbutase. In den *Beeren:* etwa 7% Gerbstoff, Pektin, 1% organische Säuren = 0,81% Milchsäure, 0,16% Oxalsäure, 4,87% Bernsteinsäure, 18,7% Apfelsäure, 72,38% Citronensäure, 2,68% Chinasäure, 0,4% ungesättigte Säuren (H. KAISER 1925); keine Benzoesäure, Farbstoff Myrtillin, Invertzucker (frisch = 4,78—6,28%, getrocknet = 21,29—30,67%); NACKEN vermutet im eisengrünenden Gerbstoff (Chinagerbsäure ?) ein Glykosid. In den *Samen* findet sich bis 31% fettes Öl.

Pharmakologie. *Blätter:* Vaciniin hat Arbutinwirkung (Blasenatonie, Cysto-Urethritis). Der Blätterextrakt wirkt insulinartig; nach Bestätigungen im Tierexperiment konnte in klinischen Versuchen eine Besserung der Zuckertoleranz und Zuckerausscheidung festgestellt werden (EPPINGER, MARK, WAGNER). Das aus den Blättern gewonnene ,,Myrtillin", das aber lediglich einen Blätterextrakt darstellt, bezeichnet ALLEN als ,,vegetabilisches Insulin". Bei der Einnahme von größeren Mengen des Extraktes soll durch Hydrochinonwirkung eine Blutzuckersteigerung eintreten (OETTEL). — *Beeren:* Wirksam sind hier die adstringierende Gerbstoff- und die reizmildernde Pektinkomponente. Dem Farbstoff spricht WINTERNITZ eine besondere Wirkung auf Schleimhäute zu, indem er in die Epithelien eindringt und dort eine grauschwarze, fest haftende Schutzdecke bildet, die alle mechanischen Reizungen fernhält und das Entstehen normalen Epithels ermöglicht.

Verordnungsformen. *Blätter:* Folia Myrtilli, zum heißen Aufguß, 1—2 Teelöffel auf 1 Tasse, 2—3 Tassen täglich. Extract. Myrtilli fluid., mehrmals täglich 10 Tropfen. — *Beeren:* Fructus Myrtilli, zum kalten Auszug, 1 Teelöffel auf 1 Tasse, 8 Stunden stehen lassen, tagsüber 1 bis 2 Tassen. Fruct. Myrtilli, mit Wasser zu Brei gekocht, als Umschlag. Heidelbeersaft oder Beerenabkochungen zu Mundspülungen und Pinselungen. — *Homöopathie:* dil. D 2, drei- bis vierstündlich 5 Tropfen.

Medizinische Anwendung. *Blätter:* Abkochungen als wertvolles unterstützendes Mittel bei der Diabetestherapie. Ferner bei Cystitis, Urethritis, Blasenatonie, Harnverhaltung. — *Beeren:* Auszüge bei Diarrhöen, Dysenterie, auch typhösen Formen, ferner bei Hämorrhoidalblutungen. Beerensaft oder Abkochungen als Spülmittel bei Mundkrankheiten, Stomatitis, Aphthen, Leukoplakie, Gingivitis und zu Nasenspülungen. Beerenbrei zu Umschlägen bei Psoriasis und ähnlichen Dermopathien.

Homöopathische Anwendung. Bei Diabetes.

Volkstümliche Anwendung. Tee der Blätter bei Blasenerkrankungen, chronischem Bronchialkatarrh, Zuckerkrankheit. Die Beeren bei Durchfällen, Magen- und Darmleiden (meist gekochte, getrocknete Beeren). Die frischen Beeren als beliebtes Obst.

Weitere Verwendung. Durch Vergärung der Beeren mit Zucker wird der *Heidelbeerwein* hergestellt, der nach einem Urteil der staatlichen Weinbau-Versuchsstation (1889, Würzburg) dem Bordeauxwein ähnelt. Nach neueren Untersuchungen (FLURY 1930) konnte bestätigt werden, daß er schwach antiseptisch und adstringierend wirkt, Zersetzungsprodukte des Darminhaltes, Bakterien und ihre Toxine durch Adsorption unschädlich macht, die Entwicklung pathogener Keime hemmt, ohne die normale Darmflora ungünstig zu beeinflussen und durch die Adstringierung die Darmschleimhaut widerstandsfähig macht. FLURY läßt ihn angezeigt sein bei Magen- und Darmerkrankungen, akuten und chronischen Verdauungsstörungen mit Anorexie und Schwächezuständen, Durchfällen, Gärungs- und Fäulnisdyspepsien und vor allem bei einfachen Dickdarmkatarrhen mit gestörtem Allgemeinbefinden, wie sie in chronischer Form bei älteren Leuten auftreten (SCHULZ).

Calluna vulgaris SALISBURY, Erica vulg. L.,
Heide, Heidekraut, Besenheide, Gemeine Heide.

Beschreibung. Zwergstrauch, niederliegend und aufwärtsstrebend, Höhe 30—100 cm. *Blätter* schuppenförmig-linealisch, gegenständig, 4reihig-dachziegelartig sich deckend, am Grunde in zwei pfriemenförmige Ährchen verlängert. *Blüten* kurzgestielt, in ziemlich einseitswendigen Trauben, an den Enden der Zweige stehend, einzeln in den Blattwinkeln und nickend. *Blumenkrone* violett, hellrot, selten auch weiß, tief 4spaltig, glockenförmig, halb so lang als der Kelch. 4 Kelchblätter, länglich-eiförmig. *Blütezeit* August bis Oktober.

Besonderes. Pflanze kahl oder etwas kurzhaarig, Geruch schwach aromatisch.

Vorkommen. In trockenen Wäldern, besonders Nadelwäldern, Heiden, auf Moorboden; meist weite Strecken bedeckend.

Sammelzeit. Man schneidet die blühenden Stengel etwa in der Hälfte ab oder sammelt nur die Blüten durch Abstreifen und trocknet im Schatten.

Drogen, Arzneiformen. Herba Ericae c. floribus oder Herba Ericae oder Flores Ericae. — *Homöopathie:* Urtinktur aus der blühenden Pflanze.

Bestandteile. Arbutin 0,35—0,42%, Ericolin, Ericinol, das Alkaloid Ericodinin (BODINUS, KROEBER), Quercitrin, Carotin, etwa 7% Catechugerbstoff, Fumarsäure, Gerbsäure, Citronensäure.

Pharmakologie. MADAUS fand in der Tinktur 0,07% Arbutin und 0,24% Hydrochinon; das Alkaloid war also zu 47,4% gespalten. LECLERC bezeichnet die Wirkung des Heidekrautes diuretisch und eiterwidrig; die Wirkung ist der von *Arctostaphylos uva ursi* mindestens gleichwertig, wenn nicht überlegen.

Verordnungsformen. Herba Ericae c. flor. zum kalten oder heißen Auszug, 1—2 Teelöffel auf 1 Tasse. — *Homöopathie:* ⌀, dreimal täglich 10 Tropfen.

Medizinische Anwendung. Bei Retention harnfähiger Stoffe, Rheumatismus, Arthritis urica und Steinbildungen, Cystitis, Pyurie, besonders bei den Blasenbeschwerden der Prostatiker. Der Aufguß wirkt leicht schweißtreibend und beruhigend, so daß er als Schlaftrunk verabreicht werden kann. Ferner wird die Pflanze bei Hautkrankheiten gegeben, auch bei Magenschmerzen spastischer Natur, Arteriosklerose, Diabetes. PFLEIDERER gibt Bäder mit Erikaabsud als hilfreich bei Rachitis an. — Die Indikationen in der *Homöopathie* sind die gleichen.

Volkstümliche Anwendung. Gegen Rheumatismus, Gicht, Lungenleiden und Steinleiden; vielfach als Abendgetränk (als Schlafmittel).

Erica tetralix L.,
Glocken-Heide.

Beschreibung. Strauch, aufrecht, ästig, Äste rauhhaarig, Höhe 15—50 cm. *Blätter* linealisch, am Rande umgerollt, meist zu vier quirlständig, steifhaarig gewimpert. *Blüten* in zweigendständigen Dolden, krugförmig, fleischfarben, selten weiß. Kelch wie die Blütenstiele wolligfilzig, mit lanzettlichen, steifhaarig-gewimperten Zipfeln. Fruchtkapsel behaart. *Blütezeit* Juli, August.

Vorkommen. Torfige Heiden, Sumpfränder.

Volkstümliche Anwendung. Die Blüten werden frisch mit Honig oder Zucker zerrieben zweimal täglich eingenommen, und zwar bei Febris quartana (SCHULZ).

Primulaceae, Primelgewächse.

Primula officinalis JACQUIN, P. veris var. off. L.,
Primel, Schlüsselblume, Himmelschlüssel.

Beschreibung. Ausdauernd, Höhe 15—30 cm, Wurzelstock walzlich, dickfaserig. *Blätter* in grundständiger Rosette, eiförmig bis länglich, allmählich in den Stiel verlängert, runzelig, wellig-gekerbt, unterseits wie Blütenstiel und Blütenstand dünn-samtfilzig, in der Jugend Rand zurückgerollt. Blütenschaft einfach, endständig, von Deckblättchen gestützt, die reichblütige *Blütendolde;* Blüten nickend, Kelch röhrig, etwas aufgeblasen, fünfspaltig mit kurz zugespitzten Zähnen, blaßgrün. Blumenkrone trichterförmig mit fünfspaltigem Saum, grünlich- bis dottergelb, im Schlunde 5 dunkel-orangefarbene Flecke. Frucht einfächerige, fünfklappige Kapsel. *Blütezeit* April, Mai.

Besonderes. Ganze Pflanze, außer den Blattoberseiten, sieht dünnsamtfilzig aus; die Blüten sind oft wohlriechend.

Vorkommen. Auf Wiesen, Triften, an Waldrändern, unter Gebüschen; meist häufig. Die Pflanze ist gesetzlich *geschützt!*

Sammelzeit. Während der Blütezeit zupft man entweder die Blüten besonders aus und trocknet sie rasch im Schatten oder man hebt die ganze Pflanze mit der Wurzel aus, säubert und trocknet sie.

Anbau. Sehr zu empfehlen, wo Wiesen zur Verfügung stehen; da die Ernte der Primel schon im April und Mai erfolgt, können die Wiesen zur Grasernte benutzt werden. Man sät am besten im Herbst aus.

Drogen, Arzneiformen. Flores Primulae, Schlüsselblumen. Herba Primulae, Schlüsselblumenkraut. Radix Primulae, Primelwurzel. Extractum Primulae fluidum, Primelfluidextrakt. Tinctura Primulae, Primeltinktur. — *Homöopathie:* Urtinktur und Potenzen aus der frischen, blühenden Pflanze ohne Wurzel.

Bestandteile. *Saponine:* Wurzeln 8—10%, Blätter etwa 2%, Blüten in Spuren (nur im Kelch). KOFLER stellte für die Wurzeln etwa 5% eines sauren Saponins, die krystallisierte Primulasäure, fest; BRIDEL erhielt ebenfalls aus der Wurzel ein krystallisiertes Gemisch von Primverin (Primverosid) und Primulaverin (Primulaverosid), woraus durch fermentative Spaltung Primverose sowie der Duftträger Primulacampher entsteht. Ferner sind enthalten: ätherisches Öl und das Ferment Primverase (Primverosidase).

Pharmakologie. Wirksame Bestandteile sind die Saponine (s. Grundsätzliches in der Übersicht über die wichtigsten Pflanzenstoffe arzneilicher Bedeutung). Sie bewirken eine Steigerung der Bronchialsekretion, wirken also als Expectorans, haben eine starke Oberflächenaktivität, steigern die Resorption erheblich und machen deshalb schon geringe Mengen anderer Stoffe hochwirksam, zerstören die roten Blutzellen (machen Hämolyse). Eine resorptive Vergiftung kommt bei den Primel-Saponinen nicht in Betracht, allenfalls wirkt die krystallisierte Primulasäure bei intravenöser Injektion als Nierengift. Erst in größeren Mengen können vermehrter Speichelfluß, Reizungen der Magen- und starke Sekretionssteigerung der Bronchial-Schleimhaut eintreten. KOLLERT und GRILL stellten fest, daß die Primelsaponine bei Pflanzenfressern Veränderungen im Blutplasma (Hypercholesterinämie, Hyperinose) verursachten. Milz und Knochenmark werden im Gegensatz zu anderen Saponinen kaum geschädigt (KOFLER). MADAUS stellte für die homöopathische Urtinktur einen hämolytischen Index von 1:20 fest; bei Untersuchungen über den Toxingehalt fand er durchschnittliche Mengen ausfällbaren Eiweißes von starker Giftigkeit. HILDEBRANDT bestätigte im Tierversuch auch die diuretische Wirkung der Primel. Eine leichte narkotische Wirkung ist vielfach festgestellt (BARTON, CASTLE, KNEIPP, BOHN). Bei sehr vielen Menschen findet sich eine *Idiosynkrasie* gegen das in fast allen Primelarten enthaltene ölartige Sekret der Drüsenhaare (besonders von *Primula obconica*). Nach Low soll diese Überempfindlichkeit lediglich auf einer Sensibilisierung der Haut beruhen, was sicher nicht richtig ist, weil ja viele der Primel-Empfindlichen nur in ganz großen Abständen einmal mit den Pflanzen in Berührung kommen. Es treten heftige *Reizerscheinungen* an Haut und Augenbindehäuten auf: Quaddeln (Urticaria), Blasenbildung, Erythem, Erysipeloid, Lidödeme, dem Trachom ähnliche Conjunctivitis und Iritis (BEGER). NESTLER ist der Ansicht, daß diese Erscheinungen bei jedem Menschen nach genügend langer Einwirkung der frischen oder getrockneten Pflanze auftreten. TOUTON gibt an, daß vom Zeitpunkt der Berührung bis zum Auftreten der Dermatitis eine Inkubationszeit von 7—14 Tagen liegen kann.

Verordnungsformen. Herba oder Flores oder Radix Primulae, zum heißen Aufguß, 1 Teelöffel auf 1 Tasse, 3 Tassen täglich. Extract. Prim. fluid. oder Tinctura Primulae, dreimal täglich 20 Tropfen. — *Homöopathie:* ∅ — dil. D 2, dreimal täglich 10 Tropfen.

Medizinische Anwendung. Bronchitis, Tussis, Pertussis, Asthma, zur leicht narkotischen spasmolytischen expektorierenden Wirkung (auch bei Grippe!), ferner bei Rheumatismus, Gicht, Migräne, Neuralgien, Neurasthenie, Schwindel, Schlaflosigkeit. BOHN bezeichnet sie als beruhigend und wirksam bei schmerzlichen Krankheitszeichen der harnsauren Blutentmischung und Blutverdickung. KROEBER nennt die Primelwurzel die „deutsche Senega", er veröffentlichte klinische Berichte über die Wirkung bei akuten Bronchialkatarrhen und bei Pneumonie im lytischen Stadium; ihm ist die Aufnahme der Primel in das DAB. zu verdanken. LECLERC berichtet noch von ganz besonderer Wirkung von Umschlägen bei Ekchymosen. KNEIPP empfahl sie besonders zur Anwendung bei *Gicht* und gichtischer Veranlagung: „... die heftigen Schmerzen werden sich lösen und allmählich ganz verschwinden."

Rp: (RIPPERGER)
Infus. Rad. Primulae   5,0 : 170,0
Tinct. Lobel.
Liqu. ammon. anis.   āā 5,0
Sir. Althaeae   ad 200,0
S.: 4 Eßlöffel täglich, Umschütteln!
(Asthmatiker erhalten in diese Mixtur noch Kal. jod. 5,0 und Coff. Natr. benz. 2,0.)

Homöopathische Anwendung. Bei leichten Hirnkongestionen (Vorboten von Schlaganfällen) ohne psychische Depressionen, Migräne, Neuralgien, Schwindelgefühl, geringe Fiebererscheinungen, Nierenaffektionen, unreine und schwache Stimme, wenn keine organischen Veränderungen da sind (HEINIGKE).

Volkstümliche Anwendung. Bronchialkatarrh, nervöse Schwäche, Gliederzittern, Lähmungen, Nieren- und Blasenkrankheiten, Gicht, Rheuma, Schwindel, Migräne, Verstopfung, Erkältungskrankheiten, Würmer sowie in der Wundbehandlung und die Wurzeln zur Herstellung von Schnupfpulver.

Primula elatior JACQ. *(Prim. veris var. elatior L.)*, *Hohe Schlüsselblume*, mit größeren schwefelgelben, geruchlosen Blüten, mehr eiförmigen Blättern, die nebst Schaft und Dolden kurzhaarig sind. Sie enthält nicht krystallisierte Primulasäure, sondern amorphes Elatior-Saponin, das auch biologisch anders wirkt (BRAUNER, KOFLER). Die Anwendung ist die gleiche wie die von *P. officinalis*. Gesetzlich *geschützt*.

Primula auricula L., *Aurikel*; in Deutschland nur in den Alpen, in Oberbayern und im Schwarzwald zu finden, enthält nur Aurikelcampher, aber kein Saponin (GESSNER). Sie wird im Volke gegen Lungentuberkulose gebraucht. Gesetzlich *geschützt*.

Lysimachia nummaria L.,
Pfennigkraut, Münz-Felberich.

Beschreibung. Ausdauernd, *Stengel* meist einfach, gestreckt, vierkantig, flach am Boden kriechend, wurzelnd, bis 50 cm lang. *Blätter* kreuzgegenständig, kurz gestielt, rundlich oder elliptisch, öfter schwach herzförmig, stumpf oder mit einem Spitzchen, ganzrandig, unterwärts braun punktiert. *Blüten* einzeln in den Blattwinkeln, Blütenstiele 2—3 cm lang, Blumenkrone rad- oder becherförmig, 5 Blumenblätter, goldgelb, innen braun-drüsigpunktiert, tief geteilt, Abschnitte spitz; Kelchzipfel herz-eiförmig, zugespitzt. *Blütezeit* Juni, Juli.

Besonderes. Pflanze kahl.

Vorkommen. Feuchte Wiesen, Gebüsche, Ufer, Grabenränder; häufig.

Sammelzeit. Während der Blüte wird die ganze Pflanze gesammelt.

Drogen, Arzneiformen. Herba Lysimachiae, Pfennigkraut. — *Homöopathie:* Tinktur aus der frischen, blühenden Pflanze.

Bestandteile. Saponine in Wurzel und Stengel (KROEBER, LUFT), Gerbstoff in der ganzen Pflanze, Primverase. In der Asche 26,8% Kieselsäure.

Pharmakologie. Die Wirkung soll auf dem Saponin- und Gerbstoffgehalt beruhen. Nach einem Bad mit Pfennigkraut stellte PATER eine auffallende Geschmeidigkeit der Haut fest.

Verordnungsformen. Herba Lysimachiae, zum heißen Aufguß, 1 Teelöffel auf 1 Tasse, 3 Tassen täglich. — *Homöopathie:* dil. D 1, dreimal täglich 10 Tropfen.

Medizinische Anwendung. Gicht und Rheumatismus, Gliederschmerzen, Tuberkulose, Blutspucken, Krampfadern, Mundfäule und Ruhr (PATER), Wunden und Ulcera, Skrofulose (MADAUS). — Die *homöopathischen* Anwendungen sind die gleichen.

Volkstümliche Anwendung. Ruhr, Tuberkulose, Krampfadern, Mundfäule und als Wundkraut mit sichergestellten Erfolgen.

Anagallis arvensis L., A. coerulea SCHREBER,
Ackergauchheil, Rote Miere, Sperlingskraut, Mäusedarm.

Beschreibung. Einjährige, selten überwinternde Pflanze. *Stengel* vierkantig, ausgebreitet, aufrecht oder (meist) niederliegend, 7—15 cm lang. *Blätter* gegenständig, selten zu drei (quirlig), sitzend, eiförmig bis länglich eiförmig, kaum zugespitzt, meist stumpflich, ganzrandig, unterseits schwarz punktiert. Blütenstiele lang. *Blüte* lebhaft rot, selten weiß oder lila. Blumenblätter verwachsen, die Zipfel rundlich oder verkehrt-eiförmig, feindrüsig gewimpert. Blüten einzeln in den Blattachseln; Staubblätter frei. Frucht kugelförmige Kapsel. *Blütezeit* Juni bis Oktober.

Besonderes. Ganze Pflanze kahl.

Vorkommen. Äcker, Gartenland, Weinberge; gemeines Unkraut.

Sammelzeit. Juni-August. Die blühenden Pflanzen werden dicht über dem Boden abgeschnitten.

Drogen, Arzneiformen. Herba Anagallidis, Gauchheilkraut. — *Homöopathie:* Essenz und Potenzen aus der ganzen blühenden frischen Pflanze.

Bestandteile. Zwei glykosidische Saponine, Enzym Primverase, ein peptonisierendes Enzym, Phytosterine, Gerbstoffe, Cyclamin.

Pharmakologie. Die Glykoside wirken reizend auf Haut und Schleimhäute. Die ganze Pflanze wirkt hämolytisch (Index der hom. Tinktur 1:1000) und ist durch ihren Saponingehalt nicht harmlos. Größere Gaben rufen Harnflut, Durchfälle und Zittern hervor.

Verordnungsformen. Das Kraut im Aufguß, als Pulver oder Tinktur pro die nicht über dreimal 1,8 g hinaus, Tinktur nicht über 3,0 g pro die. *Homöopathie:* dil. D 3, dreimal täglich 10 Tropfen.

Medizinische Anwendung. Bei Leberstörungen und zur Verstärkung der Ausscheidungstätigkeit von Haut und Nieren. Bei Epilepsie, Melancholie und anderen seelischen Störungen gastrisch-hämorrhoidaler Herkunft (BOHN). Der frische Saft als Wundheil- und Reinigungsmittel.

Homöopathische Anwendung. Ausschläge, bösartige Geschwüre, Gonorrhöe; Hysterie und Neuralgie.

Volkstümliche Anwendung. Warzen und andere Hautneubildungen, Steinleiden, chronische Nierenentzündung, Wassersucht, Gelbsucht, Gallensteine, Lebercirrhose, Verstopfung, Fallsucht. Der frische Saft zu Kräuterkuren.

Cyclamen europaeum L.,
Alpenveilchen.

Beschreibung. Ausdauernd, Höhe 10—15 cm. *Wurzelstock* kreisrund, scheibenförmig, knollenartig verdickt. *Blätter* grundständig, langgestielt, glänzend, etwas lederartig, rundlich-herzförmig, wellig-kleingekerbt, Unterseite rötlich angelaufen, Oberseite grau mit grünlichen Flecken. Blattstiele drüsig-rauh. *Blüte* groß, nickend, Blumenblätter rotviolett, verwachsen, 5zipflig, zurückgeschlagen. Kelchzipfel breiteiförmig. Frucht eine 5klappige, kugelige Kapsel. Fruchtstiel spiralig zusammengedreht, niederliegend. *Blütezeit* August bis Herbst.

Besonderes. Blüten mit Wohlgeruch. Pflanze *giftig!*

Vorkommen. In den Alpen. Gesetzlich *geschützt!*

Sammelzeit. Die scheibenartig runden Wurzelknollen werden im Herbst gesammelt.

Anbau. Zum Absatz der frischen Wurzelknollen für die homöopathischen Zubereitungen vielleicht lohnend, weil die wildwachsende Pflanze gesetzlichen Schutz hat!

Arzneiform. *Homöopathie:* Urtinktur aus dem frischen Wurzelstock.

Bestandteile. Das Saponin Cyclamin, aus dem durch hydrolytische Spaltung das Cyclamiretin (Saponin) entsteht, δ-Glucose, 1-Arabinose (DAFERT, FETTINGER).

Pharmakologie. Cyclamin wirkt örtlich heftig reizend, es macht in geringeren Dosen Gastritis, Hämoglobinurie, steigert die Blutgerinnung (KOBERT), macht nebenher Stupor, Hyperästhesie, Dyspnoe (HUSEMANN, HILGER); größere Dosen rufen *Vergiftungserscheinungen* hervor, die von Schweißausbruch, Schwindel, Krämpfen, Gastroenteritis zur tödlichen zentralen Lähmung führen (GESSNER). MADAUS bestimmte den hämolytischen Index der homöopathischen Urtinktur mit 1:10000. *Gegenmittel* bei Vergiftungen: Schleime, keine Laxantia; gegen die zentralen Lähmungserscheinungen Analeptica.

Verordnungsformen. Hauptsächlich als *homöopathische* Zubereitung: dil. D 3, dreimal täglich 10 Tropfen. — *Vorsicht* mit größeren Dosen!

Homöopathische Anwendung. Bei gichtischen und rheumatischen Affektionen mit mangelnder oder geringen Fiebererscheinungen, bei Kolik, Blasenkrampf mit Hämorrhoidalbeschwerden, Wechselfiebern, Herzneurosen (HEINIGKE). Als gutes Uterus- und Nervenmittel, besonders bei Menstruationsstörungen anämischer und chlorotischer Patientinnen (Dysmenorrhöe, verspätete oder unterdrückte Menstruation mit Migräne und Sehstörungen, Fluor albus). Ferner noch bei Nasenkatarrh, Verdauungsbeschwerden, Neuralgien, einseitiger Migräne, Reizerscheinungen des Gehirns toxischer Ursache, Föhnwetterbeschwerden (MADAUS, FRIEDLÄNDER).

Volkstümliche Anwendung. Die Abkochung der Wurzel bei Zahnschmerzen, Schnupfen, Verschleimungen, Blähungen, Unterleibsstokkungen, Wassersucht, Eingeweidewürmern; äußerlich bei Kopfgrind, zur Behandlung eiternder Wunden und das Pulver zum Aufstreuen auf Wunden und krebsartige Geschwüre.

Oleaceae, Ölbaumgewächse.
Syringa vulgaris L., Gemeiner Flieder.

Beschreibung. Strauch oder kleiner Baum, Höhe 3—7 m. Jüngere Zweige mit grauer oder braungrüner Rinde. *Blätter* gegenständig, gestielt, rundlich oder eiförmig, am Grunde schwach herzförmig, zugespitzt, ganzrandig, oft wellig, kahl, meist beiderseits gleichfarbig, Adernetz sehr fein und gegen das Licht gesehen deutlich durchscheinend. *Blüten* in endständigen, dichten Rispen. *Krone* trichterförmig, lichtblau, lila, violett, purpurn oder weiß. Saum der Krone zipfelartig umgestülpt, die Zipfel etwas vertieft. Kelch klein, bleibend. Fruchtkapsel länglich-eiförmig, lederartig, Fächer zweisamig, Samen geflügelt. *Blütezeit* Mai, Juni.

Besonderes. Blüten mehr oder weniger wohlriechend.

Vorkommen. Häufiger Zierstrauch aus Süd-Ungarn, überall angepflanzt, bisweilen verwildert.

Bestandteile, Wirkung. In der Rinde, den Blättern und den Samenkapseln ist eine krystallisierende Substanz, das Syringin, enthalten. CRUVEILHIER ließ aus den unreifen Samenkapseln einen Extrakt herstellen, den er mit Erfolg gegen veraltete Malaria angewendet haben will. In Rußland und Frankreich werden im Volke die Samenkapseln gegen fieberhafte Krankheiten gebraucht (zitiert nach SCHULZ).

Fraxinus americana L., F. ex Nova Anglia MILLER, F. alba MARSH. Weiße Esche.

Beschreibung. Baum, Höhe bis 40 m. Wuchs gerade, oft weit hinauf zweiglos. Krone eiförmig, Äste braungrau, junge Zweige kahl, glänzend. Knospen dunkelbraun, wie bereift. Blattstiele zuerst bräunlich-zottig, später weißlich-grün-flaumig. *Blätter* bis 30 cm lang, gegenständig, gefiedert. Blättchen meist 7, gestielt, eilanzettlich, über 10 cm lang, ganzrandig, kahl, glänzend, oben dunkelgrün, unten seegrün, im Herbst purpurn und gelb. *Blüten* erscheinen vor den Blättern in achsel- und endständigen Rispen. *Kelch vierteilig.* Frucht schmallänglich, 3—5 cm lang, 5—7 mm breit, Flügel kaum bis zur Mitte herablaufend, hellrötlich bis blaßbraun. — *Blütezeit* April, Mai.

Vorkommen. In Nordamerika heimisch. Bei uns als Zierbaum gepflanzt.

Arzneiformen. Die Fa. *Madaus* stellt eine „Teep"-Verreibung aus der frischen Stamm- und Wurzelrinde her. Die *Homöopathie* stellt ihre Urtinktur aus der frischen Rinde her.

Bestandteile. Die Rinde enthält: Glykosid Fraxin, Fraxetin, Tannin, 0,03% ätherisches Öl (WEHMER).

Anwendung. Bei Funktions- und Wachstumsstörungen des Uterusgewebes, Prolapsus uteri, Uterustumoren, -fibrome, -myome, als Tonicum bei Frauenleiden (HEINIGKE, MADAUS).

Verordnungsformen. „Teep", 3—4 Tabletten täglich. — *Homöopathie:* dil. D 3, drei- bis fünfmal täglich 10 Tropfen.

Fraxinus excelsior L.,
Gemeine Esche, Wundholz.

Beschreibung. Baum, Höhe 25—35 m. Baumkrone kugelig, Rinde graubraun. Knospen schwarz-samtartig, *Blätter* gegenständig, unpaarig (8—12zählig) gefiedert. Blättchen sitzend, länglich-lanzettlich, zugespitzt, ungleich gesägt. *Blüten* meist zwittrig in hängenden Rispen, kommen vor den Blättern. Kelch und Krone fehlen, nur 2 purpurne Staubblätter. Früchtchen geflügelt mit nüßchenförmigem Samen, überhängend. *Blütezeit* April, Mai.

Vorkommen. Auf nicht zu feuchtem, selten aber trockenen Boden, in Auen- und Laubmischwäldern, an Ufern, in Dörfern; öfter angepflanzt.

Sammelzeit. Mai, Juni. Die Blätter werden von den Zweigen abgestreift, die Rinde schält man von jungen, saftigen Zweigen, die man abholzt, ab; sie soll im Schatten getrocknet werden.

Drogen, Arzneiformen. Folia Fraxini, Eschenblätter. Cortex Fraxini, Eschenrinde. — *Homöopathie:* Essenz aus der frischen Rinde.

Bestandteile. Ein bitter schmeckendes, krystallisierendes Glykosid Fraxin, Inosit, Mannit, Quercitrin, Dextrose, l-Apfelsäure, Gummi, Gerbsäure, ätherisches Öl mit Terpenen, Peptase, Saccharose. Die Blätter enthalten kein Fraxin, dafür aber bis 16% Calciummalat (GAROT); die Knospen sollen Jod enthalten. Die Samen enthalten ätherisches Öl und bis 26% Fett.

Verordnungsformen. Cortex Fraxini excels. conc. oder Folia Fraxini zum heißen Aufguß, 2 Teelöffel auf 1 Glas Wasser, tagsüber trinken. — *Homöopathie:* dil. D 2, drei- bis viermal täglich 5 Tropfen.

Medizinische Anwendung. Der Aufguß, besonders der Rinde, ist wirksam bei Rheumatismus und Gicht, ferner bei Erkrankungen von Leber, Galle, Nieren (Steinbildungen, Schmerzen), als Diureticum und weiter als Fiebermittel — die alten Ärzte gaben sie als Ersatz für Cortex Chinae — bei Wechselfiebern und Malaria. Sie regt die Schleimhäute des Magen-Darmkanals an und gilt als Anthelminticum. Als Wundmittel, besonders bei veralteten Wunden gab ECKMANN die frische Rinde und die frischen Blätter als Auflagen „mit vorzüglichem Nutzen", wie er auch bei Ulcera cruris die Abkochung zu Umschlägen und Waschungen anwandte.

Homöopathische Anwendung. Chronischer Muskelrheumatismus und Podagra.

Volkstümliche Anwendung. Muskelrheumatismus, Gicht, Steinleiden, Blasenerschlaffung, auch bei Fiebern und gegen Würmer. Die Blätter frisch aufgelegt verschiedentlich als Wundmittel. Die Eschensamen gelten als abführend und wassertreibend und finden Anwendung bei Verstopfung, Nierenleiden (Steine, Grieß, Schmerzen) und Leber-, Gallen-Erkrankungen (Stauungen).

Gentianaceae, Enziangewächse.

Erythraea centaurium Pers., Gentiana centaurium L., Echtes Tausendgüldenkraut.

Beschreibung. Zweijährige und überwinternde einjährige Pflanze, Höhe 15—30 cm. *Stengel* 4—6kantig, kahl, später hohl werdend, aufrecht, erst im Blütenstande gegabelt. *Grundblätter* verkehrt-eiförmig, im 1. Jahre eine Rosette bildend. *Stengelblätter* kreuzgegenständig, sitzend, klein, schmal-oval, ganzrandig, fünfnervig. *Blüten* in ziemlich ebenen Trugdolden. Blumenkrone trichterförmig, blaß-rosenrot, fünfzipflig. Kelch grün, fünfzipflig. Frucht gelbe, zweiklappige Kapsel. *Blütezeit* Juli bis Oktober.

Besonderes. Blüten öffnen sich nur bei trockenem, sonnigen Wetter. Pflanze geruchlos, Geschmack bitter.

Vorkommen. Auf Waldblößen, Triften, Wegrändern, besonders auf Sandboden; nicht allzu häufig.

Sammelzeit. Während der Blütezeit wird das Kraut kurz über der Wurzel abgeschnitten und luftig getrocknet.

Anbau. Lohnend; im März sät man auf feingesiebte Erde und hält die Saat feucht. Erst im nächsten Jahre setzt man die Pflanzen an Ort und Stelle, die sich in der Folge selbst vermehren. Man kann auch direkt in Wiesen säen; im Frühjahr des zweiten Jahres kommen dann die Pflanzen. Von 1 a erntet man etwa 10 kg.

Drogen, Arzneiformen. Herba Centaurii, Tausendgüldenkraut; Extractum Centaurii min., Tausendgüldenkrautextrakt; Tinctura Centaurii min., Tausendgüldenkrauttinktur.

Bestandteile. Bitterstoffe Erytaurin, Erythrocentaurin, ferner ein hellgelber Bitterstoff Erythramin, der bei der Hydrolyse Erythrocentaurol liefert, sowie ein lactonartiger krystallisierender Körper Erytauron, ferner Cerylalkohol, Phytosterin, Stearin- und Palmitinsäure, ätherisches Öl, Harz, Magnesiumlactat, Zucker, Wachs, Gummi. Der Petrolätherextrakt ist salbenförmig grün und enthält 13,02% Unverseifbares und 47,15% wasserunlösliche Fettsäuren (Glycerinester), die B. Gaal inzwischen weiter differenziert hat (nach Kroeber zit.).

Pharmakologie. *Erythraea cent.* wirkt in erster Linie als Bittermittel; vgl. die grundsätzlichen Ausführungen und die Angaben bei *Cnicus benedictus*.

Verordnungsformen. Herba Centaurii zum heißen Aufguß, 1 Teelöffel auf 1 Tasse Wasser, tagsüber vor den Mahlzeiten getrunken. Herba Cent. pulv. 1,0—2,0 g täglich (dreimal 0,5 g in Oblaten). Tinct. Cent. dreimal täglich 10—20 Tropfen. Extract. Cent. zu Pillen (0,1—0,5).

Medizinische Anwendung. Bei Magenkrankheiten, besonders atonischer Art, die mit Leber- und Gallenstörungen einhergehen als Gastroregulans; Magenkrämpfe, Appetitlosigkeit, Verdauungsschwäche, Hyperacidität, Dyspepsie, Katarrh des Magens und Duodenums, Obstipatio spastica. Ferner bei Leber- und Gallenstauung, Ikterus, Milzschwellungen, Hämorrhoiden, Menstruationsstörungen, Unterleibsdrüsenaffektionen, bei Wechselfieber und Blutwallungen. Als blutreinigendes Tonicum bei

Rachitis, Skrofulose, Chlorose, Anämien, auch bei Hauterkrankungen (Ekzem) und Ulcerationen. Einzelne Angaben über die Verwendungen als Hämostypticum und bei Lungenasthma sind sicher auf die gründliche Umstimmung nach längerem Gebrauch zurückzuführen. Wirkungen auf den intermediären Stoffwechsel sind belegt. Die Pflanze wird häufig bei Diabetes verordnet und CZERWINSKY verwendet sie als Entfettungsmittel.

Volkstümliche Anwendung. Magenkrankheiten, Hyperacidität, Verstopfung, Hämorrhoiden. KNEIPP empfahl sie als eines der besten Hausmittel zur Blutreinigung, zur Unterstützung der Magensäfte, bei Gelbsucht, Leber- und Nierenleiden.

Gentiana lutea L.,
Gelber Enzian, Bitterwurz.

Beschreibung. Ausdauernd, Höhe 50—125 cm. *Wurzel* bis 1 m lang, fleischig, innen gelb, außen braun, mehrköpfig, quergeringelt. *Stengel* aufrecht, unverzweigt, rund, hohl, kahl. *Blätter* am Grunde des Stiels bis 30 cm lang, elliptisch, kahl, bläulich-grün, ganzrandig, stark bogennervig, fünfrippig. Stengelblätter gegenständig, eirund, stiellos. *Blüten* in reichblühenden Scheinquirlen in den Achseln der oberen kahnartig vertieften Blätter, goldgelb, klein, radförmig, fast bis zum Grunde fünf- bis sechsteilig, Zipfel lanzettlich, spitz. Staubblätter frei. Kelch scheidenförmig, in zwei Hälften gespalten. Frucht eine zweiklappig aufspringende Kapsel mit zahlreichen, ovalen Samen. *Blütezeit* Juli, August.

Besonderes. Geruch schwach aromatisch, Geschmack stark bitter.

Vorkommen. Auf Triften und Matten der Alpen bis etwa nach Thüringen; häufig. Die Pflanze ist reichgesetzlich *geschützt!*

Sammelzeit. Die Wurzeln älterer Pflanzen werden im Frühjahr oder Herbst gegraben, gewaschen, der Länge nach gespalten und an der Luft getrocknet.

Anbau. Sehr zu empfehlen, wenn lockerer, feuchter, gut gedüngter Boden zur Verfügung steht. Die einfachste Vermehrung ist durch Teilung der Wurzeln vorzunehmen, da es keimfähigen Samen, wenn man ihn nicht selbst sammelt, selten im Handel gibt. Der Samen muß erst sorgfältig gezogen werden; im zweiten Jahre werden die Sämlinge erst verschult und im dritten Jahre ausgepflanzt. Zur Blüte kommen die Pflanzen erst nach etwa 6 Jahren. Die Wurzeln werden oft bis 6 kg schwer.

Drogen, Arzneiformen. Radix Gentianae, Enzianwurzel; Extractum Gent. aquos.; Extract. Gent. fluid.; Tinct. Gentianae, Enziantinktur; Vinum Gentianae. — *Homöopathie:* Essenz und Potenzen aus der frischen Wurzel.

Bestandteile. Krystallisiertes, wasserlösliches Bitterstoffglykosid Gentiopikrin (2%), das durch Spaltung in den Bitterstoff Gentiogenin und Traubenzucker zerfällt, ferner die Bitterstoffe Gentiamarin und Gentiin, Gentisin (= Gentianin, Gentianasäure), Pektin, Emulsin, Invertin,

Gentiosterin, 6% eines Öles, das aber Phytosterinreaktionen gibt, Rohrzucker und ein Trisaccharid Gentianose.

Pharmakologie. Zur Bitterstoffwirkung, die hier im Vordergrunde steht, s. Grundsätzliches und auch bei *Cnicus benedictus*. Es treten Leukocytose, Sekretionsvermehrung von Speichel und Magensaft, vermehrter Gallenfluß, Steigerung der Peristaltik und Spasmolyse (über die Erregung der Sympathicusenden) auf. Der Appetit wird gesteigert, wie WEGER vermutet durch Anregung der Herztätigkeit und bessere Durchblutung der Abdominalorgane; es tritt leichte Blutdrucksteigerung auf (JUNKMANN). TANRET stellte fest, daß Gentiopikrin Infusorien rasch abtötete. In größeren Gaben ruft die Wurzel Erbrechen und eine Art narkotische Trunkenheit hervor (PIC, BONNAMOUR).

Verordnungsformen. Radix Gentianae zum kalten oder heißen Aufguß, $1/_2$ Teelöffel auf 1 Tasse, tagsüber trinken. Rad. Gentianae pulv., dreimal täglich 1 Messerspitze. Extract. Gentianae 0,1—0,5 g in Pillen, dreimal täglich. Tinct. Gentianae, zwei- bis dreimal täglich 10 Tropfen. Alle Zubereitungen sind $1/_2$ Stunde vor dem Essen einzunehmen. — *Homöopathie:* dil. D 2, dreimal täglich 10 Tropfen.

Medizinische Anwendung. Als Stomachicum bei Gastropathien (Schwäche, Schmerzen, besonders spastischer Art in Magen und Darm, auch spastischen Blähungen, Hypo-Acidität, Gastritis acuta et chronica), bei Leber- und Gallenstauungen und als Wurmmittel. Weiter zur Verbesserung des Blutbildes (Vermehrung der gesamten Blutzellen) und als Stimulans und Roborans bei Anämien, Chlorose, Herz- und Nervenschwäche, bei Hysterie, Hypochondrie mit Kopfschmerzen. Infolge seiner sicheren antifebrilen Wirkung, besonders bei Febris intermittens tertiana et quartana als dem Chinin gleichwertiges Medikament. Nach BOHN sollte die Wurzel nur dann verordnet werden, wenn gleichzeitig Schlaffheit und Reaktionslosigkeit vorliegen, bei erhöhter Reizbarkeit, Plethora usw. sei sie *kontraindiziert*. Die Wurzel wirkt auf die lymphatische Konstitution ein.

Homöopathische Anwendung. Die gleiche wie vorstehend; Verdauungsschwäche, chronischer Magen-Darm-Katarrh mit Flatulenz.

Volkstümliche Anwendung. Universalmittel gegen alle Magen- und Darmbeschwerden, Fieber, Unterleibsstockungen, Eingeweidewürmer, sexuelle Erregungszustände, häufige Pollutionen, Gicht und allgemeine Muskelschwäche. Die Abkochung oder die frisch zerriebene Wurzel zum Auflegen auf faulige, eiternde Wunden.

Menyanthes trifoliata L.,
Bitterklee, Fieberklee.

Beschreibung. Ausdauernd, Höhe 15—30 cm. *Wurzelstock* lang, kriechend, an dessen Ende zweizeilig angeordnete, am Grunde scheidenartig verbreiterte, langgestielte, *dreizählige Blätter* hervortreten. Blättchen verkehrt-eiförmig, dunkelgrün, kahl, saftig, fast lederig, ganzrandig. *Blüten* 10—20, weiß- oder blaßrot, in langgestielter, endständiger, dichter Traube. Einzelne Blütchen gestielt, mit Deckblättern versehen. Kelch einblättrig, fünfspaltig. Blumenkrone einblättrig, trichterförmig, 5 spitze, zurückgezogene Zipfel, mit weißen, zottig gefransten Haaren besetzt. Kapsel kugelförmig, Samen eiförmig, glänzend. *Blütezeit* Mai, Juni.

Besonderes. Pflanze kahl, ohne Geruch, Geschmack stark und anhaltend bitter.

Vorkommen. Sümpfe, Moräste, Wiesengräben, an Teich- und Seeufern, im Flachland und im Gebirge; nicht überall.

Sammelzeit. Kurz vor der Blüte (im Mai) werden die Blätter in etwa halber Höhe der Stengel abgeschnitten.

Anbau. Zu empfehlen, wo sumpfige, torfige Wiesen zur Verfügung stehen. Vermehrung erfolgt durch Auswerfen einzelner Stücke der Wurzelstöcke.

Drogen, Arzneiformen. Folia Trifolii fibrini, Bitterklee; Extractum Trifolii fibrini, Bitterklee-Extrakt. Tinct. Trifolii fibrini. — *Homöopathie:* Essenz und Potenzen aus der frischen, noch nicht blühenden Pflanze.

Bestandteile. Die Bitterstoffglykoside Meliatin und Menyanthin, das erstere nur im Wurzelstock, ferner Kaffeegerbstoff, verschiedene Ester des Cerylalkohols, Phytosterin, fettes Öl, Cholin, Phosphorsäure, Harz, Vitamin A, Eisen (?) und Saponine (KROEBER).

Pharmakologie. Als Amarum wirkt die Pflanze über den Sympathicus auf den Stoffwechsel ein und wirkt uteruserregend (s. Bitterstoffe und *Cnicus benedictus*). Die Wirkung von Adrenalininjektionen auf den Blutzucker wird durch die Pflanze verstärkt (WEGER). Größere Dosen können Kopf- (Trigeminus-) Schmerzen, Erbrechen, Durchfälle verursachen (SCHULZ, INVERNI). Die Pflanze wirkt amaro-tonisch, diaphoretisch, emmenagog und anthelmintisch. MADAUS stellte für die homöopathische Tinktur einen hämolytischen Index von 1 : 40 fest. LECLERC beobachtete Zunahme der roten Blutzellen bei Skorbut.

Verordnungsformen. Folia Trifolii fibrini, zum kalten Aufguß, 1 Teelöffel auf 1 Tasse, 2 Tassen tagsüber trinken. Fol. Trifolii fibr. pulverata, dreimal täglich 1,0 g verrührt oder in Oblaten. Tinct. Trifolii fibr., dreimal täglich 20—30 Tropfen vor der Mahlzeit. — *Homöopathie:* ∅ — dil. D 1, dreimal täglich 10 Tropfen.

Medizinische Anwendung. Als bitteres Stomachicum bei Anorexie, Magenschwäche, Sodbrennen, Aufstoßen, Dyspepsie, Hyperacidität, Magenkatarrh, Gastritis, Ulcera, Magen- und Darmkrämpfe, spastische Obstipation, Flatulenz, Gallenstauungen, Ikterus, Stauungen im Unterleib. Bei Seekrankheit werden 10—15 Tropfen Tinct. Trifolii fibr. angegeben. Ferner bei Fieber, besonders Intermittens, Nervenfieber, Erkältungen mit heftigen Kopfschmerzen, Trigeminusneuralgie (MADAUS). Bitterklee ist Bestandteil der Species nervinae DAB VI.

Homöopathische Anwendung. Erkrankungen des Nervensystems, Muskelkrämpfe, Hypochondrie mit allgemeiner Körperschwäche, Muskelkrämpfe in Magen, Darm, Blase, Neuralgia meseraica, neuralgische Affektionen an Rumpf, Gliedern, Samenstrang und Hoden und Gelenkneurosen (HEINIGKE), Neuralgien am Kopf, gegen Malaria nach Chininmißbrauch, wenn Kälte der Finger, Füße, Nase und Ohren bei Wärme des übrigen Körpers vorhanden sind (SCHMIDT).

Volkstümliche Anwendung. Zur Magenstärkung, bei Verdauungsschwäche, Schwäche der Unterleibsorgane, Leberleiden, Gelbsucht,

Steinleiden, Verstopfung, Blähungen, Erkrankungen der Milz, Brustleiden, Katarrhe, Husten, Schwindsucht, Schwäche, Blutzersetzung, Bleichsucht, Skorbut, Migräne, Gesichtsnervenreißen, Rheuma, Gicht, Wechselfieber, Hautkrankheiten, Flechten, Geschwüre, Geschwülste, ferner bei Menstruationsstörungen und als Abortivum. KNEIPP gab die Pflanze bei Magen- und Leberleiden und als Blutreinigungsmittel.

Apocynaceae, Hundsgiftgewächse.
Vinca minor L.,
Immergrün, Kleines Immergrün, Sinngrün.

Beschreibung. Ausdauernd, halbstrauchig, immergrün. *Stengel* hingestreckt kriechend, nur die blühenden aufrecht, bis 60 cm lang, holzig. *Blätter* gegenständig, kurzgestielt, lanzettlich-elliptisch, spitz, am Rande grob gekerbt-gezähnt, fiedernervig, lederig, glatt, glänzend, beiderseits kurzhaarig, dunkelgrün, an der Spitze des Blattstiels jederseits eine Drüse. *Blüten* blattwinkelständig, einzeln, gestielt. Kelch klein, fünfteilig, kahl. Krone trichterförmig, mit enger Röhre und 5 schief gestutzten Zipfeln, hellblau oder rot, selten weiß. Staubbeutel bärtig. Frucht (selten ausgebildet) zweiteilig, jede Hälfte zu einer mehrsamigen Balgkapsel reifend. *Blütezeit* April, Mai.

Besonderes. Pflanze mit wäßrigem Milchsaft. Blüten wohlriechend.

Vorkommen. Wälder, gern in der Nähe von Buchen, in Gebüschen, auf Hügeln; häufig angepflanzt (Friedhöfe).

Sammelzeit. Während der Blüte wird das ganze Kraut gesammelt.

Drogen, Arzneiformen. Herba Vincae pervincae, Sinngrün. — *Homöopathie:* Urtinktur aus der frischen, zu Beginn der Blüte gesammelten Pflanze ohne Wurzel.

Bestandteile. Saponin, Gerbstoff, Pektin, amorpher Bitterstoff „Vincin", Robinosid, Carotin (0,13% der trockenen Blätter). 1934 wurden von ORECHOFF, GUREWITCH und NORKINA 3 Alkaloide aus den 0,34% Gesamtalkaloiden amorpher Natur auch für *V. minor* festgestellt: Vinin, Pubescin und ein drittes ohne Namen. 1932 beschrieb RUTISHAUSER ein bitter schmeckendes, adstringierendes, geruchloses, gelb gefärbtes Glykosid Vincosid, das mit dem genannten Bitterstoff Vincin identisch ist. MADAUS fand größere Mengen ausfällbaren Eiweißes von sehr geringer Giftigkeit. ROBERG konnte in der Droge kein Saponin nachweisen.

Verordnungsformen. Herb. Vinc. perv., zum heißen Aufguß, 1 Teelöffel auf 1 Tasse, 2 Tassen täglich. — „Teep", 2—3 Tabletten täglich. — *Homöopathie:* ⌀ — dil. D 1.

Homöopathische Anwendung. Blutungen aus Nase und Uterus, Diarrhöen, Lungen- und Darmverschleimung, Entzündungen der Mundschleimhäute und des Rachens, Diphtherie, Struma (innerlich und äußerlich), nässende Exantheme, Ekzeme des Kopfes (HEINIGKE). Wechselmittel: Staphisagria, Mezereum, Rhus tox., Oleander.

Volkstümliche Anwendung. Als Blutreinigungsmittel, bei chronischen Katarrhen, Fluor. Von den alten Ärzten als Hämostaticum bei Metrorrhagie, Hämoptise und Hämorrhoidalblutungen verwendet (SCHULZ).

Nerium oleander L.,
Oleander, Rosenlorbeer.

Beschreibung. Strauch oder kleiner Baum, Höhe bis 5 m. *Blätter* zu 2—4 wirtelständig, lanzettlich, lederartig-glatt, dunkel immergrün. *Blüten* in endständigen Rispen, groß trichterförmig, einfach oder gefüllt, hochrot (Abarten, rosarot, rotgestreift, weiß oder gelb). Kelch trichterförmig, Krone mit 5 schiefen Zipfeln; 5 Staubbeutel, die an ihren Spitzen lange, federartige Fortsätze tragen. Früchte säulenförmige, zweifächerige Balgkapseln. Samen behaart. *Blütezeit* Juli bis September.

Besonderes. Blüten besonders abends stark duftend.

Vorkommen. Bei uns in Kübeln gezogen; heimisch im östlichen Mittelmeergebiet.

Drogen, Arzneiformen. Folia Oleandri, Oleanderblätter. Tinctura Oleandri, Oleandertinktur (aus frischen Blättern bereitet). Folinerin. — *Homöopathie:* Urtinktur aus den frischen, vor Beginn der Blüte gesammelten Blättern.

Bestandteile. In den Blättern 1,15% Gesamtglykosid (= Phenolglykosid), das sich in die beiden Glykoside Oleandrin und Neriin spaltet. STRAUB bestimmte in 1 g Droge (silizianische Oleanderblätter) 5000 FD. Folinerin (FLURY, NEUMANN) ist ein chemisch einheitliches, krystallisiertes Glykosid, das etwa dem Oleandrin entspricht. 1 mg = 1200 FD. Das Gesamtglykosid ist auch in Rinde und Samen enthalten.

Pharmakologie. Oleandrin und Neriin haben digitalisartige Wirkungen. In höheren Dosen wirkt Oleandrin örtlich reizend, innerlich brechenerregend, abführend und kann Krämpfe hervorrufen. Folinerin zeigt ebenfalls die typische Digitaliswirkung. Es ist hervorragend resorbierbar, haltbarer als Digitoxin und gegen verdünnte Säuren sehr widerstandsfähig. Es wirkt nicht so lange nach wie Digitoxin, die Gaben müssen öfter wiederholt werden. An 80 hochgradigen Herzinsuffizienzen mit Reizleitungsstörungen erreichte es neben auffälliger diuretischer Wirkung die volle Digitaliswirkung (SCHWAB). LEPEL berichtete 1936, daß die Wirkungen zwischen Digitalis und Strophantin liegen; der Puls wurde rascher verlangsamt als bei Digitalis, die kumulative Wirkung war leichter vorhanden, rief im EKG eine Verlängerung des PR-Intervalls hervor, ließ gelegentlich eine negative T-Zacke wieder positiv werden, erzeugte starke Diurese. Arhythmien konnte er nicht damit beseitigen. Die Kumulation tritt besonders dann rasch ein, wenn es nach Digitalis gegeben wird; nach Strophantin kann es ohne weiteres gegeben werden. Ausgezeichnet wird es vom Darm aus resorbiert. INVERNI beobachtete, daß die Harnmenge in 24 Stunden um das Fünffache zunahm.

Vergiftungserscheinungen durch zu hohe Dosen äußern sich in Gastroenteritis, Herz- und Atmungsbeschwerden, Mydriasis, Schwindel, Konvulsionen, Gefühllosigkeit, schmerzhaftem Erbrechen, und nach epileptiformen Krämpfen Tod durch Asphyxie (INVERNI). *Vergiftungen* durch Genuß von Pflanzenteilen kommen in Deutschland selten vor. Die Erscheinungen sind dann etwa die gleichen: Magenschmerzen, Erbrechen, Koliken, Durchfälle, Fieber, Schwindel, Verlangsamung und

Unregelmäßigkeit des Herzschlages, Abnahme der Sensibilität, Atemnot, Krämpfe, Bewußtlosigkeit, Tod durch Herzlähmung und sekundären Atemstillstand. Prognose ernst. *Gegenmittel:* Magenspülungen, Gerbstoffe, Adsorbentien, Opium mit Atropin, Amylnitrit oder Nitroglycerin. Analeptica meist ohne Erfolg. In nicht tödlichen Fällen längere Beaufsichtigung des Herzens notwendig (ref. nach O. GESSNER).

Verordnungsformen. Fol. Oleandri 0,05 in Pillen, täglich 2—4 Stück. — Tinct. Oleandri ex rec. fol., dreimal täglich 10 Tropfen. — Folinerin, Tropflösung: dreimal täglich 15 Tropfen; nach 8 Tagen verringert man die Dosis. — Folinerin, Suppositorien: 20 Zäpfchen (je 0,2 mg) rectal in 8—14 Tagen. — *Homöopathie:* dil. D 3—4.

Maximaldosis: nicht festgesetzt. *Vorsicht* mit größeren Dosen, besonders bei Gravidität!

Medizinische Anwendung. Herzregulierendes Kardiotonicum und Diureticum, besonders bei Altersherzschwäche, dekompensierten Herzfehlern, rectal besonders günstig resorbierbar. Für die Therapie steht Oleander etwa in der Mitte zwischen Digitalis und Strophanthin und sollte nach Digitalis nicht gegeben werden. Weitere *Kontraindikationen* sind Myokardinfarkt, Angina pectoris, frische infektiöse Myokarditis.

Homöopathische Anwendung. Schmerzfreie, lähmungsartige Zustände (spinale Lähmung), Schwindel, Kopfschmerz, Apoplexie, Gedächtnisschwäche, Epilepsie, Glieder- und Muskelkrämpfe, nervöse Erschöpfung, Diarrhöen, chronische Dyspepsie mit Flatulenz, Blähungen mit Stuhlabgang, ferner bei Hautjucken, nässenden Ekzemen, Milchschorf, Kopfgrind (HEINIGKE, MADAUS).

Volkstümliche Anwendung. In den Mittelmeerländern zur Förderung der Menstruation, als Abtreibungsmittel, zu Selbstvergiftungen (Militärdienst!), die Tinktur gegen Durchfall und Ruhr und äußerlich bei Krätze, Aussatz, chronischen Ausschlägen, Kopfgrind; ferner als Rattengift.

Asclepiadaceae, Schwalbenwurzgewächse.
Vincetoxicum officinale MOENCH, Asclepias vincetox. L., Schwalbenwurz.

Beschreibung. Ausdauernd; Wurzelstock mehrjährig, knotig. *Stengel* aufrecht, dünn, stielrund, zähe, meist 30—60 cm hoch, bisweilen oberwärts windend und dann bis 2 m lang. *Blätter* kreuzgegenständig, kurzgestielt, zugespitzt, ganzrandig, dunkelgrün, am Rande und unterseits an den Nerven kurzhaarig; untere Blätter herz-eiförmig, obere länglich-lanzettlich. *Blüten* in blattnebenständigen Trugdolden, Stiel länger als die Dolde. Krone radförmig, kahl, weiß, außen am Grunde grünlich, mit 5 eirund-länglichen, stumpfen, etwas gedrehten Zipfeln und einem fleischigen, fünflappigen, gelblichen Schlundkranz. Früchte gelbe, eilanzettliche, kegelförmige, aufspringende Balgkapseln. Samen schwarzbraun mit seidigem Haarschopf. *Blütezeit* Mai bis August.

Besonderes. Geruch frisch widerlich, trocken fast geruchlos. Geschmack süßlich, nachher widerlich scharf. *Giftig!*

Vorkommen. In trockenen Wäldern, an Felsenhängen und im niederen Gebüsch; meist nicht selten.

Sammelzeit. Die Wurzelstöcke werden im Herbst gegraben, von Stengel- und Wurzelfaserresten befreit, gesäubert, getrocknet.

Drogen, Arzneiformen. Rhizoma Vincetoxi, Schwalbenwurzel. — Die Fa. *Madaus* stellt eine „Teep"-Verreibung aus den ganzen frischen Wurzeln her. — *Homöopathie:* Essenz aus den frischen Blättern.

Bestandteile. Glykosid Vincetoxin (= Asclepiadin = Cynanchin), Asclepiinsäure (saponinartig), ätherisches Öl, Harz, Fett, Schleim, Saccharose, Glykose. Roberg konnte in der Droge kein Saponin nachweisen.

Pharmakologie. Vincetoxin hat aconitinähnliche Wirkungen, insbesondere am ZNS und am Herzen (Gessner). Die Samen beeinflussen die Herztätigkeit digitalis-strophantusartig (Franzen). Die Wurzel wirkt in kleinen Dosen abführend, in Dosen von 0,2 g brechenerregend (Schulz). *Vergiftungen* können auftreten; sie beginnen mit Erbrechen, Speichelfluß, Durchfällen, führen über ein Erregungs- (Krampf-) Stadium zur zentralen Lähmung, Lähmung des Herzens und der Muskulatur zum Tode. Die Prognose ist schlecht. Bei der Behandlung ist vor allem der Kreislauf zu stützen (Gessner).

Verordnungsformen. Rhiz. Vincetoxi, zum heißen Aufguß, $^1/_2$ Teelöffel auf 1 Tasse, 2 Tassen täglich. — „Teep", 3 Tabletten täglich. — *Homöopathie:* dil. D 3.

Anwendung. Als Diaphoreticum und Diureticum bei Hydrops (cardiale) und Nierenleiden, Diabetes.

Volkstümliche Anwendung. Als Brechmittel, gegen Wassersucht, typhöse Fieber, Pocken. Der frische Saft äußerlich zur Behandlung von veralteten Geschwüren, besonders in der Tierheilkunde.

Convolvulaceae, Windengewächse.

Convolvulus sepium L.,
Zaunwinde, Winde.

Beschreibung. Ausdauernd, über und unter der Erde Ausläufer treibend. *Stengel* 1,50—3 m lang, linkswindend. *Blätter* langgestielt, groß, breit, kahl, länglich-eiförmig, zugespitzt, Lappen eckig abgestutzt, am Grunde pfeilförmig. *Kelch* von zwei herzförmigen Deckblättern eingeschlossen. *Blumenkrone* groß, trichterförmig verwachsen, mit fünffaltigem Saum, reinweiß, selten rot gestreift oder rosa. Fruchtkapsel meist mit drei oder vier schwarzen Samen. *Blütezeit* Juli bis Oktober.

Besonderes. Pflanze kahl, Blüte geruchlos; die Blüten schließen sich bei Regenwetter.

Vorkommen. Auenwälder, Ufergebüsche, Hecken, Zäune; gemein.

Convolvulus arvensis L.,
Ackerwinde.

Beschreibung. Unterscheidet sich von *C. sepium* hauptsächlich durch die mittelgroßen weiß-hellrosafarbenen fünffach rotgestreiften Blüten, die wohlriechend sind. Der Stengel wird meist nur bis 1 m lang.

Sammelzeit. Die ganzen Pflanzen werden während der Blüte gesammelt oder die Wurzeln gesondert gegraben.

Drogen, Arzneiformen. Herba Convolvuli (arvensis), Ackerwindenkraut. — *Homöopathie:* Urtinktur aus dem frischen, blühenden Kraut von *Convolv. arvens.*

Bestandteile. In allen Teilen, hauptsächlich aber in der Wurzel (10%) gummiartige, harzige Stoffe, in denen (nach GESSNER) auch das Glykosid Jalapin vorkommt. Die Stoffe stellen sich als wasserunlösliche, glykosidische, saponinähnliche Säureanhydride dar, die erst im Darm durch die alkalischen Sekrete, namentlich die Galle, in lösliche und wirksame Form gebracht werden (MEYER-GOTTLIEB).

Pharmakologie. Die abführende Wirkung des vorgenannten Stoffes steht im Mittelpunkt des Interesses. Während Praktiker, wie STIRNADEL, LECLERC, BRISSEMORET die Anwendung der Pflanze als Abführmittel bestätigen, berichten VOLLMER, SCHULTZIK, LENDLE, daß durch den Gerbstoffgehalt (10%) die Wirkung eine stopfende wäre. Die Anwesenheit von Galle scheint für die abführende Wirkung maßgebend zu sein (POULSSON), die sich übrigens nicht allein auf den Dünndarm beschränkt, sondern es tritt durch Zerstörung der Harze im Dickdarm, die mitunter eben ausbleiben kann, gesteigerte Peristaltik mit drastischen Effekten, Hyperämie und reflektorische Erregung der übrigen Beckenorgane ein.

Verordnungsformen. Als heißer Aufguß: Herba Convolvuli conc. 1 Tee- bis Eßlöffel auf 1 Tasse Wasser. — *Homöopathie:* dil. D 2, dreistündlich 10 Tropfen.

Medizinische Anwendung. Als Abführmittel, das nicht immer sicher wirkt, aber dann eine mehr drastische Wirkung hat. Besonders als Zusatz zu anderen Teemischungen (z. B. mit *Spec. Carminativ.* ā̄ā).

Homöopathische Anwendung. Bei Bauchwassersucht.

Volkstümliche Anwendung. Als Abführmittel und bei Gebärmutterleiden (auch „Wehwinden" genannt), Fluor albus, Fieber.

Convolvulus soldanella L., Calystegia Soldanella R. BR., Meerstrands-Winde.

Beschreibung. Ausdauernd, Höhe bis 20 cm. *Stengel* kurz, niederliegend, kaum windend. *Blätter* nierenförmig, stumpf, mit sehr kurzer Stachelspitze. *Blüten*stiele geflügelt, vierkantig. Kelch fünfteilig, von 2 großen, eiförmigen, grünen Deckblättern umhüllt. Krone rötlich mit 5 weißen Streifen, glockig-trichterförmig. Narbenlappen abgeflacht, eiförmig oder länglich. Kapsel zweikammerig. *Blütezeit* Juli, August.

Vorkommen. Am Meeresstrand; auf niedrigen Dünen der Inseln Borkum, Juist, Langeroog, Amrum.

Sammelzeit. Zur Blütezeit wird die ganze Pflanze gesammelt.

Drogen, Arzneiformen. Herba Soldanellae, Meerkohlkraut. Resina Soldanellae, Soldanellaharz (11—12% aus der Wurzel).

Wirkung, Anwendung. Als mildes Abführmittel: Herba Soldanellae, zum heißen Aufguß, 1—2 Teelöffel auf 1 Tasse Wasser, 2 Tassen täglich oder bei Bedarf. Resina Soldanellae in Pillen, Tinktur oder Emulsion in Dosen von 1,5 g für Erwachsene und 0,75 g für Kinder.

Borraginaceae, Rauhblättrige Gewächse.
Heliotropium europaeum L.,
Sonnenwende, Wildes Heliotrop.

Beschreibung. Einjährig, Höhe 15—30 cm. *Stengel* aufrecht, ästig, nebst dem Kelch dicht behaart. *Blätter* gestielt, wechselständig, eiförmig-elliptisch, stumpf, ganzrandig, filzig-rauh. *Blüten* sitzend, in langen, deckblattlosen Ähren, seitenständig meist einzeln oder endständig zu zweit. Kelchzipfel lanzettlich, bei der Fruchtreife sternförmig ausgebreitet, bleibend. Krone sehr klein, tellerförmig, weißlich, mit gefaltetem Saum und kurzer Röhre, innen ohne Schlundschuppen. Teilfrüchtchen runzelig, kurzhaarig. Griffel behaart. *Blütezeit* Juli, August.

Besonderes. Ganze Pflanze hellgrün.

Vorkommen. Auf bebautem Boden und Schutt. Selten; fast nur im Rhein-, Nahe-, Mosel- und Maintal.

Wirkung, Anwendung. In Wurzel und Samen ist das Alkaloid Cynoglossin enthalten, das beim Kaltblütler curareartig lähmend auf die Nervenendplatten wirkt, beim Warmblütler aber selbst in größeren Dosen unwirksam ist. — Das in der Homöopathie gebräuchliche *H. peruvianum* wird äußerlich gegen Warzen, Krebs und fressende Ulcera angewendet (innerlich bei Heiserkeit, rauhem Hals, Uterusverlagerung), so daß, besonders da sich die Inhaltsstoffe decken, *H. europaeum* von MADAUS zur Nachprüfung der äußeren Anwendung bei Krebsgeschwüren empfohlen wird.

Verordnungsformen. „Teep", dreimal täglich 1 Tablette. — *Homöopathie:* ⌀ — dil. D 2, dreimal täglich 10 Tropfen.

Cynoglossum officinale L.,
Echte Hundszunge.

Beschreibung. Zweijährig, Höhe 30—90 cm. Wurzel braun, innen weiß. *Stengel* aufrecht, stark behaart, dicht beblättert, oben verzweigt. *Blätter* wechselständig, ganzrandig, bläulich-grün, beiderseits graufilzig, untere elliptisch in den Blattstiel verschmälert, obere halb stengelumfassend, lanzettlich, spitzlich, sitzend. Blütenstände: Die achselständigen, kurzen, dichten Wickeln sind rispig angeordnet, Blütenstiele abwärts gebogen. *Blüte* klein, trichterförmig, 5spaltig, Blumenblätter braunrot bis schmutzig-blutrot, verwachsen. Teilfrüchtchen mit wulstigem Rande, kletternd. *Blütezeit* Mai bis Juli.

Besonderes. Die ganze Pflanze kurzhaarig, grau; Geruch widerlich.

Vorkommen. Ödland, Hügel, Waldränder; zerstreut.

Sammelzeit. Mai bis August. Die Blätter werden von den Stengeln abgepflückt.

Drogen. Herba Cynoglossi, Hundszungenkraut. Radix Cynoglossi, Hundszungenwurzel. — *Homöopathie:* Essenz und Potenzen aus der frischen, im Herbst gesammelten Wurzel.

Bestandteile. Alkaloide Cynoglossin 0,002%, Consolidin 0,00054%, Cynoglossein, den Bitterstoff Cynoglossidin, Alkannin, Gerbstoff, Harz,

Gummi, Fett, 0,1% ätherisches Öl von kamillenartigem Geruch, Inulin, Cholin und hämolysierende Bestandteile. KROEBER vermutet Saponine und gibt auch an, daß das Alkaloid Cynoglossin in der Droge nur noch im Samen enthalten sei.

Pharmakologie. Cynoglossin wirkt beim Kaltblütler schon in geringen Mengen lähmend auf die Nervenendplatten (curareähnlich), ist aber beim Warmblütler selbst in größeren Dosen unwirksam (GESSNER). Ein beobachteter Todesfall ist wahrscheinlich auf die zentrallähmenden Alkaloide Consolidin und Cynoglossein (Consolicin) zurückzuführen.

Verordnungsformen. Herba oder Radix Cynoglossi, zum heißen Aufguß, 1 Teelöffel auf 1 Tasse, 3 Tassen täglich. — *Homöopathie:* D 2, drei- bis viermal täglich 1 Tablette.

Medizinische Anwendung. Bei schmerzhaften Tenesmen in abdomine, die mit Durchfällen verbunden sind.

Homöopathische Anwendung. Krampfzustände, Krampfhusten, Durchfälle mit starken Tenesmen.

Volkstümliche Anwendung. Schmerzlindernd bei Darmerkrankungen, bei Blutungen aus dem Darm und Hämorrhoiden, bei Entzündungen der Luftröhrenschleimhaut, schmerzhaftem Husten, ferner bei Gonorrhöe. Die frischen zerquetschten Blätter oder die Abkochung auf Wunden, Geschwüre, Kropf, Drüsengeschwülste, Ausschläge, Krätze. Der frisch gepreßte Saft wird als Läusemittel angewendet.

Symphytum officinale L.,
Schwarzwurz, Beinwell, Wallwurz.

Beschreibung. Ausdauernd, Höhe 30—100 cm. *Wurzel* spindelig, mehr oder weniger ästig, fleischig, außen schwarz, innen weiß, schleimhaltig. *Stengel* ästig, aufrecht, saftig, hohl, nebst den Blättern mit abstehenden auf Höckern stehenden und dazwischen mit kurzen hakenförmigen Haaren besetzt. *Blätter* wechselständig, lang herablaufend, derb, untere groß, eirund-lanzettlich, in den Blattstiel verschmälert, obere lanzettlich, sitzend. *Blüten* in unbeblätterten gipfel- oder blattachselständigen, langgestielten, überhängenden Doppelwickeln. Krone walzig-glockig, mit 5 zurückgekrümmten Zähnen, schmutzig-rot, violett, carmin, rosa oder gelblich-weiß, im Innern mit 5 pfriemlichen Schuppen. Kelch 5zipflig. Griffel überragen meist die Krone. Früchtchen schwarz, zu 4 in einem Kelche. *Blütezeit:* Mai bis August.

Besonderes. Die ganze Pflanze ist rauhhaarig-borstig.

Vorkommen. Auf feuchten Wiesen, an Gräben und Bachufern; gemein.

Sammelzeit. Die Wurzeln werden im Herbst oder im zeitigen Frühjahr gegraben und an der Luft gut getrocknet. — Der Anbau ist lohnend.

Drogen, Arzneiformen. Radix Consolidae, Schwarzwurzel. Mel Consolidae, Schwarzwurzelhonig. — *Homöopathie:* Essenz und Potenzen aus der frischen, vor der Blüte gesammelten Wurzel. Für äußerlichen Gebrauch: Symphytum ad usum externum, Tinktur aus der ganzen frischen blühenden Pflanze.

Bestandteile. Die Wurzeln enthalten 0,6—0,8% Allantoin (MACALISTER), 1—3% Asparagin, das Glykosid Coniferin, Gerbstoff, Schleim, Gummi; das Kraut enthält das Alkaloid Symphyto-Cynoglossin (0,0021%) das Glykoalkaloid Consolidin (frisch = 0,00171%) und dessen Spaltbase Consolicin, Cholin, einige aliphatische Amine, Schleim, Spuren ätherischen Öles. MADAUS fand bei seinen Untersuchungen über den Toxingehalt geringe Mengen ausfällbaren Eiweißes mittlerer Giftigkeit.

Pharmakologie. MACALISTER hält das *Allantoin* für den wirksamsten Bestandteil der Pflanze, es führte bei schwer heilenden Wunden und Ulcera zur Förderung der Granulation, peroral bewährte es sich bei Ulcera ventriculi et duodeni. (Auf malignes Zellwachstum wirkte die *ganze* Pflanze besser ein!) Allantoin spielt nach MACALISTER die Rolle eines Hormons, das von pflanzlichen und tierischen Zellen zur Proliferation benötigt wird. Injektionen von 0,4%iger Lösung in Hyacinthenknollen beschleunigten das Wachstum und die Blüte beträchtlich. Am Menschen und am Tier verursacht Allantoin eine Leukocytose von 25—83%. BOAS und MADAUS stellten fest, daß die ganze Pflanze (also nicht das isolierte Allantoin!) das Bakterienwachstum am stärksten von allen anderen Pflanzen anregt und MADAUS nimmt an, daß die vorzügliche Einwirkung auf die Wundheilungsvorgänge so zu erklären ist, daß die Wundflora ebenso wie das Regenerationsgewebe im Wachstum angeregt wird. — Die stark stopfende Wirkung im Tierversuch erklärt VOLLMER durch den Gerbstoffgehalt. — Das Alkaloid *Symphyto-Cynoglossin* wirkt zentral lähmend, die periphere curareartige Wirkung des Cynoglossins (s. *Cynoglossum off.*) fehlt ihm ganz. Auch Consolidin und Consolicin wirken zentral lähmend, und zwar ist Consolicin dreimal wirksamer als Consolidin (zitiert nach GESSNER).

Verordnungsformen. Rad. Consolid. (Symph.) zum heißen Aufguß, 1 Teelöffel auf 1 Tasse, 2 Tassen täglich. — *Homöopathie:* ∅ — dil. D 2, dreimal täglich 10 Tropfen oder äußerlich.

Medizinische Anwendung. Die Pflanze fördert die Callusbildung und andere regenerative Vorgänge (MADAUS) und wird bei Knochenerkrankungen aller Art (Frakturen, Osteomyelitis, Ostitis, Periostitis, Stumpfschmerzen), bei Quetschungen, Verstauchungen, Verrenkungen, Narbenschmerzen, Blutergüssen, ferner bei alten, schlecht granulierenden tiefen Wunden, Geschwüren, Geschwülsten angewendet. Ulcera cruris werden mit der Rad. Consolid. pulv. bestreut. Die Pflanze wirkt ferner bei Blutungen (Hämoptoe, Enteritis, Dysenterie, Ulcera ventriculi et duodeni, Hämorrhoidalblutungen. Auch chronische Katarrhe der Atmungsorgane mit starker Verschleimung sowie Ischias sprechen (nach MADAUS) günstig auf Symphytum an. MACALISTER sah gute Erfolge mit Allantoin bei Lobärpneumonie, Bronchopneumonie, Grippe und Leukopenie.

Homöopathische Anwendung. Die gleichen Indikationen. Bei Wundfieber gibt JANZ 10 Tropfen ∅ in 1 Tasse Wasser tagsüber. Wechselmittel sind Calendula und Calc. phosph. Von ausgezeichneten Erfolgen bei Paradentose und Alveolarpyorrhöe (20 Tropfen ∅ auf 1 Glas Wasser) berichtet MADAUS.

Volkstümliche Anwendung. Meist wird die frische Wurzel als Breiumschlag angewendet bei Wunden, Quetschungen, Geschwüren, Drüsengeschwülsten, Brüchen, Gichtknoten, Wespenstichen oder eine mit der frischen Wurzel bereitete Salbe bei Knochen- und Knochenhautverletzungen, Kniegelenksentzündungen, Rückgrat- und Beinverkrümmungen, Beingeschwüren. Die Abkochung der Wurzel vielfach bei Lungenleiden, Blutungen, Magen- und Darmgeschwüren, Ruhr, Fluor, Blutharnen.

Borrago officinalis L.,
Boretsch, Gurkenkraut.

Beschreibung. Einjährig, Höhe 30—70 cm. *Wurzel* möhrenförmig, weißlich, ästig. *Stengel* aufrecht, ästig oder einfach, frischgrün, hohl, dick, saftig und borstig. *Blätter* wechselständig, mit steifen Haaren besetzt, elliptisch, stumpf, wellig-gezähnt, untere rosettenartig, obere eiförmig-länglich, am Grunde stengelumfassend. *Doldenrispe* in zusammengesetzten, am Grunde beblätterten Wickeln. *Blüte* langgestielt, nickend, 5 Blumenblätter, himmelblau, selten weiß, verwachsen, Abschnitte eiförmig, zugespitzt. Frucht nüßchenartig. *Blütezeit* Juni, Juli.

Besonderes. Ganze Pflanze steifborstig behaart, riecht und schmeckt würzig gurkenartig.

Vorkommen. In Südosteuropa heimisch, häufig in Gärten angebaut, sowie verwildert auf Schutt, an Zäunen.

Sammelzeit. Die blühende Pflanze wird entweder frisch verwendet (Salat, Saft) oder rasch getrocknet.

Drogen. Herba Boraginis cum floribus.

Bestandteile. Harz, Extraktivstoffe, Schleim, Salze.

Anwendung, Wirkung. Der heiße Aufguß (20—30 g auf 2 Tassen Wasser) der Droge bei Hypochondrie mit innerer Hitze, bei Entzündungen der serösen Häute (Brust- und Bauchfell), bei beginnendem Gelenkrheumatismus. Wirkung auf die Blutcapillaren (BOHN). Die beruhigende, kühlende Wirkung besitzt auch der Saft der frischen Pflanze. — Im Volke vielfach als Küchengewürz verwendet.

Anchusa officinalis L., Anchusa leptophylla R., Anchusa angustifolia LEHM.,
Ochsenzunge.

Beschreibung. Zweijährige, bisweilen auch ausdauernde Pflanze. Höhe 30—100 cm, *Stengel* aufrecht, rispig-ästig, steifhaarig. *Blätter* wechselständig, länglich bis lineal-lanzettlich, ganzrandig, die unteren in einen Stiel verschmälert, die oberen sitzend. Die zungenartigen schmalen Blätter sind wie der Stengel mit steifen, borstigen Haaren besetzt, erscheinen graugefärbt und rauh. Die *Blüte* ist röhrenförmig, purpurviolett, selten blau oder weiß, mit breitem Kronensaum, in der Mitte von einem weißen Stern geziert. Die Blumenblätter sind verwachsen, die *Kelchzipfel* spitz. *Frucht* Teilfrüchtchen, feinhöckerig und mit feinen Leisten versehen. *Blütezeit* Mai bis Oktober.

Besonderes. Die ganze Pflanze abstehend-borstenhaarig, nur selten kahl.

Vorkommen. Wegränder, trockene, sandige Orte; zerstreut.
Sammelzeit. Vor und in der Blütezeit; die Blätter werden vom Stengel nach unten abgezogen.
Drogen. Herba Buglossi, Ochsenzungenkraut.
Bestandteile. Alkaloide Cynoglossin, Consolidin, Consolicin, ferner Cholin. Die Blätter sind frei von alkaloiden Substanzen und enthalten viel Schleim, Gummi, Gerbstoff.
Pharmakologie. Cynoglossin wirkt beim Kaltblütler ähnlich wie Curare, ist aber beim Warmblütler selbst in großen Dosen völlig wirkungslos. Dagegen können Consolidin und Consolicin auch am Menschen zentrallähmend wirken. GESSNER zählt die Ochsenzunge zu den Pflanzen mit chemisch ungenügend erforschten Alkaloiden.
Anwendung. Nur volkstümlich hier und da bei Herz- und Nervenleiden.

Pulmonaria officinalis L., Lungenkraut.

Beschreibung. Ausdauernd, Höhe 15—30 cm. Wurzelstock waagerecht, *Stengel* aufrecht, oberwärts mit starren Borsten, Stieldrüsen und weichen Haaren besetzt. *Grundblätter* rosettig, gestielt, eiförmig, zugespitzt, stark behaart; *Stengelblätter* wechselständig, sitzend, länglich-eiförmig, weich, kurzhaarig-rauh, leicht rötlich, dann leicht bläulich, mit vielen hellen Flecken. *Blütenstand* dolden-traubenähnlich an der Spitze des sich oben teilenden Stengels. *Krone* einblättrig, trichterförmig fünfzipfelig, jung rosenrot, später hellviolett-blau, selten weiß. Kelch einblättrig, fünfzipfelig, glockig, borstenhaarig. 4 getrennte Fruchtknoten, die sich zu vier einsamigen Nüßchen entwickeln. *Blütezeit* März, April.
Besonderes. Ganze Pflanze steifhaarig, ohne Geruch; Geschmack schleimig, schwach zusammenziehend.
Vorkommen. In feuchten, schattigen Laubwäldern, in Hecken und unter Gebüsch; zerstreut.
Sammelzeit. Die Blätter werden während der Blütezeit gepflückt.
Anbau. Lohnend, besonders da die Pflanze keine Pflege braucht und gern auf Kalkboden wächst. Man sät im Herbst aus.
Drogen, Arzneiformen. Herba Pulmonariae, Lungenkraut. — *Homöopathie:* Essenz aus dem frischen blühenden Kraut.
Bestandteile. 13,7—15,1% Gesamtasche mit viel Kalium- und Calciumsalzen und etwa 4% Kieselsäure, Saponine (?), Fett, Cerylalkohol, Phytosterin, Harze, Phlobaphene, Gerbstoffe, Invertzucker, Polysaccharide; die Anwesenheit von Schleimsubstanzen ist noch nicht sichergestellt. ROBERG konnte in der Droge keine Saponine nachweisen.
Pharmakologie. Die pulmonale Wirkung der Pflanze kann noch nicht geklärt werden; vermutlich ist es der hohe Mineralstoffgehalt, über den eine Kieselsäurewirkung zustande kommt, denn MADAUS konnte irgendeine bactericide Wirkung nicht feststellen. Dagegen fand er bei seinen Untersuchungen über den Toxingehalt durchschnittliche Mengen ausfällbaren Eiweißes von geringer Giftigkeit. VOLLMER stellte an

Mäusen mit der etwa 9% Gerbstoffe enthaltenden Droge einwandfreie Stopfwirkung fest.

Verordnungsformen. Herba Pulmonaria, zum heißen Aufguß, 2 Teelöffel auf 1 Tasse, 3 Tassen täglich. — *Homöopathie:* D 2, drei- bis vierstündlich 1 Tablette.

Medizinische Anwendung. Bronchialkatarrh, veraltete Bronchitiden, Tuberkulose, Hämoptoe. (Vielfach in Mischungen mit anderen, ähnlich wirkenden Pflanzen.)

Homöopathische Anwendung. Rachen-, Kehlkopf- und Luftröhrenkatarrh, Bluthusten, Blutharnen, Lungentuberkulose.

Volkstümliche Anwendung. Hals-, Bronchial- und Lungenleiden, Tuberkulose, Hämoptise, Hämaturie, Incontinentia urinae, Blasensteine, Ruhr, Hämorrhoiden und äußerlich als Wundmittel.

Lithospermum officinale L.,
Echter Steinsame.

Beschreibung. Ausdauernd, Höhe 30—60 cm, Grundachse dick, ästig. *Stengel* aufrecht, oberwärts stark ästig, dicht beblättert, nebst den Blättern angedrückt-steifhaarig, rauh. *Blätter* wechselständig, sitzend, klein, lanzettlich, zugespitzt, mit deutlichen Seitennerven, oberseits dunkelgrün, unterseits hellgrün. Blütenstand beblättert bzw. *Blüten* blattachselständig, Kelch fünfteilig, Blumenkrone klein, trichterförmig, grünlich-gelb, mit einer vom Saum deutlich abgesetzten Röhre und kleinen Schlundschuppen. Klausen eiförmig, stark glänzend, Nüßchen glatt, glänzend, weiß-bläulich-grau. *Blütezeit* Mai bis Juli.

Besonderes. Pflanze mehr oder weniger rauhhaarig, aber nicht stechend borstenhaarig!

Vorkommen. Steinige Orte, buschige Hügel, Wälder, gern auf Lehm- oder Kalkboden; zerstreut.

Wirkung, Anwendung. Die kieselsäurehaltige Pflanze findet im Volke Anwendung. Man nimmt die Abkochung der Samen gegen Nierensteinkolik, Darmkatarrh, Gonorrhöe und bezeichnet sie als harntreibend und wehenfördernd (SCHULZ).

Verbenaceae, Eisenkrautgewächse.

Verbena officinalis L.,
Eisenkraut.

Beschreibung. Ausdauernd, Höhe 30—60 cm. *Stengel* steif, aufrecht, vierkantig, kahl oder kurzborstig-rauh. Blütenzweige rutenförmig, unbeblättert, abstehend. *Blätter* gegenständig, rauh, untere gestielt, länglich; mittlere dreispaltig, mit ungleich-kerbig-eingeschnitten-gesägten Abschnitten; obere Blätter sitzend, länglich, eingeschnitten gekerbt, die obersten ganzrandig. *Blüten* klein, sitzend, in lockeren, fadenförmigen, rispigen Ähren. Kelch klein, fünfspaltig, Krone rötlich oder blaßblau, selten weiß, trichterförmig, mit fünfspaltigem, fast zweilippigen Saum. Frucht zuletzt in 4 Teilfrüchtchen zerfallend. *Blütezeit* Juni bis September.

Besonderes. Geschmack schwach herb, bitterlich; fast ohne Geruch.

Vorkommen. Dorfstraßen, Gräben, Wegränder, auf Schutt und wüsten Plätzen; häufig.

Sammelzeit. Während der Blütezeit sammelt man die Blätter mit den blühenden Zweigspitzen.

Drogen, Arzneiformen. Herba Verbenae, Eisenkraut. — *Homöopathie:* Urtinktur aus dem frischen, blühenden Kraut und Potenzen.

Bestandteile. Glykosid Verbenalin (= Cornin), Gerbstoff, Bitterstoff, Schleim, Emulsin, Invertin. HOLSTE konnte aus 5 kg der Droge 12,2 g Verbenalin gewinnen. Saponin war nach der Methode von ROBERG nicht nachweisbar.

Pharmakologie. Verbenalin verursacht beim Kaltblütler klonische und tetanische Krämpfe bis zur völligen Lähmung; HOLSTE beobachtete am Kaninchen Kontraktionssteigerungen am Uterus, Verstärkung der Spontanbewegungen und Tonussteigerung. Die Wirkung stand nicht hinter der von Hypophysenpräparaten zurück!

Verordnungsformen. Herba Verbenae, zum kalten Auszug, 1 Teelöffel auf 1 Tasse, 8 Stunden stehen lassen, 2—3 Tassen täglich. Herba Verbenae pulv., drei- bis fünfmal täglich 1 Messerspitze. — *Homöopathie:* D 2; zwei- bis dreimal täglich 1 Tablette.

Medizinische Anwendung. Nur als Bittermittel bei Erschöpfungszuständen, Chlorose und Anämie; im Entwicklungsalter, bei ovariell bedingten Erschöpfungszuständen, klimakterischen Beschwerden. Als Bittermittel wirksam bei Stauungen in Leber, Milz und Nieren. LECLERC wandte den Fluidextrakt bei leichteren Trigeminusneuralgien mit Erfolg an. — Konzentrierte Extrakte sollten als Wehenmittel eingeführt werden.

Homöopathische Anwendung. Bei Stein- und Nervenleiden, Epilepsie, Schlaflosigkeit, als Antispasmodicum und Nervinum.

Volkstümliche Anwendung. Die Abkochung des Krautes bei chronischem Bronchialkatarrh, rheumatischen Beschwerden, Neuralgie der Kopfnerven, als Diureticum und Diaphoreticum, bei klimakterischen Beschwerden, zur Förderung der Menstruation, innerlich und äußerlich bei chronischen Ekzemen, zu Spülungen bei Mund- und Halskrankheiten. Die Wurzeln werden zur Behandlung der Gelbsucht, bei Grieß- und Steinleiden, verwendet. KNEIPP schätzte die Pflanze bei Hydrops, Leber-, Milz- und Nierenleiden, Gelbsucht, Hämaturie, Stein- und Grießleiden, Atembeschwerden, Keuchhusten und äußerlich als Wundmittel bei Wunden und Geschwüren und als Gurgelwasser.

Labiatae, Lippenblütler.

Teucrium marum L., Marum verum,

Katzenkraut, Katzengamander.

Beschreibung. Kleiner Strauch, Höhe bis 20 cm. Stengel holzig, ästig. *Blätter* eiförmig-lanzettlich, oberseits grau, unterseits weiß. *Blüten* kurzgestielt, in einseitswendigen Trauben; Kelch bauchig-glockig, zottig behaart, Kelchzähne gleichmäßig fein zugespitzt; Krone rosenrot, Oberlippe mit langzugespitzten Zipfeln, Unterlippe mit kleinen, eiförmigen Seitenzipfeln und rundem, großen Mittelzipfel. — *Blüte*zeit Juli, August.

Besonderes. Die grauweißliche Pflanze hat einen starken campherähnlichen Geruch.

Vorkommen. Südeuropa, auf unfruchtbaren, sonnigen Plätzen und auf Felsen. Bei uns einzeln gezogen, früher kultiviert.

Drogen, Arzneiformen. Herba Mari veri, Katzenkraut (Amberkraut). *Homöopathie:* Urtinktur aus der frischen, kurz vor der Blüte gesammelten Pflanze.

Bestandteile. 1,13% ätherisches Öl, 11% Gerbstoff, Bitterstoffwert von 1:2500—3000 (ESDORN). BALANSARD wies etwas Glucosid und 0,26% saures Saponin nach.

Wirkung. Die gepulverte Droge wirkt niesenerregend; die Wirkung des geschnupften Pulvers bei Nasenpolypen ist mehrfach belegt (MEYER, BOHN). Früher wandte man die Pflanze im Aufguß als Cholagogum an (NEUSSER, Wien verordnete sie als Extr. Mari veri; in Karlsbad wird sie heute noch verordnet). RADONIČIČ (Univ. Agram) verordnet sie seit 20 Jahren gegen Cholelithiasis und Cholecystopathien und in über 1000 Fällen mit Erfolg.

Verordnungsformen. Herba Mari veri, zum heißen Aufguß, 1 Teelöffel auf 1 Tasse, 3 Tassen täglich. Herba Mari veri pulv., prisenweise zum Schnupfen (s. Rp.). — *Homöopathie:* hauptsächlich äußerlich als Schnupfpulver oder ⌀, verdünnt 1:2.

Medizinische Anwendung. Der Aufguß als Cholagogum bei Cholecystopathien, Cholelithiasis und bei Altersbronchitis. Das Pulver zum Schnupfen bei Schleimhautpolypen der Nasenhöhle, Stockschnupfen und Schnupfen.

Pulvis sternutatorius (Cod. med. Hamb. III)
Rp: Hb. Majoranae plv.   30,0
    Hb. Mari veri plv.
    Flores Convall. plv.
    Rhiz. Irid. plv.   āā 10,0
    M. f. pulv.
    D. s.: Prisenweise zu schnupfen.

Homöopathische Anwendung. Als Pulver zum Schnupfen und die verdünnte Tinktur zu Spülungen und Tamponaden bei Nasenwucherungen und -polypen, Schnupfen, Stockschnupfen, Ozaena, Mundentzündungen, Pharyngitis, Mandelschwellung und innerlich bei Brustverschleimung alter Leute, Lungenschwindsucht, ferner bei Ascariden, Kopfschmerzen, Schlaflosigkeit und Singultus der Säuglinge nach dem Stillen (WILHELM, BECKER, ref. nach MADAUS).

Volkstümliche Anwendung. Magenbeschwerden (Aufstoßen, Krämpfe) Leibschmerzen, Blähungen, schlechte Verdauung.

Teucrium scorodonia L.,
Wald-Gamander, Salbei-Gamander.

Beschreibung. Ausdauernd, Höhe 30—60 cm. Stengel aufrecht, vierkantig, meist nicht verzweigt. *Blätter* gegenständig, gestielt, 3—9 cm lang, herz-eiförmig oder herzförmig-länglich, stumpf, gekerbt-gesägt, runzelig, unterseits blaßgrün, beiderseits kurz und weich-wollig-zottig-behaart. *Blüten* einzeln, auf langen Stielen in den Achseln kleiner Hochblätter, lockere Trauben bildend. Kelch helmförmig zweilippig, Oberlippe ungeteilt, Unterlippe herabgekrümmt, vierzähnig. Kronenröhre aus dem Kelch hervorragend, grünlichgelb. Staubblätter violett. *Blütezeit* Juli, August.

Besonderes. Pflanze kurz-wollig-zottig.

Vorkommen. Waldschläge, lichte Laub- und Nadelwälder, Heiden; meist gehäuft auf kalkarmem, nicht zu trockenen Boden. Östlich der Elbe selten.

Sammelzeit. Das Kraut wird vor und während der Blütezeit abgeschnitten und im Schatten getrocknet.

Drogen, Arzneiformen. Herba Teucrii scorodoniae, Salbeigamander.— *Homöopathie:* Essenz und Potenzen aus dem frischen, blühenden Kraut.

Bestandteile. 0,08% ätherisches Öl, 8,69% Gerbstoff, Bitterstoffwert 1 : 1000 (ESDORN).

Verordnungsformen. Herba Teucrii scorod., 2 Teelöffel voll mit 2 Glas Wasser kalt ansetzen, 8 Stunden ziehen lassen und tagsüber schluckweise trinken (MADAUS). — *Homöopathie:* ⌀ — dil. D 3, dreimal täglich 10 Tropfen.

Anwendung. (Zit. nach MADAUS.) In homöopathischer Form oder als Tee als Adjuvans bei Tuberkulose aller Stadien (Lungen-, Knochen- und Hodentuberkulose), Asthma, chronischen Katarrhen der Atemwege, außerdem bei Hämorrhoiden, Atonie und Verschleimung der Verdauungsorgane, Drüsenaffektionen, Diarrhöe (im Wechsel mit Oenothera biennis von PÖLLER erprobt). JANKE heilte Lungenbluten mit Teucrium „Teep" O im Wechsel mit Hamamelis „Teep" D 2. — TALLER brachte durch Pinselung mit Tinktur aus der frischen Pflanze Nasenpolypen zum Verschwinden. — Abkochungen der Pflanze werden als Wundmittel, Mund- und Gurgelwasser verwendet.

Teucrium chamaedrys L.,
Echter Gamander.

Beschreibung. Ausdauernd (Zwergstrauch), Höhe 15—30 cm. *Stengel* am Grunde niederliegend, oberwärts nebst den Ästen aufsteigend, kurzhaarig, zuweilen zottig oder zweireihig behaart. *Blätter* kreuz-gegenständig, kurzgestielt, $1^1/_2$—$2^1/_2$ cm lang, ungeteilt, länglich-eiförmig, keilförmig in den Blattstiel zulaufend, eingeschnitten gekerbt, oberseits dunkelglänzend, spärlich kurzhaarig, unterseits grauschilferig. *Blüten* in Scheinquirlen, meist sechsblütig, zu einer endständigen Traube vereinigt, in den Achseln meist braunrot gefärbter Hochblätter. Lippenblüte, Krone purpurrot, selten weiß. Kelch 5—6 mm lang, fünfzähnig, rotbraun. *Blütezeit* Juli bis September.

Besonderes. Die Blätter ähneln den Eichenblättern.

Vorkommen. Auf steinigem kalkhaltigen Boden, Ödland, sonnigen Hügeln, namentlich in Mittel- und Süddeutschland.

Sammelzeit. Das Kraut wird zur Blütezeit abgeschnitten und im Schatten getrocknet.

Droge. Herba Chamaedryos, Edelgamanderkraut. — *Homöopathie:* Urtinktur und Potenzen aus der frischen, blühenden Pflanze.
Bestandteile. Gerbstoff, ätherisches Öl, Bitterstoff.
Verordnungsform. Herba Chamaedryos, zum heißen Aufguß, 1 Teelöffel auf 1 Tasse, 3 Tassen täglich. — *Homöopathie:* ∅ — dil. D 2, dreimal täglich 10 Tropfen.
Anwendung. Die Abkochung wird im Volke gegen gichtische Leiden, Wechselfieber bei Hautausschlägen, Skrofeln, zur Blutreinigung und -auffrischung, angewendet.
Homöopathische Anwendung. Bei Wechselfieber und Gicht.

Teucrium scordium L.,
Lauch-Gamander.

Beschreibung. Ausdauernd, Höhe bis 50 cm. Grundachse kriechend, Ausläufer treibend. *Stengel* meist aus kriechendem, wurzelnden Grunde aufsteigend, oft am Grunde ästig. *Blätter* gegenständig, sitzend, 2—4 cm lang, länglich bis lanzettlich, grob gekerbt, die unteren am Grunde abgerundet, die oberen am Grunde keilförmig verschmälert und ganzrandig. *Blüten* in Scheinquirlen, meist vierblütig, in den Blattachseln. Lippenblüte, Krone hellpurpurn, Oberlippe tief gespalten, ihre Zipfel der Unterlippe anliegend, deshalb diese scheinbar fünfspaltig. Kronenröhre ohne Haarring, Krone abfallend. Kelch bis 35 mm lang, fünfzähnig. *Blütezeit* Juli, August.
Besonderes. Die ganze Pflanze oft rötlich überlaufen, Geruch knoblauchartig, Geschmack bitter.
Vorkommen. Feuchte Wiesen, Gräben, Gebüsche; selten.
Sammelzeit. Das Kraut wird vor oder während der Blütezeit abgeschnitten und im Schatten getrocknet.
Drogen, Arzneiformen. Herba Scordii vulgaris, Lachenknoblauch. — *Homöopathie:* Urtinktur und Potenzen aus dem frischen, blühenden Kraut.
Bestandteile. Über 10% Gerbstoff (VOLLMER), 0,15% ätherisches Öl (ESDORN), amorpher Bitterstoff Scordein, 0,22% saures Saponin (BALANSARD), etwa Glucose.
Pharmakologie. Als vorwiegend wirksam wird der Bitterstoff betrachtet. LEWIN beobachtete nach Injektionen ins Parenchym in der Nähe der Einstichstelle Rötung, Schwellung und Schmerz, bei Injektionen in die Cutis Blasen und Gewebszerfall.
Verordnungsformen. Herba Scordii vulg., zum heißen Aufguß, 2 Teelöffel auf 1 Tasse, 3 Tassen täglich. — *Homöopathie:* ∅ — dil. D 2, dreimal täglich 10 Tropfen.
Medizinische Anwendung. Gegen atonische Zustände des Gastro-Intestinaltraktes; unterstützend bei Grippe, Infektionskrankheiten, Lungen-, Knochen- und Gelenktuberkulose, bei hochgradiger Erschöpfung und Schwäche (BOHN). Die Abkochung äußerlich bei septischen Ulcera, Gangrän, Fäulnisprozessen, Erysipel. ZÖRNIG berichtet, daß Extr. Scordii dialys. zur Injektion bei Lupus, Abscessen und Aktinomycosis angewendet wurde.

Homöopathische Anwendung. Tuberkulose (D 6), Erkrankungen der Atmungsorgane, auch entzündlicher Art (Bronchitis, Empyem), zur Spülung bei Nasenkatarrh, Ozaena, Kieferhöhlenentzündung. Weiter als harn- und schweißtreibendes Mittel, gegen Verschleimung des Verdauungsapparates, Blähungen, Würmer, Orchitis und anderen Drüsenaffektionen, Hämorrhoiden, Lupus (zit. nach MADAUS).

Volkstümliche Anwendung. Bronchialkatarrh, Lungentuberkulose, ruhrartige Durchfälle, Würmer, Hämorrhoiden (SCHULZ).

Rosmarinus officinalis L., Rosmarin.

Beschreibung. Immergrüner Strauch, bis 2 m hoch, dichtverzweigt. Zweige aufrecht, rutenförmig, weichfilzig, in der Jugend vierkantig. Rinde braun oder aschgrau. *Blätter* dichtstehend, gegenständig, sitzend, 2—3 cm lang, lineal, steif, lederig, am Rande umgerollt, oberseits graugrün, kahl, glänzend, unterseits weiß filzig-sternhaarig. Blütenstände durchblättert, *Blüten* in achselständigen Trauben. Kelch zweilippig, drüsig-punktiert, weichhaarig, Krone blaßblau mit kleiner zweilappiger Oberlippe und großer Unterlippe mit breitem Mittellappen und weißlichen Streifen. Staubblätter hervorragend, Narbe zweispaltig. *Blütezeit* April bis Juni.

Besonderes. Geruch der Blätter aromatisch, campher-terpentinartig, Geschmack schwach bitter und herb.

Vorkommen. In Süddeutschland nicht selten in Gärten, sonst oft als Zimmerpflanze gezogen.

Sammelzeit. Die Blätter pflückt man während und nach der Blüte und trocknet sie luftig im Schatten.

Anbau. Auf gutem Humusboden leicht und lohnend. Man trennt vom Stock etwa 10 cm lange Stecklinge ab, die man ziemlich eng pflanzt und im Anfang reichlich gießt. Im zweiten Jahr kann man schon Blätter ernten.

Drogen, Arzneiformen. Folia Rosmarini, Rosmarinblätter; Oleum Rosmarini, Rosmarinöl; Spiritus Rosmarini, Rosmarinspiritus. — Ol. Rosm. ist Bestandteil von Unguent. Rosmarini, Spiritus saponato-camphor. (Opodeldok) und des Liniment. saponato-camphoratum. — *Homöopathie:* Tinktur und Potenzen aus den getrockneten Blättern.

Bestandteile. 1—2% ätherisches Öl (mit a-Pinen, i-Camphen, Cineol, d- und l-Campher, d- und l-Borneol, Borneol-Ester), Harz, Gerbsäure, Bitterstoff (KROEBER), 0,15% saures Saponin, etwas Glucosid (BALANSARD).

Pharmakologie. Rosmarinöl reizt örtlich auf der Haut und ist deshalb Bestandteil von Einreibungen (Opodeldok). Innerlich und in größeren Dosen erzeugt es konvulsive Krämpfe (LESIEUR), Lähmung des Atemzentrums, Nephritis (BOHN); Tiere, die man mit kleinen Dosen behandelt, werden furchtsam. MADAUS untersuchte die Giftigkeit der Pflanze und stellte fest, daß wäßrige Auszüge der blühenden Pflanze Bacterium Coli abtöten. Weiter prüfte er den Rosmarinauszug, der als Emmenagogum benutzt wird, an der Ratte und sah bei infantilen Mäusen nach subcutaner Injektion das Auftreten eines echten Oestrus, bei infantilen Ratten vorzeitiges Eintreten der Brunst. Gleichzeitig trat übernormale Gewichtszunahme ein. Trächtige Tiere wurden nicht ungünstig beeinflußt. Mit oralen Gaben waren keine Wirkungen zu erzielen. Französische Autoren stellten die starke Gallensekretion durch den Auszug fest, während das Öl ohne diese Wirkung war.

Verordnungsformen. Folia Rosmarini zum heißen oder kalten Auszug, 1 Teelöffel auf 1 Tasse, 2 Tassen täglich. Oleum Rosmarini 1 bis 3 Tropfen täglich. *Vorsicht* bei größeren Dosen! — *Homöopathie:* dil. D 3, drei- bis viermal täglich 5 Tropfen.

Medizinische Anwendung. Als Emmenagogum bei Amenorrhöe, Dysmenorrhöe, Fluor, klimakterischen Erscheinungen. Als Stimulans und Nervinum bei adynamischen Zuständen nach Krankheiten, bei Erschöpfungszuständen, Dyspepsie, Atonie des Verdauungstraktes, Gliedermüdigkeit, Herzneurosen. Als Cholagogum, wenn atonische Zustände vorliegen. Als Badezusatz bei Erkältungskrankheiten und neuritischen Beschwerden, zum Mundspülen bei Fastenkuren und Spülungen bei Fluor. — Als Salbe, Spiritus und Liniment als leicht hautreizendes Einreibemittel.

Homöopathische Anwendung. Nach subcutaner Injektion von 1 ccm dil. D 3 wurde starke Diurese beobachtet. Innerlich bei zu früher Menstruation, gegen Kopfschmerz, Kahlköpfigkeit und Gedächtnisschwäche.

Volkstümliche Anwendung. Magen-, Nieren-, Leber- und Herzleiden, Magenkatarrh, Appetitmangel, Blähungen, Wassersucht, Krankheiten der Unterleibsorgane, mangelnde Periode, Fluor, bei Asthma, Husten und bei Epilepsie. Äußerlich gegen Kahlköpfigkeit, chronischen Hautausschlägen, Wunden, Ektoparasiten, als Badezusatz bei körperlicher Schwäche und Nervosität. Rosmarinspiritus und Rosmarinsalbe als Einreibungen bei Verstauchungen, Quetschungen, Rheumatismus, Lähmungen, nervösen Kopfschmerzen, Nervenschwäche.

Scutellaria galericulata L.,
Kappen-Helmkraut.

Beschreibung. Ausdauernd, Höhe 15—50 cm. Wurzelstock dünn, Ausläufer treibend. Stengel einfach oder am Grunde ästig, kahl, auch oberwärts etwas kurzhaarig. *Blätter* gekreuzt-gegenständig, aus herzförmigem oder gestutzten Grunde länglich-lanzettlich, entfernt-gekerbt-gesägt, nie deutlich spießförmig. *Blüten* einzeln, in den Achseln größerer, entfernter Laubblätter, einseitswendig, die obersten Blätter meist ohne Blüten. *Kelch* zweilippig, ungeteilt, die Oberlippe auf dem Rücken mit aufrechter, hohler Schuppe, kahl oder drüsenlos kurzhaarig. *Krone* 10—18 mm lang, blauviolett, selten weiß, zweilippig, Oberlippe dreispaltig, der mittlere Abschnitt helmförmig, Unterlippe ungeteilt. Kronenröhre über dem Grunde bogenförmig aufwärtsgekrümmt. Frucht gestielt, Klausen fast kugelig. *Blütezeit* Juli bis September.

Vorkommen. Feuchte, buschige Plätze, Teich- und Flußränder; nicht selten.

Besonderes. Die ganze Pflanze riecht etwas nach Knoblauch und schmeckt bitter und salzig.
Bestandteile. Die Pflanze enthält das Glykosid Scutellarin (THOMS).
Wirkung, Anwendung. Im Volke als altes Mittel gegen die Intermittens, besonders die Tertiana; das Kraut ist früher als Herba Tertianariae offizinell gewesen (SCHULZ).

Lavandula spica L.,
Lavendel.

Beschreibung. Halbstrauch, Höhe 30—60 cm, stark verästelt. *Äste* steif, aufrecht, oberwärts unbeblättert, vierkantig, meist einfach. *Blätter* gegenständig, 2,5—5 cm lang, sitzend, linealisch oder länglich-linealisch, ganzrandig, am Rande eingerollt, in der Jugend filzig-grau, zuletzt grün, unterseits drüsig punktiert. Blütenstand unterbrochene, walzige Ähre, in meist sechs- bis zehnblütigen Scheinquirlen, in den Achseln trockenhäutige, zugespitzte Deckblätter. Kelch röhrenförmig, drüsig punktiert, stahlblau bis bräunlich, durch weiße oder blaue Haare filzig, mit in der Frucht zusammenneigenden Zähnen. *Blüten* kurzgestielt, Krone aus dem Kelch hervorragend, weichhaarig, zweilippig, bläulichtiefblau. Oberlippe groß, zweilappig, Unterlippe kleiner, dreilappig. In der Röhre 2 längere und 2 kürzere Staubblätter. Frucht 4 kleine Nüßchen. *Blütezeit* Juli bis Herbst.

Besonderes. Ganze Pflanze kurzhaarig. Geruch angenehm gewürzhaft, Geschmack bitter.

Vorkommen. In Südeuropa heimisch. Bei uns in Gärten angepflanzt, hier und da verwildert.

Sammelzeit. Vor völliger Entfaltung werden die Blütenköpfchen abgestreift und rasch im Schatten getrocknet. Zur Öldestillation werden die Blüten der zweijährigen Pflanze verwendet, weil diese am gehaltreichsten sind.

Anbau. Zu empfehlen; es müssen trockene, möglichst nach Süden liegende Hänge zur Verfügung stehen, besonders guter Boden ist nicht notwendig. Die Vermehrung nimmt man am einfachsten durch Stecklinge vor, die man im Herbst pflanzt. Bei der Aufzucht aus Samen ist darauf zu achten, daß die jungen Pflanzen keinen Frost vertragen. Alle Lavendelpflanzen müssen, wenn sie recht blütenreich werden sollen, im Sommer beschnitten· werden, und zwar ziemlich kurz.

Drogen, Arzneiformen. Flores Lavandulae, Lavendelblüten; Oleum Lavandulae, Lavendelöl; Spiritus Lavandulae, Lavendelspiritus; Tinctura Lavandulae comp.

Bestandteile. Blüten: 1—2% ätherisches Öl mit 30—56% Linalylacetat, 12% Gerbstoff, 0,12% Glykosid, saures Saponin und als hauptsächlichen Geruchsträger Äthyl-n-amylketon. Ferner finden sich im Öl noch Linalylbutyrat, -valerianat, -kapronat, freies Linalool, Geraniol, α-Pinen, Spuren Cineol, Cumarin, d-Borneol, Nerol, Furfurol, Valeraldehyd, Caryophyllen.

Pharmakologie. Oleum Lavandulae ist in therapeutischen Dosen ein ausgesprochenes Schlafmittel, ein Narkoticum, das Sensibilität und

Reflexerregbarkeit ebenso herabsetzt wie die Körpertemperatur und die Energie der Herzarbeit (CADÉAC, MEUNIER); es wirkt diuretisch (MOPURGO), spasmolytisch, deutlich gallentreibend (HÖFFDING), lokal anästhetisch (POULSSON), antiseptisch und eiterwidrig. Erregende Wirkungen treten erst nach toxischen Dosen auf.

Verordnungsformen. Flor. Lavandulae, zum heißen Aufguß 3 Teelöffel auf 2 Tassen, tagsüber trinken oder in Teemischungen (s. Rp.), auch als Badezusatz und Spülungen. Ol. Lavand., dreimal täglich 5 bis 8 Tropfen oder abends 10 Tropfen. Spiritus Lavandulae zu Einreibungen. Tinct. Lavand. comp., dreimal täglich 10—15 Tropfen.

Medizinische Anwendung. Blutandrang nach dem Kopfe, Migräne, Neurasthenie, nervöse Aufregungszustände (Herzklopfen), Schlaflosigkeit, hysterische Zustände, Krämpfe, Koliken, Meteorismus, Magen-Irritationen (nervöse Magenbeschwerden), Gastritis, hydroptische Erscheinungen leichterer Ursache, Bronchialverschleimung, Asthma, Pertussis, Laryngitis, Grippe, Pneumonie (LECLERC berichtet von besonderen Erfolgen). Die Einreibungen schmerzstillend bei Rheuma, Gicht, Neuralgien (Ischias), das Öl zum Einreiben bei Skabies, die Abkochungen zu Vaginalspülungen bei Fluor albus und als Badezusätze zur Beruhigung und als Schlafmittel (Spec. aromaticae DAB VI). Eine mit Ol. Lavand. hergestellte Salbe oder auch die Abkochung (Spec. resolventes) zur Wundbehandlung. Für die keimtötende, wundheilende Anwendung setzte sich MARCHAND ein.

Species nervinae
Rp: Flor. Lavandulae
Flor. Chamomillae
Strob. Lupuli
Herb. Hyperici
Rad. Valerianae   āā 20,0
C. m. f. species.
D. s.: 2 Teelöffel mit 1 Tasse Wasser aufbrühen, abends trinken.

Zur Einreibung
Rp: Ol. Lavand.
Spiritus   āā 10,0
Aceti (6%)   90,0
D. s.: Äußerlich.

Wundsalbe
Rp: Vaselin. flav.
Ad. Lan.   āā 25,0
Ol. Lavand.   1,0
M. f. ung.
D. s.: Äußerlich, Wundsalbe.

Volkstümliche Anwendung. Umschläge mit der Abkochung bei Schwellungen, Prellungen, Verrenkungen, Blutergüssen, ebenso Auflagen mit Lavendelblüten-Säckchen bei Schmerzen. Die Abkochung zu Bädern und Waschungen, zum Einreiben als Spiritus bei Rheuma, Gicht, Lähmungen, Nervenschmerzen, Migräne, Ohnmacht. Innerlich bei Nervenschwäche, Gliederzittern, Menstruationsbeschwerden, Blähungen, als harntreibendes Mittel, bei Migräne, nervösem Herzklopfen, Hysterie, Epilepsie, Melancholie, Hypochondrie, Leber- und Milzleiden, Magenbeschwerden, Gärungsdyspepsie, infektiösen Prozessen des Verdauungsapparates (KNEIPP, ECKSTEIN-FLAMM).

Marrubium vulgare L.,
Mauer-Andorn, Gemeiner A., Weißer A.

Beschreibung. Ausdauernd, Höhe 30—60 cm. Wurzel ästig, später vielköpfig. *Stengel* aufrecht, sehr ästig, Äste abstehend, stumpf-vierkantig, hohl, mit kurzen, weichen Drüsenhaaren besetzt. *Blätter* kreuzgegenständig, untere langgestielt, obere in den Blattstiel verschmälert, rundlich-eiförmig, ungleich gekerbt, runzelig, zottig, oberseits dunkelgrün, unterseits weißfilzig. *Blütenquirle* fast kugelig, dicht, zehn- bis fünfzehnblütig, in den Blattachseln der oberen Blätter. *Lippenblüten* klein, weiß, Oberlippe flach, zweispaltig, Unterlippe dreispaltig mit breiterem Mittelzipfel. *Kelch* röhrenförmig, wollig-filzig, 10 Kelchzähne, von der Mitte an kahl, an der Spitze hakig zusammengerollt, stechend. Früchtchen oben gestutzt und weichhaarig. *Blütezeit* Juli bis September.

Besonderes. Pflanze weiß-filzig; Geruch der Blätter aromatisch, Geschmack bitter.

Vorkommen. Wege, Zäune, Schutt, in Dörfern, auf trockenen Hügeln; zerstreut.

Sammelzeit. Während der Blüte kann die ganze Pflanze ohne die dickeren Stengelteile gesammelt werden.

Anbau. Auf mehr trockenem Boden ertragreich. Vermehrung entweder durch Saat im Frühjahr oder Stockteilung im Herbst. Von 12 qm erntet man etwa 1 kg getrocknete Pflanzen (MEYER).

Drogen, Arzneiformen. Herba Marrubii albi, weißes Andornkraut; Extractum Marrubii. — *Homöopathie:* Tinktur aus der frischen Pflanze ohne Wurzel.

Bestandteile. 1% Bitterstoff Marrubiin (= Lacton), zwei weitere Bitterstoffe in nicht-glykosidischer Bindung. 0,055% ätherisches Öl, 7% Gerbstoff, Fett, Wachs, Schleim, Harze, Glykose. BALANSARD stellte 0,12% Glykosid und 0,18% saures Saponin fest.

Pharmakologie. Marrubium-Extrakt reguliert in mäßigen Dosen die Herzarbeit, beeinflußt die extrasystolische Arhythmie; in größeren Dosen stört es den Herzrhythmus (GRANEL, SCHIMERT). BOHN berichtet, daß größere Dosen das Gefäßsystem erregen, Haut- und Nierensekretion steigern, anregend auf die Leberfunktion und regulierend auf die Menstruation wirken und Diarrhöen hervorrufen. MERCIER und RIZZO stellten die galletreibenden Wirkungen der bei der alkalischen Hydrolyse entstehenden K- oder Na-Marrubinate fest, was CHABROL vom Extrakt nicht bestätigen konnte. MADAUS fand bei Untersuchungen über den Toxingehalt durchschnittliche Mengen ausfällbaren Eiweißes von starker Giftigkeit.

Verordnungsformen. Herba Marrubii, zum heißen oder kalten Aufguß 1 Teelöffel auf 1 Tasse, 2 Tassen tagsüber trinken. Herb. Marrub. pulv., dreimal täglich 1—2 g, verrührt oder in Oblaten. — *Homöopathie:* D 2, dreimal täglich 5—10 Tropfen.

Medizinische Anwendung. Bei Leberstauungen und Ikterus, Cholelithiasis, Magen- und Darmverschleimung, Ulcera ventriculi et duodeni (EISENBERG); Menstruationsanomalien, besonders Amenorrhöe und Dysmenorrhöe anämischer Frauen. Bei chronischer Bronchitis, Pertussis,

Lungentuberkulose mit starker Verschleimung, Asthma. Ausländische Autoren bestätigen klinisch die Anwendung bei Malaria, Typhus und Paratyphus.

Homöopathische Anwendung. Chronische Katarrhe der Atmungsorgane, Darmkatarrh, chronische Hautausschläge, Amenorrhöe infolge Chlorose.

Volkstümliche Anwendung. Bronchialkatarrhe, Lungenleiden, Leber- und Milzleiden, Drüsenerkrankungen, Steinleiden, Bleichsucht, Schwäche, Skrofeln, Menstruationsstörungen, Durchfälle, Hysterie, Hypochondrie, Würmer, Hämorrhoiden, Wechselfieber, Malaria und äußerlich bei Hautkrankheiten und Wunden, Geschwüren und Geschwülsten.

Glechoma hederacea L.,
Gundermann, Gundelrebe.

Beschreibung. Ausdauernd, Wurzelstock dünn, *Stengel* vierkantig, kriechend, an den Gelenken wurzelnd, 15—60 cm lang. *Blütentriebe* aufsteigend. *Blätter* gegenständig, langgestielt, rundlich-nierenförmig, obere fast herzförmig, grob gekerbt, schwach behaart. Halbscheinquirle ein- bis dreiblütig. Kelch röhrenförmig, fünfzähnig, *Blumenkrone* lila, selten fleischrot, zweilippig, Oberlippe zweispaltig, flach, ausgerandet, gerade vorgestreckt. Unterlippe dreispaltig, flach, ausgerandet, am Grunde bärtig. Frucht 4 Nüßchen. *Blütezeit:* April bis Juni, oft ein zweites Mal im Herbst.

Besonderes. Pflanze zerstreut behaart, Blüten beim Zerreiben eigenartig schwach aromatisch, Geschmack bitterlich.

Vorkommen. Wälder, Gebüsche, Hecken, feuchte Wiesen, Gräben, schattige Wegränder; häufig.

Sammelzeit. Das ganze Kraut wird während der Blütezeit gesammelt. Welke Blätter sind zu entfernen. Die Droge muß gut ausgetrocknet werden.

Drogen, Arzneiformen. Herba Glechomae hed. (Herba Hederae terrestris), Gundelrebenkraut. — *Homöopathie:* Essenz aus der frischen, blühenden Pflanze ohne Wurzeln.

Bestandteile. 5,9—7,5% Gerbstoff, Bitterstoff, Cholin, Harz, Fettsäuren, Wachs, Gummi, Zucker, Essig- und Weinsäure, Salze, ätherisches Öl im frischen Kraut 0,03% (Gildemeister, Hoffmann), im getrockneten 0,064% (Hänsel).

Pharmakologie. Vollmer stellte stark stopfende Wirkungen im Tierversuch fest. Kosch konnte im Selbstversuch selbst bei erzeugter Diarrhöe diese Wirkung nicht bestätigen.

Verordnungsformen. Herba Glechomae hed. zum heißen Aufguß, 1 Teelöffel auf 1 Tasse, 2 Tassen täglich. — *Homöopathie:* dil. D 2, drei- bis viermal täglich 5 Tropfen.

Medizinische Anwendung. Bei katarrhalischen und tuberkulösen Erkrankungen der Respirationsorgane mit starker Schleimsekretion, Hämoptöe, Asthma bronchiale und in Form von Kopfdampfbädern bei chronischem Schnupfen, auch Heuschnupfen. Die Pflanze wirkt im allgemeinen bei Verschleimungen, ferner auch bei Magen- und Darmkatarrhen, Leber- und Milzstauungen, Steinleiden auch der Nieren, bei Cystitis und Blasenschwäche. Konzentrierte Aufgüsse haben gute Wirkungen bei Geschwüren (NOAK berichtet von der schnellen Granulation einer seit Jahren bestandenen, nekrotisierenden Beinwunde), Ulcera cruris. Spülungen mit der Abkochung werden bei Gehörleiden (chronischen Flüssen) und Fluor albus angewendet und Bäder bei Podagra.

Homöopathische Anwendung. Chronischer Bronchialkatarrh, Darmkatarrh.

Volkstümliche Anwendung. Bei Bronchial- und Darmkatarrh, Lungentuberkulose (KNEIPP empfahl sie bei Brust- und Magenverschleimung), Verdauungsbeschwerden, Steinleiden, Gelbsucht, Wechselfieber, als Wurmmittel und bei Gonorrhöe und Fluor. Die jungen Blättchen des frischen Krautes werden bei Blutarmut, Bleichsucht, Unterleibsstokkungen, Skrofulose und als „Frühlingsgemüse" roh gewiegt oder in Suppen gegessen. Die Abkochung oder frischer Saft (in Salben) bei schlecht heilenden Wunden und skrofulösen Geschwüren, die frische Pflanze aufgebrüht als Badezusatz bei Stein- und Grießbeschwerden, Ischias, Gicht.

Brunella vulgaris L.,
Kleine Brunelle, Gemeine B.

Beschreibung. Ausdauernd, Höhe 15—30 cm. Grundachse über der Erde verzweigt, ganze Pflanze oberwärts kurzhaarig. *Blätter* länglich-eiförmig, selten fiederspaltig, gestielt, am Grunde gezähnt oder ganzrandig. *Blüten* in endständigen, walzigen Köpfchen, Deckblätter breit, herzförmig. *Blumenkrone* höchstens doppelt so lang als der Kelch, mit gerade Röhre. Zähne der Kelchoberlippe kurz, gestutzt, stachelspitzig, Unterlippe eiförmig, bis zur Mitte zweispaltig. *Lippenblüte* violett oder rötlich, selten weiß. Zahn der längeren Staubblätter gerade. *Blütezeit* Mai bis Oktober.

Vorkommen. Wiesen, Triften, Wälder; häufig.

Sammelzeit. Mai bis Oktober; man sammelt das ganze blühende Kraut.

Bestandteile. Gerbstoff, Harz, Bitterstoff, etwas fettes Öl, Spuren ätherischen Öles.

Anwendung, Wirkung. Im Volke wird der Aufguß zur Behandlung von Lungenbeschwerden verwendet, außerdem bei innerlichen Verwundungen und Entzündungen, Magen- und Darmkrankheiten, Zuckerkrankheit. Als Gurgelmittel bei Entzündungen und Infektionen in Mundhöhle und Rachen, auch bei Husten.

Lamium album L.,
Weiße Taubnessel, Bienensaug.

Beschreibung. Ausdauernd, Höhe 30—60 cm. *Wurzel* faserig mit unterirdischen, kriechenden Ausläufern. *Stengel* einfach, aufrecht, vierkantig, hohl, behaart. *Blätter* kreuzgegenständig, länglich-eiförmig mit herzförmigem Grunde, langgestielt, grob und ungleich gesägt, fein behaart, werden von unten nach oben kleiner. *Blüten* 5—8, in Halbquirlen sitzend, in den Achseln der Laubblätter. Kelch fünfzähnig, *Blumenkrone* groß, gelblich-weiß, zweilippig, flaumhaarig. Unterlippe am Grunde hellgrün gefleckt, Oberlippe außen oft schmutzig rosa überlaufen, stark gewölbt, helmförmig. Haarring der Blumenkrone schräg. Rand des Schlundes auf jeder Seite mit 4 Zähnchen besetzt. Blütenstaub blaßgelb. Früchtchen kahl. *Blütezeit* April bis Oktober.

Besonderes. Blüten riechen schwach nach Honig und schmecken süßlich-schleimig.

Vorkommen. Zäune, Wege, Grasplätze; gemein.

Sammelzeit. Man sammelt bei trockener Witterung die Blüten durch Abzupfen, trocknet sie sorgfältig im Schatten, erst am Schluß einige Stunden in der Sonne.

Drogen, Arzneiformen. Flores Lamii albi, Weiße Taubnesselblumen; Tinctura Lamii albi, Taubnesseltinktur. — *Homöopathie:* Essenz aus frischen Blüten und Blättern.

Bestandteile. 0,5% ätherisches Öl, 0,14% saures Saponin (BALANSARD), etwas Glykosid, etwa 10% Gerbstoffe, Schleim. Ein Alkaloid Lamiin wird vermutet.

Pharmakologie. Dekokte der Blüten riefen am isolierten Uterus Kontraktionen hervor (WASICKY). LECLERC bestätigt die Beobachtungen FLORAINS, der der Pflanze einen wirklichen Einfluß auf die uterine Zirkulation zuspricht. MADAUS und KROEBER bestätigten den Saponingehalt; letzterer schlägt die Verwendung der ganzen Pflanze vor, da die unteren Teile am meisten Saponin enthalten. Bei Versuchen über den Toxingehalt fand MADAUS durchschnittliche Mengen ausfällbaren Eiweißes von starker Giftigkeit (*Lamium purpureum* ist seiner Meinung nach noch wirksamer).

Verordnungsformen. Flores Lamii albi, zum heißen Aufguß, 2 Teelöffel auf 1 Tasse, 2 Tassen täglich. Flores Lam. alb. pulv., mehrmals täglich eine Messerspitze. Tinct. Lamii albi, drei- bis viermal täglich 5—10 Tropfen. — *Homöopathie:* ⌀ — dil. D 1, dreimal täglich 10 Tropfen.

Medizinische Anwendung. Menstruationsstörungen (Amenorrhöe, Dysmenorrhöe, Menorrhagie, Metrorrhagie), Adnexitis und damit zusammenhängende Lageveränderungen, Fluor albus, besonders wirksam bei anämischen Patientinnen. Cystopathien des Alters mit Prostatabeschwerden und deren Folgen (Nephritis, Pyelitis, Urethritis, Cystitis, Spasmen, Harnzwang); ferner bei Hämorrhagien (chronischer Atonie des Uterus, mangelhafter Zirkulation in den Organen des kleinen Beckens), Blasenblutungen und bei Schlaflosigkeit, Hautkrankheiten besonders der Kinder (KLEINE), Magenstörungen. — Die *homöopathischen* Anwendungen sind die gleichen.

Blutungen, Harnleiden
Rp: Tinct. Lamii albi   100,0
    Sir. simpl.   50,0
    Aq. dest.   20,0
S.: Stündlich einen Eßlöffel.

Volkstümliche Anwendung. Menstruationsstörungen, Fluor albus, chronische Verstopfung, Skrofulose, als wassertreibendes Mittel, Erkrankungen der Luftwege, Harn- und Blasenbeschwerden, Blutarmut und als Blutreinigungsmittel. KNEIPP empfahl die Dämpfe gegen Ohrenleiden. Die Umschläge gegen Krampfadern, Geschwüre, Geschwülste, Drüsenknoten, als Kühlmittel bei Brandwunden (KÜNZLE).

Galeopsis ochroleuca LAMARCK, G. villosa HUDSON, Sand-Hohlzahn, Ockergelber Hohlzahn.

Beschreibung. Einjährig, Höhe 10—50 cm. Wurzel faserig, *Stengel* ästig, aufrecht, oder am Grunde etwas niedergedrückt, dann aufsteigend, stumpf-vierkantig, unter den Knoten nicht verdickt, unterwärts oft rot, mit weichen, abwärts gerichteten Haaren. *Blätter* gegenständig, gestielt, die stengelständigen eiförmig, die astständigen ei-lanzettförmig, stumpfzähnig, seidig behaart wie die Stiele, gelblich-grün. *Blüten* in blattwinkelständigen Scheinquirlen. Blumenkrone bis 3 cm lang, zweilippig, gelblich-weiß, sehr selten rot. Oberlippe helmartig, eingeschnitten gezähnelt. Unterlippe zu beiden Seiten mit einem hohlen Zähnchen, am Grunde mit schwefelgelbem Fleck, zuweilen mit rotvioletter Zeichnung. Kelch fünfzähnig, stachelspitzig. *Blütezeit* Juli bis Oktober.

Besonderes. Geschmack bitterlich, Geruch unbedeutend.

Vorkommen. Geröll, Kies, auf sandigen Fluren und Äckern, in Steinbrüchen, wild in Getreidefeldern; oft als lästiges Unkraut.

Sammelzeit. Während der Blüte wird das Kraut kurz über dem Boden abgeschnitten und im Schatten getrocknet.

Anbau. Auf trockenen, sandigen Feldern lohnt sich der Anbau; man zieht die Pflanze aus Samen.

Drogen, Arzneiformen. Herba Galeopsidis, Hohlzahnkraut. — *Homöopathie:* Essenz aus der frischen, blühenden Pflanze ohne Wurzeln.

Bestandteile. Ein Grenzkohlenwasserstoff, Phytosterin, Öl- und Sterinsäure, Harzsäuren, Phlobaphene, glykosidischer Bitterstoff, Gerbstoffe, Saponine, Invertzucker (Fruktose), pektinartige Kohlehydrate, 5,19% Gesamtasche, 0,72—0,9% Gesamtkieselsäure, 0,005—0,22% lösliche Kieselsäure (GAUDARD).

Pharmakologie. Über die Wirkungen löslicher Kieselsäure im Organismus gibt es kaum noch Zweifel (s. a. *Equisetum arvense*). *Galeopsis ochroleuca* ist ein Bestandteil des KOBERT-KÜHNschen Kieseltees. Die expektorierenden Wirkungen sind sicher auf den Saponin- und Gerbstoffgehalt zurückzuführen. BOHN berichtet, daß die Pflanze in der Zusammensetzung ihrer Mineralsalze dem menschlichen Blute am nächsten komme und daß sie deshalb bei Blutarmut, Leukämie, Milzanschwellungen angezeigt sei.

Verordnungsformen. Herba Galeopsidis zum heißen Aufguß, 1 Teelöffel auf 1 Tasse, 3 Tassen täglich. — *Homöopathie:* D 2, drei- bis viermal täglich 1 Tablette.

Medizinische Anwendung. Die Pflanze wird vielfach bei Tuberculosis pulmonum, Bronchialkatarrhen, Bronchitis und Asthma bronchiale angewendet. Außerdem wirkt sie sicher bei Milzschwellungen und findet Anwendung bei Anämien, Darmschwächen und Furunkulose.

Homöopathische Anwendung. Katarrhe der Atmungsorgane.

Volkstümliche Anwendung. Bei Lungenleiden, Darmerkrankungen, wobei der auf dem vulkanischen Boden der Eifel gewachsenen Pflanze von altersher eine besonders gute Wirkung zugeschrieben wurde.

Leonurus cardiaca L.,
Echtes Herzgespann, Löwenschwanz.

Beschreibung. Ausdauernd, Höhe 30—100 cm. Wurzelstock kurz, waagerecht, dicht bewurzelt. *Stengel* aufrecht, meist sehr ästig, vierkantig, gerillt, kurzhaarig, hohl, oft rotviolett. *Blätter* kreuz-gegenständig, langgestielt, dicht behaart, scharf eingeschnitten, am Rande gesägt, untere handförmig-fünfspaltig, am Grunde herzförmig, obere dreilappig, am Grunde keilförmig, alle Blätter oberseits dunkel-, unterseits hellgrün. Blütenstand halbkugelige Scheinquirle in den Achseln der oberen Blätter, sitzend. 5 Kelchzähne, stechend, die beiden unteren zurückgeschlagen. *Lippenblüte* klein, etwa 1 cm lang, blaßrötlich, weit aus dem Kelch hervorragend, außen dicht zottig, innen mit schiefem Haarring, Oberlippe flach. 2 lange und 2 kurze Staubblätter, weit aus der Kronenröhre hervorragend, später abwärts gebogen. Teilfrüchtchen dreikantig. *Blütezeit* Juli, August.

Vorkommen. Waldränder, Wege, Zäune, Schuttplätze; meist häufig.

Sammelzeit. Während der Blüte wird das Kraut abgeschnitten.

Drogen, Arzneiformen. Herba Leonuri cardiacae, Herzgespannkraut. *Homöopathie:* Tinktur und Potenzen aus der frischen blühenden Pflanze.

Bestandteile. 0,003% ätherisches Öl, 0,17% Glukosid, 0,21% saures Saponin, Apfel-, Weinstein-, Citronen- und Phosphorsäure, Bitterstoff ,,Leonurin", Harz, fettes Öl, Wachs, Zucker, Gerbstoffe.

Pharmakologie. Der wirksame Bestandteil ist der Bitterstoff Leonurin; es besitzt starke zentrale Wirkungen besonders auf Atem- und Vasomotorenzentrum (KUBOTA, NAKASHIMA), bewirkt Vasokonstriktion und macht Hämolyse. Die Abkochung der Blätter (von *Leonurus sibirica*) wirkte bei intravenöser Injektion blutdrucksenkend, nierenvolumenvermindernd, peristaltiksteigernd und uteruskontrahierend (CHU, CHEN). Auch in *Leonurus cardiaca* wurde die Anwesenheit einer uteruskontrahierenden Substanz von PEYER und VOLLMER festgestellt. SWEREW stellte für den Extrakt fest, daß er stark auf die peripheren Gefäße des Kaninchenohres und betäubend auf das Nervensystem wirkte. Auf das zentrale Nervensystem des Frosches wirkte er drei- bis viermal stärker als Baldrianpräparate gleicher Konzentration. PEYER und VOLLMER fanden bei Tierversuchen keine Herz-, dagegen eine stopfende (Gerbstoff-) Wirkung und erklären so die Verwendbarkeit bei gastrokardialem Symptomenkomplex. Am Tier sind toxische Wirkungen nicht festgestellt worden; MADAUS fand bei Untersuchungen über den Toxingehalt durchschnittliche Mengen ausfällbaren Eiweißes von starker Giftigkeit.

Verordnungsformen. Herba Leon. card., zum kalten Auszug, 1 Teelöffel auf 1 Tasse, 3 Tassen täglich. Herba Leon. card. pulv., dreimal täglich 1,0 g verrührt oder in Oblaten. — *Homöopathie:* D 2, drei- bis vierstündlich 5 Tropfen.

Medizinische Anwendung. Schwache Herzfunktion mit ausbleibendem Puls, Herzklopfen mit Angstzuständen, nervöse Störungen mit Gereiztheit, gastrokardialer Symptomenkomplex, Unruhe, dyspnoische und anginoide Zustände, besonders bei Frauen und alten Leuten, klimakterische (Herz-)Beschwerden, Amenorrhöe, Dysmenorrhöe, Hysterie und als Diureticum. (Besonders wirksam erweist sich die Abkochung mit verdünntem Wein.)

Homöopathische Anwendung. Nervöse Störungen, Herzklopfen, schwache Herztätigkeit, nach MARZELL auch bei Verschleimung von Magen und Brust.

Volkstümliche Anwendung. Herzkrämpfe, Beängstigung, Magendrücken, Meteorismus mit Herzklopfen, klimakterische Beschwerden, Katarrhe, Verschleimung.

Ballota nigra L.
Schwarznessel, Schwarze Ballote.

Beschreibung. Ausdauernd, Höhe 60—100 ccm. Stengel 4kantig, einfach oder ästig, aufrecht, behaart. Blätter gegenständig, kurzgestielt, herzeiförmig, spitz, kerbig-gesägt, weich-behaart. Blütenstand vielblütige Halbquirle in den Blattachseln. Kelch mit fünf eiförmigen, stachelspitzigen Zähnen. Lippenblüte, Röhre der Krone mit Haarring, Unterlippe abstehend, dreispaltig. Blumenblätter schmutzig-rosa. 4 Staubblätter. Frucht zerfällt bei der Reife in 4 Nüßchen. Blütezeit Juni bis September.

Besonderes. Pflanze ist kurzhaarig und von widerlichem Geruch.

Vorkommen. Schutt, Zäune, Wege; häufig.

Anwendung. Die viel Gerbstoff enthaltende Pflanze wird im Volke als Tee gegen hypochondrische und hysterische Leiden getrunken und äußerlich zu Umschlägen bei Podagra angewandt.

Stachys officinalis L., Betonica off. L.,
Gemeiner Ziest.

Beschreibung. Ausdauernd, Höhe 30—100 cm. Stengel einfach, aufrecht, vierkantig, rauhhaarig. *Blätter* gegenständig, eiförmig bis lanzettlich, am Grunde herzförmig eingebuchtet, beiderseits mehr oder weniger rauhhaarig, am Rande gekerbt, die unteren mit rotvioletten Stielen erheblich länger gestielt und größer als die spärlichen, fast sitzenden oberen Blätter. Die Grundblätter sind zur Blütezeit meist schon verwelkt. Der *Blütenstand* ist dicht ährenförmig (Scheinähre), meist von 2 kleinen, sitzenden Laubblättern gestützt. Blumenblätter purpurrot, verwachsen. Kronröhre aus dem Kelch hervorragend, Oberlippe länglich-eiförmig, gekerbt, Unterlippe dreispaltig. *Kelch* rauhhaarig, nicht netzadrig. *Blütezeit* Juni bis August.

Besonderes. Pflanze mehr oder weniger rauhhaarig. Wurzel widerlich und von kratzendem Geschmack, Blätter schmecken bitterlich-herb, Blüten wohlriechend.

Vorkommen. Wälder, buschige Hügel, Wiesen; häufig.

Stachys rectus L.,
Berg-Ziest, Gerader Ziest.

Beschreibung. Ausdauernd, Höhe 30—60 cm. Wurzelstock holzig. *Stengel* vierkantig, aufrecht oder aufsteigend, ästig, kurzhaarig. *Blätter* gegenständig, kurzhaarig; untere kurz gestielt, länglich bis lanzettlich, gekerbt-gesägt; obere sitzend, eiförmig, zugespitzt, ganzrandig. *Blütenquirle* sechs- bis zehnblütig, etwas entfernt, am Ende des Stengels und der Äste. Kelchzähne dreieckig, mit kahler Stachelspitze. Lippenblüte hellgelb, Kronenröhre innen mit Haarring, Unterlippe blutrot punktiert. *Blütezeit* Juni bis Oktober.

Vorkommen. Sonnige Hügel, Felshänge, Haine; zerstreut.

Sammelzeit. Die Blätter werden im Juni und Juli (vom Bergziest auch noch im August) gepflückt. Anbau nicht lohnend.

Drogen, Arzneiformen. Herba Betonicae (officinalis), Betonienkraut. — *Homöopathie:* Urtinkturen und Potenzen aus den frischen, blühenden Pflanzen beider Arten.

Bestandteile. Ätherisches Öl, Gerbstoff, Bitterstoff, Stachydrin, Cholin, Betain, Betonicin, Turicin.

Pharmakologie. BOHN gibt an, daß die Pflanze die Schweißsekretion einschränkt, nach SCHULZ erregt die Wurzel Erbrechen und Durchfall. Betain und die heterozyklischen Alkaloide Stachydrin, Betonicin und Turicin sind pharmakologisch so wenig wirksam, daß sie praktisch als ungiftig gelten können (GESSNER).

Verordnungsformen. Herba Betonicae, zum heißen Aufguß, 1—2 Teelöffel auf 1 Tasse, 3 Tassen täglich. — *Homöopathie:* ⌀ — dil. D 2, dreimal täglich 10 Tropfen.

Anwendung. In der Hauptsache homöopathisch. Bei Paresen, Neuritiden, psychischen Störungen leichter Art, Kopfschmerz, Vertigo (CLARKE), Apoplexie und schlechter Blutzirkulation (MADAUS). LECLERC verwendet die weinige Abkochung (1:100) zur Wundbehandlung, bei Wunden, die zu stark sezernieren und granulieren, auch bei Ulcera cruris. BOHN gibt sie gegen übermäßige Schweißsekretion. ULSAMER stillt heftige Ohrenschmerzen durch Einträufeln des Blättersaftes, vermischt mit Rosenöl.

Volkstümliche Anwendung. Zu Abwaschungen bei fieberhaften Erkrankungen (HÖRNER), bei Asthma mit spärlicher, zäher Sekretion, Hämoptise, Magenkatarrh, Ikterus, Epilepsie (SCHULZ), Blasen- und Nierenleiden (THOMS).

Salvia officinalis L.,
Echte Salbei.

Beschreibung. Krautpflanze bzw. Halbstrauch, buschig. Höhe 50 bis 100 cm, *Wurzel* braun und holzig. Der obere *Stengel* ist krautig und fast stielrund, der untere ästig, holzig, oft violett, meist dicht weißwollig. Die *Blätter* sind gegenständig, gestielt, eilänglich oder lanzettförmig, fein gekerbt, grünlich bis silbergrau und runzelig, unterseits mit Öldrüsen besetzt. Die *Lippenblüten* sind hellviolett und stehen zu 4—6 im Scheinquirl. Blumenblätter verwachsen, drüsig punktiert, zweilippig; Oberlippe gerade helmartig, Unterlippe dreilappig. *Kelch* mit kurzen oder grannigen Zähnen. *Frucht* 4 eiförmige Nüßchen. *Blütezeit* Juni, Juli.

Besonderes. Die Blätter riechen würzig und schmecken würzig und bitter.

Vorkommen. Bei uns in Gärten angebaut, auch verwildert. Stammt aus Südeuropa und ist im Mittelmeergebiet heimisch.

Sammelzeit. Vor der Blüte im Mai werden die Blätter gesammelt und langsam getrocknet.

Anbau. Die Pflanze liebt mageren Boden, sonnige Standorte. Vermehrung durch Stockteilung oder Samen, die schnell keimen; im Mai gesetzte Pflanzen kann man im Juli schon ernten. Einmal angepflanzt, sät sich die Pflanze selbst aus. — Trotz vielfacher Kultivierung in Deutschland ist weiterer Anbau noch immer notwendig.

Drogen, Arzneiformen. Folia Salviae, Salbeiblätter; Tinctura Salviae, Salbeitinktur; Oleum Salviae, Salbeiöl. — *Homöopathie:* Essenz und Potenzen aus den frischen Blättern.

Bestandteile. 1,3—2,5% ätherisches Öl mit d- und a-Pinen, Cineol, l-Campher, Sesquiterpen, d- und l-Thujon (= Salvon, Salviol), d-Borneol, d-Campher, Kohlenwasserstoff $C_{10}H_{18}$ (= Salven); ferner etwa 5% Gerbstoff, Spuren Asparagin (in der Wurzel 0,03%), etwas Glutamin, geringe Mengen Glucosid, 0,15% saures Saponin (BALANSARD), Bitterstoff, Harz, gummiähnliche Stoffe, Klebersubstanz, Stärke, Eiweiß, Phosphor-, Salpeter- und Oxalsäure, Apfelsäure (?), Pentosane.

Pharmakologie. Die schweißhemmende Wirkung ist auf die vereinten Wirkungen des ätherischen Öles und der Gerbstoffe zurückzuführen. GESSNER vermutet Thujon als Hauptwirkstoff. JOST stellte mit Hilfe einer geeigneten Versuchsanordnung fest, daß die Hautwasserabscheidung durch Verabreichung von Salbei auf 44% verringert wurde und daß diese Verringerung ihr Maximum stets nach 2—2$^1/_2$ Stunden erreichte. KRAHN behandelte die Nachtschweiße von 38 Phthisikern mit Salbei und beseitigte damit bei 31 Patienten die Nachtschweiße vollständig, bei 5 Patienten trat eine Verminderung ein und bei 2 Patienten blieb der Erfolg aus. Das ätherische Öl scheint eine bulbäre Wirkung zu besitzen und eine Paralyse des peripheren Nervenapparates der Schweißdrüsen herbeizuführen (CADÉAC, MEUNIER), was auch PEYER bestätigt. In schwachen Dosen verursacht es epileptiforme Anfälle (KOBERT). Gaben von 0,25—0,3 töten bereits 5—6 kg schwere Hunde und bei intravenöser Zufuhr genügen 2 Tropfen pro Kilogramm, um Kaninchen und Hunde in etwa 5 Minuten zu töten. Es sind nach Einnahme (zu Abortivzwecken) größerer Dosen des Salbeiöles *Vergiftungen*, auch tödliche, vorgekommen. Das Öl ruft äußerlich und innerlich heftige Reizwirkungen hervor. Erbrechen, Durchfälle, Blutungen, starke Hyperämie des Unterbauches, Hämaturie, zentral erst Erregung (Krämpfe), dann Lähmung, Tod in tiefer Bewußtlosigkeit. Auch das Einreiben des Öles kann resorptiv Vergiftungserscheinungen hervorrufen. *Prognose* ist ungünstig. *Gegenmittel:* Magenspülungen, Brech- und Abführmittel,

Schleime (keine Fette und Alkohole!), Chloralhydrat, Analeptica, Diuretica und reichliche Flüssigkeitszufuhr. — Von anderen Wirkungen der Salbei stellten FERRANINI eine ausgesprochen zuckererniedrigende, CHABROL u. a. bei intravenöser Injektion des Extraktes eine choleretische Wirkung fest. BÖHLER heilte fötide Ulcera cruris mit Umschlägen des Salbeiaufgusses. MADAUS fand bei Untersuchungen über den Toxingehalt geringe Mengen ausfällbaren Eiweißes. Außerdem prüfte er die keimtötende Wirkung und fand, daß gerade starke Lösungen nicht keimtötend wirkten und diese Wirkung erst bei einer gewissen Verdünnungsstufe eintritt. Er beobachtete ferner, daß bei Anwendung der „Teep"-Verreibung forte sich bei leicht schwitzenden Personen eine Schweißvermehrung, bei Anwendung der „Teep"-Verreibung mite sich dagegen eine schweißhemmende Wirkung zeigte. — Gelegentlich ist nach Gebrauch von Salbeitee das Auftreten allergischer Reaktionen an Lippen- und Mundschleimhaut beobachtet worden (URBACH, WIETHE), die ebenso wie der Gebrauch der Pflanze als Abortivum auf den Gehalt an ätherischem Öl zurückgeführt werden können (KOBERT).

Verordnungsformen. Folia Salviae, zum heißen Aufguß, 1 Teelöffel auf 1 Tasse, 2—3 Tassen täglich. Tinctura Salviae, dreimal täglich 20 Tropfen. Tinct. Salv. unverdünnt zur Pinselung; zu Spülungen 20 Tropfen auf 1 Glas Wasser. — *Homöopathie:* dil. D 2, drei- bis viermal täglich 5 Tropfen.

Medizinische Anwendung. Zur Regulierung der Schweißsekretion, bei den Nachtschweißen der Phthisiker, Schweißausbrüchen in der Pubertät, im Klimakterium und bei psychogenen Affektionen. Zur Sekretionseinschränkung und entzündungswidrig bei Gastropathien, Ulcera, Enteritiden, Diarrhöen, Cystitis; auch bei zu starken Schleimsekretionen bei Erkrankungen der Respirationsorgane. Eine besondere Indikation ist die Einschränkung der Milchsekretion beim Entwöhnen der Säuglinge. *Äußerlich* unverdünnt zu Pinselungen bei Stomatitis, Tonsillitis, Anginen, Pharyngitis, verdünnt als Mund- und Gurgelwasser bei entzündlichen Affektionen von Zahnfleisch, Mund- und Rachenschleimhaut, zur Spülung bei Coryza, Nasennebenhöhleninfekten und zu Vaginalspülungen bei Fluor. Umschläge mit der Abkochung, oder der verdünnten Tinktur bei stark sezernierenden Ulcera, lange eiternden Wunden und nässenden Ekzemen. (RADEMACHER sah in der Pflanze ein auf das Rückenmark wirkendes Mittel bei Erregungen, Zittern [feinschlägigem Tremor], Schmerzen, Lähmungen.)

Homöopathische Anwendung. Kolliquative Schweiße, Kitzelhusten bei Lungentuberkulose.

Volkstümliche Anwendung. Als Gurgelmittel bei Entzündungen im Mund und Rachen; Einreiben des Zahnfleisches und der Zähne mit den frischen Blättern. Der Tee bei Fieber mit starkem Schwitzen, Menstruationsstörungen, Fluor, Abort-Neigung, Pruritus ani (auch äußerlich), zur Einschränkung der Milchsekretion, bei chronischen Katarrhen, Cystitis, Leber- und Nierenleiden (SCHULZ), vielfach auch bei Husten, Heiserkeit, Brustkrankheiten, Blutspucken. Äußerlich bei Wunden und Geschwüren. — In der Küche als Gewürz viel verwendet.

Melissa officinalis L.,
Melisse.

Beschreibung. Ausdauernd, Höhe 50—125 cm. *Stengel* ästig, vierkantig, mit kurzen, weichen Drüsenhaaren besetzt, nach oben etwas zottig, gleichmäßig beblättert. *Blätter* gegenständig, langgestielt, dünn, herz-eiförmig, runzelig, Rand kerbig-gesägt, mit kleinen Öldrüsen auf der Fläche, oberseits glänzend grün, schwach behaart, unterseits blasser, nur auf den Adern behaart. *Blütenstände* Halbquirle, kurz gestielt, drei- bis fünfblütig, einseitswendig, in den Achseln von Blättern, von denen sie weit überragt werden. Kelch trichterförmig, mit spreizenden Zähnen, Kelchschlund offen. Blumenkrone klein, vor der Entfaltung gelblich, später weiß oder rosenrot. Oberlippe etwas gewölbt, Unterlippe dreispaltig, mit größerem Mittellappen. *Blütezeit* Juni bis September.

Besonderes. Geruch angenehm citronenartig, Geschmack gewürzhaft bitter.

Vorkommen. Im Mittelmeergebiet heimisch, bei uns öfter in Gärten angepflanzt und verwildert.

Sammelzeit. Die Blätter werden kurz vor oder während der Blütezeit gesammelt und vorsichtig und schnell an der Luft getrocknet. Im feldmäßigen Anbau schneidet man die ganzen Pflanzen meist zweimal ab, im Juni und September, und pflückt die Blätter dann von den geschnittenen Stengeln.

Anbau. Wächst gut auf fettem, trockenen Boden. Man vermehrt besser durch Stockteilung als durch Samen. Nach dem letzten Schnitt im Herbst werden die Stöcke geteilt und versetzt. 1 a = etwa 20 kg trockene Pflanzen (MEYER).

Drogen, Arzneiformen. Folia Melissae, Melissenblätter; Oleum Melissae, Melissenöl; Aqua Melissae; Spiritus Melissae. — *Homöopathie:* Urtinktur aus den frischen Blättern.

Bestandteile. Gerbstoffe, Schleim, 4% Bitterstoff, Harz und 0,1 bis 0,25% ätherisches Öl mit Citral, Citronellal, Geraniol, Linalool. Geringe Mengen von Glykosid und saurem Saponin sind festgestellt worden (BALANSARD).

Pharmakologie. Die Gallensekretion wird durch Melissenextrakt gefördert (CHABROL), die spasmodische Wirkung ist klinisch verschiedentlich festgestellt worden (DE SAVIGNAC).

Verordnungsformen. Herba Melissae, zum heißen Aufguß 1 Teelöffel auf 1 Tasse, 2—3 Tassen täglich. Oleum Melissae, dreimal täglich 5 Tropfen auf Zucker. Spir. Melissae zum Einreiben. — *Homöopathie:* dil. D 1, dreimal täglich 10 Tropfen.

Medizinische Anwendung. Als Beruhigungsmittel bei Herzklopfen, Herzneurosen, Migräne, nervösen Schmerzzuständen, Schlaflosigkeit, Hysterie, Melancholie, Hypochondrie, ferner zur Anregung der Gallensekretion besonders bei Gallen- und Leberstauungen nervöser Ursachen. Als sicheres Spasmolyticum besonders bei reizbaren, asthenischen Frauen bei spastischen Erscheinungen im Magen-Darm-Tractus und in den Organen des kleinen Beckens. Auch bei nervösen Schwächezuständen, Amenorrhöe, Dysmenorrhöe, Anämie. Die Hyperemesis gravidarum soll durch Melisse gut beeinflußt werden. — Melissenspiritus vielfach bei Myalgien, Gelenkschmerzen, Kopfschmerzen, Brustbeklemmungen zum Einreiben. — Die *homöopathischen* Anwendungen sind die gleichen.

Volkstümliche Anwendung. Magenbeschwerden (Krampf), bei krampfhaftem Erbrechen und Darmkatarrh, Asthma und anderen Beklemmungszuständen der Brust, bei nervösen Herzbeschwerden, mangelnden und mit Krampfschmerzen begleiteter Periode. Die frischen Blätter werden aufgelegt bei Quetschungen, Geschwüren und Geschwülsten und bei Milchknoten der Brust. Bäder und Waschungen zur Stärkung der Nerven, Kopfdampfbäder bei Migräne, Sitzdampfbäder bei Krampfschmerzen im Unterleib.

Calamintha officinalis Moench, Satureja cal. Scheele,
Wald-Quendel, Gebräuchliche Kölle, Bergmelisse.

Beschreibung. Ausdauernd, Höhe 30—60 cm. *Blätter* gegenständig, eiförmig, stumpf angedrückt-gesägt. *Blütenstände* Scheinquirle aus gabelspaltigen Ebensträußen zusammengesetzt, 3—5blütig. Kelchschlund mit kaum hervorragenden Haaren. Krone nur etwa $1^1/_2$mal so lang als der Kelch, blau oder rot. Klausen rundlich, braun. — Die Pflanze riecht kräftig aromatisch. *Blütezeit* Juli bis Herbst.

Vorkommen. Wälder, Bergabhänge im westlichen Deutschland, sonst selten.

Sammelzeit. Das blühende Kraut wird dicht über dem Boden abgeschnitten.

Drogen. Herba Calaminthae (montanae).

Bestandteile. Ätherisches Öl, welches etwa 20% Pulegon, 14% Menthol, Pinen u. a. enthält (Gessner).

Anwendung, Wirkung. Im Volke als Magentee und gegen Incontinencia urinae (Schulz).

Hyssopus officinalis L.,
Ysop.

Beschreibung. Halbstrauch, Höhe 30—50 cm. Pfahlwurzel stark. *Stengel* am Grunde verholzend, aufrecht verzweigt, vierkantig, flaumig behaart. *Blätter* gegenständig, stiellos oder kurzgestielt, lineal-lanzettlich, spitz, ganzrandig, am Rande nach unten umgerollt, vertieft-punktiert, spärlich behaart, wintergrün. *Blütenquirle* zweigendständige, einseitswendige Ähren. *Lippenblüte* klein, Kelch fünfzähnig mit 15 Längsadern, dicht behaart. *Blumenkrone* blau, selten rötlich oder weiß. Oberlippe flach, zweispaltig, Unterlippe dreiteilig, mit großem ausgerandeten Mittellappen. Staubblätter und Griffel aus der Blüte hervorragend. Frucht 4 kleine Nüßchen. *Blütezeit* Juli bis September.

Besonderes. Aromatischer Geruch nach Campher, Geschmack bitter, zusammenziehend.

Vorkommen. Mauern, steinige Orte, Gärten, Kirchhöfe; angepflanzt und verwildert.

Sammelzeit. Das Kraut kann im Juni vor der Blüte und zum zweiten Mal im August geschnitten werden. Es wird im Schatten getrocknet.

Anbau. Lohnend; im Frühjahr sät man aus; die Pflänzchen sollen später auf 30 cm Entfernung gesetzt werden. Einmal angebaut, pflanzt sich *Ysop* von selbst fort. 1 a = 25 kg Ertrag (MEYER).

Drogen, Arzneiformen. Herba Hyssopi, Ysopkraut. Oleum Hyssopi, Ysop-Öl.

Bestandteile. Hesperidin, Gerbstoffe, Apfelsäure, Gummi, Harze, Zucker, 0,3—0,9% ätherisches Öl, Farbstoff, Hyssopin = Rhamnoid eines Chalkons (TUNMANN, OESTERLE, KUENY).

Pharmakologie. MADAUS untersuchte den Toxingehalt und stellte durchschnittliche Mengen von ausfällbarem Eiweiß von geringer Giftigkeit fest; baktericide oder fungicide Wirkungen waren nicht nachweisbar.

Verordnungsformen. Herba Hyssopi zum heißen Aufguß, 1 Teelöffel auf 1 Tasse, 2 Tassen täglich.

Medizinische Anwendung. Chronische Bronchialkatarrhe, Asthma, Nachtschweiße. Als Spül- und Gurgelmittel bei Fluor- und Affektionen in Mund und Rachen.

Volkstümliche Anwendung. Erkrankungen der Luftwege, Asthma, Emphysem, chronische Darmkatarrhe, bei Rheumatismus, Nieren- und Gallensteinen, Wassersucht, Erschlaffung, mangelnder Menstruation, Angina, Halsgeschwüren, Augenlidentzündungen, Ohrenentzündungen, gegen Würmer und Krätze. Die Pflanze wird vielfach gegen Impfschäden angewendet.

Satureja hortensis L.,
Bohnenkraut, Pfefferkraut.

Beschreibung. Einjährig, Höhe 15—30 cm. Sprosse stark aromatisch, mit großen Drüsenschuppen, meist violett überlaufen. Stengel unten verholzend, buschig-ästig, mehr oder weniger behaart. *Blätter* gegenständig, klein, kurzgestielt, spatelig, ganzrandig, drüsig punktiert, gewimpert, weich, dunkelgrün, glanzlos. *Blüten* in Halbquirlen, blattwinkelständig, drei- bis fünfblütig; Kelch glockig, strahlig, mit 5 gleichen, lanzettlichen Zähnen, zehnnervig, Kelchschlund meist kahl. Blumenkrone schwach lippig, Oberlippe ungeteilt, ausgerandet, lila oder weiß, am Schlunde purpurn punktiert. Staubblätter unter der Oberlippe zusammenneigend; *Frucht* in 4 oder weniger einsamige, grünlichbraune Nüßchen zerfallend. *Blütezeit* Juli bis Herbst.

Besonderes. Pflanze scharf aromatisch, wird als Küchengewürz benutzt.

Vorkommen. Stammt aus Südeuropa, bei uns in Gärten zum Küchengebrauch gebaut, auf Äckern und Dämmen verwildert.

Sammelzeit. Für arzneiliche Zwecke werden die Blätter und die blühenden Spitzen gesammelt.

Drogen, Arzneiformen. Herba Saturejae, Bohnenkraut; Oleum Saturejae, Bohnenkrautöl.

Bestandteile. Etwa 0,1% ätherisches Öl mit 30—40% Carvacrol (nach VOLLMER 0,166—1,322%) und 20—30% Cymol, einem Terpen und einem unbestimmten O-haltigen Phenol, ferner fanden sich im Kraut cymolsulfinsaures Barium, 4,17—7,97% eisengrünende Gerbstoffe (KROEBER, VOLLMER), 4,15% Stickstoffsubstanzen, 2,45% Zucker, 9,16% sonstige stickstofffreie Extraktivstoffe, 1,65% Fett, 2,11% Asche, 0,079 organisch gebundener Schwefel, 0,335% Phosphorsäure, 11,95% Pentosane, 71,9% Wasser.

Pharmakologie. Die Pflanze wirkt noch in 1%igen Abkochungen stark darmberuhigend, antidiarrhöisch. VOLLMER nimmt die stopfende Wirkung der Gerbstoffe an, SCHULTZIK gibt den Phenolen eine bedeutende Rolle, weil diese leicht durch die Schleimhaut diffundieren (lipoidlöslich) und Anästhesie hervorrufen und die Gefäßinnervation und die intramuralen Reflexe beeinflussen können; auch an die antiseptische Wirkung ist dabei zu denken. Das Carvacrol, von dem der 1%ige Auszug nur 0,0126% enthielt, wird nach VOLLMER durch die Galle ausgeschieden. Irgendwelche reizenden Nebenwirkungen wurden niemals beobachtet.

Verordnungsformen. Herba Saturejae, zum heißen Aufguß, einen knappen Teelöffel auf 1 Tasse, 2—3 Tassen täglich. Oleum Saturejae, dreimal täglich 5—10 Tropfen.

Medizinische Anwendung. Bei akuter Gastroenteritis, Diarrhöen, Darmkoliken, ferner bei Anorexie, Dyspepsie, Erbrechen, als Expektorans (ätherisches Öl) und der dünne Aufguß gegen das Durstgefühl der Diabetiker.

Volkstümliche Anwendung. Als Stopfmittel bei Darmkatarrhen, bei katarrhalischen Brustleiden, Husten, Schwindsucht, Magenkrämpfen, Leibschneiden, Appetitmangel, Verdauungsschwäche, Koliken, mangelhafter Menstruation, zu abortiven Zwecken, gegen Würmer, als Aphrodisiacum. Äußerlich zu Umschlägen bei Geschwülsten und Beulen.

Origanum vulgare L.,
Echter Dost, Gemeiner Dost.

Beschreibung. Ausdauernd, Höhe 30—60 cm. Wurzelstock kriechend. *Stengel* krautig, vierkantig, behaart, rötlich angelaufen, oberwärts fast gleich hohe blühende Äste tragend. *Blätter* kreuz-gegenständig, gestielt, breit-eiförmig, spitz, ganzrandig oder kurz geschweift-gekerbt, mehr oder weniger behaart, am Rande gewimpert und durchscheinend-drüsigpunktiert. Deckblätter oft purpurn überlaufen. Blütenstand gedrängte Doldenrispe, *Blüten* zweihäusig, Kelch fünfzähnig, Krone purpurrot oder weiß, Oberlippe flach ausgerandet, Unterlippe dreilappig. *Blütezeit* Juli bis September.

Besonderes. Geruch aromatisch, Geschmack gewürzhaft bitter.

Vorkommen. Rasige Abhänge, Waldränder, Raine, Hecken; nicht selten.

Sammelzeit. Kurz vor der Blüte wird das ganze Kraut abgeschnitten, dickere Stengel sind auszuschneiden.

Anbau. Im Frühjahr sät man auf trockene, warme Plätze aus.

Drogen, Arzneiformen. Herba Origani, Dostenkraut. — *Homöopathie:* Essenz aus dem frischen, blühenden Kraut.

Bestandteile. 0,15—1,0% ätherisches Öl (mit Carvacrol, Thymol oder Cymol), 8,3% Gerbstoff, Bitterstoff.

Pharmakologie. Das ätherische Öl wirkt zuerst erregend, dann narkotisch. Eine Steigerung der Gallensekretion ist festgestellt worden, ebenso eine expektorierende Wirkung, die aber nicht über das Carvacrol oder Thymol zustande kommt (SCHRÖDER, VOLLMER, PAFFRATH). MADAUS fand bei Untersuchungen über den Toxingehalt durchschnittliche Mengen ausfällbaren Eiweißes mittlerer Giftigkeit.

Verordnungsformen. Herba Origani, zum heißen Aufguß, 1 Teelöffel auf 1 Tasse, 2 Tassen täglich. — *Homöopathie:* D 2, zweimal täglich 1 Tablette.

Medizinische Anwendung. Als Neurospasmolyticum, besonders in der Sexualsphäre des weiblichen Geschlechtes. Menstruationsanomalien, Krampfzustände im kleinen Becken, geschlechtliche Erregungen. Bei Erkältungskrankheiten und Verdauungsbeschwerden (Husten, Bronchitis, Tuberkulose, Asthma, Appetitlosigkeit, Verdauungsschwäche, Leberstauungen). Äußerlich zu Bädern bei juckenden Exanthemen.

Homöopathische Anwendung. Nächtliche Pollutionen, Onanie, Hysterie.

Volkstümliche Anwendung. Als krampfstillendes Mittel bei Unterleibsbeschwerden gegen Krämpfe, Epilepsie, Katarrhe der Atemwege, Schwindsucht, Asthma, Verdauungsschwäche, Leberschwellungen, Gelbsucht, Rheumatismus, Harnverhaltung, Würmer, Wassersucht, Entzündungen von Mund und Hals. Ferner zur Herstellung von Kräuterkissen (Rheumatismus, Krämpfe, Leibschmerzen) und zu stärkenden Bädern.

Origanum majorana L., Majorana hortensis MOENCH, Majoran, Wurstkraut.

Beschreibung. Einjährig und ausdauernd, Höhe 30—50 cm. *Stengel* aufrecht, dünn und zäh, vierkantig, bräunlich, zuweilen rötlich überlaufen, rauhbehaart, oberwärts lockertraubig-rispig. *Blätter* kreuzgegenständig, kurzgestielt, klein, spatelig, ganzrandig, abgerundet, dicklich, beiderseits graufilzig behaart, drüsig. *Blüten* winzig, hellrosa oder weiß, in dichten, kurzen, eiförmigen Scheinähren in den Achseln dachziegelig angeordneter Hochblätter. Hochblätter ungefärbt, vorn abgerundet, graufilzig und drüsig. Kelch ungezähnt, vorn fast bis zum Grund gespalten. *Blütezeit* Juli bis Oktober.

Besonderes. Pflanze dicht graufilzig, Geruch stark aromatisch.

Vorkommen. Gewürzpflanze aus Nordafrika; bei uns zum Küchen- und Arzneigebrauch in Gärten.

Anbau, Ernte. Im März sät man auf Mistbeete, im Mai pflanzt man die Pflänzchen in guten, leichten Boden. Gewöhnlich kann man das Kraut dreimal abschneiden; beim dritten Mal nimmt man die ganze Pflanze aus der Erde. Die geernteten Stengel werden gebündelt und im Schatten getrocknet.

Drogen, Arzneiformen. Herba Majoranae, Majorankraut; Oleum Majoranae, Majoranöl; Unguentum Majoranae, Majoransalbe. — *Homöopathie:* Essenz aus der frischen, blühenden Pflanze ohne Wurzel.

Bestandteile. Im frischen Kraut 0,3—0,4%, im getrockneten 0,7 bis 3,5% ätherisches Öl, 4,5% Gerbstoff, Bitterstoff, Pentosane. Im Öl: 60% alkoholische Verbindungen (a-Terpinol, Terpinol-4) und 40% Kohlenwasserstoffe mit Terpinen, Sabinen und Spuren Sesquiterpenen.
Pharmakologie. Das ätherische Öl wirkt zuerst erregend, dann narkotisch (KOBERT). Nach Verabreichung von 100 Tropfen einer Majoranessenz wurden Benommenheit, Kopfschmerz, Gedächtnistrübungen, Trübungen der Sinne und der intellektuellen Fähigkeiten, Nachlassen der Muskelenergie beobachtet (CADÉAC, MEUNIER).
Verordnungsformen. Herba Majoranae, zum heißen Aufguß, 1 Teelöffel auf 1 Tasse, 2 Tassen täglich. Oleum Majoranae, dreimal täglich 5 Tropfen. Elaeosaccharum Majoranae, dreimal täglich 1 Teelöffel. — *Homöopathie:* D 2, dreimal täglich 1 Tablette.
Medizinische Anwendung. Als Neurospasmolyticum. Krämpfe, Krampfhusten, Migräne, Asthma, Lähmungen, Magen- und Darmspasmen neurasthenischer Grundlagen, Magenschwäche, Säureanomalien nervöser Herkunft, auch bei Blähungen, Koliken, Diarrhöen. Sie wirkt leicht diuretisch und diaphoretisch.
Homöopathische Anwendung. Als stärkendes Stomachicum, bei Schleimhautkatarrhen, als Sedativum bei Erregungen der geschlechtlichen Sphäre bei Frauen, Hysterie, Erotomanie, Nymphomanie, Onanie.
Volkstümliche Anwendung. Magenkrämpfe, Asthma, Katarrhe, Gebärmutterschwäche, Leibschmerzen, Darmkolik, Stein- und Grießleiden, Krämpfe und Blähungen der Kinder, Erkältungen, Brustverschleimung, Kopfschmerzen, Schlaflosigkeit. Zum Gurgeln bei Munderkrankungen, zum Spülen bei Heuschnupfen. Die Salbe bei verhärteten Drüsen, Milchknoten, Stockschnupfen, Wunden, Geschwüren, Geschwülsten. Das Öl bei Krampfadern, Gicht, Rheuma, Gelenkversteifungen, Drüsenverhärtungen, Gebärmuttervorfall, Fluor.

Thymus vulgaris L.,
Garten-Thymian.

Beschreibung. Aufrechter Halbstrauch, grau-kurzhaarig, Höhe bis 40 cm, keine Rasen bildend. Wurzel holzig, verästelt. *Stengel* sehr ästig, aufrecht oder aufsteigend, am Grunde nicht wurzelnd, rötlich, ganz holzig. *Äste* zusammengedrückt vierkantig, oberwärts ringsum gleichmäßig kurz behaart. *Blätter* kreuz-gegenständig, gestielt oder sitzend, länglich bis linealisch, bis 9 mm lang, höchstens 3 mm breit, etwas dick, am Rande stark umgerollt, drüsig-punktiert, mit deutlichen Seitennerven, in den Achseln meist gebüschelt. Blattspreite oberseits dunkelgrün, unterseits heller, beiderseits kurz borstig behaart. *Blüten* in Halbquirlen, ährenartig oder kopfartig gedrängt. Kelch glockenförmig, borstig behaart, drüsig, zweilippig, Oberlippe dreizähnig, Unterlippe zweispaltig. Krone hellrot, selten weiß, zweilippig, Oberlippe flach ausgebreitet, ausgerandet, Unterlippe dreispaltig, fast gleichzipflig; Narbe zweispaltig. *Blütezeit* Mai bis Juli.
Besonderes. Geruch und Geschmack stark gewürzhaft.
Vorkommen. In Südeuropa heimisch, bei uns nur angebaut.

Anbau, Ernte. Im April sät man in gute, sandige Erde aus; die Sämlinge werden später auf Beete ausgepflanzt. Die Pflanze dauert etwa 2—3 Jahre, man sät deshalb jährlich neu nach. Samen kann man gewinnen, indem man einige Pflanzen stehen läßt und die Kapseln kurz vor der Reife abschneidet, dann die Samen nachreifen läßt. Im Winter brauchen die Pflanzungen Kälteschutz. Man erntet, indem man zu Beginn der Blütezeit die beblätterten Zweige abschneidet und im Schatten trocknet; 3 Teile frisches Kraut = 1 Teil Droge.

Drogen, Arzneiformen. Herba Thymi, Thymian; Oleum Thymi, Thymianöl; Extractum Thymi fluidum, Thymianfluidextrakt. Thymolum, Thymol. — *Homöopathie:* Urtinktur und Potenzen aus der frischen, blühenden Pflanze ohne Wurzel. Thymol: Verreibungen, alkoholische Lösungen und flüssige Potenzen.

Bestandteile. 1,7% ätherisches Öl mit bis 50% Thymol, Carvacrol, ferner Borneol, Linalool, Pinen, p-Cymol, außerdem 0,19% saures Saponin, 0,18% Glucosid (BALANSARD), Harz, Pentosane (WEHMER), über 10% Gerbstoff (VOLLMER), bis 12% Asche. MADAUS fand sehr geringe Mengen ausfällbaren Eiweißes von starker Giftigkeit.

Pharmakologie. Die Wirkung des (jetzt synthetisch erzeugten) Thymols steht im Vordergrund. Es wirkt stärker antiseptisch als Phenole und Kreosole (MEYER-GOTTLIEB), so daß schon die blühende Pflanze Bacterium coli tötet (MADAUS). Thymol tötet pathogene Pilze, sogar Aktinomyces, ab. Es ist in Wasser schwer löslich, wird im Darm nur schwer resorbiert und wird deshalb als Darmantisepticum und Wurmmittel verwendet. Nach einer Gabe von 6 g Thymol wurde ein Todesfall beobachtet (LEICHTENSTERN), in anderen Fällen stellte sich Albuminurie mit Erbrechen ein, es soll deshalb nach Thymolgaben für rasche Stuhlentleerung gesorgt werden. Als weitere *Schädigungen* durch Überdosierung werden Lähmungen des ZNS, Temperaturabfall, Puls- und Atemverlangsamung, Hämaturie, Hyperämie und fettige Organentartungen (MARFORI-BACHEM) angegeben; der Harn nimmt eine grünschwarze Farbe an (KROEBER). — Die expektorierende Wirkung kommt nicht dadurch zustande, daß die Phenole des Thymians durch die Lunge ausgeschieden werden (SCHRÖDER, VOLLMER), trotzdem wirken die Pflanze und ihre Vollextrakte stark sekretomotorisch, so daß Verbesserungen der Atemfähigkeit erzielt werden, jedoch weniger sekretolytisch (GORDONOFF). An Ratten wirken Infuse stark diuretisch, reines Thymol dagegen nicht. CHABROL u. a. stellten experimentell eine gallensekretionsfördernde Wirkung fest. LENDLE und LÜ-FU-HUA erzielten an dekapitierten, thorakotomierten Katzen durch Injektion von frischen Thymianextrakten Aufhebung des künstlichen Pilocarpinspasmus, dagegen nicht durch Thymol oder Oleum Thymi.

Verordnungsformen. Herba Thymi, zum heißen Aufguß, 1 Teelöffel auf 1 Tasse, 3 Tassen täglich. Extr. Thymi, drei- bis fünfmal täglich 1 Teelöffel. Oleum Thymi, sechsmal täglich 5 Tropfen auf Zucker. Thymolum 0,03—0,12 (ROST-KLEMPERER); als Anthelminticum 0,1—2,0. Thymol-Salben (1%, 2%). Thymol-Olivenöl (5%). — *Homöopathie:* ⌀ — dil. D 2, mehrmals täglich 10 Tropfen. Thymolum: dil. D 1—D 3, mehrmals täglich 10 Tropfen.

Medizinische Anwendung. Die *Pflanze* bei: Pertussis, Krampf- und Reizhusten, Bronchialkatarrh, Asthma, ferner bei Dyspepsie, Gastritis Magen- und Darmkrämpfen und Koliken, Blähungen, Ulcera, Ptosis ventriculi (DEMPE). Die Abkochung der Droge (50—100:1000) als Badezusatz für schwächliche, skrofulöse, rachitische Kinder, bei Lähmungen, Rheuma, Neuralgien und Neurasthenie und Umschläge bei Kontusionen, Schwellungen, Verrenkungen, bei denen MADAUS noch Einreibungen mit dem Öl angibt. — *Thymol:* 1%ige Salben bei Hautjucken, Herpes zoster und bei brandigen Wunden; 2%ige Salben bei Gelenkrheumatismus. 5%ige Lösung in Olivenöl zur subcutanen Injektion bei Trichinosis (MUNK). Thymol in Substanz (in Oblaten) bei Gärungsprozessen im Verdauungstraktus (Dysenterie) und bei Aktinomykosis und Lungen-Monoliosis (MYERS), Darmparasiten (Trichocephalus, Ankylostoma); 10%ige Lösungen in Sesamöl wurden von KRINSKI, UGRUMOV und HAMZA zur erfolgreichen Behandlung der Lepra (direkte Injektion der befallenen Stellen) verwendet. Strumen scheinen eine *Kontraindikation* zu sein; EDENS berichtete, daß in solchen Fällen bereits kleine Dosen Thymol schwere Thyreotoxikosen hervorriefen. — In der *Zahnheilkunde* wird eine starke Thymollösung (Äther. sulf. 20,0, Alkohol. abs. 10,0, Thymol 12,0) 2 Minuten lang als Tampon in Exkavationen eingelegt; es tritt dann eine 20—60 Minuten lang anhaltende Analgesie des Nervs und der Pulpa ein (zit. nach MADAUS).

Homöopathische Anwendung. *Thymus vulg.* wird wie vorstehend angewendet; Wechselmittel: Drosera, Belladonna, Ipecacuanha, Lichen isl., Farfara, Millefolium, Althaea. Bei Gastropathien: Calamus, Angelica, Chamomilla (MADAUS). — *Thymolum:* bei sexueller Neurasthenie und Pollutionen (HEINIGKE).

Volkstümliche Anwendung. Keuchhusten, Katarrhe, Asthma, Lungenentzündung, Tuberkulose, Magenkrämpfe, Koliken, Magen-Kopfschmerzen, Krampfschmerzen im Unterleib (Dysmenorrhöe) und als wassertreibendes Mittel, besonders bei Krämpfen in Niere und Blase. Umschläge bei Schwellungen, Quetschungen, Verstauchungen, Verrenkungen und als Badezusatz für schwächliche (skrofulöse, rachitische) Kinder. Starke Abkochungen sollen das Zustandekommen der Konzeption verhüten und werden gelegentlich als Abortivum (erfolglos) versucht (KROEBER).

Bemerkungen. Pertussin u. ä. Fabrikate bestehen aus Thymianextrakt mit Zusätzen von Zucker und Bromaten (5%). — Aristol besteht aus Thymol mit etwa 45% Jod. — Thymian-Öl wird viel zu Einreibungen (Opodeldok), Zahnpasten und Mundwässern verwendet. Ein vorzügliches Hautdesinfektionsmittel stellt 3%iger Thymolspiritus dar. — Das Kraut ist von altersher als Küchengewürz in Gebrauch.

Thymus serpyllum L.,
Feld-Thymian, Quendel.

Beschreibung. Zwergstrauch, Höhe 10—30 cm. Wurzelstock holzig, dünn. *Stengel* niederliegend oder aufstrebend, verzweigt, oft überall wurzelnd, stielrund oder vierkantig, verschieden behaart. Äste nicht holzig, rötlich berindet. *Blätter* kreuz-gegenständig, länglich-eirund, in einen kurzen Blattstiel verschmälert, an den Rändern schwach abwärts gerollt, ganzrandig, öfters drüsig punktiert, meist am Grunde borstig gewimpert, sonst kahl, zuweilen verkürzte Zweige in ihren Achseln tragend. *Blüten* in Halbquirlen, die sitzend oder kurzgestielt, traubig oder kopfartig angeordnet sind. *Kelch* glockenförmig, zweilippig, Oberlippe dreizähnig, Unterlippe zweispaltig; *Krone* am Grunde röhrig, zweilippig, Oberlippe flach ausgebreitet, ausgerandet, Unterlippe dreispaltig, fast gleichzipflig, purpurrot oder hellrot, oft violettlich, selten weiß. Narbe zweispaltig. *Blütezeit* Juni bis September.

Besonderes. Die Pflanze ist in viele Arten abgeändert. Sie bildet gern Rasenpolster und duftet besonders zerrieben angenehm aromatisch.

Vorkommen. Trockene Triften, Waldblößen, Hügel, Wegränder; oft massenhaft.

Sammelzeit. Das Kraut wird vor und während der Blütezeit abgeschnitten und im Schatten getrocknet.

Drogen, Arzneiformen. Herba Serpylli, Quendel; Oleum Serpylli, Quendelöl. Aqua Serpylli; Spiritus Serpylli. — *Homöopathie:* Essenz aus dem frischen, blühenden Kraut und Potenzen.

Bestandteile. 0,15—0,6% ätherisches Öl (mit p-Cymol, 18% d- und l-Pinen, 1% Thymol und Carvacrol), ferner Bitterstoffe, Gerbstoffe, Fett, Harz, Farbstoffe, Spuren Saponine, etwa 10% Asche mit viel Mangan (KROEBER). ROBERG konnte in der Droge kein Saponin nachweisen.

Pharmakologie. Cymol ist erst in verhältnismäßig großen Dosen giftig und wirkt dann zentral lähmend (GESSNER); die Thymolwirkung (s. *Thymus vulg.*) tritt in den Hintergrund.

Verordnungsformen. Herba Serpylli, zum heißen Aufguß, 1 Teelöffel auf 1 Tasse, 2—3 Tassen täglich. — *Homöopathie:* ⌀ — dil. D 2, drei- bis fünfmal täglich 5—10 Tropfen.

Medizinische Anwendung. Erkältungskrankheiten der Respirationsorgane, Expektorans, ferner bei Schlaflosigkeit, Kopfschmerzen, Schwindelzuständen, Asthma [besonders wenn diese Beschwerden spastische Grundlagen besitzen (Hemikranie)]; außerdem wirkt die Pflanze als tonisches Stomachicum bei spastischen Erscheinungen im Gastrointestinaltraktus, Appetitlosigkeit, Meteorismus, Ulcera, Diarrhöe. Die tonisierenden, roborierenden Eigenschaften können bei skrofulösen, blutarmen Kindern („Drüsenkindern") besonders gut ausgenützt werden. LECLERC gibt die Quendelabkochung bei der Dyspepsie der Neuroarthritiker. BOHN gibt ihn bei Anschwellungen von Leber, Milz und anderen Drüsen. Der Quendel-Spiritus ist ein angenehmes Einreibemittel für Schwache, Kranke, Bettlägerige. Abkochungen der Droge (50 : 1000) als erfrischender, tonisierender Badezusatz zur Anregung der Capillarfunktionen. — Die *homöopathischen* Anwendungen sind die gleichen.

Volkstümliche Anwendung. Quendel ist sehr beliebt als Badezusatz für schwächliche Kinder, auch zu Bädern bei Gelenkschwellungen und Erkältungen. Vielfach wird der Branntweinauszug als Einreibung bei allgemeiner Schwäche, Kopfschmerzen, Brustkrankheiten, Rheuma, Lähmungen, Quetschungen, Verstauchungen, Anschwellungen verwendet.

Die Abkochung bei Husten, Keuchhusten, Brust- und Lungenkrankheiten, Migräne, Darmbeschwerden, Blähungen, Nieren- und Blasenschmerzen, Wassersucht, Würmern und bei Schwäche und Erschöpfung.

Mentha pulegium L., Pulegium vulgare MILLER, Polei-Minze.

Beschreibung. Ausdauernd, Höhe 10—30 cm. *Wurzelstock* kriechend, oberirdische, belaubte Ausläufer treibend; diese sind hellgrün und schwach flaumig-behaart. *Stengel* kantig, liegend oder aufsteigend, kurzhaarig, am Grunde ästig. *Blätter* gegenständig, kurzgestielt, eiförmig-elliptisch, spitzlich oder stumpf, schwach gezähnt oder ganzrandig, kahl oder kurzhaarig, durchscheinend punktiert. *Blüten* in blattwinkelständigen, kugeligen Scheinquirlen; Kelch walzlich-trichterförmig, fast zweilippig, innen behaart; obere Kelchzähne bei der Fruchtreife zurückgekrümmt, untere gerade vorgestreckt. *Krone* rötlich-violett, selten weiß, außen meist kahl, innen mit Haarring, unterwärts sackartig erweitert, mit verkehrt-eiförmigen Lappen, die den Kelch weit überragen. 4 Staubblätter, Griffel tief eingesenkt. — *Blütezeit* Juli bis September.

Besonderes. In der Stengelrinde befinden sich Luftkanäle. Geruch stark und scharf aromatisch.

Vorkommen. In den Stromtälern, an Ufern, feuchten Orten, auf nassen Wiesen; stammt aus Südeuropa.

Sammelzeit. Das Kraut wird während der Blüte gesammelt, von Wurzeln befreit und getrocknet.

Drogen, Arzneiformen. Herba Pulegii, Poleikraut. Oleum Pulegii, Polei-Öl. — *Homöopathie:* Urtinktur aus der frischen, blühenden Pflanze ohne Wurzel und Potenzen.

Bestandteile. Ätherisches Öl mit 80—94% Pulegon, Menthol und Azulen. BALANSARD fand geringe Mengen Glucosid und 0,14% saures Saponin. OESTERLE und WANDER wiesen in den Blättern Diosmin nach.

Pharmakologie. Pulegon ist stark giftig; es entfaltet eine phosphorähnliche Wirkung (FALK) und erzeugt bei Tieren hochgradige Verfettungen von Leber, Herz und Nieren *(Gesundheitsamt)*. KOBERT berichtet, daß die Herztätigkeit durch zentrale Vagusbeeinflussung erhöht und der Blutdruck anfänglich gesteigert wird. Nach LEWIN traten durch 5 g des Öles bereits Kollaps, Speichelfluß und Unregelmäßigkeiten in der Herztätigkeit auf; MARSHALL sah nach Einnahme von 11,69 g des Öles schweren Kollaps und Abort auftreten. Die Pflanze erzeugt als einzige experimentell ein an perniziöse Anämie erinnerndes Blutbild.

Verordnungsformen. Herba Pulegii, zum heißen Aufguß, 2 Teelöffel auf 1 Glas Wasser, tagsüber trinken. — *Homöopathie:* D 2, drei- bis vierstündlich 1 Tablette.

Medizinische Anwendung. Die Wirkung scheint sich auf die Leber zu richten, deshalb empfiehlt sich die Anwendung bei chronischen (Stauungs-)Cholecystopathien, Ikterus, Dyspepsie, Gastritis. Ferner als Diureticum, bei hartnäckigen Bronchialbeschwerden, als Gurgelmittel bei Mund- und Halsaffektionen (Angina).

Homöopathische Anwendung. Bei habitueller Neigung zu Ohnmachten, perniziöser Anämie (MADAUS), Bronchialasthma, Katarrhen der Atmungsorgane.

Volkstümliche Anwendung. Gegen Leibschmerzen, zur Förderung der Menstruation; mißbräuchlich als Abortivum.

Mentha aquatica L.,
Wasser-Minze.

Beschreibung. Ausdauernd, Höhe 30—100 cm. *Stengel* aufrecht meist ästig, vierkantig, rückwärts steifhaarig. *Blätter* gegenständig, gestielt, eiförmig bis ei-lanzettlich, gesägt, mehr oder weniger behaart. *Lippenblüten* in endständigen rundlichen Köpfchen zusammengedrängt, unter welchem keine oder nur wenige Blütenquirle (in den Achseln der Blätter) stehen. Kelch am Grunde stärker behaart, röhrig-trichterförmig, stark gefurcht, fünfzähnig, Zähne lanzettlich-pfriemlich, viel länger als breit. Blüten klein, rötlich-lila. Kronenröhre innen meist behaart. *Blütezeit* Juni bis Herbst.

Besonderes. Geruch stark aromatisch.

Vorkommen. An Wassergräben, Flußufern, Sümpfen, feuchten Gebüschen, auf Wiesen; gemein.

Sammelzeit. Bis in den Herbst können die Blätter und die ganzen oberen Pflanzenhälften gesammelt werden.

Bestandteile. Im enthaltenen ätherischen Öl findet sich vorwiegend l-Carvon, daneben Limonen.

Wirkung, Anwendung. Wie die Pfefferminze (s. *Mentha piperita*).

Mentha piperita L.,
Pfefferminze, Edelminze.

Beschreibung. Ausdauernd, Höhe 30—60 cm. *Wurzelstock* holzig, ästig, an den Knoten verdickt, zahlreiche kriechende, oberirdische Ausläufer bildend. *Stengel* aufrecht, vierkantig, verzweigt, rötlich angelaufen. *Blätter* kreuzgegenständig, kurz gestielt, eilanzettlich zugespitzt, ungleich scharf gesägt, oberseits kahl, dunkelgrün, rot angelaufen, unterseits mit kleinen steifen Haaren und gelben, glänzenden Drüsen besetzt. *Lippenblüten* in reichblütigen Scheinquirlen, endständig verlängerte Ähren bildend. Blumenkrone dunkelviolett bis weißlich, bis zum vierlappigen Saum von dem rötlichen Kelch umschlossen. Kelch am Grunde kahl, gefurcht, fünfzähnig, lanzettlich-pfriemlich. Früchte aus je 4 eiförmigen, einsamigen Nüßchen zusammengesetzt. *Blütezeit* Juni bis August.

Besonderes. Geruch der Blätter kräftig aromatisch, Geschmack brennend würzig mit nachfolgendem Kältegefühl.

Vorkommen. Vielfach in Gärten angebaut, auch verwildert an Gräben und Bächen. Wird im großen kultiviert.

Sammelzeit. Während der Blüte werden die Blätter gepflückt. Bei feldmäßigem Anbau erfolgen gewöhnlich zwei Schnitte; der erste wird meist zur Blütezeit vorgenommen. Die Blätter werden dann frisch von den Stengeln abgepflückt und an schattigen luftigen Orten getrocknet.

Anbau. Empfehlenswert; zum Anbau eignet sich entwässerter Moorboden, der viel Sonne erhält, am besten. Die Anlagen müssen frei von Unkraut gehalten und sollen alle 2 Jahre umgepflanzt werden. Die Vermehrung geschieht durch Ausläufer von selbst und durch Stockteilung, es lassen sich auch die kräftigeren Spitzentriebe verwenden. 1 a = 20 bis 30 kg trockene Blätter.

Drogen, Arzneiformen. Folia Menthae pip., Pfefferminzblätter; Oleum Menthae pip., Pfefferminzöl; Aqua Menthae pip.; Sirupus Menthae pip.; Spiritus Menthae pip.; Tinct. Menthae pip.; Trochisci, Pastilli, Tablettae, Rotulae Menthae pip.; Mentholum, Menthol; Mentholum valerianicum. — *Homöopathie:* Essenz aus der frischen blühenden Pflanze.

Bestandteile. Die Blätter enthalten getrocknet etwa 0,7—1,5% ätherisches Öl, 7—11% Gerbstoff, Bitterstoff und Fermente. Im Öl sind enthalten: 50—90% Menthol, 9—25% Menthon, 4—11% Mentholester, Cineol, Pulegon und weitere Terpenderivate.

Pharmakologie. Menthol reizt örtlich die kälteempfindlichen Nervenendigungen der Haut und Schleimhaut, die es außerdem noch anästhetisch macht. Innerlich erregt es Vasomotoren- und Atemzentrum, setzt am ZNS die Erregbarkeit herab, lähmt in schwachen Dosen die willkürlichen Bewegungen, in starken die Sensibilität und die Reflexe. In therapeutischen Dosen von 0,2—1,3 g steigert es den Blutdruck und die Herzkraft, in höheren Dosen ruft es Somnolenz und Müdigkeit hervor (VLADINANSKY). Im Munde reizt es zum Speichelfluß, schränkt aber die Sekretion der Nasenschleimhaut ein. Selbst in einer Verdünnung von 0,1% wirkt es stark antiseptisch und bactericid, nach CAVEL zwei- bis dreimal stärker als das Phenol. Die Toxizität ist gegenüber Pulegon, Methon, Cineol nachgeprüft und als am geringsten befunden worden, hingegen war die Wirkung auf die glatte Muskulatur (Peristaltiklähmung, Tonusverminderung) noch in der Verdünnung 1 : 270000 da. Menthol wird im Harn wie Campher, mit Glykuronsäure gepaart, ausgeschieden (GESSNER). Es wirkt stark auf die Gallensekretion ein, wahrscheinlich infolge dieses Ausscheidungsvorganges. Bei der Geruchs- und Geschmacksprüfung erweist sich das Menthol weniger wirksam als das Gesamtöl und die anderen Bestandteile. Die Gallensekretion stieg an Hunden nach Pfefferminz-Infus-Gabe um das neunfache, wie STEINMETZER nachwies; die Wirkung ist von klinischer Seite viel bestätigt worden; CHABROL führt sie auf den Gehalt an Phenolsäuren zurück. Die Darmwirkung kommt nach VOLLMER auch über den Gerbstoffgehalt der Pflanze zustande. Vereinzelt wird nach längerem häufigen Genuß von Pfefferminztee eine Wirkung auf das Herz beobachtet, die nach WEGENER durch Hinzufügen von etwas Fenchel leicht vermieden werden kann. MEYER stellte fest, daß das Pfefferminzöl die Leukocyten vermindert. BOHN berichtet, daß die Pfefferminze geringe geschlechtliche Erregungen hervorrufe.

Verordnungsformen. Folia Menthae pip., zum heißen Aufguß, 2 Teelöffel auf 1 Tasse, 2 Tassen täglich oder nach Bedarf. Folia Menth. pip. 2 Teelöffel mit $^1/_4$ l Wasser aufbrühen, als Klysma. Folia Menthae pip. pulv., mehrmals täglich 1—2 Messerspitzen. Oleum Menthae pip., dreimal täglich 2—10 Tropfen. Ol. Menth. pip., zum Inhalieren. Elaeosaccharum Menthae pip., dreimal täglich 1,0 g. Spiritus Menthae pip., äußerlich zum Einreiben. Mentholum, zwei- bis dreimal täglich 0,05—0,2 g. Menthol. valerianicum, mehrmals täglich 5—15 Tropfen. Balsamum Mentholi compositum, zum Einreiben. Oleum Mentholi, als Ohr- und Nasentropfen. Menthol-Migränestifte. — *Homöopathie:* dil. D 2, drei- bis vierstündlich 5 Tropfen.

Medizinische Anwendung. Spasmen und Meteorismen im Tractus digestivus, Säureanomalien, Katarrhe, Diarrhöen, Koliken, Gastritis, Ulcera. Cholecystopathien, besonders Stauungen, Cholangitis, Cholelithiasis. Ferner bei Herzschwäche, Herzklopfen, Hysterie, Schlaflosigkeit, Amenorrhöe, Unterleibskrämpfen, Impotenz, zur Hemmung der Lactation, bei Husten und Heiserkeit. Äußerlich bei Hautjucken, Ekzem, Urticaria; das Öl zur Einreibung bei Migräne, Neuralgien, Kopfschmerzen, Zahnschmerzen und als Inhalat bei Bronchialerkrankungen; der Balsam bei Rheuma, Myalgien und Neuralgien. Oleum Mentholi zum Einträufeln in Nase und Ohren. (Das ätherische Öl wird besonders zur ROEDERschen Tonsillenbehandlung benutzt.)

Homöopathische Anwendung. Heiserkeit, Halsschmerzen, trockener Husten bei Influenza, Gallensteinkolik (HEINIGKE).

Volkstümliche Anwendung. Erkrankungen der Verdauungswege, Magenverstimmung, Leibschmerzen, Übelkeit, Erbrechen, schmerzhafte Krämpfe und Blähungen, Aufstoßen, Kolik, Brechdurchfall, Darmträgheit, Würmer, Gallensteinleiden, Leberleiden, Krämpfe im Unterleib und in der Blase, Kopfschmerzen, Nervenschmerzen, Aufregungszustände, Schlaflosigkeit, nervöse Herzbeschwerden. Als allgemeines Getränk.

Mentha crispa L.,
Krause Minze, Balsamkraut.

Beschreibung. Ausdauernd, Höhe 50—100 cm. Wurzelstock kriechend, *Stengel* aufrecht, ästig, rauhborstig behaart. *Blätter* kreuzgegenständig, fast sitzend, herzeiförmig, scharf zugespitzt, wellig-runzelig, fast blasig, tief eingeschnitten-gesägt, oberseits kahl, unterseits behaart und mit Öldrüsen besetzt. *Lippenblüten* rötlich-violett in rundlichen, drei bis fünf dicht beisammen stehenden Quirlen an der Stengelspitze. Der Blütenkopf überragt die Nebenblätter. *Blütezeit* Juli, August.

Besonderes. Geschmack der Blätter brennend, nicht kühlend, Geruch stark würzig.

Vorkommen. Fast nur in Gärten angepflanzt.

Sammelzeit. Man schneidet die Pflanze kurz vor der Blüte ab, streift die Blätter ab und trocknet sie luftig und im Schatten. Meist kann man im September noch einmal ernten. 1 a = etwa 20 kg trockene Blätter.

Anbau. Wichtig und lohnend. Die Pflanze liebt feuchte, schattige Orte und Düngung und soll gepflegt und alle 4 Jahre umgesetzt werden. Man vermehrt sie am besten durch Stockteilung im Frühjahr oder Herbst.

Drogen, Arzneiformen. Folia Menthae crispae, Krauseminzblätter; Aqua Menthae crispae; Sirupus Menthae crispae; Tinctura Menthae crispae, Krauseminztinktur; Oleum Menthae crispae, Krauseminzöl.

Bestandteile. Im ätherischen Öl vorwiegend l-Carvon (42—66%) und Terpene.

Wirkung, Anwendung. Wie die Pfefferminze und besonders gern zu Teemischungen. Außerdem werden die Blätter zur Herstellung aromatischer Wässer und zur Fernhaltung des Kornkäfers bei der Lagerung von Getreide benutzt.

Ocimum basilicum L.,
Basilienkraut.

Beschreibung. Einjährig, Höhe 30—40 cm, buschig verzweigt. *Stengel* aufrecht oder am Grunde aufsteigend, vierkantig, im oberen Teile weichhaarig. *Blätter* gegenständig, gestielt, mit gewimperten Stielen, eiförmig-länglich, meist spitz, am Grunde mehr oder weniger verschmälert, fast ganzrandig oder am Rande schwach gezähnt und behaart. *Blütenstände* Halbquirle, fast sitzend, meist dreiblütig, in den Achseln von gefärbten Hochblättern am Ende des Stengels und der Äste unterbrochen-ährenförmig angeordnet. *Blüten* mittelgroß, gelblichweiß oder zuweilen rötlich. Krone etwa doppelt so lang als der Kelch, Oberlippe vierspaltig, Unterlippe ungeteilt, Staubblätter weit vorragend, Kelch zweilippig. *Blütezeit* Juni bis Herbst.

Besonderes. Pflanze von eigentümlich scharf-aromatischem Geruch.

Vorkommen. Aus Ostindien, bei uns als Zier- und Gewürzpflanze nicht selten gebaut.

Sammelzeit. Zu Beginn der Blüte wird das Kraut abgeschnitten, rasch im Schatten getrocknet und luft- und lichtdicht aufbewahrt.

Anbau. Die Samen zieht man zunächst im Frühbeet und pflanzt aus, sobald keine Nachtfrostgefahr mehr droht. Lockere, gedüngte Erde ist notwendig.

Drogen, Arzneiformen. Herba Basilici, Basilikumkraut. Oleum Basilici, Basilikumöl. — *Homöopathie:* Essenz und Potenzen aus der frischen Pflanze.

Bestandteile. In der frischen Pflanze 0,02—0,04%, in der getrockneten bis 1,5% ätherisches Öl, 6% Gerbstoff, geringe Mengen Glucosid und 0,13% saures Saponin. Im Öl 24,11% Methylchavicol, Cineol, Linalool.

Pharmakologie. Das ätherische Öl setzt nach einer vorausgehenden Erregung die Aktivität der cerebro-spinalen Innervation herab (CADÉAC, MEUNIER).

Verordnungsformen. Herba Basilici, 1 Teelöffel auf 1 Tasse, zum heißen Aufguß, 2—3 Tassen täglich. Oleum Basilici, dreimal täglich 5—6 Tropfen auf Zucker. — *Homöopathie:* ⌀ — dil. D 1, dreimal täglich 10 Tropfen.

Medizinische Anwendung. Als Carminativum bei Flatulenz und Meteorismus, mangelhafter Verdauung, Magenkrämpfen, chronischer Gastritis, Verstopfung und katarrhalische Darm- und Blasenerkrankungen, Nephritis (chronica), Gonorrhöe, Epididymitis, Fluor, zur Anregung der Lactation und der Libido. MADAUS führt auch Bronchialerkrankungen und Tuberkulose an. Die Abkochung als Gurgelwasser bei Schleimhautaffektionen in Mund und Rachen, als Umschlag bei Wunden und Eiterungen.

Homöopathische Anwendung. Blasen- und Nierenleiden (Kolik, Grieß, Steine) und Prolaps vaginae. Magenkrämpfe, Gallenblasen- und Gallengangsentzündungen, Ikterus, Gallensteinkoliken.

Volkstümliche Anwendung. Verstopfung mit Blähungen, Leib- und Krampfschmerzen, Nierenentzündung, Blasen- und Harnröhrenentzündung, Gonorrhöe, Fluor; auch gegen Würmer, ferner zur Anregung des Geschlechtstriebes, der Menstruation und Milchsekretion. Die Abkochung (auch der Samen) wird zur Wundheilung (Intertrigo, Rhagaden der Lippen und Brustwarzen) und als Gurgelmittel (Bräune, Mundfäule) benutzt.

Solanaceae, Nachtschattengewächse.

Atropa belladonna L., Var. A. lutea DOELL.,
Tollkirsche, Tollbeere, Tollkraut, Teufelskirsche.

Beschreibung. Ausdauernd, Höhe bis 150 cm. *Stengel* aufrecht, gabelförmig ästig, schwach gestreift, besonders oberwärts weichhaarig. *Blätter* wechselständig, oberseits dunkelgrün, jung weichhaarig, groß, eiförmig, zugespitzt, ganzrandig, in den Stiel herablaufend, paarweise nebeneinander. *Blumenkrone* schmutzig braunviolett, am Grunde gelbbraun, verwachsen, glockenförmig, fünflappig; Kelch fünfteilig, grün; Staubblätter gelb. *Frucht* eine in der Reife glänzend violett-schwarze, flachkugelige Beere mit violettem Saft. *Blütezeit* Juni, Juli.

Besonderes. Fast geruchlos, Geschmack widerlich bitter. *Giftig!*

Vorkommen. Auf Waldschlägen und Lichtungen, in steinigen Gebüschen, namentlich auf Kalkboden, in Süddeutschland häufiger, oft massenhaft.

Sammelzeit. Während der Blütezeit werden die Blätter gepflückt (kann einigemale geschehen) und rasch im Schatten getrocknet, wenn sie nicht in frischem Zustande verarbeitet werden sollen. Die Wurzeln werden erst im zweiten oder dritten Herbst gegraben, nach Reinigung gespalten und getrocknet.

Anbau. Lohnend, wo durch die stark giftige Pflanze kein Schaden angerichtet werden kann. Im März sät man den (vorher in Wasser gequollenen) Samen in Kästen unter Glas und pflanzt im Mai-Juni aus. Die Tollkirsche braucht besten humusreichen, lehmigen Boden und nach Möglichkeit halbschattige Standorte, kommt dann ohne besondere Pflege aus. MEYER empfiehlt hier, Kulturen auf Waldschlägen und Schonungen anzulegen, die hier wenigstens 6 Jahre lang zwischen den jungen Waldbäumchen bestehen bleiben können.

Drogen, Arzneiformen. Folia Belladonnae, Tollkirschenblätter; Radix Belladonnae, Tollkirschenwurzel; Semen Belladonnae; Emplastrum Belladonnae, Tollkirschenpflaster; Extractum Belladonnae, Tollkirschenextrakt; Tinctura Belladonnae, Tollkirschentinktur; Tinctura Belladonnae ex herba recente, Tollkirschentinktur aus frischer Pflanze; Unguentum Belladonnae, Tollkirschensalbe. *Belladonna-Alkaloide* und verwandte Basen: Atropinum, A. sulfuricum, A. valerianicum, A. salicylicum, A. methylobromatum, A. methylonitricum, Atrinal (Atropinschwefelsäure); Hyoscyaminum, H. sulfuricum, H. hydrobromicum; Homatropinum, H. hydrobromicum; Scopolaminum, S. hydrobromicum, S. hydrochloricum. — *Homöopathie:* Essenz und Potenzen aus der frischen Pflanze ohne Wurzel.

Bestandteile. *Blätter:* Alkaloide: Atropin, Hyoscyamin, Methylpyrolin, Methylpyrolidin, Pyridin, ein Diamin, Leucatropasäure, Chrysatropasäure, Cholin, Phytosterin, Asparagin, Labenzym. *Wurzeln:* Atropin, Hyoscyamin, Scopolamin, Duboisin, Atropamin, Atropasäure, Phytosterin, Labenzym. Nach ESDORN enthält die lebende Pflanze in der Hauptsache Hyoscyamin, das Atropin entsteht erst bei der Trocknung. MADAUS stellte fest, daß der Alkaloidgehalt der Wurzel nachts geringer ist als am Tage; es gelang ihm auch, den durchschnittlichen Alkaloidgehalt von 0,5% in der Wurzel bei seinen Anbauversuchen durch geeignete Düngung und gleichzeitigen Anbau einer Begleitpflanze *(Artemisia vulg.)* bis auf 1,3% zu erhöhen.

Pharmakologie. *Hyoscyamin* und *Atropin* wirken zentral stark erregend auf Großhirn, Zwischenhirn und Med. obl. und rufen Unruhe, Delirien, Tobsucht, Temperaturerhöhung (MUNNS beobachtete schon nach 0,0006 g Temperaturen bis 42,7°), Erweiterung der peripheren Gefäße, Beschleunigung von Herz- und Atemtätigkeit, Mydriasis, Sehstörungen bis zur Blindheit hervor. Nach kleineren Dosen folgt dann eine Phase der Lähmung (Erschlaffung, Beruhigung, Schlaf), die nach größeren Dosen bis zum Tod im Koma durch Lähmung des Atemzentrums gehen kann. Peripher wirken die beiden Alkaloide lähmend auf den Parasympathicus, so daß sich unter Überwiegen des Sympathicus Mydriasis, Akkomodationslähmung und völlige Einschränkung der Drüsensekretionen (auch des Magens und Darmes und der Schweißdrüsen), ferner Schluckbeschwerden, Verstopfung und Ruhigstellung von Gallenblase, Ureteren, Blase und Uterus einstellt. Durch Ausschaltung des Vagus tritt eine starke Beschleunigung der Herztätigkeit ein, die unter dem Fehlen des Depressorreflexes zur Blutdrucksteigerung führt. — Das *l-Scopolamin* bewirkt zentral kaum Erregung, vielmehr wird die Erregbarkeit des ZNS stark herabgesetzt, so daß Ruhe, Schlaf, Herabsetzung der Atemtätigkeit, und schließlich der Tod eintritt. Peripher wirkt es wie das Atropin, es fehlt jedoch die Herzwirkung; im Gegenteil tritt meist eine Herabsetzung der Herztätigkeit ein. — Atropin und Scopolamin fördern in Kombination mit Morphin und Äther die Narkose.

Vergiftungen: Meist werden die Früchte gegessen, in denen das Scopolamin fehlt. Demgemäß stellen sich ein: Kratzen, Rauhheit im Hals, Schlingbeschwerden, motorische und psychische Unruhe, Delirien, Tobsuchtsanfälle, Puls beschleunigt (bis 160!), ebenso die Atmung, Mydriasis und Sehstörungen, Fieber, trockene, heiße Haut, dann folgen Krämpfe, Bewußtlosigkeit, Lähmung, Schlaf oder Tod im Koma.

Gegenmittel: Magenspülungen, Adsorbentien, Morphin oder auch Chloralhydrat (evtl. Pilocarpin als Antagonist für die periphere Wirkung), Analeptica und gegen die Sehstörungen örtlich Eserin.

Verordnungsformen. Fol. Belladonnae 0,05—0,1—0,2 g ein- bis zweimal täglich. Tinct. Belladonnae 0,25—0,5—1,0 g (5—10—20 Tropfen). Extract. Belladonnae 0,01—0,02 g zwei- bis dreimal täglich. Rad. Belladonnae 30,0 g als Decoct mit 600,0 Weißwein, davon steigend bis 60,0 täglich (Parkinsonismus). Atropinum sulf. 0,00003—0,001 g in Pillen oder Pulvern (KLEMPERER-ROST). Injektionen: 0,002—0,003 g (Seekrankheit). 0,005 g bei Ileus spasticus (ROST-KLEMPERER). — *Homöopathie:* dil. D 5—3, dreimal täglich 10 Tropfen.

Maximaldosen:
Fol. Belladonnae 0,2 g pro dosi, 0,6 g pro die,
Extract. Belladonnae 0,05 g pro dosi, 0,15 g pro die,
Rad. Belladonnae (Erzgeb.) 0,1 g pro dosi, 0,4 g pro die,
Rad. Belladonnae (Helv.) 0,1 g pro dosi, 0,3 g pro die,
Tinct. Belladonnae (Helv.) 0,1 g pro dosi, 0,3 g pro die,
Tinct. Belladonnae (Erzgeb.) 0,5 g pro dosi. 1,5 g pro die,
Tinct. Bellad. e herba rec. (Erzgeb.) 1,0 g pro dosi, 3,0 g pro die,
Atropinum sulfuricum 0,001 g pro dosi, 0,003 g pro die,
Homatropinum hydrobrom. 0,001 g pro dosi, 0,003 g pro die.

Rezeptpflichtig:
Fol. Bellad. (ausgenommen in Plastern, Salben und als Zusatz zu erweichenden Kräutern),
Extract. Bellad. (ausgenommen in Pflastern, Salben),
Tinct. Belladonnae,
Atropin und seine Salze,
Homatropin und seine Salze,
Homöopathische Zubereitungen bis D 3 einschließlich.

Medizinische Anwendung. Zur Belladonna-Kur bei Postencephalitis der PARKINSONschen Krankheit: von dem Weindecoct gibt man als Anfangsdosis vor dem Schlafengehen 5 ccm, steigert täglich um 1 ccm, bis 10 ccm erreicht sind. Jetzt gibt man die Tagesmenge in 2 Teilen: Die Hälfte mittags vor dem Essen, wenn der Patient wenigstens 3 Stunden nüchtern war, die andere Hälfte abends vor dem Schlafengehen. Ist allmählich die Tagesmenge von 20 ccm erreicht, so teilt man diese in drei Teile: ein Drittel frühmorgens um 5 Uhr, ein Drittel mittags und das letzte Drittel abends, immer aber nachdem der Patient wenigstens 3 Stunden nüchtern war. So geht man weiter, bis die Tagesmenge von 60 ccm erreicht ist. Man kann auch bis 100 ccm gehen, muß sich aber nach der individuellen Verträglichkeit richten. Nach 3 Tagen beginnen bereits Besserungen aufzutreten; die Kur dauert etwa 2 Monate, aber die hartnäckigsten Symptome verschwinden erst nach 4—5 Monaten. Es ist dies die sog. (richtiggestellte und wissenschaftlich korrigierte) bulgarische Kur. Unangenehme Begleiterscheinungen sind lediglich Mydriasis, Hitzegefühl im Gesicht und Trockenheit im Munde. *Kontraindikationen* sind: starker geistiger und körperlicher Verfall, Veränderungen an Herz, Leber und Nieren, ebenso sollen die sich noch in der Entwicklung befindlichen Fälle noch nicht behandelt werden. — *Weitere*

Anwendungen: Als Mydriaticum (Homatropin. sulf.), als Gegengift bei Muscarin- und Morphinvergiftungen, gegen die Nachtschweiße bei Tuberkulose, zur Einschränkung der Sekretion der Speicheldrüsen, ferner bei Asthma bronchiale nervos., Magen- und Darmspasmen und bei Steinkoliken in Kombination mit Morphin. Atropinmethylobromat bei exsudativer Diathese der Kinder (BREITMANN). Extr. Belladonnae bei katarrhalischen Erkrankungen der Luftwege zur Einschränkung der Sekretion (LAQUEUR). Bei HIRSCHSPRUNGscher Krankheit (BANSI), Angina, Nasenbluten, Obstipation mit Leberstauung (SCHULZ), mit Barbitursäure bei Ulcus ventriculi et duodeni, Coronarsklerose, arteriosklerotischer Hypertonie (JELLINEK), Pylorusspasmus (OCHSENIUS); in der Gynäkologie bei Dysmenorrhöe, Adnexitis (KOBER) und in der Geburtshilfe zur Erweiterung des Muttermundes (SELLHEIM) und zur Verhütung von Fehlgeburten (KLOTZ). Atropin bewährte sich bei Trigeminusneuralgie (KULENKAMPFF, SCHROETER). JESSNER empfahl die Belladonna bei Hautkrankheiten, und u. a. HOCHSTETTER bei Scharlach und erythematösen Ausschlägen. LECLERC empfiehlt es als krampflösendes Heilmittel „par excellence". — Als *Injektion* zur sofortigen Stillegung der Darmperistaltik (Lähmung des Vagus) (HEILMEYER). *Scopolamin* ist das wirksamste Beruhigungsmittel bei Geisteskranken, zur Bekämpfung des Tremors bei Paralysis agitans und multipler Sklerose, zum Dämmerschlaf, zur Einleitung von Narkosen.

Homöopathische Anwendung. Bei Beginn akuter entzündlicher Krankheiten, Krampfparoxysmen, lähmungsartigen Zuständen, bei akuten Hautkrankheiten, Scharlach, Anginen, Migräne, Kopfschmerzen, als Spasmolyticum bei allen Krankheiten der Vagus-Gebiete, Koliken, ferner bei Apoplexie, M. Basedow, Amenorrhöe, klimaterischen Beschwerden.

Volkstümliche Anwendung. Die Abkochung und das frische Kraut selbst zum Einreiben bei Nervenschmerzen. Innerlich bei Keuchhusten, Krämpfen, Schwermut, Tollwut, Krebs.

Hyoscyamus niger L.,
Bilsenkraut, Schwarzes B.

Beschreibung. Zwei- und einjährige Pflanze, Höhe 30—60 cm. *Wurzel* weißlich, möhrenartig. *Stengel* aufrecht, einfach oder verästelt. Untere *Blätter* rosettig, gestielt, länglich-eiförmig, buchtig-fiederspaltig, obere halbstengelumfassend, grob-buchtig-gezähnt, wellig bis ganzrandig, fettig, grau-grün. *Blüten* in einseitswendigen Wickeln, fast sitzend, etwas groß. *Kelch* bleibend, grün, fünfzähnig, becherförmig. Blumenkrone trichterförmig, fünflappig, schmutzig-gelb, violett geadert, im Grunde dunkelviolett. *Frucht* = im Kelch sitzende zweiklappige Kapsel mit vielen kleinen, nierenförmigen, mattgrau-bräunlichen Samen. *Blütezeit* Juni, Juli.

Besonderes. Pflanze in allen Teilen mit langen, weichen, klebrigen Zottenhaaren besetzt. Geruch widerlich. *Stark giftig!*

Vorkommen. Häufig auf Schutt, an Hecken und Zäunen.

Sammelzeit. Die blühende Pflanze wird abgeschnitten und die Blätter werden abgestreift. Wenn der Same geerntet werden soll, werden von der stehenden Pflanze nur die größeren Blätter gepflückt, die gut und schnell getrocknet und nachgetrocknet werden müssen.

Anbau. Lohnend, wenn kalkhaltiger Boden zur Verfügung steht. Auch Frischpflanzen finden Absatz. Im Frühjahr sät man dick aus und sorgt für gute Feuchtigkeit; im Sommer zeigen sich Blattrosetten, erst im 2. Jahre blühende Pflanzen. 1 a = 6—7 kg trockene Blätter und 1 kg Samen (MEYER).

Drogen, Arzneiformen. Folia Hyoscyami, Bilsenkrautblätter. Semen Hyoscyami, Bilsenkrautsamen. Emplastrum Hyoscyami, Bilsenkrautpflaster. Extractum Hyoscyami, Bilsenkrautextrakt. Oleum Hyoscyami, Bilsenkrautöl. Tinctura Hyoscyami, Bilsenkrauttinktur. — *Homöopathie:* Essenz und Potenzen aus der frischen, blühenden Pflanze.

Bestandteile. 0,05—0,2% l-Hyoscyamin, ferner l- und d/l-Scopolamin, wahrscheinlich auch Atropin, etwas ätherisches Öl und der glykosidische Bitterstoff Hyoscypikrin.

Pharmakologie. Wirksamster Bestandteil ist das *Scopolamin.* Es beseitigt die Erregung motorischer Zentren (Einwirkung auf die Basalganglien), es kommt zur Muskelerschlaffung, zum Schlaf, bis zur Lähmung des Atemzentrums, Tod im Kollaps. Charakteristisch ist das Auftreten des BABINSKI-Reflexes (LESCHKE). — Hyoscyamin (l-) wirkt stärker als Atropin. Peripher macht es Lähmung der Endigungen des Parasympathicus, also Sekretionseinschränkung, Mydriasis, Ruhigstellung des Darmes. Die Aufhebung der Vagushemmung führt zur Beschleunigung des Herzaktion. Zentral macht es Erregungen, Tremor, Halluzinationen, Delirien. Bei *Vergiftungen* mit *Hyoscyamus niger* treten Schwellungen und Ödeme auf, Erytheme (scharlachartig), Urticaria, purpuraartige Exantheme (TOUTON). *Gegenmittel:* Brechmittel, Adsorbentien, kein Morphin, weil ohnedies das Atemzentrum durch Scopolamin gelähmt wird; Analeptica, künstliche Atmung (sonst so wie bei *Atropa belladonna*-Vergiftung). Der Alkaloidgehalt der aus frischen Pflanzen bereiteten Tinktur beträgt 0,007—0,01% Hyoscyamin.

Verordnungsformen. Tinct. Hyoscyami, 1—2 Tropfen ein- bis dreimal täglich. — *Homöopathie:* dil. D 3—4, dreimal täglich 10 Tropfen.

Maximaldosis:
Fol. Hyoscyami 0,4 g pro dosi, 1,2 g pro die;
Extract. Hyoscyami 0,15 g pro dosi, 0,5 g pro die;
Tinct. Hyoscyami 1,5 g pro dosi, 3,0 g pro die.
Scopolamin. hydrobrom. 0,0005 g pro dosi, 0,002 g pro die.

Rezeptpflichtig:
Folia, Herba, Extractum Hyoscyami und homöopathische Zubereitungen bis D 3 einschließlich.

Medizinische Anwendung. Die Wirkung liegt zwischen der des Opiums und der Belladonna; Hyoscyamus wird angewendet bei schweren Erkrankungen des Parkinsonismus, Paralysis agitans, senilem Tremor; die Wirkung ist ausgesprochen schmerzstillend und beruhigend und wird durch Kombination mit Opium erheblich gesteigert. — Scopolamin-

Morphium zur Einleitung des Dämmerschlafes (Scopolaminum hydrobromicum 0,0006—0,0008, Morphium hydrochlor. 0,01 zur Injektion).

Asthma-Räuchermittel
Rp: Fol. Hyoscyami
    Fol. Stramonii
    Kal. nitr.   āā 10,0
M. d. s.: Räucherpulver (ROST-KLEMPERER).

Klistiere
Rp: Fol. Hyoscyami   0,4
    D. s.: Zum Infus mit 1 Tasse Wasser, durchseihen und zu 1 Klistier verwenden.

Homöopathische Anwendung. Reiz- und Krampfhusten, Pneumonie, Tuberkulose, Bronchialasthma und -katarrhe, Delirien, Meningitis, Encephalitis, manisch-depressives Irresein, Schizophrenie, Epilepsie, Chorea minor, Nymphomanie, Hysterie, Schlaflosigkeit, Paralysen, Sehstörungen, Erregungszustände der Alkoholiker und bei Arteriosklerose, ferner bei drohendem Kollaps bei Scharlach und Typhus, bei Strangurie, Blasenkrampf und -lähmung, Dysmenorrhöe, zu frühe und zu starke Menstruation, klimakterischen Beschwerden. Das Öl bei Otitis media zum tropfenweisen Einträufeln. *Kontraindikationen:* Morbus Basedowii (STIEGELE). *Dosierung:* Bei Reiz- und Krampfhusten D 1—3, bei cerebralen Prozessen D 4—10 (STAUFFER).

Volkstümliche Anwendung. Das Bilsenkrautöl wird hauptsächlich verwendet und zwar zum Einreiben bei Rheuma, Gicht, Neuralgien. Mitunter wird das Kraut auf Kohlen gelegt zum Einatmen bei Zahnschmerzen und Asthmaanfällen verwendet.

Physalis alkekengi L.,
Judenkirsche, Schlutte.

Beschreibung. Ausdauernd, Höhe 30—60 cm. Grundachse kriechend, ästig, *Stengel* meist vom Grunde an ästig, aufrecht, stumpfkantig, oberwärts kurz behaart. *Blätter* meist zu zwei beisammen stehend, langgestielt, eiförmig-spitz, am Rande ausgeschweift, in den Blattstiel verschmälert. Blütenstiele behaart, *Blüten* blattwinkelständig, einzeln, klein, kurz gestielt, nickend. Blumenkrone radförmig-glockig mit fünfzipfeligem Saum, weißlich oder grünlich-weiß. Fruchtstiele herabgebogen, *Fruchtkelch* aufgeblasen, mit zugespitzten, abstehenden Zipfeln, anfangs grün, später gelb mit deutlich vortretenden Rippen, zur Fruchtreife lebhaft mennigrot, innen bestäubt. *Frucht* etwa kirschengroß, kugelig glänzend, orange- oder scharlachrot, zweifächerig. Samen gelblich-weiß, nierenförmig. *Blütezeit* Juni, Juli.

Besonderes. Frucht saftig, säuerlich-süß schmeckend, ohne Kelch genießbar. Pflanze ist gesetzlich *geschützt!*

Vorkommen. In Weinbergen, Gebüschen, Hecken, Wäldern, Gärten; zerstreut, öfter angepflanzt.

Sammelzeit. Die roten Beeren werden ohne Kelch zur Reife gesammelt und getrocknet.

Drogen, Arzneiformen. Fructus Alkekengi, Judenkirschen. — *Homöopathie:* Tinktur aus den frischen, reifen Beeren.

Bestandteile. Früchte: Spuren eines Alkaloids (?), Zucker, Citronensäure, fettes Öl, carotinoiden Farbstoff Physalien. Im Kelch: bitteres Glykosid Physalin, ebenso in den Blättern, ferner Gerbstoff, Schleim.

Pharmakologie. SCHULZ berichtet von Steigerung der Diurese und Ausscheidung reichlicher Mengen von Uraten; MEYER vermutet das diuretisch wirksame Prinzip im Bitterstoff Physalin. MADAUS fand bei seinen Untersuchungen über den Toxingehalt erhebliche Mengen ausfällbaren Eiweißes von starker Giftigkeit.

Verordnungsformen. Fructus Alkekengi, zur Abkochung, 1 Teelöffel auf 1 Tasse, 3 Tassen täglich. — *Homöopathie:* D 2, drei- bis vierstündlich 1 Tablette.

Medizinische Anwendung. Bei harnsaurer Diathese zur Ausscheidung von Uraten und gleichzeitiger Diurese, bei Nieren- und Blasensteinen, Rheuma.

Homöopathische Anwendung. Blutungen, Diureticum bei Wassersucht, Harn- und Blasenleiden, Steinbildungen, Gicht, Rheumatismus.

Volkstümliche Anwendung. Gichtische Beschwerden, Nieren- und Blasenleiden, zur Ausscheidung von Wasser und harnsauren Salzen. Grieß, Steinleiden, Leberkrankheiten, Gelbsucht, Gallenkrämpfe, Brustkrankheiten, Blutspeien, Gicht, Rheuma. Es werden auch Abkochungen der Blätter und Stengel verwendet.

Solanum tuberosum L.,
Kartoffel, Knolliger Nachtschatten.

Beschreibung. Ausdauernd, Höhe 30—100 cm. Grundachse meist mit knolligen Ausläufern, *Stengel* kantig, ästig, meist aufrecht. *Blätter* unterbrochen unpaarig gefiedert, Blättchen eiförmig, zugespitzt, am Grunde schief, oft herzförmig, ganzrandig, unterseits grau, kurzhaarig. *Blüten* in langgestielten doldenartigen Wickeln. Blütenstiele gegliedert, zuletzt zurückgebogen. Krone radförmig bis trichterförmig, fünfeckig, weiß oder rötlich bis violett, doppelt so lang als der Kelch. 5 Staubbeutel, oben zusammenneigend. Frucht = grüne Beere. *Knollen* = Kartoffeln. *Blütezeit* Juni bis August.

Besonderes. Pflanze kurzhaarig, in allen Teilen *giftig!*

Vorkommen. Alte Kulturpflanze aus Südamerika, bei uns überall angebaut.

Bestandteile. In allen Teilen ist Solanin enthalten, im grünen Kraut bis 0,25%, ferner Solanein, Solanidin und Tropein. Die *Knollen* enthalten geringe Mengen Solanin besonders in der Schale und in der Nähe der „Augen" (0,005—0,01%). In den Keimen der Knollen sind 0,02—0,5% Solanin enthalten. Die Knollen selbst enthalten außerdem noch Citronen-, Apfel-, Wein- und Milchsäure sowie oxalsaure Salze. Kaliumdüngung begünstigt den Solaningehalt. BOEMER und MATTIS stellten in 100 g gewöhnlicher Kartoffeln 2—10 mg Solanin fest.

Pharmakologie. Solaninwirkung siehe *S. dulcamara. Vergiftungen* durch Kartoffeln kommen nur bei Verwendung von gekeimten und gegrünten Kartoffeln vor. SCHWARZ berichtet: nach dem Genuß

Schmerzen, später Übelkeit, Erbrechen, Verstopfung, leichte Temperatur, Schwächezustände, erschwerte Atmung. Der Tod erfolgte nach 7—9 Tagen bei vollem Bewußtsein. SEEL führt die meisten Kartoffelvergiftungen auf Fäulnisbakteriengifte zurück. GESSNER berichtet von typischen tödlichen Vergiftungen nach Genuß der grünen Beeren.

Anwendungsformen. Man verwendet den Saft der rohen Kartoffelknollen und zwar möglichst der roten Sorten. Die Fa. *Madaus* stellt eine „Teep"-Verreibung her.

Anwendung. 125 g des Saftes dreimal täglich gegen schwere chronische Hyperacidität (RAABE, MADAUS), Ulcus ventriculi (BECKER). Ferner bei spastischer Obstipation, dyspeptischen, nervösen Zuständen, ferner bei Pharyngitis, Laryngitis, Bronchitis mit starken Sekretionen. Äußerlich wird roher Kartoffelbrei im Volke bei Verbrennungen und Verbrühungen verwendet, ferner zu Umschlägen bei Lungenentzündung, Nierenentzündung, Koliken und als Packungen bei Geschwüren und Eiterungen (Ulcera cruris). Das Kochwasser wird im Volke bei trockenem Katarrh, Bronchitis und gegen Schlaflosigkeit verwendet. — In China wird ein Extrakt aus Blättern und Stengeln mit opiumähnlicher Wirkung gegen Husten und Krämpfe gegeben (zit. nach MADAUS).

Solanum lycopersicum L., Tomate.

Ebenfalls aus Südamerika stammend, bei uns viel angepflanzt, enthält in allen Teilen Solanin, in den reifen roten Früchten (= Tomaten) nur in geringer Menge neben Saponin, Vitamin und Farbstoff. Die bei manchen Menschen auftretenden Magendarmreizungen nach Tomatengenuß sind auf den Solanin- und Saponingehalt zurückzuführen.

Solanum dulcamara L., Bittersüßer Nachtschatten.

Beschreibung. Ausdauernder Halbstrauch, Höhe bis 3 m. Wurzelstock holzig, oft knotig, verzweigt, kriechend. *Stengel* unten holzig, oben mehr krautig, meist schlingend, grau berindet, mit Mark gefüllt, kahl oder nebst den Blättern kurz-weichhaarig. *Blätter* wechselständig, gestielt, ungeteilt, länglich-eiförmig bis herzförmig, teilweise am Grunde mit 1—2 kleinen Fiederblättchen; die oberen Blätter oft spießförmig oder selbst geöhrt, dreizählig, beiderseits zerstreut-kurzhaarig. *Blüten* ziemlich langgestielt in wiederholt gegabelten, rispenartigen, nickenden Wickeln. Kelch fünfspaltig, bleibend. Blumenkrone einblättrig, radförmig, Saum fünfzipfelig, zuletzt zurückgeschlagen, violett, am Grunde der Saumlappen mit je 2 grünen, weiß gesäumten Flecken, selten weiß. Staubblätter kegelförmig-röhrig zusammengewachsen, an der Spitze 3 Löcher, gelb bis rötlichgelb. *Beerenfrüchte* in langgestielten, rispenartigen Ständen (Wickeln) vereinigt, hängend, eiförmig, erst grün, bei der Reife glänzendrot, saftig. Samen nierenförmig, weiß. *Blütezeit* Juni bis August.

Besonderes. Frisch zerriebene Blätter von unangenehmem, mäuseartigen Geruch. Blüten ähneln den Kartoffelblüten. Beeren *giftig!*
Vorkommen. Ufer, feuchte Gebüsche, Hecken; nicht allzu häufig.
Sammelzeit. Im Frühling oder Herbst schneidet man die blattlosen Triebe ab und trocknet sie.
Anbau. Lohnend; die Pflanze wächst am besten auf Uferdämmen, Vermehrung durch Samen oder Stecklinge.
Drogen, Arzneiformen. Stipites Dulcamarae, Bittersüß-Stengel. Extractum Dulcamarae, Bittersüßextrakt. — *Homöopathie:* Urtinktur und Potenzen aus den frischen, vor der Blüte gesammelten jungen Trieben.
Bestandteile. Die *Stengel* enthalten 0,3% Solanin, in den reifen Beeren 0,3—0,7%. Die Anwesenheit dieses krystallisierenden Glykoalkaloides wird neuerdings bestritten (KROEBER). Als wirksame Bestandteile gelten heute Solanein, Dulcamaretinsäure (= nicht glykosidisches Saponin), Dulcamarinsäure (= saures glykosidisches Saponin), Solacein (= basisches Glykosid). G. LUFT stellte ein eiweißartiges Agglutinin fest, das Blut stark konglutiniert. Außerdem ist ein Bitterstoff (Saponin?), das Dulcamarin enthalten. VOLLMER stellte in der Pflanze etwa 10% Gerbstoff fest. Die *Beeren* enthalten 31,55% Fructose (ANDERSON), 9,17% Öl, außerdem Eiweiß, Citronen- und Essigsäure in Spuren. ZECHMEISTER und CHOLNOKY isolierten einen roten Farbstoff, der dem Tomatenfarbstoff Lycopin entspricht. Der Aschengehalt der Stengel schwankt zwischen 4 und 7%.
Pharmakologie. GESSNER bezeichnet Solanin als Protoplasmagift, das örtlich stark reizt und Blut hämolysiert. Resorptionsvergiftungen sind selten, meistens treten Vergiftungserscheinungen durch starke örtliche Reizungen ein. Vom geschädigten Darm aus erfolgt die Resorption besser. Solanin beschleunigt zunächst die Herzfrequenz, in größeren Dosen führt es zur Herzlähmung. *Vergiftungen:* Treten meist durch Verzehren der Beeren auf und rufen Erbrechen, starke Durchfälle, Enteritis, Krämpfe, Benommenheit, Abnahme der Atemfrequenz und Tod im Koma durch Atemlähmung hervor. *Gegenmittel:* Magenspülungen, Brechmittel, Abführmittel, Darmspülungen, dann Adsorbentien, Adstringentien und Schleimmittel, intravenös Analeptica, Exzitantien. Die Prognose ist bei rechtzeitiger Behandlung nicht ungünstig. POULSSON hebt bei Vergiftungen besonders das Eintreten einer großen Empfindlichkeit gegen Licht, Schall und Berührung hervor. Von französischen Autoren werden gewisse narkotische Wirkungen, welche die Pflanze als Anaphrodisiacum geeignet erscheinen lassen, hervorgehoben. LECLERC bezeichnet die Droge als Diaphoreticum, CARRÈRE als Depurativum besonders in den Fällen, wo das Blut durch Mischung mit heterogenen Säften verdorben sei.
Verordnungsformen. Stipit. Dulcamarae pulv. 0,5 dreimal täglich. Extr. Dulc. 0,6—1,2 täglich (CLARUS). — *Homöopathie.* dil. D 2—4 dreimal täglich 10 Tropfen. *Vorsicht* mit größeren Dosen!
Medizinische Anwendung. Hautkrankheiten besonders juckender Art, auch Flechten und skrofulöse Exantheme, ferner bei chronischer Bronchitis, Katarrhen mit krampfhaftem Husten, Asthma, Rheumatismus,

Grippe und Erkältungskrankheiten, rheumatischen Schmerzen des Facialis- und Vagusgebietes. MADAUS führt noch Blasenkatarrh und -lähmung, ferner Diarrhöe und mangelnde Menses an, MEYER empfiehlt es bei Urethersteinen im Wechsel mit Rubia und Eupatorium.

Homöopathische Anwendung. Hautkrankheiten, Drüsenschwellungen nach Erkältungen, Lähmungen der Sehnerven, rheumatische Augen- und Ohrenerkrankungen, Nervenschmerzen, Zungenlähmung, rheumatische Muskel- und Gelenkschmerzen, Gliederlähmungen, Katarrhe, auch Magenkatarrhe mit Erbrechen, Durchfälle mit Schmerzen und Blähungen, Blasenkrankheiten (HEINIGKE). STAUFFER bezeichnet Dulcamara als Mittel für die lymphatisch-rheumatisch-hydrogenoide Konstitution mit großer Erkältungsneigung bei naßkalten Einflüssen.

Volkstümliche Anwendung. Als Blutreinigungsmittel bei Katarrhen, Keuchhusten, Lungenleiden, Asthma, Gicht, Rheuma, Gelbsucht, Wassersucht, ferner bei chronischen Hautkrankheiten, Krätze und Syphilis. SCHULZ berichtet von besonders guten Wirkungen bei Warzen, Keuchhusten und hartnäckigem Wechselfieber.

Solanum nigrum L.,
Schwarzer Nachtschatten.

Beschreibung. Einjährig, Höhe 30 bis 100 cm. Stengel ästig mit mehr oder weniger deutlich kantigen, oft höckerig-gezähnten, aufrechten oder niederliegenden Zweigen. *Blätter* wechselständig, langgestielt, ei-rautenförmig, kurz in den Stiel verschmälert, zugespitzt, ganzrandig oder seicht buchtig gezähnt. *Blüten* in hängenden endständigen, kurz gestielten, doldenartigen Wickeln. Blumenkrone klein, radförmig, fünfspaltig, Zipfel zurückgeschlagen, weiß; Kelch fünfspaltig. *Frucht* = saftige, mehrsamige Beere, kugelig, schwarz, mit kleinem zurückgeschlagenem Kelch. *Blütezeit* Juni bis Oktober.

Besonderes. Pflanze krautig, dunkelgrün, kahl oder zerstreut behaart. Junge Zweige unangenehm nach Mäusen riechend. *Giftig!*

Vorkommen. Wegränder, Schutt, Acker- und Gartenland.

Arzneiformen. Herba Solan. nigr. — *Homöopathie:* Essenz und Potenzen aus der frischen blühenden Pflanze.

Bestandteile. GESSNER gibt das Glykoalkaloid Solanin an, ferner Tropein. Die Wirkung entspricht der von *S. dulc.*, Tropein ruft Mydriasis hervor.

Pharmakologie. Nach BHATIA finden sich die Wirkstoffe vor allem in den Beeren (frischer Preßsaft und Abkochung getrockneter Beeren). Herzstillstand wird erst durch sehr große Dosen des frischen Preßsaftes erzielt. Der Saft beschleunigte (am Hund) die Bewegungen des Ileums, stimulierte und steigerte den Tonus des Uterus, bewirkte in einer Verdünnung von 1 : 50 Myosis am Froschauge. Einspritzungen des frischen Saftes (0,01 ccm/kg) bewirkten bei Katzen und Hunden Blutzuckersenkungen um 50—80, die allerdings nur 1—5 Minuten anhielten. Abkochungen von Blättern und Stengeln erwiesen sich als unwirksam. Solanin (MERCK) übt in Mengen von 0,5—5 mg keinen Einfluß auf den Blutdruck aus.

Verordnungsformen. Nur *homöopathisch:* ⌀ — dil. D 3, dreimal täglich 10 Tropfen. *Vorsicht* mit größeren Dosen!

Anwendung. Zuckungen, tonische Krämpfe, Starrkrampf, Epilepsie, Tobsucht (Heinigke). Madaus gibt die verschiedensten cerebralen Reizzustände an (u. a. Manie, Meningitis), ferner Asthma nocturnum, Blasenspasmen, Gastralgien und Enteralgien. Äußerlich wird die Tinktur bei Psoriasis angewendet.

Capsicum annuum L.,
Spanischer Pfeffer, Paprika.

Beschreibung. Einjährig, Höhe 30—60 cm. Pflanzen krautartig, ästig, kahl. Stengel aufrecht, vier- bis fünfkantig. *Blätter* langgestielt, elliptisch oder eiförmig, zugespitzt, in den Blattstiel herablaufend, ganzrandig, kahl, dunkelgrün, unterseits heller. *Blüten* einzeln oder zu zwei in beblätterten gabelig beginnenden Winkeln. Blütenstiele kantig, gegen die Blüte hin verdickt, zuletzt herabgebogen. Kelch kahl, fünf- bis sechszähnig. Krone radförmig mit 5—6 eilänglichen, spitzen Zipfeln, schmutzig weiß. *Frucht* eine Beere, länglich-kegelförmig, bis 12 cm lang, 4 cm breit, glatt oder runzelig. Zur Fruchtreife meist scharlachrot, glänzend, auch orangegelb oder gefleckt. *Blütezeit* Juni bis September.

Vorkommen. In Mexiko heimisch. In Europa hauptsächlich in Ungarn, Rumänien, Italien und Spanien und in letzter Zeit mit vorzüglichen Resultaten in Schlesien angebaut.

Drogen, Arzneiformen. Fructus Capsici, Spanischer Pfeffer = Paprika. Tinctura Capsici, Spanischpfeffertinktur. Linimentum Capsici compositum, Zusammengesetztes Spanischpfefferliniment. Emplastrum Capsici, Capsicumpflaster. Extractum Capsici fluidum liquidum. Unguentum Capsici. — *Homöopathie:* Urtinktur aus den getrockneten reifen Früchten und Potenzen.

Bestandteile. Capsaicin 0,01—0,02%, etwa 1,6% ätherisches Öl, Fettsäuren, Capsicumrot (dem Carotin verwandt) = Capsanthin, Vitamin C.

Pharmakologie. Capsaicin reizt die Haut stark und ruft nach längerer Einwirkung Pustel-, Blasen- und Geschwürsbildung hervor, innerlich in größeren Gaben Enteritis, Zittern, Schüttelfrost, Somnolenz. Als Folgen übermäßigen Paprikagenusses stellen sich Anorexie, Hyperacidität, Gastritis, Obstipation, Nephritis und Nephrose ein. — In kleinen, therapeutischen Gaben stellt das Paprikapulver ein vorzügliches sekretionsanregendes Stomachicum mit leicht schweiß- und harntreibender Wirkung dar, in seltenen Fällen bewirkt es Dysurie. Auf das vaskuläre System wirkt es ergotinähnlich zusammenziehend auf die glatte Muskulatur der Gefäße. — Die Auszüge oder das Pflaster werden als Einreibemittel zur Reizung der Haut und Hyperämesierung und Ableitungstherapie benutzt.

Verordnungsformen. *Innerlich:* Fruct. Capsici pulv. 0,1, dreimal täglich. Tinct. Capsici, dreimal täglich 10—30 Tropfen. *Äußerlich:* Liniment. Caps. comp., zum Einreiben. Emplastrum Capsici, zur Auflage. Fruct. Capsici ann., 2,5 : 500 Wasser, zum Gurgeln. — *Homöopathie:* dil. D 2—4, dreimal täglich 10 Tropfen.

Medizinische Anwendung. Als Stomachicum besonders bei Kranken und Rekonvaleszenten, da es gleichzeitig durch seinen hohen Vitamin-C-Gehalt resistenzsteigernd gegen Infektionskrankheiten wirkt. — *Äußerlich* als Acrium bei Rheumatismus, Hexenschuß, Gicht, Neuralgien (Ischias), Pleuritis, Pneumonie. Als Gurgelwasser bei Angina und Mundinfektionen.

Homöopathische Anwendung. Otitis media acuta, Mastoiditis. Ferner als Stomachicum, bei Rheuma, Neuralgien, Ischias, Gicht, Lähmungen, Hämorrhoiden, fieberhaften, entzündlichen Erkrankungen, Nieren- und Blasenentzündungen, Erkrankungen der Atemwege, klimakterischen Beschwerden, mangelnder Libido, Frostbeulen, Lippen- und Zungenaffektionen (nach MADAUS).

Volkstümliche Anwendung. Hauptsächlich als Gewürz, das verdauungsfördernd und weniger schädlich als Pfeffer ist. Man spricht ihm wassertreibende, rheumatische und gichtische Ansammlungen zerteilende Wirkung nach.

Tierheilkunde. Paprika wird hier bei Flatulenz und Freßunlust gegeben und ist ebenfalls der wirksame Bestandteil der Fluids und Einreibemittel.

Datura Stramonium L.,
Stechapfel.

Beschreibung. Einjährig, Höhe 15—100 cm. Wurzel weiß, ästig, senkrecht. *Stengel* aufrecht, gabelästig, stielrund, kahl, nur oben behaart. *Blätter* gestielt, rundlich-eiförmig, zugespitzt, buchtig-gezähnt, schwach behaart. *Blüte* einzeln, achselständig, Blumenkrone groß, trichterförmig, schneeweiß, leicht welkend; der gefaltete Saum endigt in fünf fein zugespitzte Zähne. Frucht = *Kapsel*, groß, eiförmig, aufrecht, *dicht stachelig*. *Blütezeit* Juni bis Oktober.

Besonderes. Die Pflanze, besonders die Blüte, riecht unangenehm betäubend. *Stark giftig!*

Vorkommen. Auf Schutt, Brachland, Friedhöfen, an Feldrändern, Zäunen; meist häufig.

Sammelzeit. Entweder schneidet man die Pflanzen tief ab und zieht die Blätter von den Stengeln ab oder man zupft sie laufend von der stehenbleibenden Pflanze; bei letzterer kann man noch den Samen ernten, bevor die Kapseln aufspringen.

Anbau. Sehr zu empfehlen! Am besten sät man den vorgequollenen Samen im April gleich an warme, sonnige, nicht zu trockene Orte. Die aufwachsenden Sämlinge brauchen Feuchtigkeit.

Drogen, Arzneiformen. Folia Stramonii, Stechapfelblätter; Semen Stramonii, Stechapfelsamen; Extractum Stramonii, Stechapfelextrakt; Species antiasthmaticae, Asthmakräuter; Tinctura Stramonii. — *Homöopathie:* Essenz und Potenzen aus dem frischen, vor der Blüte gesammelten Kraut.

Bestandteile. Alkaloide: l-Hyoscyamin, Atropin, l-Scopolamin; Gesamtgehalte: Blätter = 0,2—0,6%, Blüten = 0,4%, Samen = 0,3 bis 0,5%, Wurzeln, Stengel = 0,1%. MADAUS zog Pflanzen auf Tierleichenerde, die gegenüber den Kontrollpflanzen (0,34%) einen Alkaloidgehalt von 0,43% enthielten. Die Schwankungen im Alkaloidgehalt hängen außerdem vom Klima ab; trockene Tage, hohe Temperaturen, lange Sonnenscheindauer vermindern den Gehalt.

Pharmakologie. *Vergiftungserscheinungen* hauptsächlich bei Kindern durch Verwechslung oder durch übermäßigen Genuß von Asthmazigaretten. Die Erscheinungen sind die gleichen wie bei der Tollkirschenvergiftung (s. *Atropa belladonna)*, nur soll die erotisierende Wirkung stärker hervortreten. — MADAUS stellte mit der homöopathischen Verdünnung D 1 noch sehr starke Mydriasis am Katzenauge fest.

Verordnungsformen. In Form von Zigaretten (2 Teile Tabak, 1 Teil Stechapfelblätter). Extractum Stram. e sem. 0,01—0,05 g in Pillenform drei- bis fünfmal täglich (ROST-KLEMPERER). Tinct. Stramonii 5 bis 10 Tropfen dreimal täglich (LECLERC). — *Homöopathie:* dil. D 4, dreimal täglich 10 Tropfen.

Maximaldosen. Sem. Stramonii 0,25 g pro dosi, 0,5 g pro die; Fol. Stramonii 0,2 g pro dosi, 0,6 g pro die; Tinct. Stramonii e sem. 1,0 g pro dosi, 3,0 g pro die.

Rezeptflichtig: Fol. Stramonii, Tinct. Stramonii, Extract. Stramonii, Homöopathische Zubereitungen bis D 3 einschließlich.

Medizinische Anwendung. In Form von Zigaretten als Asthmamittel, auch als Räucherpulver zum Inhalieren. Die Pillen als Antispasmodicum, Sedativum, Analgeticum bei Asthma, Chorea, Epilepsie, Dysmenorrhöe, Trigeminusneuralgien.

Rp: Fol. Stramonii
    Kal. nitr.   āā 20,0
    M. f. pulv. subt.
    D. s.: $^1/_2$ Teelöffel zum Glimmen bringen, den Rauch einatmen (F. M. GERM.)

Guttae antiasthmaticae
Rp: Extracti Stramonii   0,1
    Tinct. Digitalis   4,0
    Aq. Valerianae   30,0
    D. s.: Beim Anfall 1 Teelöffel voll (RICHTER).

Homöopathische Anwendung. Spasmen und Spasmenbereitschaft, besonders cerebraler Ursachen (Epilepsie, Chorea, Tetanus, Katalepsie, Lachkrämpfe), Psychosen (Manien, manisch-depressives Irresein), Delirien, Halluzinationen, Hysterie, Nymphomanie, Melancholie, Angstzustände, spastische Sprech- und Schluckstörungen, Neuralgien, Migräne, Paralysen, Meningitiden, Parkinsonismus. Ebenso bei Asthma, Katarrhen der Luftwege, Rheuma, Gicht, Herzleiden, Erysipel.

Weitere Anwendung. Akuter Gelenkrheumatismus soll durch Einpacken der Gelenke in frische Stechapfelblätter gut beeinflußbar sein (WYMAN).

Nicotiana tabacum L.,
Virginischer Tabak.

Beschreibung. Einjährig, Höhe bis 150 cm. *Stengel* aufrecht, ästig, kräftig, klebrig-drüsenhaarig. *Blätter* wechselständig, groß, länglich-lanzettlich, lang zugespitzt, untere am Grunde verschmälert, herablaufend, mittlere sitzend, obere kleiner werdend bis zu lanzettförmigen Deckblättchen, drüsig-behaart. *Blüten* kurz gestielt, in endständiger Rispe. Kelch bleibend fünfspaltig, röhrig-glockig, Krone trichter- oder stieltellerförmig mit fünfspaltigem Saum, am Ansatz grünlich schattiert, sonst rosenrot. Schlund bauchig-aufgeblasen. Frucht eiförmige, zweiklappige Kapsel mit kleinen, braunen Samen. *Blütezeit* Juli bis September.

Besonderes. Pflanze drüsig-kurzhaarig. Geruch betäubend, Geschmack scharf, widerlich, bitter. *Giftig!*

Vorkommen. Stammt aus Amerika; bei uns im 16. Jahrhundert eingeführt und seither kultiviert, vielfach auch als Zierpflanze.

Anbau, Ernte. Guter Humusacker mit Lehm und Sand und warmes Klima, das zwar wechselvoll sein kann, dessen durchschnittliche Jahrestemperatur aber nicht unter 15° C sinken soll, sind die Grundbedingungen für den Tabakbau. Der Samen wird erst unter Glas gezogen; die 6 bis 10 cm großen Pflänzchen setzt man in guten Abständen auf das Feld. Durch Köpfen der Pflanze kurz vor der Blüte und Entfernung der Seitentriebe wird eine gute Blattentwicklung erreicht. Die Blätter sind pflückreif, sobald sie sich an den Rändern umschlagen; man trocknet sie aufgereiht. Der Tabakbau muß behördlich zugelassen sein!

Drogen, Arzneiformen. Folia Nicotianae, Tabakblätter; Nicotinum, Nicotin; Nicotinum hydrochloricum; N. salicylicum; N. tartaricum. — *Homöopathie:* Tinktur und Potenzen aus den Blättern. Alkoholische Lösung und Potenzen des Nicotins.

Bestandteile. 0,5—13% Nicotin (Alkaloid = Pyridyl-Methylpyrrolidin), ferner die Alkaloide Nicotein, Nicotellin, Nicotimin, Pyrrolidin, n-Methylpyrrolin, größtenteils an Harzsäuren gebunden, Harze, Glykoside, 0,04% ätherisches Öl, organische Säuren, ein emulsinartiges Ferment, etwa 23% Asche.

Pharmakologie. *Nicotin* wird sehr leicht resorbiert, auch von der unverletzten Haut und ebenso schnell im Harn wieder ausgeschieden. Zentral macht es nach kurzer Erregung Lähmung im Zwischenhirn, verlängerten Mark und Rückenmark; bei höheren Dosen tritt durch Atemlähmung der Tod ,,blitzartig" ein. Peripher lähmt es nach kurzer Erregung die vegetativen Ganglien, und zwar zuerst die parasympathischen Anteile, dann erst die sympathischen. Es stellen sich so die eigenartigsten Symptome heraus: zuerst Verlangsamung der Herztätigkeit bis zum diastolischen Stillstand, Myosis, Blutdrucksteigerung, später durch Ausschaltung des Vagus stark beschleunigte Herztätigkeit, Mydriasis, Senkung des Blutdruckes. Nicotin bewirkt Adrenalinausschüttung, macht periphere Atemlähmung durch Blockierung der Phrenicusenden noch vor der zentralen Atemlähmung. Drüsen-, Speichel- und Schweißsekretionen werden erhöht, der Uterus zu heftigen Kontraktionen angeregt. — *Vergiftungen* können durch Einnahme von Abkochungen zu abortiven Zwecken, seltener durch übermäßigen Tabakgenuß eintreten. Es tritt Brennen und Kratzen in Mund und Hals auf, Speichelfluß, Wärmegefühl im Oberbauch, kalter Schweiß, kühle Haut, Erbrechen, Durchfälle, Schwindel, Herzklopfen, Atemnot, Krämpfe, Bewußtseinstrübung, Tod durch Atemlähmung. Hohe Dosen machen blitzartigen Tod. *Gegenmittel:* Magenspülung, Adsorbentien, Tannin, Wärme, Analeptica, künstliche Atmung, Amylnitrit, Uzara, Ringerlösung subcutan. Prognose nicht günstig, weil viele Erscheinungen lange Zeit bestehen bleiben. *Rauchervergiftung:* es treten bei übermäßigem Genuß trotz der guten Gewöhnung, die im allgemeinen eintritt, gewisse Erscheinungen auf: Gereiztheit, Störungen der Verdauung und der Herzarbeit, ernste Magenleiden (Ulcera bei jungen Männern), Sehnervenstörungen, Hypertonie, Coronarsklerose, Endangitis obliterans.

Verordnungsformen. Folia Nicotianae werden nicht mehr angewandt, weil man schon nach Klysmen mit 2,0 g tödliche Vergiftungen beobachtete. Man wandte sie innerlich und rectal bei hartnäckiger Verstopfung, eingeklemmten Hernien und Darmverschlingung an. — *Homöopathie: Nicotiana tabacum,* dil. D 4, drei- bis viermal täglich 3 Tropfen. *Nicotinum,* dil. D 4—6, zwei- bis dreistündlich 3 Tropfen.

Homöopathische Anwendung. *Nicotiana tabacum.* Rheumatische und gichtische Gelenkaffektionen, Neuralgien, Gliederzittern, Rachenkatarrh mit Schleimanhäufung, Brechdurchfall, Meteorismus, Kolik. *Nicotinum:* Klonische Krämpfe, Epilepsie, Seekrankheit, Beschwerden nach Tabakgenuß und -mißbrauch.

Volkstümliche Anwendung. Außer als Abortivum gegen alte gichtische Gelenke, Hautausschläge, bösartige Geschwüre.

Tierheilkunde. Klysmen bei Darmverschlingungen und hartnäckigen Verstopfungen. Abkochungen äußerlich als Ungeziefermittel.

Weitere Anwendung. Als Pflanzenschutzmittel gegen Parasiten und Pilzbefall. Im Haushalt wird der Staub und Grus als Mottenschutzmittel verwendet.

Nicotiana rustica L.,
Bauerntabak, Veilchentabak.

Beschreibung. Bis 1 m hoch, mit kleineren, ziemlich langgestielten, eiförmigen, am Grunde oft etwas herzförmigen Blättern, Blumenkronen grünlichgelb mit abgerundeten Saumlappen. Blüten in rispig gruppierte, knäuelförmige Wickeltrauben gestellt. Fruchtkapsel fast kuglig.

Bemerkungen. Anbau, Ernte, Verwendung sind dieselben wie bei *N. tabacum.* Er enthält die gleichen Alkaloide und ist pharmakologisch ebenso zu bewerten; er ist länger im medizinischen Gebrauch als jener.

Scrophulariaceae, Rachenblütler.
Verbascum thapsiforme Schrader,
Große Königskerze, Großblütiges Wollkraut, Wollblume.

Beschreibung. Zweijährig, Höhe bis 2 m. Wurzel möhrenartig, ästig, weiß. Pflanze treibt im 1. Jahr eine große Rosette von Blättern, im 2. Jahr aus dieser den steifen, aufrechten, unverzweigten, graugrünen, wollig-filzig behaarten Stengel. *Blätter* spiralig, untere gestielt, obere sitzend, länglich-eiförmig, lang bespitzt, deutlich gekerbt, runzelig, beiderseitig weißgelblich filzig, Blattränder von Blatt zu Blatt herablaufend. *Blüten* gebüschelt an der hochaufgeschossenen 30—60 cm langen Blütenähre, langsam von unten nach oben aufblühend. Kelch glockenförmig, fünfspaltig, Zipfel fast frei. Krone goldgelb, selten weiß, radförmig, bis 3 cm breit, mit sehr kurzer Röhre und fünflappigem Saum, innen kahl, außen behaart. Von den 5 Staubblättern sind 3 kürzer und weißwollig, 2 länger und kahl; diese sind bis zweimal länger als ihre lang herablaufenden Staubbeutel. Frucht eine zweifächerige, vielsamige Kapsel. *Blütezeit* Juni bis September.

Besonderes. Ganze Pflanze sternhaarig-filzig-bleichgrün. Geruch angenehm aromatisch, Geschmack süßlich. Geruch der Blüten süß, honigartig.

Vorkommen. Mitteleuropa, in Südeuropa nicht überall. An wüsten Stellen, sonnigen Hügeln, in lichten Wäldern, an Wegrändern. Stellenweise angebaut.

Verbascum thapsus L.,
Echte Königskerze, Kleinblütiges Wollkraut, Wollblume.

Beschreibung. Unterscheidet sich von *V. thapsiforme* durch die geringere Höhe (30—150 cm), die bedeutend kleineren, sattgelben, trichterförmigen Blüten, deren 2 längere Staubblätter drei- bis viermal so lang als ihre kurz herablaufenden Staubbeutel sind.

Verbascum phlomoides L.,
Filz-Königskerze, Wollige Königskerze.

Beschreibung. Unterscheidet sich von *V. thapsiforme* durch die nur wenig herablaufenden Blätter.

Verbascum nigrum L.,
Schwarze Königskerze, Schwarzes Wollkraut.

Beschreibung. Unterscheidet sich von *V. thapsiforme* durch geringere Höhe (bis 1 m), weniger dichte Blütenstände mit kleineren gelben Blüten, die am Grund der Blumenblätter blutrot gefleckt sind und rotviolette Staubblätter besitzen. Der Stengel ist oberwärts scharfkantig, die Blätter laufen nicht herab und sind oberseits unbehaart.

Sammelzeit. Die *Blüten* werden während des Juli und August laufend ausgezupft, da nicht alle gleichzeitig blühen; sie sind nur bei trockenem Wetter zu sammeln und müssen in dünner Schicht in der Sonne oder bei künstlicher Wärme von 25—30° getrocknet werden. Bei der Aufbewahrung sind sie vor Feuchtigkeit und Licht zu schützen. — Die *Blätter* werden während der Blütezeit durch Abziehen nach unten geerntet und rasch und luftig getrocknet.

Anbau. Empfehlenswert. Man sät im Juni bis Juli in gute Gartenerde aus und bringt entweder im Herbst oder im Frühjahr die Pflänzchen in leichten trockenen Boden auf sonnigen Standorten. Im 2. Jahr treibt dann der Blütenschaft. — Samen kann man selbst gewinnen; man schneidet dazu den oberen Teil des Blütenschaftes ab und achtet auf die reifenden Kapseln. — Von einer Pflanze erntet man etwa 100 g, von 1 a etwa 15 kg trockene Blüten; citronengelbe, völlig trockene und kelchfreie Ware ist Bedingung für den Absatz (nach MEYER).

Drogen, Arzneiformen. Flores Verbasci, Wollblumen. Folia Verbasci, Wollkraut. — *Homöopathie:* Urtinktur aus dem frischen, zu Beginn der Blüte gesammelten Kraut und Potenzen.

Bestandteile. In den *Blüten:* Spuren ätherischer Öle, glykosidische Farbstoffe, Fett, Inosit, Zucker (3—11%), 3,49% Schleim, etwa 11% andere Kohlehydrate, ferner ein Gemenge hämolytisch wirkender, hauptsächlich saurer Saponine, 4,89% Asche. In *V. thapsus* fand KLOBB ein Phytosterol = Verbasterol. In den Staubblatthaaren findet sich krystallinisches Hesperidin (TUNMANN, ROSENTHALER). In den *Blättern:* Saponine, Schleim, Bitterstoff, Wachs, Harz. — MADAUS fand bei seinen Untersuchungen über den Toxingehalt in *V. thapsiforme* große Mengen ausfällbaren Eiweißes mittlerer Giftigkeit.

Pharmakologie. Flores Verbasci bilden einen Bestandteil aller Species pectorales und haben durch ihren Saponingehalt expektorierende Wirkungen, die durch den enthaltenen Schleim und den Gehalt an ätherischem Öl ergänzt werden. LECLERC berichtet von leicht narkotischen Wirkungen; er rät übrigens, Aufgüsse der Blüten durch ein Tuch zu seihen, um die den Hals reizenden die Blütenhaare zurückzuhalten.

Verordnungsformen. Flores Verbasci, zum kalten Aufguß, 1 Teelöffel auf 1 Tasse, 8 Stunden stehen lassen, tagsüber 2—3 Tassen. Folia Verbasci, desgl. — *Homöopathie:* D 2, drei- bis vierstündlich 1 Tablette.

Medizinische Anwendung. Als Expektorans, meist in Teemischungen, besonders bei Erkältungskrankheiten, Atemnot, Asthma.

Rp: (KOSCH)
Flor. Verbasci
Flor. Malvae
Fol. Farfarae
Herb. Plantaginis   āā 25,0
M. f. spec.
D. s.: 1 Teelöffel auf 1 Tasse, 2—3 Tassen täglich.

Homöopathische Anwendung. Trigeminus-, besonders Supra- und Infraorbitalneuralgien, Stirnhöhlenkatarrh, Husten, Ohrenschmerzen, Blasenreizungen, Magenkatarrh, Verstopfung (STAUFFER, HEINIGKE).

Volkstümliche Anwendung. Wollblumentee bei Lungenkatarrhen, Erkältungskrankheiten, Husten, Dysenterie, Rheumatismus, Harnverhaltung, Hämorrhoiden, in den Wechseljahren (SCHULZ). Äußerlich wird die Abkochung zur Behandlung von Geschwüren und Wunden und zu Augenbädern verwendet.

Bemerkungen. SCHULZ führt JENCKEN an, der die Wirkung der Wollblumentinktur bei choleraähnlichen Erkrankungen und die stark diuretische Wirkung berichtet.

Linaria vulgaris Miller, Antirrhinum linaria L., Frauenflachs, Echtes Leinkraut.

Beschreibung. Ausdauernd, Höhe 30—60 cm. Wurzeläste horizontal verlaufend, *Stengel* aufrecht, kahl, meist einfach oder nach oben zu verästelt, bis zur Traube hinauf dicht beblättert. *Blätter* spiralig, sitzend, lineal-lanzettlich, spitz, am Rande zurückgerollt, kahl. *Blütenstand* dichte, endständige Traube. Spindel und Blütenstielchen drüsig-weichhaarig, Kelch fünfzipfelig, Lippenblüte mittelgroß, rachenförmig, schwefelgelb, selten fast weiß, am Gaumen orange gefärbt, nach hinten in einen geraden, grünlich-gelben Sporn ausgezogen, der fast so lang wie die Blumenkrone ist; Oberlippe zweispaltig. Kapselfrucht; Samen schwarz, flach, geflügelt, in der Mitte rauh gehöckert. *Blütezeit* Juni bis Herbst.

Besonderes. Ganze Pflanze grün, nicht bläulich-bereift; kahl, nur der Blütenstand drüsig-haarig. Geruch unangenehm, Geschmack widerlich-bitter.

Vorkommen. An Rainen, Sandfeldern, Wegrändern, Steinbrüchen, Mauern, Hecken, Zäunen; gemein.

Sammelzeit. Das in voller Blüte stehende Kraut wird etwa eine Handbreit über dem Boden abgeschnitten.

Drogen, Arzneiformen. Herba Linariae, Leinkraut. Unguentum Linariae, Leinkrautsalbe. — *Homöopathie:* Urtinktur aus der frischen, blühenden Pflanze.

Bestandteile. Glykoside (a-Linarin, a-Pectolinarin u. a.), Linaracrin, Linarosmin, Linaresin, Anthokirrin, Antirrhinsäure, organische Säuren, Gummi, Zucker, Pektin, Phytosterin, Paraffin.

Pharmakologie. Schulz berichtet, daß sich bei Einnahme von 10 bis 30 Tropfen der aus der Pflanze hergestellten Tinktur Darmkatarrhe, Kopfschmerzen, Hustenanfälle mit erschwerter Atmung eingestellt hätten.

Verordnungsformen. Herba Linariae zum heißen Aufguß, 1 Teelöffel auf 1 Tasse. Unguentum Linariae verum. — *Homöopathie:* dil. D 2, dreimal täglich 10 Tropfen.

Medizinische Anwendung. Cholangitis, Ikterus, Pfortaderstauung, Darmatonie, Obstipation, Enuresis, Hämorrhoiden, Prostatahypertrophie (Günther), Myomblutungen, auch bei Cystitis und Blasenschwäche. Die Salbe gegen Hämorrhoiden und als Wundsalbe bei Fisteln, Furunkeln, Conjunctivitis.

Homöopathische Anwendung. Ohnmachten, Diarrhöe, Enuresis, Blasenschwäche (Heinigke).

Volkstümliche Anwendung. Als harn-, schweißtreibendes und abführendes Mittel, auch bei Steinleiden und Ischias. Der frische Saft oder die zerquetschte frische Pflanze bei Geschwüren, Hämorrhoiden, Augenentzündungen. Auch zu Bädern bei Rachitis und Drüsenbeschwerden.

Scrophularia nodosa L.,
Knotige Braunwurz.

Beschreibung. Ausdauernd, Höhe 60—120 cm. *Wurzelstock* fleischig, knollig verdickt, dunkel. Stengel scharf vierkantig, kahl, einfach oder oberwärts ästig, oft rotbraun. *Blätter* kreuzgegenständig, länglich-eiförmig, spitz, am Grunde keilförmig, in den Blattstiel verschmälert, selten gestutzt oder fast herzförmig, doppelt gesägt, untere Sägezähne länger und spitzer. *Blüten* in endständigen lockeren Rispen, Blütenstiele drüsig, länger als der fünfspaltige Kelch. Kelchzipfel eiförmig, sehr schmalhäutig berandet. Blüte bauchig-kugelig, zweilippig, Oberlippe zwei-, Unterlippe dreispaltig mit zurückgeschlagenem Mittellappen, trüb olivgrün oder rotbraun. Fruchtkapsel eiförmig, vielsamig, zugespitzt. *Blütezeit* Mai bis August.

Besonderes. Pflanze kahl, nicht angenehm riechend, bitter schmeckend.

Vorkommen. Laubwälder, Gebüsche, Gräben, Ufer, besonders an feuchten Stellen; häufig.

Sammelzeit. Vor oder während der Blütezeit schneidet man das Kraut ab. Die Wurzeln werden gesondert gesammelt.

Drogen, Arzneiformen. Herba Scrophulariae vulg., Braunwurzkraut. Radix Scrophulariae, Braunwurzwurzel. — *Homöopathie:* Essenz und Potenzen aus der frischen, vor der Blütezeit gesammelten Pflanze ohne Wurzel.

Bestandteile. In kleinen Mengen Glykoside, die digitalisähnlich wirken, Saponine (KROEBER), 0,4% Hesperidin, Bitterstoff Scrophularin (? WALZ), Kaffeegerbsäure, Lecithin, freie Zimt- und Buttersäure, Mangan, Zucker (Inulin, Apfelsäure, Pektinsäure?), 7—16% Asche.

Pharmakologie. Bei Schafen und Kühen hat man gelegentlich nach Genuß der Pflanze Hämaturie beobachtet (KINZEL), am Menschen scheint diese Wirkung zu fehlen. Die Scrophularia-Glykoside vermehren die Diurese und haben eine schwache Herzwirkung (KROEBER). Die Hautwirkung kommt vermutlich über die Saponine und das Mangan zustande.

Verordnungsformen. Herba oder Radix Scrophulariae, zum heißen Aufguß, 1 Teelöffel auf 1 Tasse, täglich bis 2 Tassen. — *Homöopathie:* D 2, zwei- bis dreimal täglich 1 Tablette.

Medizinische Anwendung. Dermopathien chronischer Art (Skrofulose, Ekzeme, Pruritus, Pemphigus), Drüsenschwellungen (besonders skrofulöser Art), Struma. Ferner Morbus Basedow, Herzleiden (besonders thyreotoxischer Art); auch Impotenz wird genannt.

Homöopathische Anwendung. Mastopathien (Tumoren), skrofulöse Drüsenschwellungen, skrofulöse Augenleiden, Ekzeme (besonders hinter den Ohren), Hämorrhoiden, Pruritus vulvae (HEINIGKE), Husten (SCHMIDT).

Volkstümliche Anwendung. Die Wurzel gegen Struma, die aus der ganzen Pflanze bereitete Salbe gegen chronische Ekzeme, die Tinktur gegen schmerzhafte Hämorrhoiden. Die Samen sollen anthelmintisch wirken (SCHULZ). Sonst noch bei Räude, Krätze, Grind, bösartigen Ausschlägen (auch bei Tieren), Skropheln, Geschwüren, Geschwülsten, Krebs, Halsbeschwerden.

Gratiola officinalis L.,
Gnadenkraut, Gottes Gnadenkraut.

Beschreibung. Ausdauernd, Höhe 15—30 cm. Wurzel kriechend, ästig, schuppig, dick wie ein Federkiel. *Stengel* aufrecht oder aufsteigend, einfach, hohl, vierkantig, kahl. *Blätter* kreuzgegenständig, sitzend, halbstengelumfassend, lanzettlich, entfernt gesägt, untere öfter fast ganzrandig, drei- bis fünfnervig, punktiert, kahl. Blütenstand einblütig. *Blüten* langgestielt, achselständig mit 2 lanzettlich-linealischen Deckblättchen. *Krone* löwenmaulähnlich, undeutlich zweilippig, im Schlund gelbbärtig. Kronensaum weiß oder blaß lilarötlich, Röhre hellgelb, hinten braunrötlich. Kelch tief fünfteilig. Frucht zweifächerige Kapsel. *Blütezeit* Juni bis August.

Besonderes. Pflanze kahl, hellgrün. Fast geruchlos, Geschmack widerlich scharf und bitter. *Giftig!*

Vorkommen. Sumpfwiesen, Wassergräben, Teichränder, zerstreut.

Sammelzeit. Das Kraut wird vor dem Aufblühen abgeschnitten; die Wurzeln werden im Herbst gesammelt.

Anbau. Zu empfehlen. Am einfachsten streut man den Samen gleich an feuchte Orte, unter dicke Bäume, auf schlechte Wiesen; die Pflanze wächst überall gut.

Drogen, Arzneiformen. Herba Gratiolae, Gottesgnadenkraut; Radix Gratiolae, Gottesgnadenwurzel; Extractum Gratiolae fluidum. — *Homöopathie:* Urtinktur aus dem frischen, vor der Blüte gesammelten Kraut.

Bestandteile. Glykosid Gratiotoxin (= Gratiosolin), ferner die unwirksamen Glykoside Gratiolin, Gratioligenin, Gratiogenin, Bitterstoffe. ROBERG konnte in der Droge kein Saponin nachweisen.

Pharmakologie. Gratiotoxin besitzt eine starke digitalisartige Wirkung, ohne jede Kumulation. Die herzwirksamen Stoffe gehen in alkolische Lösung besser als in wäßrige. Nach Einnahme größerer Mengen der Pflanze hat man *Vergiftungserscheinungen* beobachtet. Es treten Sehstörungen, Erbrechen, kolikartige Durchfälle, Nierenreizungen auf, die menstruelle Blutung wird verstärkt (Abort), Herzstörungen treten auf, Atemlähmungen, Krämpfe, Kollaps, Tod. *Gegenmittel:* Magenspülung, Adsorbentien, Analeptica, Uzara. — Die Sehstörungen sind insofern bemerkenswert, daß es zu einer Grünblindheit kommt, wie SCHULZ feststellte, schon nach 10 Tropfen der Tinktur. JARETZKY untersuchte die Herzwirkung des Gratiotoxins; er stellte Froschdosenwerte von 100000 für Herbstfrösche und bis 200000 für Frühjahrsfrösche heraus. Die starke diuretische Wirkung, die vorzugsweise über den Darm zustandekommt, tritt erst nach 24—36 Stunden ein. CAZIN sah bei schwerem Ascites nach Gaben von Fluidextrakt (alle 3 Tage in steigenden Dosen von 20—100 Tropfen) von der 2. Woche ab eine stete Abnahme des Ergusses (etwa 12 l) und der Ödeme bis zum völligen Verschwinden nach 40 Tagen.

Verordnungsformen. Herba Gratiolae off. pulv., 0,5 g dreimal täglich verrührt oder in Oblaten. Herb. Grat. off. conc. zum Aufguß, 2 Teelöffel auf 1 Tasse, tagsüber trinken. Extract. Gratiolae fluid., 1,0—2,0 g morgens nüchtern. — *Homöopathie:* dil. D 3, dreimal täglich 10 Tropfen.

Maximaldosis: Herba Gratiolae 1,0 pro dosi, 3,0 pro die.

Medizinische Anwendung. Als drastisches Diureticum mit abführenden Eigenschaften bei Ascites. In kleineren Dosen längere Zeit bei alten chronischen Hautausschlägen, auch bei luischen Prozessen, hartnäckiger Krätze, ferner bei luischen Knochenprozessen, alten Ulcera cruris, Gonorrhöe, Fluor. Bohn betont noch die besonderen Wirkungen auf den venösen Teil des Unterleibskreislaufes und die Förderung der Drüsenausscheidungen und des ganzen Lymphsystems. *Kontraindikationen* sind Entzündungen im Magen-Darmkanal.

Homöopathische Anwendung. Chronische und subakute Magen- und Darmkatarrhe, Koliken, schmerzhafte Diarrhöen, Melancholie, Hypochondrie durch Lebererkrankungen und Stauungen im Pfortadergebiet, Varicen, Hämorrhoiden, Nieren- und Blasenkatarrh, Harnverhaltung, Erregungszustände der Sexualorgane, Atonie der Unterleibsorgane, Menstruationsstörungen bei zu schwacher Menses, Pruritus senilis und bei Epilepsie. Bei Ulcera cruris auch äußerlich als Umschlag.

Volkstümliche Anwendung. Als Brech- und Abführmittel, auch bei Gicht, Leber- und Milzleiden und luischen Hautkrankheiten.

Digitalis purpurea L.,
Roter Fingerhut.

Beschreibung. Zweijährig, Höhe 30—125 cm. Pfahlwurzel verästelt. Im 1. Jahre bildet sich die grundständige Blattrosette, im 2. Jahre der stielrunde, meist aufrechte Stengel mit nach oben zu kleiner werdenden Blättern. Untere *Blätter* langgestielt, eiförmig, obere eilanzettlich, gekerbt, runzelig, kurz behaart, unterseits filzig. Blütenstand einseitwendige Traube, *Rachenblüten* hängend, Krone bauchig-glockig mit offenem Schlunde, außen ganz kahl, innen bärtig. Unterlippe gefleckt, 5 Staubblätter, Kelch fünfteilig, ungleich. Blütenfarbe: außen purpurrot, innen heller mit schwarzroten, weiß umrandeten Flecken. Frucht zweifächerige Kapsel. *Blütezeit* Juni bis Oktober.

Besonderes. Pflanze dicht graufilzig; Geschmack widerlich bitter. *Stark giftig!*

Vorkommen. Bergwälder, Böschungen bergiger Gegenden, Kahlschläge; zerstreut.

Sammelzeit. Die Blätter werden von den zweijährigen Pflanzen vor der Blütezeit gesammelt; man pflückt sie ohne Stiele, entfernt sofort die Mittelrippen und trocknet die Blätter in der Sonne möglichst schnell ab. Die völlig trockenen Blätter müssen vor Licht geschützt und unbedingt trocken (am besten in dunklen Gläsern) aufbewahrt werden.

Anbau. Lohnend, wenn warme, halbschattige Standorte mit lockerem Pflanzenhumus (Waldränder, Holzschläge) zur Verfügung stehen. Im April sät man Waldsamen auf eingesiebte Walderde, ohne Erdbedeckung, mit genügend Feuchtigkeit. Nach 8 Wochen etwa setzt man die Pflänzchen an Ort und Stelle. — Der Absatz ist gut, aber nur dann, wenn allerbeste Ware erzeugt und geliefert wird.

Drogen, Arzneiformen. Folia Digitalis, Fingerhutblätter; Infusum Digitalis, Fingerhutaufguß; Infus. Dig. frigide paratum; Tinctura Digitalis,

Fingerhuttinktur; Tinct. Digit. ex herbae recente. Alkaloide: Digitoxinum, Digitoxin; Digitalinum germ. pulv.; Digitaleinum, Digitalein. — *Homöopathie:* Urtinktur und Essenzen aus dem Preßsaft der vor der Blüte gesammelten frischen Blätter.

Bestandteile. Die drei krystallisierenden Digitalis-Glykoside Digitoxin, Bigitalin = Gitoxin, Gitalin, zusammen etwa 1% der trockenen Blätter, ferner die Saponine Digitonin und Gitonin, weiter Chlorophyll, Digitoflavon, = Luteolin, Tapsin (gelber kryst. Farbstoff), Myristin, Palmitin, Öl-, Linol- und Linolensäure; Isovaleriansäure, n-Buttersäure, Essigsäure, Propionsäure, Ameisensäure, Digitalissäure = verunreinigte Bernsteinsäure; Oxydase, Invertin, Diastase, glykolytisches Ferment Digipuridase; Mangan 0,94—8,12 mg in 100,0 g Droge.

Pharmakologie. STRAUB macht aus 50jährigen Forschungen folgende Zusammenfassung:

1. Die Digitaliswirkung ist fast ausschließlich Herzwirkung;
2. sie ist am Herzen eine Herzmuskelwirkung,
3. und zwar eine Wirkung sowohl und in erster Linie auf die Muskulatur des Herzventrikels, dann aber auch auf Spezialmuskulaturen des Organs, die Knoten und das Leitungssystem.
4. die Herzwirkung an der Ventrikelmuskulatur äußert sich auch in einer Sensibilisierung des Organs gegen den regulierenden Vaguseinfluß, wodurch im großen ganzen die Verlangsamung zustande kommt.
5. Digitalis hat keine unmittelbare zentralnervöse Wirkung;
6. desgleichen im allgemeinen auch keine unmittelbare Wirkung auf die Nieren;
7. ebenso keine auf die Blutgefäße.

Diese Feststellungen beziehen sich auf die Anwendung von üblichen Dosen; geht man über diese hinaus, so treten Giftwirkungen auf. Die Digitalisstoffe äußern am normalen Tier und Menschen keine sichtbare Wirkung. Die Digitaliswirkung äußert sich in therapeutischen Dosen nur im kranken Organismus (STRAUB). Das hypertrophische, insuffiziente Herz ist der Digitaliswirkung besonders zugänglich. MEYER-GOTTLIEB teilen die experimentell faßbaren Tatsachen nach Digitalisanwendung am Warm- und Kaltblütler ein in:

α) *Änderung der Herzmuskelleistung.* Systolisch: schnellere isometrische Anspannung, ausgiebigere Austreibung, Erhöhung der absoluten Kraft des Herzmuskels, größere Widerstände werden überwunden. Diastolisch: der diastolische Abfall ist steiler, die Diastole vertieft, ihr Volumen vergrößert bei gesenkter Anfangsspannung. Umkehrung ins Gegenteil am stark dilatierten Herzen (WEESE).

β) *Beeinflussung der Herzfrequenz.* Am insuffizienten Herzen Verlangsamung, am gesunden nur nach größeren Dosen. Dämpfung der Reizbildung, Hemmung der Reizleitung. Regularisierung der Herzaktion. Bei größeren Dosen Vaguswirkung und Herzblock (LENDLE).

γ) *Beeinflussung des Herzrhythmus.* Verlangsamung der aurikuloventrikulären Erregungsleitung (Verlängerung der Refraktärphase, Verlängerung des Intervalls zwischen P- und R-Zacke im EKG. Bei drohendem Herzblock ist deshalb Digitalis *kontraindiziert.* Es kann zur Vorhoftachysystolie — Vorhofflattern — Vorhofflimmern kommen.

δ) *Erweiterung der Coronargefäße.* Bei Herzinsuffizienten mit vermehrter zirkulierender Blutmenge nahm diese nach intravenöser Injektion von 2 ccm Digipurat um 1600 ccm ab. Dadurch Entlastung und Schonung des Herzens (WEESE, STRAUB).

ε) *Extrakardiale Wirkungen.* Stark diuretisch durch vermehrte Durchblutung der Nieren und direkte Nierenwirkung. Die Gefäßwirkung ist bei therapeutischer Dosierung nicht ganz ausgeschlossen, spielt aber nur eine untergeordnete, allenfalls unterstützende Rolle, deshalb kaum Wirksamkeit bei vasculärem Versagen des Kreislaufes (EDENS, HEDINGER, GREMELS, COSTOPANAGIOTIS, LENDLE). *Kumulation:* Nach BAUER und FROMHERZ ist die Kumulation keine Speicherung von Substanz, sondern eine reine Summation der Wirkungen bei allen Arten von Effekten. BUCHNER wies die Häufungen anatomischer Schädigung nach. EDENS ist der Ansicht, daß man nicht von Vergiftung oder Kumulation, sondern nur von Überempfindlichkeit sprechen kann. Im Experiment bestätigten das KOBACKER, SCHERF, ROTBERGER, ZWILLINGER.

Digitalis-Erbrechen: Früherbrechen durch Magen-Reizwirkung, Späterbrechen bei den ersten Vergiftungs- (Kumulations-) Zeichen (LENDLE). Rectale und parenterale Verabfolgung!

Digitalis-Vergiftung: Appetitlosigkeit, Übelkeit, Schwindel, Augenflimmern, Erbrechen, Pulsus bigeminus, hochgradige Bradykardie (50 bis 30) mit gehäuften Extrasystolen. Überleitungsstörungen bis zum Herzblock, außerdem Oligurie bis zur Anurie.

Klinische Anwendungsergebnisse. Digitalis wirkt bei Wassersucht und Herzerkrankungen (WITHERING). Gibt man Digitalis bei Wasserretention, so tritt starke Diurese auf, Dyspnoe und Cyanose verschwinden, es vermehrt sich ganz besonders die Kochsalzausschwemmung (18,0 g in 4 Digitalistagen, Senkung des Blutkochsalzes von 0,605 auf 0,549%), und es tritt eine Verschiebung des Blut-p_H-Wertes nach der alkalischen Seite ein. MADAUS ordnete die außerordentlich zahlreichen *Indikationsangaben* ganz vorzüglich.

Verordnungsformen. Folia Digitalis titr. 0,06—0,18 g zweimal täglich (TRENDELENBURG). Folia Digitalis: in Pulverform, dreimal täglich 1 Pulver, in Pillenform, dreimal täglich 1 Pille (s. Rp.). Tinct. Digit. dreimal täglich 20 Tropfen. Infus. Dig. frigide paratum 1:200, zweistündlich 1 Eßlöffel (s. Rp.). Supposit. Digit. dreimal täglich 1 Zäpfchen einlegen (s. Rp.). Unguent. Digit. zum Einreiben. — *Homöopathie:* dil. D 4, dreimal täglich 10 Tropfen.

Maximaldosen: Fol. Digitalis 0,2 g pro dosi, 1,0 g pro die; Tinct. Digitalis 1,5 g pro dosi, 5,0 g pro die.

Rezeptpflichtig: Folia Digitalis, Tinctura Digitalis, Extractum Digitalis, Digitalinum, Digitalini derivata et eorum salia. Homöopathische Zubereitungen bis D 3 einschließlich.

Medizinische Anwendung. *Die Hauptindikation für die Digitalisanwendung* ist die Herzhypertrophie mit Insuffizienz (EDENS). Ursachen der Hypertrophie sind gleichgültig [Klappenerkrankung, Arteriosklerosis, Nephropathien, Emphysem (PÄSSLER)]. Bei rasch schlagendem Herzen ist die Wirkung günstiger; SIEBECK gibt Digitalis auch bei den geringsten Zeichen von Stauung. Asthma cardiale (CHEYNE-STOKESsches Atmen) und das damit verbundene passagere Lungenödem; doch gibt man es hier nicht lange Zeit, wenn es nicht bald wirkt. Der Kliniker benutzt die Digitalis zur leichten Erregung aller Organe, als langsam wirkenden Vagusstoff (HEILMEYER).

Unsicher sind die Digitaliswirkungen bei: Endokarditis und M. Basedowii (SIEBECK: ,,Wenn Digitalis nicht wirkt, muß an Erkrankungen des Perikards gedacht werden."), Mitralstenose, paroxysmale Tachykardie, bei Herzschwäche im floriden Stadium der rheumatischen Erkrankungen oft völliges Versagen (PÄSSLER), ebenso bei Endokarditis lenta, schwieliger Perikarditis, Extrasystolie nervöser Ursachen, Kreislaufschwäche im Infektionskollaps. Angina pectoris wird mit ganz kleinen Dosen angegangen, die unter sorgfältiger Kontrolle allmählich erhöht werden (PÄSSLER). *Günstig* werden oft beeinflußt: Extrasystolie bei Arteriosklerose und Hypertonie, ferner der schnelle Typ des Pulsus irregularis absolutus infolge von Vorhofflattern und -flimmern, Herzschwäche bei Arteriosklerose.

Kontraindikationen sind: Aorteninsuffizienz [außer bei Stauungszeichen (SIEBECK)], Coronarthrombose, Herzinfarkt, Diphtherie (O. HEUBNER), drohender Herzblock.

Sonstige Wirkungen: Lungenblutungen, Blutungen des normalen Uterus (KÖNIG, FOCKE), Pneumonie, Keuchhusten, Rachenentzündungen, ekzematöse Conjunctivitis, asthenische Zustände bei Kindern (JANUSCHKE), Struma, Drüsenschwellungen (Salbe!).

Rp: Fol. Digit.   0,1
    Sacch. alb.   0,5
    F. pulv. d. t. dos. XII
    S.: dreimal täglich 1 Pulver zu nehmen (ROST-KLEMPERER).

Rp: Fol. Digit.   2,0
    Mass. pil. q. s. ut fiant
    Pil. Nr. XX
    D. s.: dreimal täglich 1 Pille zu nehmen (ROST-KLEMPERER).

Rp: Fol. Digit.   0,1 (0,15)
    Olei Cacao q.˙s. f. supposit.
    D. tal. dos. Nr. X
    S.: dreimal täglich 1 Zäpfchen einzulegen (TRENDELENBURG).

Rp: Macerationis frigidae
    Fol. Digitalis (0,75—1,0) : 150,0
    Spiritus   15,0
    M. d. s.: dreistündlich 1 Eßlöffel voll (ROST-KLEMPERER-MADAUS).

Rp: Tinct. Digitalis   5,0
    Vaselini flavi   ad 50,0
    M. f. ung.
    D. s.: Äußerlich.

Homöopathische Anwendung. Kardial ebenso wie vorstehend, also zur Verlangsamung der Tätigkeit und Verstärkung des Pulses, ferner aber zur großen seelischen Beruhigung (ATZROTT bei über 1000 Patienten in neunjähriger Erfahrung), bei Stauungen der Leber, Ikterus, Erbrechen von Schleim und Galle, Magen-Darmstörungen, hormonalen Störungen, Struma, Pollutionen, Impotenz, Prostatahypertrophie, Drüsenschwellungen, bei zu früher und zu starker Periode, bei Uterusblutungen. Ferner bei chronischem Tripper, Blepharitis.

Bemerkungen. *Wertbestimmung der Digitalis:* Es wird ein 4%iges Extrakt hergestellt, von dem Fröschen *(R. temporaria)* steigende Dosen injiziert werden. Die Tiere werden nun 24 Stunden nach der Injektion beobachtet und festgestellt, bei welcher Dosis die Tiere innerhalb dieser Zeit noch eingehen. Aus der geringsten noch tödlichen Menge Extrakt wird nun nach PICK-WASICKY errechnet, welcher Bruchteil eines Grammes Droge genügt, um 1 g Frosch mit systolischem Herzstillstand innerhalb von 4 Stunden zu töten. Diese Menge bezeichnet man als eine Froschdosis = FD. Daraus berechnet man die Froschdosen in einem Gramm der Droge. Von der normierten Digitalisdroge wird verlangt, daß sie in 1 g = 2000 FD. enthält (mindestens 1500, höchstens 2500).

Digitalis lanata EHRH., Wolliger Fingerhut.

Beschreibung. Ausdauernd, Höhe bis über 1 m. *Stengel* einfach, aufrecht, vielkantig, oberwärts drüsig-flaumig behaart. Grundständige Blätter und unterste Stengelblätter zu einer Rosette vereinigt, höhere *Blätter* spiralig, schräg abstehend, lineal-lanzettlich, ganzrandig, kahl, oberseits dunkelgrün, unterseits heller, sitzend, etwas herablaufend, durch den scharf hervortretenden Mittelnerv oberseits stark rinnig. *Blüten* in lockeren, allseitswendigen Trauben, sitzend, von den Tragblättern überragt, waagerecht vom Stengel abstehend, etwa 2,5 cm lang, außen ebenso wie der fünfteilige Kelch drüsig-behaart. Blüten röhrig-glockig, Oberlippe kurz, ausgerandet, Unterlippe nach unten umgerollt, weißlich, bisweilen mit rötlicher Spitze. Kronenröhre grünlich oder gelblichweiß, der bauchige Teil gelbbraun netzig gezeichnet. Fruchtkapsel eiförmig, braun, drüsig-behaart. — *Blütezeit* Juni, Juli.

Vorkommen. Heimisch in Südosteuropa, bei uns angebaut. *Giftig!*

Anbau. Lohnend, weil die Pflanze im Gegensatz zu *D. purpurea* auch mit ärmerem Boden und sonnigeren Standorten vorlieb nimmt. Anbau und Ernte wie bei *D. purpurea.*

Drogen, Arzneiformen. Fol. Digitalis lanatae titrata. Tinct. Digitalis lanatae. Alkaloid: Digilanid.

Bestandteile. Die 3 isomorph krystallisierten Digitalisglykoside: Digilanid A, B, C, die sich durch Überführung in die Desazetyl-Form und weitere Aufspaltung in die Glykoside Digitoxin, Gitoxin und Digoxin umwandeln lassen. Die Lanata-Glykoside A und B unterscheiden sich von den gemeinen Purpura-Glykosiden nur dadurch, daß sie einen mit einem Digitoxosemolekül esterartig gebundenen Acetylrest enthalten. MANNICH, MOHS und STAUSS isolierten aus der Pflanze Lanadigin, das eine Art Vollauszug, Digilanid C, gemischt mit A und B, darstellt.

Pharmakologie. Digilanid A kumuliert nicht so stark als B und dieses wiederum nicht so stark als C (LENDLE, ROTHLIN). ESVELD zeigte, daß der bei 80° bereitete Infus nicht kumulierte, dagegen die kalte Maceration aber die kumulative Wirkung zeigte und folgerte, daß die kumulierenden Anteile durch die Erhitzung zerstört oder umgewandelt werden. Lanadigin ruft injiziert erhöhte Herzleistung, Gefäßkontraktion, Blutdrucksteigerung, Erregung der Atmung und der glatten Muskulatur hervor

(SAMAAN). Toxische Dosen führen zu Irregulation von Herzfunktion und Atmung und über Vorhofflimmern, Ventrikelstillstand zum Atemstillstand. Die Wirkungen treten rascher ein, sind aber flüchtiger, weil Lanadigin lockerer als andere Digitalisglykoside an den Herzmuskel gebunden ist (SCHWIEGK u. a.). Der Gesamtauszug der *D. lanata* wirkt auch peroral sehr gut und ist, wie ROTHLIN feststellte, noch nach 2 Jahren voll wirksam. HEIM hat die Unterschiede in den Wirkungen von *D. purpurea* und *lanata* am Kaltblütler wie folgt zusammengestellt:

1. Am STRAUBschen Herzen zeigt sich für *D. purpurea* eine drei- bis viermal größere Latenzzeit als für *D. lanata*,

2. Die maximale Arbeitsleistung wird bei *D. lanata* früher erreicht, dagegen dauert die therapeutische Phase bei *D. purpurea* länger an,

3. Bestehen auch bei der isolierten Gefäßdurchströmung qualitative Unterschiede,

4. An der künstlich durchströmten Froschniere ist mit *D. purpurea* eine regelmäßigere diuretische Wirkung zu erzielen als mit *D. lanata*, wobei auch hinsichtlich der Reversibilität auf Parenchym und Gefäße qualitative Unterschiede bestehen.

HOCHREIN und LECHLEITNER veröffentlichten 1933 die Ergebnisse gründlicher klinischer Prüfung. Bei Kreislaufkranken erreichte die Wirkung nach 2—3 Tagen durch Kumulation die optimale Höhe, die dann durch geringe Dosen aufrecht erhalten werden konnte. Übergroße Dosen haben Rhythmus- und Leitungsstörungen zur Folge. Die Wirkung des Digilanids auf die Diurese zeigt sich schon nach 24 Stunden. Die diuretische Wirkung ist stärker als die der bisher bekannten Digitalisstoffe, Gewichtsabnahmen von 3—6 kg in 5—7 Tagen waren nicht selten, schwere kardiale Hydropsien verloren bis zu 16 kg innerhalb von 14 Tagen. Von 28 Kranken mit Pulszahlen über 90 reagierten 25 mit deutlicher, anhaltender Verlangsamung. Bei 32 Kranken mit Pulszahlen unter 90 zeigte sich weniger regelmäßig Verlangsamung, nur 16 zeigten Bradykardie. Von 20 Kranken mit Vorhofflattern und -flimmern gelang es nur bei 3, durch Digilanid allein die Arrhythmie zu beseitigen. Von 12 Kranken mit Extrasystolen verloren 6 diese Erscheinungen, 4 blieben resistent, 2 zeigten Verschlimmerungen. Nach Ansicht der Verfasser ist das Hauptindikationsgebiet des Digilanids das gleiche wie das aller Digitaliskörper, nämlich das *insuffiziente* Herz. — Die Beurteilung der *D. lanata* ist im großen und ganzen sehr verschieden. FREUND ist der Meinung, daß sie infolge geringerer Haftfähigkeit nie als alleiniges Pharmakon volle und genügende Digitaliswirkung entfalten könne und daher die *D. purpurea* nicht ersetzen kann. Dagegen setzte sich SCHELLONG 1937 erneut für *D. lanata* ein. Man sollte richtiger sagen, daß die *D. lanata* die *D. purpurea* ja *nicht ersetzen* soll, sondern sie von *solchen* Indikationen ablösen kann, wo die Purpurea-Therapie unnötig ist.

Verordnungsformen. Fol. Digitalis lanatae titrat. 0,06—0,1 g zweimal täglich. Tinktur. Digit. lan., 20—25 Tropfen dreimal täglich als Anfangsdosis, dann 5—10 Tage lang dreimal täglich 15 Tropfen (HOCHREIN, LECHLEITNER). Infus. Digit. lanat. 1:200, zweistündlich 1 Eßlöffel. Supp. Digit. lanat., dreimal täglich 1 Zäpfchen einlegen.

Maximaldosen und *Rezeptpflichtigkeit* wie *D. purpurea*.

Medizinische Anwendung. *Digitalis lanata* ist am insuffizienten Herzen überall dort indiziert, wo eine *rascher eintretende*, aber *kürzer dauernde* Wirkung notwendig oder ausreichend ist. — In der Homöopathie wird *D. lanata* nicht verwendet.

Veronica officinalis L., Echter Ehrenpreis.

Beschreibung. Ausdauernd, Höhe 15—30 cm, rasenbildend. Wurzelstock stark verästelt, Ausläufer treibend, behaart. *Stengel* kriechend, teilweise aufsteigend, rauhhaarig. *Blätter* gegenständig, kurzgestielt, umgekehrt-eiförmig, am Rande gekerbt-gesägt, etwas derb, weichbehaart, graugrün. *Blüten* in blattachselständigen Trauben. Kelch fünfzipflig. Krone hellblau mit dunklen Adern, bisweilen weiß oder rosa, radförmig, vierteilig, Zipfel verkehrt-eirund, etwas ungleich, die ganze Krone leicht abfallend. Fruchtstiele aufrecht, kürzer als die dreieckig-verkehrtherzförmige, stumpf ausgerandete Kapsel. *Blütezeit* Juni bis August.

Besonderes. Ganze Pflanze rauhhaarig, oberwärts drüsenhaarig. Geruch in frischem Zustand schwach gewürzhaft, Geschmack gewürzhaft, bitterlich, zusammenziehend.

Vorkommen. Trockene Wälder, auf Wiesen, Triften, an Wegrändern; gemein.

Sammelzeit. Das ganze blühende Kraut wird gesammelt und getrocknet.

Drogen, Arzneiformen. Herba Veronicae, Ehrenpreiskraut. — *Homöopathie:* Urtinktur aus dem frischen, blühenden Kraut.

Bestandteile. Ein durch Emulsin spaltbares Glykosid (? Aucubin, BRAECKE), Spuren ätherischen Öles, Bitterstoff, Gerbstoff, Saponine, organische Säuren, Zucker, Gummi, Wachs, Harz. ROBERG konnte keine Saponine nachweisen.

Pharmakologie. Wirksam sind sicher nur die Saponinsubstanzen; LECLERC spricht der Pflanze jegliche Heilwirkung ab.

Verordnungsformen. Herba Veronicae, zum heißen Aufguß, 1 Teelöffel auf 1 Tasse, 2—3 Tassen täglich. Frischer Preßsaft, täglich 60 g. — *Homöopathie:* D 2, drei- bis viermal täglich 1 Tablette.

Medizinische Anwendung. Als Expectorans bei Katarrhen der Atmungsorgane, die mit starker Verschleimung verbunden sind. Der frische Saft soll bei gichtischen Erkrankungen, vor allem bei Podagra, wirksamer sein. BOHN empfiehlt sie bei „schleimiger Blutentmischung". KNEIPP nennt sie ein Schutzmittel gegen Schwindsucht und Gichtleiden, da sie den Körper von Schleim befreie.

Homöopathische Anwendung. Erkrankungen der Atemwege, chronische Bronchitis, Asthma bronch., Tuberkulose (als Wechselmittel Quercus „Teep"); als Adjuvans bei Cystitis, Nephritis, Grieß, Hämaturie, Nebennierenerkrankungen (nach MADAUS).

Volkstümliche Anwendung. Chronische Bronchialkatarrhe, Blasenkatarrh, Pruritus senilis (SCHULZ), schlechte Verdauung, Magenleiden (Schmerzen, Krämpfe), Migräne, Blutandrang zum Kopfe, als Gurgelmittel bei Mund- und Halsgeschwüren (DINAND), als harn- und schweißtreibender Tee.

Veronica beccabunga L.,
Bachbungen-Ehrenpreis, Bachbunge.

Beschreibung. Ausdauernd, Höhe 30—60 cm. *Stengel* niederliegend-aufsteigend, fast stielrund, dick, hohl, rötlich überlaufen, kahl. *Blätter* gegenständig, elliptisch oder lanzettlich in einen kurzen Stiel verschmälert, stumpf, gekerbt-gesägt, glänzend und fleischig, kahl. *Blütentrauben* gegenständig, in den Achseln beider Blätter eines Blattpaares, abstehend, vielblütig, locker, kahl. Krone radförmig, vierteilig, mit kurzer Röhre, himmelblau, selten weiß. Kelch vierteilig. Fruchtkapsel etwa so lang wie der Kelch, rundlich, gedunsen, schwach ausgerandet. *Blütezeit* Mai bis August.

Besonderes. Blattgeschmack bitterlich, etwas scharf, schwach salzig. Pflanze sieht fleischig aus.

Vorkommen. Gräben, Bäche, Quellen, sumpfige Orte; häufig.

Arzneiform. Die Pflanze wird nur frisch verwendet. — Die *Homöopathie* stellt Urtinktur aus der frischen, blühenden Pflanze her.

Bestandteile. Glykosid Aucubin-Rhinanthin (BRAECKE, 1924), Bitterstoff, Gerbstoff, Saponine (?), Vitamine (?), Jod (?).

Volkstümliche Anwendung. Dem Saft der frischen Pflanze werden harntreibende und abführende „blutreinigende" Eigenschaften nachgerühmt. Man verwendet ihn bei Zahnfleischblutungen (Skorbut), Harnverhaltung, Blutarmut, Skrofulose, Lungenleiden, Ruhr, Stauungen in Leber und Unterleib, Blasensteinen.

Homöopathische Anwendung. Skrofulose und mangelnde Wasserausscheidung. Gebräuchlich ist dil. D 2.

Euphrasia pratensis FRIES, E. Rostkoviana HAYNE (E. officinalis L.),
Echter Augentrost, Wiesen-Augentrost.

Beschreibung. Einjährig, Halbschmarotzer. Höhe 10—30 cm. Stengel aufrecht, unterwärts ästig. *Blätter* gegenständig, breit-eiförmig, kurzzugespitzt, jederseits drei- bis sechszähnig, Zähne spitz. *Blüten* stehen ährenartig oder kopfig in den Achseln der drüsig-behaarten Tragblätter. Krone deutlich den Kelch überragend, weiß, violett gestreift. Oberlippe zweilappig, gewölbt, Unterlippe dreilappig, mit einem mehr oder weniger gelbem Fleck und 9 dunklen Längsstreifen. 4 Staubblätter, Narbe hervorragend. Kelch vierzähnig, drüsig-behaart. *Frucht* = kleine, ausgerandete Kapsel. — *Blütezeit* Juni bis Oktober.

Besonderes. Geruch schwach aromatisch, Geschmack bitter, zusammenziehend.

Vorkommen. Sehr häufig auf Wiesen, Triften, in lichten Wäldern.

Sammelzeit. Das ganze Kraut wird bis in den Spätsommer hinein gesammelt.

Drogen, Arzneiformen. Herba Euphrasiae, Augentrost. — *Homöopathie:* Urtinktur aus der ganzen, frischen, blühenden Pflanze und Potenzen.

Bestandteile. BRAECKE stellte ein durch Emulsin spaltbares Glykosid, wahrscheinlich Aucubin, fest; GESSNER erwähnt das Glykosid Rhinantin. Ferner sind enthalten Gerbsäure „Euphrastannsäure", Bitterstoff, blauen Farbstoff lieferndes Chromogen (= Rhinanthin?), fettes und ätherisches Öl und aromatische, harzartige Substanzen.

Pharmakologie. Die Wirkung wird wahrscheinlich durch die aromatischen Harzsubstanzen bedingt (MELTON, SAYRE), auch KROEBER kommt zu dieser Annahme, weil die Tinktur auf den Schleimhäuten ein schwach anästhetisches Gefühl hervorruft, während GESSNER die enthaltenen Gerbstoffe als wirksam annimmt. Rhinantin, das nach GESSNER dem Gratiosolin nahesteht, hat, weil es in einer Reihe heimischer Scrophulariaceen vorkommt, schon öfter Vergiftungen unter dem Weidevieh hervorgerufen.

Verordnungsformen. Herba Euphrasiae, zum heißen Aufguß, 1 Teelöffel auf 1 Tasse, 3 Tassen täglich oder äußerlich zu Augenbädern. Herb. Euphrasiae pulv., dreimal täglich 0,5 g. — *Homöopathie:* dil. D 2, zwei- bis dreistündlich 5 Tropfen oder *äußerlich* ⌀, 10 Tropfen in einer Tasse Fencheltee zu Augenbädern.

Anwendung. Innerlich und äußerlich bei Augenkatarrhen, Blepharitis, Conjunctivitis, Dakryocystitis, Iritis, Maculae et Ulcera corneae. Ferner bei Coryza, Rhinitis, Bronchitis mit zäher Sekretion, Grippe; als Stomachicum bei Anorexie, Verdauungsschwäche, Gastritis, Hyperacidität, Ikterus. Als homöopathisches Wechselmittel wird Ruta grav. angegeben.

Volkstümliche Anwendung. Gegen Katarrhe verschiedenster Art, zu Augenbädern; der frische Saft zum Einträufeln. Die Abkochung auch als magenstärkender Tee, KNEIPP nennt ihn ein magenstärkendes Bittermittel.

Lathraea squamaria L.,
Schuppenwurz, Rötliche Sch., Gemeine Sch.

Beschreibung. Ausdauernd, Höhe 15—30 cm, Grundachse bleich, schuppig. *Stengel* einfach, mit Schuppen besetzt. *Blüten* kurz gestielt, mäßig groß, in dichter, nickender, einseitswendiger, vor dem Aufblühen eingerollter Traube. Kelch glockig, vierspaltig. Kelchzipfel eiförmig, spitzlich, fast so lang wie die Blumenkrone. Oberlippe der Krone helmförmig, Unterlippe dreilappig. Staubbeutel behaart, kurz herausragend, zwei T-förmige Samenleisten. Ganze Pflanze rötlichweiß, Blumenkrone purpurn überlaufen, selten die ganze Pflanze weiß. *Blütezeit* März bis Mai.

Besonderes. Mit Saugscheiben an den Wurzeln von Laubhölzern, besonders Buchen, Erlen, Haseln schmarotzend.

Vorkommen. Feuchte Gebüsche, Laubwälder; stellenweise.

Wirkung, Anwendung. Im Volke wird die Abkochung des Wurzelstockes bei Krämpfen, Epilepsie der Kinder angewendet.

Lentibulariaceae, Wasserschlauchgewächse.
Pinguicula vulgaris L.,
Blaues Fettkraut, Gemeines F.

Beschreibung. Ausdauernd, Höhe 5—15 cm. Wurzelstock stark verkürzt, *Blätter* rosettig flach auf dem Boden liegend, an den Rändern leicht nach innen gebogen, fleischig, blaßgrün, fettig glänzend, drüsig-klebrig, ganzrandig, länglich oder elliptisch, oberseits mit kleinen, rauhen, tauglänzenden Wärzchen bedeckt. *Blütenstiele* 1—3, feinflaumig, unbeblättert, oben übergebogen, aus der Mitte der Rosette, viel länger als die Blätter. *Blüten* zweiseitig-symmetrisch, meist gespornt, veilchenblau, innen behaart, oft mit 2 weißen Flecken oder Strichen, Sporn pfriemlich, etwa halb so lang wie die Krone. *Blütezeit* Mai bis Juli.

Besonderes. Die Blätter können kleine Tiere, wie Fliegen und Insekten, fangen und verdauen.

Vorkommen. Torfige, moorige Wiesen, quellige Orte; sehr zerstreut.

Drogen. Herba Pinguiculae, Fettkraut. (Extract. Pinguiculae fluidum.)

Bestandteile. Die Pflanze enthält ein proteolytisches Ferment.

Wirkung, Anwendung. Wie *Drosera* bei Keuchhusten und Husten, sowohl in Form der Abkochung als auch als Fluidextrakt.

Plantaginaceae, Wegerichgewächse.
Plantago lanceolata L.,
Spitzwegerich, Schmalblättriger Wegerich.

Beschreibung. Ausdauernd, Wurzel gerade, kurz abgebissen, vielfaserig. *Blätter* grundständig, büschelförmig nach oben strebend, lanzettlich-spitz, entfernt gezähnelt, etwas glänzend, ganz fein behaart oder kahl, mit 5—7 parallelen Nerven, sich in den rinnenförmigen Stiel verschmälernd. *Blütenschaft* bis 50 cm lang, viel länger als die Blätter, aufrecht oder aufsteigend, blattlos, rinnig-eckig, mit endständiger, *kurzer*, ei-länglicher bis walzenförmiger *Ähre*. Deckblätter klein, mehr oder weniger bräunlich, trockenhäutig, eiförmig, lang zugespitzt, kahl. Krone sehr klein, durchscheinend, vierspaltig, häutig, bräunlich-weiß, Staubfäden und Staubbeutel gelblichweiß oder bräunlich. Kapselfrüchtchen länglich-eiförmig, zweisamig. *Blütezeit* Mai bis September.

Vorkommen. Wiesen, Triften, Äcker, Wegränder; gemein.

Sammelzeit. Vom April bis August werden die Blätter kurz abgepflückt und gut ausgebreitet getrocknet. Der Anbau ist nicht lohnend, weil die Pflanze massenhaft vorkommt.

Drogen, Arzneiformen. Herba Plantaginis lanceolatae, Spitzwegerichkraut; Extractum Plantaginis, Spitzwegerichextrakt; Sirupus Plantaginis, Spitzwegerichsaft.

Bestandteile. Glykosid Aucubin, ferner Invertin, Emulsin, Labenzym, in der Asche 42% K_2O (WEHMER), Gesamtasche 11,1—12,6% (RIEDEL) und wahrscheinlich Saponine. Letztere konnte ROBERG im Kraut nicht feststellen.

Pharmakologie. KROEBER konnte deutlich hämolisierende Kräfte, besonders im Fluidextrakt, nachweisen. MADAUS stellte fest, daß frischer Wegerichsaft die Blutgerinnung verhindert; eine Mischung 1:1 mit Blut war nach 24 Stunden noch nicht geronnen. Die ausgesprochene Schleimhautwirkung der Pflanze wird auf den Kieselsäuregehalt zurückgeführt. ASCHNER bezeichnet die Pflanze als Blutreinigungsmittel mit besonderer Wirkung auf die Haut.

Verordnungsformen. Herb. Plantag. lanc., zum heißen Aufguß, 2 Teelöffel auf 1 Tasse, 3 Tassen täglich. Sirupus Plantaginis, eßlöffelweise.

Medizinische Anwendung. Bei chronischen Katarrhen der Luftwege mit starker Schleimbildung, Husten, Keuchhusten (PATER). Ferner noch bei Blasenleiden (Schwäche), Harndrang, Cystitis, langwierigen Diarrhöen, Blähungen, Ulcera, auch bei Blutungen (Epistaxis, zu starker Menstruation — im Gegensatz zu den MADAUSschen Erfahrungen), die frisch aufgelegten Blätter als Wundmittel bei Ulcerationen, Verbrennungen, Augen- und Impf-Entzündungen und nach besonderen Erfahrungen von JANZ bei Lippenkrebs.

Volkstümliche Anwendung. Bei chronischen Katarrhen der Luftwege und der Augen, auch gegen Asthma, Keuchhusten, Lungenkrankheiten, Verdauungsstörungen, Blähungen, Koliken, Ruhr, Blutungen, als Blutreinigungsmittel. KNEIPP empfahl die Pflanze bei Flechten.

Plantago major L.,
Großer Wegerich, Breitwegerich, Wegebreit.

Beschreibung. Ausdauernd, *Blätter* grundständig-rosettig, oft langgestielt, breit-eiförmig, ganzrandig oder entfernt buchtig-gezähnt, mit 3—5 parallelen Nerven, oberseits kahl oder fein behaart, unterseits auf den Rippen kurzhaarig. *Ährenstiele* blattlos, stielrund, schwach gestreift, 15—30 cm hoch, meist gebogen-aufrecht. *Ähre* endständig, linealwalzlich, bis über 20 cm lang, dicht oder etwas locker. Deckblätter grün gekielt, häufig, Krone bräunlich, Staubfäden weiß. Kapselfrüchtchen vier- bis achtsamig. *Blütezeit* Juni bis Herbst.

Vorkommen. Wege, Glasplätze, Triften; gemein.

Sammelzeit. Vom April bis August werden die Blätter gesammelt. Anbau nicht lohnend, weil die Pflanze massenhaft wächst.

Drogen, Arzneiformen. Folia (Herba) Plantaginis majoris (latifoliae), Breitwegerichkraut. — *Homöopathie:* Essenz und Potenzen aus der frischen Pflanze ohne Wurzel.

Bestandteile. Glykosid Aucubin, Enzyme Invertin und Emulsin, viel Kaliumsalze, Citronensäure und wahrscheinlich Saponine.

Pharmakologie. MADAUS stellte die blutgerinnungshemmende Eigenschaft des frischen Plantagosaftes fest; eine Mischung mit Blut zu gleichen Teilen war nach 24 Stunden noch nicht geronnen. Die im Volke (auch in vielen anderen Ländern) übliche Wund- und Geschwürsbehandlung mit Wegerichblättern ist noch in keiner Weise erklärt.

Verordnungsformen. Herba Plantaginis maj., zum kalten oder heißen Aufguß, 1—2 Teelöffel auf 1 Tasse, 3 Tassen täglich. — *Homöopathie:* ⌀ — dil. D 2, dreimal täglich 10 Tropfen (auch äußerlich zur Wundbehandlung).

Medizinische Anwendung. Zahnschmerzen infolge von Karies und Neuralgien, neuralgische Ohrenschmerzen (MADAUS), ferner bei Blasenleiden (Schwäche), Enuresis infantum, Harndrang, Cystitis, langwierigen Diarrhöen, Blähungen, Ulcera, auch bei Blutungen (Epistaxis, zu starker Menstruation — im Gegensatz zu den MADAUSschen Erfahrungen), die Tinktur oder die frisch aufgelegten Blätter als Wundmittel bei Ulcerationen, Verbrennungen, Augen- und Impfentzündungen und nach besonderen Erfahrungen von JANZ bei Lippenkrebs.

Homöopathische Anwendung. Das zerquetschte Kraut oder die Urtinktur verdünnt bei entzündlichen Affektionen der Haut und des Unterhautzellgewebes, innerlich bei Kopf-, Zahn- und Ohrenreißen, Herzklopfen, Blähkolik, Blasensphincterschwäche, Polyurie, Impotenz, langwierigen Durchfällen, Prolaps ani (zit. nach HEINIGKE).

Volkstümliche Anwendung. Die zerquetschten Blätter zum Auflegen auf Wunden, Geschwüre, Panaratien, Furunkel, Ulcera cruris, Augengeschwüre, Verbrennungen, Flechten, Schlangenbisse, als Blutstillungsmittel. Die Abkochung bei inneren Blutungen, Durchfällen, Harnbeschwerden, Lungenkatarrhen und -verschleimungen, als Spülmittel bei Mundentzündungen, lockeren Zähnen, zum Aufziehen bei Nasenbluten. Die Samen werden gegen Steinleiden gebraucht.

Plantago media L.,
Mittlerer Wegerich.

Beschreibung. Ausdauernd, *Blätter* grundständig-rosettig, elliptisch, sieben- bis neunnervig, schwach gezähnt, beiderseits weichhaarig, in einen kurzen, breiten Stiel verschmälert. *Ährenstiele* stielrund, schwach gestreift, blattlos, bis 50 cm hoch. *Ähre* endständig, dicht, länglich-walzlich, Deckblätter eiförmig-spitzlich, am Rande häutig. Krone durchscheinend, weißlich, Staubfäden lila. Kapselfrüchtchen meist zweisamig. *Blütezeit* Mai, Juni.

Besonderes. Die Blütenähren erscheinen bläulichweiß und haben einen vanilleartigen Geruch.

Vorkommen. Wiesen, Waldlichtungen; häufig.

Drogen. Herba Plantaginis mediae, Mittleres Wegerichkraut. — Beim Sammeln ist darauf zu achten, daß nicht die Blätter der drei Wegerich-Arten durcheinander gesammelt werden.

Bestandteile, Wirkung, Anwendung. Wie *Plantago major* und *lanceolata*. Die Droge wird meist zu Teemischungen verwendet.

Plantago maritima L.,
Meerstrandswegerich.

Beschreibung. Ausdauernd, Höhe 10—30 cm. Wurzelstock lang, Schaft aufrecht, stielrund, nicht gestreift, kurzhaarig, meist länger als die Blätter. *Blätter* in grundständiger Rosette, linealisch, am Grunde und an der Spitze verschmälert, meist ganzrandig, fleischig, rinnenförmig, dreinervig, kahl. *Blüten* in lineal-walzlichen Ähren, ziemlich dicht; Deckblättchen eiförmig-lanzettlich, spitz, am Rande häutig; Kelchzipfel häutig, gekielt, Krone weißlich, Kronröhre weichhaarig. Fruchtkapsel länglich, kegelförmig, spitz; Fächer ungeteilt, einsamig. *Blütezeit* Juni bis Oktober.

Vorkommen. Fast nur am Strand der Ostsee, im Binnenlande nur an salzhaltigen Stellen.

Wirkung, Anwendung. Gilt im Volke als heilkräftig bei Steinleiden und begleitenden Beschwerden (SCHULZ).

Rubiaceae, Labkrautgewächse.

Asperula odorata L.,
Waldmeister, Maikaut, Sternleberkraut.

Beschreibung. Ausdauernd, Höhe 10—20 cm. Wurzelstock dünn, kriechend. Stengel zahlreich, 4kantig, fast glatt, aufrecht. *Blätter* quirlständig, in sechs- oder mehrzähligen Quirlen, ganzrandig, kahl, kurz stachelspitzig, dunkelgrün. Die unteren verkehrt-eiförmig, die oberen länglich-lanzettlich. *Blüte* weiß, Blumenblätter verwachsen. Die Blüten stehen in trichterförmigen Trugdolden mit vierspaltiger Blumenkrone. *Frucht* eine in zwei Teile zerfallende Spaltfrucht, hakenborstig, kletternd. *Blütezeit* Mai, Juni.

Besonderes. Beim Abwelken stark und charakteristisch duftend.

Vorkommen. Laub-, besonders Buchenwälder, Haine; stellenweise.

Sammelzeit. Das junge Kraut wird noch vor der Blüte gesammelt; die Pflanze wird dicht über dem Boden abgeschnitten und im Schatten rasch getrocknet.

Anbau. Die Samen werden im Frühjahr in Kästen (sandige Erde) gesät, die Pflänzchen pflanzt man im Herbst ins Freie (auch Töpfe, Mistbeete) und deckt sie gut mit Laub. Stecklinge kommen noch besser fort, besonders wenn die langen Ausläufer, die gebildet werden, beim Sammeln und Einpflanzen erhalten bleiben.

Drogen, Arzneiformen. Herba Asperulae odoratae, Waldmeisterkraut; *Homöopathie:* Essenz und Potenzen aus dem frischen Kraut.

Bestandteile. Cumarin in glykosidischer Bindung, Asperulosid (ein dem Aucubosid nahestehendes Glucosid), eisengrünender Gerbstoff, Bitterstoff, etwas fettes Öl. Der Cumaringehalt ist im Frühjahr am größten. MADAUS stellte bei seinen Untersuchungen über den Toxingehalt mittlere Mengen von ausfällbarem Eiweiß sehr geringer Giftigkeit fest.

Pharmakologie. Cumarin wirkt erst in Gaben von 3—4 g Substanz giftig. Die Erscheinungen beginnen mit Kopfschmerzen und Eingenommensein des Kopfes, steigern sich dann zu Schwindel, Erbrechen, Schlafsucht und schließlich kommt über zentrale Lähmung Tod an Atemstillstand. Bei Injektion zeigte sich langdauerndes Koma und Tod (KÖHLER).

Verordnungsformen. Herba Asperulae od. conc. zum kalten Aufguß, 2 Teelöffel voll auf 1 Glas Wasser, kalt 8 Stunden ziehen lassen, tagsüber trinken. — *Homöopathie:* dil. D 1—2, dreimal täglich 10 Tropfen. — *Vorsicht* mit größeren Dosen!

Medizinische Anwendung. Der kalte Aufguß als Schlafmittel, besonders dann, wenn Sympathicusstörungen vorliegen, ferner als Beruhigungsmittel, auch bei Leberinsuffizienzen (Ikterus) und Verdauungsstörungen. Zur Anregung der Diurese, bei Harngrieß- und Steinbildungen (LECLERC vermutet antiseptische Eigenschaften des Cumarins, da nach Einnahme der Harn klarer wird und das Cumarin sich in ihm wiederfindet). Auch bei eiternden Geschwüren und Ausschlägen kann die Pflanze Anwendung finden (innerlich und äußerlich).

Homöopathische Anwendung. Bei Scheiden- und Gebärmutterkatarrh (SIEFFERT).

Volkstümliche Anwendung. Wassersucht, Steinbildungen, Leibschmerzen, Unterleibsleiden (KNEIPP).

Rubia tinctoria L.,
Färberröte, Krapp.

Beschreibung. Ausdauernd, *Wurzelstock* bis zu 1 m lang, kriechend, lebhaft *rot*. *Stengel* krautartig, niederliegend oder mehrere Meter hoch kletternd, ästig, vierkantig, an den Kanten rückwärts-stachlig-rauh. *Blätter* klein, zu 4 oder 6 quirlig, kurz gestielt, oval-lanzettlich, einnervig, Rand und Nerv rückwärts-stachlig-rauh. *Blüten* in lockeren Trugdolden, blattachselständig. Krone radförmig, vierspaltig, mit aufrechten bis abstehenden Zipfeln, gelblich-grün. *Frucht* erbsengroße, glatte, rotbraune Steinbeere. *Blütezeit* Juni, Juli.

Besonderes. Pflanze von Widerhaken sehr rauh.

Vorkommen. Stammt aus dem Orient. Als Färberpflanze gebaut, selten verwildert.

Anbau, Ernte. Der Anbau erfolgt ähnlich der Weinrebe; warme Lagen und Frostschutz sind notwendig. Vermehrung durch Samen. Die Wurzelstöcke zwei- bis dreijähriger Pflanzen werden von Wurzelfasern und Oberhaut befreit, in kleine Stückchen geschnitten und getrocknet.

Drogen, Arzneiformen. Radix Rubiae, Krappwurzel. — *Homöopathie:* Tinktur und Potenzen aus der getrockneten Wurzel.

Bestandteile. 3 Glykoside: Ruberythrinsäure, Purpuringlykosid, Rubiadinglykosid, ferner Chlorogenin (= Rubichlorsäure), Alizarin, Erythrozym (= Rubiase), Citronensäure, Pektin, Pektase, Eiweiß, fettes Öl, 15% Zucker, Roh-Farbstoffgehalt etwa 10%, 5—7% Asche mit etwa 40% Calciumoxyd.

Pharmakologie. Die enthaltene Ruberythrinsäure soll Nieren- und Blasensteine aus phosphor- und oxalsaurem Kalk auflösen. BAUER übergoß solche Steine in vitro mit noch warmem Urin, der 10 Minuten nach der Einnahme von 10,0 zermahlener Krappwurzel gelassen war und stellte fest, daß an den Steinen Bläschenbildung und spontane Abbröckelung eintrat. MADAUS berichtet, daß er bei seinen Rundfragen einige hundert positive Berichte von der nierensteintreibenden Kraft der Wurzel erhalten hat, zum Teil wurde die Wirkung röntgenologisch bewiesen. Versager treten meist dann ein, wenn Blut und Eiweiß im Urin sind. Bei Verfütterung an Tiere findet man eine Rotfärbung der Knochensubstanz durch Bindung der Farbstoffe an den phosphorsauren Kalk. In Experimenten wurde die Förderung der Knochenbildung wachsender Tiere bewiesen. Am Gesamtorganismus zeigt sich eine purgierende, diuretische Wirkung. Bei abdomineller Tuberkulose stellte BAUER darmberuhigende, schmerzstillende Wirkungen fest; die Wirkung auf stinkende, chronische Durchfälle war „verblüffend". Äußerlich beeinflußt die Abkochung Hautcarcinome und tuberkulöse Haut- und Schleimhauterkrankungen.

Verordnungsformen. Rad. Rubiae conc., zur Abkochung, 1 Eßlöffel auf 3 Tassen, 3 Tassen täglich. Rad. Rubiae tabl. 1,0, drei Tabletten täglich. Rad. Rubiae pulv. 1,0, dreimal täglich in Oblaten. — *Homöopathie:* D 1 bis D 3, viermal täglich 1 Tablette.

Medizinische Anwendung. Nephro- und Cystolithiasis, wenn kein Abgang von Blut und Eiweiß vorhanden ist. Ferner Knochen- und Abdominaltuberkulose, Skrofulose, Rachitis. Konzentrierte wäßrige Extrakte bei carcinomatösen und tuberkulösen Haut- und Schleimhautulcerationen.

Homöopathische Anwendung. Anämie, Unterernährung, Amenorrhöe, Milzbeschwerden. Bei Nierensteinen gehäufte Gaben (viermal täglich 2—3 Tabletten D 1).

Volkstümliche Anwendung. Arthritische Beschwerden, Rheumatismus, Nieren- und Blasensteine, Grieß, Nierenbeckenentzündung, Bettnässen, Gelbsucht, Leber- und Milzleiden, Darmtuberkulose, Ruhr, Rachitis, Skorbut, Bleichsucht, Wechselfieber, Mundgeschwüre, Hautkrankheiten, Unregelmäßigkeiten der Menstruation.

Galium aparine L.,
Klebkraut.

Beschreibung. Einjährig, *Stengel* niederliegend, kletternd, bis 150 cm lang, ästig, oft fast geflügelt, an den Gelenken verdickt, vierkantig, an den Kanten mit langen nach abwärts gerichteten Stachelchen besetzt. Zweige schlaff. *Blätter* quirlig, linealisch-lanzettlich, stachelspitzig, zu 6—8 stehend, am Rande und am Kiele rückwärts-stachelig-rauh. *Blüten* in gestielten Trugdolden in den Winkeln der Laubblätter, Blütenstielchen nach dem Verblühen gerade. Krone einzipflig, radförmig, vierspaltig, weiß, selten grünlich, 4 Staubblätter. Kelchsaum undeutlich. Teilfrüchtchen kugelig mit widerhakigen Borsten (Klettenfrüchte). *Blütezeit* Juni bis Oktober.

Besonderes. Spreizklimmer!

Vorkommen. Äcker, Zäune, Hecken, Laubwälder; gemein.

Sammelzeit. Während der Blüte.

Drogen, Arzneiformen. Herba Galii aparinis, Klebendes Labkraut. *Homöopathie:* Essenz und Potenzen aus der frischen blühenden Pflanze.

Bestandteile. Ein Glykosid - Asperulosid - Asperulin (= Rubichlorsäure), außerdem noch andere durch Emulsin spaltbare Glykoside, ferner Saponine (KROEBER), Galitannsäure, Citronensäure, ein roter Farbstoff vom Alizarin-Typ (= Flavopurpurin oder Anthrapurpurin). ROBERG konnte in der Droge keine Saponine nachweisen.

Pharmakologie. Die wäßrige Abkochung der Droge (1 : 100) rief ebenso wie der Fluidextrakt komplette Hämolyse hervor (KROEBER).

Verordnungsformen. Herba Galii aparinis zum heißen Aufguß, 2 Teelöffel auf 1 Tasse, 2—3 Tassen täglich. Zur äußerlichen Anwendung eine Tasse davon anf die Hälfte einkochen. — *Homöopathie:* D 2, dreimal täglich 1 Tablette.

Medizinische Anwendung. Die Wirkung auf carcinomatöse Hautgeschwüre ist bei äußerlicher Anwendung (Umschläge konzentrierterer Abkochungen oder auch des frischen Saftes der Pflanze) vielfach bestätigt worden (BULLEY, WOLFF, SCHULZ), auch in der Britischen „*Flora medica*" wird das Kraut als Kataplasma gegen den Krebs empfohlen. Weiter wird es angewendet bei Hautkrankheiten (Lepra, Psoriasis, Ekzem, Lichen, Acne, hartnäckigen Geschwüren), Skrofulose, vereiterten Drüsen, Kropf, Nierengrieß und -steinen, Hydrops und Blasenkatarrh, Gonorrhöe und Epilepsie. — Die *homöopathische* Anwendung ist die gleiche.

Volkstümliche Anwendung. Der Saft gegen chronische Hautausschläge, Krebs (Schleswig-Holstein, Slovakei), der Tee gegen Magen- und Darmkatarrh, pleuritische Beschwerden, Hydrops, Epilepsie (SCHULZ), Leber-, Nieren- und Blasenleiden. Die Salbe bei Hauterkrankungen (Skrofeln, Flechten, Ekzeme, syphilitische Geschwüre) und Drüsenwunden (s. a. *Galium verum*). Gilt als auflösendes Mittel bei Nierengrieß und -steinen.

Galium verum L.,
Echtes Labkraut.

Beschreibung. Ausdauernd, Höhe 15—60 cm. Grundachse verzweigt. *Stengel* aufrecht, ästig, rundlich, mit 4 hervorragenden Linien, kurzhaarig, rauh, selten kahl. *Blätter* in Quirlen zu 6—12 stehend, schmal-linealisch, stachelspitzig, am Rande umgerollt, oberseits grün, unterseits weißlich, kurz-weichhaarig. Trugdolde gedrängt; *Blüten* klein, vierzipflig, stumpflich-haarspitzig, blaßgrün oder citronengelb. Frucht glatt, meist kahl. *Blütezeit:* Ende Juni bis Herbst.

Besonderes. Blüten riechen stark honigartig.

Vorkommen. Wiesen, Hügel, Raine, Wegränder; meist gemein.

Sammelzeit. Während der Blüte wird das Kraut kurz abgeschnitten und im Schatten getrocknet.

Droge. Herba Galii lutei, Gelbes Labkraut.

Bestandteile. In 8—10 g der Pflanze fand AYE 0,0001 g Labpulver; im übrigen sind die Inhaltsstoffe die gleichen wie bei *Galium aparine*.

Pharmakologie. Wirksam ist auch hier in der Hauptsache das Asperulosid.

Wirkung, Anwendung. Zur Käsebereitung (Schweiz, England). Zur Behandlung von Wunden, krebsigen Hautgeschwüren, ferner bei Epilepsie, Veitstanz, Hysterie, Magen-, Leber-, Nieren- und Blasenleiden, Grieß- und Steinbeschwerden, Skorbut, Nasenbluten, Skrofeln, Flechten, Ekzemen, syphilitischen Geschwüren und Drüsenwunden (als Salbe, auch von KNEIPP empfohlen).

Caprifoliaceae, Geißblattgewächse.
Sambucus ebulus L.,
Zwergholunder, Attich.

Beschreibung. Ausdauernd, Höhe 60 cm bis 2 m. Wurzelstock kräftig, kriechend, *Stengel* steif aufrecht, fast stets einfach, kleinwarzig, gefurcht, sterben im Herbst ab. *Blätter* gegenständig, gestielt, gefiedert, mit 5 bis 9 eiförmig-lanzettlichen, zugespitzten, scharf-gesägten Blättchen. Am Grunde des Blattstiels je 2 lanzettliche, gesägte, ziemlich große Nebenblätter. *Blüten* in schirmförmigen, endständigen Trugdolden, die ersten Verzweigungen zu 3. Blumenkrone radförmig, mit kurzer Röhre, fünfteilig, weiß, außen rötlich. Staubblätter rot, zuletzt schwärzlich. *Beerenfrüchte* etwas eiförmig, auf purpurnen oder violettlichen Stielen, glänzend schwarz, selten grünlich oder weiß, mit violettem Safte und dreieckigem Samen. *Blütezeit* Juni bis August.

Besonderes. Geruch der Blüten nach bitteren Mandeln. Beeren kaum genießbar.

Vorkommen. Zumeist in kleinen Gruppen an sonnigen Waldblößen, an Rainen, Hohlwegen, steinigen, buschigen Stellen, Wegrändern; stellenweise, bisweilen angepflanzt.

Sammelzeit. Die Beeren werden nach der Reife in Büscheln abgepflückt, abgestreift und flach ausgebreitet gut getrocknet.

Anbau. Auf Steingeröll, an Hohlwegen, Grabenrändern, leicht möglich. Vermehrung durch Stockteilung.

Drogen, Arzneiformen. Fructus Ebuli, Attichbeeren; Rad. Sambuci ebuli, Attichwurzel; Succus Ebuli, Attichsaft. — *Homöopathie:* Essenz und Potenzen aus den frischen, reifen Beeren.

Bestandteile. In den Blättern: weniger als 0,1% blausäurelieferndes Glykosid, 0,0763% ätherisches Öl, Zucker, Emulsin, Bitterstoff; in den Wurzeln: Saponin (? WASICKY), ein Blausäure abspaltendes und ein Nitril bildendes Enzym; in Wurzel- und Zweigrinde: Bitterstoff, Emulsin, kein Glykosid; in den Früchten: ätherisches Öl, Valerianasäure, Apfel- und Weinsäure, Gerbstoff, Bitterstoff, Zucker, Anthocyan; in den Samen fettes Öl (zit. nach KROEBER).

Pharmakologie. GESSNER berichtet, daß der Genuß der schwarzen Beeren bei Kindern zu Brechdurchfällen, Kopfschmerzen, Schwindel, Mydriasis, Koma und zum Tode geführt hat. Die diuretische und purgierende Wirkung von Rinde und Beeren wird von einer Reihe Autoren belegt (KNEIPP, WASICKY, BOHN, KROEBER, KÜNZLE).

Verordnungsformen. Rad. Sambuci ebuli (Fructus Ebuli), zum kalten Auszug, $1/2$ Teelöffel auf 1 Tasse, 8 Stunden stehen lassen. Rad. Ebuli pulv., dreimal täglich 2—3 Messerspitzen, verrührt. — *Homöopathie:* dil. D 1, dreimal täglich 10 Tropfen oder D 2, drei- bis viermal täglich 1 Tablette. — *Vorsicht* mit größeren Dosen!

Medizinische Anwendung. Als Diureticum bei Hydrops, Ascites, harnsaurer Diathese, Nephropathien, Cystitis, Harngrieß, Harnverhaltung. Bei Adipositas (mit Salbei und Blasentang).

Homöopathische Anwendung. Bei harnsaurer Diathese, Wassersucht.

Volkstümliche Anwendung. Die Wurzeln bei Rheumatismus und Wassersucht, die gekochten Beeren als Abführmittel, die Blätter bei Hustenreiz und Brustverschleimung, als Gurgelwasser bei Halsgeschwüren.

Weitere Anwendung. Die Beeren werden zum Blauschwarzfärben von Leder, Garn und zum Färben von Wein verwendet.

Sambucus nigra L.,
Schwarzer Holunder.

Beschreibung. Strauch oder Baum, 3—10 m hoch. Äste bogenförmig abwärts gekrümmt. Mark der Äste schwammig, schneeweiß. Rinde in der Jugend grünlich, warzig, unangenehm riechend, im Alter rissig, aschgrau. *Blätter* gegenständig, unpaarig-gefiedert, 3—7 Fiederblätter, eiförmig-zugespitzt, spitz gesägt, dunkelgrün, unterseits heller. *Blüten* in aufrechtstehenden, endständigen, flachen Trugdolden mit 5 Hauptästen, zerstreut behaart, nach der Blüte hängend. Kelch fünfzähnig, Krone radförmig, vier- bis fünfteilig, gelblichweiß. *Früchte* eiförmig bis kugelig, anfangs grün, bei der Reife schwarzviolett, glänzend, auf roten Stielen, mit blutrotem Saft, selten auf grünen Stielen mit hellrotem Saft. *Blütezeit* Juni, Juli.

Besonderes. Geruch der Blüten stark aromatisch, Geschmack der rohen Beeren süßlich-fade.

Vorkommen. Wälder, Hecken, Zäune; häufig in Gärten, an Mauern.

Sammelzeit. Die Blütendolden werden gepflückt, die Blüten abgestreift und rasch getrocknet, daß sie gelblichweiß bleiben und nicht braun werden. Die Blätter werden bis zur Blütezeit ohne Stengel gepflückt und getrocknet. Die Rinde wird im Frühjahr von den Zweigen geschält. Beeren werden von den Dolden abgestreift, gut ausgebreitet unter öfterem Wenden in der Sonne vor- und am Ofen nachgetrocknet.

Anbau. Bei der Verwendung fast aller Pflanzenteile lohnend, wenn größere Ernten möglich sind. Man vermehrt durch Stecklinge im Herbst oder durch Stockteilung.

Drogen, Arzneiformen. Flores Sambuci, Holunderblüten; Fructus Sambuci, Holunderbeeren; Folia Sambuci, Holunderblätter; Cortex Sambuci, Holunderrinde; Succus Sambuci (inspissatus), Holundermus; Aqua Sambuci; Mel Sambuci; Extractum Sambuci nigri fluidum (aus der Rinde). — *Homöopathie:* 1. Essenz und Potenzen aus gleichen Teilen frischer Blätter und Blüten, 2. ebenso Essenz e cortice aus der frischen inneren Rinde junger Zweige.

Bestandteile (n. KROEBER). In den *Blüten:* 0,025% ätherisches Öl, Nitrilglykosid (KOBERT), Saponine, Cholin, Gerbstoff, Harz, Zucker, Schleim, Farbstoff, organische Säuren. In den *Beeren:* Apfel-, Citronen-, Baldrian-, Essig-, Wein-, Propion- (?) und Gerbsäure, Zucker, ätherisches Öl, Bitterstoff, roter Farbstoff, Pentosan, Tyrosin (SACK, TOLLENS), Wachs, Gummi, Harz. In der *Rinde:* ein drastisch wirkendes Harz, Gerbstoff, Riechstoff, ein kryst. Alkaloid. In den *Blättern:* ein dem Coniin ähnliches Alkaloid Sambucin, ein Monoglykosid Sambunigrin (= d-Amygdalin), das Blausäure liefert. Nach GESSNER ist Sambunigrin in geringen Mengen auch in Blüten, unreifen Früchten und Zweigen enthalten. Sicher ist es, nach dem Standort in verschiedener Menge, auch in den Samen der reifen Früchte vorhanden, wie das vielfache Auftreten von Vergiftungserscheinungen nach dem Genuß roher Beeren (sogar Beeren-Wein) beweist. (MUCH gab 1932 das Vorhandensein von Sexualhormon in den Blüten an.)

Pharmakologie. Vergiftungserscheinungen sind sowohl nach Genuß der frischen Rinde, als auch nach Genuß roher Beeren bekannt (Brechdurchfall, Brennen, Kratzen im Hals, Speichelfluß, Erbrechen, Benommenheit, Angstgefühle, Atemnot, Krämpfe). Die frischen Blüten können, auf die Haut aufgelegt, starke Reizwirkungen auslösen (Erythem, Bläschen, Blasen) und MADAUS stellte fest, daß der wäßrige Auszug Bact. Coli abtötete. Alle Teile des Holunders, besonders die Blüten, wirken stark schweißtreibend, die Rinde mehr diuretisch und laxierend, die Beeren ebenso, besonders bei spastischen Zuständen im Darm und in den Harnwegen. Nach LECOQ kann die Rinde als Ersatz für Coffein und Digitalis angewendet werden (?). Die antineuralgisch spezifische Wirkung des Beerensaftes auf die Nn. trigemini und ischiadici ist in der Praxis festgestellt (EPSTEIN, JOKEL) und bestätigt worden (VETLESEN, MÜLLER). EPSTEIN gab seinen Patienten 5 Tage lang täglich 20,0 Succus Sambuci inspiss. mit Zusatz von etwa 20% Alkohol. Frische Fälle heilten nach 10—15 Minuten (!), ältere Fälle in 3—5 Tagen. Da nur *echte* Trigeminusneuralgien beeinflußt wurden, können die Gaben differential-diagnostisch verwertet werden. VETLESEN gab bei Ischias täglich 20,0 des Saftes mit 10,0 Portwein und heilte akute Fälle in 1 bis 11 Tagen, subakute in 8—17 Tagen und rezidivierende nach 23 Tagen, auch bei einer 16 Jahre lang bestehenden Ischias hatte er Erfolg.

Verordnungsformen. Flores Sambuci, zum heißen Aufguß, 2 Teelöffel auf 1 Tasse, 3 Tassen täglich. Cortex Sambuci, zum heißen Aufguß, 1 Teelöffel auf 1 Tasse, 2 Tassen täglich. Extract. Sambuc. nigr. fluid., dreimal täglich 20—30 Tropfen. Succus Sambuci, 20 g täglich in einer Dosis. — *Homöopathie:* dil. D 3, dreimal täglich 10 Tropfen.

Medizinische Anwendung. *Flores Sambuci* als Diaphoreticum und Antineuralgicum (Schnupfen, Grippe, Masern, Scharlach, Erkältungskrankheiten, Laryngitis, Bronchitis, Tussis, Pertussis, Pneumonie und andere fieberhafte Affektionen, Asthma, Kurzatmigkeit, neuralgische Zustände, Neuritis, Zahn- und Ohrenschmerzen). — *Succus Sambuci* als Spezificum bei Trigeminus- und Ischiadicusneuralgien. — *Cortex Sambuci* als hydrogenes Laxans, besonders bei Nieren- und Blasenaffektionen (akuter Nephritis), Harnverhaltung, Hydrops, Ödemen, spastischer Obstipation. — *Fructus Sambuci* (1 Teelöffel pro Tasse) bei Obstipation, Harnverhaltung, Blasenkrämpfen.

Homöopathische Anwendung. Übermäßiges Schwitzen, asthmatische Erscheinungen, Muskel- und Gelenkrheumatismus, Blutwallungen, Nierenaffektionen mit Anasarka, Fieber mit starker Hitze und heftigem Schwitzen, Kehlkopf- und Luftröhrenkatarrh, Harnverhaltung. Die Essenz e cortici bei heftigem Erbrechen, Ileus mit Koterbrechen (HEINIGKE).

Volkstümliche Anwendung. Die Blütenabkochungen zur Erzeugung von Schweiß, gegen Fieber, bei Erkältungen und Hautkrankheiten; als

Gurgelwasser bei Mund- und Halskrankheiten; zu erweichenden Umschlägen und Bädern. Die Rinde und Blätter als blutreinigender, abführender und harntreibender Tee (Erkältungskrankheiten, Erkrankungen der Atmungsorgane, Wassersucht, Nieren- und Blasenleiden, Steinleiden, Rheuma, Gicht). Das Holunder-Mus vielfach als Abführmittel, bei Krämpfen im Bauch und Unterbauch, als Blutreinigungsmittel bei Hautausschlägen. — Aus den Beeren wird Suppe gekocht, vielfach werden sie zur Kuchenbäckerei verwendet.

Sambucus racemosa L.,
Roter Holunder, Traubenholunder.

Beschreibung. Strauch, 2—4 m hoch; junge Triebe, Blätter und Blattstiele etwas behaart oder kahl (Var. *glabra*). Mark der Äste gelbbraun. Blätter gegenständig, gefiedert, mit 3—7 eiförmig-zugespitzten, gesägten Blättchen. *Blüten* in stets aufrechten, dicht behaarten, eiförmigen Rispen. Blumenkrone zuerst grünlich, dann gelblichweiß, radförmig, fünfteilig. *Beerenfrüchte* (= Katelbeeren) in Trauben hängend, klein, kugelig, scharlachrot (bei Var. *flavescens* goldgelb). *Blütezeit* April, Mai.

Besonderes. Blüten stark riechend.

Vorkommen. Bergwälder, seltener in der Ebene, dann gern in sandigen Wäldern.

Anwendung. In den Beeren findet sich fettes Öl. Sie werden im Volke getrocknet und die Abkochung bei Fieber und Erkältungskrankheiten, auch bei Harnverhaltung und Blasenkrampf gegeben.

Viburnum opulus L.,
Schneeball, Gemeiner Schneeball.

Beschreibung. Strauch oder kleiner Baum, Höhe 1,75—4 m. Zweige biegsam, kahl. *Blätter* gegenständig, langgestielt, ahornblattähnlich, dreilappig, breit-eiförmig, mit zugespitzten, buchtig-gezähnten Lappen, strahlenaderig, oberseits kahl, unterseits weichhaarig, beiderseits grün. *Blattstiele* kahl, mit sitzenden und gestielten Drüsen besetzt. Nebenblätter borstenförmig. Blüten in *Trugdolden*, reich verzweigt, schirmförmig, endständig, kahl. Randblüten unfruchtbar, radförmig, weiß, viel größer als die übrigen. Innere Blüten fruchtbar, kurzglockig, weiß oder rötlich-weiß. *Frucht* eine Steinbeere, kugelig, scharlachrot, mit einem flachen, roten Stein, bleibt oft im Winter am Strauch hängen. *Blütezeit* Mai bis Juni.

Besonderes. Die unfruchtbaren, großen Randblüten.

Vorkommen. Wälder, feuchte Gebüsche, Flußufer, meist nicht selten, häufig im Park.

Sammelzeit. Die Rinde des Stammes und der Zweige wird im Herbst in etwa 25 cm langen Stücken geschält und getrocknet.

Drogen, Arzneiformen. Cortex Viburni opuli, Schneeballbaumrinde. Extr. Viburni opuli fluidum, Schneeballfluidextrakt. — *Homöopathie:* Urtinktur aus der frischen Rinde und Potenzen.

Bestandteile. Nach neueren Untersuchungen in der Rinde (1922, Heyl) keine Alkaloide, ein unbestimmtes Glykosid, Tannin, Zucker, Phytosterol, Phytosterolin, Harz mit Ameisen-, Essig-, Valerian-, Caprin-, Capryl-, Öl-, Linol-, Cerotin- und Palmitinsäure, im Unverseifbaren Spuren von Paraffin und Myricilalkohol.

Pharmakologie. Die Rindenauszüge setzen die Uteruskontraktionen herab; sie sind spasmolytisch. Beim Meerschweinchen führen sie zu Somnolenz, am Menschen stellen sich bei größeren Dosen oder längerem Gebrauch des Extraktes Trockenheit des Mundes, Übelkeit, Erbrechen, Schwindel und motorische und Bewußtseinsstörungen ein. Nach intravenöser Injektion macht es durch Kontraktion der peripheren Gefäße Blutdrucksteigerung (Lewin, Marfori-Bachem, Wasicky). Gessner berichtet von heftigen Gastroenteritiden und letalen Folgen. Madaus fand erhebliche Mengen ausfällbaren Eiweißes mittlerer Giftigkeit.

Verordnungsformen. Extract. Vib. op. fluidum, dreimal täglich bis zu 10 Tropfen. — *Homöopathie:* ⌀ — dil. D 1, zweistündlich 5 Tropfen oder dreimal täglich 10 Tropfen. — Die Abkochung ($^1/_2$ Teelöffel auf 1 Tasse) als Gurgelmittel.

Medizinische Anwendung. Dymenorrhöe, Abortus imminens (Schatz, Payne, Fraenkel, Kellner, Mühlschlegel, Herold).

Homöopathische Anwendung. Dysmenorrhöe, neuralgische Dysmenorrhöe, Uterusspasmen, hysterische Krämpfe, Koliken, Rückenschmerzen, Impotenz, Sterilität, Blutungen und gegen drohenden Abort (Mühlschlegel, Tobschall, Pöller), bei schmerzenden Nachwehen und falschen Wehen (Heinigke). — Als Wechselmittel gibt Madaus an: Gelsemium, Caulophyllum, Pulsatilla, Sepia, Chamomilla.

Symphoricarpus racemosus Michaux, Schneebeere.

Beschreibung. Strauch, Höhe bis 2,5 m. Äste aufrecht, rutenförmig. *Blätter* einfach, gegenständig, kurzgestielt, rundlich oder eiförmig, mehr oder weniger gelappt, am Rande oft wellig, ganzrandig, oberseits bläulichdunkelgrün, unterseits hell- bis graugrün, kahl. *Blüten* in zweigendständigen Trauben, Krone verwachsen, glockenförmig, innen dicht behaart, rosarot; Fruchtknoten unterständig. *Beeren* weiß, lockermarkig. *Blütezeit* Juli, August.

Besonderes. Beeren bleiben bis spät in den Winter hinein an den Zweigen.

Vorkommen. Zierstrauch aus Nordamerika, bei uns allgemein angepflanzt, auch verwildert.

Arzneiformen. *Homöopathie:* Essenz und Potenzen aus den frischen Beeren (Heinigke); Essenz aus der frischen Wurzel *(Hom. Arzneibuch).* — Die Fa. *Madaus* stellt eine „Teep"-Verreibung aus den frischen, reifen Beeren her.

Bestandteile. Die trockenen Früchte enthalten 5—9% Zucker (Dextrose), Lävulose, Gummi, Pektin (Wehmer).

Pharmakologie. Amyot berichtet, daß Kinder nach Genuß größerer Mengen der Beeren Brechdurchfall, Delirium und Koma bekamen. Bei Kaninchen zeigten sich keine Erscheinungen,

Verordnungsformen. *Homöopathie:* ⌀ — dil. D 1, dreimal täglich 10 Tropfen oder lokal als Umschlag und Einreibung. — „Teep", dreimal täglich 1 Tablette.

Homöopathische Anwendung. Hyperemesis gravidarum und andere gastrische Disfunktionen der Gravidität (Pyrosis, Appetitlosigkeit, Nausea), ferner bei Hydrops, Wechselfieber, Darmgeschwüren und Blutspeien. Als Umschlag und Einreibung bei Krampfadern (EISENBERG). HEINIGKE gibt noch die Anwendung gegen Übelkeit bei der Menstruation an.

Volkstümliche Anwendung. Abkochungen der Beeren bei Erkältungen. In Nordamerika werden Wurzel und Stengel gegen Intermittens, als Diaphoreticum und Gegengift gebraucht (zit. n. MADAUS).

Valerianaceae, Baldriangewächse.
Valeriana officinalis L., Großer Baldrian.

Beschreibung. Ausdauernd, Höhe 30—150 cm. *Wurzelstock* mit unterirdischen Ausläufern, 4—5 cm lang, 2—3 cm dick, seitlich mit zahlreichen, bis 2 mm dicken, über 20 cm langen bräunlichen Wurzeln besetzt. *Stengel* einfach oder ästig, aufrecht, rund, gefurcht, hohl, unterwärts zuweilen behaart. *Blätter* kreuzgegenständig, sämtlich unpaarig gefiedert, mit 7—10 Paaren linealischer, eilanzettlicher, gesägt-gezähnter oder ganzrandiger, kahler Abschnitte. *Blüten* zwittrig, klein, in reichlich zusammengesetzten, endständigen Trugdolden. Krone weiß bis rötlich, röhrig-trichterförmig mit fünfspaltigem Saum. Kelchsaum wird später zu einer Haarkrone entwickelt. Frucht nußartig. — *Blütezeit* Juni bis Juli.

Besonderes. Geruch der Blüten angenehm, später widerlich. Geruch der Wurzeln frisch nur schwach, getrocknet stärker, eigenartig würzig; Geschmack süßlich-würzig und zugleich etwas bitter.

Vorkommen. Auf feuchten Wiesen, an Gräben, Bächen, Waldrändern, im Gebirge und in der Ebene; viel angebaut.

Sammelzeit. Die Wurzelstöcke mit den Wurzeln werden im Herbst gegraben, von Blättern und Stengelresten befreit, gewaschen und mit Vorsicht getrocknet.

Anbau. Dringend zu empfehlen. Die besten Wurzeln ergeben wildwachsende Pflanzen. Die Aussaat ist am zweckmäßigsten für größeren Anbau; man sät im Frühjahr dünn aus und walzt leicht. Das Feld soll von Unkraut frei gehalten, aber nicht behackt werden. Im Herbst des zweiten Jahres gräbt man die Wurzeln. Die Pflanze sorgt selbst für ihre Vermehrung, besonders auf günstigen Standorten; die besten Wurzeln bekommt sie in trockenem, leichten Höhenboden. Samen gewinnt man durch Abschneiden der Fruchtstengel kurz vor der Reife und Nachreifung an der Sonne. Von 1 a gewinnt man etwa 25 kg trockene Wurzeln (MEYER).

Drogen, Arzneiformen. Radix Valerianae, Baldrianwurzel. Oleum Valerianae, Baldrianöl. Extractum Valerianae, Baldrianextrakt. Extr.

Val. fluidum, Baldrian-Fluidextrakt. Tinctura Valerianae, Baldriantinktur. Tinct. Val. aetherea, ätherische Baldriantinktur. — *Homöopathie:* Urtinktur aus der getrockneten Wurzel und Potenzen.

Bestandteile. In den Wurzeln etwa 0,5—1% ätherisches Öl, Glykoside Chatinin und Valerin, Glykosid Valerid (?), Schleim, Zucker, Gummi, Stärke, Harz, Lipase, Oxydase, Essig-, Ameisen- und Apfelsäure und zwei mit Kaffeegerbsäure verwandte Baldriangerbsäuren. Im ätherischen Öl: 20% l-Camphen und l-Pinen, l-Borneol frei und etwa 9,5% als Isovaleriansäureester, je 1% als Ameisensäure-, Essigsäure- und Buttersäureester, Isovaleriansäure auch frei, wahrscheinlich Terpineol, ein links drehendes Sesquiterpen, ein Alkohol $C_{51}H_{26}O$ *(Schimmel & Co.)*. Nach STRAZEWICZ ist der Gehalt an ätherischem Öl im Juni am höchsten. Geruchsträger ist die widerlich riechende und schmeckende freie Baldriansäure.

Pharmakologie. Das wirksame Prinzip ist in den esterartigen Bindungen der Valerian- und Isovaleriansäure mit Borneol zu erblicken; nach NOLLE sind noch andere, bisher unerforschte Inhaltsstoffe wirksam. Das Baldrianöl bewirkt in kleinen Dosen Erregung und Blutdrucksteigerung, in größeren Dosen Lähmungen des ZNS, Herabsetzung des Blutdruckes und der Reflexerregbarkeit (POULSSON). Als wertvollstes Baldrianpräparat wird von W. PEYER die Tinctura Valerianae bezeichnet, die nach den Vorschriften des Schweizer Arzneibuches aus frischen Wurzeln mit starkem Spiritus hergestellt wird. DRUCKREY und KÖHLER bezeichnen das Infus als wirksamste Zubereitung. In diesem Zusammenhang sind die Wirkungen der ganzen Droge wichtig. In großen Dosen treten zentrale Lähmungen auf (POULSSON, POUCHET, CHEVALIER). PETLACH stellte an Frosch und Kaninchen Hemmung der Herztätigkeit und der Peristaltik fest. ORDINSKIJ erreichte mit 8 cmm pro Gramm Frosch mit einer 20%igen Tinktur Verschwinden des Quakreflexes für 1 Stunde, 15 cmm bewirkten eine einstündige zentrale Lähmung. F. HAFFNER setzte die Baldrian-Mäuse-Einheit fest; er bezeichnet damit die tödliche Grenzdosis für 1 g Tier. Eine therapeutisch beruhigende Dosis sollte danach 100 Baldrian-Mäuse-Einheiten enthalten. Am Kaninchen wirkt Baldrian als Antagonist des Coffeins; durch Aufzeichnungen der Bewegungen der Tiere stelltten KOCHMANN und KUNZ die alkoholischen Auszüge als am wirksamsten fest. Bei Personen, die viel Baldrian einnehmen, tritt eine Art von Baldriansüchtigkeit auf. Baldrian wirkt nicht nur sedativ-hypnotisch, sondern auch als Analepticum, Stomachicum, Karminativum und Antispasmodicum.

Verordnungsformen. Rad. Valerian. conc., zum kalten Aufguß, 1 Teelöffel auf 1 Glas, 24 Stunden ziehen lassen und tagsüber schluckweise oder am Abend auf einmal trinken (n. MADAUS). Klysma: 1 Teelöffel auf 1 Glas, 24 Stunden ziehen lassen. Tinct. Val., mehrmals täglich 10 Tropfen oder 20—30 Tropfen am Abend. Tinct. Val. aeth., im Bedarfsfalle 10—20 Tropfen. — Rad. Val. pulv., drei- bis fünfmal täglich 1 g in Oblaten. — *Homöopathie:* dil. D 2, drei- bis vierstündlich 5 Tropfen.

Medizinische Anwendung. Schlaflosigkeit und Erregungszustände bei nervöser Erschöpfung und geistiger Überarbeitung, als „Nervenmittel des weiblichen Geschlechts" (BOHN), bei Krampfzuständen (spasmophiler Diathese), die mit der Menstruation zusammenhängen, nervöse Herzleiden, Hysterie, Chorea, Erregungszustände in Klimakterium und Gravidität, bei Magenkrämpfen, Koliken, Blähungen, Unterleibsspasmen (Klysma!). Die ätherische Baldriantinktur als analeptisches Mittel bei Schwindel, Ohnmacht, Blutwallungen, klimakterischen Zuständen, Kopf- und Magenschmerzen mit Übelkeit. Spiethoff gibt Baldrian vor Salvarsan-Injektionen zur Shock-Verhütung. Nach Böhler wirkt er günstig bei Lähmungen nach akuten Infektionskrankheiten. Rayer hält den Baldrian für wirksam bei Diabetes, wo sein Gebrauch Polyurie, Polydipsie und Azoturie vermindern soll. Einige Autoren halten an seiner Verwendung als Wurmmittel (besonders als Klysma bei Kindern!) fest.

Rp: (Meyer)
Rad. Valerianae
Flor. Lavandulae
Herb. Leonuri card.
Fruct. Carvi
Fruct. Foeniculi āā 20,0
M. f. species
D. s.: 1 Eßlöffel auf 1 Tasse, 3 Tassen täglich.

Nervöse Herzstörungen (Rost-Klemperer)
Rp: Tinct. Valerianae 15,0
Tinct. Convallar. maj. 5,0
D. s.: dreimal täglich 20 Tropfen.

Homöopathische Anwendung. Bei zuckenden und krampfhaften Schmerzen in den Gliedern, Überempfindlichkeit und Reizbarkeit der Nerven, Aufregung, Unruhe, Schlaflosigkeit, Furchtsamkeit und Ängstlichkeit, Neigung zu Sinnestäuschungen, Hypersensibilität, Kopfschmerzen, Schwindel, Magenkrampf, Kolik, häufigem Harndrang mit Erregung der Geschlechtssphäre (Heinigke).

Volkstümliche Anwendung. Als Nerventee gegen nervöse Beschwerden, zur Beruhigung bei Aufregungszuständen, Beschwerden der Wechseljahre und der Schwangerschaft, Hysterie, Schlaflosigkeit, bei Krämpfen in Magen, Darm und Unterleib, zum Wassertreiben, gegen Fieber, als Wurmmittel und auch als Aphrodisiacum. Die Baldriantinktur wird ebenso angewendet, die ätherische Tinktur jedoch allgemein als Anregungsmittel bei Schwindel, Ohnmacht, Übelkeit.

Dipsacaceae, Kardengewächse.

Dipsacus silvester Hudson,
Wilde Karde, Schutt-Karde.

Beschreibung. Zweijährig, Höhe 80—150 cm, *Stengel* kräftig, aufrecht, ästig, gefurcht-kantig, mit Stacheln besetzt. *Blätter* sitzend, ungeteilt; Grundblätter länglich, stumpf, kerbig-gesägt, kahl, zerstreutstachlig; Stengelblätter gegenständig, am Grunde miteinander verwachsen, länglich-lanzettlich, spitz, wie die Grundblätter am Rande kahl oder zerstreut-stachlig. *Blütenstand* walzenförmig, Stiele zerstreutstachlig. Deckblättchen länglich-verkehrt-eiförmig, mit gerader Spitze, länger als die Blüten. Krone verwachsenblättrig, lila, selten weiß. 4 Staubblätter mit bläulichen Beuteln. Frucht kantige Schließfrucht. — *Blütezeit* Juli, August.

Besonderes. Ganze Pflanze stachlig!

Vorkommen. Unbebaute Stellen, Wiesen- und Waldränder; stellenweise.

Arzneiformen. Die Fa. *Madaus* stellt eine „Teep"-Verreibung her. Die *Homöopathie* stellt Urtinktur und Potenzen aus der frischen blühenden Pflanze her.

Bestandteile. Ein β-Methylglykosid (WATTIEZ). In der Asche 6% Kieselsäure (WEHMER).

Verordnungsformen. „Teep", dreimal täglich 1 Tablette. — *Homöopathie:* ⌀ — dil. D 1, dreimal täglich 10 Tropfen.

Anwendung. Tuberculosis pulmonum. Äußerlich bei Rhagaden und Analfisteln, Lichen und zu Einreibungen bei Gicht und Rheuma (MADAUS).

Knautia arvensis COULTER, Scabiosa arvensis L., Acker-Skabiose, Knautie, Witwenblume.

Beschreibung. Ausdauernd, Höhe 30—60 cm. *Stengel* aufrecht, von kurzen Haaren grau und von längeren steifhaarig, selten oberwärts ohne abstehende Haare, wenig beblättert, meist einköpfige Äste. *Blätter* gegenständig, graugrün, die untersten gestielt, meist ungeteilt, länglich-lanzettlich, mittlere fiederspaltig mit lanzettlichen Abschnitten, endständige Lappen größer, etwas gezähnt. *Blütenköpfe* halbkugelförmig, langgestielt. Blumenkrone vierspaltig, blaurötlich, selten rosa, blau oder weiß, Randblüten klein, strahlend. Kelchsaum halb so lang als die Frucht, meist achtzähnig. *Blütezeit* Mai bis Herbst.

Vorkommen. Trockene, sonnige Wiesen, Weg-, Wald- und Ackerränder; häufig.

Sammelzeit. Während der Blütezeit sammelt man die ganze Pflanze ohne Wurzeln.

Drogen, Arzneiformen. Herba Scabiosae arvensis, Witwenblumenkraut. Tinctura Scab. arv. — *Homöopathie:* Essenz aus den frischen, blühenden Pflanzen.

Bestandteile. Gerbstoff, Bitterstoffe.

Verordnungsformen. Herb. Scab. arvens. zum heißen Aufguß, 2 Teelöffel auf 1 Tasse, 2—3 Tassen täglich. Tinct. Scab. arvens. zweimal täglich 20 Tropfen. — *Homöopathie:* D 2, drei- bis viermal täglich 1 Tablette.

Medizinische Anwendung. Ekzeme und andere chronische Hautkrankheiten, Fissura et Pruritus ani, ferner bei Lues und Gonorrhöe, Anämie (ULRICH), Morbus Basedowii (HAUER), Diarrhöen und Cystitis (SCHIPPER). Auch als Roborans bei Tuberkulose und Halsleiden verwendet.

Homöopathische Anwendung. Dyspepsie, Bronchialkatarrh.

Volkstümliche Anwendung. Als Blutreinigungstee und gegen Krätze, Hautausschläge und Flechten. Äußerlich bei nässenden Ekzemen, Quetschungen und Entzündungen.

Succisa pratensis Moench, Scabiosa succisa L., Teufelsabbiß.

Beschreibung. Ausdauernd, Höhe 30—100 cm. *Wurzelstock* kurz, kräftig, schwärzlich, erscheint wie abgebissen. Stengel steifhaarig mit 2—3 entfernten Blattpaaren. *Blätter* ungeteilt, Grundblätter gestielt, ganzrandig, ei-lanzettlich, spitz, in den Stiel verschmälert, etwas glänzend, unterseits kahl oder zerstreut behaart, obere Blätter sitzend, lanzettlich, ganzrandig, selten gezähnt. *Blütenstand* kopfartig mit gemeinsamem Hüllkelch. Meist 3 Köpfchen auf einem Stiel, zuerst halbkugelig, später kugelig, langgestielt. Außenkelch rauhhaarig mit eiförmigen, spitzen oder stachelspitzigen Zähnen. Kelchsaum fünfborstig, Randblüten nicht strahlend. Blumenkrone vierspaltig, rein blau, selten rötlich oder weiß. *Blütezeit* Juli bis September.

Besonderes. Die Pflanze ist stark veränderlich.

Vorkommen. Feuchte Wiesen, Waldränder, Gebüsch; häufig.

Sammelzeit. Die Blätter werden im Juli und August gepflückt und getrocknet. Die Wurzeln können im Herbst gegraben werden. Anbau nicht lohnend.

Drogen, Arzneiformen. Herba Morsus Diaboli, Teufelsabbiß. — *Homöopathie:* Urtinktur und Potenzen aus den frischen Wurzeln.

Bestandteile. Ein β-Methylglykosid „Scabiosin", Saponine, Gerbstoffe, Bitterstoff, Stärke, Saccharose. Saponine sind hauptsächlich in den unterirdischen Teilen enthalten.

Verordnungsformen. Herba Morsus Diaboli, zum heißen Aufguß, 1 Teelöffel auf 1 Tasse, 2 Tassen täglich. — *Homöopathie:* ⌀ — dil. D 2, dreimal täglich 10 Tropfen oder lokal.

Medizinische Anwendung. Bei Hautkrankheiten, Ekzemen und hartnäckigen Ulcera cruris (hier auch äußerlich zu Umschlägen).

Homöopathische Anwendung. Innerlich und äußerlich bei Hautkrankheiten, Ekzemen, Ulcera, Entzündungen, Hautparasiten. Zu Spülungen bei Munderkrankungen und Fluor.

Volkstümliche Anwendung. Die jungen Blätter werden als blutreinigendes Salatgemüse gegessen. Die frischen Blätter und Wurzeln werden zerstoßen und bei Augenleiden, Geschwüren, Drüsengeschwülsten, Entzündungen, Quetschungen, Hautkrankheiten, Ekzemen und Krätze aufgelegt. Die Abkochung der Pflanze gilt als wirksam bei Erkrankungen der Atmungsorgane, Husten, Heiserkeit, Verschleimung, Asthma, ferner bei Seitenstechen, Wassersucht, Fluor, Unterleibsbeschwerden, Durchfall, Epilepsie und Infektionskrankheiten wie Erysipel. Zum Gurgeln bei Entzündungen und Geschwüren im Mund und Rachen wird die Abkochung ebenfalls benutzt. Früher verwendete man die Blätter als Ersatz für China-Tee.

Cucurbitaceae, Kürbisgewächse.

Cucurbita pepo L., Garten-Kürbis, Gemeiner Kürbis.

Beschreibung. Einjährig, *Stengel* bis 10 m lang, niederliegend, borstig behaart, kantig, gefurcht, mit ästigen Wickelranken, kletternd. *Blätter* gestielt, rauhhaarig, gezähnt, fünflappig, am Grunde herzförmig ausgebuchtet. *Blumenkrone* groß, bis zum Grunde fünfteilig, glockig, gelb. *Frucht* = Kürbis, kugelig oder elliptisch, bis 60 cm im Durchmesser, außen oft mit Rinnen oder meridianen Streifen, gelegentlich auch mit Netzzeichnung, Fleisch weiß oder orangegelb, *Samen* flach, ziemlich groß, 10—15 mm breit, 20—25 mm lang, in weißlicher Schale. Die Samen liegen im lockeren Fruchtmark, das nach der Reife oft eine Höhle im Innern des Kürbis macht. *Blütezeit* Juni bis August.

Vorkommen. Aus Amerika; bei uns nur angebaut.

Sammelgut. Die Samen, die sehr zahlreich sind, werden gesammelt und an der Sonne rasch getrocknet.

Anbau. Sehr zu empfehlen, zumal die Pflanze überall, auch auf dem Felde zwischen Kartoffeln und in unbebauten Gartenecken gut wächst.

Drogen, Arzneiformen. Semen Cucurbitae decorticat., Kürbissamen; *Homöopathie:* Essenz und Potenzen aus dem frischen Samen.

Bestandteile. Samen: 34,3% fettes Öl, Phytosterin Cucurbitol, wahrscheinlich als Glykosid Phytosterolin, ferner krystallisiertes Eiweiß, krystallisiertes Globulin, Edestin, Lecithin, Rohrzucker, Phytin, Harz mit Oxycerotinsäure, etwas Salicylsäure, Diastase, Urease, Emulsin (WEHMER); Saponine wurden noch nicht festgestellt.

Pharmakologie. Das anthelmintisch wirksame Agens der Samen konnte noch nicht ermittelt werden; W. PEYER gibt eine ausgezeichnete Zusammenstellung der Ermittlungen. Er berichtet von Feststellungen (NEELY und DAVY), die zu einem stark wirksamen Präparat gelangten, indem sie die Samen nach Entfernung des fetten Öls mit Petroläther mit 75%igem Alkohol perkolierten, den Alkohol abdestillierten, den Rückstand verdünnten und durch Kieselgur reinigten. Die anthelmintische Wirkung der Kerne ist auf Taenien und Botriocephalus der von Filixextrakt vollkommen gleichwertig, durch die völlige Ungiftigkeit dem letzteren aber weit überlegen. Im Experiment tötete die milchige Emulsion Taenien in 24 Stunden ab.

Verordnungsformen. Sem. Cucurbitae decorticat. pulv. zum Rohessen oder in Milch oder Kompott (s. Rp.). — *Homöopathie:* ∅ — dil. D 1, dreimal täglich 10 Tropfen.

Medizinische Anwendung. Zur Kur bei Taenia solium, saginatum und Botriocephalus; ohne Nebenwirkungen oder giftige Erscheinungen anwendbar bei Graviden, Kindern, schwächlichen Personen. Die Angaben über Menge und Darreichungsform schwanken etwas (50—150 g, roh oder als Emulsion oder Paste).

Rp: Sem. Curcurbitae decortic. pulv. 100,0
    D. s.: In 3 Portionen hintereinander mit Kompott oder Milch einnehmen, nach 2—3 Stunden 2—3 Eßlöffel Ricinusöl oder 2—3 Teelöffel Glaubersalz.

Abkochungen der Samen (20,0 g auf 1 Tasse Wasser, kurz aufkochen) bei durch Prostataerkrankungen hervorgerufenen Blasenleiden (PATER). Als Diureticum ohne die geringsten Reizerscheinungen bei Hydrops, Nephro- und Cystopathien.

Homöopathische Anwendung. Die rohen Samen als Mittel gegen Spul- und Bandwürmer; mit Wasser zerstoßen (Emulsion) bei Fieberhitze und Unterleibsbeschwerden, Hämorrhoiden und schmerzhaftem Wasserlassen.

Cucumis sativus L.,
Garten-Gurke, Gemeine Gurke.

Beschreibung. Einjährig, *Stengel* bis 4 m lang, steifhaarig, kletternd, Ranken einfach. *Blätter* herzförmig, spitz- und fünfeckig-gelappt, ungleich gezähnt, mit tiefem, schmalen Einschnitt am Grunde. *Blüte* meist einzeln, blattachselständig, Blumenkrone bis fast auf den Grund geteilt, dottergelb. Staubblätter zusammenneigend. *Frucht* = Gurke, länglich, höckerig, Fruchtfleisch grünlich oder weiß, saftreich; Samen in das weiche Mark des Fleisches eingebettet. *Blütezeit* Mai bis September.

Vorkommen. Aus Asien stammend, bei uns nur angebaut.

Ernte. Die reifen Gurken werden geerntet; aus dem weichen Fleischmark werden die Samen durch Auswaschen herausgeholt und ausgebreitet getrocknet. Saft wird durch Auspressen der ganzen geschälten Gurke gewonnen.

Bestandteile. Das frische Fruchtfleisch enthält 95% Wasser, 1% Zucker, 1% stickstoffhaltige Stoffe, 1—1,5% stickstofffreie Stoffe, 0,8% Holzfaser, 0,4—0,5% Asche; die Samen enthalten etwas fettes Öl (HAGER).

Wirkung, Anwendung. Frischer Gurkensaft wird im Volke vor allem als Schönheitswasser, aber auch innerlich bei Hautleiden und chronischem Bronchialkatarrh verwendet. Abkochungen der Samen bei Nephritis und Cystitis (SCHULZ).

Bryonia alba L.,
Schwarzbeerige Zaunrübe, Gichtrübe, Hundsrübe.

Beschreibung. Ausdauernd, *Wurzel* rübenförmig angeschwollen, fleischig, mit weißem, schleimigen Milchsaft. Der ästige *Stengel* wird bis 3 m lang, mit Winkelranken kletternd, rauhborstig. *Blätter* mit herzförmigem Grunde, fünflappig, Lappen eiförmig oder länglich, gezähnt, rauh. Doldentraube; *Blüte* ebensträußig, einhäusig, Blumenblätter fünfteilig, gelblichweiß, verwachsen. Blütenstiele achselständig, länger als die Blattstiele. *Kelch* trichterig, der der weiblichen Blüte so lang wie die Blumenkrone. Narben kahl. *Frucht* kugelige, schwarze Beere. *Blütezeit* Juni bis August.

Besonderes. Der Milchsaft der frischen Wurzel riecht unangenehm und schmeckt bitter. *Giftig!*

Vorkommen. Zäune, Hecken, Gebüsche; zerstreut.

Bryonia dioeca JAQUIN,
Rotbeerige Zaunrübe.

Beschreibung. Unterscheidet sich von *B. alba* durch die zweihäusigen Blüten: weibliche Blütentrauben mit fast sitzender, trichterförmiger, fünfspaltiger, gelblichweißer, grün geaderter Blumenkrone; männliche Blüten etwa doppelt so groß, sonst ebenso. *Früchte* = erbsengroße, lebhaft rote, wenigsamige Beeren. *Giftig!*

Sammelzeit. Wurzelknollen von entsprechender Größe gräbt man aus, schneidet sie in Scheiben und trocknet sie schnell in Zugluft, wozu man sie auffädelt.

Anbau. Die Pflanze braucht guten lockeren Gartenboden, bevorzugt Zäune. Den Samen sät man im Frühjahr aus; erst im Herbst des zweiten Jahres sind die Wurzelknollen groß genug. Von dieser Pflanze bekommt man besser Samen, den man von der *Bryonia alba* nur dann erhält, wenn männliche und weibliche Exemplare nebeneinander stehen.

Drogen, Arzneiformen. Radix Bryoniae, Zaunrübe; Tinctura Bryoniae, Zaunrübentinktur; Oxymel Bryoniae; Bryoninum, Bryonin. — *Homöopathie:* Essenz und Potenzen aus der frischen Wurzel.

Bestandteile. Beide Pflanzen enthalten neben ätherischem Öl die Glykoside Bryonin und Bryonidin.

Pharmakologie. Die Wirkung ist zentral lähmend, örtlich außerordentlich stark reizend. *Vergiftungen* sind nicht so selten; sie zeigen sich in starkem Erbrechen, heftigen Koliken, blutigen Durchfällen, Nierenblutungen, und können über Erregungszustände und Krämpfe zum Tode (Atemlähmung) führen. *Gegenmittel:* Magenspülungen, Adsorbentien, Milch, Kohle, Analeptica, Injektionen von Ringerlösung, als Pharmakon Uzara statt Opium, um den Darm nicht völlig lahm zu legen. — In kleinen Dosen wirkt die Droge als kräftiges Purgans und Diureticum, als Resolvens und Emmenagogum. — Die im Herbst gegrabene Wurzel soll aktiver sein (Mankowsky, Wolodzko, Madaus) als die im Frühjahr gegrabene.

Verordnungsformen. Radix Bryoniae plv. 0,3—0,5 g, dreimal täglich. Als Infus Rad. Bryoniae: $^1/_2$ Teelöffel auf $^1/_2$ l Wasser oder Wein. Tinctura Bryoniae 4—10 Tropfen ein- bis dreimal täglich. Bryoninum 0,001 g drei- bis fünfmal täglich. — *Homöopathie:* dil. D 3, dreimal täglich 10 Tropfen. *Vorsicht* mit größeren Dosen!

Medizinische Anwendung. Eigentlich nur noch als Drasticum bei fettleibigen, gichtischen Personen. Bei gichtisch-rheumatischen Leiden von vorzüglicher Wirkung, wenn die Krankheiten noch nicht zu lange bestehen.

Homöopathische Anwendung. Bei allen Erkrankungen (Entzündungen) der serösen Häute, auch bei Pleuropneumonie, vor allem auch bei Appendicitis (Bastanier, Unterwaldt, Finger) gleichzeitig mit Belladonna D 3—4, Mercur. corr. D 4 oder mit Echinaceatinktur āā. Weiter bei Polyarthritis urica und rheumatica, Myalgien, ferner bei Hepatopathien, Gastritiden, Nephritis.

Volkstümliche Anwendung. Die Abkochung der Wurzeln als Gichtmittel, auch gern äußerlich Scheiben frischer Wurzel als Hautreizmittel und zum Ziehen von Blasen. Als kräftiges Abführmittel (auch in der Tierheilkunde), beim Ausbleiben der Menstruation und mißbräuchlich als Abortivum.

Compositae, Korbblütler.
Eupatorium cannabinum L.,
Wasserdost, Kunigundenkraut.

Beschreibung. Ausdauernd, Höhe 75—175 cm. *Stengel* aufrecht, im oberen Teile verästelt, stumpfkantig, rot angelaufen, schwach rauhhaarig. *Blätter* gegenständig, kurz gestielt, fast sitzend, grobgesägt, unterseits drüsig, meist 3—5teilig, mit lanzettlichen spitzen Zipfeln. *Blütenköpfe* klein, in dichten Doldenrispen. Blumenkronen röhrig, trüb rosa, selten weiß. Frucht kürzer als die Haarkrone. *Blütezeit* Juli bis Herbst.

Besonderes. Pflanze mehr oder weniger kurzhaarig, Duft aromatisch, apfelähnlich.

Vorkommen. Ufer, feuchte Gebüsche, feuchte Wiesen, Quellen, Bäche; nicht selten.

Sammelzeit. Das ganze Kraut wird während der Blüte abgeschnitten.

Drogen, Arzneiformen. Herba Eupatorii cannabini, Wasserhanfkraut. — *Homöopathie:* Urtinktur und Potenzen aus der frischen blühenden Pflanze.

Bestandteile. Gerbstoff, Harz, ätherisches Öl, Inulin, ferner wahrscheinlich Eupatorin, das entweder Alkaloid oder glykosidischer Bitterstoff ist und kleine Mengen Saponin, die von ROBERG nicht bestätigt werden konnten.

Pharmakologie. MADAUS fand bei Untersuchungen über den Toxingehalt mittlere Mengen von ausfällbarem Eiweiß mittlerer Giftigkeit.

Verordnungsformen. Herba Eupatorii cann. zum kalten Auszug 2 Teelöffel auf 1—2 Glas Wasser, tagsüber trinken. — *Homöopathie:* dil. D 1, dreimal täglich 10 Tropfen.

Medizinische Anwendung. Zur Stoffwechselsteigerung und Sekretionsförderung in Leber, Galle und Milz; bei Fiebern (Grippe, Wechselfieber); als Diureticum bei Hydrops (Ödem, Ascites) und in konzentrierterer Abkochung als Purgans. Bei chronischen Katarrhen der Luftwege, hartnäckigen Dermopathien juckender Art (hier auch als Umschlag). Bei größeren Dosen kann Erbrechen auftreten!

Homöopathische Anwendung. Bei entzündlichen Zuständen im Bereich des Mundes und Rachens, bei Schling- und Schluckbeschwerden, die mit Brennen und Kratzen verbunden sind, Appetitlosigkeit, Durstgefühl, Magenkrämpfen und als Hämostypticum bei Nieren-, Blasen-, Uterus- und Adnexblutungen. Bei Schnupfen und Stockschnupfen läßt man dil. D 3 mit Erfolg aufziehen (MADAUS).

Volkstümliche Anwendung. Leber-, Gallen- und Milzbeschwerden, wassertreibend und abführend, bei Verzögerung der Menstruation, chronischen Ekzemen, innerlichen Wunden. Äußerlich entweder als frisches zerquetschtes Kraut oder als Abkochung bei Wunden, Quetschungen, Geschwülsten und Hautausschlägen.

Solidago virga aurea L.,
Echte Goldrute, Heidnisch-Wundkraut.

Beschreibung. Ausdauernd, Höhe 60—100 cm. Wurzelstock kurz, schief, knotig, mit vielen fadenförmigen Wurzeln. *Stengel* aufrecht, rund, gestreift, oberwärts meist kurz behaart, unterwärts meist purpurn, braun oder violett. Grundblätter in lange geflügelte Stiele verschmälert, oval, stumpf, gesägt; untere Stengelblätter gestielt, länglich-elliptisch, spitz, gesägt, obere fast sitzend, lanzettlich, spitz, fast ganzrandig. *Blütenstände* aufrechte, allseitswendige Trauben. Blütenköpfchen klein, Hülle ungleich, lineal-lanzettlich, breit, hautrandig. Scheibenblüten röhrenförmig, 5—8 Zungenblüten, länger als die Hülle, lineal-länglich, goldgelb, selten weiß. *Blütezeit* Juli bis Oktober.

Besonderes. Pflanze kahl, kaum behaart. Geruch der Blüten aromatisch.

Vorkommen. Trockene Wälder, Hügel, Gebüsche, Strand- und Dünenwälder der Ostsee; häufig.

Sammelzeit. Während der Blüte schneidet man das Kraut in halber Höhe ab und trocknet es.

Drogen, Arzneiformen. Herba Virgaurea, Goldrutenkraut. — *Homöopathie:* Essenz und Potenzen aus den frischen Blüten.

Bestandteile. Saponin (KROEBER), ferner in der Wurzel Inulin, Gerbstoff, Bitterstoff und Spuren ätherischen Öles. Der Aschegehalt beträgt 5,8—6,5%.

Pharmakologie. Wirksam sind die Saponinsubstanzen. MADAUS stellte für die homöopathische Urtinktur einen hämolytischen Index von 1 : 1000 fest. Nach SCHENCK verliert die Pflanze nach einjähriger Lagerung ihre diuretische Wirkung.

Verordnungsformen. Herba solidaginis virgaureae conc., 3 Teelöffel auf 1 Glas Wasser, kalt ansetzen, 8 Stunden ziehen lassen, 2 Gläser täglich (MADAUS). — *Homöopathie:* D 2, drei- bis viermal täglich 1 Tablette.

Medizinische Anwendung. Nierenkrankheiten, Nephritis, BRIGHTsche Krankheit, Schrumpfniere, Nephrolithiasis, Albuminurie, ferner hydroptische Zustände, auch Hydrops cordis, harnsaure Diathese, Cystitis, Prostatabeschwerden, weiter bei Hautkrankheiten und Ekzemen. *Äußerlich* wird die Abkochung bei Entzündungen der Mund- und Rachenschleimhaut, bei eiternden Wunden und Geschwüren angewendet. LECLERC benutzt die Pflanze als Adstringens bei Enteritis mucomembranacea, ferner bei dysenterieähnlichen mit Tenesmen begleiteten Durchfällen, auch bei Zahnungsenteritis der Kinder.

Homöopathische Anwendung. Bei fehlerhaften Nierenfunktionen, Albuminurie, BRIGHTsche Krankheit, Nierengries und -steine, Phosphaturie, Gicht, Prostatahypertrophie (HEINIGKE). MADAUS berichtet von Erfolgen bei Urämie (KLEINE), Leberschwellung (PUTENSEN), Wassersucht (ARNOLD).

Volkstümliche Anwendung. Hämorrhoiden, Harnverhaltung, Nierensteine, Durchfall, Asthma, Brustkrankheiten, Zuckerkrankheit, Bettnässen, Blutspucken, Gelbsucht, Mund- und Rachengeschwüre, lockere Zähne und von altersher zur Wund- und Geschwürsbehandlung, besonders in Form des aufzustreuenden Pulvers. Vielfach wird auch die frische Pflanze mit Fett zu einer Salbe verarbeitet.

Bellis perennis L.,
Gänseblümchen, Maßliebchen, Tausendschön, Marienblümchen.

Beschreibung. Ausdauernd, Höhe 5—15 cm. Wurzelstock kriechend, *Blätter* in grundständiger Rosette, verkehrt-eiförmig-spatelig, gekerbt, kahl. Blattloser, einköpfiger Blütenstengel mit kleiner *Korbblüte*. Weiße, zungenförmige Strahlenblüten, unterseits meist rötlich angelaufen, schließen sich zur Nacht oder bei feuchter Witterung. Scheibenblüten goldgelb, röhrig; Hüllkelch grün. Früchte ohne Haarschopf. *Blütezeit* das ganze Jahr hindurch mit Ausnahme der Frostzeit.

Vorkommen. Auf Grasplätzen, Wiesen, Triften; gemein.

Sammelzeit. April bis September. Die Blüten pflückt man einfach vom Stiel ab oder sticht die ganze blühende Pflanze heraus.

Drogen, Arzneiformen. Flores Bellidis, Gänseblümchen. — *Homöopathie:* Urtinktur und Potenzen aus der blühenden Pflanze.

Bestandteile. Bitterstoff, ätherisches und fettes Öl, Inulin, Saponin.

Pharmakologie. Der hämolytische Index der hom. Tinktur ist 1 : 400, der von Frischpflanzenverreibung „Teep" dagegen 1 : 4000. MADAUS stellte fest, daß die Giftigkeit für Frösche sehr gering ist; 1 ccm der Tinktur enthält 12,5 Froschdosen.

Verordnungsformen. Flores Bellidis, zum heißen Aufguß, 1 Teelöffel auf 1 Tasse, 2 Tassen täglich. — *Homöopathie:* dil. D 1—2, dreimal täglich 10 Tropfen.

Homöopathische Anwendung. Verletzungen, Quetschungen, Verrenkungen, Überanstrengungen, Blutungen aus Lunge und Uterus [Cervixerosion mit Schmerzen und Blutungen (SCHLEGEL)], bei Furunkeln, Phlegmonen, Acne und Ulcera cruris (hier auch äußerlich), ferner werden gute Erfolge gemeldet bei Brust- und Halsleiden (Pleuritis exsudativa (Klein)], bei fieberhaften Entzündungen im Darm. Äußerlich wird die Tinktur zum Aufstreichen bei Blutschwamm empfohlen.

Volkstümliche Anwendung. Als Blutreinigungsmittel (Frühjahrskuren), bei Brustleiden (Bluthusten), Erkältungskrankheiten, Verstopfung, Leber-, Nieren- und Blasenleiden (Blutharnen), Gicht, Rheuma, Wassersucht, bei schmerzhafter und zu reichlicher Monatsblutung und bei Fluor albus.

Erigeron canadensis L.,
Kanadisches Berufskraut.

Beschreibung. Einjährige und überwinternde Pflanze, Höhe 30 bis 100 cm. *Stengel* steif-aufrecht, stielrund, grün, rauhhaarig. Äste und Ästchen traubig. *Blätter* einfach, wechselständig, lineal-lanzettlich, borstig gewimpert, in den Stiel verschmälert, die unteren öfters entfernt gezähnt. Blütenstand endständige Rispe, *Blütenköpfchen* sehr klein, zahlreich, 4—5 mm lang. Strahlenblüten schmutzig-weiß oder lila, kaum länger als die Hülle. Hüllblättchen locker, breit, häutig berandet, fast kahl. Haarkrone weiß. *Blütezeit* Juli, August.

Besonderes. Die Pflanze sieht hell gelbgrün aus und ist übelriechend.

Vorkommen. Holzschläge, Schonungen, Wegränder, Ufer, Äcker; gemein.

Sammelzeit. Während der Blüte.

Drogen, Arzneiformen. Herba Erigerontis canadensis, Kanadisches Berufskraut. — *Homöopathie:* Essenz und Potenzen aus der frischen, blühenden Pflanze.

Bestandteile. 0,26—0,66% ätherisches Öl von eigenartigem kümmelähnlichen Geruch, darin d-Limonen, d-a-Terpineol (und dessen Methyläthylacetat), Dipenten, Gerb- und Gallussäure (WEHMER, GAPONENKOW).

Verordnungsformen. Meistens in *homöopathischer* Zubereitung: dil. D 1, dreimal täglich 10 Tropfen.

Homöopathische Anwendung. Hämostypticum besonders hellroter Blutungen bei Meno- und Metrorrhagien mit Blasen- und Mastdarmreizung, Nasenblutungen, Lungenblutungen (bei Phthisis), Darmblutungen, Blutungen nach Zahnextraktionen, Lumbago, rheumatisches Hüft- und Gliederweh (SCHMIDT, STAUFFER); LINSS berichtet von Stillstand der Blutungen bei Uterusmyom, ebenso JANKE.

Medizinische Anwendung. Amerikanische Ärzte geben die Pflanze bei Diarrhöe, Ruhr, typhösem Fieber; das ätherische Öl als Wurmmittel und gegen uterine Blutungen. DE LAVAL THIERNEY hatte Erfolge bei Blutergüssen, Blasenentzündung, Blasenreizbarkeit, Albuminurie, Bronchialkatarrh. Es soll die Empfindlichkeit der Därme bei Durchfall und akuter Darmentzündung beeinflussen und sich bei chronischem Rheumatismus und Gicht bewähren. Man beobachtet Harnsäureausscheidung, Nierenepithelreizungen und Regulierung in der Bildung der weißen Blutzellen, denen nach BRISSEMORET die Hauptrolle bei der Harnsäurebildung zukommt (zit. n. KROEBER).

Antennaria dioeca L., Gnaphalium dioecum L.,
Gemeines Katzenpfötchen, Himmelfahrtsblume, Ruhrkraut.

Beschreibung. Ausdauernd, Höhe 8—25 cm, mit gestreckten, wurzelnden Ausläufern. *Stengel* einfach, weißfilzig. *Grundblätter* rosettig, gestielt, spatelförmig, oberseits kahl, unterseits weißfilzig, *Stengelblätter* wechselständig, angedrückt, gleichgroß, lineal-lanzettlich, spitz, unterseits weißfilzig. *Doldentraube* endständig, gedrängt, wenigköpfig. Blütenköpfchen klein, mit weißen (männlichen) und purpurroten (weiblichen) Blüten, röhrenförmig mit 5zähnigem Saum. Hüllblätter in der unteren Hälfte außen wollig, in der oberen trockenhäutig. Früchtchen mit Haarschopf. *Blütezeit* Mai, Juni.

Vorkommen. Steinige trockene Hügel, Nadelwälder, Heiden; häufig.

Sammelzeit. Während der Blüte werden die Blütenköpfchen abgeschnitten.

Drogen. Flores Gnaphalii, Katzenpfötchenblumen.

Bestandteile. Spuren ätherisches Öl, Bitterstoffe, Harz, Phytosterin, ein Kohlenwasserstoff $C_{28}H_{58}$, mit dem Smp. 65° C und Gerbstoffe.

Wirkung, Anwendung. Die Pflanze besitzt eine ausgesprochene cholagoge Wirkung. Man verwendet eine (weinige) Abkochung 1:10 besonders bei chronischen Gallenwegsaffektionen.

Volkstümliche Anwendung. Vor allem als Zusatz zu Brust- und Hustentee, dann bei Gelbsucht, Blasen- und Nierenleiden, Wassersucht, Gicht, Rheuma, Hautkrankheiten und Würmern.

Leontopodium alpinum CASSINI, Gnaphalium leontopodium
SCOP.,
Edelweiß, Wollblume, Bauchwehblume.

Beschreibung. Ausdauernd, Höhe 5—20 cm. Stengel einfach, aufrecht, wie die Blätter weißfilzig überzogen. *Blätter* wechselständig, linealisch-lanzettlich-spitz. *Hochblätter* sternförmig um die kleinen goldgelben Korbblüten (die den „Stern" bildenden Hochblätter werden vielfach für die Blumenblätter gehalten!); weibliche Blüten randständig, fädlich. Hüllblätter wollig, mit dunkelbrauner Spitze. *Blütezeit* Juli, August.

Besonderes. Ganze Pflanze mehr oder weniger weiß-wollig.

Vorkommen. Alpen, auf steinigen Wiesen, auf Felsen, besonders auf Kalkboden; vielfach häufig. Pflanze ist gesetzlich *geschützt!*

Bestandteile. KROEBER hat erhebliche Mengen eisengrünende Gerbstoffe festgestellt; 5,18% Asche.

Wirkung, Anwendung. Die Alpenbewohner, bei denen die Pflanze von altersher den Namen „Bauchwehblume" trägt, verwenden sie mit Milch, Butter und Honig gekocht gegen Leibschneiden, weiter gegen Schwindsucht, Durchfall, Ruhr, Rheuma, Halsentzündungen (Diphtherie) und zur Anregung der Milchsekretion.

Helichrysum arenarium D. C., Gnaphalium aren. L.,
Sand-Strohblume.

Beschreibung. Ausdauernd, Höhe 15—30 cm. Wurzel senkrecht, vielköpfig. *Stengel:* kurze, nicht blühende und einfache, krautartige aufrechte beblätterte Blütenstengel. *Blätter* wechselständig, 4—8 cm lang, kaum über 7 mm breit, untere verkehrt-eiförmig-lanzettlich, obere linealisch-lanzettlich, spitz. *Korbblüte:* Blütenköpfchen klein, kugelig, dicht doldenrispig, mit zwittrigen und weiblichen Blüten, alle röhrig. Hüllkelch ziegelartig, citronengelb, selten orange. Blumenkrone orange. Fruchtkrone haarförmig. *Blütezeit* Juli bis Herbst.

Besonderes. Pflanze wollig-filzig. Geruch süßlich, schwach gewürzhaft, Geschmack zusammenziehend, schwach bitterlich.

Vorkommen. Sonnige, sandige Anhöhen, Sandfelder, Waldränder; meist häufig.

Sammelzeit. Die Blütenköpfchen, und zwar die ganzen Doldenrispen, werden vor dem völligen Aufblühen gesammelt.

Drogen, Arzneiformen. Die Blüten als Flores Stoechados citrini, Gelbe Katzenpfötchenblumen.

Bestandteile. Bitterstoff, Gerbstoff, ätherisches Öl, einen Kohlenwasserstoff, keine Saponine.

Pharmakologie. WASICKY berichtet, daß die Abkochungen die Sekretionen von Magen, Galle und Pankreas anregen und den Blutdruck erhöhen. NISSEN vermutet im ätherischen Öl und dem Kohlenwasserstoff das wirksame Prinzip und PETROWSKI schreibt die Wirkung den darin enthaltenen Sterinen zu.

Verordnungsformen. Flor. Stoechados citr. zur Abkochung, 1 bis 2 Teelöffel auf 1 Tasse, 2 Tassen tagsüber trinken.

Medizinische Anwendung. Vorzugsweise als Cholagogum bei Cholecystitis und Cholelithiasis, Rheuma, Arthritis, Neuralgien (Ischias) mit Taubheitsschmerz; als Diureticum bei Nieren- und Blasenleiden (Hydrops). Besonders zeigt es BERNOTAT bei Blasenkatarrh und schmerzhaftem Harnträufeln der Frauen an. Plethora abdominalis (SCHULZ).

Volkstümliche Anwendung. Gelbsucht, Blasen- und Nierenleiden, Bluthusten, Rheuma, Gicht, Wassersucht, Hautkrankheiten, Würmer, Stockungen des Unterleibs, gegen Durchfälle und Ruhr. Als Mottenkraut.

Inula helenium L., Echter Alant.

Beschreibung. Ausdauernd, Höhe 1—2 m. *Stengel* aufrecht, steif, gefurcht, weichhaarig, oberwärts zottig-filzig, in mehrere einköpfige Äste auslaufend. *Blätter* wechselständig, ungleich gezähnt, oberseits runzelig, unterseits filzig. Grundblätter langgestielt, bis 1 m lang, in den Blattstiel verlaufend, untere Stengelblätter kurzgestielt, ei-länglich, die oberen sitzend, herz-eiförmig, stengelumfassend, zugespitzt, 5 bis 10 cm breit. Hüllblätter dachziegelartig, außen samtartig-filzig, mit rotgerandeten Schuppen. *Korbblüten* locker doldenrispig, ziemlich groß, Randblüten zungenförmig, dreizähnig, weiblich. Scheibenblüten röhrig, fünfzähnig, zwitterig. Früchtchen kahl. — *Blütezeit* Juli, August.

Besonderes. Gewürzhafter Geruch, Geschmack bitterlich scharf. Die Pflanze ist gesetzlich *geschützt!*

Vorkommen. Feuchte Wiesen, Ufer, Gräben; verwildert. Häufig als Zierpflanze in Gärten, im großen kultiviert.

Sammelzeit. Im Herbst werden die 3—4 cm starken Wurzeln gegraben, gespalten und rasch getrocknet.

Anbau. Feldmäßig zu empfehlen, weil die Pflanze auf lehmigem feuchten Boden, schlechten Waldwiesen selbst in rauher Lage gut wächst. Die Vermehrung erfolgt durch Wurzelkeime oder Samen, der im Frühjahr gesät wird. Die Sämlinge werden im nächsten Jahre in gutem Abstand verpflanzt und feucht gehalten. Im 3.—4. Jahr können die Wurzeln gegraben werden. 1 a = 20 kg trockene Wurzeln (MEYER).

Drogen, Arzneiformen. Rhizoma Helenium, Alantwurzel. Oleum Helenii, Alantöl. Extractum Helenii, Alantwurzelextrakt. Tinctura Helenii, Alanttinktur. Vinum Helenii, Alantwein. — *Homöopathie:* Essenz und Potenzen aus der frischen Wurzel.

Bestandteile. Bis 44% Inulin, ferner harzartige Stoffe, Pektinsubstanzen, Pseudoinulin, Inulenin, Helianthenin, Synanthrin, Lävulose, Bitterstoff, 1—3% Alantöl (mit Alantolacton = Helenin, Isoalantolacton, Alantolsäure, Alantol).

Pharmakologie. Helenin hat spezifisch bactericide Wirkungen auf den Tuberkelbacillus; selbst noch in einer Verdünnung 1 : 10000 wirkt es wachstumshemmend (BOKENHAM). Die Wirkung auf tuberkulöse Prozesse wurde von KORAB, HANIKA klinisch bestätigt. BABASAKI stellte fest, daß das Helenin die Atmung beschleunigt und den Blutdruck senkt und wurmtötende Eigenschaften besitzt. Nach HANSEN setzt es sich aus drei Bitterstoffen von Lactoncharakter zusammen. MALAČEK untersuchte die Wirkungen der Droge und wies eine außerordentlich starke cholagoge Wirkung fest; schon nach 15 Minuten trat stärkster Gallenfluß ein, der 4 Stunden anhielt. MADAUS stellte fest, daß die homöopathische Urtinktur in 15facher Verdünnung bei einem Alkoholgehalt von 3,4% Staphylokokken innerhalb von 10 Minuten tötet. Bei Untersuchungen über den Toxingehalt fand er durchschnittliche Mengen von ausfällbarem Eiweiß starker Giftigkeit. INVERNI berichtet von der Giftigkeit des Alant-Öls; im Tierversuch zeigten sich sofort nach der Injektion asphyktische Erscheinungen, Lähmungen, Konvulsionen, Erbrechen und Tod. Nach Einnahme größerer Mengen der Wurzeln beobachtete man Erbrechen, Diarrhöe, Schwindel und vereinzelt eitrige Hautausschläge.

Verordnungsformen. Radix Helenii conc. zum kalten Auszug oder heißen Aufguß, 1 Teelöffel auf 1 Tasse, bis 2 Tassen täglich trinken. Radix Helenii pulv., 0,5—2,0 g dreimal täglich in Oblaten oder verrührt. Oleum Helenii, dreimal täglich 5 Tropfen. — *Homöopathie:* D 2, drei- bis vierstündlich 1 Tablette.

Medizinische Anwendung. Bei Tuberculosis pulmonum und Katarrhen des Larynx, der Trachea und der Bronchien, die mit starker Verschleimung einhergehen, bei Pertussis und Asthma bronchiale. Ferner als Stomachicum und roborierendes Tonicum, bei Magenschwäche, Magen- und Darmverschleimung, Gastroenteritiden, Plethora abdominalis, weiter bei Dysmenorrhöe, Amenorrhöe und Lageveränderungen, die nicht auf organischen Veränderungen beruhen, Ikterus, Hämorrhoiden, Hypertonie. Umschläge bei juckenden Exanthemen und Scabies. Die Anwendung bei Diabetes schlägt PFLEIDERER vor. BOHN schreibt von speziellen Wirkungen auf Oberhaut und Schleimhäute, besonders die Luftröhrenschleimhaut und auf die Muskulatur der weiblichen Beckenorgane und hebt den Gebrauch bei rheumatischen Beschwerden, die auf Leiden der Unterleibsorgane beruhen, hervor. ECKSTEIN-FLAMM weisen auf die Anwendung bei fieberhaften Entzündungen und Malaria hin. — Die *homöopathischen* Anwendungen sind die gleichen.

Homöopathische Anwendung. Bronchial- und Brustleiden, Asthma, Tuberkulose, Keuchhusten, chronische Magen- und Darmleiden, Verdauungsschwäche, mangelnde Menstruation. Die Salbe aus dem Wurzelpulver bei Krätze, Flechten, Geschwülsten.

Pulicaria dysenterica GAERTN., Inula dys. L., Großes Flohkraut, Dumrian.

Beschreibung. Ausdauernd, Höhe 30—60 cm. Grundachse dick, ästig. *Stengel* aufrecht oder am Grunde aufsteigend, oberwärts wolligfilzig, nach oben ästig, dicht beblättert. *Blätter* wechselständig, lanzettlich, spitz, mit breiterem, tiefherzförmigen Grunde stengelumfassend, gezähnelt, obere Blätter grün, kurzhaarig, untere graufilzig, weich, wellig. Doldenrispe locker, *Blütenköpfchen* ohne Randblüten bis 15 mm breit, Randblüten schmal, doppelt so lang als die Hüllkelchblätter, goldgelb, teilweise pfriemlich zugespitzt. Kelchsaum außen von einem

borstig-zerschlitzten Krönchen umgeben. Haarschopf der Früchtchen außen mit kleinen Schüppchen. *Blütezeit* Juli bis September.
Besonderes. Pflanze riecht unangenehm.
Vorkommen. Feuchte Wiesen, Gräben, gern auf salzhaltigem Boden, zerstreut, im Osten ganz fehlend.
Wirkung, Anwendung. Im Volk wird die Wurzel bei ruhrartigen Durchfällen angewendet (SCHULZ).

Helianthus annuus L.,
Sonnenblume, Sonnenrose.

Beschreibung. Einjährige Pflanze, Höhe bis 3 m. Pflanze mit faseriger Wurzel. *Stengel* aufrecht, kräftig, mit Mark angefüllt, mit einem oder mehreren Köpfen. *Blätter* gestielt, wechselständig, herz-eiförmig, zugespitzt, dreinervig, kerbig-gesägt, beiderseits kurz borstig behaart, oft sehr groß und in den Stiel zusammengezogen. *Korbblüte* 5—30 cm breit, endständig, fast flach, nickend; Hüllblätter spitz, borstig gewimpert, eiförmig, krautig, grün, dachziegelartig. Scheibenblüten zwittrig, röhrig, braun; Zungenblüten hochgelb, bis zu 10 cm lang, gedreht, spitzzipfelig. *Frucht* vierkantig oder zusammengedrückt, weißlich-gelblich oder schwarz; Samen ölreich. *Blütezeit* Juli bis Herbst.

Vorkommen. Als Zierpflanze in Gärten und als Ölpflanze feldmäßig angebaut.

Sammelzeit. Es werden bisher nur die Früchte = Sonnenblumenkerne als Sammelgut betrachtet. Vor der Reife muß man die Blütenköpfe mit Mull verbinden, da sonst die körnerfressenden Vögel die Früchte herausholen. — Es können jedoch die ganzen, in voller Blüte stehenden Pflanzen gesammelt und getrocknet werden; man schneidet sie in etwa halber Stengelhöhe ab. Als Drogen werden Blätter und die goldgelben Strahlenblüten getrennt gesammelt.

Anbau. Zu empfehlen, zumal die Pflanze auf fast jedem Boden gut wächst; die Samen enthalten etwa 32% fettes Öl, das als bestes Speiseöl gilt. Die nach der Pressung übrigbleibenden Preßkuchen werden als wertvolles Viehfutter benutzt.

Drogen, Arzneiformen. Es gibt im Handel nur die Früchte als „Sonnenblumenkerne", Semen Helianthi; ferner Folia und Flores Helianthi annui, Sonnenblumenblätter und Sonnenblumen. DANZEL schlägt vor, eine alkoholische Tinktur (70%) aus den Blütenblättern herzustellen; sie ist goldgelb und fluoresziert. MADAUS stellt sein „Teep"-Präparat aus den Blüten vielzweigiger Pflanzen vor dem Reifwerden der Samen her. — *Homöopathie:* Tinktur und Potenzen aus den reifen, zerstoßenen Samen.

Bestandteile. *Blüten:* Cholin, Betain, Quercimeritrin, Anthocyanin, Solanthsäure (auch im Stengel), Farbstoff Xanthophyll. *Blätter:* ein Glykosid (ZANOTTI) und ein Oxalsäure oxydierendes Enzym. *Samen:* 32% fettes Öl, Lecithin, Cholesterin, organische Säuren, Eiweiß, Globulin, Edestin, Konglutin, Arginin, Phytin, glykosidische Gerbsäure Helianthsäure-Chlorogensäure, Saccharose, Lipase, Phenolase, Betain (WEHMER).

Pharmakologie. BUSCHMANN ist der Meinung, daß die von zahlreichen Autoren und Beobachtern immer wieder festgestellte Anwendung der Pflanze oder ihrer Auszüge als Fiebermittel auf den ziemlich hohen Gehalt an Cholin und Betain zurückgeführt werden kann. In den Blüten sind Corpus luteum-Hormone (WEHEFRITZ, GIERHAKE) und Follikelhormon enthalten.

Verordnungsformen. Die getrockneten Drogen zur Abkochung: einen Eßlöffel auf 1 Tasse Wasser, täglich 2—3 Tassen. Die nach DANZEL hergestellte Tinktur: 20—25 Tropfen zwei- bis dreimal täglich. — *Homöopathie:* ⌀ bis dil. D 1, dreimal täglich 10 Tropfen.

Medizinische Anwendung. Malaria, Fieber, Fieber der Phthisiker, Bronchiektasien, beginnende Lungengangrän (BELDAU).

Homöopathische Anwendung. Hämorrhoiden, Verstopfung der Nase, Halsschmerz bei trockenen Schleimhäuten, Nesselsucht, Milzschwellungen, Epilepsie, Krämpfe. Äußerlich bei Quetschungen, Wunden.

Volkstümliche Anwendung. Die zerstoßenen und angerührten Samen als schleimlösendes, wassertreibendes Mittel, auch bei Gonorrhöe und als Umschlag bei Rheuma, Rotlauf. — Bei fieberhaften Erkrankungen, besonders der Malaria sind die Sonnenblumen und die daraus hergestellten Auszüge üblich an der Wolga, im Kaukasus (selbst bei sehr schweren Formen), in Südrußland, Brasilien (MADAUS).

Anthemis nobilis L.,
Römische Kamille, Hundskamille, Edle Kamille.

Beschreibung. Ausdauernd, Höhe 15—30 cm. Die Grundachse treibt Blütenstengel und kurze, nicht blühende Stengel. *Stengel* etwa 20 cm lang, niederliegend, ästig, kurzhaarig. *Blätter* wechselständig, fiederteilig, Fiedern vielspaltig mit linealischen Zipfeln. *Korbblüte:* die gelben Scheibenblüten sind größtenteils (durch die fortgesetzte Züchtung) in zungenförmige Strahlenblüten übergegangen und fruchtbar, die Strahlenblüten sind weiß. Fruchtboden kegelförmig. Frucht fast dreikantig, undeutlich gestreift. *Blütezeit* Juni bis August.

Besonderes. Geschmack bitter, Geruch aromatisch, kamillenähnlich.

Vorkommen. In Südeuropa heimisch, bei uns angebaut und verwildert.

Sammelzeit. Während der Blüte pflückt man die vollständig entwickelten Blüten, die vorsichtig getrocknet werden müssen.

Anbau. Lohnend, 1 ha liefert etwa 20 Zentner Blüten. Die Römische Kamille braucht guten Sandboden und trockene sonnige Standorte, auch liebt sie öfteres Umpflanzen. Die Vermehrung geschieht durch Teilung im Frühjahr; die Pflanzen müssen etwa 25 cm entfernt stehen, die Pflanzungen sollen von Unkraut freigehalten werden.

Drogen, Arzneiformen. Flores Chamomillae romanae, Römische Kamillen; Oleum Chamomillae romanae; Aqua Cham. rom.; — *Homöopathie:* Essenz und Potenzen aus der frischen, nicht blühenden Pflanze.

Bestandteile. 0,6—1% ätherisches Öl, Bitterstoffe, Cholin, i-Inosit, Zucker, 3,4 Dioxyzimtsäure, Apigenin-d-Glykosid, Harz mit kryst.

Taraxasterin, Triakontan, Sitosterin-d-Glykosid, Stigmasteringlykosid, Fettsäuren, im Öl Estersäuren und Alkohole.

Verordnungsformen. Zur Abkochung Flores Cham. rom.: 1 Eßlöffel auf 1 Tasse Wasser, 2 Tassen täglich; für kosmetische Zwecke 50 g auf 1 l Wasser. Flores Cham. rom. pulv., 3—5 Messerspitzen täglich (Dysmenorrhöe). — *Homöopathie:* ⌀ bis D 1, dreimal täglich 10 Tropfen.

Homöopathische Anwendung. Kopfschmerz, Verdauungsschwäche, Leberkongestionen, Würmer. Als ausgesprochenes Frauenmittel bei Menstruationsstörungen (Menstruationskolik, Amenorrhöe, Dysmenorrhöe). Bei Graviden sollte das Mittel besser nicht angewendet werden, denn die Blüten wurden im Volke als Abortivum benutzt.

Volkstümliche Anwendung. Bei Menstruationsbeschwerden aller Art, ferner bei Blähungen, Krämpfen, Diarrhöe; bei Hysterie und Aufregungszuständen die vom Unterleib ausgehen, ebenso bei Schwermut und Verdauungsbeschwerden.

Kosmetische Anwendung. Als Haarwasser und Haarwaschmittel für blondes Haar, wobei das ätherische Öl wahrscheinlich wirkt.

Anacyclus officinarum HAYNE,
Bertramwurzel, Deutscher Bertram.

Beschreibung. Einjährige Pflanze, Höhe 15—25 cm. *Wurzel* einfach, spindelförmig, längsfurchig, außen braun. *Stengel* aufrecht, ästig, rundlich-eckig. *Blätter* wechselständig, abstehend, fast doppelt fiederspaltig, flaumhaarig mit linealischen Zipfeln. Stengel und Äste tragen einzelne *Blütenköpfchen.* Die zungenförmigen Strahlenblüten sind weiß, unterseits rötlich gestreift, die Scheibenblüten gelb, röhrig-trichterförmig, fünfspaltig. Scheibe gewölbt. Frucht geflügelt. *Blütezeit* Juli bis September.

Besonderes. Pflanze zerstreut behaart, fast ohne Geruch. Geschmack scharf brennend, anhaltend speichelziehend.

Vorkommen. Im Vogtland und bei Magdeburg angebaut, da und dort verwildert.

Sammelzeit. Oktober; es wird nur die Wurzel gegraben, und zwar erst im zweiten Jahre, wenn die Pflanzen beginnen zu verkümmern.

Anbau. Der Same wird im Frühjahr oder im Herbst in etwas trokkenen, sandigen Boden gesät und die Felder von Unkraut freigehalten; im Spätherbst schneidet man das Kraut ab.

Drogen, Arzneiformen. Radix Pyrethri germanici, Deutsche Bertramwurzel; Tinctura Pyrethri germanici, Bertramtinktur.

Bestandteile. Ätherisches Öl, Harz, Pyrethrin, bitterer Extraktivstoff, Inulin.

Wirkung. Stark speichelerregend, nervenreizend.

Verordnungsformen. Gepulverte Wurzel pro die 0,1—0,25 g in Oblaten; Tinktur zweimal täglich 10—30 Tropfen. *Vorsicht* bei zu großen Dosen!

Anwendung. Bei Zungenlähmungen, zur Anregung der Speichelabsonderung, bei Zahnschmerzen, rheumatischen Neuralgien der Kopf- und Gesichtsnerven, Lumbago, Ischias, postapoplektischen Lähmungen.

Achillea millefolium L., A. lanata Koch, A. silvestris,
Schafgarbe, Gemeine Garbe.

Beschreibung. Ausdauernde Pflanze mit unterirdischen Ausläufern, Höhe 15—50 cm. Stengel aufrecht, schwachzottig, ästig. *Blätter* wechselständig, fast kahl oder wollig-zottig, im Umriß länglich-lanzettlich, die stengelständigen doppelt-fiederteilig, Fiederchen zwei- bis dreispaltig oder gefiedert fünfspaltig mit linealischen, stachelspitzigen Zipfelchen. *Blüte* weiß oder rosa, Blumenblätter verwachsen. *Blütenköpfe* ziemlich klein, bilden eine zusammengesetzte, vielköpfige Trugdolde. Hüllkelch dachziegelartig, Randblüten meist fünfzählig, Scheibenblüten zwittrig, röhrig, fünfzählig. *Blütezeit* Juni bis Herbst.

Besonderes. Pflanze ist von streng angenehm-aromatischem Geruch und Geschmack.

Vorkommen. Wiesen, Ackerränder, Wege und Böschungen; gemein.

Sammelzeit. Mai bis September; die Blätter werden vor der Blüte gesammelt, das ganze blühende Kraut wird etwa handbreit über dem Boden abgeschnitten, die Blüten allein werden kurz abgeschnitten.

Anbau. Die Pflanze kann angesät oder ausgepflanzt werden und nimmt mit dem dürftigsten Boden vorlieb; sie vermehrt sich dann selbst sehr schnell.

Drogen, Arzneiformen. Herba Millefolii, Schafgarbenkraut; Flores Millefolii, Schafgarbenblüten; Extractum Millefolii, Schafgarbenextrakt.— *Homöopathie:* Essenz und Potenzen aus dem frischen, vor der Blüte gesammelten Kraut.

Bestandteile. Ätherisches Öl, Azulen, Sesquiterpen, Bitterstoff Achillein, Achilleasäure. Blüten: Propionsäure, keine Saponine. Wurzeln: flüchtige Schwefelverbindungen. Das ätherische Öl enthält 10% Cineol, d- und l-a-Pinen, β-Pinen, l-Limonen, Thujon, l-Borneol, l-Campher, Caryophyllen, Azulene, Essigsäure, Isovalerian- und Ameisensäureester, Eugenol in Spuren, Sesquiterpen, Sesquiterpenalkohole (Kroeber).

Pharmakologie. Schafgarbe wird den *Amara* zugerechnet, weil sie den Verdauungsapparat anregt (Wasicky). Nach Einnahme von Schafgarbentee sind Hautausschläge, Schwindel, Betäubung beobachtet worden. Achillein sensibilisiert die sympathischen Nervenenden. Durch Schafgarbe wird die Adrenalinwirkung erhöht, außerdem wirkt sie bactericid.

Verordnungsformen. Als Tee: Herba Millefolii 1 Eßlöffel auf 1 Tasse, bis 2 Tassen täglich; als Tropfen: Tinctura Millefolii, dreimal täglich 10—20 Tropfen. — *Homöopathie:* ⌀ — dil. D 2, dreimal täglich 10 Tropfen.

Medizinische Anwendung. Hämostypticum bei Blutungen aus Lunge, Darm, Gebärmutter, Blase und Nase (Bohn). Hämorrhoiden, Gastropathien und Enteropathien besonders spastischen Charakters (Hoffmann, Leclerc, Chomel), bei Cystitis, Blasenschwäche (Enuresis), bei Hepato-Cholecystopathien (Kroeber) und bei Erkrankungen der Atmungsorgane, bei Dysmenorrhöe (Rouzier), ferner äußerlich bei Wunden (wunden Brustwarzen) und Geschwüren. Die Schafgarbe wird oft in Teemischungen verordnet zur Stoffwechselanregung, der frische Saft zu Frühjahrskuren.

Homöopathische Anwendung. Bei Quetschungen, Blutergüssen, bei Verdauungsstörungen, Hämorrhoiden, Nierenerkrankungen, Blasenkatarrh, Blutungen aus Lungen, Darm und Blase.

Volkstümliche Anwendung. Bei Magen-, Lungen-, Leber- und Nierenkrankheiten, bei Hämorrhoiden, bei Frauenkrankheiten, auch als Abortivum. Besonders gerühmt bei Schuppenflechte.

Bemerkungen. GANS berichtete über Hautentzündungen bei Berührung frischer Pflanzen mit der Haut; auch nach Teeeinnahme sollen Dermatitiden beobachtet worden sein.

Matricaria chamomilla L., Echte Kamille.

Beschreibung. Einjährig, Höhe 15—30 cm. Wurzel kurz, klein. *Stengel* aufrecht, meist ästig, abstehend, glatt. *Blätter* wechselständig, sitzend, doppelt-fiederteilig, mit lebhaft grünen, lineal-fadenförmigen, voneinander entfernten, stachelspitzigen Blattzipfeln. *Blütenköpfchen* 1—2 cm groß, ziemlich lang gestielt, in lockeren Doldentrauben. Hüllschuppen dachziegelartig. 12—18 Strahlenblüten, weiß, zungenförmig, später herabgeschlagen, dreizähnig. Scheibenblüten zwitterig, röhrig, gelb, fünfzähnig. *Fruchtboden hohl*, erhebt sich kegelförmig. Schließfrucht ohne Federkrone. *Blütezeit* Mai bis August.

Besonderes. Ganze Pflanze kahl. Die Blüten riechen angenehm aromatisch und schmecken etwas bitter.

Vorkommen. Auf Äckern, Brachland, an Wegrändern; häufig, auch angebaut.

Sammelzeit. Während der Blüte werden die Blütenköpfchen möglichst kurz abgepflückt und an luftigen, warmen Orten, nicht in der Sonne, rasch getrocknet.

Anbau. Ist auf jedem Boden möglich; der Samen kann vom Frühjahr ab bis in den Sommer gesät werden; er kommt in den etwas gelockerten Boden und wird wie Gras gewalzt. In 7—8 Wochen blühen die Pflanzen.

Drogen, Arzneiformen. Flores Chamomillae (vulgaris), Kamillen. Extractum Chamomillae, Kamillenextrakt. Oleum Chamomillae aeth., Ätherisches Kamillenöl. Aqua Chamomillae; Oleum Chamomillae infusum; Sirupus Chamomillae; Tinctura Chamomillae. — *Homöopathie:* Essenz und Potenzen aus der frischen blühenden Pflanze.

Bestandteile. Die Blüten enthalten 0,6—0,67% ätherisches Öl mit Sesquiterpen und dem blauen Kohlenwasserstoff Azulen $C_{15}H_{18}$ (HEUBNER, GRABE), der wohl präformiert, aber nicht fertig in der Pflanze vorliegt. Wahrscheinlich ist Wasserdampf zur Bildung notwendig (PEYER). Ferner sind in den Blüten Salicylsäure, Apigenin, Umbelliferon, Harz mit Phytosterin und verschiedene Fettsäuren enthalten. In der ganzen Pflanze sind außerdem noch etwa 3% eines Glykosides enthalten (JUNKMANN, WIECHOWSKI, BEGUIN), das starke Neigung zur Bildung harzartiger Stoffe hat. Saponine fehlen ganz.

Pharmakologie. Azulen ist der einzige entzündungswidrige Anteil des Öles, wie HEUBNER und GRABE bei Verwendung der tiefblauen Fraktion an der Senföl-Chemosis am Kaninchenauge nachwiesen. ARNOLD bezieht die Wirkung auf die Verengerung der bei Entzündungsprozessen erweiterten Capillaren. Das von JUNKMANN und WIECHOWSKI gefundene Glykosid wirkt auf die vegetativen Nervenendigungen ein, lähmt die glatte Muskulatur (auch von Darm und Uterus), woraus sich die spasmolytisch-karminative Wirkung erklärt. Bei intravenöser Injektion wurde der Blutdruck gesenkt (LECLERC). Bei Anwendung der Kamille fand STEINMETZER eine Verdoppelung der Gallensekretion. ARNOLD prüfte die entzündungswidrige Wirkung verschiedener Pflanzen an künstlichen Entzündungen; Kamilleninfuse wirkten stärker als Pfefferminze.

Verordnungsformen. Flores Chamomillae zum kalten Auszug, 2 bis 5 Teelöffel auf 1 Tasse, 8 Stunden stehen lassen, 2 Tassen tagsüber trinken. Flor. Cham. pulverata, dreimal täglich 1,0 g verrührt oder in Oblaten. Extract. Cham. drei- bis fünfmal täglich 0,5—2,0 g. Tinct. Cham. drei- bis fünfmal täglich 10—25 Tropfen. Oleum Cham. aeth., dreimal täglich 10 Tropfen auf Zucker. Extract. Cham. in Salben, Suppositorien und Pudern. — *Homöopathie:* D 2, drei- bis vierstündlich 1 Tablette.

Medizinische Anwendung. Spastische Zustände im Magen-Darmtraktus und im Bereich des kleinen Beckens. Magenkrämpfe, Colonspasmen, spastische Obstipation, Gastritis, Enteritis, Diarrhöe, Koliken, Dysmenorrhöe, Metrorrhagie, Schwangerschaftsbeschwerden, eklamptische Zustände, auch als Klysmen und Vaginalspülungen (Adnexitis, Metritis, Cervicitis, Vaginitis, Fluor), zum Gurgeln bei entzündlichen Affektionen im Mund und Rachen, zu Nasen- und Ohrspülungen und zu Augenbädern, ebenso in Form von Dämpfen anwendbar. Weiter wird die Kamille gebraucht bei Reizbarkeit, Nervenreizungen, denen keine endogenen toxischen Ursachen zugrunde liegen, wie Trigeminusneuralgien (Zahnschmerzen, Gesichtsschmerzen), Rheuma, Lumbago und Erregungszuständen, die mit reflektorisch-enteralen Erscheinungen verbunden sind (Magen-Darm-Leber-Milz-Symptomen). Hämorrhoidalbeschwerden werden mit Kamillenklysmen und Suppositorien überraschend gut beeinflußt, besonders dann, wenn kein Fett oder Öl als Vehikel verwendet wird (KOSCH). — Zur *Wundbehandlung* eignet sich die Kamille nur dann, wenn die Wundstellen noch der Anregung zur Sekretion, Plasmabildung, Verschorfung und Granulation bedürfen, also im ersten oder im chronischen Stadium. Ist einmal das Wundgebiet gesäubert oder verklebt oder bereits mit aufschießenden Granulationen besetzt, ist Kamille kontraindiziert! Deshalb ist gerade bei Ulcera cruris Vorsicht am Platze; primär geeignet ist die Kamille dagegen zur Fistelbehandlung, ebenso in Umschlägen bei Entzündungen der Haut und im Unterhautgewebe (Erisypel, Furunkel) und bei schweren nässenden Ekzemen.

Homöopathische Anwendung. Fieberhafte, katarrhalische, rheumatische Affektionen der Kinder und Frauen von hoher nervöser Reizbarkeit und Neigung zu Krämpfen, Blutwallungen. Bei Paroxysmen von Nervenschmerzen; Wechselfieber. Darmkatarrhe mit Leber- und Blasenaffektionen; Menstruationsbeschwerden mit starken Blutungen. Folgen von Gemütsbewegungen bei den genannten Affektionen.

Volkstümliche Anwendung. Magen-, Darm- und Blasenkatarrhe, Krampfzustände und Koliken, Menstruations- und andere Unterleibsbeschwerden, bei Hautschäden, Impetigo, Ekzemen und zur Wund- und Fistelbehandlung. Die Anwendung von Kopfdämpfen ist sehr bekannt zur Behandlung von Eiterungen aus den Kopfhöhlen, ebenso die Anwendung als Spülmittel und zu Klistieren, zu Umschlägen und Blähungen (Kamillensäckchen). Kamillenhaarwässer und Haarwäsche mit Kamillen.

Matricaria suaveolens Pursh., M. discoidea D. C., Strahllose Kamille.

Beschreibung. Einjährig, Höhe 10—30 cm. *Stengel* aufrecht, dick, gedrängt-ästig; *Blätter* doppelt- bis dreifach-fiederteilig, mit lineallanzettlichen bis linealischen, genäherten, spitzigen Zipfeln. *Köpfe* kurz gestielt, 5—8 mm breit. Hülle halbkugelig, Hüllblätter 3—4 mm lang, eiförmig, häutig berandet, stumpf, nicht zerschlitzt. Blütenboden lang-kegelförmig, hohl. Scheibenblüten grünlichgelb, vierzähnig; strahlende Zungenblüten fehlen. Früchte oberwärts auf beiden Seiten mit einem Harzstreifen. — *Blütezeit* Juni bis August.

Besonderes. Pflanze kahl, aromatisch.

Vorkommen. Heimisch in Ostasien und im westlichen Nordamerika; bei uns eingeschleppt und aus den Botanischen Gärten verwildert.

Bestandteile. In den getrockneten Blütenköpfchen wurden 0,44 bis 0,47% eines rein gelben ätherischen Öles gefunden (Feist 1934).

Wirkung, Anwendung. Als Anthelminticum von Leclerc gegen Askariden, Oxyuren und Trichocephalus empfohlen. Die Wirkung soll der von *Chenopodium anthelminticum* entsprechen, ohne deren Toxizität zu besitzen und ohne die Reizerscheinungen des Thymols hervorzurufen.

Verordnungsformen. Leclerc gibt 2 Eßlöffel des Pulvers und 0,75 bis 1,0 g enthaltende Suppositorien. — Die Fa. *Madaus* stellt eine „Teep"-Verreibung aus der frischen, blühenden Pflanze her; Dosis: zweimal täglich 2 Teelöffel.

Chrysanthemum balsamita L., Tanacetum balsamita L., Tanacetum uliginosum Willd., Chrysanthemum majus Ascherson, Marienblatt, Frauenminze.

Beschreibung. Ausdauernd, Höhe 60—120 cm. Grundachse kriechend, Stengel aufrecht, oberwärts ästig. *Blätter* ungeteilt, elliptisch, stumpf, grundständige und mittlere langgestielt, oft am Grunde des Stiels geöhrt, die oberen sitzend, geöhrt, alle fein-kerbig-gesägt. Blütenköpfe klein, in lockerer *Doldentraube*. Randblüten dreizähnig, nicht strahlend, wie die Scheibenblüten gelb. Hüllblätter stumpf, die äußeren lanzettlich, die inneren länglich, an der Spitze breit-hautrandig. *Frucht* kreiselförmig, fünfrippig. *Blütezeit* August bis Herbst.

Besonderes. Pflanze angedrückt-behaart; Geruch aromatisch, Geschmack brennend scharf.

Vorkommen. In Bauerngärten, auf Schuttplätzen, Kirchhöfen; in Kleinasien heimisch.

Drogen, Arzneiformen. Herba Balsamitae, Frauenminze. — *Homöopathie:* Urtinktur aus dem frischen, blühenden Kraut und Potenzen.

Bestandteile. In der frischen Pflanze 0,064% ätherisches Öl mit paraffinartigem Körper.

Wirkung, Anwendung. M. STIRNADEL hat die Pflanze wieder in die Therapie eingeführt, nachdem auch französische Autoren (CHABROL, CHARONNAT, MAXIMIN, WAITZ, PORIN) die gallensekretionsfördernde Wirkung experimentell nachgewiesen haben. Er gibt Herba Balsamitae, 1 Teelöffel auf 1 Tasse, 5 Minuten ziehen lassen, 3 Tassen täglich möglichst heiß, davon 1 Tasse morgens nüchtern, eine Tasse abends vor dem Schlafengehen, jedesmal frisch bereitet. Die Pflanze ist wirksam bei *chronischen* Gallenleiden, Cholangitis, Cholecystitis, Cholelithiasis.

Volkstümliche Anwendung. Bei Leber-, Milz- und Nierenleiden, als blähungstreibendes, krampfstillendes, magenstärkendes, menstruationsförderndes, wurmwidriges, antiepileptisches Mittel. Die zerquetschten Blätter werden bei Quetschungen, Wunden und bei Kopfschmerzen aufgelegt (KROEBER).

Chrysanthemum parthenium L.,
Mutterkraut, Wucherblume.

Beschreibung. Ausdauernd, Höhe 30—60 cm. Stengel aufrecht, ästig. *Blätter* zart, im Umriß eiförmig, alle gestielt, weichhaarig, fiederteilig. Fiedern elliptisch-länglich, stumpf fiederspaltig, Zipfel etwas gezähnt. *Doldenrispe*, Köpfe mittelgroß, Zungenblüten rundlich, kurz, weiß, Röhrenblüten gelb. Frucht 10rippig. *Blütezeit* Juni bis August.

Besonderes. Pflanze kurzhaarig bis graufilzig, Geruch streng aromatisch. In Gärten meist in gelbblättriger Form.

Vorkommen. In Südeuropa einheimisch, bei uns hauptsächlich als Zierpflanze, zuweilen aber auch verwildert (Eisenbahndämme, Schutthaufen).

Wirkung, Anwendung. H. SCHULZ berichtet, daß der Tee aus den Mutterkrautblüten im Volke noch bei Menstruationskolik und auch bei Menostase getrunken wird und auch während des Wochenbettes den Lochialfluß günstig beeinflußt. Auch ist er ein altes Mittel gegen fieberhafte Erkrankungen mit intermittierendem Verlauf. Umschläge von Abkochungen der Blüten werden noch als schmerzlindernd bei Quetschungen und allerlei sonstigen Geschwülsten betrachtet.

Tanacetum vulgare L., Chrysanthemum vulg. BERNH.,
Rainfarn.

Beschreibung. Ausdauernd, Höhe 60—125 cm. *Wurzel* ästig, dick, faserig, dunkelbraun. *Stengel* aufrecht, einfach oder doldenrispig ästig, fast rund, kahl oder schwach behaart, oft purpurbraun überlaufen. *Blätter* wechselständig, kurz gestielt oder sitzend, doppelt-fiederspaltig, mit länglich-lanzettlichen, krausen, sehr dicht kurzzähnigen Zipfeln;

sitzende Blätter am Grunde geöhrt, Öldrüsen auf beiden Seiten der Blätter zahlreich. *Blüten* = Körbchen, goldgelb, knopfförmig, zahlreich, ohne Strahlenblüten, in endständigen, vielköpfigen, flachen Trugdolden vereinigt. Blütchen dicht gedrängt auf gewölbter Scheibe; Randblütchen weiblich, einreihig, zwei- bis dreizähnig, Mittelblütchen zwitterig, fünfzähnig. Früchte fünfkantig, mit krönchenartigem Pappus. *Blütezeit* Juli bis Oktober.

Besonderes. Pflanze ziemlich kahl; Blätter sehen den Farnwedeln etwas ähnlich. Blüten und Blätter besitzen zerrieben einen campherartigen, durchdringend-aromatischen Geruch. Geschmack widerlich bitter, gewürzhaft.

Vorkommen. An Flußufern, Wiesenrändern, Rainen, Wegen und Hecken; häufig.

Sammelzeit. Die Stengel werden während der Blüte abgeschnitten oder die Blüten (Trugdolden) werden gesondert gesammelt und im Schatten getrocknet.

Anbau. Lohnend, weil die Pflanze selbst auf dem sandigsten Boden gut wächst; man vermehrt durch Aussaat. Die Pflanzen brauchen keine Pflege und können jahrelang geerntet werden.

Drogen, Arzneiformen. Herba Tanaceti, Rainfarnkraut; Flores Tanaceti, Rainfarnblüten; Oleum Tanaceti, Rainfarnöl. — *Homöopathie:* Essenz und Potenzen aus gleichen Teilen frischen Blättern und Blüten.

Bestandteile. 0,1—0,3% ätherisches Öl (mit 70% β-Thujon als Geruchsträger, l-Campher, Borneol, Terpen), ein Bitterstoff Tanacetin (RIEDEL), ein weiterer Bitterstoff Tanacetin 2 (JARETZKY, KÜHNE), ferner organische Säuren, Fett, Wachs, Gummi, Harz, Glykose, Metarabinsäure; Aschegehalt bis 12,2%, mit viel Mangan (KROEBER); keine Saponine.

Pharmakologie. Die therapeutische Wirksamkeit ist auf das ätherische Öl und die Bitterstoffe zurückzuführen. Thujon wirkt innerlich und äußerlich heftig reizend, es treten Erbrechen, Durchfälle, Bauchfellreizungen, starker Blutandrang zu den Beckenorganen (Abortus!), Nierenschädigungen und zentral nach Erregung Lähmungen auf, die über tiefe Bewußtlosigkeit zum Tode führen können. *Vergiftungen* treten meist durch Mißbrauch als Abortivum, seltener durch Überdosierung auf. *Gegenmittel:* Magenspülungen, Abführmittel, Anregung der Schweißsekretion, innerlich Schleime (keine Fette und Alkohole!), Chloralhydrat, Analeptica, Diuretica, Traubenzucker i. v. — Die Pflanze ist ein sicheres Anthelminticum gegen Askariden und Oxyuren, was neuerdings CROUY wieder nachdrücklich durch Versuche bestätigt. Die Dosierung ist streng innezuhalten! MADAUS stellte geringe Mengen ausfällbaren Eiweißes mittlerer Giftigkeit fest. FLAMM gibt als übliche Dosis 2—3 g an; bei deren Überschreitung sind sogar schon tödliche Vergiftungen möglich.

Verordnungsformen. Flores Tanaceti oder Herba Tanaceti, zum heißen Aufguß, 1 Teelöffel auf 1 Tasse, morgens und abends eine Tasse. Herba Tanaceti pulv. 3,0, auf einmal in Honig oder Suppe verrührt zu nehmen; Erwachsene können diese Dosis einmal morgens und einmal abends nehmen, Kinder nur einmal. — *Homöopathie:* dil. D 3, dreimal täglich 10 Tropfen.

Medizinische Anwendung. Als Anthelminticum gegen Oxyuren und Askariden; ferner als Stomachicum besonders bei Meteorismus, Obstipation. Äußerlich zu Bädern bei Fußschmerzen [Plattfußbeschwerden (MADAUS)]. Das Öl zur Einreibung bei rheumatischen und gichtischen Schmerzen.

Taenifugium (ROSE)
Rp: Herb. Tanaceti pulv.   10,0
    Sem. Cucurbitae pulv.   70,0
    M. d. s.: Innerhalb von 2 Tagen in Preiselbeeren zu nehmen.

Klysma (INVERNI)
Rp: Extr. Tanaceti fluid.   2,0
    Aq.   200,0
    Glyc.   20,0
    M. d. s.: Zu einem Einlauf.

Homöopathische Anwendung. Bei schweren Entzündungen der Verdauungsorgane mit Hirnreiz und Bewußtlosigkeit und Mydriasis, bei Magenkrämpfen, Koliken, Diarrhöen (JERZEMBEK). Ferner bei Chorea, Epilepsie und Dysmenorrhöe (spastische Affektionen).

Volkstümliche Anwendung. Gegen Würmer, mangelnde Menstruation, Bleichsucht, Schwindelanfälle, Hysterie, Gicht, Wechselfieber, Koliken, Blähungen, Magenkrämpfe, Appetitlosigkeit, Steinleiden, Wassersucht; äußerlich das Öl gegen Krätze und zum Einreiben bei Rheuma und Gicht. Gegen Krampfadern werden vielfach die frischen Blüten auf dem Unterschenkel zerrieben. — KNEIPP empfahl Rainfarntee in Mischung mit Heidelbeerblättern gegen Zuckerkrankheit.

Weitere Anwendung. Das Kraut, in Bündeln in die Kleiderschränke gehängt, ist ein vorzügliches angenehmes Mottenschutzmittel.

Artemisia abrotanum L.,
Eberreis, Eberraute-Beifuß.

Beschreibung. Halbstrauch, Höhe 30—100 cm. *Stengel* aufrecht, ästig, kahl, oberwärts schmal rispig. Untere *Blätter* wechselständig, doppelt gefiedert, mit schmalen, linealischen Abschnitten, obere und blütenständige einfach gefiedert, dreiteilig und ungeteilt linealisch. *Blütenstand* einseitwendige Traube mit zahlreichen, winzigen Blütenkörbchen. Köpfchen klein, nickend, grau, kugelig, behaart. *Korbblüte* gelb, Blumenblätter verwachsen. Äußere Hüllblätter länglich-lanzettlich, spitz, innere verkehrt-eiförmig, kurzhaarig. *Blütezeit* August bis November.

Besonderes. Die Blätter riechen citronenartig unangenehm.

Vorkommen. Aus Südeuropa stammend, häufig in Gärten, auf Kirchhöfen, angepflanzt und verwildert.

Sammelzeit. Das ganze blühende Kraut wird gesammelt oder die blühenden Spitzen besonders.

Anbau. Einmal angebaut, kommt die Pflanze immer wieder. Sie liebt trockenen sonnigen Standort; man vermehrt sie durch Teilung.

Drogen, Arzneiformen. Herba Abrotani, Eberrautenkraut. Summitates Abrotani, Eberrautenspitzen. Tinctura Abrotani; Tinct. Abrot.

aeth.; Extractum Abrot. aeth. — *Homöopathie:* Essenz und Potenzen aus den frischen Blättern.

Bestandteile. Ätherisches Öl, Bitterstoff, Gerbstoff und Abrotanin, ein fäulniswidriges Alkaloid, das chininähnlich wirken soll.

Verordnungsformen. Herba Abrotani, 2 Teelöffel voll auf 1 Glas Wasser zum heißen Aufguß; Summitates Abrotani ebenso; Tinct. Abrotani dreimal täglich 5—10 Tropfen. — *Homöopathie:* dil. D 1—3, dreimal täglich 10 Tropfen.

Medizinische Anwendung. Bei Tuberculosis abdominalis, Scrofulosis exsudativa, Pleuritis exsud. tuberc., Kachexie, Anämie, Chlorose, Anorexie, Magen- und Darmneurosen, Diarrhöe, chronische Ulcera in Magen und Darm. Ferner bei Rheumatismus und Gicht, wenn skrofulöse Veranlagung da ist.

Homöopathische Anwendung. Anämie, Marasmus, Verdauungsstörungen, tuberkulöse Peritonitis, exsudative Pleuritis, Diarrhöen und Ascites tuberkulöser Ursache, ferner bei Frostbeulen, Elephantiasis angiomatosa, Darmparasiten (STIEGELE). Bronchialtuberkulose (HAEHL).

Volkstümliche Anwendung. Bei Magenverstimmungen, chronischen Magen- und Darmbeschwerden, als Wurmmittel, Abortivum, Küchengewürz.

Artemisia vulgaris L.,
Gemeiner Beifuß, Echter Beifuß, Wilder Wermut.

Beschreibung. Ausdauernd, Höhe 100—150 cm. Die *Wurzel* ist mit zahlreichen Fasern besetzt, die *Stengel* entspringen zu mehreren aus einer Wurzel und sind zuletzt rispig, oft rötlich oder bläulich angelaufen. Die *Blätter* sind auf der Oberseite kahl, auf der Unterseite mehr oder weniger weißfilzig, fiederspaltig, mit zugespitzt lanzettlichen, eingeschnittenen oder gesägten Zipfeln, am Grunde des Blattstiels mit Öhrchen. Die *Korbblüte*, deren Blumenblätter verwachsen sind, ist gelb oder rotbraun. Die Blütenköpfchen sind länglich-eiförmig, außen filzig, in ähren- oder traubenartiger Anordnung. *Blütezeit* August, September.

Besonderes. Das Kraut riecht schwach gewürzhaft, schmeckt *nicht* bitter. Die Wurzeln riechen gewürzig und schmecken scharf.

Vorkommen. Häufig an Zäunen, Wegen, Mauern, Hecken, Ufern. auf Ödland.

Sammelzeit. Im August die blühenden Zweige, die Wurzeln (ohne Wurzelstock) im Frühjahr. Die ganzen Zweige der Pflanze werden abgeschnitten, Schattentrocknung.

Anbau. Der ausgesäte Samen keimt schnell an. Der Anbau ist leicht, weil Beifuß auf dem schlechtesten Boden wächst. Kaum lohnend.

Drogen, Arzneiformen. Herba Artemisiae, Radix Artemisiae, Tinctura Artemisiae. — *Homöopathie:* Essenz und Potenzen aus der frischen Wurzel.

Bestandteile. Bitterstoffe, 0,026—0,2% ätherisches Öl = Absinthol Cineol, Inulin, Gerbstoff, Harz, und in den Wurzeln 0,1% gelbes, butterartiges krystallinisches ätherisches Öl.

Pharmakologie. Absinthol = Thujon wirkt heftig reizend, führt zu Aborten und schweren Stoffwechselstörungen (akute gelbe Leberdystrophie) und gibt ähnliche Vergiftungserscheinungen wie der Phosphor. Als Nebenerscheinungen bei größeren Mengen Tee und Tinktur wurden unangenehm riechende Schweiße, Diurese, nervöse Erregungen beobachtet (LEWIN). Nach Injektion von Abkochungen der Blätter verdoppelte sich die Gallensekretion, wie französische Forscher feststellten. MADAUS fand mittlere Mengen von ausfällbarem Eiweiß mittlerer Giftigkeit und warnt vor größeren Gaben.

Verordnungsformen. Herba Artemisiae als heißer Aufguß, 1 Teelöffel auf 1 Glas Wasser. 2 Gläser täglich. Tinct. Artemisiae, 5—10 Tropfen dreimal täglich. — *Homöopathie:* dil. D 2—3, dreimal täglich 10 Tropfen.

Medizinische Anwendung. Findet nicht statt, nur vereinzelt als Bittermittel bei Magenverstimmung. Nach W. BOHN wirkt die Pflanze sehr günstig bei Epilepsie, die in einer Reizung des Rückenmarkes ihre Ursache hat, bei Veitstanz und hysterischer Epilepsie, besonders jugendlicher Personen. Ferner bei Amenorrhöe und Diabetes (REUTER, HÜTTNER).

Homöopathische Anwendung. Bei Veitstanz, Epilepsie, Konvulsionen in Kindheit und Pubertät, Hysterie, Würmern.

Volkstümliche Anwendung. Bei Schwäche, Nervenleiden, Durchfall, Hämorrhoiden, Geschlechtskrankheiten, Steinleiden, Blasenleiden, mangelnder oder unregelmäßiger Menses, Veitstanz, Krämpfen, Hysterie, als Badekraut und mißbräuchlich als Abortivum.

Artemisia absinthium L.,
Wermut, Bitterer Beifuß, Absinth.

Beschreibung. Ausdauernd, Höhe 60—125 cm, *Wurzel* mehrköpfig. Der *Stengel* ist aufrecht, ästig, mit silbergrauem Haarfilz (wie die ganze Pflanze) überzogen, oberwärts rispig. Die grundständigen *Blätter* sind langgestielt, dreifach fiederteilig mit lanzettlichen stumpfen Fiedern, die mittleren Blätter höchstens doppelt fiederspaltig, die obersten Blätter ungeteilt und ungestielt lanzettlich. Die Blattstiele sind *ohne* Öhrchen. Die *Blüte* ist eine Korbblüte mit verwachsenen Blumenblättern, die hellgelben, nickenden, kugeligen Blütenköpfchen endständig in langgestielten, rispigen Trauben mit weiblichen Randblüten und zwitterigen röhrenförmigen Scheibenblüten, außen glänzend drüsig, Blütenboden zottig behaart. *Hüllkelch* glockig, filzig, behaart, *Früchte* länglich, ohne Pappus. *Blütezeit* Juli bis September.

Besonderes. Ganze Pflanze aromatisch, Geschmack stark und nachhaltig bitter.

Vorkommen. Böschungen, Weinberge, Flußufer, Wegränder, Ödland; oft angepflanzt und verwildert. Fast nur im Süden.

Sammelzeit. Vor und während der Blüte. Die Spitzen der Stengel werden bei Beginn der Blüte abgeschnitten oder das ganze blühende Kraut.

Anbau. Die Pflanze gedeiht auf nicht zu feuchtem Boden sehr leicht. Man sät im Mai—Juni, pflanzt im August in gutem Abstand. Von da an pflanzt sie sich allein fort, so daß später nur Lücken auszufüllen sind.

Drogen, Arzneiformen. Herba Absinthii; Extractum Absinthii; Tinctura Absinthii; Oleum Absinthii; Absinthinum.

Bestandteile. Gerbstoffe, Harz, Apfel- und Bernsteinsäure, Bitterstoffe in glykosidischer Bindung (KROEBER) = Absinthin; 0,25—0,5% ätherisches Öl im frischen Kraut, dessen Bestandteile α- und β-Thujon (Absinthol, Tanaceton) und Thujol, Phellandren, Cadinen. ROBERG konnte in der Droge kein Saponin nachweisen.

Pharmakologie. Wirksamster Bestandteil ist das Absinthol. Dieses ist gleich Thujon = Tanaceton = Salviol. Es wirkt heftig reizend, führt zum Abort und zu schweren Stoffwechselstörungen, besonders Leberkrankheiten, psychischen, motorischen und sensiblen Störungen. Die Pflanze gilt als Stomachicum, Antispasmodicum.

Verordnungsformen. Herba Absinthii, als Aufguß ($^{1}/_{2}$ Teelöffel auf 1 Tasse), in 3 Portionen tagsüber, $^{1}/_{2}$ Stunde vor den Mahlzeiten; als Tinktur dreimal täglich 5—10 Tropfen oder bei Bedarf 10 Tropfen in wenig Wasser.

Medizinische Anwendung. Als Stomachicum und Antispasmodicum allein oder in gemischten Tees bei Magenverstimmung und chronischem Darmkatarrh. W. BOHN gibt als Kontraindikation Hämorrhoiden, Neigung zu Blutungen jeder Art an.

Volkstümliche Anwendung. Magenleiden, Bauchwassersucht, Erschlaffung der Unterleibsorgane, Säurebildung, Durchfall, Kolik, Milz-, Leber-, Gallen- und Blasensteinleiden, Gicht, Rheuma, Skrofulose, Bleichsucht, Würmer, Epilepsie, Wechselfieber; äußerlich bei Lähmungen, Podagra, Augenleiden, Blutergüssen und Quetschungen, Zerrungen, Geschwüren und Geschwülsten. Mißbräuchlich als Abortivum. — Als Ungeziefervertreibungsmittel.

Bemerkungen. Übermäßiger dauernder Genuß von Wermutwein kann infolge des Gehaltes an Thujon leichte Vergiftungserscheinungen hervorrufen, die mit Zittern der Zunge und der Hände beginnen. — Wermuttinktur wird mit Erfolg bei Insektenstichen angewendet.

Tussilago farfara L.,
Huflattich.

Beschreibung. Ausdauernd, Höhe 10—25 cm. Wurzelstock rübenartig, mit fadenförmigen Ausläufern. *Stengel* einfach, aufrecht, filzig, mit eiförmig-lanzettlichen, braun bespitzten Schuppenblättchen besetzt, einblütig. *Blätter* grundständig, langgestielt, groß, 10—15 cm breit, rundlich-herzförmig, eckig, ungleich gezähnt, oberseits dunkelgrün und glatt, unterseits weißfilzig. *Korbblüten*, Krone goldgelb, etwa 30—40 (scheinzwittrige) männliche Röhrenblüten in der Mitte, etwa 300 weibliche Zungenblüten am Rand. Früchte mit mehrreihiger, weißer Haarkrone. *Blütezeit* März, April; vor der Blattentfaltung.

Besonderes. Blütenköpfe vor und nach der Blüte überhängend, nachts geschlossen. Geruch der Blüten schwach aromatisch. Geschmack der Blätter fade schleimig, etwas bitterlich.

Vorkommen. Bei uns gemein auf Wiesen, an Wegrändern, Dämmen, feuchten Gräben, auf feuchten Äckern; gern auf Ton, Lehm und Kalk.

Sammelzeit. Die Blüten werden im März und April, die Blätter im Mai und Juni gesammelt und möglichst schnell an der Sonne oder in warmer Luft getrocknet.

Drogen, Arzneiformen. Flores Farfarae, Huflattichblüten; Folia Farfarae, Huflattichblätter. — *Homöopathie:* Urtinktur aus den frischen Blättern und Potenzen.

Bestandteile. Die Blätter enthalten neben Schleim 2,63% eines bitteren Glykosides, Spuren ätherisches Öl, Gallussäure, Phytosterin, Dextrin, Inulin und etwa 17% Mineralstoffe, ferner Apfel-, Wein- und Phosphorsäure (HARTENSTEIN), Cholin, Zucker, 0,05% Bitterstoff, jedoch ebenso wie in den Blüten keine Saponine (KROEBER, KOFLER).

Pharmakologie. SCHULZ vermutet, daß die expektorierende Wirkung auf dem Gehalt an Salpetersalzen beruhen soll, die auch bei Anwendung der getrockneten Huflattichblätter als Rauchtabak eintritt. Eine Schleimwirkung ist nur zum kleinen Teil möglich (s. Übersicht über die Pflanzenstoffe von arzneilicher Bedeutung).

Verordnungsformen. Folia Farfarae und Flores Farfarae zum heißen Aufguß, 2 Teelöffel auf 1 Glas Wasser, 2 Gläser täglich. Fol. Farf. pulv., 2—3 Messerspitzen täglich. — *Homöopathie:* D 2, drei- bis vierstündlich 1 Tablette.

Medizinische Anwendung. Als Expektorans besonders bei Erkältungskrankheiten, bei beginnender Tuberculosis pulmonum, Asthma bronchiale, Pleuritis. Huflattich ist Bestandteil des Species pectorales DAB VI. — Die *homöopathischen* Anwendungen sind die gleichen.

Volkstümliche Anwendung. Abkochungen der Blätter und Blüten als beliebter Hustentee. Die getrockneten Blätter werden vielfach bei Atmungsbeschwerden geraucht (SCHULZ sah gute Erfolge). Die frischen zerstoßenen Blätter werden zu Umschlägen bei Beingeschwüren, Venenentzündungen, Verbrennungen verwendet; JANZ empfiehlt Mischung mit süßem Rahm (n. MADAUS). KNEIPP empfahl die Pflanze bei Engbrüstigkeit und Husten, Anlage zu Schwindsucht, äußerlich zu Umschlägen bei Geschwüren, Rose, Rotlauf und ähnlichen Zuständen.

Petasites officinalis MOENCH, P. vulgaris DESF., Rote Pestwurz.

Beschreibung. Ausdauernd, Höhe 30—60 cm. *Wurzelstock* an den Enden der Glieder knollig verdickt, im Boden lange Ausläufer bildend. Blütenstengel röhrig, lediglich mit bräunlich-rötlichen Schuppen besetzt. *Blüten* entweder zwittrig, dann ist der Blütenstand gedrängt-traubig, Köpfe größer und kurz gestielt, Griffel nicht zweispaltig mit sehr kurzen eiförmigen Narben oder *Blüten* weiblich, dann ist der Blütenstand locker-traubig bis rispig, Köpfe kleiner und länger gestielt. *Krone* aller Blüten purpurn oder rötlich. Grundständige *Blätter* erscheinen erst nach dem Verblühen, sehr groß, langgestielt, rundlich-herzförmig, am Grunde mit abgerundeten Lappen, am Rand ungleich gezähnt, unterseits wollig-behaart, graugrün. *Blütezeit* März, April.

Besonderes. Die Blüten riechen unangenehm, die Blätter schmecken unangenehm bitterlich-herb.

Vorkommen. An Gräben, Ufern, auf feuchten Wiesen, verbreitet und häufig.

Sammelzeit. Die Wurzeln können im zeitigen Frühjahr gesammelt werden, die Blätter im Mai.

Drogen, Arzneiformen. Folia Petasitidis, Pestwurzblätter. Radix Petasitidis, Pestwurz. — *Homöopathie:* Essenz aus der frischen, im April gesammelten Pflanze.

Bestandteile. Glucose 0,69%, Saccharose 0,85%, Synanthrin 1,2%, Helianthin 0,1%, Inulenin 0,84%, Pseudoinulin 0,25%, Inulin 3,5%, Pektinsubstanzen 1,85% (WEHMER). Außerdem werden 0,1% ätherisches Öl, Gerbstoffe, Cholin und ein „glykosidischer Bitterstoff" angegeben. In der Asche findet sich Mangan.

Verordnungsformen. Folia oder Radix Petasitidis, 1 Teelöffel auf 1 Tasse, 3 Tassen täglich. — *Homöopathie:* ⌀ — dil. D 2, dreimal täglich 10 Tropfen.

Medizinische Anwendung. Abdominalplethora, Hämorrhoiden.

Homöopathische Anwendung. Gonorrhöe.

Volkstümliche Anwendung. Bei Husten, Heiserkeit, Brustleiden, Asthma, Epilepsie, fehlender Menstruation, Gicht, Rheumatismus, Harnbeschwerden, Fieber. Äußerlich die zerquetschten Blätter oder das Wurzelpulver als Wundheilmittel, bei Verbrennungen, bösartigen Geschwüren.

Arnica montana L., Doronicum mont. LAM., Doronicum Arnica DESF.,

Arnika, Berg-Wohlverleih, Fallkraut, Johannisblume.

Beschreibung. Die Pflanze wird bis 60 cm hoch mit aufrechtem ästigen *Stengel*, der drüsig-flaumig behaart, oberwärts weichzottig ist. An dem krautigen Stengel nur wenige kleine Blätter, dafür grundständige Rosette. Die *Blätter* sind kreuz-gegenständig, sitzend, lanzettlich-länglich, fünfnervig, manchmal auch flaumig, vielfach aber kahl, lederartig-derb. Der Stengel trägt ein bis drei Blütenköpfe, die groß sind und orangegelb leuchten. Die *Korbblüte* besteht aus meist 10—20 Strahlenblüten und bis 100 Röhrenblüten. Die Strahlenblüten sind weiblich, einreihig, die Röhrenblüten zwitterig, fünfzählig. Früchte mit Pappus. *Blütezeit* Juni bis August.

Besonderes. Die Blüten riechen aromatisch; die Blätter unterscheiden die Pflanze vom *Wiesenbocksbart (Tragopogon pratense)*, mit dem die Pflanze verwechselt werden kann. Arnika ist gesetzlich *geschützt!*

Vorkommen. Auf feuchten, moorigen, sonnigen Wiesen der Hoch- und Mittelgebirge und des Flachlandes, nie auf Kalkboden. In Mittel- und Norddeutschland selten. Im Hochgebirge steigt die Pflanze bis etwa 2600 m.

Sammelzeit. Blüten und Blätter während der Blütezeit, die Wurzeln im Frühjahr vor der Blütezeit oder im Herbst. Die Blütenköpfe zupft man vom Stengel ab, die Blätter bricht man seitlich herunter, beide nur im Schatten abtrocknen. Die Wurzeln zieht man nach Lockerung der Erde heraus, sie können in der Sonne getrocknet werden.

Anbau. Empfehlenswert auf rauheren Hochebenen und feuchten moorigen Wiesen; in den gepflügten, geeggten Boden sät man im August eine Mischung von $^1/_3$ Arnika- mit $^2/_3$ Grassamen. Blüten erntet man im zweiten Jahre, Wurzeln vom 4. Jahre ab. Fortpflanzung auch durch Stecklinge.

Drogen, Arzneiformen. Als Flores Arnicae die von Hüllkelch und Blütenboden befreiten Blüten, die Blätter als Herba Arnicae, die Wurzeln als Radix Arnicae, ferner Tinctura Arnicae, Tinct. Arnicae e succo, Extractum Arnicae. — *Homöopathie:* Zum inneren Gebrauch Tinktur und Potenzen aus der getrockneten Wurzel, zum äußeren Gebrauch die Tinktur.

Bestandteile. 6—10% Inulin, Bitterstoff Arnicin (amorph, nichtglykosidisch), Harz, Gallussäure, eisengrünender Gerbstoff, Pflanzensäuren, Wachs, ätherisches Öl (80% Thymolhydrochinondimethyläther, 20% Phlorol-Isobuttersäureester, Phlorolmethyläther, Schwefelspuren). Die Blüten liefern 0,04—0,14% ätherisches Öl, dessen Zusammensetzung wenig bekannt ist; es bildet eine butterähnliche Masse, die zwischen 20 und 30° schmilzt. Als Inhaltsstoffe der Blüten hat man festgestellt 4% Arnicin, Inulin, Gerbstoffe, Gallussäure, Dextrose, Apfelsäure, Glycerinester der Laurin- und Palmitinsäure, Harz, Wachs, Chlorophyll, Farbstoff Arnizerin, bei 28° C schmelzendes Fett, Arnidiol oder Arnisterin, ein zweiatomiger Alkohol, der von krystallisierten Kohlenwasserstoffen und Arnicin begleitet wird, Buttersäure, Baldriansäure, keine Saponine.

Pharmakologie. Starke Aufgüsse, Tinkturen bewirken auf der Haut Reizungen, Entzündungen und Ödeme, innerlich Brennen und Kratzen, heftige Darmentzündungen, Benommenheit, Schwindel, Zittern, Herzbeschleunigung, Atemnot, Krampfzustände, Tod im Kollaps. W. PEYER hat die heftigen Reizzustände genau untersucht und bestätigt. In den Kreislauf eingebracht, steigert Arnika zunächst die Herztätigkeit und erhöht den Blutdruck, bewirkt dann aber Atemstillstand und allgemeine Lähmung. Die Empfindlichkeit einzelner Menschen gegen die Pflanze ist sehr verschieden; Ekzematiker reagieren meist rasch. In richtiger Dosierung wirkt Arnika innerlich anregend, schweißtreibend, diuretisch, resorptiv, äußerlich antiphlogistisch und antiseptisch. Als Spasmolyticum bei Asthma und als Stimulans für den gesamten Kreislauf; sie wirkt gefäßerweiternd.

Verordnungsformen. Rad. Arnicae zum heißen Aufguß, 1 Teelöffel auf 1 Glas Wasser. Rad. Arnicae pulv. 0,3—1,2 g zwei- bis dreimal täglich. Flores Arnicae 1 Teelöffel auf 1 Glas Wasser zum Aufguß. Tinctura Arnicae 2—20 Tropfen drei- bis fünfmal täglich. Für Umschläge und als Wundmittel 2—20 Tropfen auf 1—2 l Wasser. — *Homöopathie:* dil. D 2, dreimal täglich 10 Tropfen.

Medizinische Anwendung. Innerlich und äußerlich als Wundheilmittel bei Verletzungen, Wunden, Quetschungen, Verstauchungen, Blutergüssen, Brüchen; bei Muskelschmerzen und Entzündungen (Bursitis, Tendovaginitis). Weiter bei Nervenlähmungen, postapoplektischen Paresen, Epilepsie nach Fall, Commotio cerebri, Krämpfen, Cyanose Neugeborener. Bei Angina pectoris und Herzmuskelschwäche sind ebenso gute Wirkungen da wie bei Arteriosklerose, Grippe, Anginen und anderen

Hals- und Sprachaffektionen. Steriler Arnicaextrakt wird zur Injektion bei Karbunkeln (W. GERLACH), Fissura ani, Ulcera cruris verwendet, die Tinktur äußerlich noch bei Erysipel, Herpes labiales et facialis, Rheuma, Lumbago, Gicht, Haarausfall. DEUTSCHMANN stellte günstige Resultate fest bei Blutungen in den Augenlidern, Konjunktiven, vorderer Kammer, Glaskörper, Netz- und Aderhaut. KÖTSCHAU hebt die Wirkung auf Rheumatismus hervor, STIRNADEL auf Angina pectoris, sklerotische Myokardschäden und Arteriosklerose. KOSCH hatte verschiedentlich rasche Erfolge bei Pruritus ani (senilis). BOHN gibt als *Kontraindikation* nervöse Erregtheit und Reizbarkeit des Darmkanals an.

Homöopathische Anwendung. Erweiterung von Gefäßen, abnormer Blutandrang, Hämorrhagien aus verschiedensten Ursachen. Weiter bei Keuchhusten, Magenkrampf, Heißhunger, Blähungskolik, Blasenkrampf, unwillkürlichem Harnlassen, Blutharnen. Auch bei Neigung zu Heiserkeit nach Anstrengungen des Kehlkopfes und bei Furunkulose.

Volkstümliche Anwendung. Als Tee bei Magen- und Darmkatarrh, Magenleiden und -geschwüren, Leibschmerzen, Übelkeit, Herzschwäche; die Tinktur (oder mit Weingeist aufgesetzte Blüten) äußerlich bei Gicht, Hexenschuß, Rheuma, Quetschungen, Verstauchungen, Entzündungen, Lähmungen, Wunden und Verletzungen aller Art. Besonders wirksam soll bei Heiserkeit und eitriger Mandelentzündung Spülen und Gurgeln sein.

Tierheilkunde. Bei Stauchungen, Quetschungen, rheumatischen Lähmungen.

Senecio jacobaea L.,
Jakobs-Kreuzkraut, Baldgreis.

Beschreibung. Zweijährig, Höhe 30—100 cm. Wurzelstock abgebissen, faserig. *Stengel* aufrecht, oberwärts aufrecht-ästig, locker spinnwebig-wollig, meist violett. Untere *Blätter* länglich-verkehrteiförmig, leierförmig-fiederteilig, zur Blütezeit meist abgestorben; obere mit vielteiligen Öhrchen stengelumfassend, fiederteilig, vorn breiter, zwei- bis dreizähnig oder zweispaltig, mit fast rechtwinkelig (senkrecht) abstehenden Seitenzipfeln. Köpfchenstiele aufrecht, eine ziemlich dichte, ästige Doldentraube bildend. Hüllblätter länglich-lanzettlich, zugespitzt. *Korbblüte* goldgelb, Scheibenblüten röhrenförmig, Randblüten weiblich, zungenförmig. Frucht der Scheibenblüten stets kurzhaarig. *Blütezeit* Juli bis September.

Besonderes. Pflanze graugrün. Kommt als Variation auch ohne Strahlenblüten vor.

Vorkommen. Sonnige Hügel, Raine, Waldplätze, Wegränder; häufig.

Sammelzeit. Das blühende Kraut wird nicht zu tief abgeschnitten und getrocknet.

Drogen, Arzneiformen. Herba Senecionis jacobaeae, Jakobskraut. — *Homöopathie:* Urtinktur aus der frischen Pflanze.

Bestandteile. MADAUS gibt an, daß die Inhaltsstoffe denen von *S. vulgaris* gleichen (n. WEHMER). GESSNER bestätigt, daß die Alkaloide Senecin und Senecionin enthalten sind.

Pharmakologie. Die Senecio-Alkaloide führen nach einem kurzdauernden Stadium zentraler Vergiftungserscheinungen (Erbrechen, Krämpfe) erst nach Stunden oder Tagen zu schweren Magen-, Darm- und Stoffwechselstörungen, Lebercirrhose und zunehmender Kachexie zum Tode (n. GESSNER). BUNSCH injizierte kleine Mengen des alkoholischen Auszuges und fand allgemeine Erhöhung des Blutdruckes unter Kontraktion der abdominellen Gefäße, Abnahme der Herzarbeit. Große Dosen kehrten diese Wirkungen in das Gegenteil um. In therapeutischen Dosen wirkt die Pflanze als Emmenagogum und Hämostypticum (MURRELL, BARDET, DALCHÉ, LECLERC, KOCHMANN) und als Analgeticum (DALCHÉ). Die emmenagoge Wirkung ist nach WIET dem Senecionin zuzuschreiben, das curareartig wirkt, die Vasomotoren lähmt, Hyperämie, passive Kongestionen, interstitielle Hämorrhagien hervorruft, besonders an der Uterusschleimhaut. Das weiter enthaltene Senecin soll digitalisartig wirken. Die Wirksamkeit der Auszüge nimmt beim Altern rasch ab durch progressiven Abbau der Amine zu unwirksamen Endprodukten.

Verordnungsformen. Herba Senec. jac., zum heißen Aufguß, 1 Teelöffel auf 1 Tasse, 2 Tassen täglich. — *Homöopathie:* dil. D 1—2, dreimal täglich 10 Tropfen.

Medizinische Anwendung. Amenorrhöe, Dysmenorrhöe, bei reflektorisch vom Uterus ausgelösten Gastralgien und Verdauungsstörungen, Gastralgien bei Tuberculosis. LECLERC bestätigte die emmenagoge Wirkung besonders bei anämischen, neuro-arthritischen Patientinnen, sowie solcher die an Leber- und Magenstörungen litten. MADAUS gibt ferner an: Harndrang, Harnzwang, Cystitis, Diarrhöen in der Gravidität, Anämie, Chlorose, Diabetes, Herzklopfen.

Homöopathische Anwendung. Cerebral- und Cerebrospinalirritationen, Depressionen, Kopfschmerzen, zur Regulierung der Menstruation.

Volkstümliche Anwendung. Bei Amenorrhöe nach Erkältungen, zur Behandlung der Menostase, bei Hämopthysis, häufigem Nasenbluten und anderen Blutungen, ferner bei Darmparasiten, Epilepsie (SCHULZ). Der frisch gepreßte Saft bei hysterischen Krämpfen, Epilepsie, Koliken, Menstruationsbeschwerden, Gelbsucht, Gries- und Steinleiden, Spulwürmern, Skorbut. Der mit Zucker eingekochte Saft bei Blutflüssen, Blutspucken, Darmblutungen. Das zerquetschte Kraut äußerlich bei Verhärtungen der Brüste, Geschwülsten, Karbunkeln, Hämorrhoiden, Gicht (DINAND).

Senecio vulgaris L.,
Gemeines Kreuzkraut, Baldgreis.

Beschreibung. Ein- oder mehrjährig, Höhe 15—40 cm. Wurzel spindelig, dünn. *Stengel* aufrecht, meist ästig, gestreift, im Innern oft röhrig, kahl oder spinnwebig-wollig, rötlich, locker beblättert. *Blätter* wechselständig, kahl oder spinnwebig-wollig, verkehrt-lanzettlich oder lineal, buchtig-fiederspaltig, die unteren gestielt, die oberen mit geöhrtem Grunde stengelumfassend, lebhaft grün. Köpfchen bilden eine Doldentraube, *Korbblüten* hellgelb, klein; Randblüten fehlen, nur trichterförmige

Scheibenblüten, meist fünfzähnig; Staubbeutel am Grunde abgerundet, Griffeläste an den Spitzen abgestutzt und mit Härchen oder Pinselhaaren versehen oder über diese in ein Anhängsel verlängert. *Blüht* während der ganzen frostfreien Jahreszeit.

Besonderes. Pflanze kahl oder mehr oder weniger spinnwebig-wollig.

Vorkommen. Äcker, Wege, Schutt; gemein, Unkraut.

Sammelzeit. Das blühende Kraut wird nicht zu tief abgeschnitten und getrocknet.

Drogen, Arzneiformen. Folia Senecionis, Kreuzkraut. — Die Fa. *Madaus* stellt eine „Teep"-Verreibung von *S. vulgaris* und *S. jacobaea* her.

Bestandteile. Die beiden Alkaloide Senecin und Senecionin (zusammen 0,5%), Senecifolidin (?), Inulin.

Pharmakologie. Siehe *S. jacobaea.*

Verordnungsformen. Folia Senecionis, zum heißen Aufguß, 1 Teelöffel auf 1 Tasse, 2—3 Tassen täglich. „Teep", dreimal täglich $1/2$ Teelöffel.

Anwendungen. Wie *S. jacobaea.*

Bemerkungen. Die beiden Alkaloide sind auch enthalten in: *Senecio paludosus* L., *Sumpf-Kreuzkraut*; *Senecio silvaticus* L., *Wald-Kreuzkraut*; *Senecio fuchsii* GMELIN, *Fuchs-Kreuzkraut*.

Calendula officinalis L.,
Garten-Ringelblume, Ringelrose.

Beschreibung. Einjährig, Höhe bis 50 cm. Wurzel spindelförmig, *Stengel* aufrecht, verästelt, krautig, meist etwas filzig behaart. Untere *Blätter* sitzend, wechselständig, verkehrt-eiförmig bis spatelig, am Rande fein gezähnt und filzig behaart, obere Blätter länglich-lanzettlich mit breitem Grunde halb-stengelumfassend. Die großen *Blütenköpfe* stehen einzeln an den Spitzen der Stengelzweige und sind gold- oder rotgelb. Hüllblätter lineal-lanzettlich zugespitzt. *Früchtchen* stachelig, gekrümmt kahnförmig, geflügelt. *Blütezeit* Juni bis Herbst.

Besonderes. Ganze Pflanze drüsenhaarig, Geruch unangenehm, Geschmack bitterlich.

Vorkommen. Einheimisch in Südeuropa, bei uns häufig als Zierpflanze, vereinzelt verwildert.

Sammelzeit. Während der Blüte pflückt man die gelben Zungenblüten ab, die rasch getrocknet werden. Auch die ganze blühende Pflanze wird geschnitten.

Anbau. Lohnend. Man sät im April dünn aus und bedeckt den Samen gut. Die Pflanze kommt auf jedem Boden und vermehrt sich dann selbst weiter.

Drogen, Arzneiformen. Flores Calendulae, Ringelblumen; Herba Calendulae, Ringelblumenkraut; Extractum Calendulae fluidum; Tinctura Calendulae; Unguentum Calendulae. — *Homöopathie:* Essenz und Potenzen aus dem frischen, blühenden Kraut.

Bestandteile. 0,02% ätherisches Öl, 19% Bitterstoffe, darunter etwa 3% des carotinartigen Farbstoffes Calendulin, ein Saponin, Salicylsäure, 2,5% Gummi, 3,5% Harz, 6—7% Apfelsäure.

Pharmakologie. Die Pflanze ist wirksam als Wundmittel und Emmenagogum. MADAUS wies in umfangreichen Versuchen nach, daß irgendwelche toxische Wirkungen nicht bestehen; der von ihm festgestellte hämolytische Index (in der homöopathischen Tinktur) war 1:10. Calendula besitzt gegenüber Arnica keine Reizwirkung.

Verordnungsformen. Flores Calendulae 1 Teelöffel auf 1 Tasse zum heißen Aufguß, 2 Tassen täglich. Tinct. Calendulae dreimal 20 bis 30 Tropfen täglich oder zur Wundbehandlung 1:10 verdünnt. Extr. Calend. 0,3—0,6 g täglich. — *Homöopathie:* dil. D 2, dreimal täglich 10 Tropfen.

Medizinische Anwendung. Als Wundheilmittel zu innerlicher und äußerlicher Anwendung (Wunden, Quetschwunden, Amputationswunden, Ulcera cruris, Gangrän, Fisteln, Verbrennungen, Frostschäden). Als Emmenagogum besonders bei Neuropathen und anämischen Personen (Dysmenorrhöe) (LECLERC). Ferner als Diaphoreticum, weiter bei Ulcus ventriculi, Drüsenaffektionen und Hautkrankheiten (Staphylokokkeninfekte, Furunkel, Ausschläge, Bartflechte, Purpura haemorrhagica). Gegen Ca. wird die Pflanze in älterer und neuer Zeit vielfach angegeben, ohne daß bisher direkte Heilwirkungen feststellbar waren.

Wundsalbe (UNNA)
Rp: Tinct. Calendulae   10,0
    Eucerin. anhydr.   ad 50,0
    D. s.: Wundsalbe.

Homöopathische Anwendung. Innerlich bei Verwundungen, Entzündungen, Darmgeschwüren und entzündeten, geschwollenen, verhärteten Drüsen, äußerlich wie oben.

Volkstümliche Anwendung. Bei Riß-, Quetsch- und eiternden Wunden, Geschwüren und Beinschäden. KNEIPP wendete die Salbe bei bösartigen Geschwüren an und gab den Tee gegen Magenentzündung und -geschwüre.

Carlina acaulis L., C. caulescens LAMARCK,
Große Eberwurz, Stengellose Eberwurz, Mariendistel, Silberdistel.

Beschreibung. Ausdauernd, distelartig. *Wurzel* dick, spindelförmig, holzig, gelbbraun, geht senkrecht in die Erde. *Stengel sehr* kurz (selten verlängert bis 30 cm), meist mit einem sehr großen, dicht auf dem Boden sitzenden Blütenkopf. *Blätter* gestielt, derb, kahl oder unterseits spinnwebig-wollig, tief fiederspaltig bis gefiedert, Zipfel stachlig. Der gelblichweiße Blütenkopf steht in der Mitte der grundständigen Blattrosette und ist sehr groß. Äußerste Hüllblätter kürzer oder länger als die inneren, blattartig, fiederlappig, dornig gezähnt, mittlere lanzettlich, dornig zugespitzt, innerste schmal, länglich, glänzend-silberweiß, selten auch dunkelrosa. *Früchtchen* behaart, mit Haarschopf, dessen Haare gewimpert sind. *Blütezeit* Juli bis September.

Besonderes. Die Pflanze sondert Milchsaft ab. Außerdem gilt sie als Wetterprophet, weil sich die Hüllblätter bei feuchter Luft schließen.

Vorkommen. Kalkberge, steinige Hügel, trockene Gebirgswiesen, selten auf Sand; zerstreut. Gesetzlich *geschützt!*

Sammelzeit. Die Wurzeln werden im Spätherbst vorsichtig, ohne sie zu verletzen, ausgegraben, dann gesäubert und erst an der Luft, dann im Ofen weitergetrocknet.

Anbau. Lohnend, zumal die Pflanze selbst auf trockenem Kalkboden oder steinigen Hügeln wächst. Die Vermehrung am besten durch Samen, auch durch Wurzelbrut.

Drogen, Arzneiformen. Radix Carlinae, Eberwurzel.

Bestandteile. 18—22% Inulin, 1,5—2,1% ätherisches Öl, daneben Gerbstoff, Harz und Labenzym (PETERS).

Pharmakologie. Wissenschaftlich noch nicht bestätigt, gelten größere Dosen der Wurzel als durchfall- und brechenerregend, kleine dagegen blutreinigend, stärkend, harn- und schweißtreibend, fieberwidrig, Verdauung und Nerven anregend.

Anwendung. Im Volke wird der heiße Aufguß der Wurzel ($^1/_2$ Teelöffel auf 1 Tasse, 2 Tassen täglich) als harntreibendes Mittel bei Harn-Nieren- und Magenleiden, Wassersucht, ferner als wurmvertreibender Tee, weiter bei Impotenz, Zungenlähmung, mangelhafter Menstruation und bei fieberhaften Erkrankungen des Magen-Darmkanals angewendet. In Essig gekochte Wurzel bei Hautkrankheiten und zum Auswaschen von Wunden und Geschwüren. Besonders wird hervorgehoben (KROEBER), daß die Wurzel Narben beseitigen soll.

Arctium lappa L., Lappa off. ALL., L. major GAERTNER, Große Klette, Klettenwurzel.

Beschreibung. Zweijährig, Höhe bis 180 cm. *Wurzel* spindelästig, dick, bis 60 cm lang, graubraun, innen weißlich, mit schwammigem Mark gefüllt. *Stengel* aufrecht, mit aufrecht-abstehenden wollig-flaumigen Ästen, steif, zähe, gefurcht, oft rötlich überlaufen. *Blätter* wechselständig, gestielt, sehr groß, nach oben zu immer kleiner, am Grunde herz-eiförmig, etwas wellig, grob gezähnt oder ganzrandig, oberseits grün, dünnflaumhaarig, unterseits graufilzig. *Blütenköpfchen* kugelig, haselnußgroß, in lockeren Doldentrauben, schirmförmig ausgebreitet. Hüllkelchblätter grün, an der Spitze mit gelblichen Widerhaken versehen, länger als die Blüte. Blumenkrone bläulichrot oder weißlich, selten ganz weiß. Früchtchen 6—7 mm lang, durch Häkchen leicht anhaftend. *Blütezeit* Juli bis September.

Vorkommen. Überall häufig; gern an Wegrändern, Zäunen, Mauern, Dämmen, Ufern, auf Brachäckern und Schutt.

Sammelzeit. Blätter im Juni bis August, Wurzeln im Frühjahr. Man sammelt nur kleinere Blätter; die Wurzeln lohnen erst von den zweijährigen Pflanzen und werden vor dem Trocknen gewaschen.

Anbau. Lohnend; auf Schuttboden sät man dünn aus. Die Pflanzen vermehren sich dann selbst durch Samen und Ausläufer.

Drogen, Arzneiformen. Radix Bardanae, Klettenwurzel; Extractum Bardanae, Klettenwurzelextrakt; Extractum Lappae fluidum, Klettenwurzel-Fluidextrakt; Oleum Bardanae, Klettenwurzelöl. — *Homöopathie:* Essenz und Potenzen aus der frischen Wurzel.

Bestandteile. Wurzel: bis 45% Inulin, Spuren fettes und ätherisches Öl, ein Glykosid Lappine, Kohlenwasserstoff $C_{26}H_{54}$, Phytosterin, Fettsäuren, Phosphorsäure, Glycerin, Gerbstoffe, Phlobabene, Invertzucker (Fructose), Pentosane, Mineralstoffe. In den Früchten das Glykosid Arctiin und fettes Öl.

Pharmakologie. Diureticum, Laxans, Sudorificum (TSCHIRCH). Staphylokokkeninfektionen sollen besonders günstig beeinflußt werden.

Verordnungsformen. Rad. Bardanae zum heißen Aufguß, 1 Teelöffel voll auf 1 Glas Wasser, tagsüber trinken. Rad. Bardanae pulv., 6—12 g täglich. — *Homöopathie*: dil. D 1—3, dreimal täglich 10 Tropfen. — Als Cosmeticum: Oleum Bardanae zum Einreiben.

Medizinische Anwendung. Äußerlich und innerlich: Hautkrankheiten, wie Ekzeme, Milchschorf, Acne, Exantheme und Eiterungen besonders venerischer und skrofulöser Natur (BOHN), Ulcerationen (U. cruris), Furunkel, Verbrennungen. Ferner bei Gicht und Rheuma (harn- und schweißtreibend), Steinbildungen der Harnwege, Magenkrankheiten, Husten mit Tuberkuloseverdacht. LECLERC berichtet von Erfolgen bei Seborrhöe, Ekzemen, Acne.

Homöopathische Anwendung. Hautkrankheiten, Acne, Furunkulose, Kopfekzem, chronische Erysipelas, Gebärmuttervorfall, Achselschweiß (äußerlich).

Volkstümliche Anwendung. Umschläge bei Wunden, Haarwuchsmittel, Blutreinigungsmittel bei Hautleiden, als Harntreibemittel, bei Rheumaschmerzen zum Schwitzen. KNEIPP machte außerdem noch gute Erfahrungen bei Magenbeschwerden, Munderkrankungen, Geschwüren und Haarausfall.

Cirsium oleraceum SCOPOLI, Cnicus oleraceus L., Kohl-Kratzdistel, Wiesenkohl.

Beschreibung. Ausdauernd, Höhe 50—150 cm. Horizontale Scheinachse mit fadenförmigen Wurzeln. *Stengel* aufrecht, meist ästig, röhrig, harzend, entfernt beblättert. *Blätter* weich, untere groß, fiederspaltig mit länglich-eiförmigen Abschnitten, obere meist buchtig gezähnt, ungeteilt. Alle Blätter nicht herablaufend, mit geöhrtem Grunde stengelumfassend. Köpfe der *Korbblüten* endständig, gehäuft, auf spinnwebigwolligen Stielen, von großen, breit eiförmigen, gelblichen Deckblättern umhüllt. Hüllkelchblättchen laufen in einen kurzen, weichen Dorn aus. *Blumenkrone* etwa 2 cm lang, mit 5spaltigem Saum, gelblichweiß, selten purpurn. Blüte zwittrig, Staubfäden behaart. *Blütezeit* Juli bis Herbst.

Besonderes. Pflanze kahl oder sehr zerstreut behaart.

Vorkommen. Feuchte Wiesen, Gräben; häufig.

Sammelzeit. Die ganze Pflanze zur Blütezeit; man schneidet die oberen Hälften ab.

Bestandteile. Noch nicht erforscht; WEHMER gibt Inulin an, WIESNER zählt *Cirsium ol.* zu den Labpflanzen, WANDER gibt Hesperidin an, KROEBER stellte eisengrünenden Gerbstoff, FEHLINGsche Lösung reduzierende Substanzen, ferner die Anwesenheit eines Glykosides bzw. Alkaloides fest.

Anwendung. Im Volke bei rheumatischen Gebrechen, auch in Form von Bädern.

Silybum marianum GAERTN., Carduus marianus L., Mariendistel, Stechkraut.

Beschreibung. Ein- oder zweijährig, Höhe 100—150 cm. *Stengel* aufrechtästig, bräunlich-glänzend, kahl oder leicht spinnwebig-wollig. *Blätter:* untere länglich-elliptisch, buchtig-gelappt, eckig, mittlere stengelumfassend, fiederspaltig, alle glänzendgrün, entlang der Nerven weißgefleckt, dornig-gelb-gezähnt. *Blütenköpfe* groß, einzeln, endständig, leicht nickend. Hülle kugelig, am Grunde eingedrückt, äußere Hüllblätter eiförmig, mit dreieckigen, spitzen, abstehenden Anhängseln, innen anliegend. Blumenkrone purpurn. Früchtchen kahl, braunfleckig, weißer Haarschopf aus einfachen Haaren. *Blütezeit:* Juli, August.

Vorkommen. Zierpflanze aus Südeuropa, hin und wieder angebaut und verwildert, manchmal im Park.

Sammelzeit. Kurz vor der Reife werden die Köpfe gesammelt und in trockenen, luftigen Räumen zum Nachreifen aufgehängt; der Samen wird dann durch Ausklopfen gesammelt.

Drogen, Arzneiformen. Semen Cardui Mariae, Mariendistelsamen; Herba Cardui Mariae, Mariendistel. — *Homöopathie:* Tinktur und Potenzen aus den reifen Samen.

Bestandteile. In den Samen: Gerbstoff, fettes Öl, Bitterstoff, Tyramine, Amine (KROEBER, ULLMANN).

Pharmakologie. Die Tinktur hemmt zunächst den Gallenabfluß durch Motilitätshemmung, verursacht danach erst starke Anregung des Gallenabflusses (WESTPHAL). Der Samen besitzt blutdrucksteigernde Eigenschaften (LECLERC).

Verordnungsformen. Sem. Card. mar. cont. oder Herba Card. Mar., zur Abkochung, 1 Teelöffel auf 1 Tasse, 2—3 Tassen tagsüber schluckweise. Sem. Card. mar. pulv., 4—5 Teelöffel täglich. — *Homöopathie:* dil. D 1, dreimal täglich 10 Tropfen.

Medizinische Anwendung. Leberstauungen, Hepatitis, Cholelithiasis, Ikterus, Gallensteinkoliken, Cholangitis, Milzschwellungen. Zur Steigerung des Blutdruckes.

Homöopathische Anwendung. Leberaffektionen mit Durchfall oder Verstopfung, Gelbsucht, schmerzhafte Leberauftreibung, Gallensteinkolik, Bauchwassersucht; Husten, Affektionen des Brust- und Bauchfells, bei Kongestivzuständen und Blutungen des Uterus (HEINIGKE). MADAUS berichtet von ganz hervorragenden Erfolgen bei Varizen und Ulcera cruris (im Wechsel mit Calc. fluorat.); weiter werden Erfolge berichtet bei intermenstruellen regelmäßigen Unterleibsschmerzen und habitueller Migräne (SCHLEGEL), Kachexie der Bergleute (FRÖHLICH), hier als ∅, vier- bis fünfmal täglich 5 Tropfen.

Volkstümliche Anwendung. Milz- und Leberleiden, Gelbsucht, Steinleiden, Wassersucht, Influenza, Brustleiden, Blutspucken, Seitenstechen, Lungenentzündung, Wechselfieber, Magenleiden, mangelhafte Monatsblutungen, Uterusleiden, Weißfluß.

Onopordon acanthium L.,
Eselsdistel.

Beschreibung. Ein- und zweijährig, Höhe 30—150 cm. *Stengel* aufrecht, ästig, etwas wellig, durch die herablaufenden Blätter sehr breit geflügelt, stachelig. *Blätter* elliptisch-länglich, buchtig, lappig, spinnwebig-wollig, stark dornig gezähnt. *Blütenköpfe* einzeln, ziemlich groß, rundlich. Blütenstandachse fleischig, mit tiefen Gruben, am Rande fransig-gezähnt, Hüllblätter lineal pfriemlich, locker spinnwebig, untere meist abstehend. Krone hellpurpurn, alle Blüten zwittrig. Frucht fast vierkantig, Haarkrone doppelt so lang, rötlich. *Blütezeit* Juli bis Herbst.
Besonderes. Ganze Pflanze spinnwebig, nicht drüsig klebrig. Blätter riechen unangenehm. Haarkronen verspinnbar. Wurzeln, junge Sprosse und Blütenboden werden vielfach gegessen.
Vorkommen. Ackerränder, Wege, Zäune, Schutt, unbebaute Orte; sehr zerstreut, in Ebene und Hügelland.
Sammelzeit. Die ganze Pflanze wird zu Beginn der Blütezeit gesammelt, die größeren Stengel entfernt.
Drogen, Arzneiformen. Drogen sind nicht im Handel. — Die Fa. *Madaus* stellt eine „Teep"-Verreibung her.
Bestandteile. Inulin in Hüllblättern und Blütenboden, in den Samen 30—35% fettes Öl.
Wirkung, Anwendung. Die alten Ärzte wandten Preßsaft und Extrakt äußerlich und innerlich gegen Carcinom an. Im Volke wird der Saft gegen Gesichtskrebs verwendet. BOHN weist auf die Anwendung gegen die bei Carcinom zugrunde liegende und meist zu Rückfällen führende Blutentmischung und bei inoperablen Krebsgeschwülsten hin.

Centaurea cyanus L.,
Kornblume, Ziegenbein, Flockenblume, Kaiserblume.

Beschreibung. Einjährige und überwinternde einjährige Pflanze, Höhe 30—60 cm. Stengel aufrecht, ästig. *Blätter* wechselständig, graugrün, nicht herablaufend, lineal-lanzettlich, die untersten am Grunde gezähnt oder dreiteilig, die oberen sitzend, meist ganzrandig. Die *Blütenköpfchen* stehen am Ende des Stengels und der Äste. Hüllblätter fransig geschlitzt, braun oder weißlich. Strahlenblüten blau, selten rot, rotviolett oder weiß. Scheibenblüten violett, verwachsen. Frucht mit gleichlanger Haarkrone. *Blütezeit* Juni bis Herbst.
Besonderes. Ganze Pflanze zerstreut spinnwebenartig behaart.
Vorkommen. Unter der Saat; häufig, auch als Zierpflanze in Gärten.
Sammelzeit. Es werden nur die blauen Randblüten durch Auszupfen gesammelt. Trocknung dünn ausgebreitet im Schatten.
Anbau. Lohnend, da die Pflanze auf fast jedem Boden gut angeht; man sät im Frühjahr oder Herbst ziemlich dicht aus.
Drogen. Flores Cyani, Blaue Kornblumen.
Bestandteile. Cichoriumglykosid, 0,7% Farbstoff Cyanin (Diglykosid des Cyanidins), in den roten Blüten Pelargonin, Inulin (?), Wachs, Gerb-

stoff, Schleim, 6—11% Asche, davon 50% Kaliumsalze. WESTER fand in 100 g Asche 222,1 mg Mangan.

Pharmakologie. Die Wirkung kommt sicher über den hohen Kali- und erheblichen Mangangehalt zustande, zumal nach KOFLER keine Saponine vorhanden sind (KROEBER).

Wirkung, Anwendung. Im Volke wird die Abkochung als Augenwasser bei Katarrhen und Entzündungen, weiter zu Waschungen und Umschlägen bei Kopfgrind, Schuppenbildung, Wunden, innerlich bei Husten, Brustleiden, Gelbsucht und Wassersucht verwendet.

Cnicus benedictus L., Centaurea benedicta L., Benediktenkraut, Benediktenkarde, Heil-, Bitterdistel.

Beschreibung. Einjährig, Höhe bis 50 cm. Der *Stengel* teilt sich vom Grunde an in ausgespreizte Äste und ist 5kantig, gestreift, im unteren Teil borstig. *Blätter* länglich-lanzettlich, teils gestielt, teils stengelumfassend, grob netzadrig, dornig-fiederbuchtig, Lappen dornig gezähnt. Blätter und Stengel zottig und klebrig behaart. *Blütenköpfe* einzeln, groß, endständig, von Hochblättern hüllenförmig umgeben. Krone gelb, Hüllkelch eiförmig, spinnwebenartig behaart. Hüllblättchen dachziegelig. Früchte stielrund, von bleibendem Pappus gekrönt. *Blütezeit* Juni bis August.

Besonderes. Distelartige Pflanze, Geschmack stark bitter.

Vorkommen. Bei uns höchstens verwildert, sonst nur kultiviert.

Sammelzeit. Die ganze Pflanze wird während der Blütezeit abgeschnitten.

Anbau. Sehr lohnend, auf nicht zu trockenen Orten. Im Frühjahr wird nicht zu dicht gesät, die Pflanzen später behackt. Man schneidet etwa 2—3mal vom Sommer bis zum Herbst ab. Durchschnittsertrag von 1 a = 25 kg. Die Trocknung kann in der Sonne erfolgen.

Drogen, Arzneiformen. Herba Cardui benedicti, Kardobenediktenkraut; Extractum Cardui benedicti, Kardobenediktenextrakt; Extr. Cardui bened. fluid. — *Homöopathie:* Urtinktur aus der ganzen blühenden Pflanze und Potenzen.

Bestandteile. Glykosidischer Bitterstoff Cnicin; neuere Forscher (EICHLE, ZELLNER) betrachten das Cnicin als einen dem Menyanthin ähnlichen Bitterstoff; ferner 0,03% ätherisches Öl, Gerbstoff, Schleim, Farbstoff, Gummi und reichliche Mengen von Kalium-, Calcium- und Magnesiumsalzen (bis 20% Asche).

Pharmakologie. Cnicin ruft in Dosen von 0,1—0,3 g Hitze und Brennen in Mund und Speiseröhre, Erbrechen, Durchfälle, Kolik und leichte Temperaturerhöhung hervor; Erbrechen und Durchfälle können gelegentlich auch durch größere Mengen des Aufgusses hervorgerufen werden (SCHWANDNER, LEWIN). Das therapeutisch wirksame Prinzip der Kardobenedikte ist ihr Charakter als Bitterstoffpflanze. WEGER beobachtete Anregung der Herztätigkeit und leitet die appetitanregende Wirkung von dieser Anregung und der besseren Durchblutung der Abdominalorgane ab. PEYER bringt in seinem vorzüglichen Buche: „Pflanzliche Heilmittel" eine ausgezeichnete Zusammenfassung der Wirkungen der

Bitterstoffe. Er betont, daß die Quantität des Magensaftes, sein Inhalt an freier HCl und die Gesamtacidität nur ansteigen, wenn man die bitteren Stoffe auf die Mundschleimhaut bringt. Bringt man z. B. die Bitterstoffe direkt in den Magen, so bleibt die Wirkung aus. Wahrscheinlich wird durch Steigerung der Motalität der Übergang der Speisen in den Dünndarm beschleunigt (HEUBNER); die Bitterstoffglykoside steigern die Erregbarkeit des Sympathicus und wirken auch auf den Uterus (JUNKMANN); die Zahl der weißen Blutzellen wird vermehrt. MADAUS fand kleine Mengen von ausfällbarem Eiweiß von geringer Giftigkeit.

Verordnungsformen. Herba Card. ben. zum heißen Aufguß, 1 Teelöffel auf 1 Tasse Wasser, $^1/_2$ Stunde vor den Mahlzeiten $^1/_2$ Tasse; Extract. Card. ben. 0,3—1,0 g pro die in Pillenform; Extract. Card. ben. in Südwein (20,0 : 1000,0) als tonischer Wein, 1 kleines Glas vor den Mahlzeiten. Herba Card. ben. pulv., pro die 1—2 g in Oblaten. — *Homöopathie:* dil. D 1, dreimal täglich 10 Tropfen.

Medizinische Anwendung. Bei allen Verdauungsstörungen, Leberschwellung, Gallenstauung, Dyspepsie, Flatulenz, Atonie des Darmtraktes (nach Erkrankungen und Operationen); bei Fieber, ferner als Roborans bei Herzkrankheiten, im Klimakterium, bei Chlorose, Anämie, Hypochondrie, Hysterie, Neurasthenie, Schlafstörungen; schließlich innerlich und äußerlich bei Geschwüren in Magen und Darm, Carcinom und Lupus. (Über die beiden letzten Indikationen wird schon seit dem Mittelalter zuverlässig berichtet). *Kontraindikationen:* Hyperacidität, Nierenentzündungen. Die Anwendung in der *Homöopathie* ist die gleiche. Die *Anwendung bei Ulcera ventriculi et duodeni* erscheint vorerst unrichtig, da ja die Menge und Qualität des Magensaftes erhöht wird. Nach den hervorragenden, in Gründlichkeit und Beweiskraft einzig dastehenden Forschungen meines Lehrers, des Hamburger Chirurgen Prof. KONJETZNY über die Ulcusgenese ist die seit Jahrhunderten geübte Anwendung nur wieder eine Bestätigung seiner Ergebnisse.

Volkstümliche Anwendung. Verdauungsbeschwerden, Magen- und Darmgeschwüre, Gicht, Asthma, Harnbeschwerden, unregelmäßige Blutungen der Frau, Frostbeulen, ferner zur Wundbehandlung (Aufstreuen des Pulvers) bei atonischen, carcinomatösen Geschwüren.

Cichorium intybus L.,
Wegwarte, Cichorie.

Beschreibung. Ausdauernd, Höhe 30—125 cm. *Pfahlwurzel* dick, spindelig. *Stengel* ästig, rutenförmig, hohl, gefurcht und rauhhaarig. Untere *Blätter* gestielt, quirlförmig, buchtig-fiederspaltig, obere Blätter sitzend, ungeteilt, lanzettlich, fast stengelumfassend. *Blüten* verwachsen, himmelblau, zuweilen rosenrot oder weiß, zungenförmig. Die Blütenköpfchen stehen einzeln oder zu mehreren beisammen in den Blattachseln. Frucht nicht abfallend, kantig, mit 1—2reihigem, aus Schuppen bestehenden Kelchsaum. Federkrone vielmal kürzer als die Frucht. *Blütezeit* Juli bis September.

Besonderes. Pflanze mehr oder weniger steifhaarig, in allen Teilen führt sie bitteren Milchsaft. Ohne besonderen Geruch und Geschmack. Bei Regenwetter schließen sich die Blüten.

Vorkommen. Wege, Ackerränder, trockene Wiesen, besonders auf Lehmboden; gemein.

Sammelzeit. Die Wurzeln werden im Frühjahr gegraben, gesäubert und scharf getrocknet. Von den Blättern zieht man nur die Wurzelblätter und unteren Stengelblätter ab. Die Blütenblätter sind leicht abzuzupfen.

Anbau. Wird feldmäßig betrieben. Im Frühjahr sät man mit der Maschine aus (auf 1 ha = 3—4 kg). Es werden die Wurzeln geerntet und gedarrt, die zu Kaffee-Ersatz (-zusatz) weiter bearbeitet werden (in Deutschland werden etwa 11000 ha bebaut und in über 100 Fabriken verarbeitet).

Drogen, Arzneiformen. Folia (Herba) Cichorii, Zichorienblätter (-kraut); Radix Cichorii, Zichorienwurzel; Flores Cichorii, Zichorienblüten. — *Homöopathie:* Urtinktur und Potenzen aus der frischen Wurzel.

Bestandteile. In *Blüten* und *Blättern:* Bitterstoff Cichorin 0,1—0,2%, Cholin, 4,5—9,5% Fructose, 4,7—6,5% sonstige Kohlehydrate, 0,3 bis 0,5% Fett, 3,2—4,4% Asche. In den *Wurzeln:* 11—15% Inulin, Gerbsäure, fettes Öl, Spuren ätherisches Öl, Pektin, Harz, Lävulin, Cholin und 10—22% Zucker. Im *Milchsaft:* Gummi, Bitterstoff Lactucin.

Pharmakologie. Im Tierversuch konnte durch perorale Eingabe des Infuses eine geringe cholagoge Wirkung nachgewiesen werden (GRABE, HEIDE); ob diese therapeutisch ausreicht, ist fraglich. SCHULZ gibt an, daß der dauernde Genuß von Zichorienkaffee Hämorrhoiden und Varicen hervorrufe. LECLERC bezeichnet die Pflanze als nicht reizendes, bitteres Tonicum, das gleichzeitig diuretisch und leicht abführend wirkt. RITTER schreibt ihr eine besondere Wirkung auf die Blutgefäße der Schleim- und serösen Häute zu, ebenso auf die Retina, das Periost und auf Leber und Pfortadersystem.

Verordnungsformen. Radix Cichorii oder Herba Cichorii zum heißen Aufguß, 1 Teelöffel auf 1 Tasse Wasser, 2 Tassen täglich. — *Homöopathie:* ⌀ — dil. D 2, dreimal täglich 10 Tropfen.

Medizinische Anwendung. Als mildes Cholagogum bei Leberschwellungen, die mit Appetitlosigkeit und Magenaffektionen einhergehen, auch bei Milzbeschwerden. Als Umschlag bei Erysipel und Geschwüren. In der *Homöopathie* sind die Anzeigestellungen im wesentlichen die gleichen.

Volkstümliche Anwendung. Bei Hypochondrie, Unterleibsstockungen, Hämorrhoiden, Gelbsucht, Magenbeschwerden; als Blutreinigungsmittel; appetitanregend, wurmtreibend, abführend, harn- und schweißtreibend, auflösend, stärkend und schmerzstillend. Wegwartspiritus bei Gliederatrophie.

Bemerkungen. Die in dunklen Kellern getriebenen, unentfalteten Blattrosetten geben den „Chicorée"-Salat.

Taraxacum officinale WIGGERS, Leontodon taraxacum L., Gemeiner Löwenzahn, Maiblume.

Beschreibung. Ausdauernd, Höhe 15—30 cm. *Wurzel* walzig-spindelförmig, fleischig, milchend, außen rötlich, innen weiß. *Blätter* in grundständiger Rosette, lineal-lanzettlich, ungleich schrotsägeförmig gespalten, mit dreieckigen, gezähnten Lappen oder ganzrandig. Blütenstengel röhrig-hohl, milchend, oft rötlich, einköpfig. *Korbblüte.* Hüllblättchen dreireihig, die äußeren kürzer und zurückgeschlagen, Köpfe groß, goldgelb, Blüten zungenförmig, flach ausgebreitet, schließen sich abends oder bei trübem Wetter. *Früchte* klein, langschnäbelig, hellbraun, mit großem weißen Pappus, bilden auf dem trockenen Fruchtboden sitzend, die sog. „Pusteblumen". *Blütezeit* April bis Oktober.

Besonderes. Alle Teile der Pflanze führen weißen, bitter schmeckenden Milchsaft, der auf der Haut braune Flecken macht.

Vorkommen. Auf Wiesen, Rasenflächen, Schutthaufen, an Mauern und Hecken, Wegrändern, Gräben; gemein.

Sammelzeit. Man sammelt entweder die ganze Pflanze vor der Blüte, entfernt dabei die Blütenstengel. Oder man sammelt die Blätter vom April bis August und gräbt die Wurzeln im Frühjahr vor der Blütezeit. Die Wurzeln werden gewaschen und gut getrocknet.

Anbau. Lohnend, weil der wild wachsende Löwenzahn meist zu kleine Wurzeln besitzt. Vermehrung leicht durch Samen. Die besten Wurzeln werden in gedüngtem, lockeren, etwas sandigen Boden erzielt. Man erntet die Wurzeln dann im zweiten Jahre.

Drogen, Arzneiformen. Radix Taraxaci cum Herba, Löwenzahn; Folia Taraxaci, Löwenzahnblätter; Radix Taraxaci, Löwenzahnwurzel. Extractum Taraxaci, Löwenzahnextrakt. — *Homöopathie:* Essenz und Potenzen aus der ganzen, frischen, vor der Blüte gesammelten Pflanze.

Bestandteile. Der von SAYRE zu 0,05% krystallisiert isolierte Bitterstoff Taraxin ist noch nicht differenziert worden. Inulin ist bis zu 40% enthalten, ferner Vitamin D. BELDING POWER und BROWNING fanden in der Herbstwurzel Weinsäure, Mannit, Taraxacerin?, Zucker, Schleim, Inosit, Gerbstoff, Kautschuk, Fett, Wachs, Inulin, ein langsam Amygdalin spaltendes Enzym, Spuren eines ätherischen Öles von Furfuroldehydcharakter, p-Oxyphenylessigsäure, 3,4-Dioxyzimtsäure, wenig Cholin, reichlich linksdrehender Zucker (Lävulose). In der 1,8% betragenden öligen Harzmasse: Androsterol, Homoandroserol, Cluytianol, Palmitin-, Cerotin-, Melissinsäure, ungesättigte Säuren, hauptsächlich Öl- und Linolsäure mit ganz wenig Linolensäure, zwei neue Alkohole Taraxasterol und Homotaraxasterol. Der Aschegehalt der Wurzeln beträgt 8%, der der Blätter 16%. (Zit. n. KROEBER.) ROBERG konnte in der Droge kein Saponin nachweisen.

Pharmakologie. Die Pflanze ist als Cholagogum von altersher bewährt, was neuerdings von INVERNI, CHABROL, BÜSSEMAKER, MERCK u. a. bestätigt wird. INVERNI faßt die Eigenschaften zusammen: Amarum, welches den Appetit anregt, Cholagogum, Diureticum und leichtes Purgativum. Bei intravenöser Injektion des Wurzelextraktes wurde die Gallensekretion verdoppelt, durch Blätterextrakt bis vervierfacht (CHABROL, CHARONNAT, MAXIMIN). Die Sympathicuserregbarkeit wird gesteigert, die Abdominalorgane werden besser durchblutet und die Wirkung subcutaner Adrenalininjektionen auf den Blutzucker wesentlich gesteigert (WEGER). MADAUS stellte bei Verfütterung an Mäuse (1 g Wurzel täglich) fest, daß von fünf Mäusen zwei starben und diese bei der Sektion aufgehellte Lebern und blutige Därme aufwiesen. Die diuretische Wirkung der Pflanze führt GESSNER auf den hohen Kaliumgehalt zurück. — *Vergiftungen* sind bei Kindern, welche den Milchsaft der Stengel ausgesogen hatten, beobachtet, aber noch nicht pharmakologisch untersucht worden; es ist kaum anzunehmen, daß die Vergiftungserscheinungen auf die Pflanze zurückzuführen sind.

Verordnungsformen. Radix Taraxaci cum Herba, zum kalten Auszug, 1 Teelöffel auf 1 Tasse, 8 Stunden stehen lassen, 2 Tassen täglich. Succus Taraxaci recent., dreimal täglich 1 Eßlöffel. — *Homöopathie:* ∅ — dil. D 1, dreimal täglich 10 Tropfen.

Medizinische Anwendung. Bei Hepato- und Cholecystopathien, besonders chronischer Art (Leberschwellungen, Hepatitis, Cholangitis, Cholecystitis, Cholelithiasis, Ikterus). MADAUS weist besonders auf die Verwendung bei Diabetes mellitus hin (BOHN). Wirksam ist die Pflanze bei Verdauungsbeschwerden, mangelhafter Verdauung, Obstipation, Flatulenz, Gastritis mit starker Schleimbildung. Die diuretische Wirkung ist auszunützen bei Hydrops cordis und bei Nephropathien, Nieren- und Blasensteinen. Im allgemeinen ist mit der Pflanze eine gründliche Anregung des Stoffwechsels zu erreichen.

Homöopathische Anwendung. Rheumatische Affektionen der Muskeln und Nerven, Kopfschmerzen mit gastrischen Zuständen, Schwindel, Muskelzucken, Diabetes, Verdauungsschwäche mit Obstipation, Wechselfieber mit großer Entkräftung, Appetitmangel, unruhiger Schlaf, nächtlicher kopiöser Schweiß, typhöse Fieber (HEINIGKE). PFLEIDERER sah besondere Erfolge bei Bettnässen, STEUERNTHAL bei Kropf und M. Basedow. Charakteristisch für die homöopathische Anwendung ist das Symptom der Lingua geographica (MADAUS).

Volkstümliche Anwendung. Die frischen, jungen Blätter werden als Frühjahrssalat gegessen, der frische Saft als Blutreinigungsmittel angewendet. KNEIPP lobt die Pflanze bei Verschleimungen des Magens und der Lunge und empfiehlt ihn bei Leberleiden, Gelbsucht und Hämorrhoiden. KÜNZLE empfiehlt den frischen Milchsaft gegen Hornhautflecken. Auch trockene Ekzeme werden damit bestrichen. Gegen Krampfadern wird vielfach Löwenzahnsalbe verwendet.

Weitere Verwendung. Löwenzahnwurzeln ergeben geröstet einen brauchbaren Kaffee-Ersatz und gelten als wertvolles Futtermittel.

Lactuca virosa L.,
Giftlattich.

Beschreibung. Überwinternd einjährig und zweijährig, Höhe 60 bis 100 cm. *Wurzel* senkrecht, ästig, *Stengel* aufrecht, rund, hohl, oben rispig verästelt, unten stachelborstig, rötlich angelaufen oder gefleckt. *Blätter* wechselständig, waagerecht abstehend, zerstreut, länglich-verkehrt-eiförmig, ungeteilt oder buchtig ausgeschnitten, am Grunde pfeilförmig, am Rande stachelspitzig gezähnt, unterseits auf dem Mittelnerv stachelborstig, bläulichgrün. *Blütenstand* pyramidenförmige Rispe mit endständigen Blütenköpfchen; Hüllkelch kegelförmig, Blättchen dachziegelartig, am Grunde weißhäutig. *Blüten* gelb, randständige zungenförmig, gezähnt, Scheibenblüten röhrig. *Früchte* im Hüllkelch, schwarz, langgeschnäbelt, mit Haarkrone an der Spitze. *Blütezeit* Juli, August.

Besonderes. Pflanze führt in allen Teilen weißen Milchsaft. *Giftig!*

Vorkommen. Sonnige, steinige Orte, lichte Waldplätze, Weg- und Ackerränder.

Sammelzeit. Das blühende Kraut wird nicht zu tief abgeschnitten und schnell getrocknet. — Zur Gewinnung des eingetrockneten Milchsaftes („Lactucarium") schneidet man kurz vor der Blüte die Stengel etwa 30 cm unter der Spitze ab, sammelt den austretenden, antrocknenden Milchsaft, der harte, formlose, bräunliche Klumpen bildet. Täglich schneidet man ein Stückchen weiter ab.

Anbau. Man kann den Samen im Frühjahr direkt aussäen oder im Herbst säen, Pflänzchen ziehen und diese dann auspflanzen.

Drogen, Arzneiformen. Herba Lactucae virosae, Giftlattichkraut; Lactucarium germanicum, Deutsches Lactucarium; Extractum Lactucae virosae, Giftlattichextrakt. — *Homöopathie:* Urtinktur und Potenzen aus der ganzen blühenden Pflanze.

Bestandteile. Im Milchsaft bis zu 0,3% stickstofffreier, nicht glykosidischer Bitterstoff Lactucin, ferner Lactucopikrin, Lactucerin, der Essigsäureester eines noch nicht ganz erforschten Alkohols Lactucerol; außerdem ein pupillenerweiterndes, krystallisiertes Alkaloid, das mit Hyoscyamin identisch sein soll, 2% Mannit, Kautschuk, Asparagin (?), Oxal-, Citronen- und Apfelsäure, Zucker, Harz, Eiweiß, 7,5—10% Asche.

Pharmakologie. Die hypnotisch-sedative Wirkung ist den beiden Bestandteilen Lactucin und Lactucopikrin zuzuschreiben (FORST). Ein Excitationsstadium fehlt, DANZEL empfand nach einer Dosis von 2 bis 2,5 g Nausea und Schlafsucht, nach größeren Dosen anhaltenden Schlaf. Zur Linderung starken Reizhustens reichen 0,005—0,1—0,3 vollkommen aus (BLUMENTHAL). Eine Reihe französischer Autoren (LECLERC, POUCHET, PIC, BONNAMOUR, BOUCHARDAT) bestätigen die sedative, schmerzstillende Wirkung, die übrigens vom Standort der Pflanze beeinflußt wird (VOLLMER) und beim Lagern der Droge und der daraus hergestellten Extrakte rasch abnimmt. Eine mydriatische Wirkung konnte von MUNCH u. a. nicht bestätigt werden. Nebenerscheinungen sind allenfalls leichte Benommenheit, Kopfweh und gelegentlich beschleunigter Stuhlgang. Im Tierversuch und bei entsprechender Dosierung trat eine absteigende Erregbarkeitsverminderung sowohl motorisch, reflektorisch als auch sensibel auf, es setzte Somnolenz ein, Nachlassen der Respirationstätigkeit, dann erfolgte nach einem Excitationsstadium durch Herzlähmung der Tod (SKWORZOFF und SOKOLOWSKI).

Vergiftungen sind vorgekommen. Es erfolgen zunächst Schweißausbruch, Mydriasis, Beschleunigung von Herz- und Atemfrequenz, Schwindel, Ataxie, Sehstörungen, Ohrensausen, Kopfdruck, Schlaf mit schweren Träumen, Aufregungszustände, Herabsetzung des Blutdruckes, der willkürlichen und reflektorischen Motorik und Tod durch Herzlähmung. *Gegenmittel:* Kreislauf- und Herzmittel (GESSNER).

Verordnungsformen. Herba Lactucae virosae, zum heißen Aufguß, 2 Teelöffel auf 1 Tasse, tagsüber schluckweise trinken. Extractum

Lactucae virosae, dreimal täglich 0,1—0,2 g. Lactucarium germ., dreimal täglich 0,1—0,2 g. — *Homöopathie:* dil. D 3—4, dreimal täglich 10 Tropfen. *Maximaldosis.* Extract. Lact. vir. 0,5 pro dosi, 2,0 pro die; Lactucarium germ. 0,3 pro dosi, 1,0 pro die.

Rezeptpflichtig: Lactucarium, Extractum Lactucae virosae.

Medizinische Anwendung. Bei chronischen Schleimhautkatarrhen mit Spasmen. Bronchitis, Laryngitis, Pharyngitis, Reizhusten, Pertussis, Asthma, nervöse Schlaflosigkeit und Aufregungszustände, gesteigerte Libido, Spermatorrhöe; progressive Bulbärparalyse (KILLIAN), erethische Skrofulose (BAUMANN), Brustwassersucht (GUMPRECHT), Hydrops, Blasenkrämpfe, Sehstörungen katarrhalischer Ursache. — Die *homöopathischen* Anwendungen sind die gleichen.

Volkstümliche Anwendung. Koliken, Wassersucht, Gelbsucht, Unterleibsstockungen, Wechselfieber, Asthma, Stickhusten, Brustkrämpfe.

Hieracium pilosella L.,
Kleines Habichtskraut, Gemeines H.

Beschreibung. Ausdauernd, Höhe 8—30 cm. Ausläufer mit deutlich nach dem Ende zu an Größe abnehmenden Blättern. *Stengel* blattlos, einköpfig, *Grundblätter* rosettig, hellgrün, verkehrt-eilanzettlich, beiderseits mit mäßig steifen, leicht schlängeligen Borsten, unterseits mehr oder weniger dicht grau-sternfilzig. *Korbblüte* einzeln, endständig, Zungenblüten gelb, die äußeren unterseits rötlich gestreift, 5 Staubblätter. Hüllkelchblätter linealisch, 1—1,5 mm breit, mehr oder weniger drüsig, graufilzig und steifhaarig. *Blütezeit* Mai bis Herbst.

Vorkommen. Trockene Triften, Kiefernwälder, auf Sandboden, an Wegrändern; gemein. Vielfach variiert. Ändert stark ab.

Sammelzeit. Die ganze blühende Pflanze mit der Wurzel wird gesammelt.

Drogen, Arzneiformen. Herba Auriculae muris seu Herba Pilosellae, Habichtskraut. — *Homöopathie:* Urtinktur aus der frischen Pflanze ohne Wurzel.

Bestandteile. Eisengrünende Gerbstoffe, Bitterstoffe, Zucker, Eiweiß, Harz und Schleim. In den Blüten Flavone noch unbekannter Art (KROEBER, KLEIN).

Pharmakologie. Die diuretische Wirkung ist mehrfach belegt worden (LECLERC, CH. SCHULTZ).

Verordnungsformen. Herba Pilosellae, zum heißen Aufguß, 1 Teelöffel auf 1 Tasse, 3 Tassen täglich. — *Homöopathie:* D 2, drei- bis viermal täglich 1 Tablette.

Medizinische Anwendung. Hydrops kardiale (bei Grippe). LECLERC sah Steigerung der Diurese um das Dreifache.

Homöopathische Anwendung. Augenkrankheiten.

Volkstümliche Anwendung. Bronchialkatarrh, Menorrhagie, Augenkrankheiten (Katarakt) (SCHULZ); chronische Darmkatarrhe, Ruhr, Blutflüsse, Brustkrankheiten, Nieren- und Blasensteine, Wassersucht, Pollutionen, Würmer. Die frischen zerquetschten Blätter als Wund- und Augenheilmittel (KROEBER).

Parmeliaceae. Lichenes, Flechten.
Cetraria islandica Achar., Lichen islandicus L.,
Isländisches Moos, Tartschenflechte, Renntierflechte.

Beschreibung. Der etwa 15 cm hohe, krause, blattartig-strauchige, vielteilig gelappte, aufrechtstehende *Thallus* ist mittels kurzer, fadenförmiger Haftorgane am Boden befestigt. Die obersten Lappen sind feingewimpert, geweihähnlich und nierenförmig umgebogen. Im frischen Zustand häutig-lederig, auf der Lichtseite grünlichgrau oder braun, oft rotgefleckt, auf der anderen Seite heller bis hellbräunlich mit weißen grubigen Flecken.

Besonderes. *C. islandica* stellt eine Symbiose zwischen Pilz und Alge dar; die Flechte verträgt monatelanges Eintrocknen.

Vorkommen. Im ganzen nördlichen Europa, bei uns in Gebirgswäldern und im Flachland auf Heiden und in Nadelwäldern.

Sammelzeit. Vom Frühjahr bis zum Herbst; die Flechten werden einfach vom Erdboden abgehoben und gesäubert.

Drogen, Arzneiformen. Lichen islandicus, Isländisches Moos; Gelatina Lichenis islandici, Isländischmoos-Gallerte. — *Homöopathie:* Urtinktur und Potenzen aus der getrockneten Flechte.

Bestandteile. 30—40% Flechtenstärke Rohlichenin, aus welcher sich 20% Lichenin und 80% Isolichenin (Dextrolichenin) darstellen lassen, ferner Protocetrarsäure, Protolichesterinsäure, Fumarsäure, Cetrarinin, über 2% Stickstoffsubstanzen, 0,4% Fett, etwa 4,5% Rohfaser, 1—2% Mineralstoffe sowie sehr geringe Mengen flüchtige Riechstoffe (Kroeber).

Pharmakologie. Die Pflanze ist ein Amarum mucilaginosum. Hämolytische Wirkungen sind nachgewiesen (Kobert). Der Bitterstoff *Cetrarin* (= Cetrarsäure) ist pharmakologisch untersucht worden. Kleine Dosen regen die Drüsentätigkeit (Leber, Pankreas, Magen) an. Ramm stellte fest, daß es in Dosen von zweimal täglich 0,1 g bei anämischen Personen die Zahlen der roten Blutzellen bis 19%, die der weißen bis 30% erhöhte; dabei wurde der Appetit angeregt und der Stuhlgang geregelt. Intravenös ist die kleinste tödliche Dosis für Kaninchen, Katzen, Hunde 0,16 g pro Kilogramm Körpergewicht; der Tod erfolgt nach heftigen Krämpfen nach 10—16 Stunden in allgemeiner zentraler Lähmung. Etwas geringere Dosen (0,15) rufen noch Durchfall, Erbrechen und Krämpfe hervor. Dabei findet man eine starke Reizung des Darmtraktus mit Entzündungen und Geschwüren. Subcutan beträgt die tödliche Dosis schon 0,2 g, während sie bei oraler Verabfolgung noch höher liegt, bevor Vergiftungserscheinungen auftreten. Madaus verfütterte die Frischpflanzenverreibung „Teep" (50% Pflanzensubstanz) in D 1 in Dosen von 0,25—0,75 und beobachtete bei Mäusen nach 8 Tagen Granulationen in der Leber. — Die Flechte gehört zu den jodhaltigsten Pflanzen; Jodlbauer fand 52,66 γ-% Jod. — Die entbitterte Flechte ist fast ohne Wirkung.

Verordnungsformen. Lichen islandicus zum kalten oder heißen Aufguß 1 Teelöffel auf 1 Tasse, 2—3 Tassen täglich. Kocht man die Flechte (5 g auf 100 g Wasser), so bildet sich eine Gallerte, die mit Schokolade schmackhaft gemacht werden kann. — *Homöopathie:* ∅ — dil. D 2, dreimal täglich 10 Tropfen.

Medizinische Anwendung. Bei chronischen Leiden der Atmungsorgane, besonders wenn sie mit Verschleimung einhergehen. Außerdem als Roborans und Tonikum bei Schwächezuständen aller Art (Tuberkulose, Erschöpfungszustände, auch nach schweren Krankheiten), bei Durchfällen und Entzündungen im Magen-Darmkanal, Ulcera duodeni; ferner noch als Laktagogum und Blutreinigungsmittel und bei Struma (HORNBACHER). Die Gallerte als Erfrischungsmittel für Kranke (Diabetes!). — INVERNI bestätigt die stark antivominative Wirkung und empfiehlt die Flechte bei Seekrankheit und anderen Zuständen des Erbrechens. Die homöopathischen Anwendungen sind die gleichen.

Volkstümliche Anwendung. Brustleiden, Lungenschwindsucht, Husten, Keuchhusten, Skorbut, Appetitlosigkeit, Blutarmut, Ernährungsstörungen, Erschöpfungszustände (auch sexueller Art), chronische Durchfälle, Darmschmerzen, Wechselfieber, Skrofeln, Masern, Nieren- und Blasenkrankheiten (besonders entzündliche, chronische) und die gepulverte Flechte als Wundstreupulver.

Sticta pulmonaria ACHARD, Lobaria pulmonaria HOFFMANN, Lungenflechte.

Beschreibung. Blattflechte. *Thallus* flach ausgebreitet, bis 30 cm groß, tiefbuchtig, lappenförmig gegliedert. Oberseits grünlich-braun, bräunlich, kahl, rundlich-grubig-vertieft (wie geadert), auf den Leisten und am Rande kleine, gelblichweiße, mehlige Häufchen (Soralen). Unterseits heller, gelblich, Rand rostfarben, gewölbt, dünnfilzig, in den Vertiefungen bis schwärzlich-filzig. Apothecien klein, rotbraun.

Besonderes. Geschmack schleimig-bitter.

Vorkommen. Als Epiphyt auf Buchen, Eichen und Ahorn; nicht häufig.

Drogen, Arzneiformen: Herba Pulmonariae arboreae (Sticta pulmonaria). — *Homöopathie:* Urtinktur aus der frischen Flechte und Potenzen.

Bestandteile. Bitterstoff, Stictinsäure, Norstictinsäure, 1,3% Schleimstoffe.

Verordnungsformen. Stictae pulmonariae, zum heißen Aufguß, 1 Teelöffel auf 1 Tasse, 2—3 Tassen täglich. — *Homöopathie:* ∅ — dil. D 1.

Anwendung. Chronische Bronchialleiden, trockener Husten, Bronchitis, Reizhusten, asthmatische Beschwerden.

Homöopathische Anwendung. Reizhusten, besonders der Phthisiker, hartnäckiger Husten mit Brustschmerzen, Pertussis, chronische Bronchitis, Rhinitis, besonders bei akutem Schnupfen, Stockschnupfen, Stirnhöhlenkatarrh, Grippe, Asthma, ferner bei Gelenkrheumatismus, Kniegelenksbeschwerden, Hysterie und äußerlich zur Wundbehandlung. Wechselmittel: Bryonia, Aralia, Eupatorium perfol., Rumex crispus und Ipecacuanha (n. MADAUS).

Volkstümliche Anwendung. Bei Lungenleiden, besonders alter Leute, bei Nieren- und Blasenleiden, Hämorrhoiden.

Phaeophyceae, Fucaceae.
Fucus vesiculosus L.,
Blasentang.

Beschreibung. *Thalluspflanze,* über 1 m lang, wiederholt gabelig oder zweiteilig verzweigt, bandförmig, 1—2 cm breit, flach, lederig, frisch olivgrün, getrocknet braunschwarz. An den Verzweigungen zeigt sich die Mittelrippe verdickt und beiderseits durch kugelige oder längliche, 1 bis 2 cm große Blasen (Luftsäcke) aufgetrieben. Einige Zweige sind an den Enden keulenförmig verdickt, warzig. Hier befinden sich in besonderen Fruchthöhlen die Fortpflanzungsorgane, Oogonien und Antheridien.

Besonderes. Geruch ist etwas seeartig, Geschmack schleimig-salzig.

Vorkommen. An den Küsten des Atlantischen und Stillen Ozeans, an der Nordseeküste.

Sammelzeit. Blasentang kann nach Stürmen an der Küste gesammelt werden; der durch die normalen Gezeiten an den Strand geworfene sollte nicht verwendet werden.

Drogen, Arzneiformen. Fucus vesiculosus, Blasentang. Extractum Fuci vesiculosi. Extractum Fuci vesiculosi fluidum, Blasentang-Fluidextrakt. — „Teep" aus der im Juli gesammelten, getrockneten Pflanze. — *Homöopathie:* Urtinktur aus der getrockneten Pflanze und Potenzen.

Bestandteile. Pektinartigen Schleim, Fucose (= Methylpentose), Brom, Arsen und Jod (2—2,8%) als NaJ.

Pharmakologie. Fucus wirkt alterativ und tonisierend (POTTER) und beeinflußt die Aktivität der Thyreoidea in höherem Maße als andere Jodpräparate (*British. Pharm. Codex,* POULSSON).

Verordnungsformen. Fuc. vesic., zum heißen Aufguß, $^1/_2$ Teelöffel auf 1 Tasse, 1—2 Tassen täglich. Extr. Fuc. vesic. fluid., vier- bis fünfmal täglich 5—10 Tropfen. — „Teep", dreimal täglich 2 Tabletten. — *Homöopathie:* ⌀ bis dil. D 2, zwei- bis dreimal täglich 5—10 Tropfen.

Medizinische Anwendung. Struma, Morbus Basedowii, Adipositas (auch habituelle), Adipositas cordis, Drüsenskrofulose (lymphatische Diathese), Arteriosklerose, Coryza, Rhinitis. — Die *homöopathischen* Anwendungen sind die gleichen.

Struma (PEYER)
Rp: Fuc. vesiculos. conc.   30,0
    Rad. Sarsaparill. cc.
    Lich. Island.
    Carrageen
    Cort. Quercus conc.
    Hb. Rumic. acet.   āā 15,0
    M. f. species.
    D. s.: 2 Teelöffel auf 1 Glas Wasser, tagsüber trinken.

Adipositas (PEYER)
Rp: Fuc. vesicul.   15,0
    Cort. Frangulae   15,0
    Fol. Sennae   10,0
    Rad. Ononidis
    Rad. Levistici   āā 7,5
    Fol. Vitis idaei   ad 100,0
    M. f. species.
    D. s.: 4 Teelöffel auf 2 Glas Wasser, tagsüber trinken.

Bemerkungen. Verkohlter Blasentang wurde früher als Äthiops vegetabilis gegen Kropf und skrofulöse Drüsen gebraucht. — Die Abkochung des Blasentangs wird auch im Volke gegen Fettsucht angewandt.

Basidiomycetes, Sporenständerpilze.

Amanita muscaria L., Agaricus muscarius L.,
Fliegen-Wulstling, Fliegenpilz, Fliegenblätterpilz, Fliegenschwamm, Mückenschwamm.

Beschreibung. Der ausgewachsene *Hut* wird 8—20 cm, selten bis 30 cm breit, ist leuchtend scharlach- oder gelbrot, klebrig-feucht und ist von weißen, dicken, warzenförmigen Hüllresten übersät oder vom Regen kahl gewaschen. Der *Rand* ist glatt, nur später gerieft. In der Jugend ist der Hut fast kugelförmig und von einer weißlichen Hülle eingeschlossen, die später platzt und den farbigen, stark gewölbten Hut hervor treten läßt. Die rote Oberhaut ist dünn, leicht abziehbar. Das *Fleisch* ist unveränderlich weiß, nur unter der Oberhaut gelblich. Die *Blätter* (Lamellen) sind weiß-gelblich, breit bauchig, am Stiele frei. Der *Stiel* ist weiß, anfangs voll, später hohl, bis 18 cm hoch, *am Grunde zu einer Knolle verdickt* und unten mit ringförmigen Rändern begrenzt; oberwärts trägt er einen weißen, zarten, schlaffen, hängenden *Ring*. *Geruch* schwach; *Geschmack* mild, angenehm, nachträglich widerlich.

Wuchszeit, Standort. Juli bis November in Laub- und Nadelwäldern; oft truppweise.

Besonderes. *Giftig!* Der Giftgehalt ist sehr schwankend, aber in *allen* Teilen des Pilzes vorhanden.

Drogen, Arzneiformen. Agaricus muscarius pulv., Fliegenpilzpulver. — *Homöopathie:* aus dem frischen Pilz Essenz, Potenzen und Verreibungen.

Bestandteile. Muscarin, Cholin, Muscaridin („Pilz-Atropin"), ferner ein flüchtiges Gift (vielleicht mit dem Terpen Amanitol identisch) und ein Toxin (Toxalbumin?).

Pharmakologie. *Muscarin* bewirkt eine dauernde Vaguserregung (Schlagverlangsamung des Herzens, Stillstand in Diastole), durch Rückstauung in den kleinen Kreislauf Dyspnoe, Kontraktur der Bronchialmuskulatur, tetanische Kontraktionen im Gastrointestinaltrakt, schwere Koliken, Erbrechen, Durchfälle neben Anregung sämtlicher Darmdrüsen, Speichel- und Tränendrüsen, Absinken der Körpertemperatur, Myosis nach innerlichen Gaben, Mydriasis nach lokaler Einwirkung. Das Muscarin ist bis in alle Einzelphasen der *Antagonist des Atropins*. Das enthaltene Cholin ist mengenmäßig nicht groß genug, um giftig zu wirken. Das Muscaridin erregt zentral und ruft Verwirrungs-, Aufregungs- und Tobsuchtszustände hervor und das weiter vorhandene Toxin allenfalls Krämpfe. *Vergiftungen* sind recht selten, sie können beginnen mit Speichelfluß, Erbrechen, Krämpfen, Koliken, Diarrhöen, Aufregungs- und Tobsuchtszuständen bis der Tod nach 6—12 Stunden infolge der Erschöpfung eintritt. *Gegenmittel:* Magenspülung, mildes Abführen, dann Atropin, wenn das Bild der Mucarinvergiftung vorherrscht; wenn die Muscaridinvergiftung vorherrscht, Morphin oder Chloralhydrat. — In

Nordosteuropa und Asien, wo der Fliegenpilz in getrocknetem Zustand als Rauschgift zur Erzeugung von Erregungszuständen, Sinnestäuschungen und anschließendem Schlaf mit Wunschträumen verwendet wird, soll angeblich die Muscarinkomponente im Pilz vollkommen fehlen (GESSNER).

Verordnungsformen. Hauptsächlich als *homöopathische Arznei*, die in der dil. D 4, dreimal täglich 10 Tropfen gegeben wird und im übrigen als Pulver pro die 0,06—0,12 g in Oblaten. — Da keine Maximaldosis angegeben ist, sei *Vorsicht* bei der Verordnung geboten!

Anwendung. In der Homöopathie bei Krankheiten chronischer Natur, die ihren Sitz im Gehirn und Rückenmark haben; Chorea, multiple Sklerose (SCHLEGEL), Epilepsie, Tremor, Tabes, Nystagmus, Gehirnübermüdung, Mouches volantes, nervöse Übererregbarkeit und Lähmungen, ferner bei klimakterischen Beschwerden, Hautleiden (-jucken), Frostbeulen und schließlich bei Ejaculatio praecox, gesteigerter Libido ohne Potenz.

Ustilago maydis D. C.,
Maisbrand.

Beschreibung. Brandpilz, der auf *Zea mays L.* parasitiert und in die Pflanze zu jeder Zeit ihrer Entwicklung an allen Teilen eindringen kann. Er ruft an den Stengeln knollig-beulige Wucherungen bis von Kindskopfgröße hervor und läßt die Körner bis zur Größe von Kartoffeln anschwellen. Die *Knollen* besitzen eine derbe, weiße Haut und sind im Innern mit braunem Sporenpulver, Hyphen- und Gewebselementen angefüllt, einer klumpig-braunen, staubigen Masse, die sich pulverigschlüpfrig anfühlt und unangenehm riecht. Die Sporen sind 9—11 μ groß, kugelig und feinstachlig.

Drogen, Arzneiformen. Ustilago Maydis, Maisbrand. Extract. Ustilago Maydis fluidum, Maisbrandfluidextrakt. — *Homöopathie:* Urtinktur aus den Sporen und Potenzen.

Bestandteile. Alkaloid Ustilagin (RADEMACHER, FISCHER), Sklerotinsäure, Trimethylamin. ZELLER gibt weiter an: ergosterinhaltige Körper, Ölsäuren, flüchtige und feste Fettsäuren, Lecithin, Glycerin, Harze, Gerbstoff, Mannit, Erythrit, Glykose, gummiartiges Kohlehydrat, Albuminate, Amanitol, Fermente; die Anwesenheit des Alkaloides wird von ihm bestritten.

Pharmakologie. Im Tierversuch wurden wäßriger Maisbrandextrakt und Mutterkornpräparate verglichen; Maisbrandextrakt besaß eine größere Toxizität, rief aber bei akuter Vergiftung von Mäusen die gleichen Symptome und pathologisch-anatomischen Befunde wie Mutterkorn hervor (DRAGIŠIČ, VARIČAK). Vergiftungen bei Kindern durch verunreinigtes Mehl wiesen auf die typische Secalewirkung hin (MAYERHOFER, TESTONI). BARJACTAROVIĆ und BOGDANOVIĆ wiesen eine Substanz nach, die auf die Adrenalinhyperglykämie des Kaninchens ergotaminartig wirkt. KROEBER schließt, daß der Fluidextrakt zur Zeit der optimalen Aminbildung (als Abbauprodukte basischer Eiweißstoffe) eine hämostatische Wirkung haben wird. *Vergiftungen* mit Maisbrand äußern sich in: Gastroenteritis, Koliken, Hautjucken, Kältegefühl, Rötung der Mund- und Nasenschleimhäute, Gangrän der Extremitäten, Muskelatonie, Spasmophilie, Tetanie, Insomnie mit Erregung und Delirien, Blutdrucksteigerung, Temperatursteigerung, Tachykardie. Nach Ausheilung bleibt eine Idiosynkrasie gegen Maisbrand zurück (ref. n. TESTONI). Gegenmittel wie bei Secale-Vergiftung.

Verordnungsformen. Extract. Ustilago Maydis fluidum, dreimal täglich 5—10—20 Tropfen. — *Homöopathie:* dil. D 2. — *Vorsicht* mit größeren Dosen, besonders bei Gravidität!

Medizinische Anwendung. Atonische Uterusblutungen, Meno- und Metrorrhagien, post partum bei mangelhafter Involution des Uterus, im Klimakterium, Ovarialentzündungen, Spermatorrhöe.

Homöopathische Anwendung. Uterusblutungen, die ohne direkte Ursachen auftreten, im Klimakterium, Blutungen post partum et abortum, Menorrhagie bei Retroflexio, bei membranöser Dysmenorrhöe, Kopfschmerzen infolge Menstruationsstörungen, bei Myomen, Fibromen (HAEHL), Ovarialneuralgien. Ferner bei nässenden Exanthemen des Kopfes, Alopecia, Psoriasis des Kopfes, Crusta lacta (HEINIGKE, MADAUS).

Volkstümliche Anwendung. In Nordamerika, Serbien zur Förderung der Wehen und als Abortivum.

Pyrenomycetes; Hypocreaceae.

Claviceps purpurea TULASNE,
Mutterkornpilz, Roter Keulenkopf.
Secale cornutum,
Mutterkorn.

Beschreibung. *Secale cornutum* ist das Sklerotium, die überwinternde Dauerform des hauptsächlich auf dem *Roggen, Secale cereale L.*, wachsenden Pilzes *Claviceps purpurea T.*, das sich dadurch entwickelt, daß Pilzsporen in den Fruchtknoten des Roggens gelangen, sich dort zu einem aus kurzen Pilzfäden dicht zusammengesetzten Gebilde entwickeln, das dann das ganze Roggenkorn durchwuchert und das Roggenfruchtknotengewebe aufsaugt. Dieses schwärzlichviolette Gebilde, Mutterkorn, fällt zur Erde und überwintert in der Ackerkrume. Erst im Frühsommer zur Roggenblüte keimt es, es bilden sich Pilzfädenbündel zu blaßroten, langgestielten Köpfchen aus, in denen zahlreiche krugförmige Vertiefungen entstehen. Nach der Befruchtung gehen aus diesen zahlreiche Sporenfäden hervor, die durch den Wind in neue Roggenblüten kommen, dort den Fruchtknoten überwuchern und außerdem ungeschlechtliche Sporen zugleich mit einem Honigsaft bilden, die dann durch Insekten auf andere Roggenblüten übertragen werden und der Kreislauf beginnt von neuem (TULASNE 1853, KÜHN 1863). — Das Mutterkorn sieht aus wie ein großes, etwas gekrümmtes Roggenkorn, schwärzlichviolett, oft bereift, stumpf dreikantig, bisweilen längs- und quergefurcht, 10—35 mm lang und 2,5—5 mm dick. Auf der glatten Bruchfläche erscheint es am Rand violett, nach der Mitte zu weißlich. Der Geruch ist eigenartig herb, der Geschmack fade.

Sammelzeit. Kurz vor der Ernte oder beim Dreschen des Getreides. Es muß sofort zur Ablieferung, in fachmännische Hände kommen, da es durch Feuchtigkeit völlig unbrauchbar wird!

Drogen, Arzneiformen. Secale cornutum pulv. — Extractum Secalis cornutum fluidum. — Tinctura Secalis cornuti. — Extractum Secalis cornuti. — „Teep" Secalis cornuti. — *Homöopathie:* Urtinktur aus dem frisch vor der Ernte gesammelten Mutterkorn und Potenzen.

Bestandteile. Secale cornutum enthält 3 Gruppen aktiver Bestandteile: Alkaloide, Amine und Acetylcholin (POULSSON). Die Wirkstoffe teilt W. KÜSSNER wie folgt ein:

1. Die Ergotoxingruppe oder sympathikolytisch wirkende Alkaloide: Ergotinin, Pseudoergotinin, Ergotoxin, Ergotamin, Ergotaminin, Sensibamin, Ergoclavin.

2. Die biogenen Amine, die hinsichtlich ihres medizinischen Wertes als fraglich hingestellt werden.

3. Die Ergometringruppe oder oxytokisch wirksame Alkaloide: Ergometrin, Ergotocin, Ergobasin, Ergostetrin.

Von den bisher dargestellten und näher untersuchten Alkaloiden sind folgende Paare von Isomeren bekannt geworden: Ergotoxin und Ergotinin, Ergotamin und Ergotaminin, Ergocristin und Ergocristinin, Ergobasin und Ergobasinin. Weitere Alkaloide sind das Pseudoergotinin und das Ergomonamin. Die Mutterkornalkaloide neigen zur Bildung von Molekülverbindungen, auch in der Weise, daß ein links- und ein rechtsdrehendes zusammen auskrystallisieren, z. B. Ergotamin und Ergotaminin = Sensibamin; Ergosin und Ergosinin = Ergoclavin. Durch Spaltungsversuche hat JAKOBS die Lysergsäure als Baustein aller Mutterkornalkaloide erkannt.

Pharmakologie. Die Alkaloide sind die spezifisch wirksamen Substanzen; die Amine (Histamin und Tyramin) und das Acetylcholin sind unspezifisch wirksam. Als wichtigsten Wirkstoff hat man das *Ergometrin* herausgestellt (E. MERCK); die wirksamen Dosen liegen zwischen 0,25 und 0,5 mg. Die Uteruswirkung des Ergometrins ist keine Dauerkontraktion, sondern entspricht den physiologischen rhythmischen Zusammenziehungen; sie ist bei geringerer Toxizität etwa doppelt so stark als beim Ergotamin, geht aber rascher vorüber. Ergotamin, Ergotocin, Ergoclavin und Sensibamin, deren Wirkungsintensitäten nur wenig untereinander verschieden sind, brauchen eine längere Reaktionszeit, haben aber dafür anhaltendere Wirkungen. Ergotaminin besitzt nur den zehnten Teil der Ergotaminwirkung und Pseudoergotinin noch weniger.

Einzelwirkungen: Ergometrin wirkt rhythmisch-kontrahierend auf den Uterus, ähnlich dem Hypophysenhinterlappenhormon; die Wirkung setzt außerordentlich rasch ein, selbst bei oraler Verabreichung, geht aber rasch vorüber. Alle anderen Alkaloide rufen Dauerkontraktionen hervor. *Ergotamin, Ergotoxin* wirken peripher auf die glatte Muskulatur, rufen Tonussteigerung, Rhythmusbeschleunigung, in kleinen Dosen Blutdrucksteigerung, in größeren Lähmung der sympathischen Nervenendigungen und Senkung des Blutdruckes hervor (MEYER-GOTTLIEB), lähmen den sympathischen Speichelfluß, senken den Blutzucker von Diabetikern (JUNKMANN). *Ergoclavin* und *Sensibamin* entsprechen ebenfalls diesen Wirkungen. — Histamin kontrahiert stark die glatte Muskulatur des Uterus, erweitert die Capillaren und setzt den Blutdruck herab. Eine Lösung von 1 : 250 Millionen ist noch stark wirksam. Tyramin besitzt die gleiche Uteruswirkung, steigert Tonus und Rhythmus, verengert jedoch zentral und peripher (GESSNER). Cholin wirkt schwach, Acetylcholin sehr stark erregend, besonders auf den schwangeren Uterus und senkt durch Vasodilatation den Blutdruck.

Gesamtwirkung. FORST erblickt in der Uteruswirkung des ganzen Mutterkorns zwei Hauptprinzipien, die in der Wirkung gleichgerichtet, im zeitlichen Wirkungsablauf aber verschieden sind: Alkaloidkomplex und Histamin. Histamin wirkt schnell, aber kurz, die Alkaloide brauchen längere Latenzzeit, besitzen aber lang anhaltende Wirkungen. Die Alkaloide gehen durch fermentative Spaltung in Histamin und andere Abbauprodukte über, weshalb je nach dem Grad der Spaltung die Gesamtwirkung sehr verschieden ist. Wo also eine sofortige Wirkung unbedingt erforderlich ist, werden die Reinsubstanzen Ergotamin, Ergometrin oder Histamin nicht entbehrlich sein. In fast allen übrigen Fällen ist die *Gesamtdroge* am Platze, die folgende Wirkungen aufweist. Die kontrahierende Wirkung auf alle glatten Muskelfasern dominiert, sie macht sich am stärksten am Uterus bemerkbar, und zwar ist sie am graviden Uterus stärker und um so stärker, je weiter die Gravidität fortgeschritten ist. Nicht nur die Muskelfasern werden kontrahiert, so daß z. B. die hämostyptische Wirkung durch passive Verengerung der Gefäße zustande käme, sondern die kontrahierende Kraft wirkt direkt auf die Gefäße des Uterus, denn die kontrahierende Wirkung tritt auch dann ein, wenn das Halsmark durchschnitten ist (JAKOBY). An den übrigen Gefäßen des Körpers, ebenso an Bronchien und Blase macht sie sich weniger stark bemerkbar, wenngleich sie deutlich vorhanden ist. Der Nutzen des Secale bei anderen als uterinen Blutungen ist sehr umstritten. Er ist abhängig vom Reichtum des betreffenden Organs an glatten Muskelfasern und von der anatomischen Verteilung derselben im Hinblick auf die Gefäße (PIC, BONNAMOUR). Bei bronchialer Hämoptise könnte Secale Erfolg haben, bei pulmonaler Hämoptise dagegen durch Kontraktion der kleinen Lungenarterien den Druck im kleinen Kreislauf noch steigern! Bei Hämorrhoidalblutungen dagegen dürfte bei der Anordnung der Muskulatur in Beziehung zu den Gefäßen eine Secaleanwendung nützlich sein.

Secalevergiftungen. Bei *akuten* Vergiftungen (Abortivum!) treten auf: Durstgefühl, Erbrechen, Durchfälle, Kopfdruck, Benommenheit, Kältegefühl und Kriebeln der Haut, Pulsverlangsamung, klonische Krämpfe, Abortus, weiter kann es unter zunehmender Dyspnoe zum Kreislaufkollaps und zur Atemlähmung kommen. *Gegenmittel:* Entleerung des Magen-Darmkanals, Gerbstoffe, Adsorbentien, Analeptica, Amylnitrit, Nitroglycerin, Morphin, Uzara. *Chronische* Vergiftungen, die früher durch Verunreinigung des Brotgetreides häufiger waren, treten jetzt nur nach längerem Gebrauch von Secale ein. Die Vergiftungserscheinungen können in zwei Formen auftreten; früher bezeichnete man den Beginn als ,,Kriebelkrankheit". *Ergotismus convulsivus:* Parästhesien (Ameisenlaufen, Taubsein, ,,Kriebeln"), Magen-Darmstörungen,

Anfälle schmerzhafter tonischer Krämpfe der Skeletmuskulatur und, bei nicht tödlichem Ausgang entstellende Kontrakturen, Verblödung, Erblindung, tabesähnliche Erkrankungen. *Ergotismus gangraenosus:* Beginn ebenfalls mit Parästhesien (,,Kriebeln"), dann trockener Brand und Abstoßung von Fingern, Zehen, ganzer Extremitäten. — Die Prognose ist bei akuter und chronischer Vergiftung schlecht (ref. n. GESSNER).

Verordnungsformen. Secale cornut. rec. pulv. 0,3—1,0 g, viertelstündlich oder dreimal täglich. — Infus. Secal. cornut. 3,0—5,0 : 150,0 [4mal täglich 1 Eßlöffel, bei profusen Blutungen alle 15 Minuten (POULSSON)]. — Extract. Secal. corn. fluid. 10—30 Tropfen pro die (MEYER-GOTTLIEB) oder dreimal täglich (POULSSON). — Tinct. Sec. corn. 10—20—30 Tropfen in Zwischenräumen von $^1/_4$—$^1/_2$ Stunde bei Metrorrhagien (ROST-KLEMPERER). — ,,Teep" 3—4 Tabletten täglich oder 1—3 Tabletten alle 5—10 Minuten (bei atonischen Nachblutungen). — *Homöopathie:* Bei Blutungen ⌀, 20—40 Tropfen in kurzen Abständen, sonst dil. D 3—4, dreimal täglich 10 Tropfen.

Maximaldosen:
Secale cornutum: 1,0 g pro dosi, 3,0 pro die;
Extractum Secalis cornuti: 0,3 g pro dosi, 1,0 g pro die;
Extractum Secalis cornuti fluidum: 1,0 g pro dosi, 3,0 g pro die.

Rezeptpflichtig: Secale cornutum, Extractum Secalis cornuti, Extractum Secalis cornuti fluidum, Tinctura Secalis cornuti. — Homöopathische Zubereitungen bis D 3 einschließlich.

Medizinische Anwendung. *Uterushämorrhagien:* Atonische Nachblutungen post partum, mangelnde Involution des Uterus im Wochenbett, Blutungen im Klimakterium, Menorrhagien, Metrorrhagien, Myome. Ferner als Prophylakticum nach Uterusoperationen, bei Hämorrhoidalblutungen, Rectumprolaps, Incontinentia urinae, Spermatorrhöe und Dermatosen, die sich durch Hautkongestionen charakterisieren (Kupferausschlag, Kupfernase). — Das isolierte *Ergotamin* soll wirksam sein bei Morbus Basedowii, paroxysmaler Tachykardie, klimakterischen Beschwerden, Urticaria, Migräne (POULSSON).

Atonia uteri post partum (KLEMPERER-ROST)
Rp: Extr. Secalis cornuti   0,5
     Sacchari Lactis   0,3
M. f. pulv. d. t. p. Nr. X
S.: Stündlich 1 Pulver (bis zu 5 Pulvern).

Uterusblutungen (KLEMPERER-ROST)
Rp: Extr. Secalis cornuti
     Pulv. Secalis cornuti   āā 2,0
M. f. pil. Nr. XXX
Consp. Lycop.
D. s.: zwei- bis dreistündlich 1 Pille.

Homöopathische Anwendung. Secale ist ein Musterbeispiel für die Umkehrung der Arzneiwirkung bei kleinen und kleinsten Dosen und eine Bestätigung des Simileprinzips der Homöopathie. — Es wird hier verwendet gegen habituellen Abort, Amenorrhöe, ferner bei Tabes dorsalis (STRÜMPELL, STAUFFER), Lähmungen der Beine infolge Rückenmarksschwäche (D 4), Migräne, Neuralgien mit Taubheitsgefühl, WERLHOFsche Krankheit, Schwindel mit Kopfschmerzen, Doppelsehen, Psychosen, Hysterie. Es ist das wichtigste pflanzliche Kopfschmerzmittel. Weiter ist es bei Angina pectoris, Chorea, Epilepsie, Eklampsie (im Wechsel mit Cuprum, Belladonna, Oleander) und vor allem bei Kreislaufstörungen mit Zellnekrose, wie Gangraena sicca (senilis und diabetica), RAYNAUDsche Krankheit (Endangitis obliterans), Kriebelgefühl, Anästhesien und Parästhesien der Arme und Beine, kalten Füßen („Teep" D 3), Arteriosklerose, Hypertonie und schließlich bei schwächenden Durchfällen, Cholera und Diabetes indiziert (zit. n. MADAUS).

Übersicht über die Pflanzenstoffe von arzneilicher Bedeutung.

Es ist notwendig, den Einzeldarstellungen der deutschen Arzneipflanzen eine Übersicht über die Gruppen der Pflanzenstoffe, die arzneiliche Bedeutung haben, anzuschließen. Es ergeben sich gleicherweise Grundlage und Weg zur Therapie durch Übersicht und Kenntnis.

Alkaloide.

Alkaloide sind leicht zersetzliche, stickstoffhaltige, organische Verbindungen basischen Charakters, die den Stickstoff als Ammoniak- oder Ammoniumrest enthalten und mit Säuren Salze bilden. Meist stellen sie farblose, feste, krystallisierte Körper dar, nur wenige sind flüssig oder gefärbt. Sie werden vom pflanzlichen Organismus aufgebaut. BOAS vermutet, daß sie als umgewandelte Reste des pflanzlichen Stoffwechsels zur Entgiftung der Pflanzenzellen gebildet werden. MADAUS sieht sie als eine Art von Kampfstoffen für die Erhaltung der Art, zur Fernhaltung unerwünschter Nachbarpflanzen an. Er wies nach, daß durch richtige Düngung der Alkaloidgehalt gesteigert werden kann, ebenso durch gleichzeitigen Anbau bestimmter Begleitpflanzen. Bei manchen Pflanzen wird der Alkaloidgehalt durch Pilzbefall erzeugt. Alkaloidpflanzen kommen besonders zahlreich im Sumpfgebiet vor.

Die Alkaloide kommen meist in Salzform vor; als Säuren kommen die üblichen organischen Pflanzensäuren, nur selten anorganische Säuren, in Betracht. Eine Reihe von Alkaloiden stellen Ester dar und schließlich kommen noch Glyko-Alkaloide vor (= Glykoside), die bei der Spaltung Zucker und Basen ergeben. Optisch aktiv kommen sie meist in der l-Form vor, die auch pharmakologisch wirksam ist, wirksamer als die d-Form. In Wasser sind die Alkaloide meist nur wenig, in organischen Lösungsmitteln gut löslich. Ihrer Konstitution nach teilt man sie in 10 Gruppen ein:

1. Alkaloide mit Pyrrolkern,
2. Alkaloide mit Pyridinkern,
3. Tropangruppe,
4. Chinolingruppe,
5. Indolgruppe,
6. Isochinolingruppe,

7. Glyoxalingruppe,
8. Puringruppe.
9. Nichtheterocyclische Gruppe,
10. Alkaloide mit ganz oder teilweise unbekannter Konstitution.

Glykoside.

Die Glykoside sind als ätherartige Verbindungen zwischen Zucker und Stoffen mit alkoholischen und phenolischen Hydroxylgruppen anzusehen. Sie sind sehr leicht zerstörbar und meist mit dem sie spaltenden Enzym vergesellschaftet. Sie krystallisieren meist gut, lösen sich in Wasser, mehr oder weniger auch in Alkohol oder siedenden, verdünntem Essigester. Durch Säuren werden sie in den Zucker und das betreffende Aglykon gespalten, gegen Alkalien sind sie meist stabil. In der Pflanze dienen die Glykoside zum Aufspeichern von Zucker (PFEFFER, WEEVERS). Durch Düngung kann der Glykosidgehalt der Pflanzen stark beeinflußt werden. — Die Einteilung der Glykoside erfolgt nach der chemischen Natur ihrer Aglykone:

1. Blausäureglykoside; bei der Spaltung entstehen Traubenzucker, Blausäure und Benzaldehyd;

2. Lauch- und Senfölglykoside; bei der Spaltung werden Di- und Polysulfide bzw. Bisulfate frei;

3. Anthraglykoside; liefern bei der Spaltung neben Traubenzucker bzw. Rhamnose ein Anthrachinonderivat;

4. Digitalisglykoside; sie töten Wirbeltiere durch Vergiftung des Herzens. Je nach der Kumulation unterscheidet man die stärker kumulierenden Digitalisglykoside I. Ordnung und die weniger kumulierenden II. Ordnung oder Digitaloide. Alle ihre Aglykone (= Genine) sind Oxylactone mit 4 hydrierten Ringen (23 C-Atomen) und ihrer Konstitution nach den Sterinen und Gallensäuren nahestehend. Die Wirkung soll von der ungesättigten Lactongruppe im Molekül abhängen;

5. Phenolglykoside; der Zucker ist hier mit seinem Phenolderivat verknüpft;

6. Indoxylglykoside; Stoffe, die in indigoliefernden Pflanzen vorkommen;

7. Anthocyane; rote, blaue und violette Pflanzenfarbstoffe. Sie sind löslich in Wasser und Alkohol, unlöslich in Äther;

8. Glykoalkaloide; liefern bei der Spaltung neben Zucker ein Alkaloid;

9. Bitterstoffglykoside; liefern bei der Spaltung neben Zucker einen Bitterstoff unbekannter Konstitution;

10. Saponine (s. besonderen Abschnitt);

11. Chemisch ungenügend erforschte Glykoside.

Vielfach ist es noch üblich, Abkömmlinge des Traubenzuckers besonders mit *Glucosiden* zu bezeichnen, während anderseits dieser Name auf alle Glykoside angewendet wird.

Mit *Glykuroniden* bezeichnet man glykosidähnliche Pflanzenstoffe, die bei der Spaltung nicht Zucker, sondern Glykuronsäure abgeben.

Saponine.

Die Saponine sind Stoffe von Glykosidcharakter, schäumen in Wasser mehr oder weniger stark, enthalten meist 50—60% C, 6—8% H, aber keinen N. Es gibt *saure* Saponine, die als Säuren bezeichnet werden, sich nicht oder nur schwer in Wasser, dagegen leicht in verdünnten Alkalien lösen und durch Säuren aus den Lösungen ausgefällt werden. Die *neutralen* Saponine lösen sich leicht in Wasser und angesäuertem Wasser. Mit Cholesterin, Lipoiden, Phytosterinen, ebenso mit Phenolen und Thiophenolen bilden die Saponine leicht feste Additionsverbindungen; mit Ölen und mit fettsauren Salzen bilden sich Adsorptionsverbindungen. *Hämolyse* tritt durch feste Bindung des Saponins an das Cholesterin der roten Blutzellen ein.

Die Saponine haben die *Eigenschaft*, die Resorption wasserlöslicher Stoffe zu fördern; als Antagonist wird das Cholesterin betrachtet, welches resorptionshemmend wirkt. Die Erhöhung der Darmresorption ist reversibel und nicht schädigend, wenn die Saponine gleichzeitig mit der betreffenden Substanz gegeben werden. Die Wirksamkeit von Digitoxin und Strophantin wurde durch kleine, an sich wirkungslose Saponindosen um 50 bzw. 33% gesteigert! Durch verdünnte Saponinlösungen kann die Wirkung von Schlafmitteln bedeutend verstärkt werden.

Die *Giftigkeit* der Saponine ist sehr verschieden; die am stärksten wirkenden bezeichnete man früher als Sapotoxine. Injektionen von Saponinlösungen bewirken intravenös schon in kleinen Mengen Hämolyse, subcutan rufen sie phlegmonöse, stark schmerzhafte Schwellungen hervor. Die gleichen Dosen haben per os keine Wirkung. Als Substanz gegeben, wirken die Saponine stark schleimhautreizend, sekretionsanregend und verursachen in größeren Mengen Erbrechen. Von dem Saponin Githagin (von der *Kornrade, Agrostemma githago* L.) sind folgende resorptive Vergiftungserscheinungen bekannt: Kopfschmerzen, Schwindel, Fieber, Unruhe, Delirien, Krämpfe, Kreislaufschädigungen mit kleinem, stark beschleunigten Puls, in schweren Fällen Tod durch Atemlähmung.

Gerbstoffe.

Als Gerbstoffe (Gerbsäuren, Tannoide, Tannide) werden diejenigen stickstoffreien, im Pflanzenreich weitverbreiteten organischen Verbindungen zusammengefaßt, die tierische Haut in Leder zu verwandeln, mithin zu gerben vermögen (GESSNER). Es gehören dazu außer der Gallusgerbsäure (= Acid. tannicum DAB VI) noch die Katechu-, Ratanhia- und Kinogerbsäure, ferner das Hamamelitannin. Die Gerbstoffe sind amorphe Substanzen, deren Konstitution noch nicht aufgeklärt ist, sich wie schwache Säuren verhalten und beim Behandeln mit kochenden Säuren und hydrolytischen Fermenten die Trioxybenzoesäure, Gallussäure, liefern. In Wasser, Alkohol, Glycerin, Essigäther sind die Gerbstoffe löslich, fast unlöslich dagegen in Äther. Sie geben mit Ferri-Ionen meist blauschwarze oder grünliche Färbungen und fällen Eiweiß-, Leim- und Alkaloidlösungen. Durch Fermente (Tannase,

Emulsin) kann ein Teil der Gerbstoffe hydrolisiert werden. Man teilt die Gerbstoffe in 2 Gruppen ein:

1. Esterartige Gerbstoffe, die von der Gallus- oder Digallussäure ableitbar, durch Hydrolyse spaltbar, aber keine Glykoside sind;

2. Kondensierte, nicht esterartige Gerbstoffe, deren Kerne mit Kohlenstoffverbindungen zusammengehalten werden.

Die *Wirkung* der Gerbstoffe auf Wundflächen und Schleimhäute ist stark adstringierend; es entsteht unter ihrem Einfluß eine Lage koagulierter Zellen, die Lymphspalten werden verstopft, die Drüsen sekretionsunfähig gemacht. Die seröse Gewebsdurchtränkung wird erschwert und aufgehoben (HEINZ), pathogene Keime sollen getötet und die entzündlichen cytolytischen Fermente und die Eiweißzerfallstoxine gefällt und zerstört werden (MEYER-GOTTLIEB), so daß Schmerzfreiheit erzielt wird. Blutungen werden gestillt, die Wunden werden trocken und schorfig, besonders Verbrennungswunden, die man entweder durch direktes Aufpudern oder durch Aufsprühen einer 10%igen Lösung behandelt. Die Schleimhäute des Mundes werden bei der Anwendung von Gerbstofflösungen zusammengezogen und trocken, was sich besonders bei entzündeten Schleimhäuten auswirkt. Entzündete, gereizte Darmschleimhäute werden durch die Gerbstoffe besonders günstig beeinflußt; die Peristaltik wird gedämpft, wenn die Reizungen durch Sekrete oder pathologisch veränderten Darminhalt bedingt waren, die Drüsentätigkeit wird eingeschränkt und durch die Adstriktion tritt eine Steigerung der Widerstandsfähigkeit und Abnahme der Reizbarkeit der Zellen ein. Bei der Einwirkung der Gerbstoffe auf *Enteropathien* ist in den meisten Fällen die Beeinflussung der *unteren* Darmabschnitte notwendig; Acidum tannicum wirkt bereits in den oberen Darmabschnitten und kann dort zu unerwünschten Reizungen führen. Man verwendet deshalb besser eine natürliche Volldroge (z. B. Cortex Quercus), die im Ablauf des Verdauungsprozesses erst in den unteren Darmabschnitten wirksam wird.

Die antiphlogistische Wirkung der Gerbstoffe ist von W. SCHMIDT bestritten worden; er stellte in Tierversuchen fest, daß die Stopfwirkung nicht durch Beeinflussung der Darmwand, sondern nur durch Verfestigung des Darminhaltes zustande kommt.

Außer der Anwendung der Gerbstoffe bei Enteropathien gibt man sie auch bei Blutungen aus Uterus, Nieren und Lunge, bei Erkrankungen des Respirationsapparates mit starker Sekretion, bei Vergiftungen mit Alkaloiden, Brechweinstein und Metallsalzen. Morphin wird *nicht* gefällt und die Fällungen der übrigen Stoffe sind reversibel, so daß eine baldige Entleerung des Magendarmkanals folgen muß.

Bei Gaben höherer Konzentration wirken die Gerbstoffe ätzend, führen zum Erbrechen und ileusähnlichen Erscheinungen; Resorption findet nicht statt. Im Harn kann dann Gallussäure auftreten, niemals unveränderter Gerbstoff. Die Stickstoffausscheidung im Harn wird etwas herabgesetzt, die Eiweißausscheidung dagegen nur durch Gaben von ganzen, gerbstoffhaltigen Drogen gehemmt. Intravenös injiziert, rufen Gerbstofflösungen Niederschläge und Embolien hervor.

Bitterstoffe.

Der Begriff Bitterstoffe umfaßt stickstoffreie, nichtglykosidische, organische Verbindungen, die fest, oft krystallisiert, nur teilweise wasserlöslich sind und meist ausgesprochen bitter schmecken; chemisch sind sie bisher nur unzureichend erforscht. Von alters her benutzt man bitterstoffhaltige Pflanzen zur Anregung des Appetits und zur Förderung der Verdauung. Mit der Erklärung dieser Wirkung haben sich in neuerer Zeit WASICKY, REICHMANN, MAHLER, JODLBAUER u. a. beschäftigt. Es ergab sich, daß Menge und Qualität des Magensaftes bereits dann zunahmen, wenn die Bitterstoffe mit der Mund- und Rachenschleimhaut in Berührung kamen. Gab man dasselbe Mittel durch den Magenschlauch, blieb es wirkungslos; REICHMANN stellte sogar eine Sekretverminderung fest. Hat das Bittermittel den Magen $1/2$—1 Stunde verlassen, so findet eine starke Magensaftsekretion mit Vergrößerung der Menge und Verbesserung der Qualität statt. MAHLER zeigte dagegen an Schafgarbe und Bitterklee, die er in Oblatenkapseln in den Magen brachte, bereits eine Steigerung der Sekretionen. Die Darmsekretionen werden durch Bitterstoffe gleichfalls angeregt, nicht aber die Sekretionen von Galle und Pankreassaft. Beim Gebrauch von Bittermitteln tritt eine mehr oder weniger stark ausgeprägte Leukocytose ein; Milzvergrößerungen gehen zurück (KÜCHENMEISTER), Gärungsprozesse werden eingeschränkt (BUCHHEIM, ENGLER). Die Vergärung von Zucker durch lebende Hefe konnte C. NEUBERG durch bestimmte Bitterstoffe beschleunigen. MADAUS beschäftigte sich besonders mit der Steigerung der Resistenz durch Bittermittel, er konnte die Milbenräude der Ratten nur durch innerliche Gaben von Bitterstoffpflanzen ohne Anwendung äußerer Mittel heilen. Mit Bitterstoffpflanzen hergestellte Salben brachten Wunden, die mit Ödem- und Gasbrandbacillen infiziert wurden, 100%igen Schutz (GONZENBACH, HOFFMANN).

Im Volke werden die Bitterstoffpflanzen von altersher außer zur Behandlung und Heilung von Krebsgeschwüren und Hautkrebsen zur Behandlung und Ausheilung von Magen- und Darmgeschwüren benutzt. Das erscheint vorerst widersinnig, da ja durch Bitterstoffe die Menge und Qualität des Magensaftes erhöht wird und nach der Säuretheorie durch weiter vermehrte Säurebildung die Ulcera nur noch verschlimmert werden müßten. Die volkstümliche Anwendung der Bittermittel zur Heilung der Ulcera aber führt zur Ablehnung der Säuretheorie und ist damit gleichzeitig eine Bestätigung für die Richtigkeit der in Gründlichkeit und Beweiskraft einzig dastehenden Forschungen meines Lehrers, des Hamburger Chirurgen Professor KONJETZNY, über die Ulcusgenese.

Ätherische Öle.

Ätherische Öle sind Gemenge verschiedenartiger, stark und vorwiegend angenehm, seltener unangenehm riechender, stickstofffreier, organischer Verbindungen. Meist mehr oder weniger dickflüssig, setzen sie gern feste, krystallinische Bestandteile, die sog. Campher ab. Bei längerem Stehen werden sie durch Verharzung gelb bis braun. Sie lassen sich mit Wasserdampf destillieren, sind aber in Wasser fast unlöslich, gut löslich dagegen in Alkohol, Äther, Chloroform, Benzol. An der Luft verdunsten sie; sie sind leichter als Wasser, wenn der Terpengehalt vorherrscht und beim Überwiegen der sauerstoffreichen Bestandteile schwerer. Optisch sehr aktiv und lichtbrechend sind die sauerstoffarmen Öle, während die sauerstoffreichen Öle optisch nur schwach aktiv sind. In vielen Pflanzen kommen sie in Form feinster Tröpfchen vor, in manchen Pflanzen sind sie in glykosidischer Bindung enthalten, aus denen sie bei der hydrolytischen Spaltung frei werden. Die Bestandteile der ätherischen Öle sind folgende (nach O. GESSNER).

A. *Kohlenwasserstoffe.*
  1. Aliphatische Kohlenwasserstoffe: Heptan sowie feste paraffinartige Kohlenwasserstoffe in kleinen Mengen;
  2. Zyklische Kohlenwasserstoffe: Cymol (p-Cymol);
  3. Alicyclische Kohlenwasserstoffe: Terpene (ungesättigte, sich vom Cymol ableitende Kohlenwasserstoffe der Cyclohexanreihe). Die Terpene lassen sich einteilen:
     a) Hemiterpene = Pentene C_5H_8;
     b) Terpene ($C_{10}H_{16}$) = Pinen, Silvestren, Terpinen, Terpinolen, Sabinen, Salven, Camphen usw.;
     c) Sesquiterpene ($C_{15}H_{24}$) = Cadinen, Junipen usw.,
     d) Diterpene ($C_{20}H_{32}$).

B. *Sauerstoffhaltige Bestandteile.*
  1. Alkohole: Terpineol, Sabinol, Geraniol, Borneol usw.;
  2. Phenole: Thymol, Menthol, Carvacrol usw.;
  3. Aldehyde: Citronellal, Citral, Benzaldehyd;
  4. Ketone: Thujon, Cineol, Pulegon, Iron usw.; auch aliphatische Ketone = Methyl-n-nonylketon;
  5. Ester: Methylsalicylsäureester;
  6. Äther: Apiol = Allyltetraoxybenzoldimethylmethylenäther.

C. *Schwefelhaltige Bestandteile.*
  1. Senföle = Isothiocyansäureäther;
  2. Alkylsulfide und = polysulfide = Vinylsulfid, Allylsulfid usw.

Wirkung. Örtlich wirken die ätherischen Öle an Haut und Schleimhäuten reizend, rufen Erythem und Wärmeempfindung hervor, können bei längerer Einwirkung zu Entzündungserscheinungen bis zur Blasenbildung und Nekrose führen. Kleine Mengen können innerlich appetitanregend, verdauungsfördernd, peristaltikanregend wirken, die Herzarbeit und die Atmung beschleunigen. Größere Mengen reizen den gesamten Magen-Darm-Tractus und bedingen starke Hyperämie der Mesenterialgefäße, so daß es reflektorisch zur Erregung des schwangeren Uterus und zum Abort kommen kann. Die glatte Muskulatur des Magen-Darmkanals wird durch manche Bestandteile gelähmt und so spastische Kontraktionen gelöst. *Resorptiv* kommt es erst nach größeren Mengen zu Vergiftungserscheinungen. Bei vorherrschendem Terpengehalt stehen die Lähmungserscheinungen, bei geringem Terpengehalt die Krampfzustände im Vordergrund. Es treten vor allem Nierenveränderungen auf; die Nierengefäße werden entzündlich verändert, durchlässiger, die Diurese gesteigert, es treten Eiweiß und Blut im Urin auf. Manche ätherischen Öle führen zu schweren Stoffwechselstörungen, besonders zu fettiger Degeneration der Leber. Im Blutbild zeigt sich eine Lähmung der Beweglichkeit der Leukocyten durch Entziehung ihrer Lipoide. Die ätherischen Öle werden teils unverändert, teils an Glykuronsäure oder in anderer Weise gebunden, durch die Nieren, auch durch die Lunge und die Haut ausgeschieden.

Therapeutisch verwendet man die ätherischen Öle als Acria, Stomachica, Antispasmodica, Carminativa, Diuretica, Expectorantia, Sedativa, Antiseptica und Anthelmintica, sowie als Geruchs- und Geschmackskorrigentien.

Campher.

Als Campher bezeichnet man die sich beim längeren Stehen oder bei starker Abkühlung von ätherischen Ölen abscheidenden festen, krystallinischen Bestandteile. Außer dem gebräuchlichen Campher des *Campherbaumes (Cinnamomum camphora)*, gibt es eine Reihe deutscher Arzneipflanzen, die Campher und campherähnliche Stoffe enthalten (Menthol, Thymol, Borneol, Ledumcampher, Alantcampher = Helenin, Polygalin usw.).

Harze.

Harze sind Pflanzenstoffe, die als Produkte von Sekretionsprozessen entweder als *physiologische* Harze in der unverletzten Pflanze in Exkretbehältern vorhanden sind oder als *pathologische* Harze erst bei der Verletzung der Pflanze gebildet und in erst dann gebildeten Exkretbehältern gespeichert werden. Alle Harze treten in flüssiger Form aus, einige erstarren schnell und man bezeichnet sie als eigentliche Harze. Andere erstarren erst ganz allmählich, diese werden als Balsame bezeichnet. Nach chemischen Gesichtspunkten teilt man die Harze ein in:

1. Harzsäuren,
2. Harzalkohole,
3. Harzester,
4. Resene (TSCHIRCH).

Vom Standpunkt der *Wirkung* aus kann man die Harze in eine medizinisch wirksame und in eine indifferente Gruppe einteilen. Die indifferenten Harze verwendet man zu technischen Zwecken und zur Herstellung von Heftpflaster, die medizinisch wirksamen besitzen meist eine abführende Wirkung oder sie reizen die Haut, wirken antiparasitär und werden (Perubalsam) zur Wundbehandlung verwendet.

Lipoide (Fette, Wachse).
Lipide.

Auf dem Internationalen Chemikerkongreß 1925 wurde eine einheitliche Bezeichnung für die wasserunlöslichen, äther- und alkohollöslichen Substanzen geprägt, die man bisher als Lipoide, Lipoine,

Liposen unter den verschiedensten Deutungen bezeichnet hatte. Es wurde der Name *Lipide* geschaffen und man versteht darunter die äther- und alkohollöslichen Substanzen, die wasserunlöslich sind und entweder Ester von Fettsäuren darstellen oder mit Fettsäuren Ester bilden (BLOOR); der Totalätherextrakt heißt *Rohlipid*. Die einfachen Lipide setzen sich aus Fetten und Wachsen zusammen. Bis zur allgemeinen Einführung des Wortes Lipide wird man unter Lipoiden nicht nur fettähnliche Körper, sondern auch Fette verstehen (MADAUS).

Die fettartigen Bestandteile der Pflanzen sind chemisch und physiologisch heterogener Natur; Fette kommen meist in Samen, Wachse mehr als Exkrete (Überzüge) von Früchten und Pflanzenteilen vor. Bei den fetten Ölen handelt es sich um pflanzliche Fette. Es kommen gesättigte und ungesättigte Fettsäuren vor, je nach der Bindung als Mono-, Di- und Triglyceride. Bei den Wachsen sind an Stelle des Glycerins hochmolekulare Alkohole vorhanden. Die Wirkung der pflanzlichen Öle ist entweder nährend oder heilend.

Schleime.

Unter den Begriff *Pflanzenschleime* fallen Gummi, Stärke, Hemicellulose, Lichenin, Pektin, ferner amorphe, in Wasser kolloiddisperse Substanzen verschiedener chemischer Konstitution, teilweise Kohlehydrate, teilweise andere stickstoffreie, zum kleinen Teil auch stickstoffhaltige Verbindungen. Mit Wasser bilden die Pflanzenschleime zähe Sole, die beim Abkühlen oft in Gele übergehen.

Chemisch und pharmakologisch sind die Pflanzenschleime indifferent; sie schützen die Schleimhäute vor mechanischen Reizen, hüllen örtlich reizende Stoffe ein und schwächen so deren Wirkung erheblich oder heben sie ganz auf. Die Geschmackseindrücke, die Temperaturempfindungen, die schmerz- und entzündungserregende Wirkung von Reizstoffen werden bei gleichzeitiger Verabreichung von Schleimen abgeschwächt. Die Schleimstoffe werden kaum resorbiert und hemmen auch die Resorption anderer Stoffe, machen aus einer Stoßwirkung eine mildere, gründliche Dauerwirkung.

Man verwendet die Pflanzenschleime zur Behandlung von Reizzuständen im Magendarmkanal, besonders bei Katarrhen und Vergiftungen. Hustenstillend können sie nur dann wirken, wenn der Husten reflektorisch durch Reizzustände im Pharynx oder an der Epiglottis zustande kommt. In der Arzneiverordnung verwendet man sie als einhüllende Mittel bei der Verabreichung örtlich reizender Pharmaca per os und per anum, sowie zur Geschmackskorrigierung (O. GESSNER).

Organische Säuren.

Die wichtigsten organischen Säuren, die im Pflanzenreich zu finden sind, sind folgende: Oxalsäure, Bernstein-, Apfel-, Zitronen- und Weinsäure.

Oxalsäure ist in größten Mengen etwa (1%) im *Sauerampfer, Rumex acetosa* L., enthalten, und zwar in Form des sauren Kaliumsalzes.

Äußerlich wirkt sie ätzend, innerlich resorptiv setzt sie schwere Schädigungen durch Verminderung oder Aufhebung der Calciumionenkonzentration des Blutes, Bildung unlöslichen Calciumoxalats. Die Gerinnbarkeit des Blutes wird dadurch mehr oder weniger aufgehoben, außerdem werden Herz und Zentralnervensystem schwer geschädigt. Die Oxalsäure wird im Organismus nicht zerstört, sondern die Kristallmassen der gebildeten Oxalate werden in die Niere geschwemmt, wo sie über die mechanische Verstopfung zu Anurie und Urämie führen können. *Vergiftungen* können durch Genuß sehr großer Mengen oxalsäurehaltiger Pflanzenteile vorkommen und haben mehrfach zum Tode geführt. Die Verätzungen treten dabei in den Hintergrund, allenfalls tritt Erbrechen ein. Als Hauptsymptom der resorptiven Vergiftung tritt die schwere Herzschädigung ein, der Puls wird klein und unregelmäßig, der Blutdruck sinkt. Über tonische, tetanische Krämpfe, zentrale Lähmung und Kreislaufschäden kommt es zum Tod im Koma; andererseits kann die Nierenschädigung zu einer tödlichen Urämie führen. Die Prognose ist ungünstig. *Gegenmittel:* Kalk in jeder Form, Kalkwasser, milchsaurer Kalk, Calciumchlorid, im Notfall Kreide, Eierschalen. Entleerung des Magens und Darmes. Bei bereits eingetretenen Vergiftungserscheinungen sind Kalkpräparate subcutan und intravenös, außerdem viel Flüssigkeit, Ringerlösung subcutan, Traubenzucker, Analeptica, Cardiaca, salinische Diuretica anzuwenden (O. GESSNER). — Oxalsäure ist enthalten in allen *Rumex*arten, in den angebauten *Rhabarber*arten, die viel als Kompott gegessen werden, ferner im *Spinat* und in den Früchten der *Tomate*. Spuren von Oxalsäure sind in den meisten Pflanzen, die organische Säuren enthalten, vorhanden.

Apfel-, Bernstein-, Zitronen- und Weinsäure findet sich in vielen Früchten, besonders im Obst; die letztere besonders reichlich in den *Weintrauben*, wo sie als salinisches Abführmittel zu Traubenkuren bei chronischen Verstopfungen, Fettsucht und anderen Leiden benutzt wird. Vergiftungen mit Fruchtsäuren kommen nicht vor, weil sie im Obst in innigem Zusammenhang mit Pektin und Zucker stehen, im Organismus abgebaut werden und im Übermaß genossen allenfalls Darmkatarrh zur Folge haben.

Kieselsäure.

Kieselsäure ist in den Pflanzen in Form der echten Lösung vorhanden, und zwar in Form einfacher Säuren, etwa bis zur Stufe der Hexasäure (GAUDARD). Die Wirkung der Kieselsäure ist an *Equisetum arvense L.*, Ackerschachtelhalm, der im frischen Zustand 0,06—0,33%, im getrockneten 0,06—0,78% lösliche Kieselsäure enthält, festgestellt worden. Die Pflanze wirkt gewebsfestigend und gewebereizend, wenn auch erst in größeren Dosen. Silicium hat als Biokatalysator starken Einfluß auf die Intensität des Stoffwechsels (SKOKAN). RÉNON erklärt, daß die Pflanze als wertvolles Remineralisationsmittel die Abwehrreaktionen des Organismus begünstige: „en provoquant une prolifération fibreuse active". Die Wirkung der organisch gelösten Kieselsäure auf die *tuberkulösen Herde* ist, soweit es die gutartigeren Formen, die an sich zu Vernarbungsprozessen neigen, betrifft, durch zahlreiche Autoren sicher bestätigt. Sie gibt dem Bindegewebe Resistenzfähigkeit gegenüber den bakteriellen Einschmelzungsprozessen (KOBERT). KÜHN machte Versuche großen Ausmaßes; er gab einen kieselsäurehaltigen Tee mit Equisetum mit einem Gehalt zwischen 40 und 480 mg Kieselsäure als Tagesdosis. Diese Menge ist notwendig, um die Kavernen zu umgrenzen, da ein Teil der Kieselsäure durch den Harn wieder ausgeschieden wird. Bei leichteren Fällen gelangen ihm völlige Ausheilungen.

Die Kieselsäure wirkt auf die Elastizität die Haut und ihr kolloidales Zellgleichgewicht und damit nach UNNA bei Dermopathien (Pemphigus). Nach LUITHLEN, MORETTI, SCHULZ erklärt sich die Wirkung auf Arteriosklerose aus der Fähigkeit kolloidaler Kieselsäure, Gefäßwände wieder elastisch zu machen.

TICHÝ erforschte die Rolle der Kieselsäure im Kampf gegen maligne Geschwülste; sie wirkte nicht nur gewebsfestigend, sondern es entstehen im Tumor selbst Kieselsäureherde, die bei Einwirkung harter Röntgenstrahlen zu sekundären Strahlungen fähig sind. Die Kieselsäure ist eines der auf Röntgenstrahlen resonnierenden Elemente.

Halogene.

Jod, Brom und Fluor sind besonders in Meerespflanzen, in Tang und Algen, enthalten. Im *Blasentang, Fucus vesiculosus* L., ist etwa 0,8% Jod als Jodospongin enthalten, so daß er früher zur Jodgewinnung diente, heute als bequemes Mittel zu Entfettungskuren benutzt wird. Die *Strandgrasnelke, Armeria maritima* WILLD., die in Deutschland auf trockenen Triften, besonders am Meeresstrand anzutreffen ist, enthält außer Jod noch Brom und Fluor. Jod enthalten neben Schleimstoffen, Amylodextrin, unter anderem noch *Irländisches Moos, Chondrus crispus L.*, und verwandte *Rotalgen, Rhodophyceae*, der Nordsee (ref. nach O. GESSNER).

Hautreizstoffe.

Acria.

Die Hautreizstoffe kann man nach dem Stadium der Reizung, das sie durch ihre Eigenschaft oder ihre Dosierung hervorrufen, einteilen in:

1. Rubefacientien, Hautrötungsstoffe;
2. Vesicantien, Blasenziehende Stoffe;
3. Pruriginantien, Suppurantien, zur Hervorrufung von zur Eiterung neigenden Hautentzündungen;
4. Ätzmittel.

Die pflanzlichen Hautreizmittel unter diese vier Begriffe einzuordnen, ist nur unvollkommen möglich, da die Dosierung fließende Übergänge schafft. Einige Beispiele seien angeführt:

ad 1. Kalmusbäder, Fichten- und Kiefernadelbäder, alle ätherischen Öle, Harze und Campher, Oleum Sinapis, Spiritus Sinapis, Senfmehlbäder, Sadebaumöl, Thujaöl, Rosmarinöl, Rosmarinspiritus, Rosmarinsalbe, Terpentinöl, Campherspiritus, Scheiben von *Zwiebel, Knoblauch, Bärenlauch, Meerrettich, Löffelkraut.*

ad 2. *Wolfsmilch*gewächse, *Seidelbast, Hahnenfuß*arten, *Mauerpfeffer,* Knollen von *Bryonia alba et dioeca.* Diese Pflanzen wirken nur frisch, weil die hautreizenden Stoffe hier flüchtig sind.

ad 3. Wie vorstehend, ferner noch *Arnika,* Oleum Lauri. Als Reizmittel für Mund- und Rachenschleimhäute wendet man an: Thymol, Menthol, *Capsicum.*

Außer diesen, zu therapeutischen Zwecken angewandten Hautreizmitteln gibt es eine Reihe von Pflanzen, die bei dafür empfindlichen Personen mehr oder weniger heftige Hautreizungen, die über die Blasenbildung bis zur Nekrose gehen können, hervorrufen können: *Primula, Achillea millefolium* (GANS), *Rhus toxicodendron, Pastinaca sativa, Clematis recta.*

Die *Wirkungen* der Hautreizmittel kann man einteilen in:

1. Lokale. Bei schmerzenden und brennenden Ekzemen und Erythemen, wie Zoster, Erysipel, Pruritus, kann man den Zustand im Sinne des Brennreizes noch verschlimmern. Nach Bepinselung mit Reskin (MADAUS) wurden in vielen Fällen überraschend schnelle Dauerheilungen erzielt.

2. Schmerzstillende. Bei Zahnschmerzen, Schmerzen bei Gallensteinkoliken u. a., also bei akuten Schmerzzuständen, ruft man durch Bepinselung mit Senfölen (z. B. Redskin) oder durch Blasenziehen noch stärkere Schmerzempfindungen hervor.

3. Fernwirkungen. Senfmehlfußbäder bei mangelnder Menstruation, Kongestionen, Stauungszuständen in Kopf, Thorax und Oberbauch. Hautreizende Einreibungen zur Hyperämisierung, zur Anregung der Resorption von Gelenkergüssen, Pleuraerkrankungen, zur Umstimmung von Entzündungsherden, zum Überführen chronischer Zustände in akute. — Die *Ursachen* der Hautreaktion sind in dem bei der Anwendung von Hautreizmitteln im Organismus frei werdenden *Histamin* zu suchen. Bei Verbrennungen z. B. tritt eine Zunahme des Bluthistamins von 35 γ auf 100—200 γ ein, wie BARSOUM und GADDUM festgestellt haben. Auch OETTEL, der Untersuchungen über die Einwirkungen organischer Flüssigkeiten auf die Haut gemacht hat, vermutet als Übertragungsmoment der akuten Wirkung das Histamin.

Vitamine.

Man kann unter den Vitaminen spezifisch biologisch wirksame, organische Nahrungsbestandteile von fast hormonartigem Charakter verstehen. Ohne Vitamine kein Leben (STEPP)! Das Wort Vitamin wurde 1912 von C. FUNK geprägt; dieser sagte damit, daß es sich um lebenswichtige, stickstoffhaltige Verbindungen handelt. Die folgende tabellarische Übersicht ist nach KLEIN *(„Handbuch der Pflanzenanalyse"),* MADAUS (Lehrbuch der biologischen Heilmittel, Abt. „Heilpflanzen"), STEPP-SCHRÖDER u. a. zusammengestellt.

Namen	Zusammensetzung Eigenschaften Vorkommen	Mangelerscheinungen therapeutische Dosen
Vitamin A, Antixerophthalmisches V., Antiinfektives V., Biosterin A_2 (EULER), Ophthalmin.	$C_{20}H_{30}O$ Provitamine: α-Carotin $\}$ β-Carotin $\}$ $C_{40}H_{56}$ γ-Carotin $\}$ Fettlöslich, sauerstoff- und säureempfindlich, ziemlich alkalibeständig. *Vorkommen:* als Provitamin in Karotten, Aprikosen, Palmöl (α-reich) und in allen chlorophyllhaltigen Pflanzenteilen; als Vitamin in Butter, Milch, Lebertran, Leber, Spinat, Heidel- und Brombeeren.	Störungen der normalen Schleimhautfunktionen, Xerophthalmie, Keratomalacie, Hemeralopie. Degeneration im Darm, Steinbildungen, bei Ratten Daueroestrus. Störungen der Sexualfunktionen, Verminderung der Resistenz gegen Infektionen. Minimal-Dosis des Vitamins: 0,5—1 γ, Minimal-Dosen der Provitamine: α-Carotin = 5 γ β-Carotin = 2,5 β γ-Carotin = 5 γ (Reine A-Präparate verursachen Erscheinungen der Hypervitaminose.) Tagesbedarf: 0,2 mg.
Vitamin B_1 Antineuritisches V., Anti-Beriberi-Vitamin, Vitamin (FUNK 1912), Antiberberin, Aktivator Torulin, Oryzanin, Antineuritin, Eutonin, Vitamin B, Vitamin F.	$C_{12}H_{16}ON_4S$ (WINDAUS). Wasserlöslich, alkali- und hitzeunbeständig, säurebeständig, schwefelhaltig. *Vorkommen* in Spinat, Lattich, Erbsen, Linsen, Haselnüssen, Mandeln, Reiskleie, Hefe, Getreidekeimen. Ferner in Skelet- und Herzmuskulatur, Leber, Nieren, Hirn, Nerven.	Polyneuritis, Ödeme, seröse Ergüsse, Magen- und Darminfektionen, Herzdilatation, Herzinsuffizienz durch Wasserretention in den Herzmuskelfasern. Reguliert den Kohlehydratstoffwechsel, Glucose-Zufuhr verstärkt die Beriberi-Symptome (FUNK). Tagesbedarf: 0,5—1,0 mg.
Vitamin B_2 Antipellagra-V., Antidermatitis-V., P. P., P (FUNK), G (SHERMAN), GB (VAN LEERSUM), F (MCCOLLUM), Lactoflavin. Extrinsic-Faktor (antianämisches Vitamin).	Beziehungen zu den Flavinen, Farbe gelb, gelbgrüne Fluoreszenz, stickstoffhaltig ($C_{16}H_{20}O_6N_4$ = Ovoflavin und Lactoflavin). Löslich in Wasser und verdünntem Alkohol, säure- und hitzebeständig, sehr lichtempfindlich. *Vorkommen:* Leber, Niere, Herz, Muskel, Hefe, Milch, Eiweiß, Weizen, Kohl, Wasserkresse, Spinat, Raps, Erbsen usw.	Störungen der Schilddrüsenfunktionen, Nervenstörungen. Die Pellagra-Symptome werden zum Teil von B_2-Mangel ausgelöst. Minimal-Dosis: Lactoflavin 5 γ. Tagesbedarf: 2—3 mg.

Vitamine.

Namen	Zusammensetzung Eigenschaften Vorkommen	Mangelerscheinungen therapeutische Dosen
Vitamin B_3 Alkalilabiles Wachstums-Vitamin der Taube (PETERS 1930), B_4 (PETERS 1929).	Zusammensetzung nicht bekannt. Wasserlöslich, säurebeständig, aber in saurer Lösung durch den Luftsauerstoff zerstörbar. *Vorkommen:* Hefe, Weizen, Gerste, Muskulatur, weniger in Spinat, Kartoffeln, sehr wenig in Tomaten und Orangen.	Die Taube kann B_3 speichern, deshalb treten Mangelerscheinungen sehr spät ein (Herzstörungen usw.).
Vitamin B_4 Alkalilabiles Wachstumsvitamin der Ratte, B_3 (READER).	Wasserlöslich, alkali- und thermolabil. *Vorkommen* im Hefeadenin (verhält sich wie Adenin, geht in die B_1-Fraktionen über), Leber, Eiklar.	Bei der Ratte entstehen bei Mangel an B_4 Koordinationsstörungen, Muskelschwäche, Pfotenschwellungen usw. Polyneuritis entsteht erst bei gemischter B_1—B_4-Avitaminose. B_4 hat auch für die Entstehung der Beriberi Bedeutung.
Vitamin B_5 Alkalistabiles Wachstumsvitamin der Taube, Vitamine d'utilisation cellulaire (RANDOIN 1929).	Wasserlöslich, gegen Alkali stabiler als B_1 und B_4. *Vorkommen* in Hefe, Leber, Eiklar.	Kann wie B_3 leichter gespeichert werden als B_1.
Vitamin B_6, Akrodynischer Faktor, Faktor Y, Antidermatitis-Faktor. *Vitamin G.*	Beziehungen zum Schwefelstoffwechsel, wasserlöslich, sehr empfindlich. *Vorkommen:* In Fischmuskeln, Leber, Eigelb, Hefe, Salat, Spinat.	Reine Avitaminose nicht bekannt.
Vitamin C Ascorbinsäure, Antiskorbutisches Vitamin.	$C_6H_8O_6$ (Zuckerabkömmling). Wasserlöslich, leicht löslich in Alkohol, sauerstoffempfindlich. *Vorkommen:* Im Pflanzenreich sehr weit verbreitet (Grünkohl, Weißkohl, Wirsingkohl, Rotkraut, Rosenkohl, Spinat, Tomaten, Kopfsalat, Kresse, Mangold, Zwiebeln, Beerenfrüchte, Orangen, Citronen, Kiefernnadeln usw.) und besonders in Nebennieren.	Schädigungen der Capillarwände, Störungen im Zahn- und Knochenwachstum. Tagesbedarf: etwa 50 mg.

Namen	Zusammensetzung Eigenschaften Vorkommen	Mangelerscheinungen therapeutische Dosen
Vitamin D Antirachitisches V., Calciferol, Vitamin D_1 (WINDAUS, LINSERT), Vitamin D_2 (WINDAUS), A_1 (EULER), E (FUNK).	$C_{28}H_{44}O$, entsteht aus den Provitaminen: Ergosterin, Lumisterin, Tachysterin durch Bestrahlung. Fettlöslich. *Vorkommen:* Als Provitamine in Pilzen, Hefe, in vielen Pflanzen; als Vitamin in Lebertran, Butter, Eigelb, Sommerspinat.	Störungen im Calcium- und Phosphor-Stoffwechsel, Verkalkungsanomalien von Knochen, Zähnen (Rachitis, Tetanie). Tagesbedarf: 1—2 γ. (Hyper-Vitaminosen können eintreten.)
Vitamin E Antisterilitätsvitamin, Fertilitätsvitamin, Vitamin F (FUNK).	Zusammensetzung unbekannt. Fettlöslich, leicht löslich in Alkohol, bleibt beim Trocknen erhalten. *Vorkommen:* Getreidekeime, Luzerne, Lattich, Kopfsalat, Öle, Rahm, Eigelb.	Vitamin E soll die Sekretion des Vorderlappens der Hypophyse anregen (VERZAR).
Vitamin F.	Ähnlich B_6. Isomere von Linol- und Linolensäuren. *Vorkommen:* als ungesättigte Fettsäuren im Pflanzen- und Tierreich weit verbreitet.	Bei Ratten treten schwere Hautschädigungen bei Mangel von F ein; am Menschen noch nicht genügend erprobt.
Vitamin H Antiseborrhoeisches V., Hautfaktor (GYÖRGY), Antipsoriatischer Faktor.	Zusammensetzung nicht bekannt, die Präparate sind alkalilabil, wärme- und säurestabil, vermutlich Beziehungen zum Schwefelstoffwechsel. *Vorkommen:* Leber, Niere, Hefe, Kartoffelmehl, Spinat, Kohl.	Hautentzündungen, Schuppenbildung, Haarausfall usw. Mindest-Dosis peroral etwa 25 γ pro Tag. (Nur bei Eiweiß-Armut wirksam.)
Vitamin J Vitamin C_2 (EULER), Antipneumonischer Faktor.	*Vorkommen:* Zitronensaft, Holunderbeeren, Schwarze Johannisbeeren, in keimenden Erbsen und in Paprika.	Im Tierversuch schützten 5 ccm des Saftes der Früchte vor Pneumonie. Verringerung der pneumonischen Krisentage auf 4.
Vitamin K Koagulationsfaktor. Antihämorrhagisches Vitamin.	Empfindlich gegen Alkalien. *Vorkommen:* Eidotter, Hanfsamen, Leber; im Dorschlebertran nicht enthalten!	Neigung zu Blutungen, Verzögerung der Blutgerinnung, Veränderungen der Magensekretionen.
Vitamin P Permeabilitätsvitamin, Citrin (GYÖRGY).	$C_{28}H_{36-38}O_{17}$ Glykosid eines Flavons. Löst sich kaum in Wasser oder Alkohol. *Vorkommen:* Citronensaft.	Vielleicht identisch mit Vitamin J. Mangel ruft Skorbut hervor!

Namen	Zusammensetzung Eigenschaften Vorkommen	Mangelerscheinungen therapeutische Dosen
Vitamin T Thrombocytose-Faktor.	Fettlöslich (in „Vogan" enthalten).	
Wachstumsfaktor R	In Wasser nicht löslich. *Vorkommen:* In den mit Alkohol extrahierten Hefe-Rückständen.	
Bios Wachstumsfaktor, Vitamin D (FUNK), h D (EULER), B P (EULER).	Noch nicht geklärt.	

Hormone.

Hormone sind Wirkstoffe des menschlichen und tierischen Organismus, die in Zellen und Drüsen ohne Ausführungsgänge gebildet werden und eine Fern- oder Gesamtwirkung auf den Organismus ausüben. Eine Reihe von pflanzlichen Stoffen sind in ihren pharmakologischen Eigenschaften den Hormonen verwandt. Eine genaue Abgrenzung der tierischen und pflanzlichen Hormone ist noch nicht möglich. Es sei im folgenden aus dem „*Lehrbuch der biologischen Heilmittel*" von G. MADAUS referiert:

Ephedrin wirkt ähnlich dem Adrenalin; es wirkt auf den Sympathicus, verengert die Gefäße und erhöht den Blutdruck. Auch andere Alkaloide haben hormonartige Wirkungen.

Auxin bewirkt im pflanzlichen Organismus Wachstum durch Zellstreckung, nicht durch Zellteilung (KÖGL, SMIT). Es besteht aus den Faktoren a und b, die beide einbasische, ungesättigte Säuren sind, sich in Wasser gut, in Petroläther schlecht lösen und in krystallisiertem Zustand ihre Wirksamkeit nach 1—2 Monaten verlieren, wenn sie nicht durch Ausfrieren wasserfrei gemacht sind. KÖGL hat bewiesen, daß das aus dem Harn gewonnene Auxin Durchgangsstoff für den Tierkörper ist. Bei Pflanzen wirkt es auf die Wurzelspitze hemmend, auf Vegetationskegel fördernd. LEHMANN erzielte starke Wachstumsförderungen durch Betupfen der Vegetationskegel mit einem Tropfen einer Lösung von β-Indolylessigsäure = Heteroauxin. MASCHMANN fand besonders in schnellwachsenden malignen Tumoren des Tierkörpers einen dem Auxin wahrscheinlich entsprechenden Wachstumsstoff, der wie Auxin eine ungesättigte Säure ist. Der Stoff fand sich auch in der normalen Leber und in Embryonen.

Zellteilungshormone oder Mitohormone hat man mit dem *Hefepilz, Saccharomyces cerevisiae*, als Testobjekt nachgewiesen (RIPPEL). Möglicherweise entsprechen diese Hormone den Wundhormonen HABERLANDTs.

Wundhormone wurden von HABERLANDT bei Untersuchungen über die Heilung pflanzlicher Wunden durch pflanzlichen Gewebebrei festgestellt. WEHNELT bestätigte, daß die Wundhormone weder art- noch gattungseigen sind, wie an Kartoffelscheiben als Testobjekt festgestellt wurde. MADAUS hat für Stoffe, welche die Wundheilung verhindern oder erschweren, den Ausdruck „Antiwundhormone" geprägt. Es gelang ihm, durch Kombination verschiedener wundheilender Pflanzen die Wirkung der pflanzlichen Wundhormone am Menschen nachzuweisen. Als besonders wirksame Pflanzen erwiesen sich: *Bryophyllum calycinum, Arnica montana, Echinaceae angustifolia, Hamamelis virginica, Calendula officinalis, Plantago major.*

Sexualhormone. Die pflanzlichen Stoffe, welche die Wirkungen von Sexualhormonen besitzen, teilt MADAUS in zwei Gruppen ein: 1. Stoffe, welche auf die hormonalen Drüsen des tierischen Organismus funktionssteigernd wirken (hormonale Aktivatoren); 2. Stoffe, welche bei kastrierten Tieren Ausfallserscheinungen direkt beseitigen.

Corpus luteum-Hormone sind in den Blüten der *Sonnenrose, Helianthus annuus* L. (WEHEFRITZ, GIERHAKE), ferner in den Samen des *Keuschlammstrauches,* Agnus castus (MADAUS) und in den Brutknospen von *Lilium tigrinum* enthalten. BUTENANDT isolierte das Hormon aus dem Stigmasterin der Sojabohne.

Follikelhormon wurde von BUTENANDT aus großen Mengen Palmkernen so rein dargestellt, daß es vom tierischen Hormon selbst chemisch nicht mehr zu unterscheiden war. Es findet sich bei Pflanzen hauptsächlich in den weiblichen Blütenorganen, so bei *Nuphar luteum, Salix caprea, Helianthus annuus, Sambucus nigra, Urtica dioeca,* ferner in den Stengeln von *Impatiens parviflora,* im Kraut von *Althaea rosea,* angereichert in Weizen, Gerstenkeimlingen, Kartoffeln, Körnerfrüchten, Kirschen, Zuckerrüben, Rhabarber und vielen Arzneipflanzen, ferner in Bakterien und nach ASCHHEIM und HOHLWEG in Torf, Braunkohle, Steinkohle, Petroleum und in Moorextrakten; WEHEFRITZ fand bis 250 ME im Kilogramm Trockenmoor.

Brunstauslösende, pflanzliche Stoffe wurden von MADAUS an infantilen Mäusen festgestellt; *Pulsatilla* und *Rosmarinus* brachten deutlich positive Brunstreaktionen hervor.

Androkinin, das männliche Keimdrüsenhormon wurde in den männlichen Blüten von *Salix caprea* und in Hefe gefunden (LOEWE).

Thyreotropes Hormon kommt anscheinend im *Weißkohl* vor. MARINE und seine Mitarbeiter nannten die pflanzlichen Stoffe, die vergrößernd auf die Schilddrüse wirkten, Thyreokinine, und diejenigen, die eine Rückbildung der Schilddrüse hervorriefen (die Wirkung des Weißkohls wieder aufhoben), Thyreostasine.

Antithyreotoxine, die Gegenstoffe der Thyreotoxine, wurden im Lebertran gefunden. MADAUS vermutet sie auch in Pflanzen und erinnert an die Wirkung von *Lycopus virginica.*

Glucokinine.

Zum Unterschiede von dem nur parenteral sicher wirkenden Insulin wirken die von COLLIP 1923 im pflanzlichen Organismus festgestellten insulinähnlichen Substanzen auch peroral und intravenös. Die Wirkung gleicht der des Insulins; LOEWE beobachtete bei der Verabreichung in entsprechenden Dosen dieselben Krämpfe wie nach Insulin, die mit Traubenzuckerinjektionen behoben werden konnten. Nach MADAUS finden sich die Glucokinine unter anderem in den Blättern der grünen Bohne, in Zwiebelsprossen, Weizenblättern, im Salat (COLLIP), im Lattich (BEST, SCOTT), in Eichelschalen, Heidelbeerblättern (KAUFMANN), Brennesselkraut (MARX, ADLER), in den Samen von *Phaseolus multiflora* (EISLER, PORTHEIM), Erbsen, Linsen, Bohnen (KAUFMANN), in den Samen von *Galega officinalis* (MÜLLER, REINWEIN), in den Wurzelkeimlingen der Gerste (LABBÉ), in *Polygonatum officinale* (PIUNGKI MIN), ferner in Hefe und Pilzen.

LABBÉ erreichte mit Auszügen aus Gersten-Wurzelkeimlingen am Kaninchen Senkungen des Blutzuckers bis 60%. Im allgemeinen wirken die Glucokinine schwächer und nicht so prompt wie Insulin. Einige Zeit nach der Glucokinineinspritzung findet sich im Blut des behandelten Tieres ein Stoff, der bei Übertragung des Blutes auf ein zweites Tier auch diesem die Glucokininwirkung überträgt. Dieser Stoff unterscheidet sich vom Glucokinin selbst durch größere Resistenz gegen Temperaturerhöhung (COLLIP, DUBIN, CORBITT). Die Glucokinine sind dialysierbar, durch Berkefeldfilter filtrierbar, in sauren, wäßrigen Lösungen gegen kurzes Erhitzen resistent, sie lösen sich in Wasser und in bis 80%igem Alkohol, besonders bei saurer Reaktion. Saure und neutrale Extrakte sind wirksam, alkalische unwirksam. Von ihrer Wirkung auf die Pflanze berichtet EDKIN, daß sie in Konzentrationen von 0,0005—0,1% (Insulin = 0,01—0,02%) Sproß-, Wurzel- und Chlorophyllbildung fördern (ref. nach MADAUS).

Sekretine.

Die Sekretine sind Stoffe, welche die Sekretion von Bauchspeicheldrüse, Magen- und Darmdrüsen anregen und im tierischen Organismus gebildet werden. Bei der Nachprüfung der Wirkung von Pflanzen auf die drei Sekretionen stieß man auf noch ungeklärte komplexe Wirkungen, denn außerdem wirkt jede Säure schon sekretionsanregend. Die Sekretine sind wasserlöslich und besonders bei saurer Reaktion kochbeständig. Pflanzen, die zunächst keine Sekretinwirkung zeigen, erhalten diese durch Rösten. Sekretine finden sich vor allem im Spinat und anderen Gemüsearten, Kohl, Zwiebeln, Erbsen, Sojabohnen, Weizen, Reis, Brennesseln und in der Hefe; nach dem Rösten auch in Kartoffeln, Sellerie, Mohrrüben und Petersilie.

Enzyme.

Enzyme oder Fermente sind Stoffe, welche schon in kleinsten Mengen die Geschwindigkeit von Reaktionen ändern und in den Endprodukten der Reaktionen nicht auftreten; sie haben einen spezifischen, engbegrenzten Wirkungsbereich, werden durch Gifte gehemmt und sind empfindlich gegen höhere Temperaturen. Mit Ausnahme der Lipase sind alle Fermente wasserlöslich. Man gewinnt sie, indem man die

Zellen zur Autolyse bringt und die gereinigten Auszüge an Aluminiumhydroxyd adsorbiert. Die bisher bekannten Enzyme teilt man ein in:

A. Esterasen.
1. Lipasen; spalten Fette und Öle;
2. Tannase; spaltet die Gerbstoffe;
3. Chlorophyllase; spaltet das Chlorophyll;
4. Phosphatasen; spalten die organischen Phosphorsäureester in Zucker und Phosphorsäure;
5. Sulfatasen; spalten die esterschwefelsauren Salze der Phenole und Estersulfate der Senfölglykoside.

B. Enzyme der Kohlehydrate und Glykoside.
1. Maltase; spaltet Maltose und die anderen α-Glykoside;
2. Saccharase (Invertin); spaltet Rohrzucker;
3. β-Glykosidase (= Emulsin); kommt in bitteren Mandeln vor;
4. Amylasen; führen Stärke und Glykogen in Maltose über;
5. Lactase; spaltet Milchzucker;
6. Lichenase; hydrolysiert Lichenin zu Glucose;
7. Cellulase; spaltet Cellulose;
8. Inulase; hydrolysiert Inulin zu Fructose;
9. Pektinase; baut die Pektinstoffe ab;
10. Urease; wandelt Harnstoff in Ammoniak und Kohlensäure um;
11. Katalasen; spalten H_2O_2 in H und O;
12. Peroxydasen; übertragen peroxydisch gebundenen O auf oxydable Substanzen;
13. Oxydations- und Reduktionsenzyme;
14. Gärungsenzyme;
15. Proteasen; spalten Proteine in einfache Aminosäuren; man unterscheidet Proteinasen und Peptidasen.

Flavone.

Die Flavone haben in der Pflanze die Aufgabe, gegen die kurzwellige, intensive Sonnenbestrahlung zu schützen (SHIBATA); man findet sie hauptsächlich an den lichtbestrahlten Seiten und Teilen der Sonnenpflanzen. Sie sind sehr weit verbreitet. In geringer Zahl kommen Flavonone und Isoflavone vor und nur ausnahmsweise Xanthone.

Flavonole besitzen im allgemeinen eine schwache capillarzusammenziehende Wirkung und rufen geringe Blutdrucksteigerungen hervor. Quercitrin (Oxyflavon = Flavonon) wirkt noch in der Verdünnung von 1:100000 diuretisch; im Experiment belebt es das mit Chloroform vergiftete Froschherz wieder und zeigt dabei stärkere Wirkung als Cardiazol (JENNEY, CZIMMER). Auch das mit Urethan geschädigte, gelähmte Herz wird durch Quercitrin und Quercetin stärker und andauernder in Gang gesetzt als mit Cardiazol. Mit Chinin und Milchsäure geschädigte Herzen werden mit Flavonolen besser geheilt. Vom subcutanen Gewebe aus werden die Flavonole innerhalb 1 Stunde resorbiert, im Darm verläuft die Resorption erheblich langsamer (FUKUDA).

Proteine.

Proteine (= Eiweißstoffe) sind hochmolekulare Verbindungen von Kohlenstoff, Stickstoff, Wasserstoff, Schwefel und oft Phosphor und Eisen, selten mit Halogenen. Sie werden durch Säuren, Alkalien und proteolytische Fermente in ihre Bausteine, die Aminosäuren, gespalten. Im pflanzlichen Organismus kommen Albumine, Globuline und Protamine vor.

Pflanzliche Albumine.
1. Leucosin, in Gersten-, Roggen- und Weizensamen;
2. Ricin, das giftige Eiweiß der Ricinusbohne, enthält viel Glutaminsäure, kein Histidin;
3. Legumelin, in Erbsen, Linsen, Saubohne, Sojabohne, jedoch nicht in Bohnen und Lupinen.

Pflanzliche Globuline. Sie sind einfache Eiweißstoffe ohne Phosphor und haben besonders dadurch Bedeutung, daß Antikörperwirkungen immer an Globuline gebunden sind. Vermutlich sind manche Virusarten Globuline; STANLEY isolierte aus den Blättern mosaikkranken Tabaks ein krystallinisches Protein mit 100—1000mal größerer Infektiösität als das Ausgangsmaterial. — Man unterscheidet:
1. Globuline der Ölsamen, die alle Tryptophan enthalten;
2. Globuline der Leguminosensamen;
3. Globuline anderer Pflanzenarten (Getreidesamen, Kartoffel (= Tuberin), Spinat, Tomaten, Pilze usw.).

Aminosäuren.

Aminosäuren sind organische Säuren, in welchen ein oder mehrere an C gebundene H-Atome durch die NH_2-Gruppe ersetzt sind. Sie treten immer dort auf, wo Eiweiß abgebaut, aufgebaut oder umgebaut wird. Freie Aminosäuren finden sich im pflanzlichen Organismus in größerer Menge in etiolierten Keimlingen, reifenden Samen und in faulenden Pflanzen; sie kommen vielfach bei den Cryptogamen, und zwar in Samen und Keimlingen, aber auch in Blättern, Rinde, Knollen, Wurzeln und Blütenstaub vor. Am verbreitetsten sind Leucin, Tyrosin, Arginin, Histidin.

Übersicht über die wichtigste Literatur.

Die mit * bezeichneten Werke wurden häufiger benutzt, die übrigen nur teilweise.

Botanik.

*ASCHERSON-GRAEBNER: Flora des Nordostdeutschen Tieflandes. Berlin: Gebrüder Bornträger 1898/99.
ENGLER u. PRANTL: Die natürlichen Pflanzenfamilien, 2. Aufl. 1924.
*FITSCHEN: Gehölzflora, 3. Aufl. Leipzig: Quelle & Meyer 1935. — FRANCÉ: Das Leben der Pflanze, 1906—1913.
*GARCKE: Illustrierte Flora von Deutschland, 22. Aufl. Berlin: Paul Parey 1922. — *GILG: Grundzüge der Botanik für Pharmazeuten, 6. Aufl. Berlin: Julius Springer 1921. — GILG u. SCHÜRHOFF: Grundzüge der Botanik für den Hochschulunterricht, 1931.
*HEGI: Illustrierte Flora von Mitteleuropa. München 1908—1931. — Alpenflora, 7. Aufl. 1930. — HUECK: Pflanzenwelt der Heimat, 1930—1934.

*Kosch: „Was blüht denn da?" Bestimmungstabelle, 74. Aufl. Stuttgart: Franckhsche Verlagshandlung 1938. — *„Was find' ich da?" Bestimmungstabelle, 26. Aufl. Stuttgart: Franckhsche Verlagshandlung 1938. — *„Was ist das für ein Baum?" Bestimmungstabelle, 14. Aufl. Stuttgart: Franckhsche Verlagshandlung 1938. — *Krüssmann: Die Laubgehölze. Berlin: Paul Parey 1937.
Marzell: Die Pflanzenwelt der Alpen, 2. Aufl. 1933. — Wörterbuch der deutschen Pflanzennamen. Leipzig: S. Hirzel 1938. — Geschichte und Volkskunde der deutschen Heilpflanzen, 2. Aufl. Stuttgart: Marquardt & Cie. 1938. — Miehe: Taschenbuch der Botanik, Bd. I u. II. 1933. — *Mosig: Kurze praktische Systematik der Pflanzenwelt. Dresden u. Leipzig: Theodor Steinkopff 1936.
Saftenberg: Botanisches Wörterbuch, 2. Aufl. 1935. — *Schmeil: Lehrbuch der Botanik, 49. Aufl. Leipzig: Quelle & Meyer 1934. — *Schmeil-Fitschen: „Flora von Deutschland." Bestimmungsbuch, 43. Aufl. Leipzig: Quelle & Meyer 1931. — Schoenichen: Der Umgang mit Mutter Grün, 1929. — (Reichsstelle für Naturschutz.) Die in Deutschland geschützten Pflanzen. Berlin-Lichterfelde: Hugo Bermühler 1938. — Naturschutz im Dritten Reich, 1934. — *Strasburger: Lehrbuch der Botanik für Hochschulen, 18. Aufl. 1931.
*Voss: Botanisches Hilfs- und Wörterbuch für Gärtner, Gartenfreunde und Pflanzenliebhaber, 8. Aufl. 1929.
Wagner: Illustrierte deutsche Flora, 3. Aufl. 1905. — Went: Lehrbuch der allgemeinen Botanik, 1933. — *Wettstein: Handbuch der systematischen Botanik, 4. Aufl. 1933. — *Wetzel: Giftpflanzen unserer Heimat. Leipzig 1936. — Wünsche-Abromeit: Die Pflanzen Deutschlands, 14. Aufl. Leipzig u. Berlin: B. G. Teubner 1938.

Sammeln, Anbau.

Anleitung zur Heilpflanzensammlung durch die deutsche Schuljugend. Stollberg i. Erzgeb.: E. F. Kellers Wwe. 1938. — *Apitzsch: Heimische Heil- und Gewürzpflanzen, ihr Anbau und ihre Verwendung. Leipzig C 1: C. Roninger 1935.
Becker-Dillingen: Handbuch des gesamten Gemüsebaues, Band Gewürz- und Arzneikräuter. Berlin 1929. — *Branco: Taschenbuch für Heilpflanzensammler. Stollberg i. Erzgeb.: E. F. Kellers Wwe. 1938.
Deegener: Kurze Anleitung zum Anbau von Heilpflanzen. Arnstadt 1935.
Gentner: Das gärtnerische Saatgut. Stuttgart: Eugen Ulmer 1938.
*Limbach-Boshart: Der Anbau von Heil-, Duft- und Gewürzpflanzen. Berlin N 4: Reichsnährstand-Verlags-G. m. b. H. 1937.
*Meyer, Th.: Arzneipflanzenkultur und Kräuterhandel, 5. Aufl. Berlin: Julius Springer 1934.

Pharmakologie, Pharmakognosie, Pharmazie.

*Deutsches Arzneibuch, DAB. VI, 6. Ausg. Berlin 1926.
Fahrenkamp: Vom Aufbau und Abbau des Lebendigen, Bd. I u. II. Stuttgart: Hippokrates-Verlag 1937—1938.
Gilg-Brandt-Schürhoff: Lehrbuch der Pharmakognosie, 4. Aufl. Berlin 1927.
*Hager: Handbuch der pharmazeutischen Praxis, Bd. I u. II. Berlin: Julius Springer 1938.
*Jaretzky: Lehrbuch der Pharmakognosie. Berlin: Deutscher Apothekerverlag Dr. H. Hösel 1937.
*Klein: Handbuch der Pflanzenanalyse, Bd. I, II, III u. IV. Berlin: Julius Springer 1931—1933. — Kobert: Saponinsubstanzen. Stuttgart 1916. — *Kofler: Die Saponine. Wien 1927.
*Mercks Index, 6. Aufl. Darmstadt 1929. — *Mercks Jahresberichte. Darmstadt. — *Meyer-Gottlieb: Experimentelle Pharmakologie, 1933. — Molisch: Der Einfluß einer Pflanze auf die andere. Jena: Gustav Fischer 1937.
*Poulsson: Lehrbuch der Pharmakologie. Leipzig u. Oslo 1930.
*Thoms: Handbuch der praktischen und wissenschaftlichen Pharmazie. Berlin u. Wien 1924—1930. — Tschirch: Handbuch der Pharmakognosie, 2. Aufl. 1930.
Wasicky: Lehrbuch der Physiopharmakognosie. Wien u. Leipzig: 1929 bis 1932. — *Wehmer: Die Pflanzenstoffe, 2. Aufl. 1929—1931, Erg.-Bd. Jena 1935. —

*WIESNER: Die Rohstoffe des Pflanzenreichs, Bd. I u. II. Leipzig: Wilhelm Engelmann 1927.
ZÖRNIG: Arzneidrogen. Leipzig 1909—1911.

Volkstümliche Kräuterbücher.

*DINAND: Handbuch der Heilpflanzenkunde. Eßlingen: J. F. Schreiber 1921. — Taschenbuch der Heilpflanzen, N. F., 3. Aufl. Eßlingen: J. F. Schreiber 1935. — Taschenbuch der Heilpflanzen, 36. Aufl. Eßlingen: J. F. Schreiber 1937.
GARDEMIN-WEITKAMP: Die Heilkräuterfibel. Berlin-Schildow: Falkenverlag E. Sicker 1937.
*KNEIPP: Das große Kräuterbuch. Kempten 1930.
*MARZELL: Neues illustriertes Kräuterbuch, 3. Aufl. Reutlingen: Enßlin & Laiblins Verlagsbuchhandlung 1935. — MERTENS: 300 Heilpflanzen. Ravensburg 1928. — *MÜLLER: Großes Illustriertes Kräuterbuch. Ulm: Ebnersche Verlagsbuchhandlung 1937.
OERTEL-BAUER: Heilpflanzen-Taschenbuch, 20. Aufl. Bonn: Ed. Bauer 1935.
SCHIMPFKY: Unsere Heilpflanzen in Wort und Bild, 3. Aufl. Berlin-Lichterfelde: Hugo Bermühler 1926.
*WEGENER, G. G.: Deutsche Heilpflanzen. Halle: Ewald Ebelt 1937. — WENZEL: Deutsche Heil- und Wildpflanzen, 3. Aufl. Stuttgart: Franckhsche Verlagshandlung 1933.

Wissenschaftliche Werke, Arzneipflanzen- und Allgemeine Therapie.

BOHN: Die Heilwerte heimischer Pflanzen, 5. Aufl. Leipzig C 1: Verlag Hans Hedewigs Nachf., Curt Roninger 1938.
*CRODEL-PEYER: Das ärztliche Teerezept, 1.—40. Tausend. Deutsche Apothekerschaft „Stada" 1935.
*ECKSTEIN-FLAMM: Die Kneipp-Kräuterkur, 1.—75. Tausend. Gesundheitsverlag Bad Wörishofen 1932.
*FLAMM-KROEBER: Rezeptbuch der Pflanzenheilkunde. Stuttgart: Hippokrates-Verlag 1934. — *FRANCK: Moderne Therapie, 5. Aufl. Leipzig 1931.
*GEHES Arzneipflanzen-Taschenbuch. Dresden-N.: Gehe & Co., A.-G. —
*GESSNER: Die Gift- und Arzneipflanzen von Mitteleuropa. Heidelberg: Karl Winters Universitätsbuchhandlung 1931.
INVERNI: Piante Medicinali. Bologna 1933.
*KROEBER: Das neuzeitliche Kräuterbuch, Bd. I, II u. III. Stuttgart: Hippokrates-Verlag 1933—1938.
LECLERC: Les Épices. Paris 1929. — Les légumes de France, 2. Ed. Paris. — Précis de Phytothérapie. Paris 1935. — LOEPER: Thérapeutique médicale, Tome II. Paris 1930.
*MADAUS: Lehrbuch der biologischen Heilmittel, Abt. I, Heilpflanzen, Bd. I, II u. III. Leipzig: Georg Thieme 1938. — *MEYER, E.: Pflanzliche Therapie. Leipzig: Georg Thieme 1935.
*PEYER: Pflanzliche Heilmittel, 2. Aufl. Berlin: Deutscher Apotheker-Verlag Dr. H. Hösel 1937. — PIC-BONNAMOUR: Phytothérapie. Paris 1923.
*RIPPERGER: Grundlagen zur praktischen Pflanzenheilkunde. Stuttgart: Hippokrates-Verlag 1937.
*SCHLUNGBAUM-WETZEL: Praktische Arzneibehandlung. Stuttgart: Franckhsche Verlagshandlung 1938. — *SCHULZ, H.: Wirkung und Anwendung der deutschen Arzneipflanzen. Leipzig: Georg Thieme 1921.
TRENDELENBURG: Grundlagen der allgemeinen und speziellen Arzneiverordnung, 2. Aufl. Leipzig 1929.
*VOGEL: Biologisch-Medizinisches Taschenbuch. Stuttgart u. Leipzig 1936, 1937, 1938.
WHEELWRIGHT: The physick Garden. London 1934.

Bildwerke.

Caesar & Loretz u. *F. Reichelt*, AG.: Das gedruckte Herbarium. Berlin-Schildow: Falkenverlag.
FISCHER-BARTNING: Heilpflanzen der Heimat. Leipzig: Quelle & Meyer 1937.
GEHES Arzneipflanzen-Karten. Dresden-N.: Gehe-Verlag, G. m. b. H.

Pilze.

*KOSCH: „Was find' ich da?" Bestimmungstabelle, 26. Aufl. Stuttgart: Franckhsche Verlagshandlung 1938.
*MICHAEL-SCHULZ: Führer für Pilzfreunde, Bd. I (1924), II (1926) u. III (1927). Leipzig: Quelle & Meyer.
OBERMEYER: Pilzbüchlein, Bd. I u. II. Stuttgart: K. G. Lutz 1899.

Zeitschriften.

D.A.Z. Deutsche Apothekerzeitung. Berlin. — *„Die deutsche Heilpflanze", herausgeg. von der Reichsarbeitsgemeinschaft für Heilpflanzenkunde und Heilpflanzenbeschaffung. Stollberg i. Erzgeb.: Keller.
Heil- und Gewürzpflanzen. Freising u. München: Deutsche Hortus-Gesellschaft. — *Hippokrates. Stuttgart: Hippokrates-Verlag.
Pharmazeutische Zeitung. Berlin. — *Pharmazeutische Zentralhalle. Dresden-Blasewitz.
S.A.Z. Süddeutsche Apothekerzeitung. Stuttgart.

Homöopathie.

CLARKE: Taschenbuch homöopathischer Verordnungen. Leipzig: Dr. Willmar Schwabe 1931.
*HEINIGKE: Handbuch der homöopathischen Arzneiwirkungslehre, 3. Aufl. Leipzig: Dr. Willmar Schwabe 1922. — *Homöopathisches Arzneibuch, 2. Aufl. Leipzig: Dr. Willmar Schwabe 1934.
MADAUS: Abgekürzte homöopathische Pharmokopoe. Radebeul-Dresden: 1931.
PLANER: Lehrbuch der Homöopathischen Therapie, Bd. I u. II. Leipzig: Dr. Willmar Schwabe 1931/32.
SCHMIDT: Lehrbuch der homöopathischen Arzneimittellehre, 2. Aufl. Radebeul-Dresden 1930. — *SCHWABE: Homöopathisches Arzneimittelverzeichnis. Leipzig: Dr. Willmar Schwabe. — STAUFFER: Homöopathisches Taschenbuch, 3. Aufl. Radebeul-Dresden 1930.

Lateinisches Namenverzeichnis.

Bei den Pflanzennamen, die an verschiedenen Stellen des Buches erwähnt sind, wurden die Zahlen derjenigen Seiten, auf denen die ausführliche Beschreibung steht, durch halbfetten Druck hervorgehoben.

Achillea lanata **374**, 421.
— millefolium **374**, 421.
— silvestris **374**, 421.
Aconitum lycoctonum 100.
— napellus 100.
— vulparia 100.
Acorus aromaticus 31.
— calamus 31.
Actaea spicata 98.
Adiantum capillus veneris 5.
Adonis aestivalis 112.
— citrinus 112.
— vernalis 111.
Aegopodium Carum 234.
— podagraria 238.
Aesculus hippocastanum 202.
— pavia flava 202.
— — rubra 202.
Aethusa cynapium 240.
Agaricus muscarius 405.
Agnus castus 426.
Agrimonia eupatoria 155.
Agropyrum repens 28.
Agrostemma githago 413.
Alcea rosea 213.
Alchemilla vulgaris 156.
Alliaria officinalis 126.
Allium Cepa 38.
— ophioscorodon 39.
— porrum 41.
— sativum 39.
— ursinum 40.
— victorialis 37.
Alnus glutinosa 60.
Alsine media 90.
Althaea officinalis 212.
— rosea **213**, 426.
Amanita muscaria 405.
Amygdalus communis 162.
Anacyclus officinarum 373.
Anagallis arvensis 264.
— coerulea 264.
Anchusa angustifolia 280.
— leptophylla 280.
— officinalis 280.
Anemone hepatica 106.
— nemorosa 107.
— pratensis 104.
— pulsatilla 106.

Anethum foeniculum 241.
— graveolens 242.
Angelica archangelica 245.
Antennaria dioeca 367.
Anthemis nobilis 372.
Anthriscus cerefolium 225.
— silvestris 226.
— trichosperma 225.
Anthyllis dillenii 181.
— vulneraria 181.
Antirrhinum linaria 332.
Apium graveolens 230.
— petroselinum 231.
Aquilegia atrata 98.
— vulgaris **98**, 168.
Arbutus uva ursi 256.
Archangelica officinalis 245.
Arctium lappa 391.
Arctostaphylos uva ursi 256.
Arenaria rubra 90.
Aristolochia clematitis 74.
Armeria maritima 420.
Arnica montana **385**, 426.
Artemisia abrotanum 380.
— absinthium 382.
— vulgaris 381.
Arum maculatum 30.
Asarum europaeum 75.
Asclepias vincetoxicum 274.
Asparagus officinalis 42.
Asperula odorata 347.
Aspidium filix mas 5.
Asplenium scolopendrium 7.
— trichomanes 8.
Astralagus glycyphyllus 183.
Athamanta cretensis 240.
— meum 243.
— Oreoselinum 248.
Atriplex hortense 87.
Atropa belladonna 315.
— lutea (var.) 315.
Avena orientalis 26.
— sativa 26.

Ballota nigra 297.
Bellis perennis 365.

Berberis vulgaris 113.
Betonica officinalis 297.
Betula alba 59.
— alnus var. glutinosa 60.
— verrucosa 59.
Borrago officinalis 280.
Botrychium lunaria 10.
Brassica nigra 128.
Brunella vulgaris 293.
Bryonia alba **362**, 421.
— dioeca **362**, 421.
Bryophyllum calycinum 426.
Buxus sempervirens 199.

Calamintha officinalis 302.
Calendula officinalis **389**, 426.
Calluna vulgaris 260.
Caltha palustris 94.
Calystegia Soldanella 276.
Cannabis sativa 66.
Capsella bursa pastoris 134.
Capsicum annuum **325**, 421.
Cardamine pratensis 133.
Carduus marianus 393.
Carex arenaria 30.
Carlina acaulis 390.
— caulescens 390.
Carum carvi 234.
— vesca 61.
Castanea sativa 61.
Centaurea benedicta 395.
— cyanus 394.
Cetraria islandica 402.
Chaerophyllum sativum 225.
— silvestre 226.
— temulum 225.
Cheiranthus cheiri 135.
Chelidonium majus 119.
Chenopodium bonus henricus 85.
— vulvaria 86.
Chimaphila umbellata 253.
Chondrus crispus 420.
Chrysanthemum balsamita 377.
— majus 377.
— parthenium 378.
— vulgare 378.

Cichorium intybus 396.
Cicuta virosa 233.
Cinnamomum camphora 417.
Cirsium oleraceum 392.
Claviceps purpurea 407.
Clematis recta **102**, 421.
— vitalba **103**, 421.
Cnicus benedictus 395.
— oleraceus 392.
Cochlearia armoracia 124.
— officinalis 125.
Colchicum autumnale 35.
Comarum palustre 150.
Conium maculatum 228.
Convallaria majalis 44.
— polygonatum 44.
Convolvulus arvensis 275.
— sepium 275.
— soldanella 276.
Coriandrum sativum 227.
Cornus mas 252.
Coronilla varia 184.
Corydalis cava 121.
— tuberosa 121.
Corylus avellana 58.
Crataegus monogyna 168.
— oxyacantha **146**, 168.
Crocus officinalis 48.
— sativus 48.
Cucumis sativus 362.
Cucurbita pepo 360.
Cyclamen europaeum 265.
Cydonia vulgaris **145**, 168.
Cynoglossum officinale 277.
Cytisus laburnum 172.

Daphne mezereum 218.
Datura Stramonium 326.
Daucus carota 251.
Delphinium consolida 99.
Dentaria enneaphyllos 132.
Dictamnus albus 193.
Digitalis lanata 339.
— purpurea 335.
Dipsacus silvester 358.
Doronicum Arnica 385.
— montana 385.
Drosera rotundifolia 136.

Echinaceae angustifolia 426.
Equisetum arvense 11, 419.
Erica tetralix 260.
— vulgaris 260.
Erigeron canadensis 366.
Erodium cicutarium 187.
Eryngium campestre 223.
— maritimum 223.
— planum 224.

Erysimum alliaria 126.
— officinale 127.
Erythraea centaurium 268.
Eupatorium cannabinum 363.
Euphorbia cyparissias 196.
— peplus 196.
Euphrasia officinalis 342.
— pratensis 342.
— Rostkoviana 342.
Evonymus europaea 202.

Fagus castanea 61.
Filipendula ulmaria 158.
Foeniculum vulgare 241.
Fragaria vesca 153.
Frangula alnus 206.
Fraxinus alba 266.
— americana 266.
— excelsior 267.
— ex Nova Anglia 266.
Fucus vesiculosus **404**, 420.
Fumaria officinalis 122.
Fungus Cynosbati 162.

Galega officinalis **181**, 427.
Galeopsis ochroleuca 295.
— villosa 295.
Galium aparine 349.
— verum 350.
Genista germanica 168.
— tinctoria 169.
Gentiana centaurium 268.
— lutea 269.
Geranium cicutarium 187.
— robertianum 186.
Geum rivale 154.
— urbanum 154.
Glechoma hederacea 292.
Glycyrrhiza glabra 175.
Gnaphalium arenarium 368.
— dioecum 367.
— leontopodium 368.
Gratiola officinalis 334.

Hamamelis virginica 426.
Hedera helix 221.
Helianthus annuus **371**, 426.
Helichrysum arenarium 368.
Heliotropium europaeum 277.
Helleborus niger 95.
— viridis 96.
Hepatica triloba 106.
Heracleum sphondilium 249.

Herniaria glabra 91.
Hieracium pilosella 401.
Humulus lupulus 67.
Hyoscyamus niger 318.
Hypericum perforatum 214.
Hyssopus officinalis 302.

Ilex aquifolium 201.
Impatiens noli tangere 204.
— parviflora 426.
Imperatoria ostruthium 246.
Inula dysenterica 370.
— helenium 369.
Iris germanica 50.

Juglans regia 52.
Juncus effusus 33.
Juniperus communis 14.
— sabina 16.

Knautia arvensis 359.

Laburnum vulgare 172.
Lactuca virosa 399.
Lamium album 293.
Lappa major 391.
— officinalis 391.
Larix europaea 23.
— decidua 23.
Laserpitium latifolium 250.
Lathraea squamaria 343.
Laurus nobilis 92.
Lavandula spica 289.
Ledum palustre 254.
Leontodon taraxacum 397.
Leontopodium alpinum 368.
Leonurus cardiaca 296.
Levisticum officinale 244.
Lichen islandicus 402.
Lilium candidum 41.
— convallium 44.
— martagon 42.
— tigrinum 426.
Linaria vulgaris 332.
Linum catharticum 190.
— usitatissimum 190.
Lithospermum officinale 282.
Lobaria pulmonaria 403.
Lolium temulentum 27.
Lycopodium clavatum 10.
Lycopus virginica 426.
Lysimachia nummularia 263.
Lythrum salicaria 220.

Majorana hortensis 305.
Malva neglecta 210.
— silvestris 210.
Marrubium vulgare 291.
Marum verum 283.
Matricaria chamomilla 375.
— discoidea 377.
— suaveolens 377.
Melilotus officinalis 178.
Melissa officinalis 301.
Mentha aquatica 311.
— crispa 313.
— piperita 311.
— pulegium 310.
Menyanthes trifoliata 270.
Mercurialis annua 197.
— perennis 197.
Meum athamanticum 243.
Morus nigra 65.
Myrica gale 58.
Myrrhis odorata 226.
— temula 225.
Myrtus communis 220.

Nasturtium armoracia 124.
— officinale 131.
Nephrodium filix mas 5.
Nerium oleander 273.
Nicotiana rustica 329.
— tabacum 327.
Nigella sativa 96.
Nuphar luteum 426.

Ocimum basilicum 314.
Oenanthe aquatica 239.
— phellandrium 239.
Ononis spinosa 173.
Onopordon acanthium 394.
Ophioglossum vulgatum 9.
Orchis latifolia 51.
— maculata 51.
— mascula 51.
— militaris 50.
— pallens 51.
Origanum majorana 305.
— vulgare 304.
Osmunda lunaria 10.
— regalis 9.
Oxalis acetosella 188.

Padus laurocerasus 166.
Paeonia femina 93.
— officinalis 93.
— peregrina 93.
Papaver rhoeas 118.
— somniferum 115.
Parietaria erecta 71.
— officinalis 71.
Paris quadrifolia 47.

Parnassia palustris 142.
Pastinaca sativa **249**, 421.
Petasites officinalis 384.
— vulgaris 384.
Petroselinum sativum 231.
Peucedanum officinale 247.
— oreoselinum 248.
— ostruthium 246.
— palustre 248.
Phalaris canariensis 26.
Phaseolus multiflora 427.
— nanus 185.
— vulgaris 185.
Phellandrium aquaticum 239.
Physalis alkekengi 320.
Picea excelsa 21.
Pimpinella anisum 235.
— magna 237.
— saxifraga 237.
Pinguicula vulgaris 344.
Pinus abies 21.
— excelsa 21.
— larix 23.
— montana 21.
— pumillo 21.
— silvestris 19.
Pirola rotundifolia 252.
— umbellata 253.
Pirus aria 168.
— aucuparia 144, 168.
— communis 168.
— cydonia 145.
— malus **143**, 168.
Plantago lanceolata 344.
— major **345**, 426.
— maritima 346.
— media 346.
Platanus occidentalis 142.
Polygala amarum 195.
— chamaebuxus 194.
— vulgaris 196.
Polygonatum officinale 44, 427.
Polygonum aviculare 84.
— bistorta 82.
— cuspidatum 81.
— dumetorum 85.
— hydropiper 83.
— persicaria 83.
Polypodium vulgare 8.
Populus alba 57.
— balsamifera 58.
— candicans 58.
— nigra 57.
— pyramidalis 57.
— tremula 55.
— tremuloides 56.
Portulaca oleracea 88.
Potentilla anserina 152.
— erecta 150.

Potentilla palustris 150.
— reptans 153.
— silvestris 150.
— tormentilla 150.
Primula auricula **263**, 421.
— elatior **263**, 421.
— officinalis **261**, 421.
— veris var. elatior L. **263**, 421.
— — — off. L. **261**, 421.
Prunus armeniaca 168.
— avium 168.
— cerasus 165.
— communis 162.
— domestica 168.
— laurocerasus 166.
— Mahaleb 168.
— padus 167.
— persica 168.
— spinosa 164.
— virginiana 168.
Pulegium vulgare 310.
Pulicaria dysenterica 370.
Pulmonaria officinalis 281.
Pulsatilla pratensis **104**, 426.
— vulgaris **106**, 426.

Quercus pedunculata 62.
— robur 62.
— sessiliflora 62.
— sessilis 62.

Ranunculus acer 108.
— aconitifolius 109.
— aquatilis 109.
— bulbosus 109.
— ficaria 107.
— flammula 109.
— glacialis 109.
— Lingua 109.
— sceleratus 110.
Raphanus raphanistrum 130.
— sativus 130.
Reseda odorata 135.
Rhamnus cathartica 204.
— frangula 206.
Rhaphanus sativus 130.
Rheum officinale 80.
— palmatum 80.
— palm. tanguticum 80.
Rhododendron ferrugineum 255.
— hirsutum 255.
Rhus toxicodendron **200**, 241.
Ribes nigrum 140.
Robinia pseudacacia 182.

Rosa canina 161.
— centifolia 159.
— damascena 160.
Rosmarinus officinalis 287, 426.
Rubia tinctoria 348.
Rubus fruticosus 148.
— idaeus 149.
Rumex acetosa 76, 418.
— acetosella 77.
— alpinus 78.
— aquaticus 79.
— crispus 78.
— obtusifolius 79.
— patientia 79.
Ruta graveolens 192.

Sabina officinalis 16.
Saccharomyces cerevisiae 425.
Salix alba 54.
— caprea 54, 426.
— fragilis 54.
— pentandra 54.
— purpurea 54.
— viminalis 54.
Salvia officinalis 298.
Sambucus ebulus 168, 351.
— nigra 168, 352, 426.
— racemosa 168, 354.
Sanguisorba minor 157.
— officinalis 157.
Sanicula europaea 222.
Saponaria officinalis 88.
Sarothamnus scoparius 170.
Satureja calamintha 302.
— hortensis 303.
Saxifraga granulata 141.
— tridactylis 141.
Scabiosa arvensis 359.
— succisa 360.
Scandix cerefolium 225.
— odorata 226.
— temula 225.
Scolopendrium vulgare 7.
Scrophularia nodosa 333.
Scutellaria galericulata 288.

Secale cornutum 407.
Sedum acre 138.
Selinum palustre 248.
Sempervivum tectorum 139.
Senecio fuchsii 389.
— jacobaea 387.
— paludosus 389.
— silvaticus 389.
— vulgaris 388.
Silybum marianum 393.
Sinapis alba 128.
— arvensis 130.
— nigra 128.
Sisymbrium Alliaria 126.
— nasturtium 131.
— officinale 127.
— sophia 127.
Solanum dulcamara 322.
— lycopersicum 322.
— nigrum 324.
— tuberosum 321.
Solidago virga aurea 364.
Sorbus aucuparia 144.
Spartium scoparium 170.
Spergularia rubra 90.
Spinacia oleracea 87.
Spiraea Aruncus 168.
— ulmaria 158.
Stachys officinalis 297.
— rectus 298.
Stellaria media 90.
Sticta pulmonaria 403.
Succisa pratensis 360.
Symphoricarpus racemosus 355.
Symphytum officinale 278.
Syringa vulgaris 266.

Tanacetum balsamita 377.
— uliginosum 377.
— vulgare 378.
Taraxacum officinale 397.
Taxus baccata 24.
Teucrium chamaedrys 285.
— marum 283.
— scordium 286.
— scorodonia 284.

Thlaspi bursa pastoris 134.
Thuja occidentalis 17, 420.
— orientalis 18, 420.
Thymus serpyllum 308.
— vulgaris 306.
Tilia cordata 209.
— grandifolia 208.
— parvifolia 209.
— platyphyllos 208.
— ulmifolia 209.
Tormentilla erecta 150.
Trifolium arvense 180.
— pratense 179.
Trigonella foenum graecum 176.
Triticum repens 28.
Tropaeolum majus 189.
Tussilago farfara 383.

Ulmaria pentapetala 158.
Ulmus campestris 64.
Urtica dioeca 69, 426.
— urens 69.
Ustilago maydis 406.

Vaccinium myrtillus 258.
— vitis idaea 257.
Valeriana officinalis 356.
Veratrum album 33.
Verbascum nigrum 330.
— phlomoides 330.
— thapsiforme 329.
— thapsus 330.
Verbena officinalis 282.
Veronica beccabunga 342.
— officinalis 341.
Viburnum opulus 354.
Vicia faba 184.
Vinca minor 272.
Vincetoxicum officinale 274.
Viola odorata 215.
— tricolor 217.
Viscum album 72.
Vitis vinifera 207.

Zea mays 25.

Deutsches Namenverzeichnis.

Bei den Pflanzennamen, die an verschiedenen Stellen des Buches erwähnt sind, wurden die Zahlen derjenigen Seiten, auf denen die ausführliche Beschreibung steht, durch halbfetten Druck hervorgehoben.

Absinth 382.
Ackergauchheil 264.
Ackerklee 180.
Ackermennig 155.
Acker-Rittersporn 99.
Ackerschachtelhalm 11, 419.
Ackersenf 130.
Acker-Skabiose 359.
Ackerwinde 275.
Adonis, Frühlings- 111.
—, Sommer- 112.
Adonisröschen 111, 112.
Ahlkirsche 167.
Akazie, Falsche 182.
Akelei, Gemeiner 98, 168.
Alant, Echter 369.
Allermannsharnisch 10, 37.
Almenrausch 255.
Alpenampfer 78.
Alpenrose, Grüne 255.
—, Rostrote 255.
Alpenveilchen 265.
Althee 212.
Amerikanische Platane 142.
Ampfer, Alpen- 78.
—, Garten- 79.
—, Krauser- 78.
—, Sauer- 76, 418.
—, Stumpfblättriger 79.
—, Wasser- 79.
Andorn, Gemeiner 291.
—, Mauer- 291.
—, Weißer 291.
Angelika 245.
Anis 235.
Anserine 152.
Apfelbaum 143, 168.
Aprikosenbaum 168.
Arnika 385, 421.
Aron, Gefleckter 30.
Aronskraut 30.
Aronstab 30.
Aspe 55.
Attich 351.
Aufrechte Waldrebe 102.
Aufrechtes Glaskraut 71.
Augentrost, Echter 342.
—, Wiesen- 342.
Aurikel 263.
Ausdauerndes Bingelkraut 198.

Bachbunge 342.
Bachbungen-Ehrenpreis 342.
Bach-Nelkenwurz 154.
Bärenklau, Gemeine 249.
—, Wiesen- 249.
Bärenlauch 40, 421.
Bärenschote 183.
Bärentatze 181.
Bärentraube, Gemeine 256.
Bärlapp, Kolben- 10.
Bärwurz 243.
—, Haarblättrige 243.
Baldgreis 387, 388.
Baldrian, Großer 356.
Ballote, Schwarze 297.
Balsamkraut 313.
Balsampappel 58.
Basilienkraut 314.
Bauchwehblume 368.
Bauernsenf 134.
Bauerntabak 329.
Beifuß, Bitterer 382.
—, Eberraute- 380.
—, Echter 381.
—, Gemeiner 381.
Beinwell 278.
Benediktenkarde 395.
Benediktenkraut 395.
Berberitze 113.
Berg-Hirschwurz 248.
Berg-Kümmel 242.
Bergmelisse 302.
Bergsellerie 248.
Bergsilge 248.
Berg-Wohlverleih 385.
Berg-Ziest 298.
Bertram, Deutscher 373.
Berufskraut, Kanadisches 366.
Besen-Ginster 170.
Besenheide 260.
Besen-Rauke 127.
Betäubender Kälberkropf 225.
Bibernelle, Gemeine 237.
—, Große 237.
—, Kleine 237.
Bienensaug 293.
Bilsenkraut 318.
—, Schwarzes 318.

Bingelkraut, Ausdauerndes 198.
—, Einjähriges 197.
—, Schutt- 197.
—, Wald- 198.
Binse, Flatter- 33.
Birke, Rauh- 59.
—, Warzige 59.
—, Weiß- 59.
Birnbaum 168.
Bitterdistel 395.
Bittere Kreuzblume 195.
Bitterer Beifuß 382.
Bitterklee 270.
Bittersüßer Nachtschatten 322.
Bitterwurz 269.
Blasentang 404, 420.
Blaubeere 258.
Blaues Fettkraut 344.
Bleiche Orchis 51.
Blutauge 112, 150.
—, Sumpf- 150.
Blut-Weiderich 220.
Blutwurz 150.
Bockmelde 86.
Bockshornklee 176.
Bohne 185, 427.
—, Busch- 185.
—, Pferde- 184.
—, Puff- 184.
—, Sau- 184.
Bohnenbaum 172.
Bohnenkraut 303.
Bolle 38.
Boretsch 280.
Braunwurz, Knotige 333.
Brechwurz 75.
Breitblättrige Orchis 51.
Breites Laserkraut 250.
Breitwegerich 345.
Brennender Hahnenfuß 109.
Brennessel, Große 69, 427.
—, Kleine 69, 427.
Brombeere 148.
Bruchkraut, Kahles 91.
Bruchweide 54.
Brunelle, Gemeine 293.
—, Kleine 293.
Brunnenkresse 130, 131.

Brustwurz 245.
Buchsblättrige Kreuz-
 blume 194.
Buchsbaum 199.
Bunte Kronwicke 184.
Buschbohne 185.
Busch-Windröschen 107.
Butterblume 94.

Campherbaum 417.
Christophskraut 98.
Christrose 95.
Cichorie 396.

Damascener Rose 160.
Deutsche Sarsaparille 30.
— Schwertlilie 50.
Deutscher Bertram 373.
— Ginster 168.
— Ingwer 31.
Dill 242.
Diptam 193.
Distel, Bitter- 395.
—, Esels- 394.
—, Heil- 395.
—, Kohl=Kratz- 392.
—, Marien- 390, 393.
—, Silber- 390.
—, Strand- 223.
Dorn, Schwarz- 164.
Dornige Hauhechel 173.
Dost, Echter 304.
—, Gemeiner 304.
—, Wasser- 363.
Dotterblume, Sumpf- 94.
Dumrian 370.

Eberesche 144.
Eberraute-Beifuß 380.
Eberreis 380.
Eberwurz, Große 390.
—, Stengellose 390.
Edelminze 311.
Edelweiß 368.
Efeu 220.
Ehrenpreis, Bachbungen- 342.
—, Echter 341.
Eibe 24.
Eibisch, Echter 212.
—, Gebräuchlicher 212.
—, Rosen- 213.
Eiche, Sommer 62.
—, Stein- 62.
—, Stiel- 62.
—, Trauben- 62.
—, Winter- 62.
Einbeere 47.

Einjähriges Bingelkraut 197.
Eisenhut 100.
—, Gelber 100.
Eisenhutblättriger Hahnenfuß 109.
Eisenkraut 282.
Elsbeere 168.
Engelsüß 8.
Engelwurz 245.
—, Edle 245.
Enzian, Gelber 269.
Erdbeere, Gemeine 153.
—, Wald- 153.
Erdrauch, Echter 122.
Erle 60.
—, Rot- 60.
—, Schwarz- 60.
Esche, Eber- 144.
—, Gemeine 267.
—, Weiße 266.
Eselsdistel 394.
Espe 55.
Essigbeere 113.

Fallkraut 385.
Falsche Akazie 182.
Färber-Ginster 169.
Färberröte 348.
Farn, Brauner Milz- 8.
—, — Streifen- 8.
—, Königs- 9.
—, Nattern- 9.
—, Nieren- 5.
—, Rauten- 10.
—, Tüpfel- 8.
—, Wurm- 5.
—, Wurmschild- 5.
Farnkraut, Männliches 5.
Faulbaum 206.
Feigwurzel 107.
Felberich, Münz- 263.
Feldkümmel 234.
Feld-Männertreu 223.
Feld-Rittersporn 99.
Feld-Stiefmütterchen 217.
Feld-Thymian 308.
Feld-Ulme 64.
Fenchel 241.
—, Wasser- 239.
Fettkraut, Blaues 344.
—, Gemeines 344.
Fichte 21, 420.
Fieberklee 270.
Filz-Königskerze 330.
Fingerhut, Roter 335.
—, Wolliger 339.
Fingerkraut, Gänse- 152.
—, Kriechendes 153.
Finger-Steinbrech 141.

Flacher Männertreu 224.
Flachs 190.
—, Frauen- 332.
Flatterbinse 33.
Flechte, Lungen- 403.
—, Renntier- 402.
—, Tartschen- 402.
Flieder, Gemeiner 266.
Fliegenblätterpilz 405.
Fliegenpilz 405.
Fliegenschwamm 405.
Fliegen-Wulstling 405.
Flockenblume 394.
Flohknöterich 83.
Flohkraut, Großes 370.
Föhre 19.
Frauenflachs 332.
Frauenhaar 5.
Frauenmantel, Echter 156.
Frauenminze 377.
Frühlings-Adonis 111.
Frühlings-Teufelsauge 111.
Fuchs-Kreuzkraut 389.

Gänseblümchen 365.
Gänse-Fingerkraut 152.
Gänsefuß, Rautenblättriger 86.
—, Stinkender 86.
Gänserich, Kriechender 153.
Gagel, Echter 58.
Gamander, Echter 285.
—, Katzen- 283.
—, Lauch- 286.
—, Salbei- 284.
—, Wald- 284.
Garbe, Gemeine 374.
—, Schaf- 374.
Garten-Ampfer 79.
Garten-Gurke 362.
Gartenkerbel 225.
Garten-Kürbis 360.
Gartenmelde 87.
Garten-Ringelblume 389.
Gartenrose 159.
Gartenschierling 240.
Gartenspargel 42.
Garten-Thymian 306.
Garten-Wolfsmilch 196.
Gauchheil, Acker- 264.
Gebauter Pastinak 249.
Gebräuchliche Kölle 302.
Gebräuchlicher Eibisch 212.
Gefleckter Aron 30.
— Schierling 228.
Geflecktes Knabenkraut 51.
Geilwurzel 245.

Geißbart, Wald- 168.
Geißfuß 238.
Geißklee **172**, 181.
Geißraute 181.
Gelber Eisenhut 100.
— Enzian 269.
— Sturmhut 100.
Gelbveiglein 135.
Gemüse-Spinat 87.
Gerader Ziest 298.
Germer 33.
Gerste 426.
Gichtbeere 140.
Gichtrübe 362.
Giersch 238.
Gift-Hahnenfuß 109, **110**.
Giftlattich 399.
Gift-Sumach 200.
Giftwicke 184.
Gilke 245.
Ginster, Besen- 170.
—, Deutscher 168.
—, Färber- 169.
—, Stech- 168.
Glaskraut, Aufrechtes 71.
Glattes Tausendkorn 91.
Gleiße 240.
Gletscher-Hahnenfuß 109.
Glocken-Heide 260.
Gnadenkraut 334.
—, Gottes- 334.
Goldlack 135.
Goldregen 172.
Goldrute, Echte 364.
Gottes-Gnadenkraut 334.
Gras, Kanarien- 26.
—, Ried- 30.
Grasnelke, Strand- 420.
Graswurzel 28.
Grindwurz 78.
Großblütiges Wollkraut 329.
Große Brennessel 69.
— Eberwurz 390.
— Klette 391.
— Königskerze 329.
Großer Baldrian 356.
— Hahnenfuß 109.
— Wegerich 345.
— Wiesenknopf 157.
Großes Flohkraut 370.
— Wintergrün 252.
Grüne Nieswurz 96.
Gundelrebe 292.
Gundermann 292.
Gurke, Garten- 362.
—, Gemeine 362.
Gurkenkraut 242, 280.
Guter Heinrich 85.

Haarstrang 242.
—, Echter 247.
—, Sumpf- 248.
Habichtskraut, Gemeines 401.
—, Kleines 401.
Hafer, Gemeiner 26.
—, Rispen- 26.
—, Saat- 26.
Hagebutte 161.
Hagedorn 146.
Hahnenfuß, Brennender 109.
—, Eisenhutblättriger 109.
—, Gift- 109, **110**.
—, Gletscher- 109.
—, Großer 109.
—, Knolliger 109.
—, Scharfer 108.
—, Wasser- 109.
Hahnenfußgewächse 421.
Hain-Sauerklee 188.
Hanf 66.
Harlekinsblume 98.
Hartheu, Tüpfel- 214.
Haselnußstrauch 58.
Haselwurz 75.
Hasenklee 180.
Hasenröhrlein 75.
Hauhhechel, Dornige 173.
Hauswurz, Echte 139.
Heckenknöterich 85.
Heckenrose 161.
Hederich 130.
Hefe 422, 423, 424, 425, 426, 427.
Heide 260.
—, Besen- 260.
—, Gemeine 260.
—, Glocken- 260.
Heidekraut 260.
Heidelbeere **258**, 427.
Heide-Wacholder 14.
Heidnisch-Wundkraut 364.
Heildistel 395.
Heildolde 222.
Heiligenbitter 245.
Heinrich, Guter 85.
Heliotrop, Wildes 277.
Helm-Knabenkraut 50.
Helmkraut, Kappen- 288.
Herbstzeitlose 35.
Herlitze 252.
Herzblatt 142.
—, Sumpf- 142.
Herzgespann, Echtes 296.
Himbeere 149.
Himmelfahrtsblume 367.
Himmelschlüssel 261.
Hirschwurz, Berg- 248.
Hirschzunge 7.

Hirten-Täschelkraut 134.
Hohe Schlüsselblume 263.
Hohler Lerchensporn 121.
Hohlwurz, Gemeine 121.
Hohlzahn, Ockergelber 295.
—, Sand- 295.
Holunder, Roter 168, **354**.
—, Schwarzer 168, **352**.
—, Trauben- 168, **354**.
—, Zwerg- 168, **351**.
Honigklee 178.
Hopfen 67.
Hühnerdarm 90.
Huflattich 383.
Hunds-Kamille 372.
Hundsmelde 86.
Hundspetersilie 240.
Hunds-Rose 161.
Hundsrübe 362.
Hundszunge, Echte 277.

Immergrün 272.
—, Kleines 272.
Ingwer, Deutscher 31.
Irländisches Moos 420.
Isländisches Moos 402.

Jakobs-Kreuzkraut 387.
Jesu-Wundenkraut 181.
Johannisbeere, Schwarze 140.
Johannisblume 385.
Johanniskraut 214.
Judenkirsche 320.

Kälberkropf, Betäubender 225.
Kahles Bruchkraut 91.
Kaiserblume 394.
Kaiserwurz 246.
Kalmus **31**, 420.
Kamille, Echte 375.
—, Edle 372.
—, Hunds- 372.
—, Römische 372.
—, Strahllose 377.
Kanadisches Berufskraut 366.
Kanariengras 26.
Kappen-Helmkraut 288.
Kapuzinerkresse, Große 189.
Karde, Benedikten- 395.
—, Schutt- 358.
—, Wilde 358.
Karotte 251.
Kartoffel **321**, 426.
Kastanie, Echte 61.
—, Gemeine 202.
—, Roß- 202.

Katzengamander 283.
Katzenklee 180.
Katzenkraut 283.
Katzenpfötchen, Gemeines 367.
Kellerhals 218.
Kerbel, Echter 225.
—, Garten- 225.
—, Taumel- 225.
—, Wald- 226.
—, Wohlriechender 226.
Keulenkopf, Roter 407.
Kiefer **19**, 420.
—, Latschen- 21.
—, Sand- 19.
Kirsche 426.
—, Ahl- 167.
—, Juden- 320.
—, Kornel- 252.
—, Sauer- 165.
—, Teufels- 315.
—, Toll- 315.
—, Trauben- 167.
—, Vogel- 168.
—. Weichsel- 168.
Kirschlorbeer, Gemeiner 166.
Klatschmohn 118.
Klebkraut 349.
Klee, Acker- 180.
—, Bitter- 270.
—, Bockshorn- 176.
—, Echter Sauer- 188.
—, Fieber- 270.
—, Geiß- 181.
—, Hain-Sauer- 188.
—, Hasen- 180.
—, Honig- 178.
—, Katzen- 180.
—, Rot- 179.
—, Stein- 178.
—, Wiesen- 179.
—, Wund- 181.
Kleinblütiges Wollkraut 330.
Kleine Brennessel 69.
— Brunelle 293.
Kleiner Wiesenknopf 157.
Kleines Habichtskraut 401.
Klette, Große 391.
Klettenwurzel 391.
Knabenkraut, Geflecktes 51.
—, Helm- 50.
—, Kuckucks- 51.
Knautie 359.
Knieholz 21.
Knoblauch **39**, 421.
—, Wilder 40.
Knoblauchsrauke **126**, 130.

Knöterich, Floh- 83.
—, Großer 83.
—, Hecken- 85.
—, Pfeffer- 83.
—, Schildblättriger Winden- 81.
—, Vogel- 84.
—, Wiesen- 82.
Knolliger Hahnenfuß 109.
— Nachtschatten 321.
Knotige Braunwurz 333.
Kölle, Gebräuchliche 302.
Königsfarn 9.
Königskerze, Echte 330.
—, Filz- 330.
—, Große 329.
—, Schwarze 330.
—, Wollige 330.
Körner-Steinbrech 141.
Kohl, Schwarzer 128.
—, Wiesen- 392.
Kohl-Kratzdistel 392.
Kolben-Bärlapp 10.
Korb-Weide 54.
Kornblume 394.
Kornelkirsche 252.
Koriander 227.
Kornrade 413.
Kranewitt 14.
Krapp 348.
Kratzbeere 148.
Kratzdistel, Kohl- 392.
Krause Minze 313.
Krauser Ampfer 78.
Kresse, Brunnen- 130, **131**.
—, Große Kapuziner- 189.
—, Wiesen- 133.
Kreuzblume, Bittere 195.
—, Buchsblättrige 194.
—, Gemeine 196.
Kreuzdorn, Echter 204.
Kreuzkraut, Fuchs- 389.
—, Gemeines 388.
—, Jakobs- 387.
—, Sumpf- 389.
—, Wald- 389.
Kriechender Gänserich 153
Kriechendes Fingerkraut 153.
Krokus 48.
Kronsbeere 257.
Kronwicke, Bunte 184.
Krummholz 21.
Kuckucksknabenkraut 51.
Küchenschelle 106.
—, Nickende 104.
Kümmel, Berg- 242.
—, Echter 234.
—, Feld- 234.
—, Gemeiner 234.
—, Wiesen- 234.

Kürbis, Garten- 360.
—, Gemeiner 360.
Kuhschelle 104.
—, Echte 106.
Kunigundenkraut 363.

Labkraut, Echtes 350.
Lärche 23.
—, Gemeine 23.
Lakritzenwurzel 175.
Laserkraut, Breites 250.
Latschenkiefer 21.
Lattich, Gift- 399.
—, Huf- 383.
Lauch 39.
—, Bären- **40**, 421.
—, Sommer- 38.
—, Wald- 40.
—, Wegbreitblättriger 37.
—, Winter 41.
Lauch-Gamander 286.
Lavendel 289.
Lebensbaum, Abendländischer 17.
—, Morgenländischer 18.
Leberblümchen 106.
Lein, Echter 190.
—, Purgier- 190.
—, Wiesen- 190.
Leinkraut, Echtes 332.
Lerchensporn, Hohler 121.
Liebstöckel 244.
Lilie, Türkenbund- 42.
—, Weiße 41.
Linde, Großblättrige 208.
—, Kleinblättrige 209.
—, Sommer- 208.
—, Winter- 209.
Löffelkraut, Echtes **125**, 421.
Löwenschwanz 296.
Löwenzahn, Gemeiner 397.
Lolch- Taumel- 27.
Lorbeer **92**, 421.
—, Edler **92**, 421.
—, Rosen- 273.
Lorbeerkirsche 166.
Lorbeer-Weide 54.
Lungenflechte 403.
Lungenkraut 281.

Machandel 14.
Mädesüß, Echtes 158.
Männertreu, Feld- 223.
—, Flacher 224.
—, Strand- 223.
Männliches Farnkraut 5.
März-Veilchen 215.
Mäusedarm 264.

Mäuseschierling 228.
Magenwurzel 31.
Maiblume 44, 397.
Maiglöckchen 44.
Maikraut 347.
Mais 25.
Maisbrand 406.
Majoran 305.
Malve, Echte Stock- 212.
—, Gemeine 210.
—, Wald- 210.
—, Weg- 210.
—, Wilde 210.
Mandel, Echte 162.
—, Gemeine 162.
Mangold-, Wald- 253.
Marienblatt 377.
Marienblümchen 365.
Mariendistel 390, **393**.
Maßliebchen 365.
Mauer-Andorn 291.
Mauerpfeffer **138**, 421.
Maulbeerbaum, Schwarzer 65.
Meerrettich **124**, 421.
Meerstrandswegerich 346.
Meerstrandswinde 276.
Meetsüß 158.
Mehlbeere 168.
Mehlspinat 85.
Meisterwurz 246.
Melde 87.
—, Bock- 86.
—, Garten- 87.
—, Hunds- 86.
Melisse 301.
—, Berg- 302.
Mennig, Acker- 155.
Miere, Rote 264.
—, — Schuppen- 90.
—, Stern- 90.
—, Vogel- 90.
Milzfarn, Brauner 8.
Minze, Edel- 311.
—, Frauen- 377.
—, Krause 313.
—, Pfeffer- 311.
—, Polei- 310.
—, Wasser- 311.
Mistel 72.
Mittlerer Wegerich 346.
Möhre 251.
Mohn, Klatsch- 118.
—, Schlaf- 115.
Mohrrübe 251.
Mondraute 10.
Moosbeere 256.
Moos, Irländisches 420.
—, Isländisches 402.
—, Schlangen- 10.
Mückenschwamm 405.

Münz-Felberich 263.
Mutterkorn 407.
Mutterkornpilz 407.
Mutterkraut 378.
Myrte, Echte 220.

Nachtschatten, Bittersüßer 322.
—, Knolliger 321.
—, Schwarzer 324.
Nard, Wilder 75.
Natternfarn 9.
Natterwurzel 82.
Nelkenwurz, Bach- 154.
—, Echte 154.
Nessel, Große 69.
—, Kleine 69.
—, Schwarz- 297.
Neunblättrige Zahnwurz 132.
Nickende Küchenschelle 104.
Nierenfarn 5.
Nieswurz, Grüne 96.
—, Schwarze 95.
—, Weiße 33.

Ochsenzunge 280.
—, Echte gebräuchliche 280.
Ockergelber Hohlzahn 295.
Odermennig 155.
Ölsenich 248.
Oleander 273.
Ontariopappel 58.
Orchis, Bleiche 51.
—, Breitblättrige 51.
Osterblume, Weiße 107.
Osterluzei 74.

Palme, Stech- 201.
Palm-Weide 54.
Pappel, Balsam- 58.
—, Echte 57.
—, Ontario- 58.
—, Schwarz- 57.
—, Silber- 57.
—, Zitter- 55.
Pappelrose 213.
Paprika 325.
Pastinak, Echter 249.
—, Gebauter 249.
Pestwurz, Rote 384.
Petersilie 231.
—, Hunds- 240.
Pfaffenhütchen 202.
Pfeffer, Mauer- 138.
—, Spanischer 325.
—, Wasser- 83.

Pfefferknöterich 83.
Pfefferkraut 303.
Pfefferminze 311.
Pfennigkraut 263.
Pferdeblume 135.
Pferdebohne 184.
Pfingstrose, Echte 93.
Pfirsichbaum 168.
Pflaume 168.
Pilz, Fliegen- 405.
Platane, Amerikanische 142.
Podagrakraut 238.
Polei-Minze 310.
Porei 41.
Porree 41.
Porst 254.
—, Sumpf- 254.
Portland-Rose 160.
Portulak 88.
Preißelbeere 257.
Primel 261.
Puffbohne 184.
Pulverholz 206.
Purgier-Lein 190.
Purpur-Weide 54.

Quecke, Gemeine 28.
—, Rote 30.
Quendel 308.
—, Wald- 302.
Quitte **145**, 168.
—, Echte **145**.

Radieschen 130.
Rainfarn 378.
Ramsel 195.
Ramselwurz 126.
Rauhbirke 59.
Rauke, Besen- 127.
—, Knoblauchs- **126**; 130.
—, Wege- **127**, 130.
Raute, Echte 192.
—, Geiß- 181.
—, Mond- 10.
—, Stein- 5.
—, Wein- 192.
Rautenblättriger Gänsefuß 86.
Rautenfarn 10.
Reiherschnabel 187.
—, Schierlingsblättriger 187.
Renntierflechte 402.
Reseda, Wohlriechende 135.
Rettich 130.
—, Meer- 124.
Rhabarber **80**, 419, 426.

Riedgras 30.
Ringelblume, Garten- 389.
Ringelrose 389.
Rispen-Hafer 26.
Rittersporn, Acker- 99.
—, Feld- 99.
Robinie, Gemeine 182.
Römische Kamille 372.
Rötliche Schuppenwurz 343.
Rose, Damascener 160.
—, Garten- 159.
—, Hecken- 161.
—, Hunds- 161.
—, Pappel- 213.
—, Portland- 160.
—, Ringel- 389.
—, Sonnen- **371**, 426.
—, Stangen- 213.
—, Stock- 213.
Rosen-Eibisch 213.
Rosengalle 162.
Rosenlorbeer 273.
Rosmarin **287**, 420.
Roßkastanie 202.
Roßpappel 210.
Rostrote Alpenrose 255.
Rotbeerige Zaunrübe 362.
Rote Miere 224.
— Pestwurz 384.
— Quecke 30.
— Schuppenmiere 90.
Roter Fingerhut 335.
— Holunder 354.
— Keulenkopf 407.
— Spärkling 90.
Roterle 60.
Rotes Sandkraut 90.
Rotklee 179.
Rottanne 21.
Rübe, Gicht- 362.
—, Hunds- 362.
Rüster 64.
Ruhrkraut 367.
Ruhrwurz 150.
Rundblättriger Sonnentau 136.
Rundblättriges Wintergrün 252.
Ruprechtskraut 186.
Ruprechts-Storchschnabel 186.

Saathafer 26.
Sadebaum **16**, 420.
Safran 48.
—, Wiesen- 35.
Salbei-, Echte 298.
Salbei-Gamander 284.
Salomonssiegel 44.

Sal-Weide 54.
Sand-Hohlzahn 295.
Sand-Kiefer 19.
Sandkraut, Rotes 90.
Sand-Segge 30.
Sand-Strohblume 368.
Sanikel 222.
Sarsaparille, Deutsche 30.
Saubohne 184.
Sauerampfer **76**, 418.
—, kleiner 77.
Sauerdorn 113.
Sauerkirsche 165.
Sauerklee, echter 188.
—, Hain- 188.
Schachtelhalm, Acker- **11**, 419.
Schafgarbe 374.
Scharbockskraut 107.
Scharfer Hahnenfuß 108.
Schaumkraut, Wiesen- 133.
Scheiberich 230.
Schelle, Wiesen- 104.
Schellkraut 119.
Schierling, Garten- 240.
—, Gefleckter 228.
—, Kleiner 240.
—, Mäuse- 228.
—, Wasser- 233.
Schierlingsblättriger Reiherschnabel 187.
Schildblättriger Windenknöterich 81.
Schlafapfel 162.
Schlafmohn 115.
Schlangenmoos 10.
Schlangenwurz 82.
Schlehe 164.
Schlüsselblume 261.
—, Hohe 263.
Schlutte 320.
Schmalblättriger Wegerich 344.
Schmirgel 94.
Schneeball 354.
—, Gemeiner 354.
Schneebeere 355.
Schöllkraut 119.
Schuppenmiere, Rote 90.
Schuppenwurz 343.
—, Gemeine 343.
—, Rötliche 343.
Schutt-Bingelkraut 197.
Schutt-Karde 358.
Schwalbenwurz 274.
Schwamm, Fliegen- 405.
—, Mücken- 405.
Schwarzbeerige Zaunrübe 362.
Schwarzdorn 164.

Schwarze Ballote 297.
— Johannisbeere 140.
— Königskerze 330.
— Nieswurz 95.
Schwarzer Holunder 168, **352**.
— Kohl 128.
— Maulbeerbaum 65.
— Nachtschatten 324.
— Senf 128.
Schwarzerle 60.
Schwarzes Bilsenkraut 318.
— Wollkraut 330.
Schwarzkümmel, Echter 96.
Schwarznessel 297.
Schwarzpappel 57.
Schwarzwurz 278.
Schwertlilie, Deutsche 50.
Schwindelkraut 227.
Segge, Sand- 30.
Seidelbast, Gemeiner **218**, 421.
Seifenkraut, Gemeines 88.
Sellerie 230.
—, Berg- 248.
Senf, Acker- 130.
—, Bauern- 134.
—, Schwarzer **128**, 420.
—, Wege- 130.
—, Weißer **128**, 130, 420.
Siegwurz 37.
Silberdistel 390.
Silberpappel 57.
Silber-Weide 54.
Silge, Berg- 248.
Sinau 156.
Sinngrün 272.
Skabiose, Acker- 359.
Skorbutkraut 125.
Sojabohne 426, 427.
Sommeradonis 112.
Sommer-Eiche 62.
Sommer-Lauch 38.
Sommer-Spinat 87.
Sommer-Zwiebel 38.
Sonnenblume **371**, 426.
Sonnenrose **371**, 426.
Sonnentau, Rundblättriger 136.
Sonnenwende 277.
Sophienkraut 127.
Spärkling, Roter 90.
Spätblühende Traubenkirsche 168.
Spanischer Pfeffer 325.
Spargel 42.
—, Garten- 42.
Speisezwiebel 38.
Sperlingskraut 264.
Spierstaude 158.

Deutsches Namenverzeichnis.

Spinat 87, 419, 427.
—, Gemüse- 87.
—, Mehl- 85.
—, Sommer- 87.
Spindelbaum 202.
Spitzwegerich 344.
Springauf 44.
Springkraut, Echtes 204.
Stangenrose 213.
Stechapfel 326.
Stechginster 168.
Stechkraut 393.
Stechpalme 201.
Steife Waldrebe 102.
Steinbrech, Finger- 141.
—, Körner- 141.
Stein-Eiche 62.
Steinklee, Echter 178.
Steinraute 5.
Steinsame, Echter 282.
Stengellose Eberwurz 390.
Sternleberkraut 347.
Sternmiere 90.
Stiefmütterchen 217.
—, Feld- 217.
—, Wildes 217.
Stiel-Eiche 62.
Stinkender Gänsefuß 86.
— Storchschnabel 186.
Stockrose 213.
Storchschnabel, Ruprechts- 186.
—, Stinkender 186.
Strahllose Kamille 377.
Stranddistel 223.
Strand-Grasnelke 420.
Strand-Männertreu 223.
Streifenfarn, Brauner 8.
Strohblume, Sand- 368.
Stumpfblättriger Ampfer 79.
Sturmhut, Echter 100.
—, Gelber 100.
Süßdolde 226.
Süßholz 175.
Süßholztraganth 183.
Sumach, Gift- 200.
Sumpf-Blutauge 150.
Sumpf-Dotterblume 94.
Sumpf-Haarstrang 248.
Sumpf-Herzblatt 142.
Sumpf-Kreuzkraut 389.
Sumpf-Porst 254.

Tabak, Bauern- 329.
—, Veilchen- 329.
—, Virginischer 327.
Täschelkraut, Hirten- 134.
Tang, Blasen- 404, 420.
Tanne, Rot- 21.

Tartschenflechte 402.
Taschenkraut 134.
Taubnessel, Weiße 293.
Taumelkerbel 225.
Taumellolch 27.
Tausendgüldenkraut, Echtes 268.
Tausendkorn, Glattes 91.
Tausendschön 365.
Teufelsabbiß 360.
Teufelsauge, Frühlings- 111.
—, Kleines 112.
Teufelskirsche 315.
Teufelsklaue 75.
Thymian, Feld- 308.
—, Garten- 306.
Tille 242.
Tollbeere 315.
Tollkirsche 315.
Tollkraut 315.
Tomate 322, 419.
Tormentille 150.
Traganth, Süßholz- 183.
Trauben-Eiche 62.
Traubenholunder 168, 354.
Traubenkirsche 167.
—, Spätblühende 168.
Tüpfelfarn 8.
Tüpfel-Hartheu 214.
Türkenbund-Lilie 42.
Türkischer Weizen 25.

Ulme, Feld- 64.

Veilchen, Alpen- 265.
—, März- 215.
—, Wohlriechendes 215.
Veilchentabak 329.
Venushaar 5.
Virginischer Tabak 327.
Vogelbeere 144, 168.
Vogelkirsche 168.
Vogelknöterich 84.
Vogelmiere 90.

Wacholder, Gemeiner 14.
—, Heide- 14.
Wald-Bingelkraut 198.
Walddolde 253.
Wald-Erdbeere 153.
Wald-Gamander 284.
Wald-Geißbart 168.
Wald-Kerbel 226.
Wald-Kreuzkraut 389.
Waldlauch 40.
Wald-Malve 210.
Waldmangold 253.
Waldmeister 347.
Wald-Quendel 302.

Waldrebe, Aufrechte 102.
—, Echte 103.
—, Steife 102.
Wallwurz 278.
Walnußbaum 52.
Warzenkraut 119.
Warzige Birke 59.
Wasserampfer 79.
Wasserdost 363.
Wasserfenchel 239.
Wasser-Hahnenfuß 109.
Wasserminze 311.
Wasserpfeffer 83.
Wasserschierling 233.
Wegebreit 345.
Wege-Rauke 127, 130.
Wegerich, Breit- 345.
—, Großer 345.
—, Meerstrands- 346.
—, Mittlerer 346.
—, Schmalblättriger 344.
—, Spitz- 344.
Wegesenf 130.
Weg-Malve 210.
Wegwarte 396.
Weichsel 165.
Weichselkirsche 168.
Weide, Bruch- 54.
—, Korb- 54.
—, Lorbeer- 54.
—, Palm- 54.
—, Purpur 54.
—, Sal- 54.
—, Silber- 54.
Weiden 53.
Weiderich, Blut- 220.
Weinraute 192.
Weinrebe 207.
Weinstock 207.
Weißbirke 59.
Weißdorn, Eingriffliger 168.
—, Zweigriffliger 146, 168.
Weiße Esche 266.
— Lilie 41.
— Nieswurz 33.
— Osterblume 107.
— Taubnessel 293.
— Zahnwurz 132.
Weißer Andorn 291.
— Senf 128, 130.
Weißwurz, Gemeine 44.
Weizen 426, 427.
—, Türkischer 25.
Wermut 382.
—, Wilder 381.
Wicke, Bunte Kron- 184.
—, Gift- 184.
Wiesen-Augentrost 342.
Wiesen-Bärenklau 249.
Wiesenklee 179.

Wiesenknöterich 80.
Wiesenknopf, Großer 157.
—, Kleiner 157.
Wiesenkohl 392.
Wiesenkresse 133.
Wiesenkümmel 234.
Wiesen-Lein 190.
Wiesensafran 35.
Wiesen-Schaumkraut 133.
Wiesenschelle 104.
Wilde Karde 358.
— Malve 210.
Wilder Knoblauch 40.
— Nard 75.
— Wermut 381.
Wildes Stiefmütterchen 217.
Winde 275.
—, Acker- 275.
—, Meerstrands- 276.
—, Zaun- 275.
Windenknöterich, Schildblättriger 81.
Windröschen, Busch- 107.
Wintereiche 62.
Wintergrün 253.
—, Großes 252.
—, Rundblättriges 252.
Winterlauch 41.

Winterlieb 253.
Witwenblume 359.
Wohlriechende Reseda 135.
Wohlriechender Kerbel 226.
Wohlriechendes Veilchen 215.
Wohlverleih, Berg- 385.
Wolfskraut 74.
Wolfsmilch, Garten- **196**, 421.
—, Zypressen- **196**, 421.
Wollblume 329, 330.
Wollige Königskerze 330.
Wolliger Fingerhut 339.
Wollkraut, Großblütiges 329.
— Kleinblütiges 330.
—, Schwarzes 330.
Wucherblume 378.
Wulstling, Fliegen- 405.
Wundenkraut, Jesu- 181.
Wundholz 267.
Wundklee 181.
Wundkraut, Heidnisch- 364.
Wurmfarn 5.
Wurmschildfarn 5.
Wurstkraut 305.

Ysop 302.

Zahnwurz **132**, 245.
—, Neunblättrige 132.
—, Weiße 132.
Zauke 44.
Zaunrübe, Rotbeerige 362.
—, Schwarzbeerige 362.
Zaunwinde 275.
Zehrwurz 30.
Zeitlose, Herbst- 35.
Zentifolie 159.
Ziegenbein 394.
Ziest, Berg- 298.
—, Gemeiner 297.
—, Gerader 298.
Zinnkraut 11.
Zitterpappel 55.
Zuckerrübe 426.
Zweigriffeliger Weißdorn 146.
Zwergbuchs 194.
Zwergholunder 168, **351**.
Zwetsche 168.
Zwiebel, Sommer- **38**, 427, 421.
—, Speise **38**, 421, 427.
Zypressen-Wolfsmilch **196**, 421.

VERLAG VON JULIUS SPRINGER / BERLIN

Lehrbuch der Pharmakologie im Rahmen einer allgemeinen Krankheitslehre für praktische Ärzte und Studierende. Von Dr. med. **Fritz Eichholtz,** Professor der Pharmakologie, Direktor des Pharmakologischen Instituts der Universität Heidelberg. Mit 85 Abbildungen. VIII, 378 Seiten. 1939.   RM 16.50, gebunden RM 18.—

Allgemeine Pharmakologie. Ein Grundriß für Ärzte und Studierende. Von Dr. med. habil. **Friedrich Axmacher,** Dozent für Pharmakologie an der Medizinischen Akademie Düsseldorf. Mit 32 Abbildungen. VII, 189 Seiten. 1938.   RM 9.60, gebunden RM 10.80

Grundlagen der allgemeinen und speziellen Arzneiverordnung. Von **Paul Trendelenburg †,** ehemals Professor der Pharmakologie an der Universität Berlin. Vierte, zum Teil neu bearbeitete Auflage. Herausgegeben von **Otto Krayer,** Professor der Pharmakologie an der Amerikanischen Universität Beirut (Libanon). VI, 322 Seiten. 1938.
RM 16.20, gebunden RM 17.50

Die Arzneikombinationen. Von Professor Dr. **Emil Bürgi,** Direktor des Pharmakologischen Institutes der Universität Bern. Mit 28 Abbildungen. IV, 169 Seiten. 1938.   RM 12.—

Biologische Auswertungsmethoden. Von **J. H. Burn,** Professor der Pharmakologie am College of the Pharmaceutical Society, Universität London. Deutsche Übersetzung von Dr. **Edith Bülbring,** Assistentin am Pharmakologischen Laboratorium, College of the Pharmaceutical Society London. Mit 64 Abbildungen. X, 224 Seiten. 1937.
RM 12.60, gebunden RM 13.80

Kurzes Lehrbuch der pharmazeutischen Chemie. Auch zum Gebrauch für Mediziner. Von Dr. **K. Bodendorf,** Professor an der Universität Berlin, z. Zt. Direktor des Instituts für Pharmazeutische Chemie an der Universität Istanbul. X, 392 Seiten. 1939.
RM 24.—, gebunden RM 25.80

Grundzüge der pharmazeutischen und medizinischen Chemie. Von Dr. phil. und Dr. med. h. c. **Hermann Thoms,** o. Professor an der Universität Berlin. Neunte, vermehrte und verbesserte Auflage der „Schule der Pharmazie, Chemischer Teil". Mit 110 Textabbildungen. VIII, 554 Seiten. 1931.   Gebunden RM 28.50

Zu beziehen durch jede Buchhandlung.

VERLAG VON JULIUS SPRINGER / BERLIN

Fortschritte der Botanik. Unter Zusammenarbeit mit mehreren Fachgenossen herausgegeben von **Fritz von Wettstein**, 1. Direktor des Kaiser-Wilhelm-Instituts für Biologie, Berlin-Dahlem.

1. Band: **Bericht über das Jahr 1931.** Mit 16 Abbildungen. VI, 263 Seiten. 1932. RM 18.80
2. Band: **Bericht über das Jahr 1932.** Mit 37 Abbildungen. IV, 302 Seiten. 1933. RM 24.—
3. Band: **Bericht über das Jahr 1933.** Mit 53 Abbildungen. IV, 257 Seiten. 1934. RM 22.—
4. Band: **Bericht über das Jahr 1934.** Mit 50 Abbildungen. IV, 325 Seiten. 1935. RM 28.—
5. Band: **Bericht über das Jahr 1935.** Mit 39 Abbildungen. IV, 346 Seiten. 1936. RM 28.80
6. Band: **Bericht über das Jahr 1936.** Mit 42 Abbildungen. IV, 353 Seiten. 1937. RM 28.80
7. Band: **Bericht über das Jahr 1937.** Mit 23 Abbildungen. IV, 339 Seiten. 1938. RM 28.60

VERLAG VON JULIUS SPRINGER / WIEN

Symbolae Sinicae. Botanische Ergebnisse der Expedition der Akademie der Wissenschaften in Wien nach Südwest-China 1914/18. Herausgegeben von **Heinrich Handel-Mazzetti**. In 7 Teilen.

Übersicht über das Gesamtwerk

Teil I: **Algae.** Von Heinrich Skuja, Riga. Mit 12 Abbildungen im Text und 3 Tafeln. IX, 106 Seiten. 1937. RM 25.80

Teil II: **Fungi.** Von Karl Keissler, Wien, und Heinrich Lohwag, Wien. Mit 3 Abbildungen im Text. II, 83 Seiten. 1937. RM 18.60
Mit Nachträgen und Berichtigungen zu den Teilen III, IV, V und VI.

Teil III: **Lichenes.** Von Alexander Zahlbruckner, Wien. Mit 1 Tafel und 1 Abbildung im Text. II, 254 Seiten. 1930. RM 48.—

Teil IV: **Musci.** Von Viktor F. Brotherus, Helsingfors. Mit 5 Tafeln. 147 Seiten. 1929. RM 28.80

Teil V: **Hepaticae.** Von William E. Nicholson, Lewes, Theodor Herzog, Jena, und Frans Verdoorn, Utrecht. Mit 21 Abbildungen im Text. 60 Seiten. 1930. RM 12.80

Teil VI: **Pteridophyta.** Von Heinrich Handel-Mazzetti, Wien. Mit 2 Tafeln. 53 Seiten. 1929. RM 10.—

Teil VII: **Anthophyta.** Von Heinrich Handel-Mazzetti, Wien. In fünf Lieferungen. Mit 43 Textabbildungen und 19 Tafeln. 1450 Seiten. 1929—1936. RM 309.30

Preis des Gesamtwerkes RM 453.30

Das Werk wird nur vollständig abgegeben.
Die Abnahme eines Teiles verpflichtet zur Abnahme des Gesamtwerkes.

Zu beziehen durch jede Buchhandlung

MIX
Papier aus verantwortungsvollen Quellen
Paper from responsible sources
FSC® C105338

If you have any concerns about our products,
you can contact us on
ProductSafety@springernature.com

In case Publisher is established outside the EU,
the EU authorized representative is:
**Springer Nature Customer Service Center GmbH
Europaplatz 3, 69115 Heidelberg, Germany**

Printed by Libri Plureos GmbH
in Hamburg, Germany